普通高等教育"十二五"规划教材

植物生理生化

王三根　主编

中国林业出版社

内容简介

　　《植物生理生化》注重现代植物生理生化发展的趋势，理论联系农林生产实践及考虑相关专业教学的特点，将基础生物化学与植物生理学有机地融为一体。全书共分5篇18章，按照"植物细胞与生物大分子—植物代谢的生理生化—植物信息分子的表达与信号转导—植物发育的生理生化—植物与环境"的框架编排，主要介绍植物细胞的结构与功能、生物大分子与酶、水分生理、植物矿质与氮素营养、光合作用、呼吸作用、有机物的转化、运输与分配、信息分子的复制和表达、植物的信号转导、植物生长物质、光形态建成、植物的生长和运动、成花和生殖生理、成熟和衰老生理以及抗逆生理等方面的内容。

　　本教材重点突出，脉络清晰，图文并茂，每篇有内容简介，各章后都有提纲挈领的小结和复习思考题，书末附有植物生理生化常见汉英与英汉名词对照，以便学习查阅。本教材适合全国高等院校生物、林学、农学、园艺、园林、植保、土壤农化、草业科学、资源环境、蚕桑、茶学、生态学等有关专业本专科各种类型学员学习使用，也可作为生命科学、林学、农学、园艺、环境保护等领域教学科研人员的参考书。

图书在版编目（CIP）数据

植物生理生化/王三根主编. —北京：中国林业出版社，2013.1（2018.7 重印）
普通高等教育"十二五"规划教材
ISBN 978-7-5038-6865-8

Ⅰ. ①植…　Ⅱ. ①王…　Ⅲ. ①植物生理学 – 高等学校 – 教材
②植物学 – 生物化学 – 高等学校 – 教材　Ⅳ. ①Q94

中国版本图书馆 CIP 数据核字（2012）第 298104 号

中国林业出版社·教材出版中心

策划编辑：康红梅　　　　　责任编辑：康红梅　　肖基浒
电话：83143551　　　　　　传真：83143516

出版发行　中国林业出版社（100009　北京市西城区德内大街刘海胡同7号）
　　　　　E-mail：jiaocaipublic@163.com　电话：（010）83143500
　　　　　http：//lycb. forestry. gov. cn
经　　销　新华书店
印　　刷　中国农业出版社印刷厂
版　　次　2013 年 1 月第 1 版
印　　次　2018 年 7 月第 2 次印刷
开　　本　850mm×1168mm　1/16
印　　张　29.5
字　　数　736 千字
定　　价　58.00 元

《植物生理生化》编写人员

主　　编　王三根（西南大学）

副 主 编　黄绵佳（海南大学）

丁国华（哈尔滨师范大学）

许良政（嘉应学院）

宗学凤（西南大学）

参编人员　谢寅峰（南京林业大学）

车永梅（青岛农业大学）

徐秋曼（天津师范大学）

范曾丽（西华师范大学）

吕　俊（西南大学）

胡雪琴（重庆医药高等专科学校）

陈世军（黔南民族师范学院）

张　蕊（周口职业技术学院）

主　　审　吴珍龄（西南大学）

前　言

　　放眼地球生物圈这样复杂的生态系统，植物是主要的生产者，而动物是主要的消费者，微生物是主要的分解者。植物体是一个开放系统，不断地与外界环境进行着物质、能量和信息的交流。绿色植物可以依靠无机物和太阳能，合成它赖以生存的各种有机物，不需利用现成的有机物而自给自足地建成其躯体，这些自养生物成为整个生物圈运转的关键。因而，对植物生命现象化学本质及其活动规律的认识就显得尤为重要。

　　"生物化学"与"植物生理学"课程是高等院校相关专业两门重要的专业基础课。随着我国社会经济的发展和现代化进程的加快，新的学科专业不断涌现，加上学员其他课程和选修课程的增加，以及培养高层次应用型、实践性专门人才的规模扩大，根据面向21世纪农林人才素质要求和专业培养模式改革的需要，许多专业仅要求开设"植物生理生化"或"植物生理学"（但教学中要求其中包含"生物化学"的基本内容），在一学期内完成教学任务。《植物生理生化》教材可满足这方面的教学需求，是全国高等院校生物、林学、农学、园艺、园林、植保、土壤农化、草业科学、资源环境、蚕桑、茶学、生态学等有关专业本专科各种类型学员学习使用的基本教材。

　　通过本课程的系统学习，应使学员了解植物体主要物质代谢、能量转换和信息传递的基本规律，新陈代谢活动机理，掌握植物生长发育的基本理论，深入了解环境对植物生命活动的影响和植物对逆境条件的抗性，并掌握一些主要植物生理生化指标的测定方法和进行植物生理生化分析的基本技术，对植物生理生化的主要内容、发展趋势、应用领域和学习方法有明确的认识，为后续专业课程的学习打下坚实的基础。

　　本教材注重现代植物生理生化发展的趋势，理论联系农林生产实践及考虑相关专业教学的特点，将基础生物化学与植物生理学有机地融为一体，按照"植物细胞与生物大分子—植物代谢的生理生化—植物信息分子的表达与信号转导—植物发育的生理生化—植物与环境"的框架编排。全书共分5篇18章，从不同层次水平探索植物生命活动的规律。第Ⅰ篇是植物细胞与生物大分子，包括第1章植物细胞及其组分，第2章植物的生物大分子，第3章生命的催化剂——酶和第4章植物细胞的功能。这一部分是静态生物化学基础及细胞生理生化，从微观水平为后续内容的学习铺平道路、打下基础。第Ⅱ篇是植物代谢的生理生化，包括第5章植物水分代谢，第6章植物的矿质和氮素营养，第7章光合作用，第8章呼吸作用和第9章有机物的转化、运输与分配。这一部分是关于物质转化及功能与代谢的生理生化，可以说是剖析植物生命活动的一个横断面，即植物几乎每天都在发生的一些基本生理生化事件。第Ⅲ篇是植物信息分子的表达与信号转导，包括第10章信息分子的复制和表达，第11章高等植物的信号转导，第12章植物生长物质和第13章植物的光形态建成。这一部分内容主要阐述植物信息分子的表达与信号转导，可以说是从信息角度解析植物生命活动的本质特点。第Ⅳ篇是植物发育的生理生化，包括第 14 章植物的生长和运动，第 15 章植物的生殖生理和第 16 章植物的成熟和衰老。这一部分可以说是探索追踪植物生命活动的一个纵剖面，可以从中了解植物从胚胎发生、种子幼苗发育到开花结果生命周期中的代谢运动规律。第 V 篇是植物与环境，包括第 17 章植物逆境生理通论和第 18 章植物逆境生理各论。这一部分内容是从宏观视野将植物生命活动与外界环境条件，特别是逆境下自然界的运动变化联系到一起，从而在大背景下更加深刻地认识植物的新陈代谢特点和适应能力。每篇开首有内容简介，各章后都有提纲挈领的小结和复习思考题，书末附有植物生理生化常见汉英名词与英汉名词对照，以便学习查阅。贯穿于全书的是植物生命现象化学本质及运动规律的主线条，而植物生命活动过程中物质代谢、能量转换、信息传递及由此表现出的形态建成诸方面的有机联系应是本教材的特点。

本教材由王三根担任主编，具体编写分工为：绪论、第 2 章、第 13 章由王三根编写；第 3 章、第 9 章由宗学凤编写；第 1 章、第 4 章由范曾丽编写；第 5 章、第 6 章由车永梅编写；第 7 章由许良政编写；第 8 章由黄绵佳编写；第 10 章、第 16 章由王三根和吕俊及张蕊编写；第 11 章由王三根和陈世军编写；第 12 章由胡雪琴编写；第 14 章由谢寅峰编写；第 15 章由徐秋曼编写；第 17 章、第 18 章由丁国华编写。在广泛征求意见的基础上，编写人员互相审阅修订，经西南大学吴珍龄审订初稿，再次修改后，由王三根统稿。

本教材的编写出版得到了中国林业出版社的帮助及参编学校教务部门的支持。另外，编写过程中参考和引用了国内外及若干兄弟院校教材的许多资料和图片，在此一并表示衷心感谢。由于编者水平有限，教材中定有不少缺点和错误，请广大同人和读者提出宝贵意见，以便今后修改完善。

编　者

2012 年 9 月

目　录

第Ⅱ篇　植物代谢的生理生化

第Ⅲ篇　植物信息分子的表达与信号转导

第Ⅳ篇 植物发育的生理生化

第Ⅴ篇 植物与环境

第0章 绪 论

0.1 植物生理生化的研究内容与任务

植物生理学（plant physiology）是研究植物生命活动规律的科学，生物化学（biochemistry）是研究生命现象化学本质的科学。因此，植物生理生化（plant physiology and biochemistry）是研究植物生命现象化学本质及其活动规律的科学。

植物是自养生物（autotroph），通过物质与能量代谢、信息传递和信号转导、生长发育与形态建成，完成其生命活动过程。也就是说，植物生命活动是在水分平衡、矿质营养、光合作用、呼吸作用、物质转化与运输分配等基本新陈代谢（metabolism）的基础上，表现出种子萌发、幼苗生长、营养器官与生殖器官的形成、运动、成熟、开花、结果、衰老、脱落、休眠等生长、分化和发育进程。地球上的植物种类繁多，但构成如此众多的植物的化学元素却基本相似，主要有 C，H，O，N，P，S，K，Ca，Mg 等，它们的含量占植物个体质量的99%以上。植物的基本物质蛋白质、核酸、糖类、脂类、维生素、激素、水和无机盐等主要是由这些为数不多的元素组成的。

植物体内的大分子、细胞器、细胞、组织和器官在空间上是相互隔离的，植物体与环境之间更是如此，因而在新陈代谢时，不但有物质与能量的变化，还有信息传递。植物遗传信息通过复制、转录和翻译得以实现。高等植物形态结构、生化反应和生理功能的基本单位是细胞，植物激素和酶等是调控这些生命活动的物质基础。植物生命活动过程、功能代谢的整合受遗传基因控制，同时也受环境因子影响，表现出与环境条件的协调和统一（图0-1）。

对上述这些相互联系、相互依存、相互制约的生命现象的研究，就是植物生理生化的基本内容。本教材从不同层次、不同水平、不同角度探索植物生命活动规律的方方面面，大致可分为5个部分。第一部分是植物细胞与生物大分子，是静态生物化学基础及细胞生理生化，是从微观水平为后续内容的学习打下基础。第二部分是植物代谢的生理生化，可以说是剖析植物生命活动的一个横断面，即植物几乎每天都在发生的一些基本生理生化现象。第三部分是植物信息分子的表达与信号转导，主要讨论植物信息分子的表达与信号转导，可以说是从信息角度解析植物生命活动的本质特点。第四部分是植物发育的生理生化，可以说是植物生命活动的一个纵剖面，得以探索追踪植物在生长发育中的运动规律。第五部分是植物与环境，是从宏观角度将植物生命活动与外界环境条件，特别是逆境下自然界的运动变化联系到一起，从而在大背景下更加深刻认识植物的新陈代谢特点和适应能力。

贯穿于全书的，也即研究植物生命现象化学本质及运动规律主线条的，是植物生命活动过程中物质代谢、能量转换、信息传递及由此表现出的形态建成（morphogenesis）几方面的相互联系。

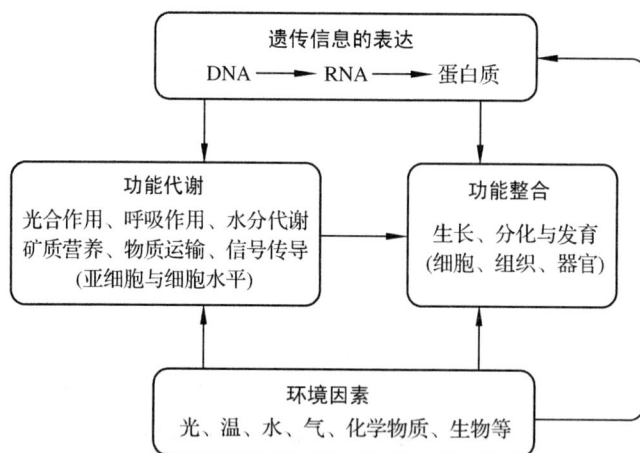

图0-1 环境因素、遗传信息、功能代谢和
植物生长发育间的关系（王忠，2009）

0.2 植物生理生化的发展与展望

植物生理生化是在生产和生活实践中逐渐形成和发展起来的。河南新郑裴李岗和浙江余姚河姆渡等新石器时代遗址的发掘证明，我们的祖先早在七千多年前就已在黄河流域和长江流域种植粟和水稻等农作物，以农耕为主要生产活动，因此，与生产实践密切相关的植物生理生化知识不断得到孕育和总结，内容十分丰富。

距今三千多年前，刻在动物甲骨上的象形文字——甲骨文卜辞拓片上已有"贞禾有及雨？三月"（释意是贞问庄稼有没有及时的雨水？三月卜问的）和"雨弗足年"（释意是雨水不够庄稼用吗？）的记载，说明人们对水分和植物生长的关系有了一些认识。公元前3世纪战国荀况撰的《荀子·富国篇》有"多粪肥田"，韩非撰的《韩非子》有"积力于田畴，必且粪灌"的记载，说明战国时期古人已十分重视施肥和灌溉，而且把二者密切联系起来。

公元前1世纪西汉《氾胜之书》涉及多种作物的选种、播种以及"溲种法"等进行种子处理的方法。如提出种子安全贮藏的基本原则："种，伤湿、郁、热则生虫也。"强调种子要"曝使极燥"，降低种子含水量。公元3世纪晋代郭义恭撰《广志》书中"苕草色青黄，紫华，十二月稻下种之，蔓延殷盛，可以美田，叶可食。"开创了人类历史上率先使用豆科绿肥的记录。

公元6世纪北魏贾思勰著《齐民要术》中，有大量涉及水分、肥料、种子处理、繁殖和贮藏等方面的知识。如"美田之法，绿豆为上"就是最早的关于豆科植物和禾本科植物轮作制度的认识。又如窖麦法必须"日曝令干，及热埋之"，这种"热进仓"的窖麦法民间一直流传至今。该法的实质是用较高温度杀灭部分病虫害，促进种子成熟，降低呼吸速率，提高种子活力。该书种榆白杨篇载"初生三年，不用采叶，尤忌挦心，挦心则科茹不长。"强调保护顶芽，使其保持顶端优势，成栋梁之材。该书还对酿酒、做酱、制醋等有详细的记录。

两千多年前的春秋战国时期，庄周在《庄子》一书就有关于瘿病的论述，古人早就知道甲状腺肿大（瘿病）是由于缺碘所致，可用海藻粉防治；夜盲症可用富含维生素A的猪肝治疗；脚气病是一种食米区的病，用含维生素 B_1 丰富的大豆、杏仁、车前子等治疗。李时珍在《本草纲目》一书中详细记载了不少人体的代谢物、分泌物、排泄物的性质。我们的祖先很早就发明了酿酒、做酱、制醋、制馅等，这实际上是利用了酶作用的原理。如周代的《周礼》一书中已有造酱的记载。

西欧古时的罗马人使用的肥料，除动物的排泄物外，还包括某些矿物质（如灰分、石膏和石灰等），他们也已知绿肥的作用。古希腊也有关于旱害和涝害的记载。

上述点滴的资料说明生产与生活实践是植物生理生化产生的基础。

最早用试验来解答植物生命现象中的疑难，把结论建立在数据基础上的是荷兰人凡海蒙（J. B. van Helmont，1577—1644）。他用柳树枝条连续 5 年做试验，探索植物长大的物质来源。英国的普里斯特来（J. Priestley，1733—1804）证实绿色植物是高等动物的"生命之友"，老鼠在密封钟罩内不久即死，老鼠与绿色植物一块置于钟罩内则可存活。这是对绿色植物光合作用认识的启蒙阶段。随后荷兰的因根浩兹（J. Ingenhousz，1730—1799）进一步发现植物的绿色部分只有在光照下才放出 O_2，在黑暗中却放出 CO_2，后一结论已意味着植物也有呼吸作用。

法国的巴斯德（L. Pasteur）在发酵理论方面做出了重要贡献。法国的布森高（G. Boussingault，1802—1879）建立砂培试验法，并开始以植物为对象进行研究。德国的李比希（J. VonLiebig，1803—1873）提出施矿质肥料以补充土壤营养的消耗，成为利用化学肥料理论的创始人。Hans Buchner（1897）兄弟发现酵母汁可以把蔗糖变成酒精，证明了发酵能在活细胞以外进行，从而打开了现代生物化学发展的大门，使新陈代谢成为可以认识的化学过程。

进入 20 世纪后，植物生理生化得到飞跃发展。随着物理学和化学的成熟以及研究仪器与方法的改进，使得分析结果更加精细和准确。在这个时期植物生理生化的各个方面都有突破性进展。

美国化学家萨姆纳（J. B. Sumner）获得脲酶结晶，证明了酶的本质是蛋白质。埃伯登（Embden）、迈耶夫（Meyerhof）和克雷布斯（Krebs）等系统地阐明了糖酵解和三羧酸循环。米切尔（Michaelis）等建立了米氏公式，开创了酶动力学的研究。我国生物化学家吴宪提出了蛋白质变性学说。

1953 年沃森（J. D. Watson）和克里克（F. H. C. Crick）提出 DNA 双螺旋模型，为 DNA 分子的复制和 DNA 传递生物的遗传信息提供了合理的说明，这项工作对现代分子生物学的发展起了关键性的奠基作用。我国科学家在 60 年代初用化学方法首次成功地合成了具有生物活性的蛋白质——结晶牛胰岛素；80 年代又采用有机合成和酶促合成相结合的方法，完成酵母丙氨酸转移核糖核酸的人工合成。人类基因组计划，水稻基因组计划等的相继实施，标志着植物生理生化正以崭新的步态进入 21 世纪。

总之，植物生理生化的研究从分子、细胞、器官、整体到群体水平都有伟大的成就。如果说 21 世纪是生物学世纪，那么研究植物生命活动的植物生理生化将有特别重要的位置，因为植物为其他生物，包括人类的生产和生活提供赖以生存和发展的物质和能量基础。

植物生理生化的发展正面临着前所未有的机遇和挑战，主要表现在如下几方面：

①研究内容的扩展及与其他学科的交叉渗透　当代科学发展的特点是综合与交叉。除植物生理学与生物化学二者之间的交叉结合外，另有分子生物学、分子遗传学、微生物学、生态学与植物生理生化的交叉渗透。计算机、互联网、生物物理、生物技术迅速发展对植物生理生化有着深刻影响。许多界限已经被打破，往往一个研究课题需要多学科人才的综合组织才能完成。物理学、化学、工程与材料科学、激光与微电子技术的迅速发展，为植物生理生化提供了一系列现代化研究技术，如同位素技术、电子显微镜技术、X 射线衍射技术、超离心技术、色

层分析技术、电泳技术以及计算机图像处理技术、激光共聚焦显微镜技术、膜片钳技术等，成为探索植物生命奥秘的强大武器。

②机理研究的深入和新概念的不断涌现 如植物的各种生长物质、交叉适应、电波与化学信息传递的交错进行、逆境蛋白、植物生理的数学模型等。分子生物学的手段引入，使光合作用、生物固氮、植物激素和矿质营养分子机理等方面的研究成为热点。人类对植物天然产物的关注和开发正在推动植物次生代谢的调控、植物次生代谢的分子生物学和分子遗传学等方面的研究。

③从分子到群体不同层次的全面发展 如水稻基因组计划，包括遗传图的构建、物理图的构建和 DNA 全序列测定。叶绿体基因的结构和表达。人与生物圈(man and the biosphere)规划中植物生理生化的研究，对太空中的植物生命活动规律的探索，使人们对生命现象的整体性认识有了深入了解。多种模式植物突变库的建立，为人们在物理图谱、遗传图谱和基因组全序列的基础上开展功能基因组学(funcational genomics)、蛋白质组学(proteomics)、代谢组学(metabonomics)等整体性研究奠定了良好的基础。

④植物生理生化应用范围的扩展 早已不再局限于指导合理灌溉、施肥和密植等，而是扩展到调节作物生长发育、控制同化物运输分配、改善产品质量、保鲜贮藏、良种繁育、除草抗病；与农林、园艺、环境保护、资源开发、能源、航天、医药、食品工业、轻工业和商业等的关系日益密切。

0.3 植物生理生化与生产实践

植物生理学和生物化学作为基础学科，其主要任务是探索生命活动的化学本质及代谢的基本规律。植物生理生化从诞生迄今之所以受到人们的重视，就在于它能指导生产实践，为栽培植物、改良和培育植物提供理论依据，并不断提出控制植物生长的有效方法。如植物激素的发现使植物生长调节剂和除草剂得以普遍应用。"绿色革命"使稻麦产量获得了新的突破。植物细胞全能性理论的确立，使组织培养技术迅猛发展，指导优良作物和林木品种的快速繁殖，为植物基因工程的开展和新种质的创造提供了条件。植物营养生理的知识被广泛应用于多种蔬菜和经济作物的工厂化无土栽培。光合作用知识有利于改进作物的间作和轮作制度和推广合理密植，以提高作物的光能利用率，从而增加复种指数和产量；在作物育种上还可以指导理想株型育种和高光效育种。

世界面临着人口、食物、能源、环境和资源问题的挑战。据资料，全球人口以每天270 000人、每年9000万人到1亿人的水平增长，而平均每人拥有可耕地从1950年的0.45hm²降至1968年的0.33hm²，再降至2000年的0.23hm²，预计到2055年将降至0.15hm²。全球本来适合耕作的土地就不多，约占22%。我国的形势非常严峻，人口总数为世界之最，人均耕地则很少。为了面对21世纪的挑战，必须培养更高产和稳产的作物品种，对土壤、水分和病虫害的控制需更精细有效，通过传统方法和生物技术相结合去发展可持续农业生产，植物生理生化在其间有着极其重要的作用。

植物可利用太阳光能，吸收 CO_2 和放出 O_2，合成有机物，在增收粮食、增加资源和改善环境等方面有不可替代的作用。通过植物生理生化的学习和研究，有助于认识与掌握植物生命活动的基本规律，更好地运用栽培技术，调控植物生长，改变环境条件，使之符合各类植物在不同生育阶段的需要，创立一个高产、优质、低耗的生产系统；有助于将植物的基本生理规律与遗传规律结合起来，更好地选育良种；有助于更好地开发植物资源；有助于解决植物的土壤营养、抗旱抗寒、防治病虫害等方面的实际问题，使农业生产上一个新台阶。已知全球有约50万种植物，其中只有数千种被人们栽种或培养，大规模利用的种类很少，只有百余种，仅仅其中3种作物(水稻、小麦、玉米)的胚乳就提供了全球人口所需粮食的1/2以上。植物浑身都是宝，都有可供综合利用的特殊有机物。

有人预测了21世纪农业增产潜力与科技成果的关系，认为通过植物育种、灌溉和作物保水、遗传工程、生长调节剂、增加CO_2浓度、生物固氮、提高光合效率、复种多熟、温度适应、保护栽培等，可使农业增产1.4倍。而上述科学技术中，几乎都直接或间接地与植物生理生化的发展有关。

植物生理生化一方面不断地吸收各种先进的科学理论与技术，从"分子→亚细胞→细胞→组织→器官→个体→群体"，从微观到宏观全方位地发展自己的基础理论，探索植物生命活动的本质；另一方面大力开展应用基础研究和应用研究，使科学技术迅速地转化为生产力。周嘉槐先生等提出的应用植物生理学的下列研究课题，可以说是植物生理生化与农业现代化关系的一个缩影，比如：

作物的光能利用和产量形成；作物高产优质的生理学基础；作物群体动态合理结构与看苗诊断；提高光合作用效率与光呼吸的问题；间作套种和合理密植；合理用水和经济用水；合理施肥和经济施肥；植物的化学调控；种子培育和壮苗生理；植物器官的相关性及其调控；植物的性别分化；提高作物的抗旱、涝、热、寒和抗盐性；蔬菜、果品和花卉的保鲜……

植物生理生化在基础理论上的深入突破及应用研究上的全面发展，将会使其在21世纪里显示出更加蓬勃的活力与生机。

0.4 植物生理生化的学习方法

植物生理生化与其他生物科学如植物学、细胞生物学、遗传学等既交叉联系，又有相对独立性和学科特色。在认识植物生命活动规律时，要注意其如下特性：植物的整体性，即植物虽有各种器官的分化和功能的分工，但各器官、功能间既相互协调又相互制约；植物与环境的统一性，即植物生活和生长所需的物质、能量和信息均来自周围环境，植物只有在与外界不断地进行物质、能量和信息交换才能生存；植物自身的可变性，即植物的遗传性是以往长期进化形成的，还将不断地发生适应、变异和进化。

要理解植物生理生化在解决实际问题中的理论指导作用，充分认识到植物对于人类衣食住行的特殊意义，要有责任感和使命感。同时，要了解到这一学科具有很多前沿研究领域，其发展一日千里，无论是立志投身这一学科研究或作为相关学科的基础课进行学习，都将大有可为。同时也要联系农林业生产实践学习。生产实践决定植物生理生化的产生，而学习植物生理生化的根本目的是指导生产实践。生产实践不断向植物生理生化提出新的课题，实践经验是植物生理生化的宝贵财富。

植物生理生化是理论性和实践性均很强的学科，它的发展与实验技术和手段的进步密不可分。要充分重视实验方法这一重要分析方法的作用，同时必须注意在分析的基础上进行综合。

在实验时可以借助各种可能的物理、化学和生物学方法对植物的各种生命活动进行分析，但要充分认识到各种分析方法的局限性。各种实验研究往往只对少数植物样本的某一部分的某些生理生化活动加以分析，而且是在特定的条件下进行的，因此所得研究结果的普遍性将受到许多限制。因此，必须在分析的基础上进行综合，不仅要联系个体内的各个生理生化过程，而且要将植物体与其生存环境条件联系起来。同时，植物生理生化应该从微观到宏观，从分子、细胞水平到整体、群体水平各种层次进行研究，相互补充和相互促进，才能获取关于植物生命活动规律及其机理的正确认识。

植物生理生化的新成果不断涌现，内容日新月异，而教学课时数有限，所以在学习本课程时要做到课堂学习与自学相结合，注意学习方法的更新。对于一些前沿内容，尤其要加强自学的力度，多阅读专业期刊中的最新文献，因为任何教材都难以即时反映这些领域的最新成果。互联网的发展提供了一个很好的信息平台，应该充分利用国内外丰富的网络资源不断地学习和更新有关知识。

小 结

植物生理学是研究植物生命活动规律的科学，生物化学是研究生命现象化学本质的科学。因此，植物生理生化是研究植物生命现象化学本质及其活动规律的科学。本门课程主要学习植物细胞与生物大分子，包括植物细胞及其组分，植物的生物大分子，生命的催化剂酶和植物细胞的功能；植物代谢的生理生化，包括水分代谢，植物的矿质和氮素营养，光合作用，呼吸作用和有机物的转化、运输与分配；植物信息分子的表达与信号转导，包括信息分子的复制和表达，高等植物的信号转导，植物生长物质和植物的光形态建成；植物发育的生理生化，包括植物的生长和运动，植物的生殖生理和植物的成熟和衰老；植物与环境，特别是逆境下植物的新陈代谢特点和适应能力等几个部分。植物通过物质代谢、能量转换、信息传递及由此表现出的形态建成完成其生命活动的过程。

千百年的生产与生活实践是植物生理生化的萌芽，而用试验来解答植物生命现象则起于16~17世纪。18世纪和19世纪是植物生理生化的奠基与成长时期。20世纪以来，植物生理生化进入飞跃发展阶段，与分子生物学等学科交叉渗透、互相促进，从微观到宏观全面发展。在跨入21世纪之后，面临着前所未有的机遇和挑战。

植物生理生化是基础学科，但它的产生和发展都与农林等应用学科密切相关，植物生理生化能为生产实践做出应有的贡献，显示出广阔的应用前景和发展活力。

在认识植物生命活动规律时，要注意植物的整体性，植物与环境的统一性，植物自身的可变性；要理解植物生理生化在解决实际问题中的理论指导作用，采用正确的学习方法。

思考题

1. 什么是植物生理生化？它研究的内容是什么？
2. 举例说明植物生理生化与生产实践的关系。
3. 植物生理生化有哪些主要的研究领域？取得了什么进展？
4. 谈谈植物生理生化的发展给你的启示。

第 I 篇

植物细胞与生物大分子

植物体的基本单位是细胞。具有明显的中央大液泡、叶绿体和细胞壁是植物细胞区别于动物细胞的结构特征。除水之外，占干物质绝大部分的是蛋白质、核酸、糖类和脂类，此外还有各种次生物质和无机盐等，这些物质均是由 C，H，O，N，P，S 等为数不多的元素组成的。糖类参与构成原生质、细胞壁等，也提供能量用于生命活动需要。脂类在细胞内可作为结构物质，同时也是细胞内重要的能量贮存物质。核酸和蛋白质是最重要的生物大分子，它们是生命的基本体现者；其中核酸是遗传信息的载体，蛋白质是细胞结构中的最重要成分，植物的各种生物学功能大多是靠蛋白质体现的。新陈代谢是生命活动的最重要特征，这些反应之间能彼此协调有条不紊地迅速进行是由于有酶的参与。细胞是植物形态结构和代谢功能的基本单位，也是植物生长发育的基本单位，还是遗传的基本单位，具有遗传上的全能性。本篇分 4 章，是静态生物化学基础及细胞生理生化，包括植物细胞及其亚微结构、生物大分子的组成与功能、酶的性质及酶促反应动力学、原生质特性和植物细胞功能等。这部分内容是从微观水平为后续内容的学习铺平道路、打下基础。

第1章 植物细胞及其组分

1.1 细胞与生物分子

1.1.1 植物生命的分子基础

地球上植物的种类繁多、千差万别，细胞是植物体结构的基本单位；组成植物体的细胞形态各异、功能不同，但都具有相似的生命活动特征，这与它们的化学组成及新陈代谢有关。

植物的基本物质主要有蛋白质、核酸、糖类、脂类、维生素、激素、水和无机盐等。其中水的含量最多，一般占 60% ~ 90%，在植物生命活动中扮演极其重要的作用。除水之外，占干物质绝大部分的是糖类、脂类、蛋白质和核酸，这些物质均是由 C，H，O，N，P，S 等为数不多的元素组成。

环境中简单的无机分子，如 CO_2，H_2O，N_2 等，经过细胞的同化作用，首先形成单体分子。各种细胞的单体分子，至少有 30 余种是共同的，这些分子又被称为基本生物分子(biomolecule)，其中包括 20 种氨基酸、5 种含氮的杂环化合物(嘌呤及嘧啶的衍生物)、2 种单糖(葡萄糖与核糖)、1 种脂肪酸(棕榈酸)、1 种多元醇(甘油)及 1 种胺类化合物(胆碱)。这些基本生物分子可以相互转化，或者转变为其他生物分子和植物的次生代谢物。例如，植物体内已发现的氨基酸达 100 多种，但都是组成蛋白质的 20 种氨基酸的衍生物，70 多种单糖都来源于葡萄糖，多种脂肪酸可由棕榈酸转变而来，成千上万的次生代谢物是由糖类等初生代谢物衍生而来的。这些单体分子可以聚合成低聚物，乃至生物大分子(biomacromolecule)，包括蛋白质、核酸、糖类和脂类。不同种类的生物大分子还可以聚合成超分子复合体(supermolecular complex)。超分子复合体进一步集合成各种细胞器，如细胞核、线粒体、叶绿体等。图 1-1 表明了各种生物分子构成细胞、器官、植物体的相互关系。

1.1.2 生命的介质水

1.1.2.1 水的分子结构特点

没有水就没有地球上的生命，生命的出现与水的关系并非偶然。植物起源于水中，后来其中的一部分逐渐进化为陆生植物。植物的生命活动都必须在细胞含有水分的状况下进行。天然植被的分布主要受供水情况所控制。

水分子由 1 个氧原子和 2 个氢原子组成，两个 O—H 键的平均夹角为 105°。因氧原子的电负性比氢原子大，电子云偏向于氧原子，使得水成为极性分子。由于分子中正电荷与负电荷相等，所以水分子表现为电中性。相邻水分子间，带部分负电荷的氧原子与带部分正电荷的氢原子以静电引力相互吸引形成氢键(hydrogen bond)(图 1-2)。氢键是一种比较弱的键，键能约为

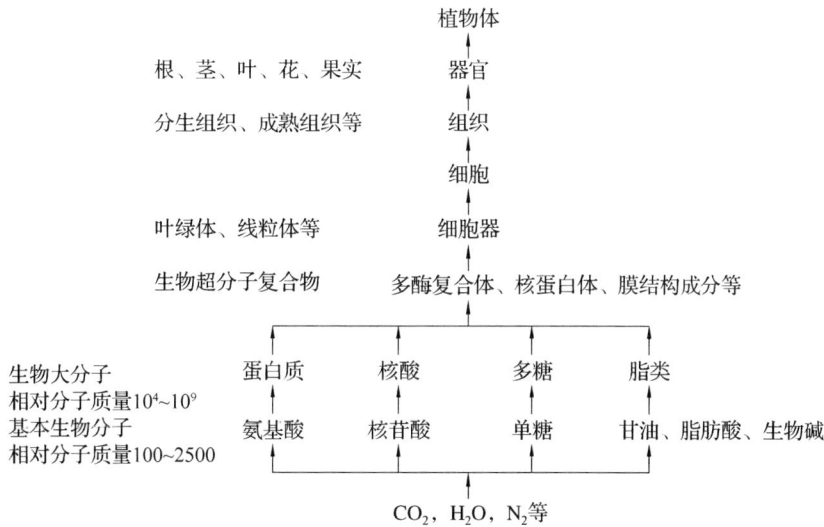

图 1-1 植物体的组成

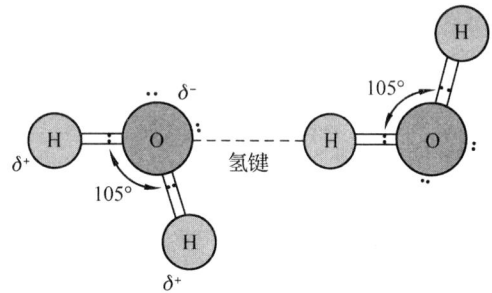

图 1-2 水分子的结构和氢键

$20 \ kJ \cdot mol^{-1}$，比化学键能小得多，但比分子间力大。氢键也可以使水分子与其他含有电负性原子（如 O 或 N）的分子结合。水分子间氢键的存在使水具有许多特殊的理化性质。

1.1.2.2 水的理化性质与细胞生命活动

（1）水的比热容高

比热容（specific heat）是指使单位质量的物质温度升高 1℃ 所需的热量。水的比热容为 $4.187 \ J \cdot g^{-1} \cdot ℃^{-1}$。除液态氨外，在其他的液态和固态物质中，水的比热容最大。这是因为水中存在缔合分子，与其他物质相比，需要更多的热量来破坏氢键，以使水的温度升高。当温度降低时，会释放出比其他液体更多的热量。由于这一特性，使水对气温、地温及植物体温有巨大的缓冲调节作用，从而有利于植物适应冷热多变的环境。

（2）水的汽化热大

在一定的温度下，将单位质量的物质由液态转变为气态所需的热量就称为汽化热（vaporization heat）。在 $1.01 \times 10^5 \ Pa$ 的压力下水的沸点（boiling point）为 100℃，此时水的汽化热为 $2.257 \ kJ \cdot g^{-1}$，在 25℃ 时为 $2.45 \ kJ \cdot g^{-1}$。在所有液体中，水的汽化热是最大的。水的汽化热高，有利于植物通过蒸腾作用有效地降低体温。

（3）水的内聚力、附着力和表面张力大

同类分子间具有的分子间引力称作内聚力（cohesion）。由于水中存在大量的氢键，水的内聚力很大。液相与固相间的相互引力称作附着力（adhesion）。由于水是极性分子，它可以与其他极性物质形成氢键，因此水与极性物质间有较强的附着力。如果水与某物质间的附着力大于水的内聚力，则此物质为可湿性的。处于界面的水分子均受着垂直向内的拉力，这种作用于单位长度表面上的力，称为表面张力(surface tension)。由于水的内聚力、附着力和表面张力均大，所以植物体内导管中形成的上升水柱不易被拉断。

(4) 水是很好的溶剂

水具有高的介电常数(dielectric constant)，介电常数可以理解为对抵消电荷间相互吸引能力的一种测度。由于这一性质，水是许多电解质和极性分子的良好溶剂。水分子可以结合在带电荷的离子 K^+，Na^+，Cl^-，NO_3^- 等的周围，使其成为高度可溶的水化离子。蛋白质、氨基酸、碳水化合物等大分子含有—COOH，—CO，—OH，—NH_2 等亲水基团，水分子能与这些亲水基团形成氢键，即水分子可在大分子周围定向排列，形成水化层，以减弱大分子间的相互作用，维持大分子在细胞质中的稳定性。

(5) 水是无色透明液体

常温下水是无色液体，能透过可见光和紫外光，有利于植物色素和光受体对光的吸收和传导。如使叶绿体能吸收到光合有效辐射，进行光合作用；使细胞内的红光和蓝光受体能接收到红光和蓝光信号而诱导光形态建成。

(6) 水的不可压缩性

水还具有体积不可压缩性(incompressibility)，这使细胞吸水后产生的净水压能维持细胞的紧张度。水具有很高的抗张强度，水分子间的氢键能抵抗水柱中的水分子彼此被拉开。水在冰点时密度较小，冰浮在水面上，冰层下的水不易结冰，这适宜水生动植物的生存。

1.1.3　高等植物细胞的特点

根据细胞的进化地位、结构的复杂程度、遗传装置的类型和生命活动的方式，可以将其分为两大类型：原核细胞(prokaryotic cell)和真核细胞(eukaryotic cell)。原核细胞没有典型的细胞核，只有一个由裸露的环状 DNA 分子构成的拟核体(nucleoid)，一般不存在其他细胞器。原核细胞以无丝分裂(amitosis)方式进行繁殖。真核细胞主要特征是细胞结构的区域化，核质由明显的膜包裹，形成界限分明的细胞核；细胞质高度分化，形成细胞器；各种细胞器之间通过膜的联络沟通形成了复杂的内膜系统。真核细胞分裂以复杂的有丝分裂(mitosis)为主。

细菌和蓝藻是原核细胞的典型代表，此外支原体、衣原体、立克次体、放线菌等也都是原核细胞。由原核细胞构成的有机体称为原核生物(prokaryote)。由真核细胞构成的有机体称为真核生物(eukaryote)，包括了绝大多数单细胞生物与全部多细胞生物。

真核细胞是构成高等植物体结构与功能的基本单位。但一株绿色植物不同组织器官的细胞，其大小、形态及内部细胞器分化程度、数目等都存在差别。下文以薄壁细胞为代表，介绍植物细胞结构的特点(图 1-3)。

成熟的薄壁细胞如叶肉细胞，中央往往有一个大液泡，在其周围有透明的浆状物，叫做细胞质(cytoplasm)。细胞质中悬浮着一个球状的细胞核(nucleus)，十个至数百个椭圆形的叶绿体，还有数目更多、体积更小的线粒体以及其他各种形状的细胞器。网状结构的内质网，内连核外膜，外接细胞质膜(plasma membrane)，常常充当细胞内物质运转的桥梁。细胞器、细胞质基质以及其外围的细胞质膜合称为原生质体(protoplast)。原生质体外有一层坚牢而略有弹性的细胞壁。在植物组织里往往还可观察到一个细胞的原生质膜突出，穿过细胞壁与另外一个细胞的原生质膜联系在一起，构成相邻细胞的管状通道，这就是胞间连丝(plasmodesma)。具有

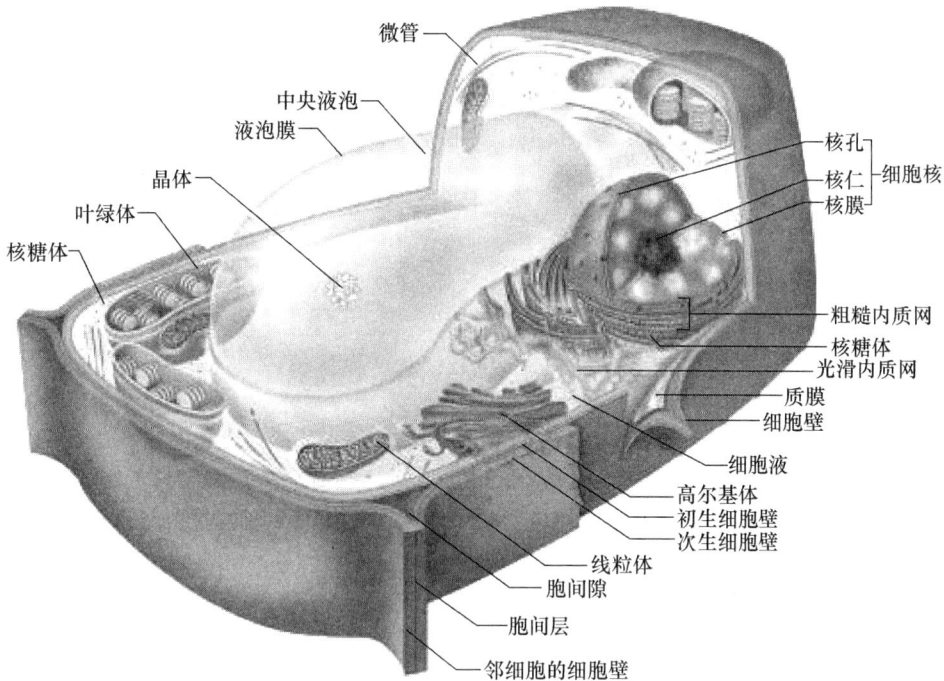

图 1-3　植物细胞的模式图（Kingsley R S 等，2003）

明显的中央大液泡、叶绿体和细胞壁是植物细胞区别于动物细胞的三大结构特征。

　　植物细胞核（nucleus）是细胞遗传与代谢的调控中心。除成熟的筛管细胞外，所有活的植物细胞都有细胞核，其形状与大小因物种和细胞类型而有很大差异。分生组织细胞的核一般呈圆球状，占细胞体积的大部分。在已分化的细胞中，因有中央大液泡，核常呈扁平状贴近质膜。细胞核主要由核酸和蛋白质组成，并含少量的脂类及无机离子等。处于分裂间期的细胞核结构包括核膜、染色体、核基质和核仁 4 部分。核膜（nuclear membrane）由两层单位膜组成。外膜与内质网相连，在朝向胞质的外表面上有核糖体。核膜包围在核外，把核与胞质分隔开，其上有核孔。核孔（nuclear pore）是由蛋白质构成的复杂结构，称作核孔复合体，它是细胞核和细胞质进行物质、信息交换的主要通道。多种生物大分子如蛋白质、酶、RNA，甚至病原菌和病毒的 DNA 都可通过核孔进出。

　　在真核细胞的质膜以内，可分辨的细胞器以外的胶状物质，称为细胞质基质（cytoplasmic matrix，cytomatrix），也称细胞浆（cytosol），是细胞质的衬质。细胞质基质是细胞的重要结构成分，其体积约占细胞质的1/2。它是具有一定黏度的透明物质，在细胞内能不停地流动，并能在相反方向同时进行，这是活细胞的重要特征。此外，很多代谢反应都是在看似无稳定结构的细胞质基质中有序地进行的，如糖酵解、磷酸戊糖途径、脂肪酸合成、光合细胞内蔗糖的合成等。细胞质基质还为细胞器的实体完整性提供所需要的离子环境，供给细胞器行使功能所必需的底物。

　　细胞器（cell organelle）通常指细胞质中具有一定形态结构和特定生理功能的细微结构。细胞核、线粒体和质体具有双层细胞膜（cell membrane）。它们都各自具有独立的遗传物质，可以自我增殖，线粒体和质体的遗传物质可编码自身所需的部分蛋白质，但大部分的蛋白质仍需核遗传物质编码，在细胞质中形成多肽链再进入线粒体或质体，故这两种细胞器仍受核的支配。有的细胞器（如微管、微丝、中间纤维、核糖体）无膜包裹，但它们仍以明显的形状与周围的细胞质基质相区别，并且也都能行使独特的生理功能。其余细胞器则多以单层膜与细胞质分开（图 1-4）。

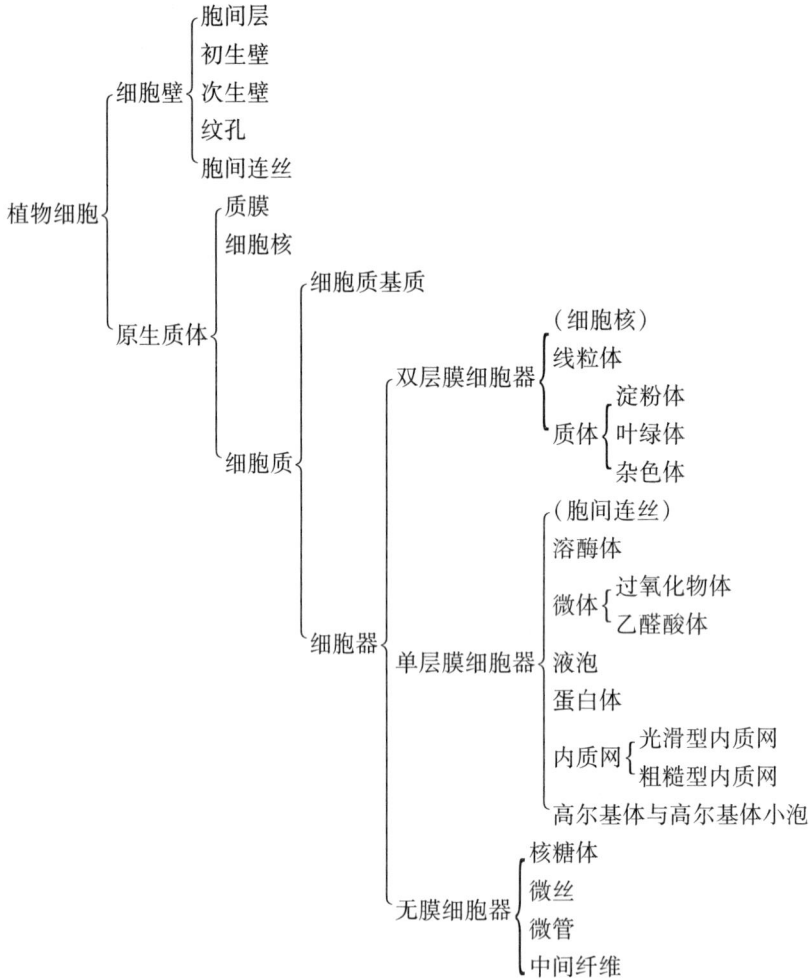

植物细胞
- 细胞壁
  - 胞间层
  - 初生壁
  - 次生壁
  - 纹孔
  - 胞间连丝
- 原生质体
  - 质膜
  - 细胞核
  - 细胞质
    - 细胞质基质
    - 细胞器
      - 双层膜细胞器
        - （细胞核）
        - 线粒体
        - 质体
          - 淀粉体
          - 叶绿体
          - 杂色体
      - 单层膜细胞器
        - （胞间连丝）
        - 溶酶体
        - 微体
          - 过氧化物体
          - 乙醛酸体
        - 液泡
        - 蛋白体
        - 内质网
          - 光滑型内质网
          - 粗糙型内质网
        - 高尔基体与高尔基体小泡
      - 无膜细胞器
        - 核糖体
        - 微丝
        - 微管
        - 中间纤维

图 1-4　植物细胞的主要结构（王忠，2009）

1.2　细胞壁与生物膜

1.2.1　细胞壁

1.2.1.1　细胞壁的结构

　　细胞壁（cell wall）是植物细胞外围的一层壁，具一定弹性和硬度，界定细胞形状和大小。细胞壁除了起机械支持和保护作用外，还参与了一系列的代谢活动，如细胞的生长、分化、细胞识别及抗病机制等。

典型的细胞壁由胞间层（intercellular layer）、初生壁（primary wall）以及次生壁（secondary wall）组成（图1-5）。

细胞在分裂时，最初形成的一层是由果胶质组成的细胞板（cell plate），它把两个子细胞分开，这层就是胞间层，又称中胶层（middle lamella）。随着子细胞的生长，纤维素在质膜中合成并定向地交织成网状，沉积在质膜外，而后半纤维素、果胶质以及结构蛋白填充在网眼之间，形成质地柔软的初生壁。很多细胞只有初生壁，如分生组织细胞、胚乳细胞等。但是，某些特化的细胞，如纤维细胞、管胞、导管等在生长接近定型时，在初生壁内侧沉积纤维素、木质素等物质，且层与层之间经纬交错，形成次生壁。由于次生壁质地的厚薄与形状的差别，分化出不同的细胞，如薄壁细胞、厚壁细胞、石细胞等。

1.2.1.2 细胞壁的化学组成

构成细胞壁的物质，主要有多糖（90%左右）和蛋白质（10%左右）以及木质素、矿质等。细胞壁中的多糖主要是纤维素（cellulose）、半纤维素（hemicellulose）和果胶物质（pectic substances），它们是由葡萄糖、阿拉伯糖、半乳糖醛酸等聚合而成。次生细胞壁中还有大量木质素（lignin）。

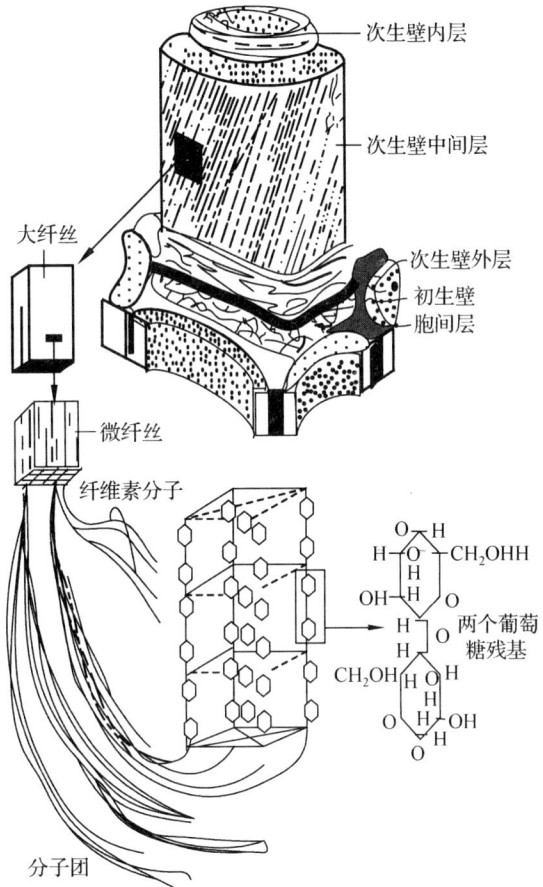

图 1-5 细胞壁和纤维素的结构

细胞壁中最早被发现的结构蛋白（structural protein）是伸展蛋白（extensin）。它是一类富含羟脯氨酸糖蛋白（hydroxyproline-rich glycoprotein，HRGP），约由 300 个氨基酸残基组成，这类蛋白质中羟脯氨酸含量特别高，一般为蛋白质的 30%～40%。伸展蛋白是植物（尤其是双子叶植物）初生壁中广泛存在的结构成分，同时它还参与植物细胞防御和抗病抗逆等生理活动。细胞壁中至少分布有 20 种以上的酶，大部分是水解酶类，如纤维素酶、果胶甲酯酶、酸性磷酸酯酶、多聚半乳糖醛酸酶等。其余则多属于氧化还原酶类，如过氧化物酶。

1.2.1.3 细胞壁的功能

（1）维持细胞形状，控制细胞生长

细胞壁增加了细胞的机械强度，并承受着内部原生质体由于液泡吸水而产生的膨压，从而使细胞具有一定的形状，这不仅有保护原生质体的作用，而且维持了器官与植株的固有形态。另外，细胞壁控制着细胞的生长，这是因为细胞生长的前提是细胞壁的松弛和伸展。

（2）物质运输与信息传递

细胞壁允许离子、多糖等小分子和低分子量的蛋白质通过，而将大分子或微生物等阻于其外。因此，细胞壁参与了物质运输、防止水分损失（次生壁、表面的蜡质等）、植物水势调节等一系列生理活动。细胞壁上纹孔或胞间连丝的大小受细胞生理年龄和代谢活动强弱的影响，故细胞壁对细胞间物质的运输具有调节作用。细胞壁中的 Ca^{2+}，钙调素（calmodulin，CaM）和 CaM 结合蛋白（calmodulin binding proteins，CaMBPs）在信号传导中有重要作用。另外，细胞壁也是化学信号（激素、生长调节剂等）、物理信号（电波、压力等）传递的介质与通路。

（3）防御与抗性

细胞壁中能诱导植保素（phytoalexin）的形成，并能调节其他生理过程的寡糖片段称为寡糖素（oligosacchain）。例如，将一种庚葡萄糖苷寡糖素施加于大豆细胞时，能诱导合成抑制霉菌生长的抗菌素的基因活化而产生抗菌素。寡糖素的功能复杂多样，如有的作为蛋白酶抑制剂诱导因子，在植物抵抗病虫害中起作用；有的寡糖素可使植物产生过敏性死亡，使得病原物不能进一步扩散；还有的寡糖素参与调控植物的形态建成。细胞壁中的伸展蛋白除了作为结构成分外，也有防病抗逆的功能。如黄瓜抗性品种感染一种霉菌后，其细胞壁中羟脯氨酸的含量比敏感品种增加得快。

（4）其他功能

细胞壁中的酶类参与多种生理活动，如细胞壁高分子的合成、水解和转移，将胞外物质输送到细胞内以及防御作用等。研究发现，细胞壁还参与了植物与根瘤菌共生固氮的相互识别作用，此外，细胞壁中的多聚半乳糖醛酸酶和凝集素还可能参与了砧木和接穗嫁接过程中的识别反应。正在发育的种子的子叶和胚乳，其次生壁主要由非纤维素多糖构成，可起到碳水化合物的贮藏作用，在萌发时被分解为蔗糖，运输到生长的幼苗中。扩张蛋白可诱导细胞壁不可逆伸展、提高细胞壁的胁迫松弛能力，以适应水分胁迫。

应当指出的是，并非所有细胞的细胞壁都具有上述功能，细胞壁功能与细胞的组成、结构和所处的位置等有关。

1.2.2　胞间连丝

1.2.2.1　胞间连丝的结构

当细胞板尚未完全形成时，内质网的片段或分支以及部分原生质丝（约 400nm）留在未完全合并的成膜体中的小囊泡之间，以后便成为两个子细胞的管状联络孔道，这种穿越细胞壁、连接相邻细胞原生质（体）的管状通道称为胞间连丝（plasmodesma）（图 1-6）。由于胞间连丝使组织的原生质体具有连续性，因而将由胞间连丝把原生质体连成一体的体系称为共质体（symplast），而将细胞壁、质膜与细胞壁间的间隙以及细胞间隙等空间称作质外体（apoplast）。共质体与质外体都是植物体内物质运输和信息传递的通道。

胞间连丝的数量和分布与细胞的类型、所处的相对位置和细胞的生理功能密切相关。一般 $1\mu m^2$ 面积的细胞壁有 1～15 条胞间连丝，而筛管分子和相邻的转移细胞（transfer cell，TC）壁上，胞间连丝则更多。

1.2.2.2 胞间连丝的功能

(1)物质交换

相邻细胞的原生质可通过胞间连丝进行交换，使可溶性物质（如电解质和小分子有机物）、生物大分子物质（如蛋白质、核酸、蛋白核酸复合物），甚至细胞核发生胞间运输。

(2)信号传递

通过胞间连丝可进行体内信息传递，物理信号、化学信号都可通过胞间连丝在共质体中传递。

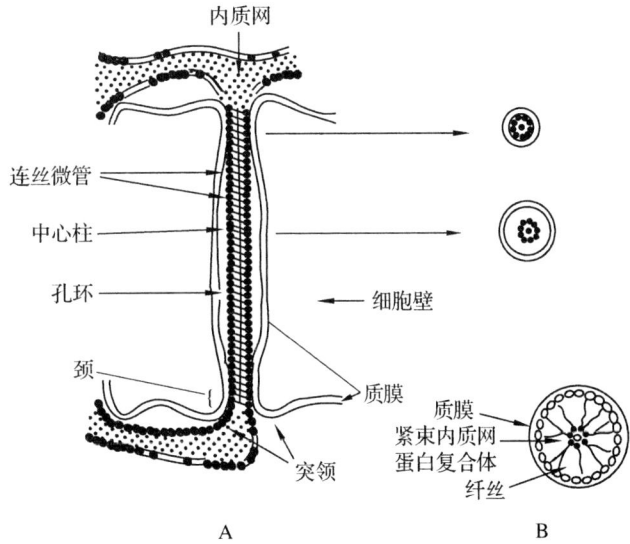

图1-6 胞间连丝

A. 纵剖面　B. 横剖面

1.2.3 生物膜

生物膜（biomembrane）是指构成细胞的所有膜的总称。按其所处位置可分为两种：一种是处于细胞质外面的一层膜称作质膜，也可称原生质膜；另一种是处于细胞质中构成各种细胞器的膜，称作内膜（endomembrane）。质膜可由内膜转化而来。

生物膜为酶催化反应的有序进行和整个细胞的区域化提供了一个必要的结构基础。生命活动中的物质代谢、能量转换和信息传递等都与生物膜结构和功能有关。

1.2.3.1 生物膜的化学组成

生物膜由蛋白质、脂类、糖及水和其他无机离子所组成。蛋白质占50%～75%，脂类占25%～45%，糖占5%。这些组分，尤其是脂类与蛋白质的比例，因不同细胞、细胞器或膜层而相差很大。脂类起骨架作用，蛋白质决定膜功能的特异性。功能较复杂的膜如线粒体内膜蛋白质含量较高。需说明的是，由于脂类分子的体积比蛋白质分子的小得多，因此，生物膜中的脂类分子的数目总是远多于蛋白质分子的数目。如在一个含50%蛋白质的膜中，脂类分子与蛋白质分子的数目比约为50∶1。这一比例关系反映到生物膜结构上，就是脂类以双分子层的形式构成生物膜的基本骨架，而蛋白质分子则"镶嵌"于其中。

1.2.3.2 生物膜的结构模型

关于生物膜的分子结构有许多模型，最具代表性的模型如下。

(1)流动镶嵌模型

流动镶嵌模型（fluid mosaic model）由辛格尔（S. J. Singer）和尼柯尔森（G. Nicolson）在1972年提出，根据该模型，生物膜的基本结构有如下特征（图1-7）。

①脂质以双分子层形式存在　构成膜骨架的脂质双分子层中，脂类分子疏水基向内，亲水基向外。

②膜蛋白存在的多样性　膜蛋白并非均匀地排列在膜脂两则，外在蛋白以静电相互作用的

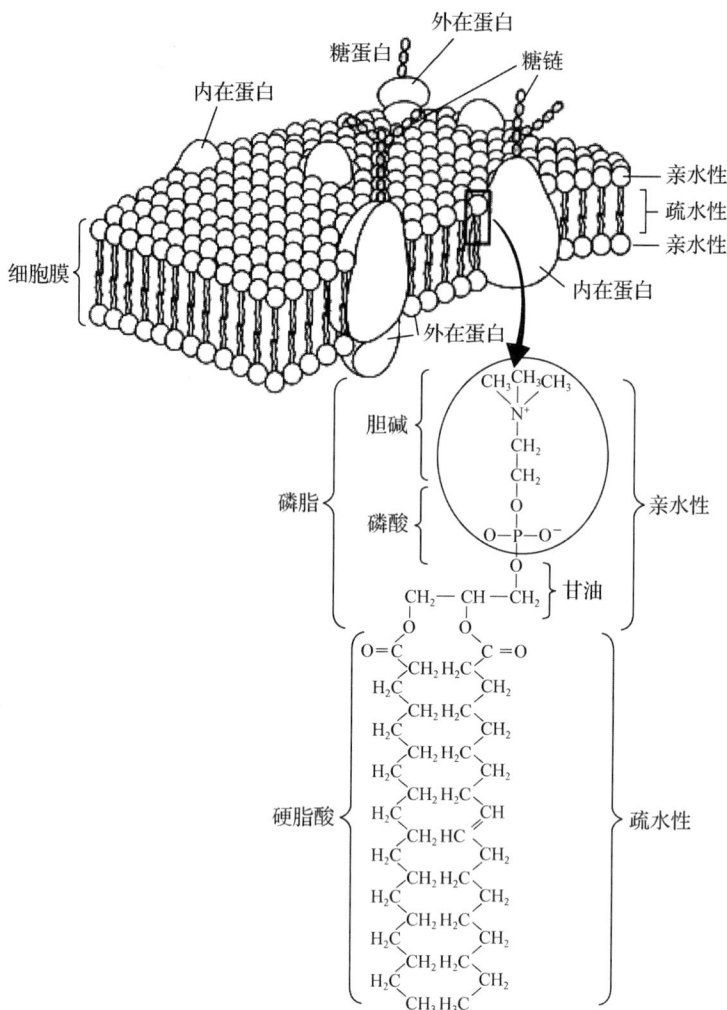

图 1-7　流动镶嵌模型

方式与膜脂亲水性头部结合；内在蛋白与膜脂的疏水区以疏水键结合。

③膜的不对称性　这主要表现在膜脂和膜蛋白分布的不对称性：在膜脂的双分子层中外层以磷酯酰胆碱为主，而内层则以磷酯酰丝氨酸和磷酯酰乙醇胺为主，同时不饱和脂肪酸主要存在于外层；膜脂内外两层所含外在蛋白与内在蛋白的种类及数量不同，膜蛋白分布的不对称性是膜具有方向性功能的物质基础；糖蛋白与糖脂只存在于膜的外层，而且糖基暴露于膜外，这也是膜具有对外感应与识别等能力的结构基础。

④膜的流动性　膜的不对称性决定了膜的不稳定性，磷脂和蛋白质都具有流动性。磷脂分子小于蛋白质分子，流动性比蛋白质大得多，这是因为膜内磷脂的凝固点较低，通常呈液态。膜脂流动性的大小决定于脂肪酸的不饱和程度，脂肪酸的不饱和程度越高，膜的流动性越强；另外，膜的流动性与脂肪酸链长度呈负相关，脂肪酸链越短，膜的流动性越强。

流动镶嵌模型虽得到比较广泛的支持，但仍有很多局限性，如忽视了蛋白质对脂类分子流动性的控制作用和膜各部分流动的不均匀性等问题。

（2）板块镶嵌模型

板块镶嵌模型（plate mosaic model）由贾因（Gain）和怀特（White）于1977年提出。该模型认为，由于生物膜脂质可以在环境温度或其他化学成分变化的影响下，或是由于膜中同时存在着不同脂质（脂肪链的长短、或不同的饱和度），或者由于蛋白质—蛋白质、蛋白质—脂质间的相互作用，使膜脂的局部经常处于一种"相变"状态，即一部分脂区表现为从液晶态转变为晶态，而另一部分脂区表现为从晶态转变为液晶态。因此，整个生物膜可以看成是不同组织结构、不同大小、不同性质、不同流动性的可移动的"板块"所组成，高度流动性的区域和流动性比较小的区域可以同时存在，随着生理状态和环境条件的改变，这些"板块"之间可以彼此转化。板块镶嵌模型有利于说明膜功能的多样性及调节机制的复杂性，是对流动镶嵌模型的补充和发展。

1.2.3.3 生物膜的功能

在生命起源的最初阶段，正是有了脂性的膜，才使生命物质——蛋白质与核酸获得与周围介质隔离的屏障而保持聚集和相对稳定的状态，从而才有细胞的发展。因此，质膜是任何活细胞必不可少的。

（1）分室作用

细胞的膜系统不仅把细胞与外界环境隔开，而且把细胞内部的空间分隔，使细胞内部区域化（compartmentation），即形成多种细胞器，从而使细胞的生命活动分室进行。各区域内均具有特定的pH、电位、离子强度和酶系等。同时，膜系统又将各个细胞器联系起来，共同完成各种连续的生理生化反应。比如，光呼吸的生化过程就由叶绿体、过氧化体和线粒体3种细胞器分工协同完成的。

（2）代谢反应场所

生物膜为细胞内许多代谢反应有序进行的场所，如光合作用的光能吸收、电子质子传递、同化力的形成、呼吸作用的电子传递及氧化磷酸化过程分别在叶绿体的光合膜和线粒体内膜上进行。

（3）能量转换场所

生物膜是细胞进行能量转换的场所，光合电子传递、呼吸电子传递以及与之相偶联的光合磷酸化和氧化磷酸化都发生在膜上。

（4）物质交换

生物膜对物质的透过具有选择性，能控制膜内外的物质交换。如质膜可通过简单扩散、促进扩散、主动运输、胞饮作用等方式进行各种物质的吸收与转移。各种细胞器上的膜也通过类似方式控制其小区域与胞质进行物质交换。

（5）识别与信息转导

膜糖的残基分布在膜的外表面，好似"触角"，能够识别外界的某种物质，并将外界的某种刺激转换为胞内信使，诱导细胞反应。例如，花粉粒与柱头表面之间、砧木与接穗细胞之间、根瘤菌与豆科植物根细胞之间的识别反应均与膜性质有关。膜上还存在着各种各样的受体（receptor），能感应刺激，传导信息，调控代谢。

1.3　植物细胞的亚微结构

植物细胞的结构除细胞壁、质膜、细胞核、细胞质基质外，利用电子显微镜观察，可发现细胞内具有更精细的亚微结构（submicroscopic structure）。据这些亚微结构特点，可将其分为微膜、微梁和微球三大基本结构体系。即以脂质与蛋白质成分为基础的生物膜系统（biomembran system），也称微膜系统。以一系列特异的结构蛋白构成的细胞骨架系统（cytoskeleton system），也称微梁系统。以 DNA – 蛋白质与 RNA – 蛋白质复合体形成的遗传信息表达系统（genetic expression system），也称微球系统。这 3 个基本结构体系构成了细胞内部结构精密、分工明确、职能专一的各种细胞器，并以此为基础保证了细胞生命活动具有高度程序化和高度自控性。生理过程和代谢反应都是在细胞质和各种细胞器相互协调下完成的。

1.3.1　微膜系统

微膜系统（micro-membrane system）包括细胞的外周膜（质膜）和内膜系统。内膜系统（endomembrane system）通常是指那些处在细胞质中，在结构上连续、功能上关联的，由膜组成的细胞器总称。

1.3.1.1　质体和叶绿体
（1）质体的结构和功能

植物细胞特点之一就是具双层膜的质体（plastid）。质体是由前质体（proplastid）分化发育而成，并依其中所含色素不同而分为几种。无色素的称作白色体（leucoplast），如淀粉体（amyloplast），它能合成和分解淀粉，内含有一个到几个淀粉粒。有色素的称作有色体（chromoplast），包括杂色体和叶绿体等。叶绿体含有叶绿素等色素，是光合作用的细胞器，其结构与功能将在"光合作用"一章中作详细介绍。杂色体可能因含色素的不同而成黄色、橘红色等不同颜色，存在于花瓣、果实、根等各种不同的器官中。

（2）质体间的相互转化

前质体是其他质体的前身，可分化发育成多种质体。各种质体之间也可相互转化。如某些根经光照后可以转绿，这就是白色体或杂色体向叶绿体转化的。当果实成熟时，叶绿体又有可能因叶绿素的退化和类囊体结构的消失而转化为其他有色体。当某种已分化的组织脱分化为分生组织时，各种质体又可恢复成前质体。不同时期的质体化学成分、体积大小和生理活性有很大差别。

1.3.1.2　线粒体
（1）线粒体的结构

线粒体（mitochondrion）一般呈球状、卵形，$1\mu m$ 宽，$1 \sim 3\mu m$ 长（图 1-8）。在不同种类的细胞中，线粒体的数目相差很大，一般为 $100 \sim 3000$ 个。通常在代谢强度大的细胞中线粒体的密度高；反之较低。如衰老或休眠的细胞，缺氧环境下的细胞，其线粒体数目明显减少。细胞中的线粒体既可被细胞质的运动而带动，也可自主运动移向需要能量的部位。

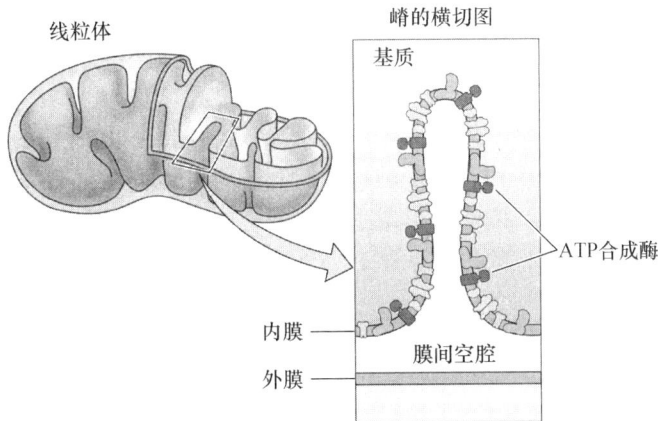

图1-8　线粒体的结构模式图

（Buchanan B B 等，2000）

线粒体由内、外两层膜组成。外膜（outer membrane）较光滑，厚度为 5～7nm。内膜（inner membrane）厚度也为 5～7nm，但在许多部位向线粒体的中心内陷形成片状或管状的皱褶，这些皱褶称为嵴（cristae），由于嵴的存在，使内膜的表面大大增加，有利于呼吸过程中的酶促反应。另外，在线粒体内膜的内侧表面有许多小的带柄颗粒，即 ATP 合成酶复合体，是合成 ATP 的场所。一般能量需要较多的细胞，除线粒体数目较多外，嵴的数目也多。

线粒体内膜与外膜之间空隙，宽约 8nm，称为膜间空间（intermembrane space），内含许多可溶性酶底物和辅助因子。内膜内侧空间充满着透明的胶体状态衬质，也称基质（matrix），基质的化学成分主要是可溶性蛋白质，还有少量 DNA（但和存在于胞核中的 DNA 不同，它是裸露的，没有结合组蛋白），以及自我繁殖所需的基本组分（包括 RNA，DNA 聚合酶，RNA 聚合酶，核糖体等）。由此反映出线粒体在代谢上具有一定的自主性。

（2）线粒体的功能

线粒体是进行呼吸作用的细胞器，为细胞各种生理活动提供能量，有细胞"动力站"之称。

1.3.1.3　内质网

（1）内质网的结构和类型

内质网（endoplasmic reticulum，ER）是交织分布于细胞质中的膜性囊腔系统，通常可占细胞膜系统的 1/2 左右。囊腔由两层平行排列的单位膜组成，膜厚约 5nm。在两层膜空间较宽的地方则往往形成囊泡状。内质网相互连通成的网腔，内与细胞核外被膜相连，外与质膜相连，穿插于整个细胞质中，与多种细胞器有结构和功能上的联系，并且还可通过胞间连丝与邻近细胞的内质网相连。

按内质网膜上有无核糖体把内质网分为两种类型，即粗糙型内质网（rough endoplasmic reticulum，RER）和光滑型内质网（smooth endoplasmic reticulum，SER），前者有核糖体附着，后者没有核糖体。这两种内质网是连续的，并且可以互相转变。如形成层细胞的内质网，冬季是光滑型的，夏季则是粗糙型的。可见，内质网形态变化是细胞代谢转变的一种适应。

（2）内质网的功能

①物质合成 粗糙型内质网大多为扁平囊状，靠近细胞核部位，其上的核糖体是蛋白质合成的场所。光滑型内质网功能更为复杂，参与糖蛋白的寡糖链及脂的合成等。

②分隔作用 内质网布满整个细胞质，因而既提供了细胞空间的支持骨架，起到细胞内的分室作用，使各种细胞器均处于相对稳定的环境，有序地进行着各自的代谢活动。

③运输、贮藏和通信作用 内质网形成了一个细胞内的运输和贮藏系统。它还可通过胞间连丝，成为细胞之间物质与信息的传递系统。另外，由内质网合成的造壁物质参与了细胞壁的形成。

1.3.1.4 高尔基体

（1）高尔基体的结构

高尔基体（golgi body）又称高尔基器（golgi apparatus）或高尔基复合体（golgi complex），由膜包围的盘形液囊垛叠（stack）而成。液囊呈扁平囊状，中央为平板状，与周围的小泡和管子相连，通常由3～12个液囊平叠在一起，形成高尔基体。囊的两边稍变曲，呈盘状凹面；两端伸展成管状并形成各种小泡。

（2）高尔基体的功能

①物质集运 高尔基体与细胞内及细胞间物质运转有关，与消化及分泌物质有关。蛋白质合成后输送到高尔基体暂时贮存、浓缩，然后送到相关部位。运输的过程可能是：内质网→高尔基体小泡→液泡（分泌液泡）。一些水解酶如 α-淀粉酶在粗糙型内质网上的核糖体合成后，进入内质网腔，输送至光滑内质网，然后形成小泡，传送至高尔基体形成面，在高尔基体中蛋白质浓缩成与膜结合的酶原颗粒（小泡）。这些颗粒移至细胞表面而释放出来。

②生物大分子的装配 高尔基体不仅是分泌多糖的地点，也是多糖生物合成的地点。在合成糖蛋白或糖脂类的碳水化合物侧链时，高尔基体也起一定作用。糖蛋白中的蛋白质先在核糖体合成，然后在高尔基体中把多糖侧链加上去。

③参与细胞壁的形成 在植物细胞中，高尔基体的一个重要作用是参与细胞板和细胞壁的形成。例如，组成细胞壁的糖蛋白就是从高尔基体分裂出的小囊泡运输到细胞表面，小囊泡与质膜融合把内容物释放出来，沉积于细胞壁。

④分泌物质 高尔基体除分泌细胞壁物质外，还分泌多种其他物质。陆生植物根尖最外层的根冠细胞常含许多膨胀的高尔基体。它们分泌多糖黏液，保护并润滑根尖，使之易于穿透坚硬的土层。食虫植物，如茅膏菜和捕虫草叶腺细胞的高尔基体分泌物能破坏寄生组织的酶等。

应提出的是，高尔基体与内质网在功能上具有最密切的关系，许多生理功能是由二者协同完成的，因此，在结构上二者常依附在一起。

1.3.1.5 溶酶体

（1）溶酶体的结构

溶酶体（lysosome）是由单层膜围绕，内含多种酸性水解酶类的囊泡状细胞器。溶酶体含有酸性磷酸酶、核糖核酸酶、糖苷酶、蛋白酶和酯酶等几十种酶。

(2)溶酶体的功能

①消化作用　溶酶体的水解酶能分解蛋白质、核酸、多糖、脂类以及有机磷酸化合物等物质，进行细胞内的消化作用。

②吞噬作用　溶酶体通过吞噬等方式消化溶解部分由于损裂等原因而丧失功能的细胞器和其他细胞质颗粒或侵入体内的细菌、病毒等，所得产物可以被再利用。

③自溶作用　在细胞分化和衰老过程中，溶酶体可自发破裂，释放出水解酶，把不需要的结构和酶消化掉，这种自溶作用在植物体中是很重要的。例如，许多厚壁组织、导管、管胞成熟时原生质体的分解消化，乳汁管和筛管分子成熟时部分细胞壁的水解以及衰老组织营养物质的再循环等都是细胞的自溶反应。

1.3.1.6　液泡

(1)液泡的结构

植物分生组织细胞含有许多分散的小液泡。随着细胞的生长，这些小液泡融合、增大，最后形成一个大的中央液泡(central vacuole)，它往往占细胞体积的90%。细胞质和细胞核则被挤到贴近细胞壁处。

(2)液泡的功能

①转运物质　液泡借单层的液泡膜(tonoplast)与细胞质相联系。植物细胞利用其液泡转运和贮藏营养物、代谢物和废物。

②吞噬和消化作用　液泡含有多种水解酶，通过吞噬作用，消化分解细胞质中外来物或衰老的细胞器，起到清洁和再利用作用。

③调节细胞水势　大多数植物细胞在生长时主要靠液泡大量积累水分，并通过膨压导致细胞壁扩张。中央液泡的出现使细胞与外界环境构成一个渗透系统，调节细胞的吸水机能，维持细胞的挺度。

④吸收和积累物质　液泡可以有选择性地吸收和积累各种溶质，如无机盐、有机酸、氨基酸、糖等。如甜菜根内的蔗糖主要贮存于液泡内；景天酸代谢植物叶肉细胞夜间形成的苹果酸也暂时存于液泡内。液泡膜存在质子泵(如 H^+ – ATPase)可调节 pH 值，以维持细胞正常代谢。液泡还汇集一些"代谢废物"、外来有害物质或者次生代谢物质，如重金属、单宁、色素、生物碱等。

⑤赋予细胞不同颜色　花瓣和果实的一些红色或蓝色等，常是花青素所显示的颜色。花青素的颜色随着液泡中的细胞液(cell sap)的酸碱性不同而变化，酸性时呈红色，碱性时呈蓝色。在实践中可用花青素的颜色变化作为形态和生理指标。有的叶面色素可屏蔽紫外线和可见光，防止光氧化作用对光合细胞器的伤害。具有色素的花瓣和果实分别用来吸引传粉者和种子传播者。

1.3.1.7　微体

(1)微体的结构和种类

微体(microbody)外有单层膜包裹，直径为 0.2~1.5μm，膜内衬质是均一的，或者是呈颗粒的，无内膜片层结构。根据功能不同，微体可分为过氧化物体和乙醛酸循环体，通常认为微体起源于内质网。在储油子叶的发育和衰老期间，发现了乙醛酸循环体和过氧化物体可互相转化。

（2）微体的功能

①过氧化物体与光呼吸　过氧化物体（peroxisome）含有乙醇酸氧化酶、过氧化氢酶等，所催化的反应参与光呼吸作用，因此，过氧化物体常位于叶绿体附近，且高光呼吸 C_3 植物叶肉细胞中的过氧化物体较多，而低光呼吸 C_4 植物的过氧化物体大多存在于维管束鞘薄壁细胞内。

②乙醛酸循环体与脂类代谢　乙醛酸循环体（glyoxysome）含乙醛酸循环酶类、脂肪酰辅酶A合成酶、过氧化氢酶、乙醇酸氧化酶等。其生理功能是糖的异生作用，即从脂肪转变成糖类。

1.3.2　微梁系统

真核细胞中的微管、微丝和中间纤维等都是由丝状蛋白质多聚体构成，没有膜的结构，互相联结成立体的三维网络体系，分布于整个细胞质中，起细胞骨架（cytoskeleton）的作用，统称为细胞内的微梁系统（microtrabecular system）。细胞骨架是细胞中的动态丝状网架，这个网架固定、引导、运输无数的大分子、大分子复合体和细胞器，并促进信号传导。

1.3.2.1　微管

（1）微管的结构

微管（microtubule）是由球状的微管蛋白（tubulin）组装成的中空管状结构，直径20～27 nm，长度变化很大，有的可达数微米（图1-9A）。微管的主要结构成分是由 α–微管蛋白与 β–微管蛋白构成的异二聚体。管壁上生有突起，通过这些突起（或桥）使微管相互联系或与其他部分如质膜、核膜、内质网等相连。

（2）微管的功能

微管在细胞分裂和细胞壁形成中有重要作用，具有保持细胞形态的功能。还参与细胞运动

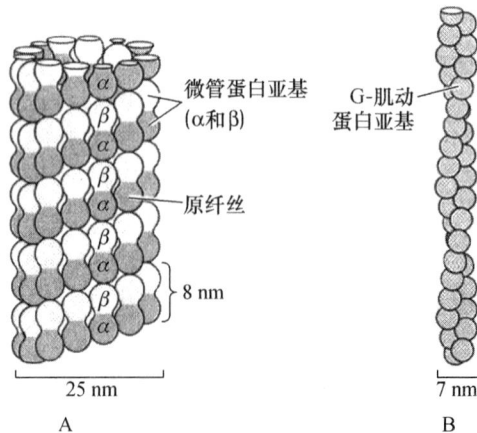

图1-9　微管和微丝的分子结构模型（Taiz 等，2006）

A. 微管，示13条原纤丝　B. 微丝

α，β 为微管蛋白

与细胞内物质运输，如纤毛运动、鞭毛运动以及纺锤体和染色体运动，协助各种细胞器完成它们各自的功能等。

1.3.2.2 微丝

（1）微丝的结构

微丝（microfilament）比微管细而长，直径为 4～6 nm，也有将其称为肌动蛋白纤维（actin filament），是由肌动蛋白（actin）构成的多聚体，呈丝状（图 1-9B）。微丝在植物细胞中有着广泛的分布：通常是成束地存在于细胞的周缘胞质（周质）中，其走向一般平行于细胞长轴；有的疏散成网状，与微管一起形成一个从核膜到质膜的辐射状的网络体系；在早前期微管带、纺锤体及成膜体中也有大量微丝存在。植物细胞的周质中，微丝与微管形成精确的平行排列，这二者之间还存在相互作用的关系。周质微管的破坏会引起周质微丝的重组；相反，微丝的破坏也引起微管的重组。

（2）微丝的功能

微丝的主要生理功能是为胞质运动提供动力。微丝可与质膜联结，参与和膜运动有关的一些重要生命活动，如巨噬细胞的吞噬作用、植物生长细胞的胞饮作用。微丝还与胞质物质运输、细胞感应等有关。

1.3.2.3 中间纤维

（1）中间纤维的结构

中间纤维（intermediate filament）是一类柔韧性很强的蛋白质丝，其成分比微丝和微管复杂，由丝状亚基（fibrous subunits）组成。不同种类的中间纤维有组织上的特异性，其亚基的大小，生化组成变化很大。中间纤维蛋白亚基合成后，游离的单体很少，它们首先形成双股超螺旋的二聚体，然后再组装成四聚体，最后组装成为圆柱状的中间纤维。

（2）中间纤维的功能

中间纤维可以从核骨架向细胞膜延伸，提供了一个细胞质纤维网，起支架作用，可使细胞保持空间上的完整性，并与细胞核定位、稳定核膜有关。中间纤维还参与细胞发育与分化。

1.3.3 微球系统

微球系统（microsphere system）包括细胞核内的核粒与细胞质中的核糖体，它们承担并控制着遗传信息的贮存、传递和表达等功能。

1.3.3.1 染色质与染色体

染色质（chromatin）是指间期细胞内由 DNA、组蛋白、非组蛋白及少量 RNA 组成的线状复合结构，是间期细胞遗传物质存在的形式。染色体（chromosome）是指细胞在有丝分裂或减数分裂过程中，由染色质聚缩而成的棒状结构。染色质与染色体是细胞核内同一物质在细胞周期中的不同表现形式。在染色质中，DNA 与组蛋白各占染色质重量的 30%～40%。在真核细胞的核内，组蛋白是一种碱性蛋白，制约着 DNA 的复制；非组蛋白含有较多的酸性氨基酸，其结构远比组蛋白复杂，具有种属及器官的特异性。染色质中的 RNA 或作为 DNA 开始复制时的引导物，或促使染色质丝保持折叠状态。碱性蛋白与 DNA 形成染色质的基本结构单位——核小体(nucleosome)。每个核小体包括 200 碱基对(base pair，bp)的 DNA 片段和 8 个组蛋白(碱性蛋白)分子。

1.3.3.2 核仁

核仁(nucleolus)是真核细胞间期核中最明显的结构，是细胞核中的一个或几个球状体，无界膜。核仁由 DNA，RNA 和蛋白质组成，还含有酸性磷酸酯酶、核苷酸磷酸化酶与 DNA 合成酶。核仁是 rRNA 合成和组装核糖体亚单位前体的工厂，参与蛋白质的生物合成，同时也对 mRNA 具有保护作用，以利于遗传信息的传递。

1.3.3.3 核糖体

核糖体(ribosome)又称核糖核蛋白体，无膜包裹，大致由等量的 RNA 和蛋白质组成，多分布于胞基质，呈游离或附于内质网上，少数存在叶绿体、线粒体及细胞核中。

核糖体由大小两个亚基组成。原核细胞核糖体的沉降系数为 70S，大亚基 50S，小亚基 30S。高等植物细胞质中核糖体的沉降系数为 80S，大亚基 60S，小亚基 40S。大小亚基各由多种蛋白质和相应的 rRNA 组成。

核糖体是蛋白质生物合成的场所。在这一复杂的合成过程中，核糖体既要选择所需的各种成分，如对 AA – tRNA 的选择识别，对多肽链的起始、延长、终止因子的选择识别；又要保持和移动 mRNA，这些功能都是由完整的核糖体中特定部位的蛋白质和 rRNA 完成的。

游离于胞基质中的核糖体往往成串相连，称为多聚核糖体(polysome)。其本质是一条 mR-NA 链上先后有多个核糖体结合，以合成同样的多肽链。多种因素(光、生长素、赤霉素、细胞分裂素及细胞发育时期)都可调节多聚核糖体的形成与解聚，直接影响到蛋白质合成的数量，以满足在特定条件或发育时期对某些蛋白质的需要。

原核细胞虽然分化简单，但却有核糖体，说明了核糖体在细胞生命活动中的重要性。值得注意的是，叶绿体和线粒体内核糖体的大小和分子构成与原核细胞的核糖体更为接近，而与真核细胞基质中的核糖体相差较远。

小 结

植物的基本物质主要有蛋白质、核酸、糖类、脂类、维生素、激素、水和无机盐等。植物体的基本生物分子可以相互转化，或者进一步转变为其他生物分子。也可以聚合成低聚物，乃至生物大分子。不同种类的生物大分子还可以进一步聚合成超分子复合体。

细胞是生物体结构和功能的基本单位，可分为原核细胞和真核细胞两大类。原核细胞简单，没有细胞核和高度分化的细胞器。

细胞壁由胞间层、初生壁、次生壁三层所构成，其化学成分主要是纤维素、半纤维素、果胶、蛋白质以及其他物质。细胞壁不仅是细胞的骨架与屏障，而且还在抗病抗逆、细胞识别分化等方面起积极作用。胞间连丝充当了细胞间物质与信息传递的通道。

　　磷脂双分子层组成了生物膜的基本骨架，其中镶嵌的各种膜蛋白，决定了膜的大部分功能。"流动镶嵌模型"是生物膜最流行的模型。生物膜的功能复杂多样，是细胞与周围环境物质的选择性吸收交换场所，并实现了细胞内区域化与细胞器之间相互联系的协同统一，生物膜还是生化反应的场所并具细胞识别、信息传递等功能。

　　微膜系统包括细胞的外周膜（质膜）和内膜系统。叶绿体和线粒体是植物细胞内能量转换的细胞器，它们与细胞核一样都具有双层膜。内质网内接核膜、外连质膜，甚至经胞间连丝与相邻细胞的内质网相连，参与细胞间物质运输、交换和信息传递。高尔基体则与内质网密切配合，参与多种复杂生物大分子与膜结构、壁物质与细胞器的形成。溶酶体与液泡都富含水解酶，参与物质分解与自溶反应，液泡还具贮藏、调控水分吸收、参与多种代谢的作用。过氧化物体是光呼吸的场所，乙醛酸循环体则为脂肪酸代谢所不可少的环节。

　　微梁系统包括微管、微丝、中间纤维等，构成了细胞骨架，是植物细胞的蛋白质纤维网架体系。它们维持细胞质的形态和内部结构，推动细胞器的运动，促进物质与信息的交流。

　　微球系统包括细胞核内的核粒与细胞质中核糖体，它们承担并控制着遗传信息的贮存、传递和表达等功能。

思考题

　　1. 名词解释

　　原核细胞　真核细胞　原生质体　细胞壁　胞间连丝　共质体　质外体　生物膜　内膜系统　细胞骨架　细胞器　微膜系统　微梁系统　微球系统　质体　线粒体　微管　微丝　内质网　高尔基体　液泡　溶酶体　核糖体

　　2. 试述细胞壁的结构特点与功能。

　　3. 胞间连丝有何功能？

　　4. 生物膜在结构上的特点与其功能有什么联系？

　　5. 高等植物细胞有哪些主要细胞器？这些细胞器的组成和结构特点与生物学功能有何联系？

　　6. 细胞的微膜系统、微梁系统和微球系统有何联系？

　　7. 试述流动镶嵌模型的要点。

　　8. 典型的植物细胞与动物细胞的最主要差异是什么？这些差异对植物生理活动有什么影响？

　　9. 为什么说真核细胞比原核细胞高级？

第2章 植物的生物大分子

2.1 糖 类

2.1.1 糖类的特性与功能

糖类化合物也称碳水化合物(carbohydrate)，是由 C，H，O 元素组成的多羟基醛类或多羟基酮类。糖类化合物是自然界分布最广、数量最多的有机化合物，存在于所有的动物、植物和微生物中。糖是生物体重要的能源和有机物碳架来源，在植物体内也是重要的结构物质。糖类化合物在生物体内的主要功能是：构成植物细胞结构，如作为细胞壁成分的纤维素、半纤维素等；为生物体提供生命活动所需能量来源；作为合成其他生命必需物质的原料，如为蛋白质和脂类物质的合成提供基本原料。

2.1.2 糖的种类

植物体内的糖类化合物按其组成分为单糖、寡糖和多糖。

2.1.2.1 单糖

单糖(monosaccharides)是最简单的糖，不能再被水解成更小的糖单位。按其所含碳原子数目分为丙糖、丁糖、戊糖和己糖等；根据其结构特点分为醛糖和酮糖(图 2-1)。任何单糖的构型都是由甘油醛及二羟丙酮派生的。生物体内常见的重要单糖见表 2-1。天然产物的单糖大多只存在一种构型，如葡萄糖、果糖、核糖等都是 D - 型的。

$$
\begin{array}{cc}
\text{CHO} & \text{CH}_2\text{OH} \\
| & | \\
\text{H—C—OH} & \text{C=O} \\
| & | \\
\text{CH}_2\text{OH} & \text{CH}_2\text{OH} \\
\text{D-甘油醛(醛糖)} & \text{二羟(基)丙酮(酮糖)}
\end{array}
$$

图 2-1 D - 甘油醛(醛糖)和
二羟(基)丙酮(酮糖)

表 2-1 常见的重要单糖

糖 名	存 在
L - 阿拉伯糖	多以结合态存在于半纤维素、树胶、果胶、细菌多糖中
D - 核糖	普遍存在于细胞中，为 RNA 的成分，也是一些维生素、辅酶的组成成分
D - 木糖	多以结合态存在于半纤维素、树胶、植物黏质中
D - 脱氧核糖	普遍存在于细胞中，为 DNA 的成分
D - 半乳糖	乳糖、蜜二糖、棉子糖、琼胶、黏质、半纤维素的组成成分
D - 葡萄糖	广泛分布于生物界，游离存在于水草与植物汁液、蜂蜜、血液、淋巴液、尿等中，同时也是许多糖苷、寡糖、多糖的组成成分

（续）

糖 名	存 在
D – 甘露糖	以结合糖存在于多糖或糖蛋白中
D – 果糖	游离存在为吡喃型，是糖类中最甜的糖，结合态为呋喃型，是蔗糖、果聚糖的组成成分
L – 山梨糖	维生素 C 合成的中间产物，在槐树浆果中存在
L – 岩藻糖	海藻细胞壁和一些树胶的组成成分，也是动物多糖的普遍成分
L – 鼠李糖	常为糖苷的组分，也为多种多糖的组分；在常春藤花叶中游离存在

自然界的戊糖、己糖都有两种不同的结构，一种是多羟基醛的开链形式，另一种是分子内反应而形成半缩醛环状形式。以葡萄糖为例，天然葡萄糖多以六元环即吡喃型葡萄糖形式存在。具有羰基和羟基的 D – (+) – 葡萄糖能在分子内的 C_1 和 C_5 之间作用，使分子封闭成环，产生一个六元环的半缩醛。结果 C_1 变成了一个新的手性碳原子，新形成的手性碳原子上的羟基（半缩醛羟基）与决定单糖构型的 C_5 上的羟基位于同一侧，则为 α – 型葡萄糖；不在同一侧的为 β – 型葡萄糖（图 2-2）。单糖的结构式还常用透视式来表示，它更能清楚地反映出糖分子空间构型的实际情况。如葡萄糖的透视式（图 2-3）。

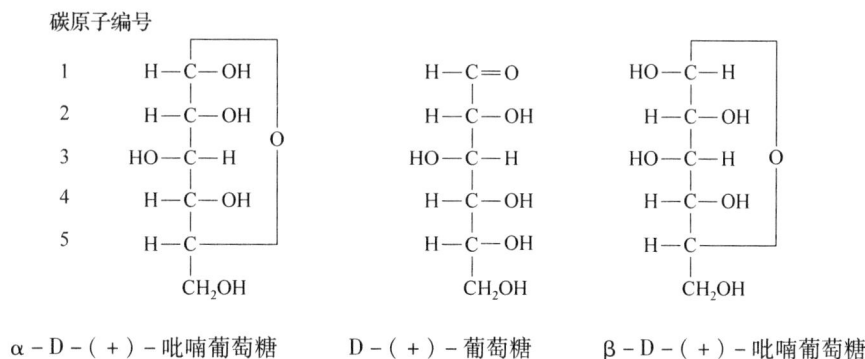

α – D – (+) – 吡喃葡萄糖   D – (+) – 葡萄糖   β – D – (+) – 吡喃葡萄糖

图 2-2　葡萄糖的两种不同结构（开链形式与半缩醛环状形式）

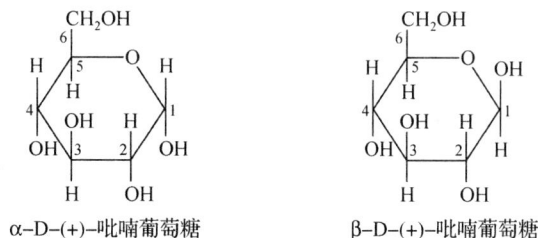

α–D–(+)–吡喃葡萄糖   β–D–(+)–吡喃葡萄糖

图 2-3　葡萄糖的透视式

2.1.2.2　寡糖

寡糖（oligosaccharides，oligose）是由 2 ~ 10 个单糖分子组成的聚合体，亦称低聚糖。自然界中常见的寡糖见表 2-2。重要的二糖（diose）有蔗糖、麦芽糖、乳糖等。蔗糖和乳糖的结构如图 2-4 所示。

表 2-2 常见寡糖的结构和来源

名　称	结　构	来　源
蔗 糖	α – 葡萄糖(1→2)β – 果糖	植物
麦芽糖	α – 葡萄糖(1→4)葡萄糖	淀粉水解产物
异麦芽糖	α – 葡萄糖(1→6)葡萄糖	淀粉水解产物
纤维二糖	β – 葡萄糖(1→4)葡萄糖	纤维素的酶水解产物
龙胆二糖	β – 葡萄糖(1→6)葡萄糖	龙胆根
海藻二糖	α – 葡萄糖(1→1)α – 葡萄糖	海藻及真菌
乳 糖	β – 半乳糖(1→4)葡萄糖	哺乳动物乳汁
蜜二糖	α – 半乳糖(1→6)葡萄糖	棉籽糖
软骨素二糖	β – 葡萄糖醛酸(1→3)半乳糖胺	软骨素组分
透明质二糖	β – 葡萄糖醛酸(1→3)葡萄糖胺	透明质酸
菊粉二糖	β – 果糖(2→1)果糖	菊粉组成
龙胆糖	β – 葡萄糖(1→6)α – 葡萄糖(1→2)β – 果糖	龙胆根
棉籽糖	α – 半乳糖(1→6)α – 葡萄糖(1→2)β – 果糖	甜菜、糖蜜、棉籽粉

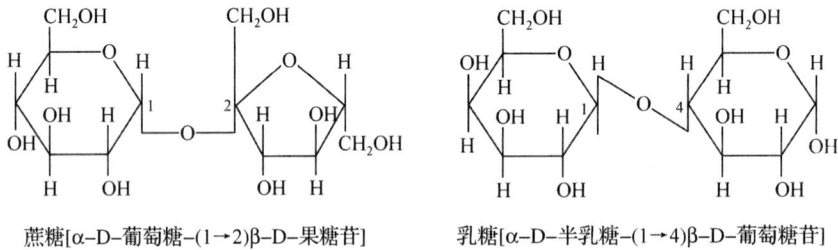

蔗糖[α–D–葡萄糖–(1→2)β–D–果糖苷]　　　乳糖[α–D–半乳糖–(1→4)β–D–葡萄糖苷]

图 2-4 蔗糖和乳糖的结构

2.1.2.3 多糖

多糖(polysaccharides)是一类天然高分子化合物，是由多个单糖分子缩合而成的高聚体。多糖中由相同单糖基组成的称同多糖(homopolysaccharides)，不相同的单糖基组成的称杂多糖(heteropolysaccharides)。常见的多糖有淀粉、果胶、纤维素、菊粉等。

(1)淀粉

淀粉(starch)是绿色植物能量的主要贮存形式。它在植物叶、茎、根和其他器官中的含量各不相同。含量最高的器官为禾谷类作物的籽粒和某些植物的块茎、块根。淀粉分直链淀粉和支链淀粉，前者系 α – (1,4) – 糖苷键的葡萄糖多聚糖，后者除含 α – (1,4) – 糖苷键外，在分支处为 α – (1,6) – 糖苷键(图2-5)。直链淀粉遇碘呈蓝色，支链淀粉遇碘呈紫色或红紫色。

(2)糖原

糖原(glycogen)主要存在于动物肝、肌肉中，是动物中的主要多糖，也称动物淀粉。与支链淀粉有类似结构，但分支更多。遇碘呈红紫色反应。

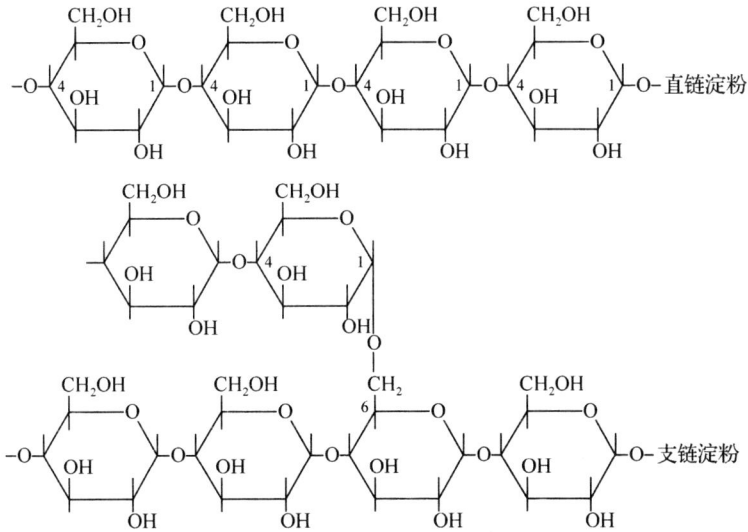

图 2-5 直链淀粉和支链淀粉的结构

（3）纤维素

纤维素（cellulose）是自然界最丰富的有机物，约占植物界碳含量的50%。它是植物的结构和骨架物质，为葡萄糖以 β -（1,4）- 糖苷键连接的多聚物（图 2-6）。

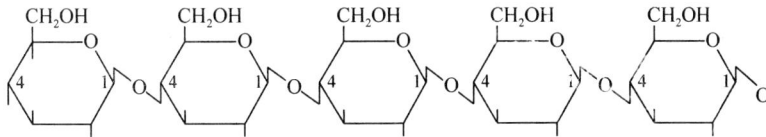

图 2-6 纤维素的结构

（4）果胶物质

果胶物质（pectic substances）主要存在于细胞中胶层及初生壁中，是半乳糖醛酸以 α -（1,4）- 糖苷键结合的长链，通常部分半乳糖醛酸以甲脂化状态存在。在果实成熟过程中，果胶水解使果实变软。

2.2 脂 类

2.2.1 脂类的特性与功能

2.2.1.1 脂类的特性和分布

脂类（lipids）是生物体内一大类重要的有机化合物，这类化合物虽在分子结构上有很大的差异，但它们有一个共同的性质——脂溶性。所谓脂溶性就是这类化合物不溶于水，而能溶于非极性有机溶剂（如氯仿、乙醚、丙酮、苯等）中。用这些有机溶剂可将脂类物质从细胞和组织中萃取出来。因此，脂类是具有脂溶性的一类化合物的总称。

生物体含有的脂类主要有脂肪、磷脂、糖脂和固醇等。和碳水化合物相似，脂类化合物也可作为贮藏物质存在于植物种子中。高等植物各科中 88% 以上的种子含有脂类，其中大约 3/4 的种子含有脂类而不含淀粉。植物体的各个部分，如花、茎、根、叶中，也都有一定量的脂类物质。

2.2.1.2　脂类的生物学功能

脂类广泛分布于植物细胞和组织中，具有重要的生物学功能，其主要功能如下：

(1) 作为能源物质

贮藏性的脂类是重要的能源，且能量高度集中，所占体积小。每克脂肪完全氧化时产生 389 kJ 能量，而糖仅为 172 kJ，即每克脂肪氧化所放出的能量为糖的 2 倍多。所以自然界中油料种子多，是一种适应性表现。油料作物种子的贮藏物以脂肪为主，当种子发芽时，脂肪氧化产生能量并转化为其他物质。

(2) 组成生物膜的重要成分

磷脂、糖脂、固醇是构成生物膜的重要物质。生物膜系统不仅构成了维持细胞内环境相对稳定的有高度选择性的半透性屏障，而且直接参与物质转运、能量转换、信息传递、细胞识别等重要生命活动。

(3) 作为植物体表面的保护层

参与这一作用的主要是蜡类。它们可以在植物体表面或种子、果实表面形成一层稳定、不透水但透气的保护层，起降低蒸腾、防止机械损伤、保持温度等作用。

(4) 作为生理活性物质如激素、维生素的前体物质

这主要是指一些萜类和甾醇类物质。此外，脂类还能促进人和动物对食物中脂溶性维生素及必需脂肪酸的吸收。

2.2.2　脂的种类

生物体内所含的脂类，按其化学组成和结构分为三大类：单纯脂质、复合脂质和非皂化脂质（图 2-7）。习惯上，把脂肪称为真脂，而把其他脂类化合物如磷脂、糖脂、蜡等统称为类脂。

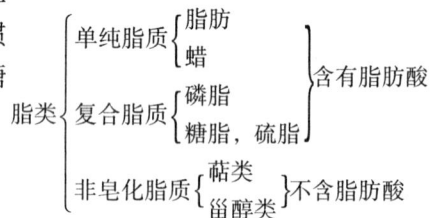

脂类 $\begin{cases} \text{单纯脂质} \begin{cases} \text{脂肪} \\ \text{蜡} \end{cases} \\ \text{复合脂质} \begin{cases} \text{磷脂} \\ \text{糖脂，硫脂} \end{cases} \\ \text{非皂化脂质} \begin{cases} \text{萜类} \\ \text{甾醇类} \end{cases} \end{cases}$ 含有脂肪酸 / 不含脂肪酸

图 2-7　脂类的分类

2.2.2.1　脂　肪

脂肪是甘油（glycerol）与三分子脂肪酸形成的甘油三酯，也称三酯酰甘油（triacylglycerol，TAG）。其结构通式如图 2-8 所示。式中 R_1，R_2，R_3 为脂肪酸的烃链，若相同则称单纯甘油酯，若不同则称混合甘油酯。天然脂肪多为混合甘油酯。脂肪酸（fatty acid，FA）一般是由一条线性的长碳氢链（疏水尾部）和一个末端羧基（亲水头部）组成的羧酸。碳氢链中不含双键的为饱和脂肪酸（saturated fatty acid），含双键的为不饱和脂肪酸（unsaturated fatty acid）。

在室温下，脂肪以液态和固态两种状态存在。一般称前者为油（oil），后者为脂（fat）。大多数植物油（如豆油、花生油）含不饱和脂肪酸比动物多，常温下是液态；动物油脂常温下是

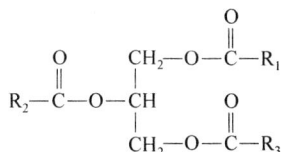

图 2-8 脂肪的结构通式

固态。高等植物体内的天然脂肪中，所含的脂肪酸多为偶数碳原子一元羧酸，有饱和脂肪酸和不饱和脂肪酸两大类。常见的天然脂肪酸见表 2-3。不同脂肪酸之间的区别主要在于碳氢链的长度、饱和与否及双键的数目和位置。

表 2-3 常见的天然脂肪酸(郭蔼光，1997)

习惯名称	简写符号	分子结构式	来 源
饱和脂肪酸			
月桂酸(lauric acid)	12:0	$CH_3(CH_2)_{10}COOH$	鲸油、椰子油
豆蔻酸(myristic acid)	14:0	$CH_3(CH_2)_{12}COOH$	豆蔻油、椰子油
软脂酸(棕榈酸)(palmitic acid)	16:0	$CH_3(CH_2)_{14}COOH$	各种动、植物油
硬脂酸(atearic acid)	18:0	$CH_3(CH_2)_{16}COOH$	各种动、植物油
花生酸(arachidic acid)	20:0	$CH_3(CH_2)_{18}COOH$	花生及其他植物
山萮酸(beheniec acid)	22:0	$CH_3(CH_2)_{20}COOH$	榆树种子油
掬焦油酸(lignoceric acid)	24:0	$CH_3(CH_2)_{22}COOH$	花生油、脑苷脂
蜡酸(cerotic acid)	26:0	$CH_3(CH_2)_{24}COOH$	蜂蜡、植物蜡
不饱和脂肪酸			
棕榈油酸(palmitoleic acid)	$16:1^{\triangle 9}$	$CH_3(CH_2)_5CH=CH(CH_2)_7COOH$	鱼肝油、棉籽油
油酸(oleic acid)	$18:1^{\triangle 9}$	$CH_3(CH_2)_7CH=CH(CH_2)_7COOH$	各种动植物油
亚油酸(linoleic acid)	$18:2^{\triangle 9,12}$	$CH_3(CH_2)_4CH=CHCH_2CH=CH(CH_2)_7COOH$	亚麻仁油、棉籽油
亚麻酸(linolenic acid)	$18:3^{\triangle 9,12\ 15}$	$CH_3CH_2CH=CHCH_2CH=CHCH_2CH=CH(CH_2)_7COOH$	亚麻仁油
花生四烯酸(arachidonic acid)	$20:4^{\triangle 5,8,11,14}$	$CH_3(CH_2)_4CH=CHCH_2CH=CHCH_2$ $CH=CHCH_2CH=CH(CH_2)_3COOH$	卵磷脂、脑磷脂

注：简写符号中在冒号(:)前边的表示碳原子数，后边的表示双键个数；△表示从羧基碳开始计数碳原子排列顺序。

2.2.2.2 类 脂

类脂主要有磷脂、糖脂、硫脂、非皂化脂质和蜡等。

(1)磷脂

磷脂(phosphoglyceride，phospholipid)具有重要的生物学功能，它是构成生物膜的重要物质，细胞中所含的磷脂几乎全部集中在细胞的膜系统中。磷脂包括许多组成不同的脂质。这些脂质具有一个共同的结构特点，即以磷脂酸为结构基础，它们的结构如图 2-9 所示。

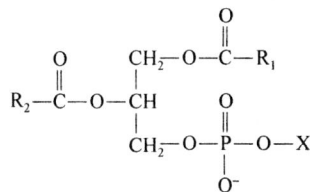

图 2-9 磷脂的结构通式

由结构式可以看出，甘油磷脂两条长的碳氢链（即 R_1，R_2）构成它的非极性尾部（nonpolar tail），其余部分构成它的极性头部（polar head），即磷脂为两性分子，这对膜结构中磷脂分子的分布、取向有重要意义。各类磷脂中以卵磷脂和脑磷脂分布最广，是大多数植物组织中的主要磷脂（表 2-4）。

表 2-4 主要的植物磷脂

化合物名称	X 基团
磷脂酸（phosphatidyl acid）	—H
磷酯酰胆碱（卵磷脂）（phosphatidyl choline）	$—CH_2CH_2N^+(CH_3)_3$
磷酯酰乙醇胺（脑磷脂）（phosphatidyl ethanolamine）	$—CH_2CH_2NH_2$
磷酯酰丝氨酸（phosphatidyl serine）	$—CH_2—\overset{\displaystyle }{CH}—NH_2$ 中 COO⁻
磷酯酰肌醇（phosphatidyl inositol，PI）	

(2) 糖脂和硫脂

糖脂（glycolipid）和硫脂（sulpholipid）是指含糖和硫酸的脂类，二者常存在于生物膜中。其中糖脂是指甘油酯中甘油分子上有一个羟基以糖苷键与糖相结合的产物。硫脂则是糖脂分子中的糖上又带一个硫酸根基团的脂类。

(3) 非皂化脂质和蜡

非皂化脂质大都不含脂肪酸，包括萜类（terpenoid）、固醇类（steroid）和其他烃类化合物。蜡（wax）是高级脂肪酸（$C_{12} \sim C_{32}$）与高级醇（$C_{26} \sim C_{28}$）或固醇形成的酯，常温下为不溶于水的固体。自然界中的蜡多为混合物，例如，植物蜡就是蜡脂类、烃类及烃类含氧衍生物的混合物。蜡往往在植物表面形成一薄层，起保护作用。

2.3 核 酸

2.3.1 核酸的种类和功能

2.3.1.1 核酸的种类和分布

核酸（nucleic acid）是生物大分子，它是由许多核苷酸单元按一定顺序连接所组成的多核苷酸。根据核苷酸单元中的糖组分不同，核酸分为脱氧核糖核酸（deoxyribonucleic acid，DNA）和核糖核酸（ribonucleic acid，RNA）两大类。核酸存在于各种动物、植物和微生物中；病毒中仅含 DNA 或 RNA。

DNA 主要分布在真核细胞的细胞核中，占细胞 DNA 总量的 98% 以上，并与组蛋白结合构成染色体，染色体中 DNA 和组蛋白的含量约等量。真核细胞的线粒体和叶绿体也含有 DNA，这些细胞器中的 DNA 不与组蛋白结合，其分子比染色体 DNA 小得多。不同种类生物细胞核中的 DNA 含量差别很大，同种生物不同组织的体细胞的细胞核 DNA 含量却都相同，而性细胞的细胞核中其 DNA 含量只相当于体细胞核中的 1/2。

RNA 主要分布在细胞质中，占细胞 RNA 总量的 90%；在细胞核中含量较少，约 10%，主要集中于核仁。此外，叶绿体和线粒体内也含有少量的 RNA。根据生物学功能不同，RNA 又分为信使 RNA（messenger RNA，mRNA）、转移 RNA（transfer RNA，tRNA）和核糖体 RNA（ribosomal RNA，rRNA）3 类。

2.3.1.2 核酸的功能

(1) DNA 是遗传物质，是遗传信息的载体

核酸的研究已有逾 100 年历史。早在 1868 年，瑞士科学家米歇尔（J. F. Miescher）从外科绷带的脓细胞核中分离出一种含磷、氮量均很高的酸性有机物，称为核素（nuclein），即今天所说的脱氧核糖核酸与蛋白质的复合物。1889 年阿尔特曼（R. Altmann）得到了纯核酸，但此后很长一段时间核酸的研究一直未引起人们重视。直到 1944 年，艾弗里（Avery）等人通过细菌转化实验直接证实了 DNA 的遗传功能。经过多年研究，确定 DNA 是生物的主要遗传物质，是遗传信息的载体。任何一个生物体细胞都具有发育成完整有机体的全套遗传信息。基因（gene，遗传的最小功能单位）就是 DNA 分子的一个片段。

(2) RNA 在蛋白质生物合成中起重要作用

基因功能的表达是以蛋白质的形式体现出来的。"一个基因一条多肽链"是现代遗传学中极重要的基本概念。3 种 RNA 在蛋白质合成中起着重要作用，其中 mRNA 转录 DNA 上的遗传信息并指导蛋白质的生物合成，所以称 mRNA 为信使 RNA。tRNA 在蛋白质合成中起着运输氨基酸的作用，即将氨基酸按照 mRNA 链上的密码所决定的氨基酸顺序转移至蛋白质合成场所——核糖体。rRNA 与蛋白质结合在一起形成核糖体，作为蛋白质的合成场所。此外，RNA 还有多方面的功能，有些参与基因表达的调控，有些具有生物催化作用，而在 RNA 病毒中的 RNA 本身就是遗传物质。

2.3.2 核苷酸

核酸是一种线形或环形的多聚核苷酸（polynucleotide），它的基本构成单位是核苷酸（nucleotide）。核苷酸还可以进一步分解成核苷（nucleoside）和磷酸（phosphate，Pi）。核苷再进一步分解生成含氮碱基（nitrogenous base）和戊糖（pentose）。碱基分为两大类：嘌呤碱（purine bases，Pu）和嘧啶碱（pyrimidine bases，Py）。所以核酸由核苷酸组成，而核苷酸又由碱基、戊糖和磷酸组成。

(1) 戊 糖

RNA 和 DNA 两类核酸是因所含戊糖不同而分类的。RNA 中的戊糖为 β－D－核糖（ribose），DNA 中的戊糖为 β－D－2′－脱氧核糖（deoxyribose）。其结构式如图 2-10 所示。

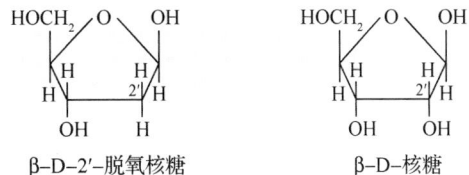

(2) 嘌呤碱和嘧啶碱

两类核酸所含的碱基都是 4 种，其中嘌呤碱完

β–D–2′–脱氧核糖　　　β–D–核糖

图 2-10　β－D－2′－脱氧核糖与 β－D－核糖

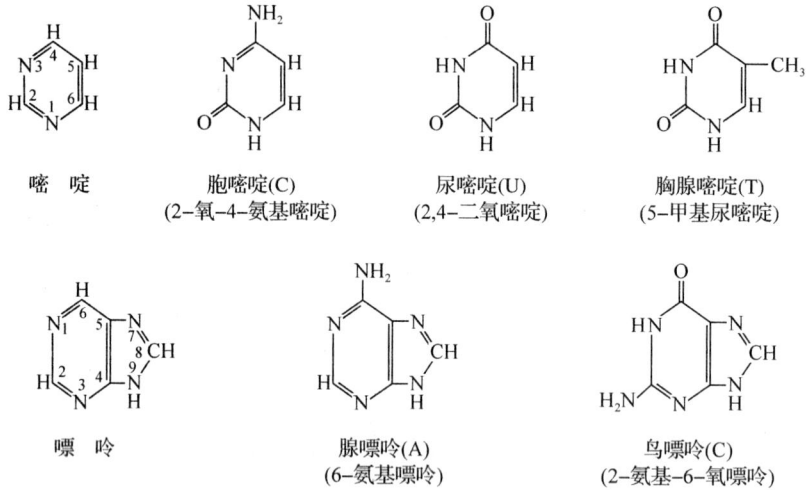

图 2-11 嘌呤碱和嘧啶碱结构式

全相同，即腺嘌呤（adenine，Ade，A）和鸟嘌呤（guanine，Gua，G）；而嘧啶碱不完全相同，RNA 中是胞嘧啶（cytosine，Cyt，C）和尿嘧啶（uracil，Ura，U），DNA 中是胞嘧啶和胸腺嘧啶（thymine，Thy，T）。

图 2-11 是嘌呤碱和嘧啶碱的结构式。嘌呤环和嘧啶环上各原子的编号是目前国际上普遍采用的统一编号。括弧中大写字母 A，G，T，C，U 为各碱基的代号。

(3) 核 苷

核苷是核糖或脱氧核糖与嘌呤碱或嘧啶碱生成的糖苷。在核苷分子中，糖上的原子编号为 $1'$，$2'$，$3'$，$4'$，$5'$，以区别碱基上的原子编号 1，2，3，4，5……糖的 C_1' 与嘧啶碱的 N1 或 N9 相连接，即戊糖与碱基之间的连键是 N—C 糖苷键，核酸分子中的糖苷键均为 β - 糖苷键。核苷可以分为核糖核苷和脱氧核糖核苷两大类。腺嘌呤核糖核苷与胞嘧啶脱氧核糖核苷的结构式如图 2-12 所示。核糖核苷的代号与相应的碱基相同。脱氧核糖核苷的代号在碱基前加"d"，如 dA，dG，dC，dT 等。

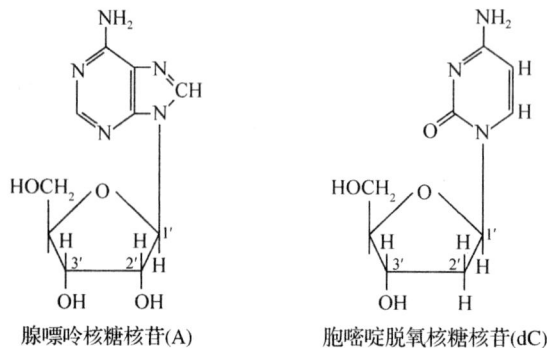

图 2-12 腺嘌呤核糖核苷（A）与胞嘧啶脱氧核糖核苷（dC）的结构式

(4)核苷酸类型

核苷酸是核苷的磷酸酯,它是由核苷中戊糖上羟基被磷酸酯化而成。生物体内存在的核苷酸均是 5′-核苷酸,即核苷中戊糖上 5′-羟基与磷酸形成的磷酸酯。鸟苷酸与脱氧胸苷酸的结构式如图 2-13 所示。

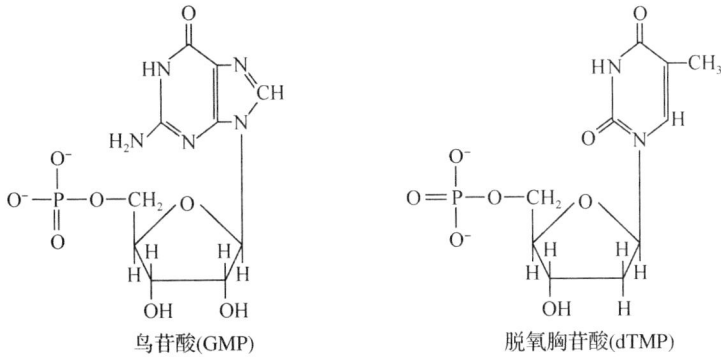

鸟苷酸(GMP)　　脱氧胸苷酸(dTMP)

图 2-13　鸟苷酸(GMP)与脱氧胸苷酸(dTMP)的结构式

核苷单磷酸(nucleoside monophosphate,NMP。注:N 代表 A,T,C,G 和 U 中的任何一种,下同。)还可以进一步磷酸化而生成核苷二磷酸和核苷三磷酸,例如,腺苷酸(adenosine monophosphate,AMP),又称腺一磷,可进一步形成腺苷二磷酸(adenosine diphosphate,ADP,腺二磷)和腺苷三磷酸(adenosine triphosphate,ATP,腺三磷),ADP 和 ATP 含有高能磷酸键,它们在能量转换中起十分重要的作用。腺苷酸也是构成多种辅酶的成分,如辅酶 I(NADH)、辅酶Ⅱ(NADPH)、黄素腺嘌呤二核苷酸(FADH$_2$)分子中均含有腺苷酸。核苷酸还可以环化形成环化核苷酸,如 3′,5′-环腺苷酸(cyclic AMP,cAMP)和 3′,5′-环鸟苷酸(cyclic GMP,cGMP),这两种环化核苷酸在细胞的代谢调节中起重要作用。图 2-14 示 ATP,ADP,AMP 及 cAMP 的结构。核酸的组成成分列于表 2-5。

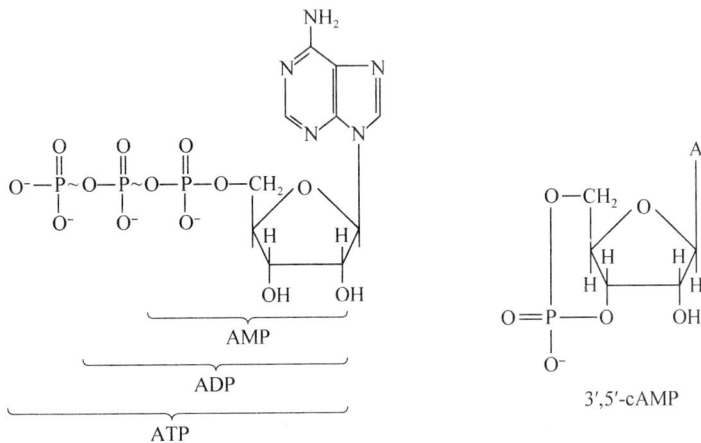

3′,5′-cAMP

图 2-14　ATP,ADP,AMP 及 cAMP 的结构

表 2-5　核酸的组成成分

核　酸	戊　糖	碱　基	核　苷	核苷酸全称	简　称	代号
RNA	D－核糖	腺嘌呤	腺苷	腺嘌呤核苷酸	腺苷酸	AMP
		鸟嘌呤	鸟苷	鸟嘌呤核苷酸	鸟苷酸	GMP
		胞嘧啶	胞苷	胞嘧啶核苷酸	胞苷酸	CMP
		尿嘧啶	尿苷	尿嘧啶核苷酸	尿苷酸	UMP
DNA	D－2′－脱氧核糖	腺嘌呤	脱氧腺苷	腺嘌呤脱氧核苷酸	脱氧腺苷酸	dAMP
		鸟嘌呤	脱氧鸟苷	鸟嘌呤脱氧核苷酸	脱氧鸟苷酸	dGMP
		胞嘧啶	脱氧胞苷	胞嘧啶脱氧核苷酸	脱氧胞苷酸	dCMP
		胸腺嘧啶	脱氧胸苷	胸腺嘧啶脱氧核苷酸	脱氧胸苷酸	dTMP

2.3.3　核酸的结构

2.3.3.1　核酸中核苷酸的连接方式

核酸是生物大分子，它是由许多核苷酸按一定的顺序排列连接而成的，很多实验证明 DNA 和 RNA 都是没有分支的多核苷酸长链。链中每个核苷酸的 3′－羟基和相邻核苷酸戊糖上的 5′－磷酸相连。因此，核苷酸间的连接键是 3′, 5′－磷酸二酯键（3′, 5′－phosphodiester bond），由相间排列的戊糖和磷酸构成核酸大分子链（图 2-15）。

核酸大分子或多核苷酸片段有两个末端，一个末端的核苷酸所含戊糖的 C3′不与其他核苷酸相连，这一端称为 3′－端；而另一端的核苷酸所含戊糖的 C5′不与其他核苷酸相连，则称为 5′－端。多核苷酸链常用国际通用简化方式表达如图 2-14 所示。可用线条式表示法，图中垂直线表示戊糖的碳链，A，G，C，T 表示不同的碱基，P 代表磷酸基，由 P 引出的斜线一端与 C3′相连，另一端与 C5′相连，代表两个核苷酸之间的 3′, 5′－磷酸二酯键。也可用字母式缩写，P 在碱基左侧，表示 P 在 C5′位置上，P 在碱基右侧，表示 P 与 C3′相连。有时多核苷酸链中表示磷酸二酯键的 P 也可省略，但一般末端核苷酸的 P 不省略；最简化的表示法连 P 也省略。各种简化式的读向均是从左到右，所表示的碱基顺序是从 5′－端到 3′－端。若表示双链核酸的两条链为反平行式，同时描述两条链的结构时必须注明每条链的走向。

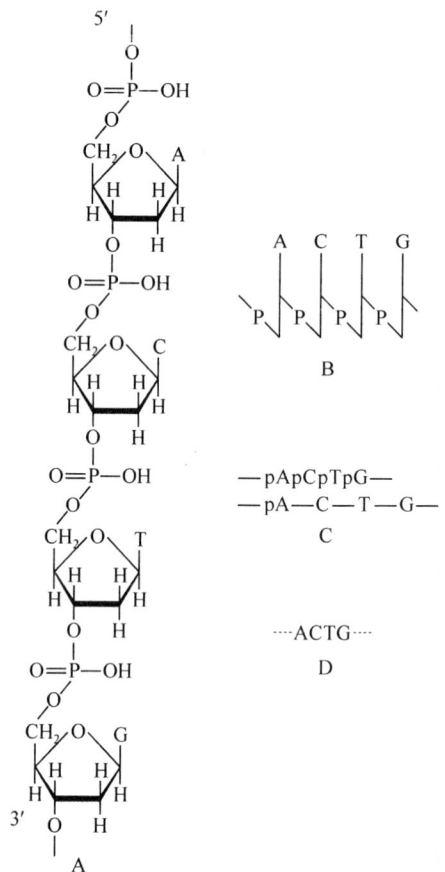

图 2-15　多核苷酸链的表示方法
A. 表示 DNA 片段的化学式
B. DNA 片段的线条式缩写　C，D. 两种文字式缩写

2.3.3.2 DNA 的分子结构

(1) DNA 的碱基组成

在 DNA 分子中含有 4 种碱基,即腺嘌呤、鸟嘌呤、胞嘧啶和胸腺嘧啶。Chargaff 对不同来源的 DNA 分析表明,其碱基组成都有下列共同规律:①所有生物体内,DNA 分子中的腺嘌呤与胸腺嘧啶的摩尔数相等,即 A = T;鸟嘌呤与胞嘧啶的摩尔数相等,即 G = C;因此,同种生物 DNA 分子中嘌呤碱摩尔数与嘧啶碱摩尔数相等,即 A + G = C + T。这称作碱基当量定律。②不同生物其 A/G 和 T/C 比值差别较大,因此(A + T)/(G + C)的比率不同。这称作不对称比率(dissymmetry ratio)。这两个重要的结论统称为 Chargaff 定律(Chargaff rules)。

(2) DNA 的一级结构

DNA 是一类非常复杂的生物大分子,由 dAMP,dGMP,dCMP,dTMP 4 种脱氧核苷酸通过 3′,5′-磷酸二酯键连接成的长链分子,每一 DNA 分子由几千个至几千万个脱氧核苷酸组成。DNA 的一级结构(primary structure)就是指 DNA 链中脱氧核苷酸的连接方式和排列顺序。

(3) DNA 的二级结构(secondary structure)

根据 X-射线衍射图化学分析结果,沃森(Watson)和克里克(Crick)于 1953 年提出了著名的 DNA 双螺旋(double helix)结构模型(图 2-16)。这对核酸的生物学功能研究起了极大的推动作用,为现代分子生物学和分子遗传学奠定了基础。

双螺旋结构模型的要点:

①DNA 分子由两条反向平行(antiparallel)的多核苷酸链构成双螺旋结构。一条链的走向为

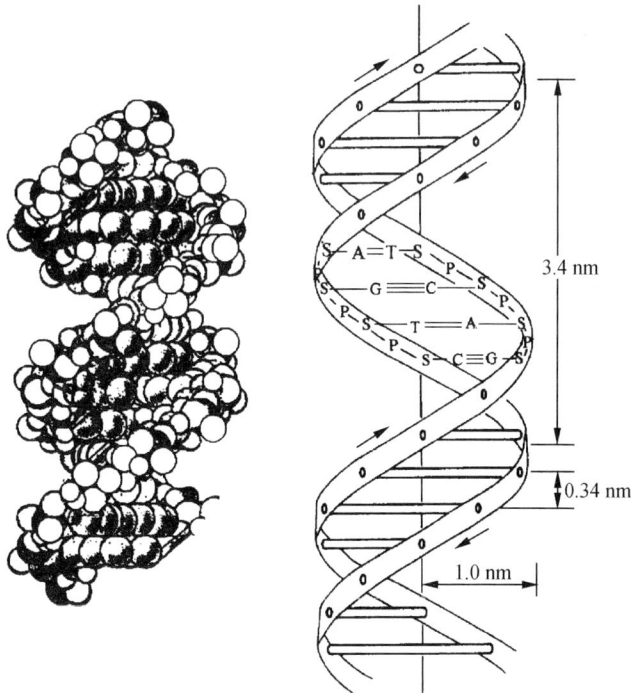

图 2-16 DNA 双螺旋结构模型

5′ – 端到 3′ – 端，另一条链的走向为 3′ – 端到 5′ – 端。两条链围绕同一个"中心轴"形成右手螺旋。

②嘌呤碱和嘧啶碱层叠于螺旋内侧，碱基平面与纵轴垂直，碱基之间的堆积距离为 0.34 nm。磷酸与脱氧核糖在外侧，彼此之间通过磷酸二酯键连接，形成 DNA 的骨架。糖环平面与中轴平行。

③双螺旋的直径为 2 nm，顺轴方向每隔 0.34 nm 有一个核苷酸，两个核苷酸之间的夹角为 36°，因此，沿中心轴每旋转一周有 10 对核苷酸。

④一条多核苷酸链上的嘌呤碱基与另一条链上的嘧啶碱基以氢键相连，按碱基互补原则（A = T，G = C）连接，A 与 T 之间形成 2 个氢键（hydrogen bond），G 与 C 之间形成 3 个氢键。因此，DNA 的一条链为另一条链的互补链。碱基堆积力（base stacking force）和氢键使双螺旋结构十分稳定。

以上双螺旋结构模型的生物学意义是它可以解释生物遗传变异、复制、转录等过程。

(4) DNA 的三级结构 (tertiary structure)

双链 DNA 多数为线形，少数为环形。环状的双螺旋 DNA 可进一步扭曲成超螺旋结构，超螺旋（superhelix）是 DNA 三级结构上的一种常见形式（图 2-17）。

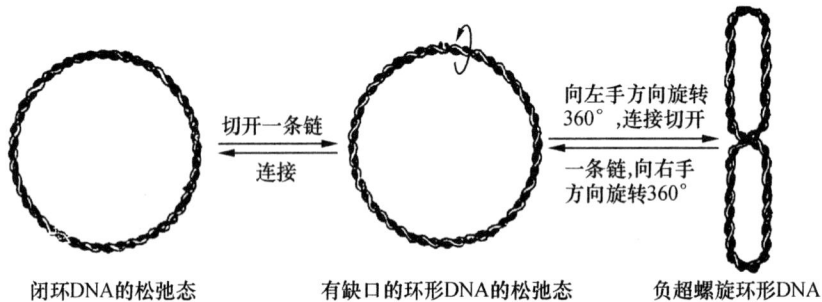

图 2-17　环形 DNA 的负超螺旋与其松弛态的相互转变

2.3.3.3　RNA 的分子结构

(1) RNA 的一级结构

组成 RNA 的基本单位是 AMP，GMP，CMP 和 UMP。这些核苷酸通过磷酸二酯键连接起来，形成多核苷酸链，多核苷酸链中核苷酸的排列顺序即为 RNA 的一级结构。RNA 的碱基组成不像 DNA 那样有严格的规律。

(2) RNA 的空间结构

根据 RNA 的某些理化性质和 X 射线分析证明，大多数天然 RNA 分子是一条单链，其中所含核苷酸总数在几十个至数千个。多核苷酸链可发生自身回折，使可以配对的碱基相遇，而由 A 与 U，G 与 C 之间的氢键连接起来，构成 DNA 那样的双螺旋；不能配对的碱基则形成环状突起。tRNA 的二级结构研究得比较清楚，为"三叶草"形，也称 tRNA 的三叶草形二级结构模型（图 2-18A）。

高纯度 tRNA 晶体 X 射线衍射分析结果表明，三叶草形二级结构的 tRNA 在空间可以进一

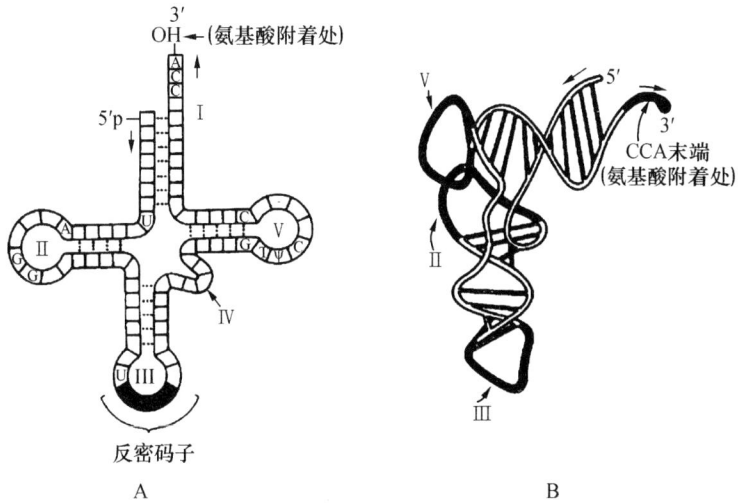

图 2-18 tRNA 的立体结构示意

A. tRNA 三叶草形二级结构通式，虚线为链内氢键 B. 大肠杆菌苯丙氨酸 – tRNA 的倒 L 形三级结构模式图
Ⅰ. 氨基酸臂 Ⅱ. 二氢尿嘧啶环 Ⅲ. 反密码环 Ⅳ. 可变环 Ⅴ. TΨC 环

步扭曲形成倒 L 形的三级结构，图 2-18B 是人们公认的一种 tRNA 的三级结构模式。

2.3.4 核酸的性质

2.3.4.1 核酸的一般理化性质

核酸和组成核酸的核苷酸既有碱性基团，又有酸性基团，所以都是两性电解质，因磷酸酸性强，通常表现酸性。

提纯的 DNA 为白色纤维状固体，RNA 为白色粉末，两者都微溶于水，不溶于一般有机溶剂。因此通常用加入乙醇使溶液中核酸沉淀下来的方法，对核酸进行分离纯化。

核酸的水溶液具有很高的黏度。DNA 是极细长的线形分子，所以其极稀的溶液也有很大的黏度。RNA 的黏度比 DNA 的黏度小得多。

D – 核糖与浓盐酸、$FeCl_3$ 和苔黑酚（甲基间苯二酚）共热产生绿色；D – 2′ – 脱氧核糖核酸、二苯胺一同加热产生蓝色。可利用这两种糖的特殊颜色反应区别 RNA 和 DNA 或作为二者定量测定的基础。也可通过消化法，将有机磷全部变成无机磷，再通过磷钼酸铵显色反应测定磷的含量来计算核酸的含量。

2.3.4.2 核酸的紫外吸收性质

由于核酸分子中的嘌呤碱和嘧啶碱具有共轭双键，能强烈吸收紫外光，DNA 在 260 nm 附近有一最大吸收峰，在 230 nm 处有一低谷（图 2-19）。RNA 和 DNA 的吸收曲线大致相同。核酸对波长为 260 nm 的紫外光呈现的最大吸收以吸光率（absorbance）A_{260} 表示，不同的核苷酸在 260 nm 处有不同的吸收值，而蛋白质的最大吸收值在 280 nm 处，因此可以利用紫外吸收特性定性和定量测定核酸和核苷酸或区别蛋白质。核酸的紫外吸收值常比其各核苷酸成分的吸收值之和少 30% ~ 40%，这是由于在有规律的双螺旋结构中碱基紧密堆积在一起造成的。当双

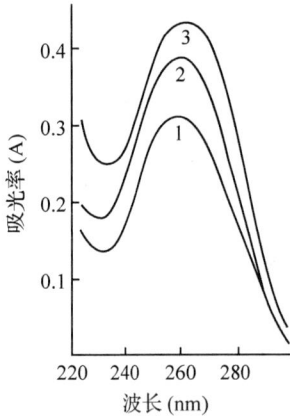

图 2-19 DNA 的紫外吸收光谱

1. 天然 DNA 2. 变性 DNA 3. 核苷酸总吸收值

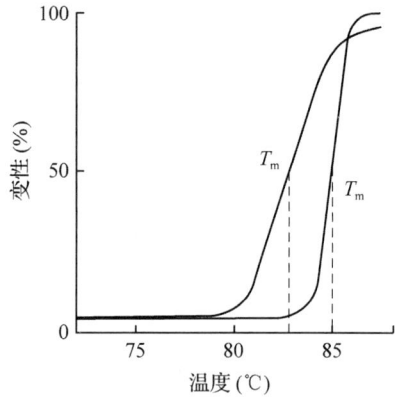

图 2-20 DNA 的熔点

股螺旋解开，碱基充分外露时，紫外吸收值增加。所以核酸紫外吸收值的变化，能反映出核酸双螺旋结构的破坏和恢复，因而可用它来作为核酸变性与复性的指标。

2.3.4.3 核酸的变性与复性

（1）变性

核酸的变性（denaturation）是指核酸中氢键断裂，双螺旋结构解开，变成无规则线团的过程。变性并不涉及共价键的断裂。引起变性的因素有高温、强酸、强碱、有机溶剂（乙醇、丙酮等），一些变性剂如脲、盐酸胍、水杨酸以及射线等。核酸变性后，其生物活性丧失，黏度下降，对紫外光的吸收（A260）显著增强，这种现象称为增色效应（hyperchromic effect）。DNA变性的特点是爆发式的，变性作用发生在一个很窄的温度范围内，通常把热变性过程中紫外吸收达到最大吸收（完全变性）1/2（双螺旋结构失去 1/2）时的温度称为 DNA 的熔点（melting point）或解链温度（melting temperature，T_m）。DNA 的 T_m 值一般在 70 ~ 90℃（图 2-20），T_m 值与DNA 碱基组成有关。鸟嘌呤和胞嘧啶含量越多的 DNA 其 T_m 值越高，反之则越低。这是因为G—C 碱基对（base pair，bp）中含有 3 个氢键，而 A—T 碱基对中只有两个氢键。

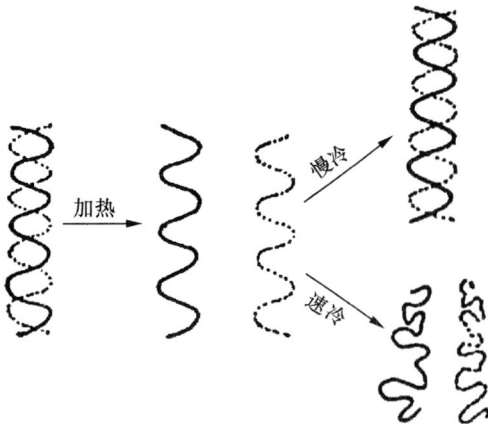

图 2-21 DNA 在溶液中的变性及复性

（2）复性

DNA 热变性时，双螺旋的两条链分开，如果将此 DNA 溶液迅速冷却，两条单链则继续保持分开。但是，如果缓慢冷却至室温（称为"退火"处理），则两条彼此分开的单链重新合成双螺旋结构，这个过程称为核酸的复性（renaturation）（图 2-21）。复性后 DNA 的一系列性质得到恢复，紫外吸收值减低，这种现象称为减色效应（hypochromic effect）。DNA 片段越大，复性越慢；DNA 浓度越大，复性越快。

不同来源的 DNA，如果彼此间核苷酸顺序互补，则复性时会变成杂交分子(hybrid duplexes)，这种杂交分子形成过程称为分子杂交(molecular hybridization)。分子杂交不仅可以形成 DNA - DNA 杂交分子，甚至还可形成 DNA - RNA 杂交分子。在研究核酸的结构和功能时，常使用分子杂交技术。

2.4　蛋白质

蛋白质(protein)是一切生物细胞和组织的主要组成部分，是生命活动的物质基础。例如，在细胞核中蛋白质与 DNA 构成染色体；在质膜、核膜、叶绿体膜、线粒体膜、内质网中蛋白质与脂类构成生物膜；在核糖体中，蛋白质与 RNA 结合在一起。从细胞的有丝分裂、发育、分化到光合作用、物质的运输、转化及植物细胞内的各种运动和化学变化，都与蛋白质有关。如代谢反应是在酶的催化下进行的，而绝大多数酶的化学本质是蛋白质。细胞的分裂、分化实质上是遗传信息通过蛋白质合成来表达的。

所有蛋白质都含 C，H，O，N 4 种主要元素及少量的 S，有的还含有 P，Fe，Cu，Mn，Zn，Co，Mo，I 等。前 5 种元素含量大致为 C 50% ~ 55%，H 6% ~ 8%，O 20% ~ 30%，N 15% ~ 18%，S 0 ~ 4%。各种蛋白质的含氮量很接近，约为 16%，且该元素容易用凯氏(Kjeldahl)定氮法进行测定，故蛋白质的含量可由试样中氮的含量乘以系数 6.25(100/16)计算出来，用此法测定的蛋白质含量称为粗蛋白含量。更精确计算时，系数 6.25 可由下述数据代替：大米 6.0；花生种子 5.96；麦类与大豆种子 5.7；油料种子 5.3；谷饼和油料饼 5.4 ~ 5.8。

2.4.1　氨基酸

蛋白质是一类含氮的生物高分子，分子质量从 6000 到 1 000 000 Da(dalton，Da)或更大；用酸、碱或蛋白酶处理，可将蛋白质彻底水解，得到各种氨基酸。因此，氨基酸是蛋白质的基本构成单位。

2.4.1.1　氨基酸的结构通式

氨基酸(amino acid，AA)是含有氨基的羧酸。构成蛋白质的氨基酸常见的共有 20 种，除脯氨酸为 α - 亚氨基酸外，其余均为 α - 氨基酸，即羧酸分子中 α - 碳原子上的一个氢原子被氨基取代。其结构可用以下通式表示(图 2-22)。

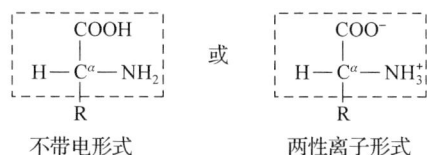

$$\begin{array}{ccc} \text{COOH} & & \text{COO}^- \\ | & & | \\ \text{H}-\text{C}^\alpha-\text{NH}_2 & \text{或} & \text{H}-\text{C}^\alpha-\text{NH}_3^+ \\ | & & | \\ \text{R} & & \text{R} \\ \text{不带电形式} & & \text{两性离子形式} \end{array}$$

图 2-22　氨基酸的结构通式

通式中 R 为 α - 氨基酸的侧链，方框内的基团为各种氨基酸的共同结构，因而各种氨基酸在结构上的差异均表现在 R 基团上。从结构通式可以看出，除 R 为氢原子的甘氨酸外，其他 α - 氨基酸分子中的 α - 碳原子都为不对称碳原子，即这个碳原子上所连接的为 4 个不相同的基团或原子。这 4 个不同的基团或原子可以有两种不同的空间排列方式，它们彼此是一种不能

CHO	COOH	CHO	COOH
HO—C—H	H₂N—C—H	H—C—OH	H—C—NH₂
CH₂OH	R	CH₂OH	R
L–甘油醛	L–氨基酸	D–甘油醛	D–氨基酸

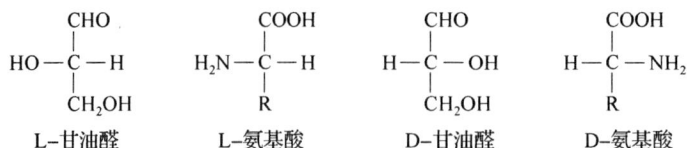

图 2-23　甘油醛与氨基酸的 L – 型和 D – 型表示法

叠合的物体与镜像的关系，或左右手关系，两者互为对映的异构体。这两种对映体以甘油醛为标准，定为 L – 型和 D – 型。写结构式时，—COOH 写在上端，—NH₂（与甘油醛的—OH 相比）写在左边的为 L – 型，—NH₂写在右边的为 D – 型（图 2-23）。

除甘氨酸外，所有 α – 氨基酸都因有不对称碳原子而具旋光性，能使偏振光向左或向右旋转，分别用（ – ）和（ + ）表示。

必须指出，旋光方向与 D，L 构型（configuration）没有直接的对应关系。例如，多种 L – 型氨基酸中有的为左旋，有的为右旋，即使同一种 L – 型氨基酸，在不同溶液中测定时，其比旋光值和旋光方向也会不同。

从蛋白质水解得到的 α – 氨基酸都属于 L – 型氨基酸，所以习惯上书写氨基酸时都不标明构型和旋光方向。虽然蛋白质组成成分中没有 D – 型氨基酸，但在一些微生物和植物的某些肽中含有 D – 型氨基酸，如某些细菌产生的抗菌素中就含有 D – 型氨基酸。

2.4.1.2　氨基酸的分类

根据组成蛋白质的 20 种氨基酸侧链基团的极性将氨基酸分为两大类：非极性氨基酸（nonpolar amino acid）（疏水氨基酸）和极性氨基酸（polar amino acid）（亲水氨基酸）。极性氨基酸又根据它们在 pH 6～7 范围内是否带电区分为：极性不带电荷的非解离的氨基酸；极性带负电的氨基酸（酸性氨基酸）；极性带正电的氨基酸（碱性氨基酸）。它们的名称、符号和结构式见表 2-6。

组成蛋白质的氨基酸也可根据氨基酸分子中 R 基团的化学结构，分为脂肪族氨基酸、芳香族氨基酸和杂环族氨基酸 3 类。

表 2-6　蛋白质氨基酸的分类与结构

分　类　　　名　称	符　号	结构式
非极性氨基酸（疏水氨基酸）		
丙氨酸（alanine） Ala（A）		CH₃—CH—COOH 　　　| 　　　NH₂
缬氨酸（valine） Val（V）		CH₃—CH—CH—COOH 　　|　　| 　　CH₃　NH₂
亮氨酸（leucine） Leu（L）		CH₃—CH—CH₂—CH—COOH 　　|　　　　　| 　　CH₃　　　　NH₂
异亮氨酸（isoleucine） Ile（I）		CH₃—CH₂—CH—CH—COOH 　　　　　|　| 　　　　CH₃ NH₂

（续）

分　类	名　称	符　号	结构式
	脯氨酸(proline)	Pro(P)	$\begin{array}{c}CH_2-CH-COOH\\ \quad\quad NH\\ CH_2-CH_2\end{array}$
	苯丙氨酸(phenylalanine)	Phe(F)	$\bigcirc-CH_2-CH-COOH,\ NH_2$
	色氨酸(tryptophane)	Trp(W)	$CH_2-CH-COOH,\ NH_2$
	蛋氨酸(methionine)（甲硫氨酸）	Met(M)	$CH_3-S-CH_2-CH_2-CH-COOH,\ NH_2$

极性氨基酸(亲水氨基酸)

1. 酸性氨基酸	天冬氨酸(aspartic acid)	Asp(D)	$HOOC-CH_2-CH-COOH,\ NH_2$
	谷氨酸(glutamic acid)	Glu(E)	$HOOC-CH_2-CH_2-CH-COOH,\ NH_2$
2. 碱性氨基酸	赖氨酸(lysine)	Lys(K)	$CH_2-CH_2-CH_2-CH_2-CH-COOH,\ NH_2\quad NH_2$
	精氨酸(arginine)	Arg(R)	$NH_2-C-NH-CH_2-CH_2-CH_2-CH-COOH,\ NH\quad NH_2$
	组氨酸(histidine)	His(H)	$-CH_2-CH-COOH,\ N\ NH\quad NH_2$
3. 非解离的极性氨基酸	甘氨酸(glycine)	Gly(G)	$H-CH-COOH,\ NH_2$
	丝氨酸(serine)	Ser(S)	$CH_2-CH-COOH,\ OH\quad NH_2$
	苏氨酸(threonine)	Thr(T)	$CH_2-CH-CH-COOH,\ OH\quad NH_2$
	半胱氨酸(cysteine)	Cys(C)	$CH_2-CH-COOH,\ SH\quad NH_2$
	酪氨酸(tyrosine)	Tyr(Y)	$HO-\bigcirc-CH_2-CH-COOH,\ NH_2$
	天冬酰胺(asparagine)	Asn(N)	$NH_2-C-CH_2-CH-COOH,\ O\quad NH_2$
	谷氨酰胺(glutamine)	Gln(Q)	$NH_2-C-CH_2-CH_2-CH-COOH,\ O\quad NH_2$

2.4.1.3 氨基酸的理化性质

(1) 一般理化性质

α - 氨基酸为无色晶体，熔点极高，一般在 200 ~ 300℃。各种氨基酸在水中的溶解度差别很大。所有氨基酸都溶于稀酸、稀碱，通常不溶于乙醚或乙醇。甘氨酸、丙氨酸、丝氨酸等微有甜味，精氨酸有苦味，谷氨酸钠盐具有鲜味，俗称味精。

(2) 紫外吸收特性

在 20 种氨基酸中，有 3 种侧链含苯环共轭双键系统的芳香族氨基酸：酪氨酸、色氨酸和苯丙氨酸。这些氨基酸具有紫外吸收性质，它们的吸收峰分别为 278 nm、279 nm 和 259 nm。蛋白质中由于含有这些氨基酸，一般最大吸收在 280 nm 波长处，因此能用紫外分光光度法很方便地测定蛋白质含量。

(3) 两性解离与等电点

氨基酸同时含有碱性的氨基和酸性的羧基，它既可以释放质子，又可以接受质子，所以是两性电解质(ampholyte)。在水溶液中，氨基酸的羧基和氨基都发生电离，以两性离子(dipolar ion)(兼性离子或偶极离子)的形式存在。当溶液的 pH 变化时，氨基和羧基的解离程度改变，氨基酸所带的电荷也发生改变(图 2-24)。

图 2-24 氨基酸的两性解离

随着溶液的酸性增强，氨基酸的—NH$_2$ 易接受 H$^+$ 而转变成带正电荷的—NH$_3^+$，结果氨基酸主要以正离子状态存在；随着溶液的碱性增强，—COOH 易解离成—COO$^-$，结果氨基酸主要以负离子状态存在。因此，氨基酸的带电状况取决于所处环境的 pH，改变 pH 可以使氨基酸带正电荷或负电荷，也可使它处于正负电荷数相等即净电荷为零的两性离子状态。使氨基酸所带正负电荷数相等即净电荷为零时的溶液 pH 称为该氨基酸的等电点(isoelectric point，pI)。在等电点时，氨基酸在静电场中既不向正极也不向负极移动。

(4) 氨基酸与茚三酮的显色反应

在弱酸性条件下，α - 氨基酸与水合茚三酮共热，经氧化脱氨、脱羧一系列反应，将茚三酮还原，再与氨和另一分子茚三酮缩合，生成一种蓝紫色化合物。脯氨酸或羟脯氨酸与茚三酮反应(ninhydrin reaction)生成黄色化合物。此反应经常用于氨基酸的定性和定量分析。

2.4.2 蛋白质的结构

蛋白质是由 20 种氨基酸组成的生物大分子，各种氨基酸之间通过肽键连接而成多肽链，其氨基酸数目一般数以百计。不同蛋白质的氨基酸组成、排列顺序都不一样，并具有不同的空间结构。现已确认蛋白质的结构有不同的层次，人们为了认识方便，通常将其分为一级结构、二级结构、三级结构和四级结构。

2.4.2.1 肽键与肽

蛋白质是由各种氨基酸通过肽键连接起来的多肽链。由一个氨基酸的 α–羧基与另一个氨基酸的 α–氨基脱水缩合形成酰胺键，称为肽键（peptide bond）。例如，丙氨酸的 α–羧基与甘氨酸的 α–氨基脱去一分子水形成肽键（图2-25）。

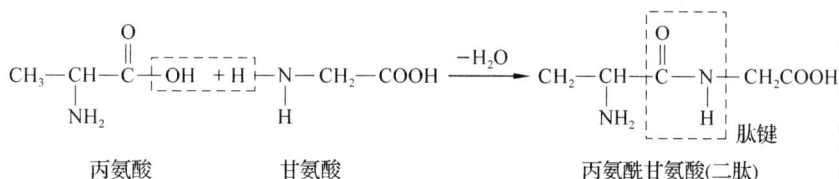

$$CH_3-CH-C-OH \ + \ H-N-CH_2-COOH \xrightarrow{-H_2O} CH_2-CH-C-N-CH_2COOH$$

丙氨酸　　　　　　甘氨酸　　　　　　　　　丙氨酰甘氨酸（二肽）

图2-25　丙氨酰甘氨酸（二肽）的形成

氨基酸通过肽键相连形成的化合物称为肽（peptide）。由2个氨基酸形成的肽称为二肽，由3个氨基酸形成的肽称为三肽，其余类推。由多个氨基酸通过肽键相连而成的化合物称为多肽。由于多肽分子呈链状结构，故称多肽链。组成肽的氨基酸单位已不是完整的氨基酸分子，因此每个氨基酸单位常称作氨基酸残基（amino acid residue）。氨基酸残基中与 α–碳上相连的 R 基团称为侧链基团，如图2-26中的 R_1，R_2，R_3 等。肽链具有方向性。习惯上总是把肽链末端有游离 α—NH_2 的写在左边，称作 N–端或氨基末端；把游离 α—COOH 端写在右边，称作 C–端或羧基末端。图2-26为蛋白质中多肽链一个片段的结构通式。

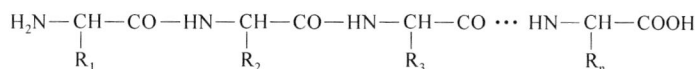

$$H_2N-CH-CO-HN-CH-CO-HN-CH-CO\cdots HN-CH-COOH$$
$$\quad R_1 \qquad\qquad R_2 \qquad\qquad R_3 \qquad\qquad R_n$$

图2-26　蛋白质中多肽链一个片段的结构通式

2.4.2.2 蛋白质的一级结构

研究表明，构成蛋白质分子的多肽链不但都有确定的氨基酸组成，而且多肽链中的氨基酸都是严格地按一定顺序通过肽键连接起来的。蛋白质的一级结构（primary structure）即多肽链内氨基酸残基从 N–末端到 C–末端的排列顺序或称氨基酸序列，是蛋白质最基本的结构。

胰岛素（insulin）是一级结构首先被揭示的蛋白质分子。它由 A 链和 B 链两条肽链组成。A 链由21个氨基酸组成，B 链由30个氨基酸组成。A 链和 B 链由两对二硫键连接起来，在 A 链内还有一个由二硫键形成的链内小环。图2-27为猪胰岛素的一级结构。

2.4.2.3 蛋白质的空间结构

每一种天然蛋白质都有自己特定的空间结构，这种空间结构通常称为蛋白质构象（conformation）（又称高级结构）。蛋白质的空间结构主要依靠范德华力（Van der Waals force）、离子键

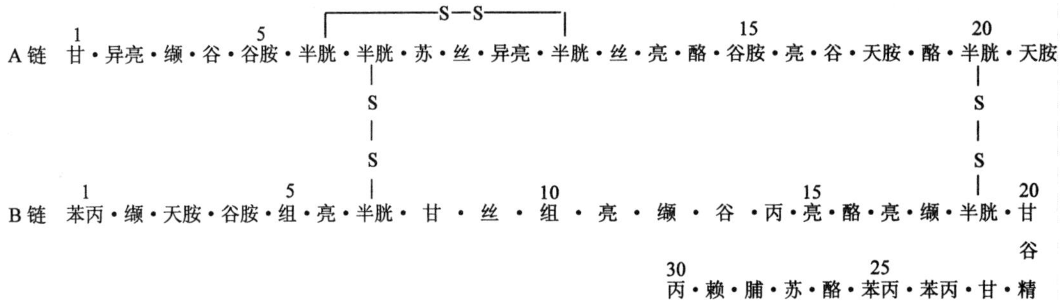

图 2-27   猪胰岛素的一级结构

（盐键）、氢键、疏水键等次级键维持。有的蛋白质的高级结构还需要二硫键来维持。二硫键是由多肽链的两个半胱氨酸残基的巯基氧化后形成的共价键。某些蛋白质分子中还有配位键和酯键参与维持其构象。蛋白质的高级结构可以从几个结构水平上加以认识，就是通常采用的二级结构、三级结构和四级结构。

（1）蛋白质的二级结构（secondary structure）

这是指蛋白质多肽链本身折叠、盘绕而形成的局部空间结构或结构单元。

①α－螺旋（α－helix）   蛋白质多肽链中的肽键具有部分双键性质，不能自由旋转，且肽键上的原子形成一个平面（肽平面或酰胺平面），各个肽平面之间的连接点是α－碳原子（Cα），Cα 成了各肽平面间可活动的关节。于是可将含肽键的主链看成是被 Cα 隔开的许多平面组成的，肽平面两侧的 Cα－N 或 C－Cα 键则可以自由旋转（图 2-28），这种转动可以使伸展的肽链盘绕成螺旋状结构。天然蛋白质中最常见的螺旋构象是α－螺旋（图 2-29），它是α－角蛋白中主要的构象形式，也广泛存在于其他球状蛋白和纤维蛋白中。

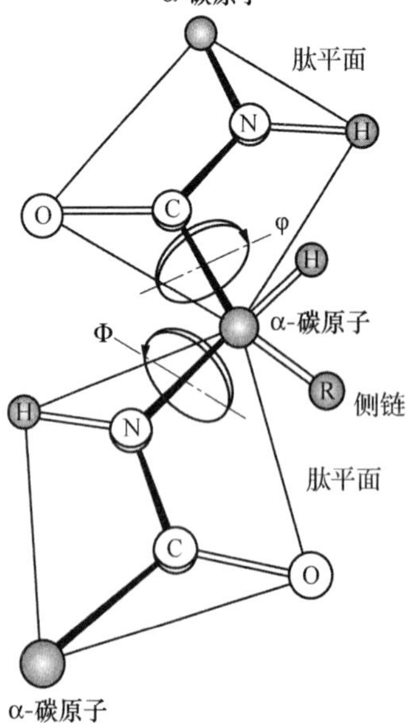

图 2-28   蛋白质的肽平面

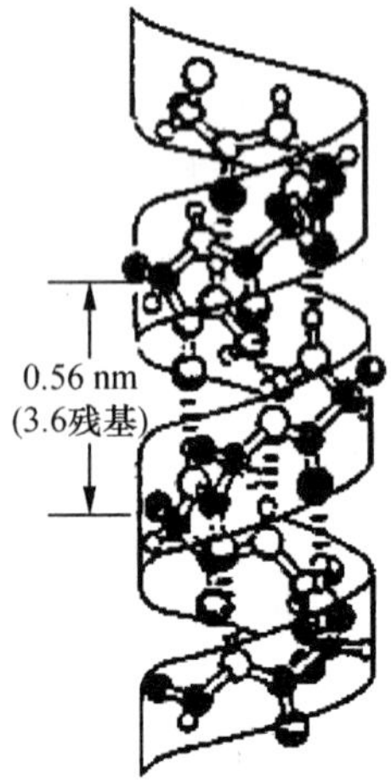

图 2-29   蛋白质的α－螺旋

α-螺旋每一圈含有 3.6 个氨基酸残基，沿螺旋轴方向上升 0.56nm，相邻螺旋圈之间形成链内氢键，氢键的取向几乎与中心轴平行。氢键是由每个氨基酸残基的 N—H 与前面隔 3 个氨基酸残基的 C=O 形成的。

②β-折叠(β-pleated sheet)　多条多肽链或多肽链的一部分与另一部分并排地排列，靠链间或链内一个氨基酸残基的 C=O 与另一氨基酸残基的 N—H 形成氢键维持的一种片状结构，称为β-折叠或β-折叠片，它也是常见的一种二级结构单元形式。β-折叠结构与α-螺旋结构的差异在α-螺旋肽链是卷曲的筒状结构，而β-折叠的肽链几乎是完全伸展的，相邻两链以相反或相同方向平行排列成片状。

③β-转角(β-turn)　蛋白质分子的多肽链经常出现 180°的回折，这种肽链的回折角上就是β-转角结构，也称β-弯曲(β-bend)或β-回折(β-reverse)，它由第一个氨基酸残基的 C=O 与第四个氨基酸残基的 N—H 之间形成氢键。

④自由回转　没有一定规律的松散肽链结构称作自由回转，也称无规卷曲(nonregular coil)。酶的功能部位常常处于这个构象区域里，所以受到人们的重视。

(2)蛋白质的超二级结构和结构域

①超二级结构(super secondary structure)　指相互邻近的二级结构在空间折叠中靠近，彼此相互作用，形成规则的二级结构聚合体。目前发现的超二级结构有 αα，βαβ，βββ 等形式。

②结构域(structural domain)　在较大的蛋白质分子或亚基中，其三维结构往往可以形成两个或多个空间上能明显区别的区域，这种相对独立的三维实体称为结构域。如酶分子的活性中心常常存在于两个结构域的交界上；结构域也是球状蛋白的折叠单位。

(3)蛋白质的三级结构(tertiary structure)

蛋白质的三级结构是指多肽链在二级结构的基础上，通过侧链基团的相互作用进一步卷曲折叠，借助次级键使 α-螺旋、β-折叠、β-转角等二级结构相互配置而形成的特定构象。图 2-28 为卵溶菌酶(一种蛋白质)的三级结构，多肽链折叠成近乎球状的三级结构。

(4)蛋白质的四级结构(quaternary structure)

由两条或两条以上的具有三级结构的多肽链聚合而成特定构象的蛋白分子称为蛋白质的四级结构。其中每一条具有三级结构的多肽链称为亚基，亚基单独存在无生物活力，只有靠次级键聚合在一起才具有完整的生物活性(图 2-30)。如过氧化氢酶由 4 个相同的亚基组成；血红蛋白(hemoglobin)分子也由 4 个亚基组成，其中两个为 α-亚基，两个为 β-亚基(图 2-31)。

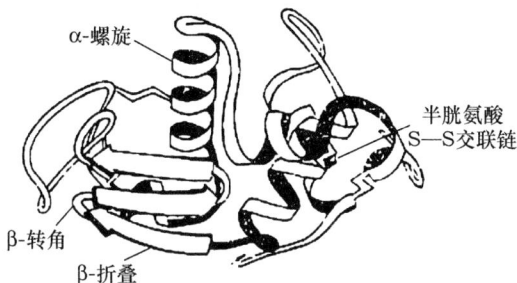

图 2-30　卵溶菌酶的三级结构　　　　图 2-31　血红蛋白四级结构模型

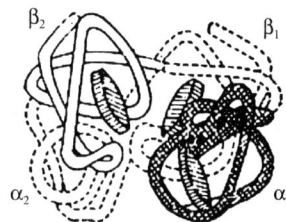

2.4.2.4　蛋白质结构与功能的关系

蛋白质是重要的生命物质，具有多种多样的生物学功能。蛋白质复杂的组成和结构是其功能的基础，而蛋白质独特的性质和功能是其结构的反映。研究蛋白质结构与功能的关系，从分子水平上认识生命现象的规律，已成为分子生物学的一个重要领域。目前的研究已经表明，蛋白质分子的功能与一级结构和空间结构都有密切关系。

(1)一级结构与功能的关系

蛋白质的空间结构归根结底还是取决于它的氨基酸序列和周围环境的影响，因此研究一级结构与功能的关系有十分重要的意义。

对比不同生物中表现同一功能的蛋白质（同源蛋白质）的氨基酸序列，结果发现它们不仅长度相同或相近，而且氨基酸的组成和序列也有很大的相似性，许多位置的氨基酸残基对于不同种属来说都相同，这些氨基酸残基对于同源蛋白质的功能是必需的；还有些位置上的氨基酸残基在不同种属中是有变化的，但不影响蛋白质分子形成特定的空间结构，也就不影响其功能。

(2)蛋白质的空间结构与功能的关系

蛋白质的一级结构是空间结构的基础，一级结构的改变会影响蛋白质形成特定的空间结构，进而影响蛋白质的功能。若蛋白质的一级结构不变，只是空间结构改变，蛋白质的功能也会改变，有时甚至使蛋白质生物活性完全丧失。因此，蛋白质的空间结构对保持蛋白质的生物活性是十分重要的。例如，一些物理因素（如加热、加压、射线）和化学因素（如强酸、强碱和有机溶剂）可破坏蛋白质分子的二、三、四级结构，但并不导致一级结构的改变，不过蛋白质会丧失其生物活性，如酶失去催化能力，说明蛋白质的空间结构对维持蛋白质的功能是必需的。然而，蛋白质的空间结构并不是固定不变的，如多亚基蛋白质中一个亚基空间结构的改变会影响其他亚基空间结构的改变，进而影响到整个蛋白质分子的空间结构，从而使蛋白质的功能发生改变。如血红蛋白 4 个亚基中有 1 个亚基与氧结合后，会引起另外 3 个亚基空间结构的改变，使后者更容易与氧结合，从而增强血红蛋白的输氧功能。

2.4.3　蛋白质的性质

蛋白质是由数以百计的氨基酸组成的生物大分子，因此它保留着氨基酸的某些性质，但由于它是具有复杂高级结构的大分子，因而又具有其特殊性质。

2.4.3.1　蛋白质的胶体性质

蛋白质的相对分子度量很大，一般在 1 万到 100 万之间或更大一些。它在水溶液中所形成的颗粒，其直径大小在 1～100 nm 之间的胶体颗粒范围。因而具有胶体溶液的特征，如布朗运动、丁达尔效应（Tyndall effect），以及不能透过半透膜等性质。利用蛋白质不能透过半透膜的性质，常将含有小分子杂质的蛋白质溶液放入用羊皮纸、火棉胶等材料制成的透析袋中，然后将袋子浸入蒸馏水中，小分子杂质能透过半透膜由袋内扩散到蒸馏水中，而逐步除去小分子杂质，蛋白质仍留在袋内，这种方法称作透析（dialysis），是一种纯化蛋白质的方法。

2.4.3.2 蛋白质的两性解离及等电点

氨基酸有两性解离性质及等电点，蛋白质是由各种氨基酸组成的高分子，其多肽链氨基酸残基上的侧链基团如 ε-氨基、β-羧基、γ-羧基、咪唑基、胍基、酚基、巯基等，以及肽链末端的 α-氨基和 α-羧基，在一定 pH 下可进行酸式解离或碱式解离，使蛋白质带电。在某一 pH 值时，它所带的正负电荷数相等，即净电荷为零，在电场中既不向阳极移动，也不向阴极移动，此时溶液的 pH 值称为该蛋白质的等电点，用 pI 表示。当溶液 pH 小于 pI 时，蛋白质分子所带净电荷为正电荷，当溶液 pH 大于 pI 时，蛋白质分子所带净电荷为负电荷。各种蛋白质具有特定的等电点，这和它所含氨基酸的种类及数量有关。如蛋白质分子中碱性氨基酸较多，其等电点偏碱；蛋白质分子中酸性氨基酸较多，则其等电点偏酸。大多数的蛋白质含酸性氨基酸和碱性氨基酸数目相近，等电点一般在中性偏酸。除在等电点外，蛋白质在溶液中解离成带电颗粒，在电场中向电荷相反的电极移动。带电质点在电场中向与其自身所带电荷相反方向的电极移动的现象称作电泳(electrophoresis)。电泳法是分离、纯化、鉴定和制备蛋白质的常用手段。

2.4.3.3 蛋白质的沉淀反应

蛋白质颗粒由于带有电荷和水化层，因此在溶液中成稳定的胶体。如果加入适当的试剂，破坏这两种稳定因素，蛋白质胶体溶液就不再稳定并将产生沉淀作用(precipitation)，使蛋白质以固体状态从溶液中析出。蛋白质可通过加入下列试剂而产生沉淀。

(1)高浓度中性盐

加入高浓度的硫酸铵、硫酸钠、氯化钠等，可有效地破坏蛋白质颗粒的水化层，同时又中和了蛋白质的电荷，从而使蛋白质生成沉淀。这种加入大量中性盐使蛋白质沉淀析出的现象称为盐析(salting out)。盐析法是分离制备蛋白质的常用方法。不同蛋白质析出时需要的盐浓度不同，调节盐浓度，可使混合蛋白质溶液中的几种蛋白质分段析出，这种方法称作分段盐析。

(2)有机溶剂

丙酮、乙醇、甲醇等有机溶剂与水有较强的作用，可作为脱水剂。由于这些脱水剂的亲水性比蛋白质的亲水性更强，因此加入到蛋白质溶液中后，破坏了蛋白质颗粒周围的水化层，导致蛋白质沉淀析出。如将溶液的 pH 值调节到蛋白质的等电点，再加入这些有机溶剂可加速蛋白质沉淀。因此也可用于蛋白质的分离纯化。

(3)重金属盐及生物碱

重金属盐如氯化汞、硝酸银、醋酸铅等及生物碱试剂如苦味酸、三氯乙酸、磷钨酸、单宁酸等都能与蛋白质形成不溶性的盐，而使蛋白质沉淀析出。因此，重金属盐均有毒，误食重金属盐时应及时服用大量生蛋清及牛奶，可防止这些有害离子被吸收。

2.4.3.4 蛋白质的变性

当天然蛋白质受到某些物理或化学因素影响，使其分子内部原有的空间结构发生变化时，理化性质改变，生物活性丧失，但并未导致蛋白质一级结构的变化，这种过程称为蛋白质的变性(denaturation)。变性后的蛋白质称作变性蛋白(denatured protein)。

引起蛋白质变性的因素很多，物理因素如加热（70 ~ 100℃）、高压、紫外线、X 射线、超声波、剧烈振荡或搅拌等；化学因素如强酸、强碱、尿素、去污剂、重金属盐、三氯乙酸、苦味酸、浓乙醇等。不同蛋白质对变性因素的敏感程度各不相同。如果引起变性的因素比较温和，蛋白质的空间结构仅有轻微的局部改变，当除去变性因素后，仍能使空间结构恢复到接近原来状态，其理化性质和生物活性也恢复。这种过程称为蛋白质的复性（renaturation）（图 3-32）。

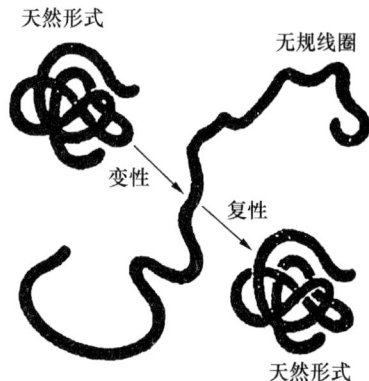

图 2-32　球蛋白的变性与复性

蛋白质的变性常伴有如下表现：首先是丧失生物活性，如酶失去催化能力，血红蛋白丧失运输氧的功能，调节蛋白丧失调节功能等；黏度增大，溶解度降低，易沉淀析出；某些原来埋藏在蛋白质分子内部的基团暴露于变性蛋白质表面，导致化学性质变化；变性后易被蛋白酶水解为氨基酸。

在生物体生命活动中，还有不少现象是与蛋白质变性作用有关的。机体衰老时，相应的蛋白质逐渐发生变性，亲水性相应减弱，如种子久贮后蛋白质的亲水性降低是丧失发芽能力的原因之一。

2.4.4　蛋白质的分类和功能

蛋白质的种类繁多，早期根据蛋白分子形状分为两类：球状蛋白质和纤维状蛋白质。大多数蛋白质为球状蛋白质，如大多数酶、抗体、血红蛋白、豆球蛋白等。纤维状蛋白质如胶原蛋白、弹性蛋白、角蛋白等。这种分类方法简便实用，但太笼统。

后又根据蛋白质的溶解性质、分离纯化方法等，探讨蛋白质的结构，在较长的时间内根据蛋白质组成将蛋白质分为两大类：单纯蛋白质（simple protein）水解时终产物只有氨基酸；复合蛋白质（conjugated protein）水解时不仅产生氨基酸还产生其他化合物，即复合蛋白质由蛋白质部分和非蛋白质部分组成，非蛋白质部分通常称为辅因子。

现在蛋白质的研究已发展到结构和功能的关系，蛋白质不仅是生物体最重要的组分，而且是生理功能的主要体现者。按照蛋白质功能的不同进行分类见表 2-7。

表 2-7　按照生物功能的蛋白质分类

类型及举例	功能或存在
酶（enzyme）	
核糖核酸酶（RNase）	水解 RNA
细胞色素 C（cytochrome C）	转移电子
木瓜蛋白酶（papain）	水解多肽
贮藏蛋白（storage protein）	
麦醇溶蛋白（gliadin）	小麦的种子蛋白
玉米醇溶蛋白（zein）	玉米的种子蛋白
酪蛋白（casein）	牛乳蛋白
卵清蛋白（ovalbumin）	鸡蛋清蛋白

（续）

类型及举例	功能或存在
运输蛋白（transport protein）	
血红蛋白（hemoglobin）	在血液中运输 O_2（脊椎动物）
血蓝蛋白（hemocyanin）	在血液中运输 O_2（无脊椎动物）
肌红蛋白（myogloin）	在肌肉中运输 O_2
血清清蛋白（serum albumin）	在血液中运输脂肪酸
β－脂蛋白（β－lipoprotein）	在血液中运输脂类
收缩蛋白（contractile protein）	
肌球蛋白（myosin）	肌原纤维的静止纤维
肌动蛋白（actin）	肌原纤维的移动纤维
保护蛋白（protective protein）	
抗体（antibodies）	与异蛋白形成复合体
补体（complement）	与抗原抗体系统形成复合物
毒蛋白（toxin）	
蛇毒（snake venom）	水解磷酸甘油酯的酶
蓖麻蛋白（ricin）	蓖麻种子的毒蛋白
激素（hormone）	
胰岛素（insulin）	调节葡萄糖代谢
生长激素（growth hormone）	促进骨骼生长
结构蛋白（structure protein）	
糖蛋白（glycoprotein）	细胞外壳及壁
膜结构蛋白（membrane structure protein）	生物膜的成分
α－角蛋白（α－keratin）	皮肤、羽毛、毛发、角
壳硬蛋白（sclerotin）	昆虫的外骨骼
丝蛋白（fibroin）	蚕茧的丝
胶原蛋白（collagen）	结缔组织

小　结

　　组成植物细胞的生物大分子主要有糖类、脂类、核酸和蛋白质。

　　糖是植物体的重要结构物质，也是重要的能源和碳源。植物体内的糖有单糖、寡糖和多糖。单糖有丙糖、丁糖、戊糖和己糖等。重要的寡糖有蔗糖、麦芽糖、乳糖和棉籽糖。多糖是由单糖缩合而成的大分子。植物体内重要的多糖有淀粉、纤维素和果胶。

　　脂类是生物体的重要能源、构成细胞膜的重要物质、生物体表面的保护层、作为生理活性物质的前体物质。高等植物体内的脂肪中，所含脂肪酸多为偶数碳原子一元羧酸，分为饱和脂肪酸和不饱和脂肪酸两大类。类脂中的磷脂是生物膜的构成成分。重要的磷脂有卵磷脂和脑磷脂。非皂化脂有萜类、固醇类等。蜡是长链脂肪酸和高级醇形成的酯，一般在植物表面起保护作用。

　　DNA 主要分布在细胞核中，是生物遗传的物质基础。RNA 主要分布在细胞质中，3 种 RNA（mRNA，tRNA 和 rRNA）都参与细胞内蛋白质的生物合成。核酸的基本结构单位是核苷酸。核苷酸还可进一步分解成核苷和磷酸，核苷再进一步分解生成碱基和戊糖。DNA 分子由几千个至几千万个脱氧核糖核苷酸组成，DNA 的一级结构是指 DNA 链中脱氧核糖核苷酸的排列顺序。沃森和克里克提出双螺旋结构模型为现代分子生物学和分子遗传学奠定了基础。RNA 分子是一条多核苷酸链，其中所含核苷酸总数在几十个到数千个，多核苷酸链中核苷酸的排列顺序即为 RNA 的一级结构。可用紫外分光光度法定量测定核酸浓度和定性鉴定核酸纯度。核酸可以变性，这时氢键断裂，有规律的双螺旋结构变成无规则线团。变性 DNA 在适当条件下还可复性。

蛋白质是生命活动的重要物质基础。组成蛋白质的氨基酸常见的有 20 种，除脯氨酸为 α - 亚氨酸外，其余均为 L - α - 氨基酸。氨基酸是两性电解质，溶液 pH 影响氨基酸的解离状况。所有的 α - 氨基酸都能与茚三酮反应产生蓝紫色物质，脯氨酸与茚三酮生成黄色化合物。蛋白质是由各种氨基酸通过肽键连接而成的多肽链组成。蛋白质的一级结构是指多肽链内氨基酸残基从 N - 末端到 C - 末端的排列顺序。蛋白质的二级结构指蛋白质多肽链本身折叠、盘绕而形成的结构单元。蛋白质的三级结构指多肽链在二级结构的基础上，通过侧链基团的相互作用，进一步卷曲而形成的特定构象。蛋白质也是两性电解质。各种蛋白质都有各自的等电点。蛋白质变性的实质是空间结构改变而一级结构不变。变性蛋白质在适当条件下也可复性。

思 考 题

1. 名词解释

糖类　脂类　蛋白质　核酸　脱氧核糖核酸（DNA）　核糖核酸（RNA）　核苷酸　Chargaff 定律　氨基酸　等电点(pI)　简单蛋白　结合蛋白　盐析　蛋白质变性　增色效应　减色效应　tRNA　mRNA　rRNA　AMP　ADP　ATP　cAMP　T_m

2. 简要说明糖的生物学功能。

3. 说出蔗糖、麦芽糖、淀粉的化学组成及结构特点。

4. 脂类包括哪些物质？

5. 列举脂类物质的生理功能有哪些。

6. 核酸有哪两大类？它们在细胞内分布、化学组成及生物学功能上有哪些特点？

7. 核酸水解后有哪些产物？它们的基本结构是怎样的？

8. 核酸中核苷酸是通过什么化学键连接起来的？试用结构式表示 4 种核苷酸连接起来的产物。

9. RNA 有哪些主要类型？它们的功能是什么？

10. DNA 双螺旋结构模型有哪些基本要点？

11. 为什么说蛋白质是生命活动中最重要的物质基础？

12. 蛋白质的一级结构指的是什么？蛋白质的二级结构有哪些类型？

13. 什么叫蛋白质变性，变性后蛋白质有哪些变化？

14. 蛋白质为什么能形成稳定的胶体溶液？有哪些因素能破坏这些稳定因素使蛋白质沉淀？

第3章　生命的催化剂——酶

3.1　酶的概述

3.1.1　酶的概念

新陈代谢是生命活动的最重要特征，是由为数众多的各种生物化学反应所组成，这些反应都有一定的顺序性和连续性，反应之间彼此配合有条不紊地迅速进行着，这是由于有酶的参与。酶（enzyme）是催化生物化学反应的生物催化剂。酶可以在不改变平衡位点的情况下提高反应速率，即通过相同的因子，可以同时提高正反应和逆反应的速率，通常能使反应速率提高 $10^3 \sim 10^{16}$ 倍。酶在细胞中浓度很低，目前已发现的酶达 4 000 多种。

尽管人们早已知道发酵和消化现象，但对于酶的第一次清楚的认识是在 1883 年由 Payen 和 Person 在研究麦胚提取液时发现的。他们发现麦胚提取液的酒精沉淀中有一种将淀粉转变为糖的不耐热物质，它可使淀粉水解成可溶性的糖。他们把这种物质称为淀粉酶制剂（diastase），其意思是"分离"，表示可以从淀粉中分离出可溶性的糖。1897 年 Buechner 兄弟用不含细胞的酵母汁成功地实现了发酵，证明发酵与细胞活动无关，从而说明了发酵是酶作用的化学本质，为此 Buechner 兄弟获得了 1911 年诺贝尔化学奖。

许多酶是从大量的原料中纯化而来。J. B. Sumner 第一次将从刀豆中分离的脲酶（urease）结晶，这项工作用了 6 年多时间（1924—1930），证明了酶的化学本质是具有催化活性的蛋白质，该项研究于 1946 年获得了诺贝尔化学奖。此后，酶学迅速发展，酶的性质、酶结构与功能的关系、酶活性的调节机理等许多问题得到了深入的研究与探讨。1982 年 T. Cech 等科学家发现了 RNA 的催化作用，改变了多年来人们认为生物催化剂的化学本质都是蛋白质的思想，开辟了酶学研究的新领域。对于此类有催化活性的核糖核酸分子，英文名为 ribozyme，即核酶、核糖酶或类酶 RNA；对于具有催化活性的脱氧核糖核酸分子，英文名为 DNAzyme 或 deoxyribozyme，即脱氧核酶。核酶的发现不仅表明酶不一定都是蛋白质，还促进了有关生命起源、生物进化等问题的进一步探讨。

随着现代生物技术的迅速发展，酶学在与其他学科广泛联系、相互促进的基础上，在理论研究和实践应用两个方面齐步发展，正在从分子水平上揭示酶与生命的关系，进而设计酶、改造酶、调控酶。同时，通过酶工程技术将理论研究成果广泛地应用于工农业生产及医药卫生领域中。

3.1.2　酶的命名

大多数酶都是根据其所催化的反应命名的，如催化水解反应的酶称为水解酶，催化脱氢反应的酶称为脱氢酶等。也有一些是根据作用的底物来命名的，如水解淀粉的酶称为淀粉酶，而水解核酸的酶称为核酸酶等。还有一些酶是根据酶的来源命名的，例如，胰蛋白酶来自胰脏，胃蛋白酶来自胃等。

为了适应酶学的迅速发展，克服习惯命名带来的一酶数名或一名数酶的弊端，国际生物化学学会酶学委员会于 1961 提出了一个命名系统和分类原则。

按照国际系统命名法原则，每一种酶有一个系统名称(systematic name)和习惯名称(recommended name)。习惯名称简单，便于使用；系统名称则明确酶的底物及催化反应的类型，若酶促反应中有两种底物，则这两种底物均需表明，用"："将二者分开。例如，乙醇脱氢酶(习惯名称)写成系统名称时应写乙醇：NAD^+ 氧化还原酶(表 3-1)。若底物之一是水时，可将水略去不写。

表 3-1　酶的命名示例

编　号	习惯名称	系统名称	催化反应
EC1. 1. 1. 1	乙醇脱氢酶	乙醇：NAD^+ 氧化还原酶	乙醇 + NAD^+ ⇌ 乙醛 + $NADH$ + H^+

在科学文献中，为严格起见，一般应使用系统命名，但因系统名称往往太长，使用起来不方便，有时仍用酶的习惯名称。按照国际系统命名法，一种酶只有一个名称、一个特定编号，对于酶的不同名称则以编号为准。可在《酶学手册》(*Enzyme Handbook*)等专著中查找酶的系统名、习惯名、编号、酶的来源及酶的性质等各项内容。

3.1.3　酶的分类

国际生物化学学会酶学委员会为了使酶的命名标准化，将酶按照其催化的有机化学反应类型分为六大类，分别用阿拉伯数字 1，2，3，4，5，6 编号表示。根据底物中被作用的基团或键的特点，将每一大类又分为若干个亚类，按顺序编成 1，2，3 等数字。为了更精确地表示底物的性质，每一个亚类再分为若干亚-亚类，仍用 1，2，3 等编号，最后该酶在此亚-亚类中的顺序号，也按数字 1，2，3……表示。因此，每一个酶的分类编号由 4 个数字组成，数字间用"."隔开，编号之前所冠"EC"为酶学委员会(Enzyme Commission)的缩写(图 3-1)。一切新发现的酶，都应按国际系统命名及分类法原则命名、分类及编号。

EC1. 1. 1. 1
酶学委员会　大类　亚类　亚-亚类　序号

图 3-1　酶的分类编号

(1)氧化还原酶类

氧化还原酶(oxidoreductase)催化氧化还原反应($A \cdot 2H + B \rightleftharpoons A + B \cdot 2H$)。其中大多数称为脱氢酶，有些称为氧化酶、过氧化酶、加氧酶或还原酶。例如，乳酸：NAD^+ 氧化还原酶(EC1. 1. 1. 27)，习惯名称为乳酸脱氢酶(lactate dehydrogerase)，催化反应如下：

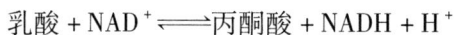

乳酸 + NAD^+ ⇌ 丙酮酸 + $NADH$ + H^+

(2)转移酶类

转移酶(transferase)催化功能基团在分子间的转移反应(AB + C $\Longleftrightarrow$ A + BC),包括转甲基酶、转氨酶等。其中许多转移酶需要辅酶。通常底物分子的一部分与酶或辅酶结合,这类酶包括激酶。例如,丙氨酸:α - 酮戊二酸氨基转移酶(EC2.6.1.2),习惯名称为谷丙转氨酶。催化反应如下:

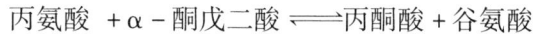

$$丙氨酸 + \alpha - 酮戊二酸 \Longleftrightarrow 丙酮酸 + 谷氨酸$$

(3)水解酶类

水解酶(hydrolase)催化水解反应(AB + H_2O $\Longleftrightarrow$ AOH + BH)。这是一类特殊的转移酶,水作为转移基团的受体。这类酶包括淀粉酶、核酸酶、蛋白酶、酯酶等。例如,亮氨酸氨基肽水解酶(EC3.4.1.1),习惯名称为亮氨酸氨肽酶。催化反应如下:

$$亮氨酰 - 丙氨酰肽 + H_2O \Longleftrightarrow 亮氨酸 + 丙氨酰肽$$

(4)裂合酶类

裂合酶(lyase)又称裂解酶,催化底物的裂解并形成双键,或其逆反应(AB $\Longleftrightarrow$ A + B)。其中催化细胞内的加成反应的裂解酶常命名为合成酶。包括醛缩酶、水化酶、脱氨酶等。例如,草酰乙酸转乙酰酶(EC4.1.3.8),习惯名称为柠檬酸合成酶。催化反应如下:

$$草酰乙酸 + 乙酰 CoA \Longleftrightarrow 柠檬酸 + H_2O + CoA$$

(5)异构酶类

异构酶(isomerase)催化各种同分异构体的相互转变(A $\Longleftrightarrow$ B),包括顺反异构酶、消旋酶、差向异构酶、变位酶等。这类反应是最简单的酶促反应,因为这些反应只有一个底物或一个产物。例如,6 - 磷酸葡萄糖:6 - 磷酸己酮糖异构酶(EC5.3.1.9),习惯名称为磷酸己糖异构酶。催化反应如下:

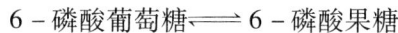

$$6 - 磷酸葡萄糖 \Longleftrightarrow 6 - 磷酸果糖$$

(6)合成酶类

合成酶(ligase)又称连接酶,催化两个底物的连接或交联反应,这类反应通常需要消耗ATP 中的能量(A + B + ATP $\Longleftrightarrow$ AB + ADP + Pi 或 A + B + ATP $\Longleftrightarrow$ AB + AMP + PPi)。这类酶包括羧化酶、CTP 合成酶、酪氨酸合成酶、谷氨酰胺合成酶等。例如,L - 谷氨酸:氨连接酶(EC6.3.1.2),习惯名称为谷氨酰胺合成酶。催化反应如下:

$$L - 谷氨酸 + ATP + NH_3 \Longleftrightarrow L - 谷氨酰胺 + ADP + Pi$$

3.2 酶作用的特点

酶作为生物催化剂,与一般催化剂有许多相同处:只能催化热力学上允许进行的化学反应($\Delta G < 0$);可降低反应活化能(activation energy);不改变化学反应平衡点,加速化学反应的进程,缩短达到平衡所需时间;催化剂本身在反应前后不发生质和量的改变。但与一般催化剂相比,酶的催化作用又表现出若干明显的特性。

(1)酶促反应条件温和

绝大多数的酶是活细胞产生的蛋白质,催化反应的条件温和,都是常温、常压和近中性的pH 值。酶对环境条件极为敏感,凡能使蛋白质变性的因素,如高温、强酸、强碱、重金属等都能使酶丧失活性。同时，酶也常因温度、pH 等轻微的改变或抑制剂的存在使其活性发生变化。

（2）酶催化的效率高

酶催化的反应（或称酶促反应）要比相应的没有催化剂的反应快 $10^8 \sim 10^{20}$ 倍。比一般催化剂催化的反应快 $10^7 \sim 10^{13}$ 倍。例如，在 0℃ 时，1mol 过氧化氢酶能使 5×10^6 mol H_2O_2 分解为 H_2O 和 O_2；而在同样条件下 1g 铁离子只能使 6×10^{-4} mol H_2O_2 分解，可见，酶的催化作用比铁离子催化快了 10^{10} 倍。

（3）酶催化的专一性

酶的专一性又称特异性（specificity）。酶通常对其作用的底物（substrate）即反应物具有严格的选择性，一种酶往往只作用一种或一类底物，如葡萄糖激酶只能催化葡萄糖磷酸化生成 6 - 磷酸葡萄糖，而不能催化果糖的磷酸化反应。酶的特异性又可分为绝对特异性、相对特异性和立体异构特异性。绝对特异性是指酶只能催化一种或两种结构极相似的化合物进行反应。相对特异性是指酶可以作用于一类化合物或一种化学键。这类酶对底物要求不太严格。立体异构特异性指的是酶作用的底物应具有特定的立体结构才能被催化。这种异构性包括光学异构性和几何异构性。光学异构性是指一种酶只能催化一对镜像异构体中的一种，而对另一种不起作用。几何异构性是指立体异构中的顺式和反式、α - 和 β - 构型。

（4）酶活性可调节控制

酶的催化活性在细胞内受到严格的调节控制，其调控方式很多，如结构调节、抑制剂调节、激活剂调节、共价修饰调节、反馈调节、激素调节等，使酶催化反应在细胞内能有条不紊地进行。

3.3　酶的组成与作用机理

3.3.1　酶的化学组成

绝大多数酶的化学本质是蛋白质。根据水解产物的不同，蛋白质分为简单蛋白质和结合蛋白质两大类。简单蛋白质的酶，又称单成分酶，水解产物只有氨基酸，酶活性仅取决于它们的蛋白质空间结构，如脲酶、核糖核酸酶、胰凝乳蛋白酶等。结合蛋白质的酶，又称双成分酶，整个酶分子称全酶（holoenzyme），除含酶蛋白（apoenzyme）外，还有非蛋白成分的辅助因子（cofactor），即全酶 = 酶蛋白 + 辅助因子。辅助因子是酶表现催化活性所必需的，在催化反应中起传递电子、原子和某些化学基团的作用，而酶蛋白决定酶反应的专一性，只有全酶才能充分表现出酶的活性，缺一不可。辅助因子主要有金属离子（Fe^{2+} 或 Fe^{3+}，Zn^{2+}，Mg^{2+}，Cu^+ 或 Cu^{2+}，Mn^{2+} 等），金属有机化合物（如铁卟啉）和有机小分子化合物（如维生素 B 族衍生物等）。与酶蛋白松弛结合的辅助因子称为辅酶（coenzyme），可通过透析除去；以共价键与酶蛋白牢固结合的辅助因子称为辅基（prosthetic group），不能用透析方法除去。

3.3.2 酶的结构

3.3.2.1 单体酶、寡聚酶和多酶复合体

根据酶蛋白分子结构上的特点，可把酶分为3类。

(1) 单体酶(monomeric enzyme)

单体酶只有一条多肽链，其相对分子质量在13 000～35 000，属于这一类的酶很少，一般都是催化水解反应的酶。如溶菌酶、核糖核酸酶、木瓜蛋白酶、胰蛋白酶等。

(2) 寡聚酶 (oligomeric enzyme)

寡聚酶由几个或多个亚基组成，亚基牢固地联结在一起，单个亚基没有催化活性。亚基之间以非共价键结合。相对分子质量从35 000到几百万，例如，磷酸化酶a和3 - 磷酸甘油醛脱氢酶等。

(3) 多酶复合体 (multienzyme system)

多酶复合体是由几个酶镶嵌而成的复合物。这些酶的相对分子质量很高，一般都在几百万以上。这些酶催化将底物转化为产物的一系列顺序反应。例如，在脂肪酸合成中的脂肪酸合成酶复合体及丙酮酸脱氢酶系等。

3.3.2.2 活性中心和必需基团

酶分子一般都很大，但酶分子中真正起催化作用的部位只是其中某一部位。在酶分子中直接和底物结合，并和酶催化作用有关的基团的部位称为酶活性部位(active site)或活性中心(active center)。因此，活性中心包括两个功能部位，即参与和底物结合的结合部位(binding site)以及参与催化反应的催化部位(catalytic site)。它们是酶催化作用的必需基团。

活性中心是一个三维空间结构；结合底物的特异性取决于活性中心中精确的原子排列；大多数底物都是通过相对弱的力与酶结合。这些基团若经化学修饰使其改变，则酶的活性丧失。此外，一些在酶活性中心以外维持酶空间构象所必要的基团，也是酶催化作用的必需基团。

活性中心常位于酶蛋白的两个结构域或亚基之间的裂隙，或位于蛋白质表面的凹槽。酶活性中心除了含有疏水性氨基酸残基外，还含有少量的极性氨基酸残基。极性氨基酸残基常常参与酶的催化反应。酶活性中心的可离子化和可反应的氨基酸残基形成酶的催化中心。

3.3.2.3 变构酶与同工酶

变构酶(allosteric enzyme)是一类重要的调节酶。在代谢反应中催化第一步反应或分支处反应的酶多为变构酶。变构酶均受代谢终产物的反馈抑制。

变构酶多为寡聚酶，含有两个或多个亚基。其分子中包括两个中心：一个是与底物结合、催化底物反应的活性中心；另一个是与调节物结合、调节反应速度的变构中心。变构酶通过酶分子本身构象变化来改变酶的活性。变构酶的反应初速度与底物浓度的关系不服从米氏方程，而是呈现"S"形曲线，在某一狭窄的底物浓度范围内，酶反应速度对底物浓度的变化特别敏感，有利于代谢调控。因此，变构酶在代谢的调节中起非常重要的作用，往往是代谢过程中的关键酶。

同工酶(isozyme)是存在于同一种属生物或同一个体中能催化相同化学反应，但酶蛋白分

子的结构、理化性质及生物学功能有明显差异的一组酶。它们是由不同位点的基因或等位基因编码的多肽链组成的。

同工酶广泛存在于生物界,具有多种多样的生物学功能。如同工酶的组织特异性和发育阶段特异性可满足某些组织或某一发育阶段代谢转换的特殊需求。同工酶作为遗传标记,已广泛应用于遗传分析。

3.3.3 辅酶、辅基与维生素

维生素(vitamin)是维持机体正常生命活动不可缺少的一类小分子有机化合物,它们不能在人类和动物体内合成,即使个别能够合成,其量也不能满足机体的需要,因而必须通过食物摄取,否则就会产生维生素缺乏症,影响生长发育。维生素作为某些酶类的辅酶或辅基,在物质代谢过程中起着非常重要的调节作用。维生素的种类很多,化学结构及生理功能差异很大,通常按其溶解性分为水溶性维生素和脂溶性维生素两大类。

3.3.3.1 水溶性维生素

水溶性维生素包括 B 族维生素和维生素 C 等。除氰钴胺素(VB_{12})外,水溶性维生素均可在植物中合成,并且不易在动物和人体内贮存,必须随时摄入。水溶性维生素在体内通过磷酸化、核苷酸化形成辅基或辅酶,参与酶的组成而发挥其生物功能。

(1)硫胺素和羧化辅酶

硫胺素(thiamine)又称作维生素 B_1(VB_1),谷物种子的外皮中含量丰富,酵母中含量最高。维生素 B_1 的化学结构含有嘧啶环和噻唑环,在体内经硫胺素激酶催化,可与 ATP 作用转变成硫胺素焦磷酸(thiamine pyrophosphate,TPP)(图 3-2)。TPP 是 α - 酮酸脱羧酶、转酮酶、磷酸酮糖酶(phosphoketolase)等酶类的辅酶。由于在催化丙酮酸和 α - 酮戊二酸氧化脱羧过程中起辅酶作用,因此称 TPP 为羧化辅酶。

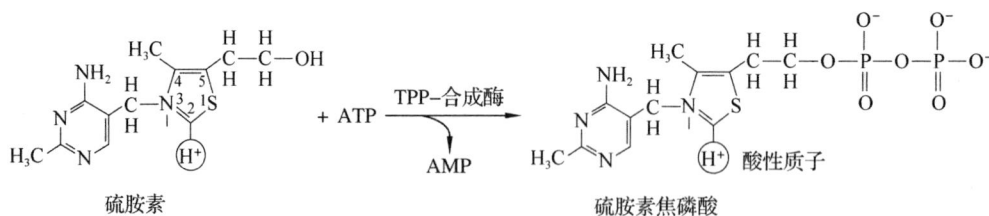

图 3-2 维生素 B_1 的分子结构及主要存在形式

反应简式:硫胺素 + ATP ————→ TPP + AMP

当缺乏硫胺素时,动物与人易患脚气病、消化功能障碍等病症。维生素 B_1 在碱性条件下加热易破坏,在酸性条件下相当稳定。

(2)核黄素与黄素辅酶

核黄素(riboflavin),又称为维生素 B_2(VB_2),生物界分布很广,酵母、黄豆、奶酪、肝脏、蔬菜中含量丰富,是一种含有核糖醇基的黄色物质。其化学本质为核糖醇与 6,7 - 二甲基异咯嗪的缩合物。在生物体内,核黄素主要以黄素单核苷酸(flavin mononucleotide,FMN)和黄素腺嘌呤二核苷酸(flavin adenine dinucleotide，FAD)的形式存在(图3-3)，它们是多种氧化还原酶类的辅基，通常与蛋白质结合紧密，不易分开。在生物氧化过程中，FMN与FAD通过分子中异咯嗪环上 N^1 和 N^{10} 上的加氢与脱氢，把氢从底物传递给受体而参与氧化还原反应。

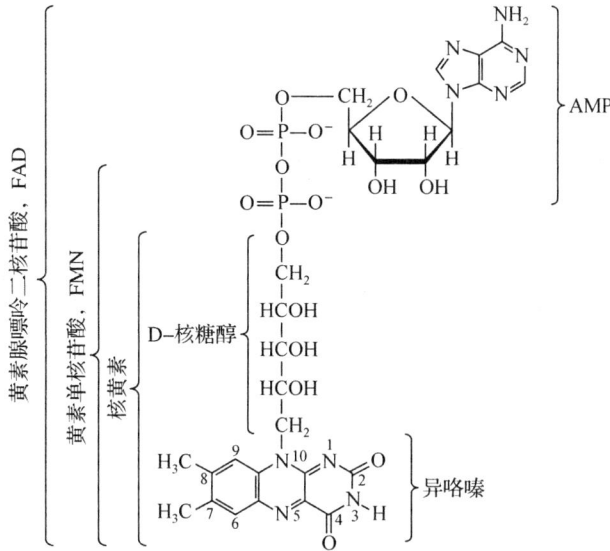

图3-3　核黄素的分子结构及主要存在形式

反应简式：

$$FMN \underset{-2H}{\overset{+2H}{\rightleftharpoons}} FMNH_2 \qquad FAD \underset{-2H}{\overset{+2H}{\rightleftharpoons}} FADH_2$$

缺乏核黄素时，动物和人易患唇炎、舌炎、口角炎、眼角膜炎等。维生素 B_2 耐热性强，干燥时较稳定，在碱性溶液中受光照射极易破坏。

(3)泛酸与辅酶A

泛酸(pantothenic acid)又称为维生素 B_3，也称遍多酸。广泛存在于动植物组织中。泛酸是由 α, γ - 二羟 - β, β - 二甲基丁酸与 β - 丙氨酸通过肽键缩合而成的酸性物质。作为一种组分，泛酸参与辅酶A(coenzyme A，CoA 或 CoA—SH)的组成。CoA 在生物体内代谢过程中的作用主要是通过巯基(—SH)完成的，即 CoA 中的巯基可与酰基形成硫酯，在代谢过程中这种硫酯起着酰基载体的作用。所以，CoA 是许多酰基转移酶类的辅酶，如丙酮酸氧化脱羧中的二氢硫辛酸转乙酰基酶。

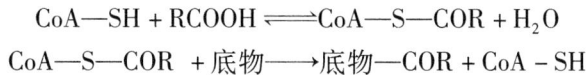

$$CoA—SH + RCOOH \rightleftharpoons CoA—S—COR + H_2O$$
$$CoA—S—COR + 底物 \longrightarrow 底物—COR + CoA - SH$$

(4)烟酸、烟酰胺与脱氢辅酶

烟酸也称尼克酸(nicotinic acid，niacin)，烟酰胺又称尼克酰胺(nicotinamide)，统称为维生素 PP 或维生素 B_5。在生物体内，主要以烟酰胺形式存在，烟酸是烟酰胺的前体。肉类、谷物、花生及酵母中含量丰富，人体肝脏能将色氨酸转化为烟酰胺，但转化率极低。在体内以烟酰胺腺嘌呤二核苷酸(nicotinamide adenine dinucleotide，NAD)和烟酰胺腺嘌呤二核苷酸磷酸(nicotinamide adenine dinucleotide phosphate，NADP)的形式作为多种脱氢酶类的辅酶。在氧化还原反应中，烟酰胺吡啶环参与脱氢(电子)或加氢(电子)反应(图3-4)。它们与酶蛋白结合松弛，易脱离酶蛋白而单独存在。

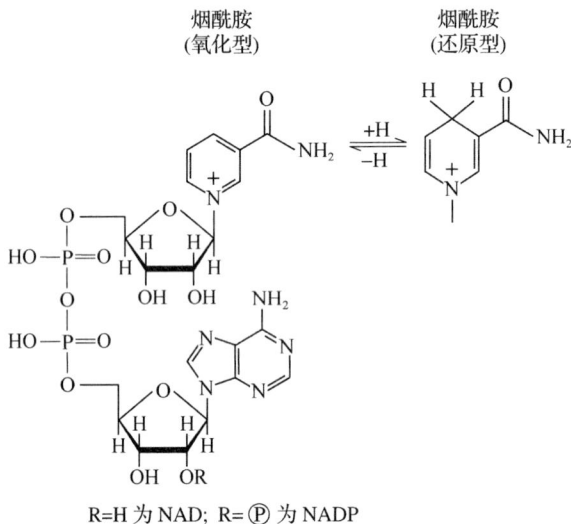

R=H 为 NAD; R= Ⓟ 为 NADP

图3-4 NAD$^+$，NADP$^+$的结构及其氧化 – 还原态

反应简式：

$$NAD^+ \underset{-2H}{\overset{+2H}{\rightleftharpoons}} NADH + H^+ \qquad NADP^+ \underset{-2H}{\overset{+2H}{\rightleftharpoons}} NADPH + H^+$$

动物和人类缺乏维生素 B_5 时易患癞皮病。主要表现为皮炎、腹泻及痴呆。由于玉米中缺少色氨酸和烟酸，故长期只食用玉米，有可能出现缺乏症。维生素 B_5 极稳定，受光、氧、热等作用不易破坏。

(5)其他 B 族维生素

B 族维生素还有多种。如维生素 B_6 包括吡哆醇(pyridoxol)、吡哆醛(pyridoxal)和吡哆胺(pyridoxamine)3 种物质，分布很广。维生素 B_6 的不同形式在体内经磷酸化作用能转变为相应的磷酸酯，并可相互转化。参与物质代谢过程的主要是磷酸吡哆醛(pyridoxal phosphate，PLP)和磷酸吡哆胺(pyridoxamine phosphate，PMP)，它们在氨基酸代谢中起着重要作用，是氨基酸的转氨酶、脱羧酶和消旋酶的辅酶。

生物素(biotin)又称为维生素 H 或维生素 B_7，广泛存在于动植物中，是许多羧化酶的辅酶。生物素通过戊酸羧基与羧化酶蛋白上赖氨酸残基的 ε – 氨基结合形成酰胺键，即与专一性的酶蛋白结合。通过 N 原子携带羧基，参与催化体内 CO_2 的固定以及羧化反应。

叶酸(folic acid)又称为维生素 B_{11}，因绿叶中含量丰富而得名。叶酸作为辅酶的形式是四氢叶酸(tetrahydrofolic acid，THFA 或 FH_4)。THFA 的主要作用是转一碳单位酶类的辅酶。一碳单位包括甲基、亚甲基、次甲基、羟甲基、甲酰基、亚氨甲基等，它们在丝氨酸、甘氨酸、嘌呤、嘧啶等的生物合成中具有重要作用。

维生素 B_{12}(VB_{12})是一种含金属元素钴(Co)的维生素,其化学名称是氰钴胺素(cyanoco-balamine),含有类似卟啉环的钴咻环。其中 5′–脱氧腺苷钴胺素是维生素 B_{12} 在生物体内的主要存在形式,又称为 B_{12}辅酶,是某些变位酶、甲基转移酶的辅酶并常与叶酸的作用相互关联。

(6)维生素 C

维生素 C(VC)因能防治坏血病,又称为抗坏血酸(ascorbic acid),广泛存在于果蔬中。它是一种己糖酸内酯,有 L–型与 D–型,但只有 L–型具生理作用。由于维生素 C 分子中的 C_2 位与 C_3 位的两个烯醇式羟基极易解离,释放出 H^+,而被氧化成为脱氢抗坏血酸。所以维生素 C 既有酸性又有很强的还原性。在生物体内维生素 C 能自成氧化还原体系(图3-5)。维生素 C 在体内主要以还原态形式发挥生物功能:参与体内氧化还原反应,保护巯基,使巯基酶的—SH 处于还原态以保证其行使催化作用;使生物体内的 Fe^{3+} 还原为 Fe^{2+},利于铁的贮存与

图3-5 抗坏血酸的结构

动员;参与体内多种羟化作用,是脯氨酸羟化酶(prolylhydroxylase)的辅酶,促进胶原蛋白的合成。

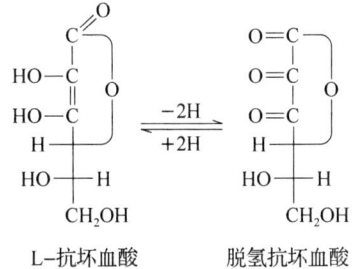

维生素 C 缺乏时,产生坏血病,其症状为伤口不易愈合,皮下、黏膜等出血,骨骼和牙齿易折断或脱落。服用过量易发生结石,故应合理摄入。维生素 C 水溶液不稳定,热、碱、氧化剂等均能使其破坏。

3.3.3.2 脂溶性维生素

维生素 A,D,E,K 等不溶于水,而溶于脂肪及脂肪剂如苯、乙醚及氯仿等,故称为脂溶性维生素。在食物中,它们常和脂质共同存在,因此在肠道吸收时也与脂质的吸收密切相关。当脂质吸收不良时,脂溶性维生素的吸收大为减少,甚至会引起缺乏症。吸收后的脂溶性维生素可以在体内,尤其是在肝内贮存。

维生素 A(VA)主要来自动物性食品,以肝脏、乳制品及蛋黄中含量最多,维生素 A 是构成视觉内感光物质的成分。当维生素 A 缺乏时,视紫红质合成受阻,使视网膜不能很好地感受弱光,在暗处不能辨别物体,暗适应能力降低,严重时可出现夜盲症。

维生素 D(VD)为类甾醇衍生物,具有抗佝偻病作用,故称为抗佝偻病维生素。维生素 D 主要含于肝、奶及蛋黄中,而以鱼肝油中含量最丰富。维生素 D 的主要生理功能是促进小肠黏膜细胞对钙和磷的吸收,也能促进磷的吸收。维生素 D 可防治佝偻病、软骨病和手足抽搐症等,但在使用维生素 D 时应先补充钙。

维生素 E(VE)与动物生育有关,故又称生育酚。主要存在于植物油中,尤以麦胚油、大豆油、玉米油和葵花籽油中含量为最丰富,豆类及蔬菜中含量也较多。维生素 E 极易氧化而保护其他物质不被氧化,是动物和人体中最为有效的抗氧化剂。它能对抗生物膜磷脂中不饱和脂肪酸的过氧化反应,因而避免脂质中过氧化物产生,保护生物膜的结构和功能。维生素 E 一般不易缺乏。

维生素 K(VK)因具有促进凝血的功能,故又称凝血维生素。维生素 K 的主要功能是促进肝脏合成凝血酶原,并调节另外 3 种凝血因子Ⅶ,Ⅸ 及 Ⅹ 的合成。缺乏维生素 K 时,血液中

这几种凝血因子均减少，因而凝血时间延长，常发生肌肉及胃肠道出血。

3.3.4　酶的作用机理

3.3.4.1　酶的中间产物理论

中间产物学说认为当酶催化某一化学反应时，由于酶分子活性部位与底物分子结构呈互补性，造成酶分子与底物分子有很强的亲和性，酶(E)首先与底物(S)结合形成短暂的酶 – 底物复合物(enzyme-substrate complex，ES)，然后生成产物(P)并释放酶。

$$E + S \rightleftharpoons ES \rightarrow P + E$$

酶 – 底物复合物的形成大大降低了反应所需的活化能，这样，只需很少的能量就能使底物进入"过渡态"。所以与非催化反应相比，酶参与的催化反应在较低能量水平就可进行化学反应，从而加快了反应速度(图 3-6)。如 H_2O_2 分解反应，当没有催化剂时，需活化能 71.1 kJ· mol^{-1}，用 HBr 作催化剂时，只需活化能 50.2 kJ· mol^{-1}；而当有过氧化氢酶催化时，活化能下降到 8.4 kJ· mol^{-1}。

酶和底物形成中间复合物已得到许多实验证明，如乙酰化胰凝乳蛋白酶的获得，大肠杆菌色氨酸合成酶反应前后的光谱变化等实验都直接证明有中间复合物存在。

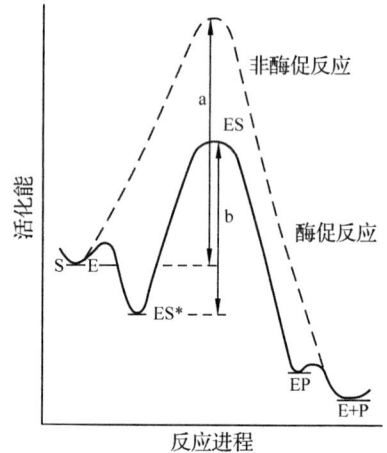

图 3-6　酶反应与非酶反应活化能的比较
E. 游离酶　S. 底物　ES. 酶 – 底物中间物
ES. 活化底物 – 酶中间物　EP. 酶 – 产物中
间物　P. 产物。a. 非酶反应所需活化能
b. 酶反应所需活化能

3.3.4.2　酶与底物结合的几种学说

1890 年 Fischer 提出"锁钥学说"(lock and key theory)来解释酶作用的专一性。他认为底物分子或底物分子的一部分能专一地插入到酶的活性部位，使底物分子的反应部位与酶分子上起催化功能的必需基团之间在结构上紧密互补，就像钥匙与锁的关系(图 3-7)。"锁钥学说"认为酶作用过程中酶分子的构象具有一定的刚性，正是这种刚性结构容易导致底物分子敏感键的扭曲、张拉，而使底物进入过渡态。酶分子构象若发生微小变化就破坏了酶与底物的锁钥关系。

1948 年 Ogston 在研究柠檬酸在三羧酸循环中的转化时发现，柠檬酸只能形成两个可能的手性产物中的一个，因而提出酶的活性部位是不对称的，它含有一个最小的三位点，柠檬酸分子必须以一种特殊方式与之结合。酶和底物分子接触时至少需要 3 个位点，柠檬酸分子中的原手性碳原子的两个相同基团在空间上才能被固定，占据不相同的位置，使一个基团发生反应，另一个基团不发生反应(图 3-8)。原手性碳原子是指这个碳原子上具有两个完全相同的取代基和两个不同的取代基，两个相同取代基团具有不相等的反应潜力。这种酶与底物相互作用的立体特异性需要用"多位点亲和理论"解释。

不论"锁钥学说"还是"多位点亲和理论"，它们在解释酶作用专一性方面都有一定的局限性，特别是对许多酶具有相对专一性的现象无法说明。对酶构象的 X 射线晶体衍射分析、光谱分析等研究结果发现，酶在呈游离状态和与底物结合状态时的空间构象不完全一样。1958年 Koshland 提出了"诱导契合学说"(induced fit theory)，他认为酶活性部位的空间构象不是刚性结构，当酶分子与底物分子接近时，两者并不契合，酶分子受底物分子诱导，其构象发生有利于与底物结合的变化，使酶的活性部位形成或暴露出来，酶与底物在此基础上互补契合形成复合物进入过渡态以催化反应进行(图3-7)。酶分子活性部位的一些基团也可以使底物分子的敏感键变形，处于反应活性高的状态。"诱导契合学说"比较广泛地解释了酶作用专一性现象以及酶活性可调节的某些机制，同时也有许多试验结果支持，因此得到了普遍承认。

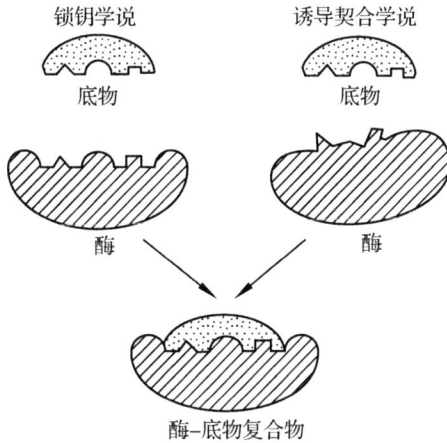

图3-7 "锁钥学说"与"诱导契合学说"

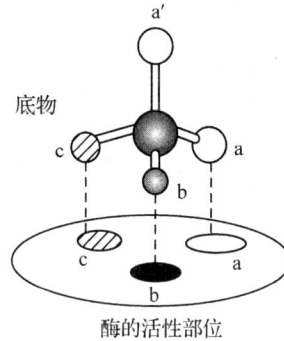

图3-8 "多位点亲和理论"

3.4 酶促反应的动力学

酶促反应动力学简称酶动力学，主要研究酶促反应的速度以及影响反应速度的各种因素。动力学研究可以得到许多与酶的特异性和酶的催化机制有关的信息。

3.4.1 酶促反应速度与酶活力单位

3.4.1.1 酶活力与酶促反应速度

酶活力(enzyme activity)也称为酶活性，是指酶催化一定化学反应的能力。酶活力的大小可用在一定条件下，酶催化某一化学反应的速度来表示。测定酶活力实际就是测定酶促反应的速度。酶促反应速度可用单位时间内、单位体积中参与酶促反应的底物减少量或产物生成量来表示。

3.4.1.2 酶活力单位

酶活力的大小(酶量的多少)用酶活力单位(active unit)U表示。国际生物化学学会酶学委员会于1961提出采用统一的国际单位(international unit)IU，规定为：在最适条件下(25℃)，每分钟内催化1μmol底物转化为产物所需的酶量定为一个活力单位，即$1IU = 1\mu mol \cdot min^{-1}$。这样酶的含量就可以用每克或每毫升酶制剂含有多少酶活力单位来表示($U \cdot g^{-1}$或U/mL^{-1})。

1972年酶学委员会推荐一种新的酶活力国际单位，即Katal(简称Kat)单位，规定为：在最适条件下，每秒能催化1mol底物转化为产物所需的酶量，定为一个Kat单位(1Kat = 1mol·

s^{-1}）。$1Kat = 6 \times 10^7 IU$。

酶的比活力（specific activity）代表酶制剂的纯度，用每毫克蛋白质所含的酶活力单位数表示。对于同一种酶来说，比活力越大，表示酶的纯度越高。

3.4.2 影响酶促反应速度的因素

酶促反应速度受到底物浓度、酶浓度、温度、介质 pH 以及抑制剂和激活剂等的影响。

3.4.2.1 底物浓度的影响

对于底物浓度与酶促反应速度之间关系的研究发现，在一定的 pH，温度及酶浓度条件下，当底物浓度较低时，反应速度与底物浓度的关系呈正比，表现为一级反应；随着底物浓度的增加，反应速度不再按比例升高，表现为混合级反应；如果再继续加大底物浓度，反应速度趋于极限，表现为零级反应。底物浓度的变化对酶促反应速度的影响呈双曲线关系（图 3-9）。

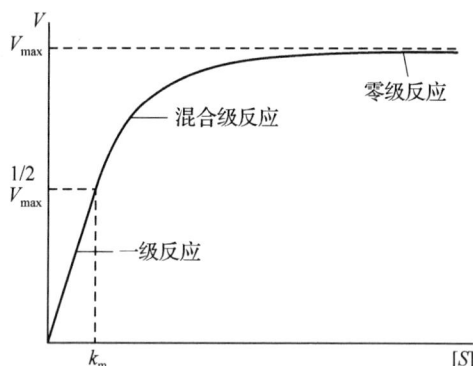

图 3-9 底物浓度与酶促反应速度的关系

1913 年 Michaelis 和 Menten 总结前人的工作，根据平衡态理论，对上述双曲线所描述的单底物单产物的酶促反应归纳出一个数学公式，提出了米氏方程：

$$V = \frac{V_{max} \cdot [S]}{K_m + [S]}$$

式中，$[S]$ 为底物浓度；V——反应速度；V_{max}——最大反应速度；K_m——米氏常数。米氏方程表述了底物浓度与酶促反应速度之间的定量关系。

米氏常数 K_m 是酶促反应速度 V 为最大反应速度 1/2 时的底物浓度。其单位是 $mol \cdot L^{-1}$ 或 $mmol \cdot L^{-1}$。

即当 $V = V_{max}/2$

$$V_{max}/2 = V_{max} \times [S]/(K_m + [S])$$
$$1/2 = [S]/(K_m + [S])$$

$\therefore K_m = [S]$

对单底物的酶而言，在一定温度和 pH 值条件下，一个酶对一定底物的 K_m 是一个特征常数，它只与酶的性质有关，而与酶的浓度无关。对大多数酶而言，K_m 可表示酶与底物的相对亲和力，K_m 值越小，表明达到最大反应速度 1/2 时所需的底物浓度越小，酶与底物的亲和力就越大；反之，酶与底物的亲和力就越小。如果一种酶有几种底物，则该酶对每种底物各有一个特定的 K_m 值，其中 K_m 值最小的称为该酶的最适底物或天然底物。

酶促反应的 K_m 值常用双倒数作图法测定。

3.4.2.2 酶浓度的影响

在酶促反应中，当底物浓度足够大时，$[S] \gg K_m$，$V = V_{max} = k$ $[E]$，此时反应速度与酶浓度呈正比关系，酶浓度增加，反应速度加快（图3-10）。

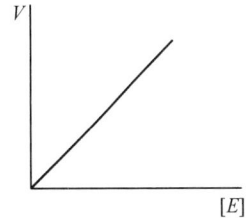

图3-10 酶浓度与反应速度的关系

3.4.2.3 温度的影响

温度对酶促反应速度的影响主要表现在两个方面：一方面温度升高反应速率加快；另一方面温度升高使得酶稳定性下降。因为随着温度的升高，酶分子热变性加剧，反应速度减慢。在一定条件下，使酶促反应速度达到最大时的温度称为酶的最适温度（optimum temperature）。最适温度是反应速度随温度升高而加快与随温度的升高也加速了酶的变性失活两种效应的综合结果。因此，温度对反应速度影响表现出"钟罩形"曲线（图3-11）。最适温度不是酶的特征常数，它与酶反应时间关系密切，随着反应时间的延长，酶分子的最适温度降低。

大多数酶的热稳定温度为 30 ~ 40℃，也有的酶耐高温，如 α - 淀粉酶在 70℃ 条件下仍有很高活性。

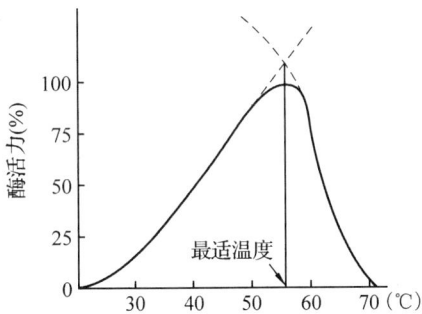

图3-11 温度对酶促反应速度的影响

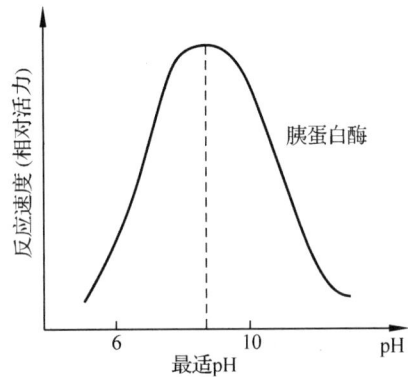

图3-12 pH 对酶促反应速度的影响

3.4.2.4 pH 的影响

pH 对酶促反应速度的影响较大，即酶的活性随介质 pH 的变化而变化。在不使酶变性的 pH 条件下，以反应的起始速度对 pH 作图，大多数情况下可得到一个钟形曲线（图3-12）。在某一 pH 下，使酶促反应速度最快的 pH 称为该酶的最适 pH。不同的酶有不同的最适 pH 值。一般酶的最适 pH 值在 4 ~ 8。植物和微生物的酶最适 pH 值多在 4.5 ~ 6.5；动物的酶最适 pH 值多在 6.5 ~ 8.0。

但最适 pH 并不是酶的特征常数，它会受到酶的浓度、底物以及缓冲液的种类等因素的影响。常规的酶分析都是在最适 pH 下进行。

pH 之所以影响酶促反应速度，是因为环境 pH 会影响酶分子结构的稳定性及解离状态；影响酶分子活性部位内微环境的 pH；影响底物分子的解离状态，甚至影响酶—底物复合物的电离状况。

3.4.2.5　抑制剂的影响

凡使酶的必需基团或酶活性部位中基团的化学性质改变，而降低酶活力甚至使其失活的物质称为酶的抑制剂(inhibitor)。抑制剂对酶的作用称为抑制作用(inhibition)。抑制作用可分为不可逆抑制和可逆抑制。不可逆抑制剂通过共价键与酶结合；可逆抑制剂通过非共价键与酶结合。由于可逆抑制剂与酶是非共价键结合，因此可以通过透析或凝胶过滤等方法从酶溶液中除去。

可逆抑制作用又可分为竞争性抑制作用、反竞争抑制作用和非竞争抑制作用，这几种类型的抑制作用可通过它们影响酶的动力学行为区分开。

(1) 竞争性抑制剂只与游离的酶结合

竞争性抑制剂是生物化学中最常见的抑制剂。在竞争性抑制作用中，抑制剂(I)与底物(S)结构类似，共同竞争酶的活性中心。可用下式表示：

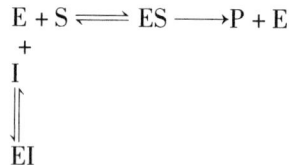

$$
\begin{array}{c}
\text{E} + \text{S} \rightleftharpoons \text{ES} \longrightarrow \text{P} + \text{E} \\
+ \\
\text{I} \\
\updownarrow \\
\text{EI}
\end{array}
$$

当一个竞争性抑制剂与酶结合后，就阻止了底物与酶的结合；反之，底物与酶结合也阻止了抑制剂与酶结合。就是说，S 和 I 与底物的结合是竞争性的。当 S 和 I 都存在于溶液中时，酶能够形成 ES 的比例取决于 S 和 I 的相对浓度和酶对它们的亲和性。通过增加 S 的浓度，可以使 EI 的形成逆转。所以在竞争性抑制作用中，S 的浓度足够大后，E 仍旧可以被 S 饱和。因此，最大反应速度 V_{max} 与没有 I 存在时一样。当存在的竞争性抑制剂浓度很大时，要使酶与底物的结合达到半饱和就需要更多的底物。酶处于半饱和时的底物浓度是 K_m，因此竞争性抑制剂浓度增加，K_m 值也相应增加。

(2) 反竞争性抑制只与 ES 结合

反竞争性抑制只与 ES 结合，而不与游离酶结合。可用下式表示：

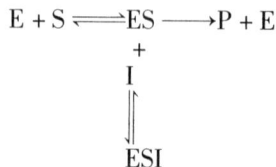

$$
\begin{array}{c}
\text{E} + \text{S} \rightleftharpoons \text{ES} \longrightarrow \text{P} + \text{E} \\
+ \\
\text{I} \\
\updownarrow \\
\text{ESI}
\end{array}
$$

在反竞争性抑制作用中，某些酶分子转换为非活性形式 ESI，所以加入再多的底物也不能扭转 V_{max} 的下降。反竞争抑制也使 K_m 减少($1/K_m$ 的绝对值增大)，这是由于 ES 和 ESI 形成的平衡倾向于结合 I 的复合物的形成。这种抑制作用通常只出现在多底物的反应中。

(3) 非竞争性抑制剂与 ES 和 E 都结合

非竞争性抑制剂既可与 E 结合，也可以与 ES 结合。可用下式表示：

$$E + S \rightleftharpoons ES \longrightarrow P + E$$

$$
\begin{array}{ccc}
+ & & + \\
I & & I \\
\Updownarrow & & \Updownarrow \\
EI + S & \rightleftharpoons & ESI
\end{array}
$$

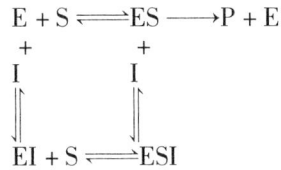

生成的 EI 和 ESI 都是失活形式的复合物。当非竞争性抑制剂与 E 和 ES 的亲和性都一样时，这样的抑制作用称为纯非竞争性抑制作用。这种抑制作用的特点是 V_{max} 减少（$1/V_{max}$ 增大），但 K_m 不变。由于抑制剂结合在底物结合部位以外的地方，所以这种抑制作用不能通过增加底物浓度来消除。纯的非竞争性抑制作用是很少见的，有的别构酶中存在这种抑制作用。非竞争性抑制剂作用也许是将酶的构象改变为一种仍可结合底物，但不能催化任何反应的另一种构象。

（4）不可逆抑制剂

不可逆抑制剂结合于酶的活性部位，与酶分子形成稳定的共价键，而使酶失活。

不可逆抑制剂通常是取代酶活性部位的氨基酸残基的侧链，改变一个酶的构象或阻止整个底物分子进入活性部位。有机磷化合物、有机汞、有机砷化合物、氰化物等都是酶的不可逆抑制剂。某些有机磷化合物可以作为杀虫剂用于农业上。

3.4.2.6　激活剂的影响

激活剂（activator）是指能提高酶活性进而提高酶促反应速度的物质。主要是一些无机离子或简单有机化合物。无机离子主要有 K^+，Na^+，Mg^{2+}，Zn^{2+}，Fe^{2+}，Cu^{2+} 等金属阳离子和 Cl^-，Br^- 等阴离子。金属阳离子的激活作用较阴离子强并且普遍。金属离子主要与酶和底物形成三元络合物，协助酶催化底物反应或保持酶分子催化的活性构象等。简单有机分子的激活作用主要有两种情况：一种是作为巯基酶的还原剂，使酶的巯基保持还原态而提高酶的活性，如还原型谷胱甘肽、半胱氨酸、抗坏血酸等；另一种是金属螯合剂，如 EDTA（乙二胺四乙酸），可解除重金属离子对酶的抑制作用，而保持或恢复酶活性。

激活剂对酶的作用具有一定的选择性。一种激活剂对某种酶起激活作用，对另一种酶可能起相反的抑制作用；激活剂的浓度对酶活性也有影响，如果浓度太高，有可能从激活作用转为抑制作用；激活剂之间也有颉颃现象。

小　结

酶是生物催化剂，酶的显著特点是催化效率高，具有底物和反应的特异性。绝大部分酶是蛋白质，或是带有辅助因子的蛋白质。酶可以按照它们催化的反应类型分为六大类：氧化还原酶、转移酶、水解酶、裂合酶、异构酶和合成酶。维生素作为某些酶类的辅酶或辅基，在物质代谢过程中起着非常重要的调节作用。

酶也和其他催化剂一样，可以通过降低反应的活化能来提高反应速度，使反应快速达到平衡点，但酶不能改变平衡点。"诱导契合学说"比较广泛地解释了酶作用专一性现象以及酶活性可调节的某些机制。

酶促反应动力学主要是研究酶促反应速度和影响酶促反应速度的因素。影响酶促反应速度的因素主要有 6 个方面：底物浓度、酶浓度、温度、pH 值、抑制剂和激活剂。

酶促反应速度相对于底物浓度的变化表现出典型的双曲线特征。当酶被底物饱和时，达到量大反应速度 V_{max}。米氏方程描述了这样的行为。米氏常数 K_m 等于最大反应速度 1/2 时的底物浓度。

酶浓度与酶促反应速度成直线关系。温度和 pH 值是影响酶促反应的重要环境因子，在一定温度和 pH 值下，酶表现出最大活力，此温度和 pH 值为酶促反应的最适温度和最适 pH 值。

酶促反应的速度也受到抑制剂的影响。抑制剂可分为可逆和不可逆抑制剂。可逆抑制剂与酶非共价结合，包括竞争性抑制剂、反竞争性抑制剂和非竞争性抑制剂。不可逆抑制剂与酶共价结合。激活剂则与抑制剂起相反作用。

思 考 题

1. 名词解释

酶的专一性   米氏常数   必需基团   酶的活性中心   抑制剂   竞争性抑制作用   非竞争性抑制作用   核酶   单体酶   寡聚酶   多酶复合体   同工酶   辅酶   辅基   全酶 K_m V_{max} NAD$^+$ NADP$^+$ FAD   FMN

2. 生物催化剂酶与一般无机催化剂相比有何异同点？

3. 什么是全酶？酶蛋白和辅因子在酶促反应中各起什么作用？

4. 请写出米氏方程式。米氏常数（K_m）有何意义？

5. 什么是酶的最适 pH？pH 如何影响酶的活力？

6. 什么是酶的激活剂，重要的激活剂有哪些？

7. 什么是酶的最适温度？温度如何影响酶促反应速度？

8. 当一酶促反应的速度为最大反应速度的 80% 时，K_m 与 [S] 之间的关系如何？

9. 什么是酶？酶作用的特点是什么？

10. 有哪些因素可以影响酶促反应速度？

11. 维生素与辅酶（辅基）有何关系？

12. 你怎样理解酶的专一性？

第4章 植物细胞的功能

细胞是植物形态结构和代谢功能的基本单位，具高度有序的、能够进行自我调控的体系；也是植物生长发育的基本单位，植物体通过细胞分裂、增长、分化来实现形态建成；还是植物遗传的基本单位，具有遗传上的全能性。

4.1 植物细胞原生质的性质

原生质（protoplasm）为构成细胞的生活物质，是细胞生命活动的物质基础。原生质是各种无机物和有机物组成的复杂体系，其中水含量很高，往往占细胞总质量的绝大部分，而蛋白质、核酸、碳水化合物和脂类则构成了有机质的主体。

原生质的化学组成决定了它既有液体与胶体的特性，又有液晶态的特性，使其在生命活动中起着重要的、复杂多变的作用。

4.1.1 原生质的物理特性

(1) 张力

由于原生质含有大量的水分，使它具有液体的某些性质，如有很大的表面张力（surface tension），即液体表面有自动收缩到最小的趋势，因而裸露的原生质体呈球形。

(2) 黏性和弹性

原生质具有黏性（viscosity）和弹性（elasticity）。例如，蚕豆茎细胞内，原生质的黏性比清水大24倍。原生质变形时，往往有恢复原状的能力，这是由于它具有弹性的缘故。

原生质的黏性与弹性随植物生育期或外界环境条件的改变而发生变化。当黏性增加，代谢活动降低，植物体与外界间物质交换减少，抗逆性增强；反之，植株生长旺盛，抗逆性减弱。越冬的休眠芽和成熟种子的原生质黏性大，抗逆性强；而处于开花期和旺盛生长时期的植物，其原生质黏性低，抗逆性弱。原生质的弹性与植物抗逆性也有密切关系。弹性越大，则对机械压力的忍受力也越大，植物对不良环境的适应性也增强。因此，凡原生质黏性高、弹性大的植物，对干旱、低温等胁迫忍耐力也较强。

(3) 流动性

在显微镜下，可观察到许多植物的细胞质在不停运动。最简单的运动方式是细胞质沿质膜的环流，称为胞质环流（cyclosis）。原生质的流动速度一般不超过 $0.1\text{mm} \cdot \text{s}^{-1}$。原生质的流动是一种复杂的生命现象，有时在同一细胞内，可以观察到不同的细胞器沿着相反的方向同时流动。原生质的流动在一定温度范围内随温度的升高而加速，且与呼吸作用有密切的联系。当缺氧或加入呼吸抑制剂时，原生质的流动就减慢或停止。

4.1.2 原生质的胶体特性

胶体(colloid)是物质的一种分散状态。不论何种物质，凡能以 1～100nm 大小的颗粒分散于另一种物质之中时，就可形成胶体。构成原生质的生物大分子，如蛋白质和核酸的分子直径在胶体颗粒范围，其水溶液具有胶体的性质。下面讨论与细胞生命活动有关的原生质胶体特性。

(1) 带电性与亲水性

原生质胶体主要由蛋白质组成，蛋白质表面的氨基与羧基发生电离时可使蛋白质分子表面形成一层致密的、带电荷的吸附层。在吸附层外又有一层带电量相等而符号相反的较松弛的扩散层。这样就在原生质胶体颗粒外面形成一个双电层(图4-1)。双电层的存在对于维持胶体的稳定性起了重要作用，例如，当胶体颗粒最外层都带有相同的电荷时，颗粒间便不致相互凝聚而沉淀。

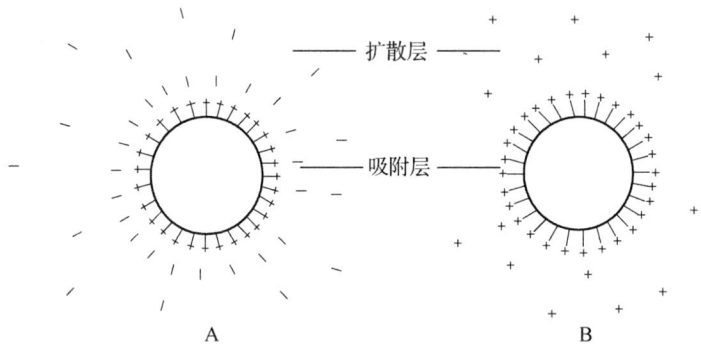

图4-1　胶粒微团的电荷、双电层
A. 正电荷　B. 负电荷

蛋白质是亲水化合物，在其表面可以吸附一层水分子形成很厚的水合膜，由于水合膜的存在，使原生质胶体更加稳定。蛋白质是两性电解质，在两性离子状态下，原生质具有缓冲能力，这对细胞内代谢有重要作用。但当处于其等电点时，蛋白质表面的净电荷为零，溶解度也减小。这既破坏了以蛋白质为主的原生质胶体的稳定性，又降低了原生质的黏度、弹性、渗透压及传导性。各种胶体的等电点不同，植物原生质胶体的等电点通常在 pH 4.6～5.0。一些电解质和脱水剂可以破坏蛋白质外层的水合膜，这些影响原生质胶体稳定性的因素都会对细胞的生命活动产生不利影响。如果原生质的胶体遭受破坏，原生质的生命活动就会钝化甚至使细胞趋于死亡。

(2) 扩大界面

原生质胶体颗粒的体积虽然大于分子或离子，但它们的分散度很高，比表面积(表面积与体积之比)很大。它可以吸附很多分子积聚在界面上。吸附在细胞生理中具有特殊的作用，如增强了对离子吸收、使受体与信号分子结合等。已证明许多化学反应都是在界面上发生的。所以，细胞内的空间虽小，但其内部界面很大。这一方面有利于原生质体对各种分子和离子的吸附和富集，另一方面也为新陈代谢的各种生化反应提供了场所。

（3）凝胶作用

胶体有溶胶（sol）和凝胶（gel）两种状态。溶胶是液化的半流动状态，有近似流体的性质，它可以转变成一种有一定结构和弹性的半固体状态的凝胶，这个过程称为凝胶作用（gelation）。凝胶和溶胶在一定条件下可以相互转化，凝胶转为溶胶的过程称为溶胶作用（solation）。

原生质胶体同样也存在溶胶与凝胶两种状态。胶体的状态与原生质的生理活动和抗逆性等生理特性密切相关。当原生质处于溶胶状态时，黏性较小，植物细胞代谢活跃，生长旺盛，但抗逆性较弱。当原生质呈凝胶状态，细胞生理活性降低，但对低温、干旱等不良环境的抵抗能力提高，有利于植物度过逆境。凝胶具有强大的吸水能力，凝胶吸水膨胀的现象，称为吸胀作用（imbibition）。种子就是靠这种吸胀作用吸水萌发。

4.1.3　原生质的液晶性质

液晶态（liquid crystalline state）是物质介于固态与液态之间的一种状态，它既有固体结构的规则性，又有液体的流动性和连续性；在光学和电学性质上像晶体，在力学性质上像液体。从微观来看，液晶态是某些特定分子在溶剂中有序排列而成的聚集态。

在植物细胞中，有不少分子在一定温度范围内都可以形成液晶。如磷脂、蛋白质、核酸、叶绿素、类胡萝卜素与多糖。一些较大的颗粒如核仁、染色体和核糖体等也具有液晶结构。

液晶态与生命活动息息相关。比如，膜的流动性是生物膜具液晶态的重要特性。但当温度过高时，膜会从液晶态转变为液态，其流动性增大，膜透性也增大，导致细胞内可溶性糖和无机离子等大量流失。温度过低也会使膜由液晶态转变成凝胶态，导致细胞的生命活动减缓。

4.2　植物细胞的阶段性与全能性

繁殖、分化和衰亡是细胞的基本生物学特征，也是细胞生理生化的重要内容，高等植物因细胞的这些基本生命活动而完成组织、器官和个体的生长发育。

4.2.1　细胞周期与细胞的阶段性

4.2.1.1　细胞周期

细胞繁殖（cell reproduction）是通过细胞分裂来实现的。从一次细胞分裂结束子细胞形成到下一次分裂结束形成新的子细胞所经过的历程称为细胞周期（cell cycle），所需的时间称周期时间（time of cycle），整个细胞周期可分为间期（interphase）和分裂期（mitotic stage，M 期）两个阶段。间期是从一次分裂结束到下一次分裂开始之间的间隔期，是细胞的生长阶段，其体积逐渐增大，细胞内进行着旺盛的生理生化活动，并做好下一次分裂的物质和能量准备，主要是DNA 复制、RNA 的合成与有关酶的合成以及 ATP 的生成。间期可分为 3 个时期，这样，细胞周期共包括了 4 个时期（图 4-2 A）。

（1）G_1 期

从有丝分裂完成到 DNA 复制之前的这段间隙时间称为复制前期（G_1 期）（gap_1，pre-synthetic phase）。在这段时期中有各种复杂大分子包括 mRNA，tRNA，rRNA 和蛋白质的合成。

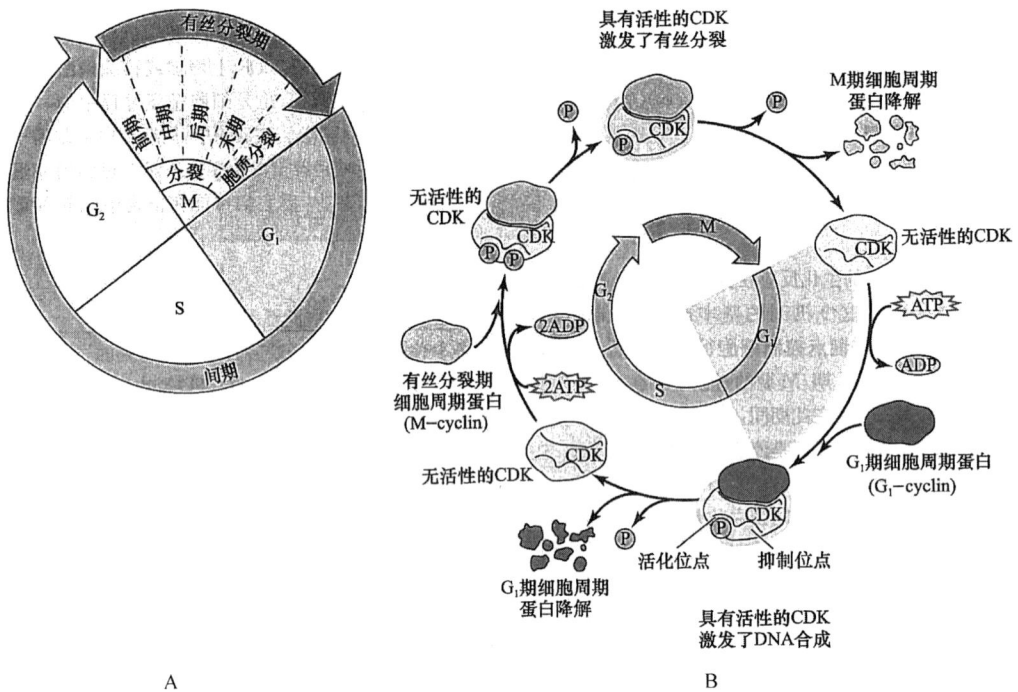

图 4-2 细胞周期(A)和 CDK 调节细胞周期图解(B)(Taiz 和 Zeiger, 2002)

在 G_1 期,CDK 处于非激活状态,当 CDK 与 G_1-cyclin 结合部位磷酸化后被活化,活化的 CDK-cyclin 复合物使细胞周期进入 S 期,在 S 期末,G_1-cyclin 降解,CDK 去磷酸化而失活,细胞进入 G_2 期。在 G_2 期,无活性的 CDK 与 M-cyclin 结合,同时 CDK-cyclin 复合物的活化位点和抑制位点被磷酸化,CDK-cyclin 仍未活化,因为抑制位点仍被磷酸化,只有蛋白磷酸酶把磷酸从抑制位点除去,复合物才被激活。活化的 CDK 刺激 G_2 期转变为 M 期,在 M 期的末期,M-cyclin 降解,磷酸酶使激活位点去磷酸化,细胞又进入 G_1 期

(2)S 期

这是 DNA 复制开始到 DNA 复制结束的时期,故称为复制期(S 期)(synthetic phase),这期间 DNA 的含量增加 1 倍。

(3)G_2 期

从 DNA 复制完到有丝分裂开始的一段间隙称为复制后期(G_2 期)(gap$_2$, post-synthetic phase),此期的持续时间短,DNA 的含量不再增加,仅合成少量蛋白质。

(4)M 期

从细胞分裂开始到结束,也就是从染色体的凝缩、分离并平均分配到两个子细胞为止。分裂后细胞内 DNA 减半,这个时期称为分裂期(M 期)(有丝分裂,mitosis)。

细胞分裂的意义在于 S 期中倍增的 DNA 以染色体形式平均分配到两个子细胞中,使每个子细胞都得到一整套和母细胞完全相同的遗传信息。

细胞周期延续时间的长短随细胞种类而异,也受环境条件的影响。多细胞生物体要维持正常的生活,就必须不断地增殖新细胞以代换那些衰老死亡的细胞。细胞周期受到细胞本身的遗传特性所控制,但外界环境,如温度、水分、化学试剂等均有控制细胞的效应。已经发现多种

植物激素对细胞的生长和分裂都有控制作用。研究细胞周期与植物细胞的衰老机理和抗逆性能均有重要意义。豌豆根尖细胞周期在15℃下为25.55h，在30℃下则缩短为14.39h。

控制细胞周期的关键酶是依赖细胞周期蛋白（cyclin）的蛋白激酶（cyclin-dependent protein kinases，CDK），它们的活性都受cyclin调节性亚基的调节，控制细胞周期不同阶段间的转化。在细胞周期的循环中有两个主要限制点，分别是G_1/S限制点（控制细胞从G_1期进入S期）和G_2/M限制点（细胞一分为二的控制点）。CDK活性的调节机制主要有两种：一是cyclin蛋白的合成与降解，大多数cyclin的周转很快，可以快速降解。CDK只有与cyclin结合后才能活化。由G_1期转变为S期需要G_1-cyclin的激活，由G_2期转变为M期需要M-cyclin；二是CDK内关键氨基酸残基的磷酸化与去磷酸化。CDK-M-cyclin复合物有被磷酸化活化部位和抑制部位，当两个部位被磷酸化后，复合物仍不活化，只有把抑制部位的磷酸去除，复合物才被激活（图4-2 B）。

4.2.1.2 细胞衰老与程序化死亡

在有机体内总是有细胞在不断地衰老与死亡，同时又有新增殖的细胞来代替它们。细胞衰老（cellular aging）是细胞生命活动的必然规律。细胞的死亡可以分为两种形式：一种是细胞坏死（necrosis），它一般是物理、化学损伤的结果，即细胞受到外界刺激，被动结束生命；另一种死亡方式称为细胞程序化死亡（programmed cell death，PCD），这是一种主动的、为了生物的自身发育及抵抗不良环境的需要而按照一定的程序结束细胞生命的过程，因此，PCD是生命活动不可缺少的组成部分。在PCD发生过程中，一般伴随有特定的形态、生化特征出现，此类细胞死亡称为凋亡（apoptosis）。当然，也有的细胞在PCD过程中并不表现凋亡的特征，这一类PCD称为非凋亡的细胞程序化死亡（non-apoptotic programmed cell death）。

细胞衰老的过程是细胞生理生化发生复杂变化的过程，蛋白质合成减少，呼吸速率减慢，酶活性降低等，最终反映在细胞形态结构的变化。功能健全的细胞膜是典型的液晶相，这种膜脂双分子层比较柔韧，脂肪酸链能自由移动，镶嵌于其中的蛋白质分子表现出最大的生物学活性。而衰老或有缺陷的膜通常处于凝胶相或固相，脂质和蛋白质不能灵活移动，其选择透性及其他功能受到损害，在机械刺激或压迫等条件下，膜甚至出现裂隙。衰老的细胞其线粒体数目减少，而体积则增大，内容物呈现网络化直至形成多囊体。内质网排列变得无序，膜腔膨胀扩大甚至崩解，膜面上的核糖体数量减少。细胞核体积变大，核膜内折，染色体固缩化，核仁也发生明显变化或消失。有的则是整个细胞内膜系统解体或降解，或收缩成团，或出现液泡化。

PCD往往涉及相关基因的表达和调控，在植物胚胎发育、细胞分化和形态建成过程中普遍存在。例如，植物性别发生过程中某些生殖器官的程序性细胞死亡，导致该器官的衰老败育，形成单性花；导管的形成则是维管系统部分细胞的主动程序性衰亡而形成的特殊组织。叶片衰老过程中包括大量有序事件的发生，如有些植物的叶片是按照其特有的发育顺序相继黄化、衰老、死亡和脱落；也有些植物在某一段时间内形成的所有叶片会在同一时间里全部衰老死亡。

4.2.2 细胞分化与细胞全能性

细胞分化（cell differentiation）是细胞间产生稳定差异的过程，也就是一种类型的细胞转变成在形态结构、生理功能和生物化学特性诸方面不同的另一类型细胞的过程。植物体的各个器官，根、茎、叶、花、果实和种子以及各种组织内的细胞形态结构、功能和生理生化特性都是各不相同的，这就是细胞分化的结果。多细胞生物体的所有不同类型的细胞都是由受精卵发育而成的，正是在细胞分裂的基础上有了分化，才能使不同类型的细胞执行千差万别的生理代谢，共同完成植物的生命活动。

根据现代分子生物学的观点，细胞分化的本质是基因按一定程序在不同的时间和空间选择性表达的结果。植物体中的所有细胞都是由受精卵发育而来，因而具有相同的基因组成。但不同发育时期和部位的细胞在基因表达的数量和种类上并非都相同，即在某一发育时期、某一部位的细胞，其基因只有这一部分表达，另一部分处于关闭状态；而在另一发育时期、处于另一部位的细胞，可能其基因中这一部分关闭而另一部分表达，最终导致细胞的异质性，即细胞的分化。例如，在胚胎中有开花的基因，但在营养生长期，它就处于关闭状态。一定要到达花熟状态，处在生长点的开花基因才表达，即花芽才开始分化。这就是个体发育过程中基因在时间和空间上的顺序表达。

因此，母细胞在分裂前已经对 DNA 进行了复制，故子细胞具有母细胞的全套基因。而植物体的所有细胞追踪溯源都来自受精卵，具有与受精卵相同的基因。细胞全能性(totipotency)就是指每个生活的细胞中都包含有产生一个完整机体的全套基因，在适宜的条件下，细胞具有形成一个新的个体的潜在能力。受精卵是全能的，它可以分裂繁殖和分化成各类细胞，并且能复制出一个完整植株。其他器官和组织的植物细胞，由于分裂和分化的结果，只具有其所在组织器官的特定功能。

4.3　植物细胞的基因表达与功能的统一

4.3.1　植物细胞的核基因和核外基因

高等植物细胞共有 3 个基因组，即核基因组、叶绿体基因组和线粒体基因组，后两组称为核外基因。基因组(genome)是细胞携带生命信息 DNA 及其蛋白质复合物的总称。植物细胞的各种生命活动都是由基因组所控制的，如对无机物的吸收和利用，有机物的合成和分解，植物与外界条件的反应和适应，繁殖、分化、衰老、死亡等。

植物核基因组大小差别很大，拟南芥有 1.2×10^8 个碱基对，而百合有 1×10^{11} 个碱基对。以往普遍认为 DNA 只存在于细胞核中。1962 年 Ris 和 Plant 在衣藻叶绿体中发现了 DNA。1963年 M. Nass 和 S. Nass 在鸡胚肝细胞线粒体中发现了 DNA，以后从植物细胞线粒体中也发现了 DNA。

进一步研究发现，线粒体和叶绿体中还有 RNA(mRNA，tRNA，rRNA)、核糖体、氨基酸活化酶等。说明这两种细胞器均有自我繁殖所必需的基本组分，具有独立进行转录和转译的功能。线粒体和叶绿体中的绝大多数蛋白质是由核基因编码，在细胞质核糖体上合成。其本身编码合成的蛋白质并不多。也就是说，线粒体和叶绿体的自主程度是有限的，而对核质遗传系统有很大的依赖性。因此，线粒体和叶绿体的生长和增殖是受核基因组及其自身的基因组两套遗传系统所控制，所以称为半自主性细胞器(semiautonomous organelle)。

　　线粒体基因组也称线粒体 DNA(mtDNA)，呈双链环状，与细菌 DNA 相似。一个线粒体中可有 1 个或几个 DNA 分子。酵母 mtDNA 的周长为 $26\mu m$，有 78 000 个碱基对，高等植物 mtD-NA 大小在 200 000 碱基对(油菜)和 2 500 000 碱基对(西瓜)之间。某些植物的线粒体中还含有较小的线形或环形 DNA 分子。叶绿体基因组也称叶绿体 DNA(cpDNA)，双链环状，其大小差异在 120 000 ~ 217 000 个碱基对。cpDNA 一般周长为 $40 ~ 60\mu m$，相对分子质量约为 3.8×10^7，叶绿体中 DNA 的含量大体在 1×10^{-14}g 水平上，明显地比线粒体中 DNA 含量(1×10^{-16}g)多。每个线粒体中约含 6 个 mtDNA 分子，每个叶绿体中约含 12 个 cpDNA 分子。

　　mtDNA 和 cpDNA 均可自我复制，其复制也是以半保留方式进行的。用 ^{3}H 嘧啶核苷标记证明，mtDNA 复制时间主要在细胞周期的 S 期及 G_2 期，DNA 先复制，随后线粒体分裂，cpDNA 复制的时间在 G_1 期。它们的复制仍受核的控制，复制所需的 DNA 聚合酶常由核 DNA 编码，在细胞质核糖体上合成的。高等植物叶绿体 DNA 的碱基组成 G + C(鸟嘌呤 + 胞嘧啶)占 37.5 ±1%，与蓝藻所含有的相似。

4.3.2　植物细胞核外基因的特点

　　对 1 000 种以上光合陆生植物的研究发现，叶绿体基因组在大小、结构、基因含量和整个基因构建上都是很保守的。烟草、地钱和水稻等植物叶绿体 DNA 全序列的测定可知，其大约有 123 个基因。这些基因大致可分为 3 类：第一类是与光合过程有关的基因，如编码光系统 I 作用中心的 A_1，A_2蛋白，光系统Ⅱ作用中心的 D_1，D_2蛋白，ATP 合成酶的一些亚基等。第二类是叶绿体基因表达所需的基因，如编码核糖体 RNA，DNA 聚合酶，RNA 聚合酶等。第三类为其他基因，如编码 NADH 脱氢酶的若干亚基等。

　　叶绿体的自主性装置是不完全的，叶绿体中的大部分多肽是由核基因编码并在细胞质的核糖体上合成的。细胞质中所合成的叶绿体中多肽的前体几乎都带有一段含几十个氨基酸序列的转运肽(transit peptide)，这些前体由转运肽引导进入叶绿体后，转运肽被蛋白酶切去，同时相应的多肽到达预定部位。叶绿体内的相当组分都要求叶绿体基因和核基因的共同作用。光照则可促进或调节叶绿体基因的表达。

　　核酮糖 - 1,5 - 二磷酸羧化酶/加氧酶(ribulose - 1,5 - bisphosphate carboxylase /oxygenase，Rubisco)就是叶绿体基因和核基因共同作用的典型例证(图 4-3)。该酶是一个双功能酶，它既可催化羧化反应，又可催化加氧反应，在植物光合过程中的 CO_2 同化及光呼吸中起着重要作用。高等植物的 Rubisco 是由 8 个大亚基和 8 个小亚基所构成，其催化活性要依靠大、小亚基的共同存在才能实现。Rubisco 大亚基由叶绿体 DNA 编码，并在叶绿体的核糖体上翻译，而小亚基由核 DNA 编码，在细胞质核糖体上合成。Rubisco 全酶由细胞质中合成的小亚基前体和叶绿体中合成的大亚基前体经修饰后组装而成。Rubisco 一般约占叶绿体可溶性蛋白的 50%，因此，它也是自然界中最丰富的蛋白质。

　　已经研究的植物线粒体基因有 20 余种，包括如下几类：第一类是编码 RNA 的基因，如 rRNA(18S，26S 和 5S)，tRNA，如地钱 mtRNA 有 29 个 tRNA 基因；第二类是编码核蛋白体小亚基蛋白(如 S12，S13)的基因；第三类是某些酶复合物亚基的基因，如细胞色素氧化酶复合物的亚基Ⅰ，Ⅱ和Ⅲ；ATP 酶复合物的部分亚基；NADH 去氢酶的亚基等。同样，线粒体基因也要与核基因共同作用才能完成一个复杂的基因表达过程。如高等植物线粒体 tRNA 有 3 种基

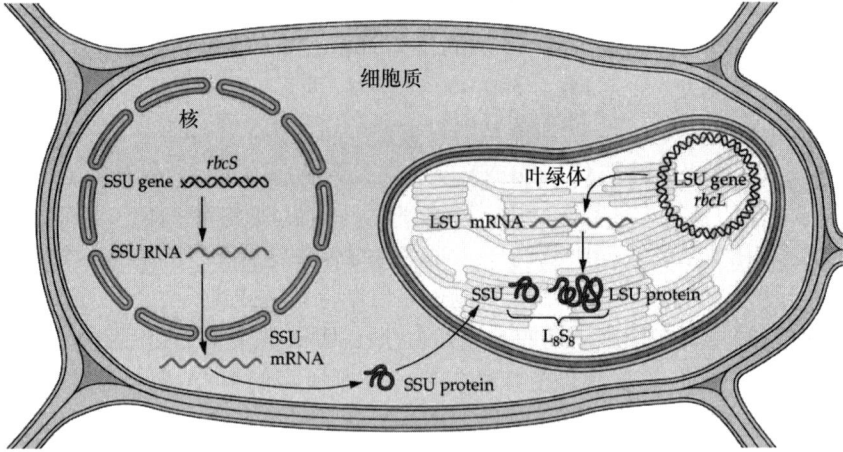

图 4-3　植物 Rubisco 的合成、加工和组装

SSU. Rubisco 小亚基　　LSU. Rubisco 大亚基

因来源，一是某些 tRNA 是由线粒体基因编码，这些基因同相应的真菌和叶绿体基因有 65% ~ 80% 相似。二是一些 tRNA 是由类叶绿体基因（同叶绿体基因 90% ~ 100% 相似）编码的。三是一类线粒体 tRNA 分子则是由核基因编码的，转录形成后进入线粒体。

4.3.3　植物细胞结构与功能的关系

　　综合上述内容，可以看出，植物细胞被内膜系统分隔成多种细胞器，使各种生理活动得以分室进行（代谢、功能的区域化）。微梁系统是细胞的骨架，维持细胞质的机械强度，推动细胞器的运动和促进信息的交流。微球系统是遗传信息的载体，承担着遗传信息的传递与表达的作用。各种细胞器虽然形成了细胞内的相对独立系统，但许多细胞器又有内膜系统和微梁系统相互联系，使得各亚细胞结构之间随时都能进行物质、能量与信息交换，保证了细胞作为一个完整的有活力的结构整体。

　　应该强调的是，细胞器的分化固然重要，但各种细胞器的独立性只是相对的。一个细胞器离开了完整的细胞虽也能短时间内进行代谢反应，但不能长期生存和繁殖。而细胞则不然，它可以繁殖并在合适条件下再生出完整的植株。因此，只有细胞才是生物体结构和功能的基本单位。细胞壁、细胞质基质、细胞器和生物膜系统等协同作用，共同执行着细胞的物质代谢、能量转换和信息传递等生命活动，使细胞的结构和功能达到高度的统一。

小　结

　　细胞不仅是植物形态结构和代谢功能的基本单位，也是植物生长发育的基本单位，还是植物遗传的基本单位。

　　原生质为构成细胞的生活物质，是细胞生命活动的物质基础。原生质具有一定的张力，黏性，弹性和流动性。原生质的胶体特性包括带电性与亲水性，可扩大界面，有凝胶作用。原生质还具有液晶性质。这些性质与细胞的生命活动密切相关。

从一次细胞分裂结束子细胞形成到下一次分裂结束形成新的子细胞所经过的历程称细胞周期，整个细胞周期可分为间期和分裂期两个阶段。细胞周期可分为 G_1 期、S 期、G_2 期和 M 期 4 个时期。细胞分裂的意义在于 DNA 以染色体形式平均分配到两个子细胞中，使每个子细胞都得到一整套和母细胞完全相同的遗传信息。

细胞的死亡可以分为两种形式：一种是坏死性或意外性死亡；另一种死亡方式称为程序化细胞死亡（PCD），这是一种主动的、为了生物的自身发育及抵抗不良环境的需要而按照一定的程序结束细胞生命的过程。PCD 往往涉及相关基因的表达和调控，在植物胚胎发育、细胞分化和形态建成过程中普遍存在。

细胞分化是细胞间产生稳定差异的过程，也就是一种类型的细胞转变成在形态结构、生理功能和生物化学特性诸方面不同的另一类型细胞的过程。细胞全能性就是指每个生活的细胞中都包含有产生一个完整机体的全套基因，在适宜的条件下，细胞具有形成一个新的个体的潜在能力。

高等植物细胞共有 3 个基因组，即核基因组、叶绿体基因组和线粒体基因组，后两组称为核外基因。植物细胞的各种生命活动都是由基因组所控制的。线粒体和叶绿体的生长和增殖是受核基因组及其自身的基因组两套遗传系统所控制，所以称为半自主性细胞器。

植物细胞被内膜系统分隔成多种细胞器，使各种生理活动得以分室进行(代谢、功能的区域化)。但各种细胞器的独立性只是相对的，只有细胞才是生物体结构和功能的基本单位。细胞壁、细胞质基质、细胞器和生物膜系统等协同作用，共同执行着细胞的物质代谢、能量转换和信息传递等生命活动，使细胞的结构和功能达到高度的统一。

思考题

1. 名词解释

原生质 凝胶作用 细胞周期 细胞程序化死亡 细胞分化 细胞全能性 基因组 半自主性细胞器

2. 原生质的胶体状态与其生理代谢有什么联系？

3. 谈谈细胞程序化死亡的概念与意义。

4. 细胞周期的组成与特点如何？

5. 高等植物细胞 3 个基因组的关系怎样？

6. 如何理解细胞结构和功能的关系？

第 II 篇

植物代谢的生理生化

新陈代谢（metabolism）是维持各种生命活动过程中物质和能量变化的总称。植物的新陈代谢可以概括为同化作用（assimilation）或合成代谢（anabolism）与异化作用（disassimilation）或分解代谢（catabolism）。光合作用将CO_2和水转变为有机物，把光能转化为可贮存在体内的化学能，属于同化作用。呼吸作用则将体内复杂的有机物分解为简单的化合物，同时把贮藏在有机物中的能量释放出来，属于异化作用。光合作用与呼吸作用是植物代谢的中心，有极其重要的意义。同时，植物还需要从土壤中吸收水分、各种矿质元素和氮素以维持正常的生命活动。了解水分、矿质和氮素的生理作用和植物的吸收利用规律，可以用来指导合理浇水施肥。当然，植物中同化作用与异化作用的划分不是绝对的，如光合作用中有异化反应，呼吸作用中也有同化反应。高等植物器官有各自特异的结构和明确的分工，通过物质的相互转化、运输和分配过程，保持统一的整体。在生产实践中，则可提高作物产量和改善作物品质。本篇分5章，是物质转化及功能与代谢的生理生化，包括植物的水分生理，矿质与氮素营养，植物的光合作用，植物呼吸作用，有机物的转化、运输和分配。这部分内容可以说是剖析植物生命活动的一个横断面，即植物几乎每天都在发生的一些基本生理生化事件。

第5章　植物水分代谢

5.1　植物对水分的需要

植物对水分的吸收、运输、利用和散失的过程，称为植物的水分代谢(water metabolism)。研究植物水分代谢的规律，为作物提供良好的生态环境，对农作物的高产、稳产、优质、高效有着重要意义。

5.1.1　植物的水分含量和存在状态

5.1.1.1　植物的含水量

水是植物体的重要组成成分之一，是植物细胞中含量最多的物质，占植物组织鲜重的70%～90%。植物的含水量与植物种类、器官组织的特性、生育期以及植物所处的环境条件等有关。一般草本植物含水量大于木本植物，水生植物含水量大于陆生植物；幼嫩的生长旺盛的器官、组织的含水量高于成熟的代谢较弱的器官、组织的含水量，如一棵树中，幼根、嫩梢、绿叶的含水量为80%～90%，树干代谢较弱，含水量为40%～50%，休眠芽为40%，风干种子为10%～14%，其代谢非常弱，不能表现出明显的代谢活动；生长在遮荫潮湿环境里的植物的含水量高于生长在向阳干燥环境下的植物的含水量；一般幼年植株的含水量高于老年植株。从某种意义上讲，水分含量是控制生命活动强弱的决定因素，是对器官组织代谢水平的反映。

5.1.1.2　水在植物体内的存在状态

水在植物生命活动中的作用不仅与其含量有关，而且与其存在状态有关。水分子中的氢原子能够与亲水基团中电负性强的原子靠静电引力形成非共价键，而氧原子能够与亲水基团中电正性强的原子靠静电引力形成非共价键，即氢键。因此亲水性物质可通过氢键吸附大量水分子，这种现象称为水合作用(hydration)。

植物细胞的原生质和细胞壁含有大量蛋白质、核酸、纤维素等大分子，原生质胶体的主要成分是蛋白质，占干重的60%以上，这些大分子表面有许多亲水性基团如—COOH，—NH$_2$，—OH等，能与水发生水合作用。在细胞中被蛋白质等亲水大分子组成的胶体颗粒吸附不易自由移动的水分称为束缚水(bound water)，束缚水在温度升高时不易蒸发，温度降低时不易结冰，难于参与细胞内的代谢反应，其含量相对稳定。距胶体颗粒较远，不被吸附或受到的吸附力很小能自由移动的水分子称为自由水(free water)。自由水含量变化较大，其主要作用是供给蒸腾作用、参与代谢反应、作为物质运输的溶剂等。事实上，两种状态的水的划分是相对的，两者之间没有明显的界线。

自由水与束缚水对植物的生理作用有显著的差异。自由水直接参与植物的生理生化反应，参与各种代谢活动，其数量的多少直接影响植物代谢强度，自由水含量越高，代谢越旺盛。束缚水不参与代谢活动，其作用在于维持原生质胶体稳定，并与植物的抗逆性有关，植物要求以低微的代谢活动去渡过不良的环境。所以，自由水/束缚水的比值可以作为为衡量植物代谢强弱和抗逆性大小的指标。自由水/束缚水比值高时，细胞原生质胶体呈溶胶状态，代谢旺盛，生长快，但抗逆性弱；自由水/束缚水比值低时，原生质胶体呈凝胶状态，代谢弱，生长慢，但抗逆性强。如越冬植物的组织内自由水与束缚水的比值降低，束缚水相对含量提高，作物生长极慢，但抗寒性很强；再如休眠种子里所含的水基本上是束缚水，以至不表现出明显的生理代谢活动，其抗逆性也很强。

5.1.2 水分在植物生命活动中的作用

（1）水是细胞原生质的主要成分

细胞质的含水量一般为70%～90%，使细胞质呈溶胶状态，保证旺盛代谢活动的正常进行，如根尖、茎尖。若含水量减少，细胞质变成凝胶状态，生命活动就大大减弱，如休眠种子。

（2）水是某些代谢过程的反应物质

水是光合作用的原料，在呼吸作用、有机物质合成和分解过程中都有水的参与。

（3）水是各种生理生化反应和物质运输的介质

因水分子具有极性，是自然界中溶解物质最多的良好溶剂。植物体内的各种生理生化过程如矿质元素的吸收和运输，气体交换，光合产物的合成、转化和运输以及信号物质的传导等都要以水为介质来进行。

（4）水能保持植物的固有姿态

由于水具有体积不可压缩性，这使细胞吸水后产生的净水压能维持细胞的紧张度，使植物枝叶挺立、花朵开放、根系得以伸展，有利于植物接受光照，交换气体，传粉受精以及对水肥的吸收。

（5）水分对于植物体的生态意义

水具有比热容大、汽化热高等理化特性，可调节植物周围的环境。如通过蒸腾散热来调节植物体温度，以减轻日灼的伤害；由于水温变幅小，在水稻育秧遇到寒潮时，可以灌水护秧；高温干旱时，灌水来调节植物周围的温度、湿度，改善田间小气候；还可以通过灌水来促进植物对肥料的吸收和利用。

5.2 细胞对水分的吸收与运转

植物的生命活动是以细胞为基础的，吸水也不例外，要了解植物如何吸水，首先要弄清细胞对水分吸收的机理。

5.2.1　水势的概念

根据热力学第一定律，一个物体（体系）所含的能量，可分为两部分，一部分叫束缚能（bound energy），即不能转化用于做功的能量；另一部分叫自由能（free energy），即在恒温条件下用于做功的能量。每摩尔物质所具有的自由能就是该物质的化学势（chemical potential）。化学势可以表示体系中各组分发生化学反应的本领以及转移的方向。在单位体积内某物质的摩尔数越多，自由能越高，其化学势也越高，参与化学反应的趋势越大，向低化学势区域转移的可能性也越大。在任一化学反应或相变体系中，物质分子的转移方向和限度是以化学势高低来决定的。根据热力学第二定律，对于一个等温等压下的自发过程来说，物质分子总是从化学势高的区域自发地转移到化学势低的区域，当两个相邻区域的某物质的化学势相等时，则呈现动态平衡。对于带电荷的物质而言，转移方向除与化学势有关外，还与其所带电荷的状况和两个区域的电势差有关。

水分作为一种物质同样具有自由能、化学势。一般而言，水的化学势就是水势（water potential，ψ_w），采用的是能量单位。但在实际应用时，测定能量变化比测定压力变化困难得多，因此在植物生理学中，通常将水的化学势除以水的偏摩尔体积（$V_{w,m}$），使其具有压力单位：帕（Pa）、兆帕（MPa），它们与过去常用的压力单位巴（bar）或大气压（atm）的换算关系是：

$$1bar = 0.987atm = 10^5 Pa = 0.1MPa$$

$$1atm = 1.013bar = 1.013 \times 10^5 Pa$$

$$1MPa = 10^6 Pa = 10bar = 9.87atm$$

这样，水势的定义是：体系中水的化学势（μ_w）与同温同压下纯水的化学势（μ_w^o）之差（$\Delta\psi_w$），除以偏摩尔体积（$V_{w,m}$）所得的商。水势用符号 ψ_w 表示：

$$\psi_w = \frac{\mu_w - \mu_w^o}{V_{w,m}} = \frac{\Delta\psi_w}{V_{w,m}}$$

式中，水的偏摩尔体积（partial molar volume），指在一定温度、压力和浓度下，1mol 水在混合物（均匀体系）中所占的有效体积。例如，在 $1.013 \times 10^5 Pa$（1 大气压）和 25℃ 条件下，1mol 的纯水所具有的体积为 18mL，但在相同条件下，将 1mol 的水加入到大量的水和酒精等的混合物中时，这种混合物增加的体积不是 18mL 而是 16.5 mL，16.5 mL 就是水的偏摩尔体积。这是水分子与酒精分子强烈相互作用的结果。在稀溶液中，水的偏摩尔体积与水的摩尔体积（$V_w = 18.00\ cm^3 \cdot mol^{-1}$）相差很小，实际应用中，常用摩尔体积代替偏摩尔体积。

水势的绝对值不易测定，可用在同温、同压条件下，测定纯水和溶液的水势差值来表示。所谓纯水是指不以任何方式与任何物质相结合的水，所含自由能最高，水势也最高，并设定纯水的水势为零。当纯水中溶解有任何溶质成为溶液时，由于溶质颗粒降低了水的自由能，因而溶液中水的自由能要比纯水低，溶液的水势为负值。溶液越浓，其水势的负值就越大，即水势越低。例如，在 25℃ 下，纯水的水势为 0 Pa，荷格兰特培养液的水势为 -0.05MPa，1mol 蔗糖溶液的水势为 -2.70MPa。一般正常生长的叶片的水势为 -0.8 ~ -0.2MPa。

水分的移动是沿着自由能减少的方向进行的，在任何两个相邻部位或细胞之间，水分总是从水势高的区域移向水势低的区域，直到两处水势差为 0 为止。

5.2.2 水的迁移过程

植物细胞对水分的吸收、运输和排出需要依赖于水分的扩散、集流和渗透作用。

(1) 扩散

气体分子、水分子或溶质颗粒，都有自浓度较高的区域向其邻近的浓度较低的区域均匀分布的迁移趋势，这种现象称为扩散（diffusion）。根据扩散作用的斐克定律（Fick's Law），扩散速率与浓度梯度呈正比。小分子物质在很短距离（数微米）的扩散是迅速有效的，但对于长距离的迁移，由于扩散速度太慢，远远不能满足植物的生理需要。

(2) 集流

水分子及组成水溶液的各种物质的分子、原子在压力梯度下的集体流动称为集流（mass flow）。在土壤中可被植物利用的水，除少量通过扩散作用移动外，大部分是在压力梯度驱动下以集流方式移动的。当植物根系从土壤中吸收水分时，根表面附近水的压力下降，便会驱使邻近区域的水分通过土壤孔隙，顺着压力梯度向根系移动。土壤中水移动的速率取决于压力梯度的大小及水的传导率。水的传导率（hydraulic conductivity）指在单位压力下单位时间内水移动的距离。沙土中水的传导率高，黏土的传导率低。植物叶片蒸腾失水会在植株体内形成一个压力梯度，导致植物根部水分沿导管形成蒸腾流上运，以满足叶片对水分的需要。

(3) 渗透作用

渗透作用（osmosis）是扩散的一种特殊形式，是指溶剂分子从水势高的区域通过半透膜（semipermeable membrane）向水势低的区域扩散的现象。当膜两侧溶液的水势相等，$\Delta\psi_w = 0$时，渗透作用达到动态平衡，即溶剂分子在单位时间内透过半透膜的双向扩散速度相等。

渗透作用可以用图5-1的装置来演示。在漏斗口上紧缚上半透膜，注入蔗糖溶液，然后将其浸入纯水中，使蔗糖溶液的液面与外面的水面在同一平面上。半透膜只允许水分子通过，蔗糖分子不能通过，两边水势不等，构成一个渗透系统。开始时，由于漏斗内蔗糖溶液的水势低于外面的纯水的水势，故外面的水分通过半透膜进入漏斗内部的速度高于漏斗内部水分向外移动的速度，从而使漏斗内的液面上升，逐渐高于外面，随着液面的升高，漏斗内的静水压也越来越大，迫使外面的水分进入的速度减慢，逐渐达到内外水分移动的动态平衡，此时，漏斗内的液面不再升高，水分进出速度相等。

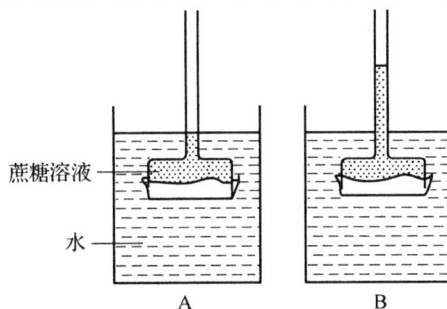

图5-1 渗透现象示意

A. 实验开始时 B. 实验结束时

5.2.3 植物细胞的水势

植物细胞外有细胞壁，对原生质体有压力；内有大液泡，液泡中有溶质，细胞中还有多种亲水胶体都会对细胞水势高低产生影响。因此植物细胞水势比开放体系的溶液水势要复杂得多。植物细胞水势至少要受到3个组分的影响，即溶质势（ψ_s）、压力势（ψ_p）、衬质势（ψ_m），因而植物细胞水势的组分为：

$$\psi_w = \psi_s + \psi_p + \psi_m$$

5.2.3.1 溶质势

溶质势(solute potential)指由于溶液中溶质颗粒的存在而引起水势降低值,呈负值。溶质势的大小取决于溶质颗粒的总数,溶质总数越多,溶质势越低。如在 $0.1\ mol \cdot L^{-1}$ 的 NaCl 溶液中若有 80% 的 NaCl 解离成 Na^+ 和 Cl^-,这样其溶质总数比同浓度的非电解质多 80%,其溶质势也就低 80%。如果溶液中含有多种溶质,那么其溶质势就是各种溶质势的总和。

植物细胞中含有大量的溶质,其中主要是存在于液泡中的无机离子、糖类、有机酸、色素、酶类等。胞液所具有的溶质势是各种溶质势的总和。植物细胞的溶质势因内外条件不同而有差别。细胞液中的溶质颗粒总数越多,细胞液的溶质势就越低。一般陆生植物叶片的溶质势是 $-2 \sim -1 MPa$,旱生植物叶片的溶质势可以低到 $-10 MPa$。凡是影响细胞液浓度的内外条件,都可引起溶质势的改变。在渗透系统中,溶质势表示溶液中水的潜在的渗透能力大小,所以溶质势也称渗透势(osmotic potential,ψ_π)。

稀溶液的溶质势可用范特霍夫(Van't Hoff)公式(经验公式)来计算:

$$\psi_s = \psi_\pi = -\pi = -iCRT$$

式中,π 为渗透压;i 为溶质的解离系数;C 为质量摩尔浓度($mol \cdot kg^{-1}$);R 为气体常数($0.008\ 3 dm^3 \cdot MPa \cdot mol^{-1} \cdot K^{-1}$);$T$ 为绝对温度(K)。

5.2.3.2 压力势

由于植物细胞吸水,原生质体膨胀,便会对细胞壁产生一种正向的压力,称为膨压(turgor pressure)。细胞壁在受到膨压的作用后,便会产生一种与膨压大小相等,方向相反的力量,即壁压。这种由于壁压的产生,使细胞内水的自由能提高而增加的那部分水势,称为压力势(pressure potential)。压力势一般为正值。草本植物叶片细胞的压力势,在温暖天气的午后为 $0.3 \sim 0.5 MPa$,晚上则达 $1.5 MPa$。在特殊情况,压力势也可为负值或等于零。例如,初始质壁分离时,压力势为零;剧烈蒸腾时,细胞壁出现负压,细胞的压力势呈负值。

5.2.3.3 衬质势

衬质势(matrix potential)指由于细胞中亲水胶体物质和毛细管对自由水的吸附和束缚而引起水势的降低值。因此,衬质势呈负值,$\psi_m < 0$。未形成液泡的细胞,具有一定的衬质势,如干燥的种子的衬质势可达 $-100\ MPa$。对于液泡化的成熟细胞而言,原生质仅一薄层,其衬质为水所饱和,衬质势趋向于零,即 $\psi_m = 0$,可以忽略不计。

由上可见,有液泡的植物细胞水势高低主要决定于溶质势(ψ_s)与压力势(ψ_p)之和,前者为负值,而后者一般为正值。

$$\psi_w = \psi_s + \psi_p$$

对于未形成液泡的植物细胞,如分生细胞、干燥种子的细胞来说,$\psi_s = 0$,$\psi_p = 0$,所以它们的水势就等于衬质势,即:

$$\psi_w = \psi_m$$

5.2.4　细胞的吸水形式

5.2.4.1　渗透吸水

渗透吸水(osmotic absorption of water)是指由于低的渗透势而引起的细胞吸水。有液泡的细胞,如根系吸水、气孔开闭时保卫细胞的吸水主要为渗透吸水。

将植物细胞置于纯水或稀溶液中,由于外界溶液水势高于细胞水势,水分向细胞内渗透,细胞吸水,体积变大,此外界溶液称为低渗溶液(hypotonic solution);若外界溶液水势等于细胞水势,水分进出平衡,细胞体积不变,此外界溶液称为等渗溶液(isoosmotic solution),如生理盐水(0.85% ~0.90%),分离细胞器用的等渗溶液等;将植物置于浓溶液中,外界溶液水势低于细胞水势,水从细胞内向外渗透,细胞失水,体积变小,此外界溶液称为高渗溶液(hypertonic solution),如腌菜、腌肉等。

植物的成熟细胞外有质膜,内有液泡膜,还有多种生物膜对物质的通过具有选择性,它们允许水分和某些小分子物质通过,而其他物质则不能或不易通过。因此,可以把细胞原生质层看作是一个半透膜,或称分别透性膜。液泡中含有糖、无机盐等多种物质,具有一定的水势。把植物细胞放置于清水或溶液中,由于胞液与外液之间存在水势差($\Delta\psi_w$),就会发生渗透作用。当胞液的水势高于细胞外溶液的水势时,液泡就会失水,细胞收缩,体

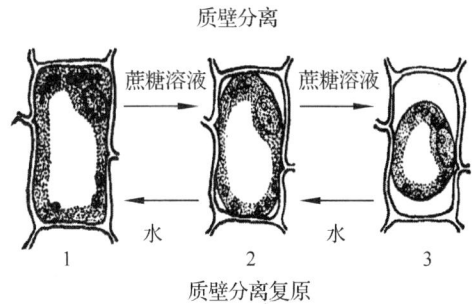

图5-2　质壁分离和质壁分离复原

积变小。但由于细胞壁的伸缩性有限,而原生质体的伸缩性较大,当细胞继续失水时,细胞壁停止收缩,原生质体继续收缩下去,这样,原生质体便开始和细胞壁慢慢分离开来,这种现象称为质壁分离(plasmolysis)。这一现象说明植物细胞及其环境构成了一个渗透系统。如果把发生了质壁分离现象的细胞浸在水势较高的稀溶液或清水中,外面水分又会进入细胞,液泡变大,整个原生质体慢慢恢复原来的状态,与细胞壁相连接,这种现象称为质壁分离复原(deplasmolysis)。如果把发生了质壁分离的细胞较长时间放在浓溶液中,外液中的溶质会慢慢进入液泡,使细胞液水势降低,当外界溶液水势高于细胞液水势时,外界水分进入细胞,最后也会发生质壁分离复原现象(图5-2)。可以利用细胞质壁分离和质壁分离复原的现象说明原生质层具有半透膜的性质;判断细胞死活;利用初始质壁分离测定细胞的渗透势,进行农作物品种抗旱性鉴定;也可作为作物灌溉的生理指标;利用质壁分离复原测定原生质的黏性大小、物质能否进入细胞以及进入细胞的速度等。

5.2.4.2　吸胀吸水

未形成液泡的细胞,如干燥种子细胞,没有液泡存在,不发生渗透作用,这些细胞是通过亲水胶体吸胀作用吸水。在干燥种子中,原生质、细胞壁的组成成分、细胞内的贮藏物质如蛋白质、淀粉等均处于凝胶状态,对水分有很大的吸引力,即吸胀力,在吸胀力的作用下水分子会迅速扩散到这些亲水胶体中,使之膨胀,即由于吸胀力的存在降低了细胞的水势,这种由于

吸胀力的存在而降低的水势即衬质势。依赖于低的衬质势而引起的吸水为吸胀吸水（imbibing adsorption of water）。吸胀吸水是未形成液泡的植物细胞吸水的主要方式。风干种子萌发时第一阶段的吸水、果实种子形成过程的吸水、分生细胞生长的吸水等，都属于吸胀吸水。一般干燥种子衬质势常低于 -100 MPa，远低于外界溶液（或水）的水势，吸胀吸水很容易发生。

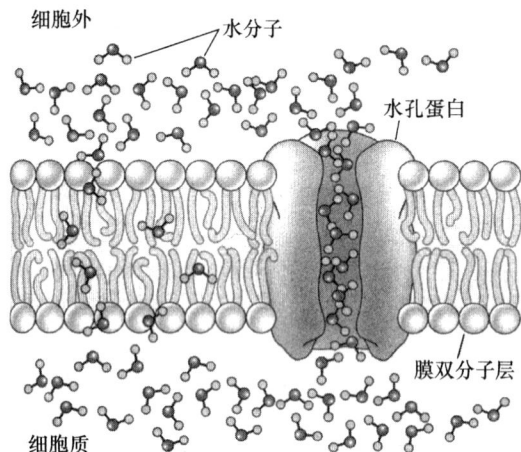

图 5-3　水分跨膜运输示意

5.2.4.3　水孔蛋白与水分的跨膜运动

水分在相邻两个植物细胞间或细胞的不同区域间移动时，主要通过两种方式越过膜系统。一种是以扩散的方式越过膜脂双层，另一种是通过膜上水孔蛋白（aquaporin，AQP）形成的水通道（water channel）越过膜（图 5-3）。水孔蛋白于 1988 年首先在人体红细胞中发现，目前发现水孔蛋白普遍存在于植物、动物及微生物细胞中，分子质量为 25～30 kDa，是一类具有选择性、高效运转水分的跨膜通道蛋白。该蛋白质是中间狭窄的四聚体，呈"滴漏"模型，分子内部形成狭窄的水分子通道，半径大于水分子（0.15nm），小于最小溶质分子（0.2nm），所以水孔蛋白只允许水分子通过，不允许溶质（离子和分子）通过。

通过水孔蛋白进行的水分运输是顺水势梯度进行的被动过程。水通道蛋白的作用是通过减小水越膜运动的阻力而使细胞间水分迁移的速率加快，这在快速与大量调节膜水运输能力方面比其他途径更有效，可使水运输效率提高 10～20 倍。水孔蛋白的主要作用有控制植物体内的水分运输，降低根部细胞间水分运输时的阻力，调节细胞的渗透势，参与气孔调节，渗透胁迫等。

5.2.5　细胞间水分流动方向

植物细胞吸水与失水取决于细胞与外界环境之间的水势差（$\Delta\psi_w$）。具有液泡的植物细胞吸水主要方式是渗透吸水。当细胞水势低于外液的水势时，细胞就吸水；当细胞水势高于外液的水势时，细胞就失水。植物细胞在吸水和失水的过程中，细胞体积会发生变化，其水势、溶质势和压力势都会随之改变。

细胞水势（ψ_w）及其组分溶质势（ψ_s）和压力势（ψ_p）与细胞相对体积间的关系如图 5-4 所示。细胞相对体积为 1.0μm^3 的植物细胞在发生初始质壁分离时（状态Ⅲ），其 $\psi_p=0$，$\psi_w=\psi_s$（约为 -2.0MPa）。如将该细胞置纯水（$\psi_w=0$）中，它将从介质吸水，细胞体积增大，细胞液稀释，ψ_s 也相应增大，ψ_p 增大，ψ_w 也增大（状态Ⅰ）。当细胞吸水达到饱和时，细胞相对体积为 1.5μm^3（最大值）（状态Ⅱ），ψ_s 与 ψ_p 绝对值相等（约为 1.5MPa），但符号相反，ψ_w 便为零，细胞水分进出达到动态平衡而不再吸水。当叶片细胞剧烈蒸腾，细胞壁表面蒸发失水多，细胞壁便随着原生质体的收缩而收缩，ψ_p 变为负值，ψ_w 低于 ψ_s（状态Ⅳ）。

　　相邻两个细胞间水分移动的方向，取决于两细胞间水势差，水分总是由水势高的细胞向水势低的细胞移动。如甲细胞的 ψ_s 为 $-1.5\mathrm{MPa}$，ψ_p 为 $0.7\mathrm{MPa}$，故其 ψ_w 为 $-0.8\mathrm{MPa}$；乙细胞的 ψ_s 为 $-1.2\mathrm{MPa}$，ψ_p 为 $0.6\mathrm{MPa}$，故其 ψ_w 为 $-0.6\mathrm{MPa}$；则水分将由乙细胞移向甲细胞，直到 $\Delta\psi_w = 0$ 为止。在一排相互联结的薄壁细胞中，只要胞间存在着水势梯度（water potential gradient），那么水分仍然是由水势高的细胞移向水势低的细胞。植物细胞、组织、器官之间，以及地上部分与地下部分之间，水分的转移也都符合这一基本规律。

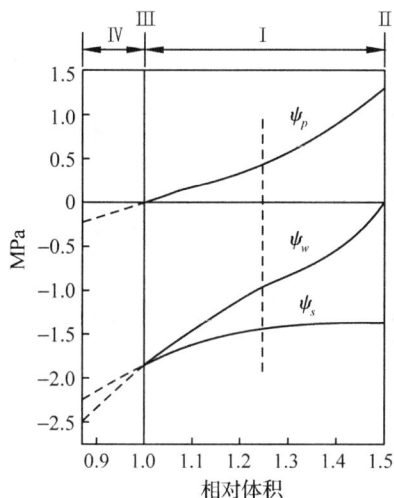

图5-4　植物细胞相对体积变化
与 ψ_w，ψ_s，ψ_p 的关系

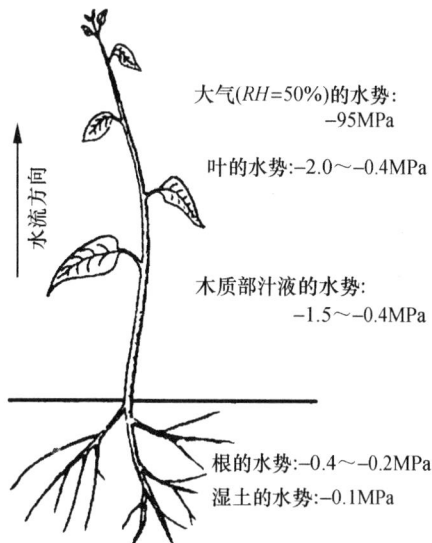

图5-5　在土壤—植物—大气
连续体中各位点的水势

　　同一植株不同细胞或组织的水势变化很大。地上器官的细胞水势比根部低，生殖器官的更低。上部叶片的水势低于下部叶片的水势，同一叶片中，距主脉较远部位的水势低于距主脉较近部位的水势。就根部细胞而言，内部细胞的水势低于外部，因此，植物体从下到上形成一个水势梯度，成为植物吸水的动力。

　　植物根系从土壤吸收水分，经体内运输和分配后，大部分又从叶片散失到大气中，这一水分转移过程也是由水势差决定。一般来说，土壤水势 > 植物根水势 > 茎木质部水势 > 叶片水势 > 大气水势，使根系吸收的水分能够不断运往地上部分。这便成为一个土壤—植物—大气连续整体（soil-plant-atmosphere continuum，SPAC）（图5-5）。

5.3　根系吸水与水分向上运输

5.3.1　根系吸水的部位与途径

5.3.1.1　根系吸水的部位

　　根系是陆生植物吸水的主要器官，根系在土壤中分布深而广。小麦根系可深达 $1.5\sim2\mathrm{m}$，玉米在 $2\mathrm{m}$ 以上，苹果树 $10\sim12\mathrm{m}$，当然主要根系分布在较浅的耕作层内 $20\sim30\mathrm{cm}$。陆生植物根系分枝数比地上部多几千倍，上万倍。种在木箱里的黑麦，测量其根与根毛总长达 10 000km，每天长出的新根和根毛总长达 5km。

　　根吸水的主要部位是在根的尖端（图 5-6），根尖分为根冠、分生区、伸长区和根毛区（成熟区）4 部分，以根毛区吸水能力最强。这是因为根毛区有许多根毛，增大了吸收面积；根毛细胞壁的外层由果胶质覆盖，黏性强，亲水性也强，有利于根与土壤颗粒黏着与吸水；根毛区的输导组织发达，对水分移动的阻力小。所以，在移植幼苗时应尽量避免损伤幼根，以减轻移栽后植株的萎蔫程度。

5.3.1.2　根系吸水的途径

　　植物根吸收的水分主要通过根毛、皮层、内皮层，再经中柱薄壁细胞进入导管，水分在根部径向运输到导管的途径有质外体途径、共质体途径和跨膜途径（图 5-7）。

　　质外体途径（apoplast pathway）指水分通过细胞壁、细胞间隙和木质部导管等没有细胞质的部分移动。由于根内皮层细胞壁有凯氏带（casparian strip），把根部质外体分成内皮层以内和内皮层以外两部分。内皮层以外的外部质外体，包括根毛、表皮、皮层的细胞壁和细胞间隙；内皮层以内的内部质外体，包括成熟的导管和中柱各部分的细胞壁、细胞间隙。根尖附近没有木栓化的内皮层，很容易通过水分和矿物质；已经木栓化的内皮层区域，水分只能通过共质体途径进入木质部，也可经凯氏带破裂的地方进入中柱。

　　共质体途径（symplast pathway）指水分从一个细胞的细胞质经过胞间连丝，移动到另外一个细胞的细胞质，最后经中柱活细胞进入导管的移动途径。在共质体途径中，水分要通过细胞的原生质，阻力大，移动速度慢。因此，共质体途径可能不是根系吸水的主要途径。

　　跨膜途径（transmembrane pathway）是指水分透过细胞膜的途径。水分从细胞的一侧跨膜渗透进入细胞，从细胞的另一侧跨膜运出细胞，并可依次跨膜进出下一个细胞，最后进入植物体内部。

　　总之，水分在根中经质外体、共质体和跨膜途径，可从根毛、皮层并通过内皮层到达中柱，再经薄壁细胞进入导管。

5.3.2　根系吸水的方式

　　根系吸水的方式包括主动吸水（active absorb water）和被动吸水（passive absorb water）两种。

5.3.2.1　主动吸水

由根系本身的生理代谢活动引起的吸水过程称为主动吸水，即主动吸水与地上部分的活动

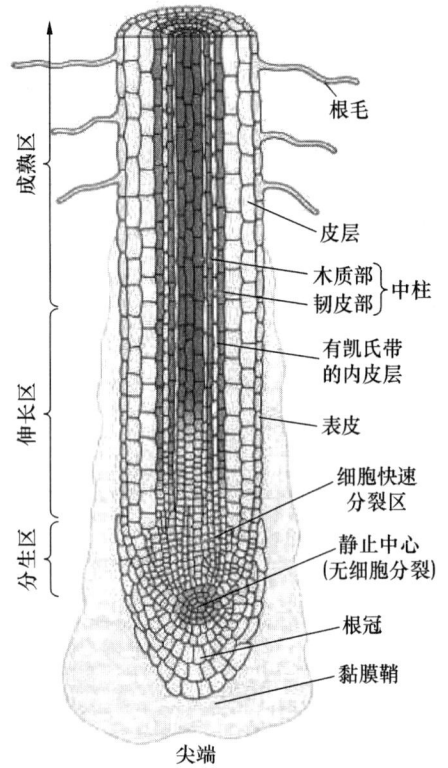

图 5-6　植物根尖结构

（右图标注：成熟区、伸长区、分生区、尖端；根毛、皮层、木质部、韧皮部（中柱）、有凯氏带的内皮层、表皮、细胞快速分裂区、静止中心（无细胞分裂）、根冠、黏膜鞘）

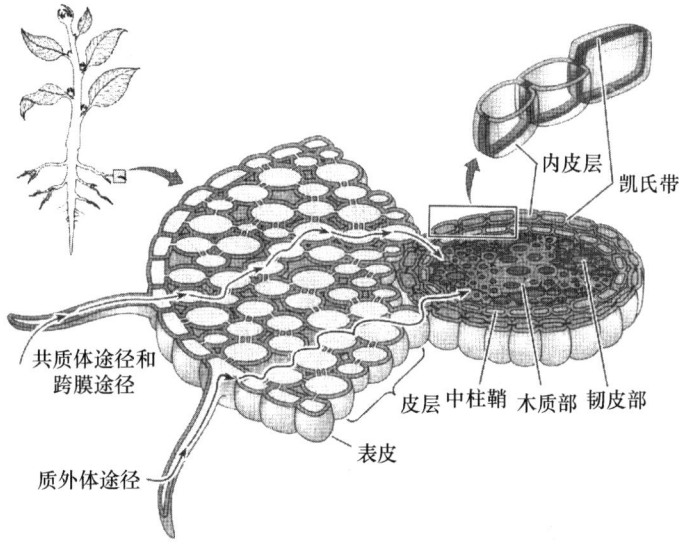

图 5-7　植物根吸水途径示意(Taiz 和 Zeiger, 2006)

无关。根的主动吸水具体反映在根压上。

根压(root pressure)是由于根系的生理活动产生的使液流从根部上升的压力。大多数植物的根压为 0.05~0.5MPa，有些木本植物可达 0.6~0.7MPa。伤流和吐水可证实根压的存在。

伤流(bleeding)是从受伤或折断植物组织的伤口处溢出液体的现象。流出的汁液是伤流液(bleeding sap)。玉米、许多瓜类和葡萄等植物断茎后常可观察到伤流。如果在切口处套上橡皮管，并与压力计相连，可以看到压力计的水银柱上升，并可测出根压大小(图 5-8)。根压的产生是根系本身生命活动的结果，与地上部分无关。不同植物的伤流程度不同，葫芦科植物伤流液较多，稻、麦等的较少。不同植物及同一植物在不同季节中根系生理活动强弱、根系有效吸收面积大小等都直接影响伤流液的多少，凡是能影响植物根系生理活动的因素都会影响伤流液的数量和成分。所以，伤流液的数量和成分，可作为根系活动能力强弱的生理指标。

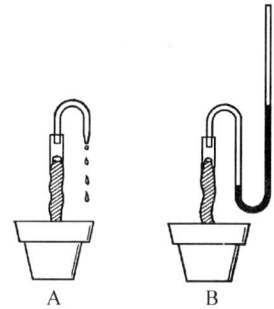

图 5-8　伤流(A)和根压(B)示意

伤流液除了含有大量水分外，还含有各种无机盐、有机物和植物激素。无机盐是根系从土壤中吸收的，而有机物和植物激素是根系活动形成的，这说明，根系不仅是一个吸收器官，也是一个活跃的代谢器官，可用伤流液研究根部的代谢。

没有受伤的植物如处于土壤水分充足、天气潮湿的环境中，叶片尖端或边缘的水孔(hydathode)也有液体外泌的现象。这种从未受伤叶片尖端或边缘向外溢出液滴的现象，称为吐水(guttation)。吐水也是由根压所引起的。在自然条件下，当植物吸水大于蒸腾时(如早晨、傍晚)，往往可以看到吐水现象。生长健壮、根系活动强的植株，吐水量也大，所以吐水可以作为根系生理活动强弱的指标。例如，吐水可以说明水稻秧苗回青等生长状况。

5.3.2.2 被动吸水

被动吸水是指由地上部分枝叶的蒸腾作用产生的蒸腾拉力所引起的吸水过程。被动吸水的动力是蒸腾拉力(transpirational pull),蒸腾拉力是由于枝叶的蒸腾作用产生的一系列水势梯度使导管中水分上升的力量。叶片进行蒸腾时,气孔下腔附近的叶肉细胞因蒸腾失水,水势下降,所以从邻近的细胞吸取水分。同理,邻近细胞又从另一个细胞取得水分,由此形成一系列水势梯度,靠近叶脉的叶肉细胞便从叶脉导管吸水,由此传到茎导管、根导管,最后根从环境吸收水分,这种吸水能力完全是由蒸腾失水产生的一系列水势梯度引起的,称为被动吸水。该过程不需要根系提供能量,与根系活动无关,根系只提供水分运输的通道。如果将正在进行蒸腾作用的植株的根用高温或有毒物质杀死,植物仍可以从环境中吸水,并且根死亡后对水分扩散的阻力减小,反而使被动吸水的速度加快。

主动吸水和被动吸水二者在根系吸水过程中所占比重因蒸速率而异。一般情况下,蒸腾作用旺盛的植物吸水主要是由蒸腾拉力引起的,比较同一植株或相似植株在相同环境中的蒸腾速率和伤流速率,在单位时间内,伤流流出的水分,还不到蒸腾失水的5%;根压一般为0.1~0.2MPa,至多能使水分上升20.4m;而蒸腾拉力可高达十几兆帕,是水分上升的主要动力。但在春季叶片未展开时,或土壤水分充足、大气湿度很大时,蒸速率很低,根压才为主要吸水动力。

5.3.3 影响根系吸水的土壤条件

根系通常生存在土壤中,所以土壤条件直接影响根系吸水。

(1)土壤水分状况

土壤中的水分按物理状态可分为重力水、吸湿水和毛细管水三部分。重力水是存在于大的土壤孔隙中的水,很容易在重力作用下渗漏到土壤深层成为地下水,只有在下过透雨或大水漫灌后暂时存在,并很快渗漏到地下。重力水可以被植物利用,但这部分水分占据土壤孔隙,易造成土壤通气不良。吸湿水是被牢牢吸附在土壤颗粒表面的水分,这部分水分不能被植物吸收利用,属无效水,当土壤只剩下吸湿水时,若不及时供水,植物就会干枯死亡。毛细管水是存在于土壤颗粒间毛细管内的水分,被土壤毛细管吸力维持着,不易流到土壤深层,可以被根吸收利用,是植物吸水的主要来源。

当排除所有重力水保留所有毛细管水,此时土壤的含水量称为田间持水量(field moisture capacity),当土壤含水量在田间持水量的70%~80%时比较适于耕作。若土壤干旱,土壤水势低,植物吸水减少,就会发生萎蔫(wilting),萎蔫包括暂时萎蔫和永久萎蔫。若蒸腾速率降低后,萎蔫植株可以恢复正常,这种萎蔫为暂时萎蔫(temporary wilting)。暂时萎蔫通常发生于气温高、湿度低的夏季中午,此时即使土壤中有可以利用的水,也会因蒸腾强烈而供不应求。若蒸腾速率降低以后,植株不能恢复正常,这种萎蔫为永久萎蔫(permanent wilting)。只有增加土壤中可以利用的水,才能消除永久萎蔫。永久萎蔫若持续下去就会引起植株死亡。当植株发生永久萎蔫时,土壤水分占土壤干重的百分率为永久萎蔫系数(permanent wilting coefficient)。永久萎蔫系数是反映土壤中不可利用水的指标。永久萎蔫系数因土壤质地而异,粗砂、砂壤、黏土永久萎蔫系数依次增大。

(2) 土壤温度

一定范围内，温度升高，根吸水增多，但温度过高和过低对根系吸水均造成不利的影响。低温降低根系吸水速率的原因是：水分本身的黏性增大，扩散速率降低；细胞质黏性增大，水分不易通过细胞质；呼吸作用减弱，影响吸水；根系生长缓慢，有碍吸水表面积的增加。土壤温度过高对根系吸水也不利：加速根的老化过程，使根的木质化部位几乎达到尖端，吸水面积减少，吸收速率也下降；温度过高使酶钝化，影响到根系主动吸水。

当土壤温度降低，特别是降温速度较快时，即使土壤水分充足，也会引起植物缺水萎蔫，特别是一些喜温作物如棉花、黄瓜、西瓜等，在夏天中午蒸腾较强时，当土壤温度迅速降至17~20℃时就出现萎蔫，所以，有经验的农民一般在夏天中午不用冷水浇地，以免因土温突然下降引起作物萎蔫或落花、落果。低温对耐寒植物根系吸水的影响远较喜温植物小，如小麦和一些蔬菜，在早春、晚秋温度相当低，且有周期性冰冻时，仍能正常吸水，这说明生长在不同温度下的植物，由于长期的适应，对温度的反应不同。

(3) 土壤通气状况

土壤通气状况对根吸水影响很大，若土壤板结或积水，造成土壤通气不良，短期内可使细胞呼吸减弱，继而阻碍吸水；时间较长，就形成无氧呼吸，产生和积累较多乙醇，根系中毒受伤，吸水更少。作物受涝，反而表现出缺水现象，也是因为土壤氧气不足，影响根系吸水。在作物栽培中的中耕松土、增施有机肥、在多雨季节开沟排水的目的就是改善土壤的通气状况。水稻生产中，排水晒田也是为了增加土壤空气，提高根系的吸收能力。

(4) 土壤溶液浓度

只有土壤溶液水势大于根系水势时，根才能吸水。一般情况下土壤溶液浓度低，水势高，对根吸水影响不大。盐碱地中由于存在大量盐分离子，导致土壤溶液水势低，根系无法吸水甚至发生水分的反渗透。施肥时，若施肥太多或过于集中，造成局部土壤水势急剧下降，作物吸水困难，甚至失水，造成"烧苗"。

不同种类植物，或者同一植物的不同发育阶段，对环境条件的要求不一样，对环境条件变化的反应也有很大差别。例如，有的植物比较耐旱，有的植物比较耐涝，在相同环境下，有的植物能正常吸水，有的则不能，产生这些差异的主要原因，是由于植物本身结构上或生理上对某一条件的适应不同，也就是说，这些差异是植物的遗传特性决定的，通常与它们的原产地有关。

5.3.4 植物体内水分的向上运输

植物根系从土壤中吸收的水分，需运到茎、叶和其他器官，供其代谢需要或者蒸腾到体外。水分主要在导管和管胞中运输，占整个运输途径的99.5%以上。裸子植物的水分运输途径是管胞，被子植物是导管和管胞。导管和管胞都是中空无原生质体的长形死细胞，细胞与细胞之间有孔，特别是导管细胞的横壁几乎消失殆尽，对水分运输的阻力很小，适于长距离运输，运输速度快，为$3\sim45\ m\cdot h^{-1}$。

水分沿着植物体上升的动力包括根压和蒸腾拉力。根压较小，一般不超过0.2 MPa，0.2 MPa只能使水分上升20.4 m。许多树木的高度远高于此值，所以高大乔木水分上升的主要动力不是根压。一般情况下，蒸腾拉力才是水分上升的主要动力。强烈蒸腾时，顶端叶片水势可

以降至 -3.0MPa，而根部导管水势一般在 -0.4 ~ -0.2MPa。

蒸腾拉力要使水分在茎内上升，导管的水分必须形成连续的水柱。如果水柱中断，蒸腾拉力便无法把下部的水分拉上去。导管内的水柱一方面受到蒸腾作用产生的向上的拉力，同时，水柱本身的质量又使水柱下降，这样上拉下坠使水柱产生张力，此张力趋于使水柱中断。那么，导管中的水柱能否保证不断呢？

水分子的内聚力很大，高达 20 MPa 以上，而水柱受到的张力为 0.5 ~ 3 MPa，水分子间的内聚力远远高于水柱张力。此外，水分子与导管壁之间又有强大的附着力，所以导管内的水柱能保持连续不断。这就是内聚力学说(cohesion theory)，也称蒸腾流—内聚力—张力学说(transpiration-cohesion-tension theory)，是爱尔兰人 H. H. Dixon 提出的。

由于导管溶液中溶解有气体，当水柱张力增大时，溶解的气体会从水中逸出形成气泡。而且在张力的作用下，气泡还会不断扩大，这种现象称为气穴(cavitation)。气泡的栓塞阻碍了水在导管中的运输，甚至使水流中断。然而，植物可以通过一些途径避免这种栓塞对水分运输的影响。导管分子相连处的纹孔可以把气泡阻挡在一条管道中。当水分移动遇到气泡的阻隔时，可以横向进入相邻的导管分子，绕过气泡，形成旁路，从而保持水柱的连续性；在导管大水柱中断的情况下，水柱仍可以通过微孔以小水柱的形式上升；再者，水分上升不需要全部木质部起作用，只要部分木质部输导组织畅通即可，实际上，树木茎内许多木质部老导管是被气体或其他物质堵塞的，无运输功能。夜间，蒸腾作用减弱，导管中水柱的张力跟着降低，逸出的水蒸气或气泡又可重新进入溶液，解除气穴对水流的阻挡。

5.4　蒸腾作用

植物吸收的水分仅有很小一部分用于体内代谢，绝大部分散失到体外去。水分散失的方式有两种：一种是以液体状态散失到体外，如吐水和伤流；另一种是以气体状态散失到体外，即蒸腾作用(transpiration)，这是主要的方式。蒸腾作用是指水分以气体状态，通过植物体表面(主要是叶子)从体内散失到体外的现象。蒸腾作用虽然基本上是一个蒸发(vaporization)过程，但与物理学上的蒸发不同，前者受植物气孔结构和气孔开度的调节。

5.4.1　蒸腾作用的生理意义

植物一生中要吸收大量水分，如一株玉米一生大约吸收 200 kg 水分，1hm^2 水稻在整个生育期内大约需水 45×10^5kg，但植物吸收的水分，只有 0.1% ~ 0.2% 用于有机物的合成，连同组成植物体的水也只有 1% 左右，其余大部分水分都通过蒸腾作用散失到大气中。蒸腾作用对植物的生命活动有着极为重要的生理意义。

(1)蒸腾拉力是植物对水分吸收和运输的主要动力

蒸腾作用能产生蒸腾拉力，是植株吸水的主要动力，特别是高达几十米甚至上百米的树木，若没有蒸腾作用，由蒸腾拉力引起的吸水过程便不能产生，植株较高部分也无法获得水分。

(2)蒸腾作用促进木质部汁液中物质的运输

土壤中的矿质盐和根系合成的物质，可随着水分的吸收和集流而被运输分配到植物体各部分。

（3）蒸腾作用能降低植物体温度

太阳光照射到叶片上时，大部分光能转变为热能，若叶片没有降温的本领，叶温过高，叶片会被灼伤。在蒸腾过程中，液态水变为水蒸气时需要吸收热量。因此，蒸腾作用能降低叶片的温度。

（4）蒸腾作用的正常进行有利于 CO_2 的同化

叶片进行蒸腾作用时，气孔是开放的，有利于 CO_2 进入叶片内部用于光合碳同化。

5.4.2　蒸腾作用的方式与指标

5.4.2.1　蒸腾作用的方式

植物幼小的时候，整个地上部分都可以进行蒸腾，植物长成以后，茎和枝的表面沉积了木质和栓质，水分不易通过，但有些植物茎和枝的表面有皮孔，水分可以通过皮孔进行蒸腾，这种通过皮孔的蒸腾称为皮孔蒸腾（lenticular transpiration），但皮孔蒸腾量非常微小，约占全部蒸腾的 0.1%。植物的蒸腾作用绝大部分是在叶片上进行的。叶片的蒸腾作用有两种方式：一是通过角质层的蒸腾，称为角质蒸腾（cuticular transpiration），角质本身不易使水通过，但角质层中间杂有吸水能力强的果胶质，同时，角质层也有裂隙，可使水分通过；二是通过气孔的蒸腾，称为气孔蒸腾（stomatal transpiration）。

角质蒸腾和气孔蒸腾在叶片蒸腾中所占的比重，与许多因素有关，生长在潮湿地方的植物的角质蒸腾往往超过气孔蒸腾，遮阴叶子的角质蒸腾可达总蒸腾量的 1/3，幼嫩叶子角质蒸腾占总蒸腾量的 1/3～1/2，一般植物成熟叶片的角质蒸腾仅占总蒸腾量的 5%～10%，所以气孔蒸腾是中生和旱生植物成熟叶片蒸腾作用的最主要形式。

5.4.2.2　蒸腾作用的指标

（1）蒸腾速率

蒸腾速率（transpiration rate）也可称为蒸腾强度，指植物在单位时间内，单位叶面积通过蒸腾作用所散失水分的量。一般用 $g \cdot m^{-2} \cdot h^{-1}$ 或 $mg \cdot dm^{-2} \cdot h^{-1}$ 表示，现在国际上通用 $mmol \cdot m^{-2} \cdot s^{-1}$。多数植物白天蒸腾速率是 $15 \sim 250 g \cdot m^{-2} \cdot h^{-1}$，夜间是 $1 \sim 15 g \cdot m^{-2} \cdot h^{-1}$。

（2）蒸腾效率

蒸腾效率（transpiration efficiency）或称蒸腾比率（transpiration ratio），指植物蒸腾 1kg 水形成的干物质的克数，常用 $g \cdot kg^{-1}$ 表示。一般植物的蒸腾效率在 $1 \sim 8 g \cdot kg^{-1}$。

（3）蒸腾系数

蒸腾系数（transpiration coefficient）指植物每制造 1g 干物质所消耗水的克数，是蒸腾效率的倒数，又称需水量（water requirement）。蒸腾系数越大，植物利用水的效率就越低，所以蒸腾系数是植物经济用水的指标。一般木本植物的蒸腾系数较草本植物小；草本植物中，C_4 植物又较 C_3 植物小，另外植物在不同生育期蒸腾作用也是不同的。

5.4.3　气孔蒸腾

气孔是蒸腾作用过程中水蒸气从体内排到体外的主要出口，也是光合作用吸收空气中 CO_2

的主要入口，是植物体与外界进行气体交换的"大门"，通过气孔扩散的气体有 CO_2，O_2 和水蒸气等，因此，气孔的开闭直接影响蒸腾作用、光合作用和呼吸作用等生理过程，气孔能自动开闭从而调节植物的蒸腾作用及光合作用。

气孔运动是一个相当复杂的过程，同一叶片上的气孔有时会出现一些气孔开放而相邻气孔却部分关闭的现象，这样的气孔称为斑驳气孔。

5.4.3.1　气孔的形态结构及生理特点

气孔（stoma）由两个保卫细胞（guard cell）组成。与保卫细胞相邻的表皮细胞若与其他表皮细胞在形态上无显著差别，则称为邻近细胞（neighbouring cell），否则称为副卫细胞（subsidiary cell）。副卫细胞（或邻近细胞）与保卫细胞共同形成气孔复合体（stomatal complex）。双子叶植物的保卫细胞为肾形，内壁厚、外壁薄，微纤丝围绕气孔呈扇形辐射排列，单子叶禾本科植物的保卫细胞为哑铃形，两端壁薄、中间壁厚，微纤丝分布于细胞两端，呈径向排列（图5-9）。

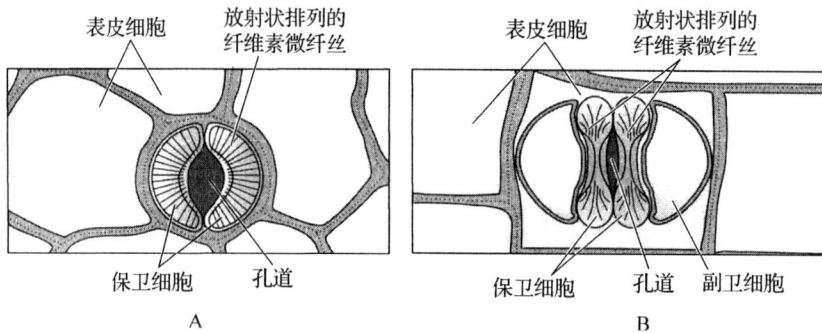

图5-9　保卫细胞结构示意（Taiz 和 Zeiger，2006）
A. 肾形气孔保卫细胞微纤丝的放射状排列　B. 哑铃形气孔保卫细胞微纤丝的放射状排列

气孔主要分布于叶片的上表面和下表面，不同植物上下表面气孔的分布情况不同。双子叶植物叶片下表面气孔数目多，而单子叶植物上下两个表面气孔的数目相差不大，浮水植物只有上表面有气孔，有些木本植物只有下表皮有气孔。气孔的大小、数目和分布不仅与植物种类有关，还受生长环境的影响。叶片上气孔的数目非常多，一般叶面上每平方毫米分布有几十个到几百个气孔（表5-1）。

表5-1　不同类型的植物气孔数目和大小

植物类型	气孔数/叶面积（mm^2）	气孔口径（μm）		气孔面积占叶面积（%）
		长	宽	
喜光植物	100～200	10～20	4～5	0.8～1.0
耐阴植物	40～100	15～20	5～6	0.8～1.2
禾本科植物	50～100	20～30	3～4	0.5～0.7
冬季落叶树	100～500	7～15	1～6	0.5～1.2

气孔一般长 7~30mm，宽 1~6mm。叶子表面上的气孔数目很多，然而气孔在叶面上所占面积百分比，一般不到 1%，气孔完全张开也只占 1%~2%，气孔的蒸腾量却相当于叶片同样面积自由水面蒸发量的 10%~50%，甚至达到 100%。也就是说，经过气孔的蒸腾速率要比同面积的自由水面快几十倍，甚至 100 倍。这是因为当水分子从大面积上蒸发时，其蒸发速率与其蒸发面积呈正比。但通过气孔表面扩散的速率，不与小孔的面积呈正比，而与小孔的周长呈正比。这就是所谓的小孔扩散律(small opening diffusion law)。这是因为在任何蒸发面上，气体分子除经过表面向外扩散外，还沿边缘向外扩散。在边缘处，扩散分子相互碰撞的机会少，因此扩散速率就比中间部分的要快些。如当扩散表面的面积较大时(如大孔)，边缘与面积的比值很小，扩散主要在表面上进行，所以经过大孔的扩散速率与孔的面积呈正比。当扩散表面减小时，边缘与面积的比值即增大，经边缘的扩散量就占较大的比例，孔越小，所占的比例越大，扩散的速度就越快。叶子上的气孔是很小的孔，正符合小孔扩散定律。所以，在叶片上水蒸气通过气孔的蒸腾速率，要比同面积的自由水面的蒸发速率快得多。

构成气孔的保卫细胞体积只有表皮细胞的 1/13，甚至更小，因此少量溶质进出保卫细胞就会引起其水势发生较大变化；保卫细胞具有全套细胞器，特别是含有叶绿体，但其叶绿体片层结构发育不良，另外保卫细胞还含有大量线粒体；保卫细胞含有光合碳同化的所有的酶，可以进行光合作用，形成淀粉，其淀粉含量白天减少，晚上增多，与叶肉细胞相反；保卫细胞含有淀粉磷酸化酶和 PEP 羧化酶；质膜上存在 H^+-ATPase、K^+ 通道、Cl^- 通道，与副卫细胞或邻近细胞间无胞间连丝。这些结构有利于保卫细胞同副卫细胞或邻近细胞在短时间内进行 H^+，K^+ 交换，以快速改变细胞的水势。而有胞间连丝的细胞，细胞间的水和溶质分子可经胞间连丝相互扩散，不利于二者间建立渗透势梯度；保卫细胞具有不均匀加厚的细胞壁和微纤丝结构。

5.4.3.2 气孔运动及其原理

气孔运动(stomatal movement)主要是保卫细胞的吸水膨胀或失水收缩。气孔运动与保卫细胞壁不均匀加厚有关，更与保卫细胞壁中径向排列的微纤丝(microfibrils)密切关系。当保卫细胞吸水膨胀后，膨压增加，细胞壁受到来自细胞内部的、与细胞壁垂直的、指向细胞外部的压力。较薄的外侧壁在压力作用下，沿纵轴方向伸展，由于向外扩展受到微纤丝的限制，通过微纤丝的传导，使得加厚的内侧壁受到的向外拉力大于向内的静水压力，于是内侧壁被拉离气孔口，气孔就开放。

关于解释气孔运动的机理主要有 3 种学说：

(1)淀粉-糖转化学说(starch-sugar conversion theory)

该学说认为保卫细胞内叶绿体在光照下会进行光合作用，消耗 CO_2，使细胞内 pH 升高(约由 5 变为 7)，淀粉磷酸化酶(starch phosphorylase)趋向催化水解反应，使淀粉转变成葡萄糖-1-磷酸，以后又在相应酶催化下继续转变为葡萄糖-6-磷酸、葡萄糖与磷酸。保卫细胞内葡萄糖浓度增加，水势下降，副卫细胞的水分进入保卫细胞，膨压增加，气孔张开。在黑暗中，保卫细胞不能进行光合作用，而呼吸作用仍然进行，因而 CO_2 积累，pH 下降(约由 7 变为 5)，这时淀粉磷酸化酶趋向催化合成反应，使葡萄糖-1-磷酸转化为淀粉，保卫细胞内葡萄糖浓度降低，水势升高，水分则从保卫细胞内排出，膨压降低，因而气孔关闭。

但人们对该学说有不同的看法，其一是认为保卫细胞内的淀粉与糖的转化是相当缓慢的，不能解决气孔的快速开闭；其二是实验测定结果表明：早晨气孔刚开放时，淀粉明显消失，而葡萄糖却并未相应增多。实际上，淀粉的降解物磷酸烯醇式丙酮酸（PEP）为苹果酸的合成提供了骨架。还有人认为，淀粉水解需消耗磷酸，并不能使保卫细胞渗透势发生多大变化。

（2）无机离子泵学说（inorganic ion pump theory ）

该学说又称 K^+ 泵学说。有研究发现，在光照下漂浮于 KCl 溶液表面的鸭跖草表皮的保卫细胞 K^+ 浓度显著增加，气孔就张开。人们用微型玻璃钾电极插入保卫细胞及其邻近细胞直接测定了 K^+ 浓度变化。照光或降低 CO_2 浓度时，K^+ 浓度由保卫细胞向外逐渐降低；而在黑暗时，则由保卫细胞向外围细胞逐渐增高。

光照下，保卫细胞中 K^+ 大量累积，溶质势下降，水分进入保卫细胞，气孔张开；黑暗中，K^+ 由保卫细胞进入副卫细胞和表皮细胞，水势升高，保卫细胞失水，气孔关闭。研究表明，保卫细胞质膜上存在着 H^+ 泵 – ATP 酶（H^+ pumping ATPase），它可被光激活，能水解保卫细胞中氧化磷酸化和光合磷酸化产生的 ATP 而提供自由能，将 H^+ 从保卫细胞分泌到周围细胞中，使得保卫细胞的 pH 升高，周围细胞的 pH 降低，保卫细胞的质膜超极化（hyperpolarizing），即质膜内侧的负电势变得更低，它驱动 K^+ 从周围细胞经过位于保卫细胞质膜上的内向 K^+ 通道（inward k^+ channel）进入保卫细胞，再进一步进入液泡，K^+ 浓度增加，水势降低，水分进入，气孔张开。

实验还发现，在 K^+ 进入保卫细胞的同时，还伴随着等量负电荷的阴离子进入，以保持保卫细胞的电中性，也具有降低水势的效果。在暗中，光合作用停止，H^+ – ATP 酶因得不到所需的 ATP 而停止做功，使保卫细胞的质膜去极化（depolarizing），驱使 K^+ 经外向 K^+ 通道（outward k^+ channel）移向周围细胞，并伴随着阴离子的释放，导致保卫细胞水势升高，水分外移，而使气孔关闭。

（3）苹果酸代谢学说 （malate metabolism theory ）

研究发现，在光照下，保卫细胞内的部分 CO_2 被利用时，pH 上升至 8.0 ~ 8.5，从而活化了磷酸烯醇式丙酮酸（PEP）羧化酶，它可催化由淀粉降解产生的 PEP 与剩余 CO_2 转变成的 HCO_3^- 结合形成草酰乙酸（OAA），并进一步被还原型辅酶 Ⅱ （NADPH）还原为苹果酸（Mal）。苹果酸解离为 $2H^+$ 和苹果酸根，在 H^+/K^+ 泵的驱使下，H^+ 与 K^+ 交换，K^+ 浓度增加，水势降低；苹果酸根进入液泡与 K^+ 保持电荷平衡。同时，苹果酸也可作为渗透物，降低水势，促使保卫细胞吸水，气孔张开。当叶片由光下转入暗处时，该过程逆转。苹果酸代谢学说把糖-淀粉转化学说与无机离子泵学说结合在一起，较为合理地解释了光为什么能够诱导气孔开放，以及 CO_2 浓度降低与 pH 升高为什么促使气孔张开等问题（图 5-10）。

上述 3 种学说的本质都是渗透调节保卫细胞水势来控制气孔运动。

5.4.3.3　影响气孔运动的因素

（1）光照

一般情况下，植物的气孔在光照下张开，在黑暗中关闭（景天科等植物的气孔例外，白天关闭，晚上张开）。引起气孔张开的光照很低，只相当于全日照的 1/1000 ~ 1/30。红光和蓝光均可引起气孔张开，蓝光的效应是红光的 10 倍。

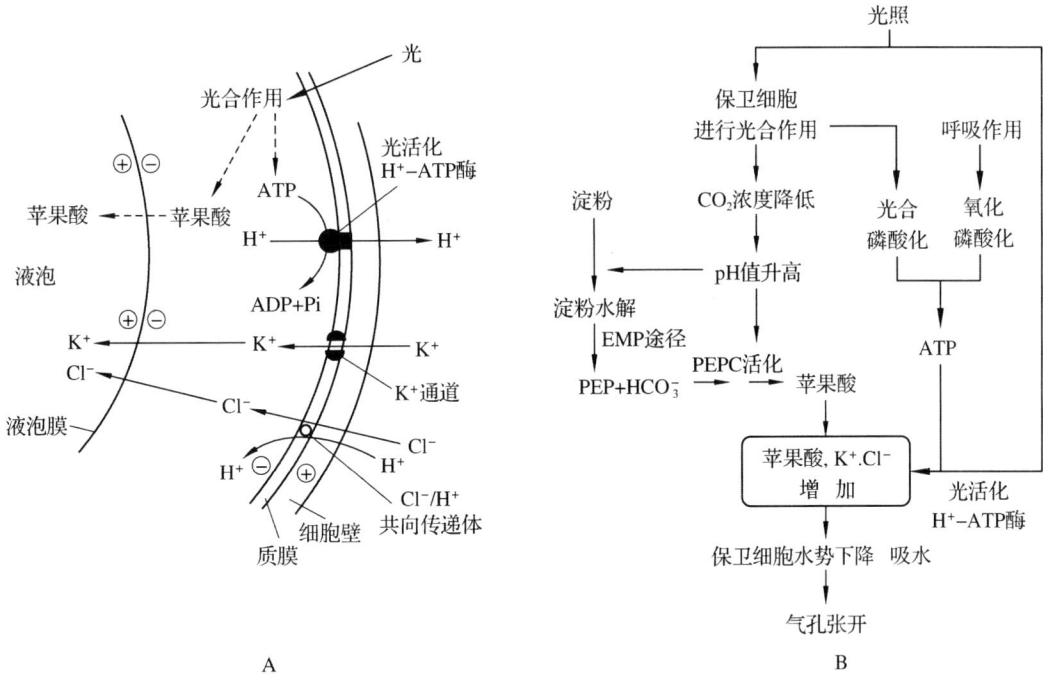

图 5-10 光下气孔开启的机理

A. 光照下保卫细胞液泡中的离子积累。由光合作用生成的 ATP 驱动 H^+ 泵（$H^+ - ATP$ 酶），向质膜外泵出 H^+，
建立膜内外的 H^+ 梯度，在 H^+ 电化学势的驱动下，K^+ 经 K^+ 通道、Cl^- 经共向传递体进入保卫细胞。另外，光合
作用生成苹果酸。K^+，Cl^- 和苹果酸进入液泡，降低保卫细胞的水势 B. 气孔开启机理图解

（2）温度

气孔开度一般随温度的上升而增大。在30℃左右达到最大气孔开度，35℃以上的高温会使气
孔开度变小。低温（如10℃）下虽长时间光照，气孔仍不能良好张开。这表明气孔运动是与酶促
反应有关的生理过程。高温时呼吸作用旺盛，CO_2 释放增多，CO_2 浓度高时促进气孔关闭。

（3）CO_2

低浓度 CO_2 促进气孔张开，高浓度 CO_2 能使气孔迅速关闭。C_4 植物尤其敏感，无论光照或
黑暗均是如此。可能原因是高浓度 CO_2 引起细胞质酸化，消除跨膜质子梯度；高浓度 CO_2 使膜
透性增大，K^+ 流失；CO_2 抑制 $H^+ - ATP$ 酶活性。

（4）水分

植物含水量降低时，气孔开度减小，严重失水时，即使在光下，气孔也会关闭。如果久
雨，表皮细胞为水饱和，挤压保卫细胞，气孔开度变小甚至关闭。

5.5 水分平衡与合理灌溉

5.5.1 植物的需水规律

（1）不同植物的需水量不同

作物需水量因作物种类而异，如农作物中大豆和水稻需水较多，其次是小麦和甘蔗，高粱

和玉米需水较少。需水量少的作物相对来说可以利用较少的水分制造较多的干物质，因而受干旱的影响较小。就利用同量的水分所积累的干物质而言，C_4 植物的需水量低于 C_3 植物。如 C_4 植物中，玉米的需水量为 349，苏丹草为 304，狗尾草为 285；C_3 植物中，小麦为 557，油菜为 714，紫花苜蓿为 844。

需水量可以根据蒸腾系数进行估算，即以作物的生物产量乘以蒸腾系数作为理论最低需水量。实际应用时，还应考虑土壤保水能力的大小、降雨量的多少以及生态上需要等。因此，实际需要的灌水量要比上述数字大得多。

（2）同一作物不同生育期对水的需要量不同

同一作物在不同生育时期对水分的需要量也有很大差别。在苗期由于蒸腾面积较小，水分消耗量不大，随着幼苗长大，叶面积增大，水分消耗量亦相应增多，需水量也增加；植株进入衰老阶段后，叶面积减少，蒸腾减弱，耗水量降低，需水量减小。例如，早稻在苗期水分消耗量不大，进入分蘖期后，叶面积扩大，气温也逐渐升高，水分消耗量明显增大，到孕穗开花期，蒸腾量达最大值，耗水量也最多，进入成熟期后，叶片逐渐衰老、脱落，根系活力下降，根系吸水量下降，水分消耗量逐渐减少。

（3）水分临界期

植物一生中对水分亏缺最敏感，最容易受水分亏缺伤害的时期称为水分临界期（critical period of water）。对于以种子为收获对象的植物，水分临界期为生殖器官形成和发育时期；以营养器官为收获对象的植物，为营养生长最旺盛时期。小麦有两个水分临界期：第一为孕穗期，此期间小穗分化，代谢旺盛，性器官的细胞质黏性与弹性均下降，细胞液浓度很低，抗旱能力最弱，若缺水，则小穗发育不良，特别是雄性生殖器官发育受阻或畸形发育；第二为开始灌浆到乳熟末期，此时营养物质从母体各部输送到籽粒，若缺水，会影响旗叶的光合速率和寿命，减少有机物的制造，此外，有机物运输变慢，造成灌浆困难，空瘪粒增多，产量下降。其他作物也有各自水分临界期，如大麦在孕穗期；玉米在开花至乳熟期；高粱、黍在抽花序至灌浆期；豆类、荞麦、花生、油菜在开花期；马铃薯在开花至块茎形成期；棉花在开花结铃期。

5.5.2　合理灌溉的指标和方法

5.5.2.1　合理灌溉的指标

（1）土壤水分状况

作物是否需要灌溉，可以依据土壤的水分状况进行判断。一般来说，适宜作物正常生长发育的根系活动层（0～90cm）土壤含水量为田间持水量的 60%～80%，如果低于此含水量时，应及时进行灌溉。但是由于灌溉的真正对象是作物，所以根据土壤含水量进行灌溉只是一种间接方法。要使灌溉符合作物生长和农业生产的需要，最好以作物本身的情况作为灌溉的直接依据。

（2）灌溉的形态指标

水分供应不足时作物的外部形态会发生一系列相应变化，可依此来确定是否需进行灌溉。作物缺水的形态表现为：幼嫩的茎叶在中午前后易发生萎蔫。水分供应不足，细胞失去膨压，因而发生萎蔫。生长速度下降。细胞的分裂、伸长等过程，特别是细胞的伸长，需要充足的水分。光合作用、呼吸作用等过程也需要水分，所以缺水生长速率降低。叶、茎颜色呈暗绿色，这是由于生长缓慢，使叶绿素浓度相对增大。茎、叶颜色有时变红，因为干旱时碳水化合物的分解大于合成，细胞中积累较多的可溶性糖，会形成较多的花青素。形态上的指标比较容易观察，但植物从形态上表现出缺水时，往往已是缺水较严重，生理上受到一定程度的伤害。

(3) 灌溉的生理指标

生理指标可以比形态指标更及时、更灵敏地反应植物体内的水分状况。植物叶片的细胞汁液浓度、渗透势、水势和气孔开度等均可作为灌溉的生理指标。缺水时，叶片反应最敏感，其水势下降，细胞汁液浓度升高、溶质势下降、气孔开度减小，甚至关闭。当有关生理指标达到临界值时，就应及时进行灌溉。如小麦气孔开度达 $5.5 \sim 6.5 \mu m$，甜菜气孔开度达 $5 \sim 7 \mu m$ 时，应进行灌溉。

5.5.2.2 合理灌溉的方法

我国水资源短缺，而灌溉技术落后，灌溉用水量偏多，目前我国灌溉水的利用率只有 $0.3 \sim 0.4$，而国外先进国家达 $0.7 \sim 0.8$；粮食作物的水分生产率我国不足 $1.0 \ kg \cdot m^{-3}$，国外先进国家则可达 $2.0 \sim 2.3 \ kg \cdot m^{-3}$。因此，节约用水，发展节水灌溉农业，是一个具有战略性的问题。

(1) 漫灌

漫灌(wild flooding irrigation)是传统的灌溉方法，其最大的缺点是造成水资源的浪费，造成土壤冲刷，土壤肥力流失，土地盐碱化等。

(2) 喷灌

喷灌(spray irrigation)是借助动力设备把水喷到空中呈水滴降落到植物和土壤上。这种方法可解除大气干旱和土壤干旱，保持土壤团粒结构，防止土壤盐碱化，节约用水，喷灌比传统灌溉方式节水 30% ~40%。

(3) 微灌

微灌(micro-irrigation)是利用专用设备将有压水输送分配到田间，通过灌水器以微小的流量湿润作物根部附近土壤的一种局部灌溉技术。微灌是目前节水、增产、优质、高效的一种节水灌溉技术，但由于其投资较高，目前仅限于经济作物中使用。微灌通常分为滴灌、微喷灌、涌泉灌等形式。滴灌(drip irrigation)是通过埋入地下或设置于地面的塑料管网络，将水分输送到作物根系周围，水分(也可添加营养物质)从管上的小孔缓慢地滴出，使作物根系经常保持良好的水分、空气与营养状况，使作物根系发达，也能有效地利用水分、氧气及营养物质。滴灌比传统灌溉方式节水 70% ~80%。

5.5.3 合理灌溉增产的原因

合理灌溉可以改善植物的各种生理状况，改善作物的光合性能，特别是光合作用。当发生大气干旱或土壤干旱时，及时灌溉可以维持植物的正常生长，有利于叶面积的扩展及叶片光合时间的延长，还可消除光合午休现象，使茎叶输导组织发达，促进水分和同化物的运输分配，提高产量。

灌溉除满足作物的正常生理需水(physiological water requirement)外，还能改善灌溉地上的气候条件，改善栽培环境，间接地对植物产生影响。植物良好的生长对环境水分条件的这种需要称为生态需水(ecological water requirement)。例如，高温干旱时灌溉可降低大气温度，增加大气和土壤湿度，维持植物正常生长；早春与晚秋季节灌溉可以保温抗寒；盐碱地灌溉可以洗盐压碱；施肥后灌溉可以溶解肥料。

小 结

水是植物生命活动的先决条件，是植物体的主要组成成分。水除了直接或间接地参与植物的生理生化反应之外，还调节植物的生态环境。植物体内的水分以自由水和束缚水两种形态存在，两者的比例与代谢强度和抗逆性强弱有着密切的关系。

每偏摩尔体积水的化学势差就是水势。典型植物细胞水势由溶质势、压力势和衬质势组成，采用压力单位(MPa)。水分总是从水势高的细胞流向水势低的细胞，直到两者水势差 $\Delta\psi_w = 0$ 为止。细胞吸水有渗透吸水和吸胀吸水之分。具有液泡的植物细胞，衬质势可以忽略，通过渗透方式吸水。未形成液泡的幼嫩细胞和干燥种子细胞主要通过吸胀作用吸水。水分可以扩散方式通过膜磷脂双分子层，也可通过水孔蛋白形成的水通道越过膜，水孔蛋白使细胞对水的通透能力大大提高。

植物需要的水分主要由根从土壤中吸收。根吸水的主要区域在根尖端，以根毛区吸水能力最强。根系吸水方式包括主动吸水和被动吸水两种，其动力分别为根压和蒸腾拉力，伤流和吐水两种生理现象表明根压的存在。被动吸水是根吸水的主要方式。凡是影响根压形成和蒸腾速率的内外条件，都影响根的吸水。水分主要在导管或管胞中进行运输，水分上升的动力包括根压和蒸腾拉力，以蒸腾拉力为主。由于水分子的内聚力远远大于水柱受到的张力，所以木质部水柱可以保持连续。

植物吸收的水分大部分通过蒸腾作用散失到体外，气孔蒸腾是蒸腾作用的主要方式。气孔运动是由保卫细胞的膨压变化引起。由于 K^+、Cl^-、苹果酸和可溶性糖等溶质进出保卫细胞，使保卫细胞渗透势和水势发生变化，保卫细胞吸水或失水，进而引起气孔开闭。

作物需水量(蒸腾系数)因作物种类、生长发育时期不同而有差异，植物对水分缺乏最敏感的时期为水分临界期。合理灌溉的指标包括土壤水分状况、形态指标和生理指标，生理指标可以及时准确反映植物的水分状况。合理灌溉就是要以作物需水量和水分临界期为依据，参照生理指标制订灌溉方案，采用先进的灌溉方法及时地进行灌溉。

思 考 题

1. 名词解释

自由水 束缚水 水势 溶质势 压力势 衬质势 渗透作用 水通道蛋白 吸胀作用 根压 蒸腾拉力 蒸腾作用 小孔扩散定律 蒸腾系数 蒸腾比率 水分临界期

2. 简述水分在植物生命活动中的作用。

3. 植物体内水分存在的形式与植物的代谢、抗逆性有什么关系？

4. 植物细胞水势由哪几部分组成？

5. 植物细胞和根系吸水的方式分别是什么？细胞吸水与根吸水有何联系？

6. 温度、土壤通气状况、土壤溶液浓度对根系吸水有何影响？

7. 气孔开闭机理是什么？

8. 简述光照、温度、CO_2 浓度对气孔运动和气孔蒸腾的调节。

9. 简述水分在植物体内的运输途径和动力。

10. 高大树木导管中的水柱为何可以连续不中断？假如某部分导管中水柱中断了，树木顶部叶片还能不能得到水分？为什么？

11. 合理灌溉在节水农业中的意义如何？如何才能做到合理灌溉？

12. 合理灌溉为何可以使农作物增产，改善农产品品质？

第6章 植物的矿质和氮素营养

植物对矿物质的吸收、转运和同化，称为矿质营养（mineral nutrition）。土壤中的矿质和氮素往往不能完全及时满足作物的需要，因此，施肥成为提高作物产量和改进作物品质的主要措施之一。了解矿质和氮素的生理作用、植物对矿质和氮素的吸收利用规律，可以用来指导合理施肥，提高作物产量和改善作物品质。

6.1 植物体内的必需元素

6.1.1 植物的元素组成

把新鲜植物材料在 105℃ 下烘 10~30min（以使酶迅速失活，防止生化反应继续进行），然后在 80℃ 下烘至恒重，可以测到水分占植物组织的 10%~95%，而干物质占 5%~90%。干物质中包括有机物和无机物。将干物质在 600℃ 灼烧时，有机物中的 C，H，O，N 以 CO_2，H_2O，N_2，NH_3 和 NO_x 形式挥发掉，小部分硫以 H_2S 和 SO_2 的形式散失到空气中，其总质量占干物质的 90%~95%；余下一些不能挥发的白色残渣称为灰分（ash），其总质量占干物质的 5%~10%。灰分中的物质为各种矿质的氧化物及少量硫酸盐、磷酸盐、硅酸盐等，构成灰分的元素称为灰分元素（ash element），由于它们直接或间接来自土壤，故又称为矿质元素（mineral element）。氮在燃烧过程中转变为各种气体物质散失，不存在于灰分中，且氮本身不是土壤的矿质成分，所以一般认为氮不是矿质元素。除了能依赖共生固氮菌自大气中直接获取氮素的植物种类外，其他大部分植物体内的氮素和灰分元素一样，都是从土壤中吸收的。

植物体内矿质元素的含量与植物的种类、不同器官组织、植物的年龄及植物所处的环境条件等有关。一般水生植物矿质含量只有干重的 1% 左右，中生植物占干重的 5%~10%，盐生植物矿质含量很高，有时达 45% 以上；同一植物的不同器官组织的矿质含量差异也很大，如一般木质部灰分含量约为 1%，种子为 3%，草本植物的根和茎为 4%~5%，叶为 10%~15%；老年植株和细胞的灰分含量大于幼嫩的植株和细胞；气候干燥、土壤通气良好、土壤含盐量多等有利于植物吸收矿质的条件都能使植物的含灰量增加。

6.1.2 植物必需元素及其研究方法

6.1.2.1 植物体内的必需元素

虽然在植物体内已发现有 70 种以上的元素，但这些元素并不都是植物正常生长发育所必需的。所谓必需元素（essential element）是指植物正常生长发育必不可少的元素。国际植物营养学会规定植物必需元素必须符合以下 3 条标准：①该元素缺乏时，植物生长发育受阻，不能完成其生活史，即不可缺少性；②缺少该元素，植物表现为专一缺素症，该症状只能通过加入该元素来预防或恢复，即不可替代性；③该元素对植物生长发育表现为直接效应，而不是由于该元素通过影响土壤的物理化学性质、微生物条件等原因产生的间接效果，即直接功能性。

根据上述标准，现已确定植物的必需元素有 17 种。根据植物对它们的需求量，将其分为大量元素（macroelement，major element）和微量元素（microelement，minor element，trace element）两类。大量元素包括碳（C）、氢（H）、氧（O）、氮（N）、磷（P）、钾（K）、钙（Ca）、镁（Mg）、硫（S），此类元素占植物体干重 0.01% ~ 10%。微量元素包括铁（Fe）、铜（Cu）、硼（B）、锌（Zn）、锰（Mn）、钼（Mo）、氯（Cl）、镍（Ni），此类元素需用量很少，占植物体干重 1×10^{-5}% ~ 1×10^{-2}%，缺乏时植物不能正常生长，过量反而有害，甚至导致植物死亡。除 C，H，O，N 4 种元素外，其他 13 种元素是必需矿质元素。

有些元素尚未证明是植物的必需元素，但这些元素对植物的生长发育有积极的影响，被称为植物的有益元素（beneficial element），如钠、硅、钴、硒、钒等。

需要指出的是，国际植物生理学界对植物必需元素种类的确定尚有一些分歧。有的学者认为钠（Na）、硅（Si）也是必需元素。这样的话植物的必需元素就有 19 种。

6.1.2.2　确定植物必需元素的研究方法

植物体内的元素并不都是植物必需的，因此，分析植物灰分的元素组成不能确定某种元素是否为植物的必需元素。土壤成分复杂，其中的元素成分很难人为控制，所以，无法通过土培实验来确定植物的必需元素。19 世纪 60 年代，植物生理学家萨克斯（J. Sach）和克诺普（W. Knop）创立了溶液培养法，为植物必需元素的研究提供了有效的方法。

溶液培养法（solution culture method）又称水培法（water culture method），是指在含有全部或部分营养元素的溶液中栽培植物的方法。把洗净的石英砂或玻璃球等加到营养液中以固定植株，这种培养方法称作砂基培养法或砂培法（sand culture method），与溶液培养法无实质性不同。

使植物正常生长发育需用完全培养液。完全培养液含有植物生长发育所必需的各种矿质元素，且各元素为植物可利用的形态，各元素间有适当的比例，培养液具有一定的浓度和 pH。在进行溶液培养时，营养液的浓度不能太高，否则会造成"烧苗"，溶液的 pH 值一般应在 5.5 ~ 6。由于植物对离子的选择吸收和对水分的蒸腾，会导致溶液的浓度、溶液中离子之间的比例及溶液 pH 发生改变，所以要经常调节溶液的 pH 和补充营养成分，或定期更换溶液；由于水溶液的通气性差，因此要注意给溶液通气；还要防止光线对根系的直接照射等。表 6-1 是几种常用的营养液配方，其中以 Hoagland 营养液最为常用。

表 6-1　几种常用营养液配方（Pandey Sinba，1995）　　　　　　　　$g \cdot L^{-1}$

成　分	Sach 营养液	Knop 营养液	Hoagland 营养液
$Ca(NO_3)_2 \cdot 4H_2O$	—	0.8	1.18
NaCl	0.25	—	—
KNO_3	1.0	0.2	0.51
$Ca_3(PO_4)_2$	0.5	—	—
$CaSO_4$	0.5	—	—

（续）

成　分	Sach 营养液	Knop 营养液	Hoagland 营养液
K_2HPO_4	—	0.2	0.14
$MgSO_4 \cdot 7 H_2O$	0.5	0.2	0.49
$FePO_4$	微量	—	—
$FeSO_4$	—	微量	—
$FeC_4H_4O_6$	—	—	0.005
H_3BO_3	—	—	0.002 9
$MnCl_2 \cdot 4 H_2O$	—	—	0.001 8
$ZnSO_4$	—	—	0.000 22
$CuSO_4 \cdot 5 H_2O$	—	—	0.000 08
H_2MoO_4	—	—	0.000 02

利用溶液培养，通过严格控制化学试剂纯度和营养液的元素组成，有目的地提供或缺少某一种元素，以观察对植物生长发育的影响，可确定某元素是否为植物所必需。

溶液培养目前已被广泛应用到农业生产中，即植物的无土栽培（soilless culture）。无土栽培具有不受土地条件限制，节省水、肥，便于工厂化生产，能改善作物品质等优点。图 6-1 是几种植物无土栽培装置示意。

6.1.3　植物必需元素的生理功能及其缺素症

必需元素在植物体内的生理功能，概括起来分为以下几个方面：①细胞结构物质的组成成分，如 C，H，O，N 是构成植物体的有机物如碳水化合物、蛋白质、核酸等的重要组成成分；②生命活动的调节者，如 Fe，Cu，Zn，Mg 等是酶的成分或活化剂，参与酶反应；③起电化学作用，即平衡离子浓度、稳定胶体和中和电荷等；④参与能量转换和促进有机物运输，如 P，B，K 等。有些大量元素同时具备上述作用，大多数微量元素只具有作为生命活动调节者的功能。

6.1.3.1　大量元素的生理功能及缺素症
（1）氮

植物吸收的氮素主要是铵态氮和硝态氮，也可吸收利用有机态氮，如尿素等。氮在植物体内的含量为干物质的 1% ~3%。

氮是蛋白质、核酸、磷脂的主要成分，而这三者又是原生质、细胞核和生物膜的重要组成成分，在细胞生命活动中具有特殊作用，因此氮元素被称为植物的生命元素。氮是许多辅酶和辅基如 NAD^+，$NADP^+$，FAD 等的组成成分，是某些植物激素（如生长素和细胞分裂素）、维生素（如 B_1，B_2，B_6 等）、生物碱等的成分。此外，还是叶绿素的重要组成成分，与光合作用关系密切。由于氮的上述功能，所以氮素的供应状况对细胞的分裂和生长影响很大。当氮肥供应充分时，植物生长旺盛，叶大而鲜绿，叶片功能期长，分枝、分蘖多，营养体健壮，花多，产量高。

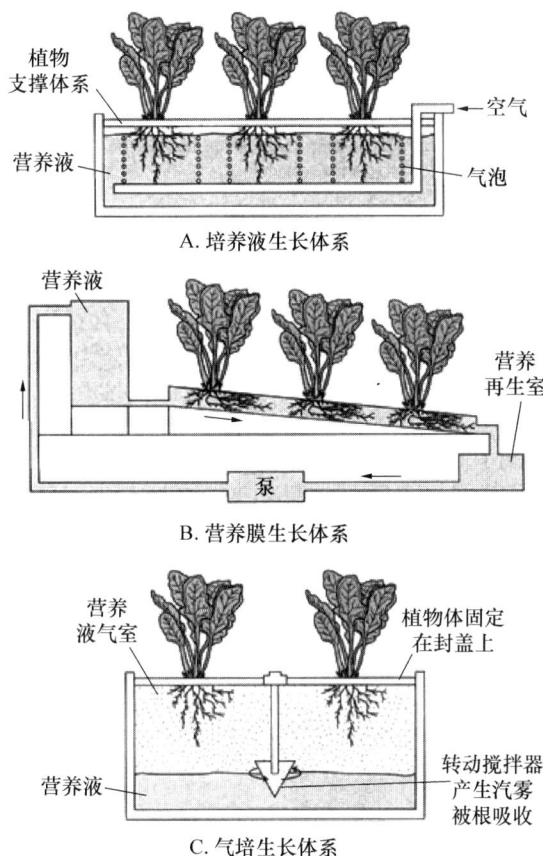

图 6-1 植物无土栽培装置示意

A. 水培装置, 将植物根系直接浸入营养液, 利用气泵向营养液通气补充氧气
B. 营养膜培养体系, 将植物培养于一浅槽中, 浅槽有一定倾斜度, 利用水泵将
营养液循环利用, 被循环利用的培养液的 pH 和营养成分可通过自动控制装置不
断予以调节和补充 C. 气培生长体系, 即有氧溶液培养装置, 植物根系置于营
养液上方, 利用浸入营养液的电动旋转装置在培养槽中产生汽雾被植物吸收

　　氮过多时, 营养体徒长, 叶片大而深绿, 植株柔软披散, 茎秆中机械组织不发达, 开花和种子成熟期延迟, 易造成倒伏, 被病虫害侵袭等。然而对叶菜类作物多施一些氮肥, 还是有好处的。

　　缺氮时, 蛋白质、核酸、磷脂等物质合成受阻, 植物生长矮小, 分枝、分蘖少, 叶片小而薄, 花果易脱落。缺氮影响叶绿素合成, 使枝叶变黄, 由于植物体内氮的移动性大, 老叶中的含氮物质分解后可运到幼嫩组织中被重复利用, 所以缺氮时老叶先发黄, 并逐渐向上发展, 这是缺氮的典型症状。缺氮时碳水化合物较少用于蛋白质等含氮化合物合成, 这可使茎木质化, 另外较多的碳水化合物被用于花色素苷的合成, 因而使某些植物(如番茄、玉米的一些品种等)的茎、叶柄、叶基部呈紫红色。

（2）磷

磷主要以 HPO_4^{2-} 或 $H_2PO_4^-$ 形式被植物吸收，植物吸收 HPO_4^{2-} 和 $H_2PO_4^-$ 的比例取决于土壤的 pH 值。当土壤偏酸性（pH <7）时，植物吸收 $H_2PO_4^-$ 较多；当土壤偏碱性（pH >7）时，植物吸收 HPO_4^{2-} 较多。HPO_4^{2-} 或 $H_2PO_4^-$ 被植物根系吸收后，大部分用于合成有机物如磷脂、核苷酸等，一部分则以无机磷形式存在。

磷是核酸、核蛋白、磷脂的重要组成成分；磷是许多辅酶如 NAD^+，$NADP^+$ 等的成分，它们广泛参与了光合、呼吸过程。磷广泛地参与能量代谢，如与能量代谢有关的 ATP，ADP，AMP 等都含有磷。磷还参与碳水化合物的代谢和运输，如光合作用、呼吸作用中，糖的合成、转化和降解大多是在磷酸化后才起作用。由于磷参与碳水化合物的合成、转化和运输，对种子、块根、块茎生长有利，故马铃薯、甘薯和禾谷类作物施磷后有明显的增产效果；磷对氮代谢也有重要作用，如硝酸盐还原有 NAD^+ 和 FAD 的参与，而磷酸吡哆醛和磷酸吡哆胺则参与氨基酸的转化；磷与脂肪转化也有关系，脂肪代谢需要 NADPH，ATP，CoA 和 NAD^+ 参与。另外，许多功能蛋白的活性调节是通过磷酸化和去磷酸化而实现的。

施磷能促进各种代谢正常进行，植株生长发育良好，同时提高作物的抗寒性及抗旱性，提早成熟。由于磷与糖类、蛋白质和脂类的代谢以及三者相互转变都有关系，所以不论栽培粮食、豆类作物或油料作物都需要磷肥。

缺磷时，蛋白质合成受阻，新的细胞质和细胞核形成较少，影响细胞分裂和生长；植株的幼芽和根部生长缓慢，分蘖、分枝减少，花果脱落，成熟延迟；蛋白质合成下降，糖的运输受阻，从而使营养器官中糖的含量相对提高，有利于花青素的形成，故缺磷时，叶子呈不正常的暗绿色或紫红色。由于磷非常活跃地参与各种物质的合成和降解，在植物体内极易移动和被重复利用，故缺磷症状首先在下部老叶出现，并逐渐向上发展。

（3）钾

钾以 K^+ 的形式被根吸收。钾在植物体内几乎都呈离子状态，部分在细胞中处于吸附状态。钾在植物体内主要集中在生命活动最活跃的部位，如生长点、幼叶、形成层等。

钾是细胞内 60 多种酶的活化剂，如丙酮酸激酶、果糖激酶、苹果酸脱氢酶、琥珀酸脱氢酶、淀粉合成酶等，在碳水化合物代谢、呼吸作用及蛋白质的代谢中起重要作用。钾与糖类合成与转运密切相关，大麦和豌豆幼苗缺钾时，淀粉和蔗糖合成缓慢，从而导致单糖大量积累；而钾肥充足时，蔗糖、淀粉、纤维素和木质素含量较高，葡萄糖积累较少。钾也能促进糖类物质被运输到贮藏器官中，所以富含糖类的贮藏器官（如马铃薯块茎、甜菜根和淀粉种子）中钾含量较多。钾是大多数植物细胞中含量最多的无机离子，因此也是调节植物细胞渗透势的最重要组分。钾对气孔开放有直接作用。由于钾能促进碳水化合物的合成和运输，提高原生质体的水合程度，对细胞吸水和保水有很大作用，因而，可以提高植物的抗旱和抗寒能力。

钾营养不足时，植物机械组织不发达，茎秆柔弱，易倒伏，同时蛋白质合成受阻，叶内积累氨，引起叶片等组织中毒而产生缺绿斑点，叶尖、叶缘呈烧焦状态，甚至干枯、死亡。由于钾也是易移动可以被重复利用的元素，所以缺素症首先出现在下部老叶。

N，P，K 是植物需要量大，且土壤易缺乏的元素，因此农业生产中往往需要给作物补充这 3 种元素，故称它们为"肥料三要素"。农业上施肥主要为了满足植物对三要素的需要。

(4)钙

钙元素以钙离子(Ca^{2+})的形式被植物吸收。钙离子进入植物体后，一部分仍以离子状态存在，一部分形成难溶的有机盐类(如草酸钙等)，还有一部分与有机物(如植酸、果胶酸、蛋白质)相结合。

钙是植物细胞壁胞间层中果胶钙的重要成分，因此缺钙时，细胞分裂不能进行或不能完成而形成多核细胞。钙离子能作为磷脂中的磷酸与蛋白质的羧基间联结的桥梁，具有稳定膜结构的作用。钙可以与植物体内草酸形成草酸钙结晶，消除过量草酸对植物(特别是一些含酸量高的肉质植物，如景天科植物)的毒害。钙也是一些酶的活化剂，如 ATP 水解酶、磷脂水解酶等。钙离子是植物细胞信号转导过程中的重要第二信使。

钙对植物抵御病原菌的侵染有一定作用，许多作物缺钙时容易产生病害。苹果果实的疮痂病会使果皮受到伤害，但如果钙供应充足，则易形成愈伤组织以防止果肉受到进一步伤害。缺钙初期顶芽、幼叶呈淡绿色，继而叶尖呈现典型的钩状，随后坏死；因其难移动，不能被重复利用，故缺素症状首先表现在上部幼茎、幼叶，如大白菜缺钙时心叶成褐色。西红柿蒂腐病、莴苣顶枯病、芹菜裂茎病、菠菜黑心病等都是缺钙引起的。

(5)硫

硫元素主要以 SO_4^{2-} 的形式被植物吸收。SO_4^{2-} 进入植物体后，一部分保持不变，大部分被还原并进一步同化为含硫氨基酸(半胱氨酸、胱氨酸和蛋氨酸)。这些含硫氨基酸是蛋白质的重要组成成分，特别是这些含硫氨基酸残基往往是功能蛋白的活性中心所在。一些功能蛋白的活性调控也往往是通过这些含硫氨基酸残基的二硫键(—S—S—)与巯基(—SH)之间的氧化还原转换完成的。辅酶 A 和硫胺素、生物素等维生素也含有硫，且辅酶 A 中的硫氢基(—SH)具有固定能量的作用。硫还是硫氧还蛋白、铁硫蛋白与固氮酶的组分，因而硫在光合、固氮等反应中起重要作用。

硫在植物体内不易移动，缺硫时一般在幼叶首先表现缺绿症状，新叶均衡失绿，呈黄白色并易脱落。缺硫情况在生产中很少遇到，土壤中有足够的硫供植物吸收利用。

(6)镁

镁以离子状态被植物吸收。镁在植物体内一部分形成有机物，一部分以离子状态存在，主要存在于幼嫩器官和组织中，种子成熟时则集中于种子中。

镁是叶绿素的组成成分，植物体内约 20% 的镁存在于叶绿素中。镁又是 RuBP 羧化酶，5 - 磷酸核酮糖激酶等的活化剂，对光合作用有重要作用。镁也是葡萄糖激酶、果糖激酶、丙酮酸激酶、乙酰 CoA 合成酶、异柠檬酸脱氢酶、α - 酮戊二酸脱氢酶、苹果酸合成酶、谷氨酸半胱氨酸合成酶、琥珀酰辅酶 A 合成酶等的活化剂，与碳水化合物的转化和降解以及氮代谢有关。镁还是核糖核酸聚合酶的活化剂，DNA，RNA 的合成以及蛋白质合成中氨基酸的活化过程都需要镁参与。镁能够稳定核糖体的结构，因而在蛋白质代谢中具有重要作用。

缺镁叶绿素不能合成，叶片缺绿，其特点是从下部叶片开始，叶肉变黄而叶脉仍保持绿色，这是与缺氮病症的主要区别。缺镁时，茎叶有时呈紫红色。若缺镁严重，则形成褐斑坏死。土壤中一般不缺镁。

6.1.3.2　微量元素的生理功能及缺素症

(1) 铁

铁主要以 Fe^{2+} 的螯合物被吸收。铁进入植物体内后就处于被固定状态而不易移动。铁在植物体内以二价（Fe^{2+}）和三价（Fe^{3+}）两种形式存在，二者之间的转换构成了活细胞内最重要的氧化还原系统，因此 Fe^{2+}/Fe^{3+} 是许多与氧化还原相关的酶的辅基，如细胞色素、细胞色素氧化酶、过氧化物酶和过氧化氢酶、豆科植物根瘤菌中的血红蛋白等；Fe^{2+}/Fe^{3+} 也是光合和呼吸电子传递链中的重要电子载体，如光合和呼吸电子传递链中的细胞色素、光合电子传递链中的铁硫蛋白、铁氧还蛋白等都是含铁蛋白。

铁是叶绿素合成所必需的，催化叶绿素合成的酶中有几个酶的活性表达需要 Fe^{2+}。近年来研究发现，铁对叶绿体结构的影响比对叶绿素合成的影响更大，如眼虫（*Euglena*）缺铁时，在叶绿素分解的同时叶绿体也解体。

铁是不易移动的元素，因而缺铁最明显的症状是幼叶和幼芽缺绿发黄，甚至变为黄白色，而下部叶片仍为绿色。一般情况下，土壤中的含铁量能够满足植物生长发育的需要，但在碱性或石灰质土壤中，铁易形成不溶性化合物而使植物表现出缺铁症状。华北果树的"黄叶病"，就是植株缺铁所致。

(2) 锰

锰主要以 Mn^{2+} 的形式被植物吸收。锰是叶绿体中光合放氧复合体的主要成分，缺锰时光合放氧受到抑制。锰也是形成叶绿素和维持叶绿体结构的必需元素。此外，锰是许多酶的活化剂，如一些转磷酸的酶和三羧酸循环中的柠檬酸脱氢酶、草酰琥珀酸脱氢酶、α-酮戊二酸脱氢酶、苹果酸脱氢酶、柠檬酸合成酶等。锰还是硝酸还原酶的辅助因素，缺锰时硝酸被还原成氨的过程受到抑制。总之，锰与光合作用、呼吸作用、叶绿素和蛋白质的合成等重要代谢过程密切相关。

缺锰时叶绿素不能合成，叶脉间缺绿，但叶脉仍保持绿色，此为缺锰与缺铁的主要区别。

(3) 硼

硼以硼酸（H_3BO_3）的形式被植物吸收。高等植物体内硼的含量较少，在 $2\sim95$ mg·L^{-1}。植物各器官间硼的含量以花器官中含量最高，花中又以柱头和子房为高。

硼参与碳水化合物的运输，因为硼能与多羟基化合物形成复合物，这种复合体易于通过细胞膜。硼有激活尿苷二磷酸葡萄糖焦磷酸化酶的作用，故能促进蔗糖的合成。硼还能促进根系发育，特别对豆科植物根瘤的形成影响较大，因为硼能影响碳水化合物的运输，从而影响根对根瘤菌碳水化合物的供应。硼与甘露醇、甘露聚糖、多聚甘露糖醛酸和其他细胞壁成分组成复合体，参与细胞伸长，核酸代谢等。硼对植物生殖过程有重要影响，与花粉形成、花粉管萌发和受精关系密切，缺硼时，花药和花丝萎缩，绒毡层组织破坏，花粉发育不良，受精不良，籽粒减少。小麦的"花而不实"，棉花的"蕾而不花"均为植株缺硼之故。硼具有抑制有毒酚类化合物形成的作用，所以缺硼时，植株中酚类化合物（如咖啡酸、绿原酸）含量过高，侧芽和顶芽坏死，丧失顶端优势，分枝多，形成簇生状。甜菜的干腐病、花椰菜的褐腐病、马铃薯的卷叶病和苹果的缩果病等均为缺硼所致。

（4）铜

在通气良好的土壤中，铜多以二价离子（Cu^{2+}）的形式被吸收，而在潮湿缺氧的土壤中，则多以一价离子（Cu^+）的形式被吸收。在光合作用中，铜是光合电子传递体质蓝素（PC）的组成成分，叶绿素的形成过程需要铜，铜还能增强叶绿蛋白的稳定性。在呼吸作用中，铜是细胞色素氧化酶、抗坏血酸氧化酶和多酚氧化酶的成分，参与氧化还原过程。铜有提高马铃薯抗晚疫病的能力，所以喷施硫酸铜对防治该病有良好效果。

缺铜时叶片生长缓慢呈现蓝绿色，幼叶缺绿，然后出现枯斑，最后死亡脱落。因植物所需铜很少，所以一般不存在缺铜问题。

（5）锌

锌是以 Zn^{2+} 的形式被植物吸收的。锌是许多酶的组成成分，如乙醇脱氢酶、乳酸脱氢酶、谷氨酸脱氢酶、碳酸酐酶、超氧化物歧化酶、某些多肽酶等。

锌能促进生长素的合成。因生长素合成的前体——色氨酸是由吲哚和丝氨酸经色氨酸合成酶催化生成的，而锌是色氨酸合成酶的组成成分，缺锌植物失去合成色氨酸的能力，植物体内生长素含量低，生长受阻，叶片扩展受到抑制，表现为小叶簇生，称为"小叶病"，北方果园易出现此病。

（6）钼

钼是以钼酸盐（MoO_4^{2-}）的形式被植物吸收的。钼是硝酸还原酶的金属成分，植物吸收 NO_3^- 后，首先要被硝酸还原酶还原为亚硝酸盐（NO_2^-）后才能进一步被利用。因此以 NO_3^- 为主要氮源时，缺钼常表现出缺氮的症状。钼又是固氮酶中钼铁蛋白、黄嘌呤脱氢酶及脱落酸合成中的一个氧化酶的必需成分。钼对花生、大豆等豆科植物的增产作用显著。

缺钼时首先老叶叶脉间缺绿，进而向幼叶发展，并可出现坏死，在某些植物（如花生、椰菜）中，不表现出缺绿，而是幼叶严重扭曲，最终死亡。缺钼也可抑制花的形成，或使果实在成熟前脱落。

（7）氯

氯以 Cl^- 的形式被植物吸收，进入植物体内后绝大部分仍然以 Cl^- 的形式存在，只有极少量的氯被结合进有机物，其中 4 - 氯吲哚乙酸是一种天然的生长素类植物激素。大多数植物对氯的需要量较少，少于 $10~mg \cdot L^{-1}$，而盐生植物含氯相对较高，$70 \sim 100~mg \cdot L^{-1}$。

Cl^- 在光合作用水裂解过程中起着活化剂的作用，促进氧的释放。根和叶的细胞分裂需要氯。Cl^- 作为细胞内含量最高的无机阴离子，作为 K^+ 等阳离子的平衡电荷，与钾离子等一起参与渗透势的调节，与钾和苹果酸一起调节气孔的开放。

缺氯时，叶片萎蔫，失绿坏死，最后变为褐色；根生长慢，根尖粗呈棒状。

（8）镍

镍在 1988 年才被确定为植物的必需元素，植物体内镍含量几乎是最低的。

镍是脲酶的金属成分，脲酶的作用是催化尿素水解成 CO_2 和 NH_3。无镍时，脲酶失活，尿素在植物体内积累，最终对植物造成毒害。镍也是氢化酶的成分之一，在生物固氮氢的产生中起作用。镍还能提高过氧化物酶、多酚氧化酶活性。低浓度的镍可以增强萌芽种子对氧气的吸收，加速呼吸，促进幼苗生长。

缺镍时叶尖积累较多的脲，出现坏死现象。

6.2　植物细胞对矿质元素的吸收

6.2.1　植物细胞膜的运输蛋白

　　矿质离子因带有电荷而具有极强的亲水性，很难透过磷脂双分子层。在生物膜中含有大量执行溶质跨膜运输功能的蛋白质，可以协助离子越过膜，将生物膜中执行溶质跨膜运输过程的功能蛋白统称为运输蛋白或传递蛋白（transport protein）。已从细胞膜系统中分离和纯化出有活性的各种膜的传递蛋白，根据其结构及跨膜运输溶质方式的不同，一般分为离子通道、载体和离子泵 3 类。

6.2.1.1　离子通道

　　离子通道（ion channel）是细胞质膜中由内在蛋白构成的孔道，横跨膜的两侧。孔道的大小、形状和孔内电荷密度等使得孔道对离子运输有选择性。离子通道的构象会随环境条件的改变而发生改变，处于某种构象时，其中间形成孔道，允许离子通过；处于另外的构象时，孔道关闭，不允许离子通过。根据离子通道对离子的选择性、运送离子的方向、通道开放与关闭的调控机制等可将离子通道分为多种类型。根据对运送离子的选择性，离子通道有 K^+ 通道、Cl^- 通道和 Ca^{2+} 通道等。根据运送离子的方向性，有内向型离子通道和外向型离子通道，如保卫细胞膜上的 K^+ 通道可以分为内向 K^+ 通道和外向 K^+ 通道。根据其开闭机制的不同，离子通道又可以分为以下几种：对跨膜电势梯度发生反应的，称为电压门控型离子通道（voltage-gated ion channel）；对光、激素等刺激发生反应的，即受药物调节的，称为配体门控型离子通道（ligand-gated ion channel）；另外，还有受张力调节的张力控制型离子通道（stretch-activated ion channel）等。

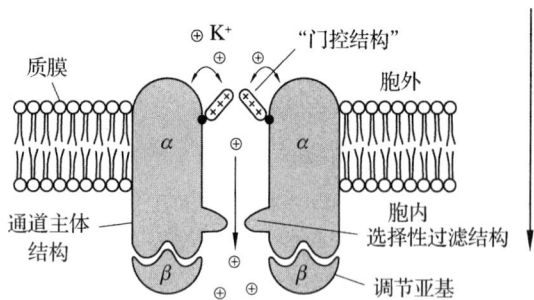

图 6-2　电压门控 K⁺ 通道模型示意

　　图 6-2 是电压门控型 K^+ 离子通道的结构模型示意。通道由带正电荷的氨基酸构成"门控结构"，门控结构在膜电位的调控下控制通道蛋白的构象变化而使通道开放或关闭。对于一些受胞内特殊调节因子（如 cAMP 或其他核苷酸、激素、Ca^{2+} 等）调控的离子通道，调节因子特异性地与通道的调节亚基或特异性氨基酸序列结合而调控通道的活性。由通道进行的运转是一种简单的扩散作用，是被动的，即被运转物质顺其化学势或电化学势梯度经过通道进行扩散。

　　膜片钳（patch clamp，PC）技术是目前研究离子通道的主要手段。所谓膜片钳技术，是指使用微电极从一小片细胞膜上获取电子信息的技术，即将跨膜电压保持恒定（电压钳位），测量通过膜的电流大小的技术。利用膜片钳技术已经观察到原生质膜上有 K^+，Cl^-，Ca^{2+} 通道。据估计，大约每 15 μm^2 的细胞质膜表面有一个 K^+ 通道，一个表面积为 4000 μm^2 的保卫细胞质膜约有 250 个 K^+ 通道。实验表明，一个开放式离子通道，每秒钟可运输 $10^7 \sim 10^8$ 个离子，比载体蛋白运输离子或分子的速度快 1000 倍。

6.2.1.2 载体

载体(carrier)也是一类膜内在蛋白，与离子通道不同，载体的跨膜区域并不形成明显的孔道结构，由载体转运的物质首先与载体蛋白的活性部位结合，结合后载体蛋白产生构象变化，将被运转物质暴露于膜的另一侧，并释放出去(图 6-3)。载体

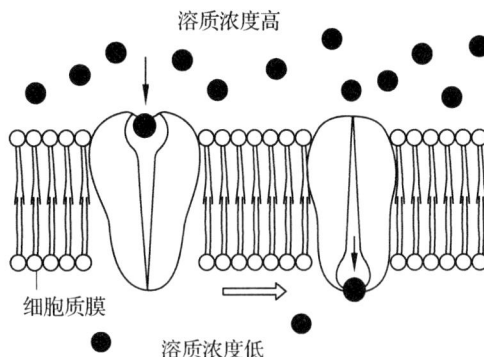

图 6-3 载体被动转运模式图

蛋白对被转运物质的结合及释放，与酶促反应中酶与底物的结合及对产物的释放情况相似，所以载体又被称为"透过酶"，其动力学符合用于描述酶促反应的米氏方程式。当被运送的离子或溶质的浓度较高时，离子载体运送离子或溶质的速率表现出饱和效应。

载体蛋白有 3 种类型(图 6-4)：单向转运体(uniport)、共(同)向转运体(symport)和反(异)向转运体(antiport)。单向转运体又可分为被动单向转运体和主动单向转运体(离子泵)。同向转运体和反向转运体均参与主动运输。所以，经载体进行的运输可以是顺电化学势梯度进行的被动过程，也可以是逆电化学势梯度进行的主动过程。载体每秒可运输 $10^4 \sim 10^5$ 个离子。

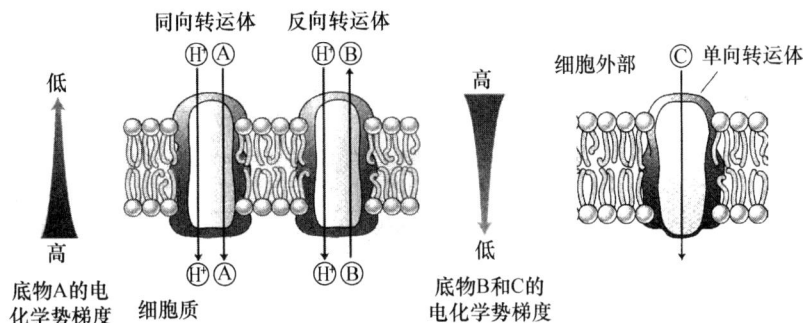

图 6-4 载体蛋白的类型

通过动力学分析，可以区分溶质是经通道还是经载体进行运转：经通道进行的运转是一种简单的扩散过程，没有明显的饱和现象；经载体进行的运转依赖于溶质与载体特殊部位的结合，因结合部位数量有限，所以有饱和现象(图 6-5)。

多数植物所必需的矿质营养元素是以离子的形式经植物细胞膜上的离子载体运送进入细胞的，如 NH_4^+，NO_3^-，$H_2PO_4^-$，SO_4^{2-} 等，部分 K^+，Cl^- 等离子除了经离子通道运输外，也可经离子载体进行运输。一些呈离子状态的有机代谢物也是经载体执行其跨膜运输的，如一些氨基酸、有机酸等。

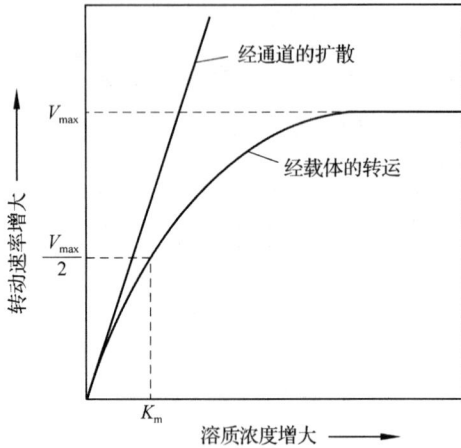

图6-5　经通道和载体转运的动力学分析

K_m 为载体与溶质的亲和力，V_{max} 为最大速率

6.2.1.3　离子泵

严格地讲，离子泵（ion pump）也是离子载体的一种，可以利用水解 ATP 或焦磷酸时释放的能量，把某种离子逆着其电化学势梯度进行跨膜运转。在植物细胞中确认的离子泵主要包括质膜和内膜上的 ATP 酶及内膜系统上的 H^+ – 焦磷酸酶。ATP 酶是主要的离子泵，ATP 酶又称 ATP 磷酸水解酶（ATP phospho-hydrolase，ATPase），它催化 ATP 水解释放能量，驱动离子的跨膜运转。植物细胞膜上的 ATP 酶主要有 H^+ – ATP 酶和 Ca^{2+} – ATP 酶。

6.2.2　植物细胞吸收溶质的方式

植物细胞对溶质的吸收主要分为两种类型：被动吸收和主动吸收，另外还有胞饮作用。

6.2.2.1　被动吸收

所谓被动吸收（passive absorption）是指由于扩散作用或其他物理过程而进行的顺电化学势梯度吸收矿质元素的过程，被动吸收不需要由代谢提供能量，又称非代谢性吸收。被动吸收包括扩散和协助扩散等方式。

（1）扩散

分子或离子沿着化学势梯度或电化学势梯度转移的现象称为扩散。电化学势梯度包括化学势梯度和电势梯度两方面。分子扩散决定于其化学势梯度即浓度梯度，而离子的扩散决定于其电化学势梯度。

（2）协助扩散

协助扩散是一种特殊的扩散作用，溶质分子或离子也是顺着浓度梯度或电化学势梯度从膜的一侧移动到膜的另一侧，只是溶质分子或离子单独不能越过膜，必须经膜上转运蛋白（离子通道或载体）的协助才能越过膜。

6.2.2.2　主动吸收

主动吸收（active absorption）是指细胞利用呼吸代谢产生的能量，逆电化学势梯度吸收矿质元素的过程，又称为代谢吸收。

如质膜 H^+ – ATP 酶水解 ATP 的部分在质膜内侧，利用 ATP 水解产生的能量，把细胞质中的 H^+ 泵到膜外（图6-6），使膜外介质中的 H^+ 浓度增加，同时导致膜外正电荷积累，产生膜内外电势梯度。跨膜质子电化

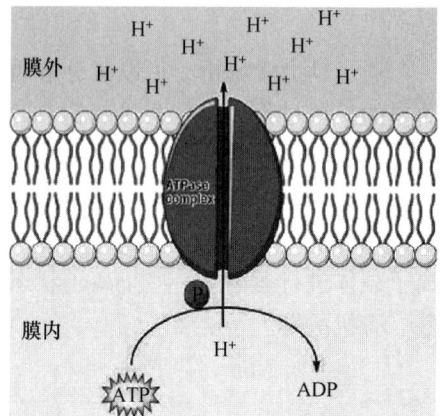

图6-6　质膜 H^+ – ATP 酶水解 ATP 泵出 H^+ 示意

学势梯度是推动其他溶质越过膜的动力。若具有水合层的无机离子不能通过疏水的膜脂双层，若要进入细胞，还须通过膜上特殊转运体(载体)才能完成。

6.2.2.3 胞饮作用

细胞通过膜的内折从外界直接摄取物质进入细胞的过程，称为胞饮作用(pinocytosh)。胞饮作用是植物细胞吸收水分、矿质元素和其他物质(液体和大分子物质)的一种特殊方式。当胞外物质被吸附在质膜上后，感受外界刺激的部分质膜向内凹陷，逐渐将液体和物质包围并形成囊泡，囊泡向原生质内部转移。在将囊泡内的物质转交给细胞有两种方式：一是囊泡在转移过程中，囊泡膜逐渐自溶消失，其内的液体和物质便留在胞基质中(图6-7 A)；二是有些囊泡可直达液泡膜，并与其融合，将液体和物质释放到液泡中(图6-7 B)。胞饮作用是非选择性吸收。它在吸收水分的同时，把水分中的物质如各种盐类和大分子物质，甚至病毒一起吸收进来。西红柿和南瓜的花粉母细胞、蓖麻和松的根尖细胞中都有胞饮现象。

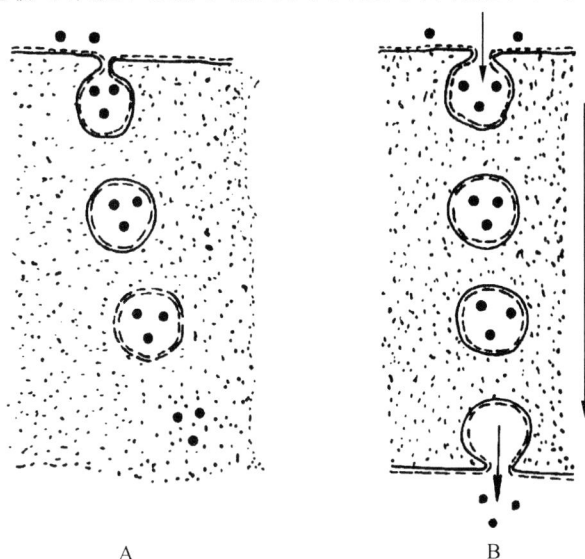

图6-7　胞饮作用示意

A. 溶质释放到胞质中　B. 溶质释放到液泡中

6.3　植物体对矿质元素的吸收和利用

6.3.1　根系对矿质元素的吸收

植物所需的矿质元素主要由根系从土壤中吸收。根系吸收矿质元素的部位和吸水相似，都以没有木栓化的根尖，尤其以根毛区吸收最多。

6.3.1.1　根吸收矿质元素的特点

(1)根吸收矿质元素与吸收水分具有相对独立性

根系主要吸收溶于水中的矿质元素，蒸腾作用可以促进根对矿质元素的吸收，但矿质元素的吸收量与水分的吸收量并不呈直线关系。实验证明，离体根在无蒸腾的情况下，同样可以吸收矿质元素，甘蔗在白天吸水速率比晚上大10倍左右，而白天吸收磷速率只比晚上稍大一些，因此植物对水分和矿质的吸收是既相互联系又相对独立的。所谓两者相关表现为矿质元素只有溶于水，才被根吸收，而且活细胞对矿质元素的吸收导致细胞水势的降低，从而促进植物细胞吸收水分；两者相对独立则表现为植物对水分和矿质的吸收并不呈一定比例，二者吸收机理也不同，植物对水分的吸收以蒸腾拉力引起的被动吸水为主，而对矿质的吸收则以消耗代谢能量的主动吸收为主。此外，两者的分配去向也不尽相同，水分主要被运送至叶片，而矿质元素主要被运送至当时的生长中心。

(2) 离子的选择性吸收

所谓选择性吸收是指植物对同一溶液中不同离子或同一盐的阴离子和阳离子吸收的比例不同的现象。根吸收的矿质离子数，不一定与环境中矿质离子数量呈正相关。如土壤中含大量的硅，但植物中除水稻等禾本科植物外，一般很少吸收硅；海水中含大量的 Cl^- 和 Na^+，但大叶法囊藻却选择吸收大量的 Cl^- 和 K^+，而很少吸收 Na^+。

根对矿质离子的选择吸收还表现在对同一盐类的阴阳离子方面。例如，供给植物 $NaNO_3$，植物对其阴离子（NO_3^-）的吸收大于阳离子（Na^+），由于细胞内总的正负电荷数量必须保持平衡，因此，常常伴有 H^+ 的吸收或 OH^- 或 HCO_3^- 的排出，从而使介质 pH 升高，故称这种盐为生理碱性盐（physiologically alkaline salt），如多种硝酸盐。同理，若供给 $(NH_4)_2SO_4$，植物对其阳离子（NH_4^+）的吸收大于阴离子（SO_4^{2-}），在吸收 NH_4^+ 的同时，根细胞会向外释放 H^+ 使介质 pH 下降，故称这种盐为生理酸性盐（physiologically acid salt），如多种铵盐。供给 NH_4NO_3 时，植物对其阴、阳离子吸收较为平衡，而不改变周围介质的 pH，所以称其为生理中性盐（physiologically neutral salt）。显然，生理酸性盐和生理碱性盐是植物对矿质离子选择吸收的结果，与盐类化学上的酸碱性完全无关。如果在土壤中长期使用某一种化学肥料，就可能引起土壤酸碱度的改变，从而破坏土壤结构，所以施肥应注意肥料类型的合理搭配。

(3) 单盐毒害和离子颉颃

任何植物，假若培养在某一单盐溶液中（溶液中只含有单一盐类），不久即呈现不正常状态，最后死亡，这种现象称为单盐毒害（toxicity of single salt）。无论是必需元素或是非必需元素组成的单一盐类都可引起单盐毒害。如将植物培养在较稀的 KCl 溶液中，植物将迅速积累 K^+，很快达到毒害水平使植物死亡。单盐毒害即使溶液浓度很低时也会发生，如将海生植物培养在只有海水中 NaCl 浓度 1/10 的 NaCl 溶液中，植物会很快受到毒害。

在发生单盐毒害的溶液中，加入少量其他盐类，即能减弱或消除这种毒害作用。如在 KCl 溶液中加入少量钙盐，则毒害现象便会消失。这种离子间能相互减弱或消除毒害作用的现象叫作离子颉颃（ion antagonism）。一般元素周期表中不同族的元素间存在颉颃作用，同族元素间不存在颉颃作用。所以植物只有在含有适当比例的多种盐的溶液中才能正常生长发育，这种溶液称为平衡溶液（balanced solution）。土壤溶液中一般含有多种盐类，因此对陆生植物而言是平衡溶液，但并非理想的平衡溶液，施肥的目的就是使土壤中各种矿质元素达到平衡，以利于植物的正常生长发育。

6.3.1.2　根吸收矿质元素的过程

植物根系吸收矿质大致经过以下步骤:

(1)矿质元素吸附在根组织细胞表面

根细胞吸附离子具有交换性质,称为交换吸附(exchange absorption)。这种交换吸附是不需要能量的,速度快(几分之一秒)。离子交换(ion exchange)遵循"同核等价"的原则,即阳离子与阳离子、阴离子与阴离子交换,而且价数必须相等。除了离子交换的方式外,由于根组织活细胞质膜内侧呈负电状态,因此,土壤中的阳离子在静电作用下也可被吸附在根组织表面。

(2)矿质离子进入根内部

吸附在根组织表面的各种矿质元素(主要是各种无机离子)可以通过质外体或共质体两条途径进入根内部。土壤溶液中的各种矿质元素可顺着电化学势梯度自由扩散进入根的质外体空间,并达到扩散平衡,故又将质外体称为自由空间。自由空间的绝对值通常无法直接测定,可由相对自由空间(relative free space, RFS)间接测量。相对自由空间系自由空间占组织总体积的百分比,可通过某种离子的扩散平衡实验来估算。例如,将根系置于某种已知浓度、体积的溶液中,待根内外离子达到扩散平衡时,测定溶液中的离子浓度和进入组织内自由空间的离子总数。据测定,大部分植物活组织的相对自由空间在 5%~20%。用下式可计算出相对自由空间:

$$RFS(\%) = \frac{自由空间体积}{根组织总体积} \times 100\% = \frac{进入组织自由空间的溶质数(\mu mol)}{外液溶质浓度(\mu mol \cdot mL^{-1}) \times 组织总体积(mL)} \times 100\%$$

各种离子通过扩散作用进入根部自由空间,但内皮层细胞上有凯氏带,离子和水分都不能通过,因此自由空间运输只限于根的内皮层以外,离子和水分只有转入共质体后才能继续向内运送至导管。不过根的幼嫩部分,其内皮层细胞尚未形成凯氏带,离子和水分可以经过质外体到达导管。另外,在内皮层有个别细胞(通道细胞)的胞壁不加厚,也可作为离子和水分的通道。

共质体途径指吸附在细胞表面的离子通过主动吸收或被动吸收的方式进入原生质。在细胞内离子可以通过内质网及胞间连丝从表皮细胞进入相邻细胞,进一步进入木质部薄壁细胞。

(3)矿质离子进入根导管

离子从木质部薄壁细胞进入导管的机理尚不清楚,目前有两种观点:一种观点认为,导管周围薄壁细胞中的离子以被动扩散的方式进入导管;另一种观点则认为,导管周围薄壁细胞中的离子通过主动运输进入导管。木质部薄壁细胞质膜上有 ATP 酶,推测这些薄壁细胞在分泌离子运向导管中起积极的作用。离子进入导管后随蒸腾流被运至地上部分。

6.3.1.3　影响根部吸收矿质元素的因素

(1)温度

在一定范围内,根部吸收矿质元素的速率随土壤温度的增高而加快,但超过一定温度时吸收速度反而下降。这是因为温度影响酶活性,在适宜的温度下,各种代谢活动加强,需要矿质元素的量增多,呼吸作用旺盛,细胞黏性降低,透性增大,根对矿质的吸收相应增多。

温度过高(超过40℃)使根吸收矿质元素的速度下降,其原因可能是高温使酶钝化,从而影响根部代谢；高温还导致根尖木栓化加快，减少吸收面积；高温也使细胞透性增大，使被吸收的矿质元素渗漏到环境中去。温度过低，根吸收矿质元素量也减少。因为低温时，呼吸代谢弱，主动吸收慢；细胞质黏性也增大，离子进入困难。

（2）通气状况

土壤通气状况良好，氧分压高，CO_2 浓度较低，有利于根系生长和呼吸，促进根系对离子的主动吸收。土壤通气不良，氧气供应不足，CO_2 积累，呼吸作用下降，为主动吸收提供的能量少；另一方面，通气不良，土壤中的还原性物质如 H_2S 等增多，对根系产生毒害作用。二者均降低根对矿质元素的吸收。此外，土壤通气状况还会影响矿质元素的形态和土壤微生物的活动，从而间接地影响植物对养分的吸收。农业生产中，常采用开沟排渍、中耕晒田等措施改善土壤的通气状况，以利根对矿质元素的吸收。

（3）土壤溶液浓度

当土壤溶液中矿质元素浓度较低时，根吸收矿质元素的速度随溶液浓度的增高而加快，当土壤中矿质元素的含量达到一定浓度时，再增加离子浓度，根系对离子的吸收速度不再加快，这与载体的结合部位已达饱和有关。如土壤溶液浓度过高，离子的吸收速率反而会下降，因为土壤溶液浓度过高，其水势过低对植株产生渗透胁迫，严重时引起根组织乃至整个植株失水而出现"烧苗"现象。因此，向土壤使用化肥过量或叶面施肥浓度太大都会对植物造成伤害。

（4）土壤 pH

土壤酸碱度（pH）对矿质元素吸收的影响因离子性质不同而异。在一定 pH 范围内，一般阳离子的吸收随土壤 pH 升高而加速，而阴离子的吸收则随土壤 pH 增高而减慢。

土壤 pH 对阴阳离子吸收影响不同的原因与组成细胞质的蛋白质为两性电解质有关。在酸性环境中，氨基酸带正电荷，根易吸收外界溶液中的阴离子；在碱性环境中，氨基酸带负电荷，根易吸收外部的阳离子（图 6-8）。

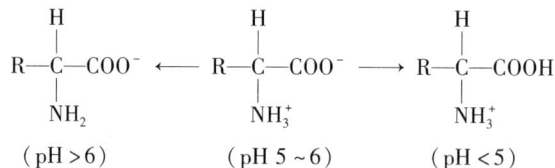

$$R-\underset{\underset{NH_2}{|}}{\overset{\overset{H}{|}}{C}}-COO^- \quad \longleftarrow \quad R-\underset{\underset{NH_3^+}{|}}{\overset{\overset{H}{|}}{C}}-COO^- \quad \longrightarrow \quad R-\underset{\underset{NH_3^+}{|}}{\overset{\overset{H}{|}}{C}}-COOH$$

$$(pH>6) \qquad\qquad (pH\ 5\sim6) \qquad\qquad (pH<5)$$

图 6-8 不同 pH 条件下氨基酸带电情况示意

一般认为土壤溶液 pH 对矿质营养吸收的间接影响比直接影响大的多。首先土壤 pH 影响矿质元素的存在状态，即有效性。例如，在土壤溶液碱性逐渐加强时，Fe，PO_4^{3-}，Ca，Mg，Cu 和 Zn 等逐渐形成不溶解状态，能被植物利用的量便减少。在酸性环境中，PO_4^{3-}，K，Ca，Mg 等易溶解，但植物来不及吸收，易被雨水淋失，因此酸性土壤（如红壤）往往缺乏这 4 种元素。在酸性环境中（如咸酸田，一般 pH 可达 2.5～5.0），Al，Fe 和 Mn 等的溶解度加大，植物受害。其次，土壤溶液 pH 也影响土壤微生物的活动。在酸性土壤，根瘤菌会死亡，自生固氮菌失去固氮能力；在碱性土壤中，对农业有害的细菌如反硝化细菌发育良好，这些变化都不利于植物的氮素营养。

通常作物生长的最适 pH 在 6～7，但有些植物喜稍酸性环境，如茶、马铃薯、烟草等，还有一些植物喜偏碱性环境，如甘蔗、甜菜等。栽培作物或溶液培养时应考虑外界溶液的酸碱度，以获得良好效果。

（5）离子间的相互作用

溶液中某些离子的存在会影响其他元素的有效性，有的表现出促进，如磷、钾促进植物对氮的吸收。这种一种离子的存在促进植物对另一种离子的吸收和利用称为协同作用（synergistic action）。有些离子的存在或过多会抑制植物对其他离子的吸收，如溴和碘会使氯的吸收减少，钾、铷、铯三者竞争，这与相似离子竞争载体上的结合位点有关。另外磷过多，会抑制植物对铁、锌和镁的吸收。因磷酸根与铁、锌和镁形成了难溶解的化合物，降低了其有效性，故在磷过多时，常表现出缺绿症状。

除以上因素外，光照、水分及土壤微生物活动等因素对矿质元素的吸收也有明显影响。

6.3.2　植物地上部分对矿质元素的吸收

植物地上部的茎叶也可以吸收少量矿质元素，农业生产中可以把矿质肥料配成溶液喷洒到植物体表面，供作物吸收利用，这种施肥方法称作根外施肥。地上部分吸收矿物质的器官主要是叶片，所以根外施肥也称作叶面营养（foliar nutrition）。

营养元素可以从叶片表面的气孔或经表面的皮孔进入植物体内，也可经过植物体表的角质层进入植物体内，主要是通过角质层进入叶内。角质层是多糖和角质的混合物，无结构，本身不易透水，但角质层湿润时有裂缝（甘蓝叶片角质层小孔的直径 $6 \sim 7\,\mu m$），可让溶液通过。溶液经角质层裂缝进入到表皮细胞外壁后，进一步经过细胞壁中的外连丝（ectodesmata）到达表皮细胞质膜。在电子显微镜下可以看到外连丝是存在于表皮细胞外侧壁中细微孔道中类似于胞间连丝的束状物，它从角质层的内侧延伸到表皮细胞的质膜，里面充满着表皮细胞原生质体的液体分泌物。外连丝是外部营养物质进入植物体内的重要通道，它遍布于表皮细胞、保卫细胞和副卫细胞的外围。当溶液由外连丝抵达质膜后，就转运到细胞内，最后到达叶脉韧皮部。

根外施肥营养物质进入植物体内的多少与多种因素有关。如幼嫩叶片较衰老叶片直接吸收利用营养元素的速率高、数量大，这是由于二者的表层结构差异和生理活性不同的缘故。由于叶片只能吸收溶解在溶液中的营养物质，所以溶液在叶片上保留时间越长，被吸收的营养物质的量就越多。凡能影响液体蒸发的环境因素，如光照、风速、气温、大气湿度等都会影响叶片对营养物质的吸收。因此，叶面施肥应选择在凉爽、无风、大气湿度高的时间（例如阴天、傍晚）进行。

根外施肥具有肥料用量省、肥效快的特点。因此在作物根系不发达的苗期，或生育后期，根系生理机能衰退时；或因土壤干旱缺少有效水、土壤肥效难以发挥时；或因某些矿质元素在土壤施肥效果差时，如铁在碱性土壤中有效性很低，钼在酸性土壤中被固定等情况下，采用根外施肥可以收到明显效果。另外，补充植物所缺乏的微量元素，效果快、用量省。常用于叶面喷施的肥料有尿素、磷酸二氢钾及微量元素。

根外施肥必须注意避免造成伤害。当浓度过高，或因蒸发而使盐分积聚在叶表时，会造成灼伤（因低水势引起）。因此，要使用低浓度的溶液，并注意喷施时间。溶液浓度一般应在 $1.5\% \sim 2.0\%$。

6.3.3 矿物质在植物体内的运输和利用

6.3.3.1 植物体内矿质元素的运输

根吸收的氮素，一部分在根部被还原并用于氨基酸及含氮有机化合物的合成，然后以氨基酸或其他有机物的形式随蒸腾流被运往地上部，也有一部分以 NO_3^- 的形式运往地上部分，在地上部分同化。根吸收的磷主要以磷酸根离子的形式向上运输，但也有部分在根部转变为有机磷化合物(如磷酰胆碱、甘油磷酰胆碱等)，然后才向上运输。硫的运输形式主要是硫酸根离子，但有少数是以蛋氨酸及谷胱甘肽之类的形式运输的。金属元素则以离子状态运输。根系吸收的无机离子主要通过木质部向上运输，同时可从木质部活跃地横向运输到韧皮部。叶片的下行运输是以韧皮部为主，也可以从韧皮部横向运输到木质部。

6.3.3.2 矿质元素的利用

根吸收并经木质部运输至植物各器官组织的矿质元素，其中一部分参与植物体内有机物的合成，如氮参与合成氨基酸、蛋白质、核酸、磷脂、叶绿素等，磷参与合成核苷酸、核酸、磷脂等，硫参与含硫氨基酸、蛋白质、辅酶 A 等的合成；另一部分不参与有机化合物合成的元素，有的作为酶的活化剂，如 Mg^{2+}，Mn^{2+}，Zn^{2+} 等，有的作为渗透物质调节植物细胞的渗透势及水分的吸收，如 K^+，Cl^- 等。

被植物吸收利用的矿质元素在植物生长发育的某些阶段可以被再运输到其他部位被重复利用。矿质元素被重复利用的情况与其是否参与循环有关。有些元素(如钾)被吸收后仍呈离子状态；有些元素(如氮、磷、镁)主要形成不稳定的化合物，这些化合物不断分解，释放出的离子又转移到其他需要的器官去。这些元素是参与循环的元素。

还有一些元素在细胞中形成难溶解的稳定化合物，如硫、钙、铁、锰、硼等，特别是钙、铁、锰，所以它们是不能参与循环的元素。参与循环的元素都能再利用，不参与循环的元素则相反。在能够被再利用的元素中，以氮和磷最典型；不能再利用的元素中，以钙最典型。当然能否循环再利用并没有截然的界限，主要反映的是其再利用的难易程度。

参与循环的元素大部分分布于生长点和嫩叶等代谢较旺盛的部位，发育中的果实、种子和地下贮藏器官中也含有较多的矿质元素。参与循环的元素缺素症状首先发生在老叶上；不参与循环的元素被植物地上部吸收后，即被固定住而难以移动，故器官越老，这种元素的含量越大，如老叶的含钙量大于幼叶。不参与循环的元素缺素病症都先出现于嫩叶。

6.3.4 氮素的同化

6.3.4.1 植物的氮源

空气中含有近80%的氮气(N_2)，但大部分植物无法直接利用这些分子态的氮，少数与固氮微生物共生的植物(如豆科植物)可以利用这一部分氮。对于大多数陆生植物而言，其所利用的氮主要来自土壤。

土壤中的氮包括有机态的和无机态的，有机含氮化合物主要来源于动物、植物和微生物躯体腐烂分解后的产物，但这些含氮化合物大部分是不溶性的，通常不能被植物直接吸收利用。有机态的尿素是植物的良好氮源，但由于它易于被分解为 NH_3 和 CO_2，所以施入土壤的尿素，也只有一部分是以尿素分子的形式被植物吸收。

植物的氮源主要是无机氮化物，以硝酸盐和铵盐为主。

6.3.4.2 硝酸盐的还原

植物可以直接利用吸收的铵态氮合成氨基酸，而植物吸收的硝酸盐则必须经代谢还原成铵盐，才能用来合成氨基酸和蛋白质，因为氨基酸和蛋白质的氮呈高度还原状态，而硝酸盐的氮呈高度氧化状态。

硝酸盐的还原可以在根内进行，也可以在地上部分的枝叶中进行，在根部和地上部分还原的比例随不同植物而异。如番茄，一般是在根部还原硝酸盐，苍耳则主要在叶中还原。植物吸收的 NO_3^-，首先在细胞质中由硝酸还原酶（nitrate reductase，NR）催化被还原成 NO_2^-，然后在质体中由亚硝酸还原酶（nitrite reductase，NiR）催化还原成 NH_4^+。在 NO_3^- 还原过程中，每形成一分子 NH_4^+ 要求供给 8 个电子。硝酸盐还原过程可简单表示为：

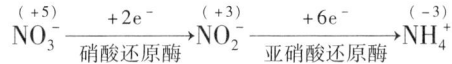

$$\overset{(+5)}{NO_3^-} \xrightarrow[\text{硝酸还原酶}]{+2e^-} \overset{(+3)}{NO_2^-} \xrightarrow[\text{亚硝酸还原酶}]{+6e^-} \overset{(-3)}{NH_4^+}$$

6.3.4.3 氨的同化

植物从土壤中吸收或由硝酸盐还原形成的氨在植物体内会被迅速用于氨基酸或酰胺的合成，这一过程称为氨的同化。氨的同化主要在谷酰胺合成酶（glutamine synthetase，GS）和谷氨酸合成酶（glutamate synthase，GOGAT）的作用下进行的。

谷酰胺合成酶催化下列反应：

$$L - 谷氨酸 + ATP + NH_3 \xrightarrow{GS} L - 谷氨酰胺 + ADP + Pi$$

谷氨酰胺合成酶普遍存在于各种植物组织中，对氨有很高的亲和力，其 K_m 为 $10^{-5} \sim 10^{-4}$ $mol \cdot L^{-1}$，因此能迅速将植物体内的氨同化，防止氨积累而造成毒害。谷氨酸合成酶有两种形式，分别是以 NAD(P)H 为电子供体的 NAD(P)H – GOGAT 和以还原态 Fd 为电子供体的 Fd-GOGAT。

氨的同化也可以通过谷氨酸脱氢酶（glutamate dehydrogenase，GDH）进行，GDH 催化的反应如下：

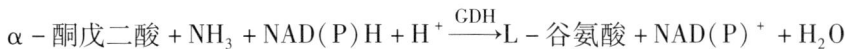

$$\alpha - 酮戊二酸 + NH_3 + NAD(P)H + H^+ \xrightarrow{GDH} L - 谷氨酸 + NAD(P)^+ + H_2O$$

GDH 在植物同化氨的过程中不十分重要，由于 GDH 对 NH_3 的亲和力很低，其 K_m 值在 $10^{-3} mol \cdot L^{-1}$ 的数量级，只有在体内 NH_3 浓度较高时才起作用。GDH 在谷氨酸的降解中有重要作用。

3 种酶在细胞中的定位有所不同，在绿色组织中，GOGAT 存在于叶绿体内；GS 在叶绿体和细胞质都存在；GDH 主要存在于线粒体中，叶绿体中的量很少。是否存在于非绿色组织尚有争论。

氨被同化为谷氨酸和谷氨酰胺后，通过氨基转移过程可合成其他氨基酸，催化此类反应的酶称为氨基转移酶。例如，天冬氨酸氨基转移酶（aspartate amino transferase，AAT）催化以下反应：

$$谷氨酸 + 草酰乙酸 \xrightarrow{AAT} 天冬氨酸 + \alpha - 酮戊二酸$$

氨基转移酶广泛存在于各种组织细胞的细胞质、叶绿体、线粒体、乙醛酸循环体、过氧化物酶体中。存在于叶绿体中的氨基转移酶尤为重要，因为光合作用碳代谢过程中的许多中间产物都可与氨基转移过程相配合而大量合成各种氨基酸。

6.3.4.4 生物固氮

在一定条件下，N_2 与其他物质进行化学反应形成氮化物的过程，称为固氮作用（nitrogen fixation）。固氮作用包括工业固氮和自然固氮。工业上，在高温（400 ~ 500℃）和高压（约20MPa）条件下，氮气（N_2）和氢气（H_2）反应合成氨的过程为工业固氮。在自然固氮中，10%左右是通过闪电过程的极端条件下完成的，而其余约90%是通过微生物完成的。某些微生物把空气中的游离态氮固定转化为含氮化合物的过程，称为生物固氮（biological nitrogen fixation）。由于工业固氮过程必须在高温、高压下进行，需消耗大量能源，且严重污染环境；而生物固氮是自然过程，既不消耗不可再生能源，也不对环境造成污染，如能充分有效地利用生物固氮为作物生产服务，显然具有十分重要的意义。

生物固氮是由两类微生物实现的。一类是自生固氮微生物，包括细菌和蓝绿藻。另一类是与其他植物（宿主）共生的微生物，如与豆科植物共生的根瘤菌，与非豆科植物共生的放线菌，以及与水生蕨类红萍（又称满江红）共生的蓝藻（鱼腥藻）等，其中以根瘤菌最为重要。

固氮微生物体内含有固氮酶复合体（nitrogenase complex），可以将分子氮固定为氨，总反应式如下：

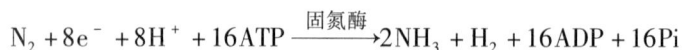

$$N_2 + 8e^- + 8H^+ + 16ATP \xrightarrow{固氮酶} 2NH_3 + H_2 + 16ADP + 16Pi$$

固氮酶（nitrogenase）由钼铁蛋白和铁蛋白两部分构成，两者都是可溶性蛋白质，任何一部分单独都不具有固氮酶的活性。铁蛋白（Fe protein）由两个相同的亚基组成，每个亚基含有一个 4Fe – 4S 簇，通过铁参与氧化还原反应，其作用是水解 ATP，还原钼铁蛋白；钼铁蛋白（Mo – Fe protein）由 4 个亚基组成，每个亚基有 2 个 Mo – Fe – S 簇，其作用是还原 N_2 为 NH_3。固氮酶中的铁蛋白和钼铁蛋白的活性均被氧抑制，固氮酶的正常活性要求几乎绝对的厌氧条件。

生物固氮可改良土壤，增加土壤肥力。目前我国耕地退化，土壤肥力下降。在农田放养红萍、种植紫云英、田菁、花生及大豆等豆科植物，是改良和保护土壤的最有效、最经济的措施之一。

6.4 矿质营养与合理施肥

土壤中的矿质养分经常不能满足作物生长发育的需求，施肥是提高作物产量和质量的一个重要手段。合理施肥就是根据矿质元素对作物所起的生理作用，结合作物的需肥规律，适时适量地施肥，做到少肥高效。

6.4.1 作物的需肥规律

（1）不同作物或同一作物的不同品种需肥情况不同

不同作物对矿质元素的需要量和比例不同，人们对各种作物的需用部分（作物的经济器官）不同，而不同元素的生理作用又不一样，所以对哪种作物多施哪种肥料有一定的规律。例如，栽培禾谷类作物时，要多施一些磷肥，以利籽粒饱满；栽培块根、块茎类作物时，要多施钾肥，以促进地下部分积累碳水化合物；栽培叶菜类作物时，要多施氮肥，使叶片肥大。对豆科植物，在根瘤形成之前，适量使用氮肥，当根瘤形成以后不再施氮肥，而增施磷、钾肥和一定量钼以促进其固氮。油料作物需镁较多，甜菜、苜蓿、亚麻对硼有特殊要求。另外，即使同一作物，由于生产的目的不同，施肥也应不同。如大麦作粮食时，灌浆前后增施氮肥可增加种子中的蛋白质含量；但如供酿造啤酒用，则后期不易追氮，否则籽粒中蛋白质含量增高，有碍酿酒。

（2）同一作物在不同生育期需肥不同

同一作物在不同生育期，对矿质元素的吸收情况是不一样的，植物对矿质营养的需要量与其生长量有密切关系。萌发期间，因种子本身贮藏养分，一般不需要吸收外界肥料；随着幼苗长大，吸收矿质元素的量会逐渐增加；开花、结实时期，对矿质元素吸收量达高峰；此后，随着生长减弱，吸收量逐渐下降；至成熟期则停止吸收，衰老时甚至有部分矿质元素排出体外。但作物生长习性不同，元素的吸收情况也不同。稻、麦、玉米等作物，开花后营养生长基本停止，后期吸收很少，因此施肥应重在前、中期。而棉花开花后营养生长与生殖生长仍同时进行，对矿质元素的吸收前后期较为平均，所以开花后还应追肥。

一般来说，禾本科植物苗期需肥量较少，但对矿质养分的缺乏却非常敏感，这一时期如果养分不足就会显著影响作物的生长发育，而且以后即使用大量肥料也难以补偿。把作物对矿质养分缺乏最敏感的时期称为"植物营养临界期"。小麦、水稻的营养临界期在分蘖至抽穗期。

不同生育期施肥对作物生长的影响不同，增产效果也不一样，其中有一个时期施肥的营养效果最好，称为"最高生产效率期"，又称"植物营养最大效率期"。作物的营养最大效率期一般是生殖生长时期，如水稻、小麦在幼穗形成期；油菜、大豆在开花期，农谚"菜浇花"就是这个道理。

（3）不同作物需肥形态不同

施肥时应注意不同作物对肥料类型的要求不同以便选择有利于作物生产的肥料种类。烟草和马铃薯用草木灰等有机钾肥比氯化钾等无机钾肥的效果好，因为氯可降低烟草燃烧性和马铃薯淀粉含量（氯有阻碍糖运输的作用）；水稻宜施铵态氮而不宜施硝态氮，因为水稻体内缺乏硝酸还原酶，难以利用硝态氮。烟草既需铵态氮又需硝态氮，烟草需要有机酸来加强叶的燃烧性，又需要有香味。硝酸盐能使细胞内的氧化能力占优势，有利于有机酸的形成，铵态氮则有利于芳香油的形成。另外，黄花苜蓿、紫云英吸收磷的能力弱，以施用水溶性的过磷酸钙为宜；毛苕、荞麦吸磷能力强，施用难溶解的磷矿粉和钙镁磷肥也能被利用。

6.4.2 合理施肥的指标

为了满足作物对必需元素的需要，使增产效果显著，就需要根据各项施肥指标合理施肥。

测定土壤中营养元素的含量对确定施肥方案有重要参考价值。由于不同作物对土壤中各种矿质元素的含量及比例要求不同,而且各地的土壤、气候、耕作管理水平也差别很大,所以施肥的土壤营养指标也因地、因作物而异。

6.4.2.1　形态指标

作物的外部形态是其内在特性和外界环境条件的综合反映,作物营养的亏缺情况会在茎叶的生长速度、形态、大小和颜色等方面表现出来。所以,可以根据作物的形态特征判断矿质养分的供应状况。

作物相貌是一个很好的追肥形态指标。氮肥多,植物生长快,叶长而软,株型松散;氮肥不足,生长慢,叶短而直,株型紧凑。叶色是反映作物体内营养状况(尤其是氮素水平)的最灵敏的指标。功能叶的叶绿素含量和含氮量的变化基本上是一致的。叶色深,氮和叶绿素含量均高;叶色浅,两者均低。生产上常以叶色作为施用氮肥的指标。

根据形态指标施肥简单易行,但是作物的缺素症状往往与病害以及其他不良生活条件所引起的外部症状发生混淆,不易区别。另外,作物的缺素症也多在某种元素非常缺乏时才表现出来,经诊断后再采取措施往往为时已晚,所以形态诊断还需要配合土壤营养丰缺诊断和生理诊断才能作出较准确的结论。

6.4.2.2　生理指标

所谓施肥的生理指标是指根据作物的生理状况来判断作物是否缺乏某种或某些矿质元素。利用生理指标能及早发现问题,只要及时地采取相应的施肥措施,就可以达到预期的目的。

(1)营养元素含量

叶片营养元素的含量在植物营养诊断中有较好的参考价值。作物组织中营养元素含量与作物的生长和产量间有一定的关系(图6-9)。当养分严重缺乏时,产量甚低;养分适当时,产量最高;养分如继续增多,产量也不再增加,浪费肥料;养分再多,就会产生毒害,产量反而下降。在营养元素缺乏与适量两个浓度之间有一个临界浓度(critical concentration),即获得最高产量的最低养分浓度。不同作物、不同生育期、不同元素的临界浓度也各不同。

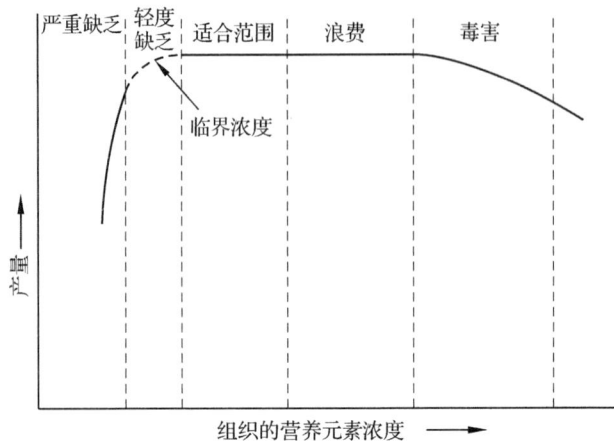

图6-9　植物组织中矿质元素含量与作物生长的关系

叶片元素分析最好与土壤分析结合起来，因为叶片分析仅了解组织的营养水平，对土壤营养水平，特别是阻碍吸收的因素不清楚。土壤分析可知土壤中全部养分和有效养分的贮存量，但不知作物从土壤中吸收养分的实际数量。土壤分析和叶片分析应该并用，相互补充、相辅为用。

（2）酰胺和淀粉含量

作物吸氮过多，就会以酰胺形式贮存起来，以免游离氨毒害植株。水稻植株中的天冬酰胺与氮的增加是平行的，可作为水稻植株氮素供应状态的良好指标。在幼穗分化期，测定未展开或半展开的顶叶内天冬酰胺的有无，如有表示氮营养充足；若无，说明氮营养不足。本方法可作为穗肥的一个诊断指标。

水稻叶鞘中淀粉含量，也可作为氮素丰缺指标：氮肥不足，叶鞘内淀粉积累，所以叶鞘内淀粉越多，表示氮肥越缺乏。可将叶鞘劈开，浸入碘液，如被碘液染成的蓝黑色颜色深且占叶鞘面积的比例大，则表明土壤缺氮，需要追施氮肥。

（3）酶活性

作物体内有多种酶蛋白其活性依赖于作为辅基或活化剂的矿质元素，当这些元素缺乏时，相应酶活性下降。如缺铜时多酚氧化酶和抗坏血酸氧化酶活性下降；缺钼时硝酸还原酶活性下降；缺锌时，碳酸酐酶和核糖核酸酶活性下降；缺铁可引起过氧化氢酶和过氧化物酶活性下降等。因而，可以根据某种酶活性的变化，来判断某一元素的丰缺情况。

6.4.3 发挥肥效的措施

农业生产中除了适时适量地施入肥料外，还要采取一些适当措施使肥效得到充分发挥。常用的措施有：

（1）适当灌溉

水分是作物吸收和运转矿物质的媒介，同时还通过影响作物的生长而间接影响作物对矿物质的吸收利用，所以说水是肥的开关。施肥时灌溉还能防止肥料过多以免产生"烧苗"。

（2）深耕改土，改良土壤环境

适当深耕，增施有机肥，可以促进土壤团粒结构形成，不但能够增加土壤保水保肥的能力，而且改善根系生长环境，使根系能够迅速生长，扩大对水肥的吸收面积，同时有利于根系对矿质的主动吸收。

（3）改善施肥方式

根外施肥有经济、速效的优点，深层施肥可以提高肥效。传统的表层施肥，氧化剧烈，铵态氮的转化，氮、钾肥的流失，某些肥料的分解挥发，磷素的固定等都很严重，而深层施肥（施入作物根系附近5～100cm深）则可以避免以上弊病，提高肥效。另外，根系的生长有趋肥性，深施可以使根系深扎，增大根系体积，增强根系活力。

（4）改善光照条件，提高光合效率

施肥增产的原因在于提高光合性能。一般施肥后会促进作物生长，但可能恶化光照条件。因此必须注意改善光照条件，如合理密植等。

小 结

植物必需元素必须符合不可缺少性、不可替代性和直接功能性 3 条标准，利用溶液培养法可以研究某种元素是否为植物的必需元素。目前人们了解到植物生长发育的必需元素有碳、氢、氧、氮、磷、钾、硫、钙、镁、铁、锰、硼、锌、铜、钼、氯、镍 17 种(也有认为 19 种)。其中碳、氢、氧是由 CO_2 和 H_2O 提供的，其余 14 种由土壤提供，除碳、氢、氧、氮外，其他为必需矿质元素。根据植物需要量的多少，可以把必需元素分为大量元素和微量元素。

必需元素的生理功能主要包括细胞结构物质的组成成分；生命活动的调节者；起电化学作用等。各种矿质元素都有其独特的生理功能，植物缺乏某种元素就会表现出独特的症状。

植物对矿质元素的吸收部位主要是根尖，又以根毛区的吸收最为活跃。根对矿质元素的吸收按其对代谢能的依赖可分为主动吸收和被动吸收两种过程。植物可以通过扩散、协助扩散等方式而被动吸收矿质离子。主动吸收是植物利用代谢能吸收矿质离子的过程，是根吸收矿质养分的主要方式。矿质离子主动吸收与质膜 $H^+ - ATPase$ 关系密切。矿质离子具有极强的亲水性，很难透过膜脂双层，在膜上存在大量的运输蛋白可以协助矿质离子越过膜。土壤温度和通气状况等因素影响根对矿质元素的吸收。

矿质元素溶解在水中才能被植物吸收，然而植物对水和矿质的吸收存在相对的独立性。根系对同一溶液中的不同离子或同种盐中阴阳离子吸收速率也不同，即根对矿质元素的吸收具有选择性。

根系吸收的矿质元素可以通过质外体和共质体两条途径进入根部导管，随蒸腾流一起运至植物的地上部分，在向上运输的过程中也可以横向运输到韧皮部。叶片吸收的矿质离子在茎内向上或向下运输的途径都是韧皮部，也可以横向运输到木质部。

矿质元素在植物体内的分布以离子是否参与循环而异。氮和磷等参与循环的元素，多分布于代谢旺盛的部位；钙、铁等不参与循环的元素则主要分布于较老的部位。

根吸收的氮素主要是硝酸盐和铵盐，前者被根吸收后还原为氨。硝酸盐的还原在根部和地上部分都可进行，由硝酸还原酶和亚硝酸还原酶两种酶催化。氨的同化主要通过谷氨酰胺合成酶和谷氨酸合成酶催化先形成谷氨酰胺，再合成谷氨酸，然后再通过氨基转移酶形成其他氨基酸。

栽培作物时应给作物根系创造最适的吸收养分的环境条件。要做到合理施肥，必须了解作物的需肥规律。不同作物和品种需肥特性不同，同一作物的不同生育期需肥特性也有差异。需肥临界期和植物营养最大效率期是作物施肥的两个关键时期。

思考题

1. 名词解释

溶液培养 主动吸收 被动吸收 协助扩散 生理酸性盐 生理碱性盐 单盐毒害 离子颉颃 平衡溶液 叶面营养 诱导酶 需肥临界期 植物营养最大效率期

2. 植物进行正常生命活动需要哪些矿质元素？用什么方法、根据什么标准来确定？

3. 植物根系吸收矿质有哪些特点？

4. 试述矿质元素是如何从膜外转运到膜内的。

5. 白天和夜晚硝酸盐还原速度是否相同？为什么？

6. 试述硝态氮进入植物体被还原以及合成氨基酸的过程。

7. 为什么水稻秧苗在栽插后有一个叶色先落黄后返青的过程？

第7章 光合作用

7.1 光合作用的概念及意义

7.1.1 光合作用的概念

光合作用(photosynthesis)是指绿色植物吸收太阳光能,同化 CO_2 和 H_2O,合成有机物质并释放氧气的过程。光合作用的总反应式可用下式表示:

$$nCO_2 + 2nH_2O \xrightarrow[\text{绿色细胞}]{\text{光能}} (CH_2O)_n + nO_2 + nH_2O$$

光合作用发生在植物的绿色部分,主要是叶片。光合作用的能源是可见光中 380~720nm 波长光。上式中(CH_2O)代表合成的以碳水化合物为主的有机物。用 ^{18}O 示踪的实验证明,光合作用所释放的 O_2 完全是来自水。CO_2 是碳的高氧化状态,碳水化合物是碳的较还原状态,CO_2 在光合作用中被还原到糖的水平。氧在水中是还原状态,氧气是一种氧化状态,在光合作用中水被氧化成分子态氧。由此可见,整个光合作用是一个氧化还原过程,同时发生光能的吸收、转化和贮藏。

7.1.2 光合作用的意义

绿色植物的光合作用是地球上唯一的大规模地将无机物转变为有机物、将光能转变为化学能的过程。它对整个生物界和人类的生存发展,以及保持自然界的生态平衡都具有极其重要的意义。

(1)将无机物转变成有机物

自然界中的所有生物,包括绿色植物本身都消耗有机物质作为建造自身物质和能量的来源。绿色植物的光合作用制造的有机物质是地球上有机物的最主要来源。光合作用制造的有机物质是极其巨大的,据估计,地球上绿色植物每年要固定 $7.0 \times 10^{10} \sim 12.0 \times 10^{10}$ t 碳素,合成 5.0×10^{11} t 有机物;其中40%是由浮游植物同化固定的,60%是由陆生植物同化的。今天人类及动物界的全部食物(如粮、油、蔬菜、水果、牧草、饲料等)和某些工业原料(如棉、麻、橡胶、糖等)都直接或间接地来自光合作用。

(2)将光能转变为化学能

绿色植物将光能转变为稳定的化学能,除供给人类及全部异养生物外;同时,提供了人类活动的能量。植物每年固定碳素中的能量超过 3×10^{21} J,估计全球每年能量消耗仅是光合作用所贮存能量的10%。我们现在所用的煤炭、天然气、石油等能源都是远古植物光合作用所形成的。随着人类对化石能的开采殆尽,人类会将目光转向通过光合作用解决能源问题。现在世界各国已开始利用植物材料发酵制作酒精，用作燃料代替汽油。同时，工业所用的氢气，也可通过光合放氢来生产。因此，人们也把绿色植物称为自然界巨大的太阳能转换站。

（3）保护环境和维持生态平衡

所有生物（包括绿色植物）在呼吸代谢过程中均吸收氧气，放出二氧化碳，特别是人类的活动，工业生产、交通运输等消耗大量氧气，并释放大量的二氧化碳。据估计，全世界生物呼吸和工业燃烧所消耗的平均氧气量为 10 000t · s^{-1}，依这样的速度来计算，大气中的氧气大约3000 年将被用尽。地球上氧气和二氧化碳能基本保持一个相对稳定值，就是由于绿色植物的光合作用不断地固定吸收二氧化碳，同时释放氧气。在理想条件下，植物绿色部分光合作用速率为呼吸作用的 30 倍。通过光合作用每年释放出 5.35×10^{11}t 氧气。所以绿色植物也是巨大的空气净化器，通过光合作用调节大气中的二氧化碳与氧气的含量，使之保持平衡状态。估计大气中二氧化碳每 300 年循环一次，而氧气通过光合作用每 2000 年循环一次。现在，由于人类对能源消耗的快速增长和大量砍伐森林，破坏了二氧化碳和氧气的动态平衡，使大气中的二氧化碳浓度增加，气温升高。要消除人类的这一生存危机，一方面要削减能源消耗，另一方面更为重要的是要恢复森林植被，这是解决生态危机的唯一出路。

另外，光合作用的碳循环过程，也带动了自然界其他元素的循环。在光合作用形成有机碳化物的同时，也把土壤中吸收的氧化态氮、磷、硫等元素转变成植物体能利用的还原态元素，进一步参与有机物合成过程。据估计，每年进入碳循环的氮达 60×10^8t，磷、硫达 8.5×10^8t。

因此，对光合作用的研究在理论和生产实践上都具有重大意义。人们种植各种作物、蔬菜、果树和牧草的目的，其实质就是为了获得更多的光合产物，因其构成产量的 90% 以上是来自光合作用。农林生产中的耕作制度、栽培管理措施、品种选育就是直接或间接地控制光合作用，让植物为人类生产更多更好的有机物，以提高产品数量和质量。光合作用是农业生产的物质基础，合理农业的重要理论基础。当今世界范围内要迫切解决的粮食问题、能源问题和环境问题都与光合作用密切相关。

事实上当前对光合作用的研究已远远超出农业的范围，它不仅是植物生理学研究的核心内容之一，也是自然科学领域包括国防科学重点研究的一个核心课题。因为绿色植物的光合作用是一个极其复杂的过程，在时间跨度上从 10^{-13}s 的光能捕获至 10^7s 的光合物质生产过程，在学科上涉及光学、量子力学、物理化学和生物学等诸多领域。在生命科学的研究中，光合作用的进化研究，将有助于提示生命的起源和进化；在军事上利用光合荧光的光谱特性来判断被树枝所掩饰的军事目标；在未来航天事业中，随着永久性空间站的建立，空间站密闭系统内要通过绿色植物的光合作用为宇航员提供食物和氧气。光合作用不仅是植物生理学、生物学重大研究课题，也是现代自然科学的重点前沿研究项目。

7.2　叶绿体及光合色素

高等植物中叶片是光合作用的主要器官，而叶绿体（chloroplast）是光合作用的最重要细胞器。

7.2.1　叶绿体的结构与组成

7.2.1.1　叶绿体的发育、形态及分布

叶绿体由前质体(proplastid)发育而来，前质体是近乎无色的质体，在光照下合成叶绿素，发育成叶绿体。幼叶绿体能进行分裂。高等植物的叶绿体大多呈扁平椭圆形，一个叶肉细胞中约有十个至数百个叶绿体，其长 $3 \sim 7\mu m$，厚 $2 \sim 3\mu m$。据统计，每平方毫米的蓖麻叶就含有 $3 \times 10^7 \sim 5 \times 10^7$ 个叶绿体，所以叶绿体的总表面积比叶面积大得多，这有利于叶绿体吸收光能和 CO_2 的同化。叶绿体在细胞中不仅可随原生质环流运动，而且可随光照的方向和强度而运动。在弱光下，叶绿体以扁平的一面向光以接受较多的光能；而在强光下，叶绿体的扁平面与光照方向平行，不致吸收过多光能而引起结构的破坏和功能的丧失。

7.2.1.2　叶绿体的结构

叶绿体是由叶绿体被膜、基质和类囊体三部分组成(图7-1)。

图7-1　叶绿体的结构示意

A. 叶绿体的结构模式　　B. 类囊体片层垛叠模式

(1)被膜

叶绿体被膜(chloroplast envelope)由两层膜组成，两膜间距 $5 \sim 10nm$。被膜上无叶绿素，它的主要功能是控制物质的进出，维持光合作用的微环境。外膜(outer membrane)选择透性较差，相对分子质量小于 10 000 的物质如蔗糖、核酸、无机盐等能自由通过。内膜(inner membrane)的选择透性严格，CO_2，O_2，H_2O 可自由通过；Pi、磷酸丙糖、双羧酸、甘氨酸等需经膜上的运转器(translocator)才能通过；蔗糖、$C_5 \sim C_7$ 糖的二磷酸酯、$NADP^+$、PPi 等物质则不能通过。

(2)基质

被膜以内的基础物质称为基质(stroma)，基质以水为主体，内含多种离子、低分子的有机物，以及多种可溶性蛋白质等。基质是进行碳同化的场所，它含有还原 CO_2 与合成淀粉的全部酶系，其中 1,5 - 二磷酸核酮糖羧化酶/加氧酶(ribulose - 1,5 - bisphosphate carboxylase/oxygenase，Rubisco)占基质总蛋白的 1/2 以上。此外，基质中含有氨基酸、蛋白质、DNA、RNA、脂类(糖脂、磷脂、硫脂)、四吡咯(叶绿素类、细胞色素类)和萜类(类胡萝卜素、叶醇)等物质及其合成和降解的酶类，还原亚硝酸盐和硫酸盐的酶类以及参与这些反应的底物与产物，因而在基质中能进行多种多样复杂的生化反应。

基质中有淀粉粒(starch grain)与质体小球(plastoglobulus)，它们分别是淀粉和脂类的贮藏库。将照光的叶片研磨成匀浆离心，沉淀在离心管底部的白色颗粒就是叶绿体中的淀粉粒。质

体小球又称脂质球或亲锇颗粒(osmiophilic droplet),特别易被锇酸染成黑色,在叶片衰老时叶绿体中的膜系统会解体,此时叶绿体中的质体小球也随之增多增大。

(3)类囊体

类囊体(thylakoid)是由单层膜围起的扁平小囊,膜厚度 5 ~ 7nm,囊腔(lumen)空间为 10nm 左右,片层伸展的方向为叶绿体的长轴方向。类囊体分为两类:一类是基质类囊体(stroma thylakoid),又称基质片层(stroma lamella),伸展在基质中彼此不重叠;另一类是基粒类囊体(grana thylakoid),或称基粒片层(grana lamella),可自身或与基质类囊体重叠,组成基粒(granum)。片层与片层互相接触的部分称为垛叠区(appressed region),其他部位则为非垛叠区(nonappressed region)。

7.2.1.3　类囊体膜上的蛋白复合体

类囊体膜上含有由多种亚基、多种成分组成的蛋白复合体,主要有 4 类,即光系统 I(PS I)、光系统 II(PS II)、Cytb$_6$/f 复合体和 ATP 酶复合体(ATPase),它们参与了光能吸收、传递与转化、电子传递、H$^+$ 输送以及 ATP 合成等反应。由于光合作用的光反应是在类囊体膜上进行的,所以称类囊体膜为光合膜(photosynthetic membrane)。类囊体在基粒中呈垛叠排列极大地增加了光能吸收面积,同时又便于光能的传递与分布。不同光照条件下,叶绿体内基粒的大小、基粒中类囊体的垛叠数量均发生较大变化。弱光下叶绿体中类囊体较大,基粒中类囊体数量较多,这种结构特征有利于吸收和贮藏光能。

上述 4 类蛋白复合体在类囊体膜上的分布大致是:PS II 主要存在于基粒片层的垛叠区,PS I 与 ATPase 存在于基质片层与基粒片层的非垛叠区,Cytb$_6$/f 复合体分布较均匀。PS II 中放氧复合体(oxygen - evolving complex,OEC)在膜的内表面,PS II 的原初供体位于膜内侧,原初受体靠近膜外侧。质体醌(plastoquinone,PQ)可以在膜的疏水区内移动。Cytb$_6$/f 复合体在膜的疏水区。PS I 的电子供体 PC 在膜的内腔侧,而 PS I 还原端的 Fd,FNR 在膜的外侧。蛋白复合体及其亚基的这种分布,有利于电子传递、H$^+$ 的转移和 ATP 合成。

7.2.2　光合色素

在光合作用的光反应中吸收光能的色素称为光合色素(photosynthetic pigment),主要有 3 类,分别为叶绿素(chlorophyll)、类胡萝卜素(carotenoid)和藻胆素(phycobilin)。高等植物中含有前两类,藻胆素仅存在于藻类中(图 7-2)。

7.2.2.1　叶绿素

叶绿素是使植物呈现绿色的色素,约占绿叶干重的 1%。植物的叶绿素包括 a,b,c,d 4 种。高等植物中含有叶绿素 a,b 两种,叶绿素 c,d 存在于藻类中,而光合细菌中则含有细菌叶绿素(bacteriochlorophyll)。叶绿素 a 和叶绿素 b 的分子结构很相似,当叶绿素 a 的第二个吡咯环上的一个甲基(—CH$_3$)被醛基(—CHO)所取代,即为叶绿素 b。

叶绿素合成的起始物质是谷氨酸或 α - 酮戊二酸。可能先形成 γ. δ - 二氧戊酸(γ. δ - dioxovaleric acid)或其他物质。然后合成 δ - 氨基酮戊酸(δ - aminolevulinic acid,ALA),又称 5 - 氨基酮戊酸。后者经过一系列代谢,吸收光能,形成叶绿素 a。叶绿素 b 是由叶绿素 a 演变形

A.叶绿素

叶绿素b

细菌叶绿素a

叶绿素a

B.类胡萝卜素

β-胡萝卜素

C.藻胆素

藻红素

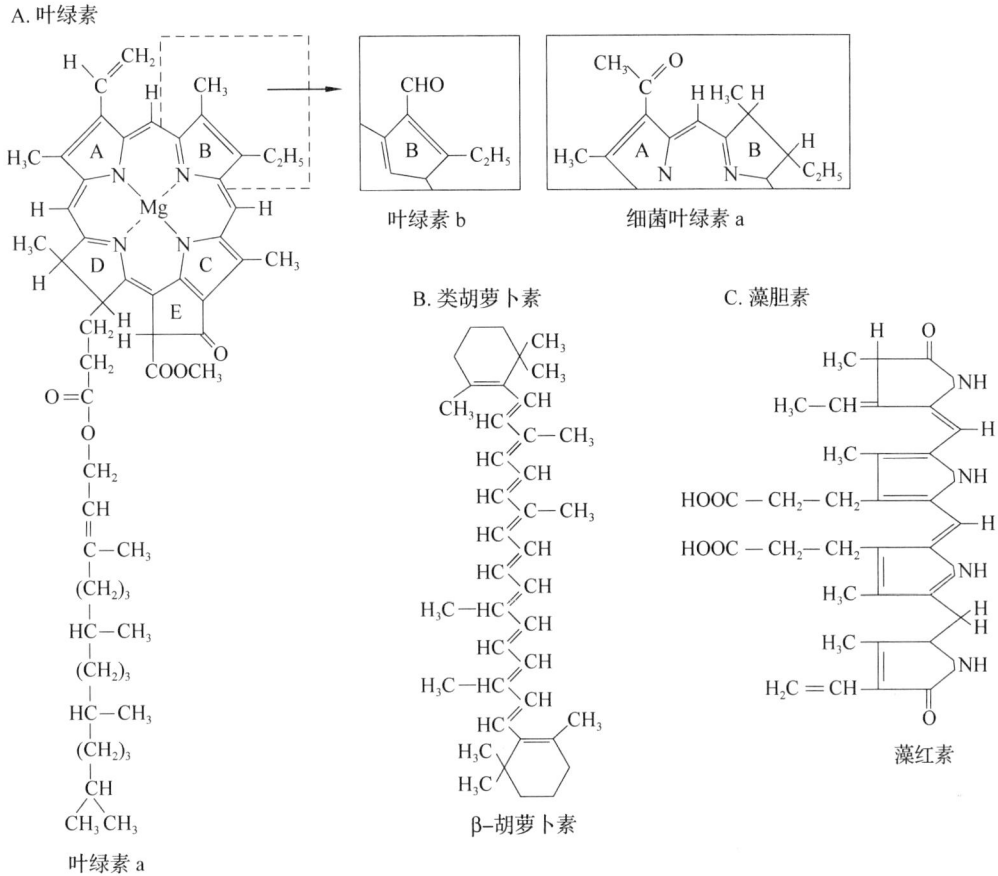

图 7-2 一些光合色素的分子结构

成的。

叶绿素 a(Chl a)呈蓝绿色，叶绿素 b(Chl b)呈黄绿色，相对分子质量分别为 892 和 906，叶绿素是双羧酸的酯，其中一个羧基被甲醇所酯化，另一个被叶绿醇所酯化。叶绿素的水溶性较差，但溶于有机溶剂，如酒精、丙酮、石油醚等物质中。叶绿素的分子式为：

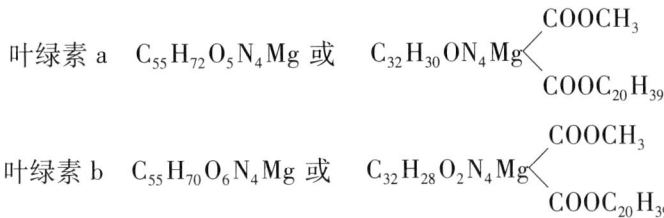

$$\text{叶绿素 a} \quad C_{55}H_{72}O_5N_4Mg \quad \text{或} \quad C_{32}H_{30}ON_4Mg\begin{cases} COOCH_3 \\ COOC_{20}H_{39} \end{cases}$$

$$\text{叶绿素 b} \quad C_{55}H_{70}O_6N_4Mg \quad \text{或} \quad C_{32}H_{28}O_2N_4Mg\begin{cases} COOCH_3 \\ COOC_{20}H_{39} \end{cases}$$

从叶绿素的分子结构来看，叶绿素是由一个卟啉环(porphyrin ring)的"头"部和一个叶绿醇(植醇，phytol)的"尾"部构成。卟啉环由 4 个吡咯环通过甲烯基(—CH ＝)连接而成。镁原子位于卟啉环的中央，带正电荷，而与之相连的氮原子则偏向于带负电荷，所以，卟啉环具有极性，表现为亲水性(hydrophilic nature)。在卟啉环上还连有一个含有羰基和羧基的副环(戊酮环)，其羧基以酯键和甲醇结合。

由于叶绿素分子是由叶绿酸中的两个羧基分别与甲醇和叶绿醇酯化形成的，因此可发生皂化反应。叶绿素分子中卟啉环中的镁原子可被 H^+，Cu^{2+} 和 Zn^{2+} 等所置换。用酸处理叶片，H^+ 易进入叶绿体，置换镁原子形成去镁叶绿素（pheophytin，Pheo），叶片呈褐色。去镁叶绿素再与铜离子结合，形成铜代叶绿素，呈鲜绿色，且颜色稳定持久。人们常用醋酸铜处理来保存绿色植物标本。

绝大部分叶绿素 a 和全部叶绿素 b 具有吸收和传递光能的作用；少数特殊状态的叶绿素 a 有将光能转换为电能的作用。

7.2.2.2　类胡萝卜素

类胡萝卜素是含有 40 个碳原子、由 8 个异戊二烯形成的四萜，有一系列的共轭双键，分子的两端各有一个不饱和的取代的环己烯，即紫罗兰酮环。它们不溶于水，但溶于有机溶剂中。叶绿体中的类胡萝卜素有两种，即胡萝卜素（carotene）和叶黄素（xanthophyll）。胡萝卜素呈橙黄色，叶黄素呈黄色。类胡萝卜素在光合作用过程中具有吸收和传递光能的作用，不参与光化学反应。同时，类胡萝卜素还可通过叶黄素循环，吸收并耗散多余的光能，防止强光对叶绿素的破坏作用。

胡萝卜素是不饱和碳氢化合物，分子式为 $C_{40}H_{56}$，有 α，β 和 γ 3 种同分异构体。高等植物叶片中常见的是 β - 胡萝卜素，胡萝卜素在人类和动物体内水解后即转变成维生素 A。叶黄素是由胡萝卜素衍生的醇类，也称胡萝卜醇（carotenol），分子式是 $C_{40}H_{56}O_2$。通常叶片中叶黄素与胡萝卜素的含量之比约为 2∶1。

高等植物叶片中叶绿素与类胡萝卜素的比值为 3∶1，所以正常的叶片为绿色。但由于叶绿素对环境胁迫和矿质元素缺乏比胡萝卜素敏感，在早春或晚秋以及缺素条件下，叶绿素被破坏，叶片呈黄色。

7.2.2.3　藻胆素

藻胆素是某些藻类的光合色素，在蓝藻和红藻等藻类中，常与蛋白质结合形成藻胆蛋白（phycobilprotein）。根据颜色的不同，藻胆蛋白可分为红色的藻红蛋白（phycoerythrin）和蓝色的藻蓝蛋白（phycocyanin）、别藻蓝蛋白（allophycocyanin）3 类。藻胆蛋白生色团的化学结构与叶绿素分子中的卟啉环有极相似的地方，将卟啉环打开伸直并去掉镁原子，便形成了有 4 个吡咯环的直链共轭系统。藻蓝蛋白是藻红蛋白的氧化产物。藻胆素也有收集光能的功能。

由于类胡萝卜素和藻胆素吸收的光能可传递给叶绿素用于光合作用，因此它们被称为光合作用的辅助色素（accessory photosynthetic pigments）。

7.2.2.4　光合色素的光学特性

植物光合作用对光能的利用是从光合色素对光的吸收开始的。所以，研究光合色素的光学特性具有重要意义。

（1）光的特性

光具有波粒二象性。光是以波的形式传播的，太阳辐射到地面上的光波长大约为 300 ~ 2600nm。不同能量的光以不同的波长传播。高等植物光合作用所吸收光的波长为 400 ~

700nm，故此范围波长的光称为光合有效辐射（photosynthetic active radiation，PAR）。光又是一种运动着的粒子流，这些粒子称为光子（photon）或光量子（quantum）。现在，人们一般用光量子密度（photo flux density）表示光能，单位为 $\mu mol \cdot m^{-2} \cdot s^{-1}$。不同波长的光所含能量不同，它们的关系如下：

$$E = Lh\nu = LhC/\lambda$$

式中，E 代表每摩尔光子的能量（$J \cdot mol^{-1}$）；L 代表阿伏伽德罗（Avogadro）常数（6.023×10^{23} mol^{-1}）；h 代表普朗克（Planck）常数（$6.626 \times 10^{-34} J \cdot s$）；$\nu$ 代表辐射频率（s^{-1}）；C 代表光速（$3.0 \times 10^8 m \cdot s^{-1}$）；$\lambda$ 代表波长（nm）。

从式中可以看出，由于 L，h，C 全为常数，光量子的能量取决于波长，光波越短所含能量越大；反之，光波越长，能量越小。不同波长的光所含能量见表7-1。

（2）光合色素的吸收光谱

光合色素对光能的吸收具有明显的选择性，将叶绿素溶液置于光源和三棱镜之间，可看到光谱中有些波长的光被吸收了，在光谱中呈现黑带或暗带，而有些光则没有被吸收，保持原来的光谱颜色。这就是叶绿素的吸收光谱（absorption spectrum），利用分光光度计可以方便地绘出叶绿素及其他色素的吸收光谱（图7-3）。叶绿素吸收光谱有两个强吸收区：一个在 640～660nm 红光部分，另一个在 430～450nm 蓝紫光部分。在光谱的橙光、黄光

表7-1 可见光能量水平

波长（nm）	颜色	能量（kJ·mol⁻¹）
700	红	171.0
650	橙红	184.0
600	黄	199.5
500	蓝	239.5
400	紫	299.3

和绿光部分也有很弱的吸收，但不明显，其中以对绿光的吸收最少，所以叶片和叶绿素溶液呈绿色。叶绿素 a 和叶绿素 b 的吸收光谱略有差异：与叶绿素 b 相比，叶绿素 a 在红光部分吸收高峰偏向长波方向，在蓝紫光部分吸收高峰偏向短波方向；而与叶绿素 a 相比，叶绿素 b 在红光部分吸收高峰偏向短波方向，在蓝紫光部分吸收高峰偏向长波方向。

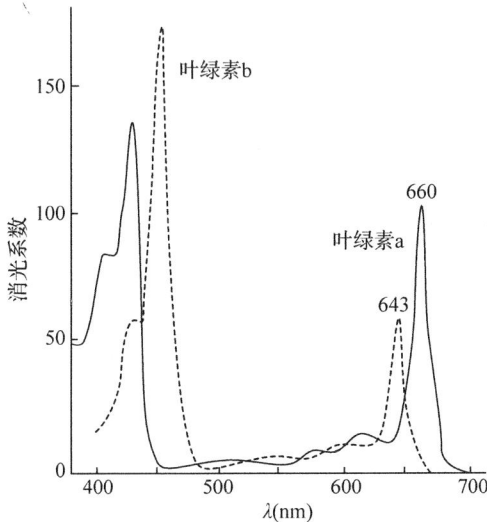

图7-3 叶绿素 a 和叶绿素 b 在乙醚溶液中的吸收光谱

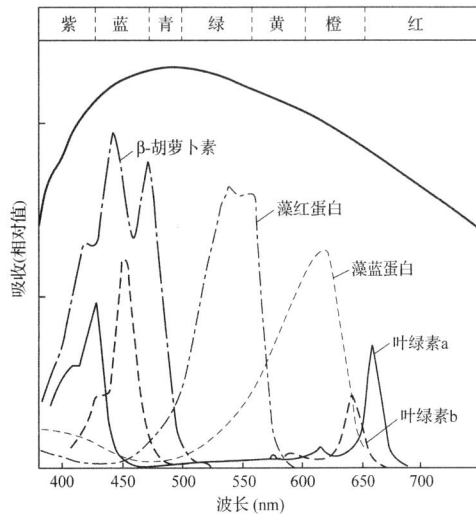

图7-4 主要光合色素的吸收光谱吸收光谱
上端显示地球上入射光的光谱

一般喜光植物叶片的叶绿素 a/b 比值约为 3:1，而耐阴植物的叶绿素 a/b 比值约为 2.3:1。叶绿素 b 含量的相对提高就有可能更有效地利用漫射光中较多的蓝紫光，所以叶绿素 b 有阴生叶绿素之称。

类胡萝卜素的吸收光谱与叶绿素不同，其最大吸收峰在蓝紫光区，不吸收红光等其他波长的光。胡萝卜素和叶黄素两者的吸收光谱基本一致（图 7-4）。

藻胆色素的吸收光谱与类胡萝卜素恰好相反，主要吸收红橙光和黄绿光。藻红蛋白和藻蓝蛋白两者吸收光谱的差异也较大，藻红蛋白的最大吸收峰在绿光和黄光部分，而藻蓝蛋白的最大吸收峰在橙红光部分（图 7-4）。

植物体内不同光合色素对光波的选择吸收是植物在长期进化中形成的对生态环境的适应，这使植物可利用各种不同波长的光进行光合作用。

7.3 植物对光能的吸收与转换

光合作用是利用太阳能制造有机物质的复杂过程。涉及将光能转变为电能，进一步形成活跃的化学能，最后将活跃的化学能转变为稳定的化学能即光合产物。现代研究表明，光合作用可大致分为三大步骤：原初反应（主要是光能的吸收、传递和转换）；电子传递和光合磷酸化（将电能转变为活跃的化学能）；CO_2 的同化（将活跃的化学能转变为稳定的化学能）（表 7-2）。

光合作用并非每一步反应过程都需要有光。实验表明了光合作用可以分为需光的光反应（light reaction）和不需光的暗反应（dark reaction）两个阶段。1954 年美国科学家阿农（D. I. Arnon）等在给叶绿体照光时发现，当向体系中供给无机磷、ADP 和 $NADP^+$ 时，体系中就会有 ATP 和 NADPH 产生。同时发现，只要供给了 ATP 和 NADPH，即使在黑暗中，叶绿体也可将 CO_2 转变为糖。由于 ATP 和 NADPH 是光能转化的产物，具有在黑暗中同化 CO_2 为有机物的能力，所以被称为"同化力"（assimilatory power）。可见，光反应的实质在于产生"同化力"去推动暗反应的进行，而暗反应的实质在于利用"同化力"将无机碳（CO_2）转化为有机碳（CH_2O）。

进一步研究发现光、暗反应对光的需求不是绝对的。即在光反应中有不需光的过程（如电子传递与光合磷酸化），在暗反应中也有需要光调节的酶促反应。现在认为，"光"反应不仅产生"同化力"，而且产生调节"暗"反应中酶活性的调节剂，如还原性的铁氧还蛋白。

表 7-2 光合作用的基本概况

项 目	原初反应	电子传递与光合磷酸化	CO_2 的同化
能量的性质	光能→电能	电能→活跃的化学能	活跃的化学能→稳定的化学能
能量的载体	光量子，电子	电子，质子，ATP，$NADPH_2$	碳水化合物（糖）等
时间跨度（s）	$10^{-15} \sim 10^{-9}$	$10^{-10} \sim 10^{1}$	$10 \sim 10^{2}$
反应的部位	光合片层	光合片层	基质
需光情况	需光	不一定，但受光促进	不一定，但受光促进

7.3.1　原初反应

原初反应(primary reaction)是光合作用的第一步。它包括光能的吸收、传递和转换(光化学反应)过程。其特点是反应速度快,在皮秒(ps, 10^{-12}s) ~ 纳秒(ns, 10^{-9}s)内完成,且与温度无关,可在 -196℃(77K,液氮温度)和 -271℃(2K,液氦温度)下进行。由于反应速度快,散失的能量少,所以其量子效率接近1。

在研究光能转化效率时,需要知道光合作用中吸收一个光量子所能引起的光合产物量的变化(如放出的氧分子数或固定 CO_2 的分子数),即量子产额(quantum yield)或称为量子效率(quantum efficiency)。量子产额的倒数称为量子需要量(quantum requirement)即释放1分子氧和还原1分子二氧化碳所需吸收的光量子数。

7.3.1.1　光能的吸收与传递

对光能的吸收与传递的一系列研究表明,原初反应是由光合单位(photosynthetic unit)完成的。光合单位是类囊体膜上能进行完整光反应的最小单位,包括两个反应中心的约600个叶绿素分子以及联结这两个反应中心的光合电子传递链。它能独立地捕集光能,导致氧的释放和 $NADP^+$ 的还原。

光合色素按其中色素的功能分为聚光色素(light-harvesting pigment)和反应中心色素(reaction center pigment, P)。聚光色素没有光化学活性,只有吸收和传递光能的作用。它们像漏斗一样,将光能聚集到反应中心色素。绝大多数叶绿素a,全部叶绿素b和类胡萝卜素属于聚光色素。反应中心色素是指具有光化学活性的色素,既能捕获光能,又能将光能转化为电能。因此,反应中心色素又称为光能的捕捉器和转换器,由一些特殊的叶绿素a分子构成。聚光色素与反应中心色素的比值为250:1至300:1。可见光合单位实际上是光能的吸收、传递和进行光化学反应的基本单位。

原初反应是从聚光色素对光能的吸收开始的。聚光色素吸收光能后色素分子由基态(ground state)变成激发态(excited state)。光能由聚光色素向反应中心以诱导共振方式进行传递。其传递可发生在不同色素分子间,但只能由吸收短波光的色素分子向吸收长波光的色素分子传递。所以色素分子的光谱吸收峰逐步向红端(长波)转移。到达反应中心色素分子时光的能量水平最低。类囊体片层上光合色素的排列很紧密(相隔10 ~ 50nm),并与蛋白质分子结合在一起,形成聚光色素蛋白复合体,有利于光能的高效传递。例如,类胡萝卜素所吸收的光能传递给叶绿素a或细菌叶绿素的效率高达90%。而叶绿素b和藻胆素所吸收的光能传递给叶绿素a的效率可达100%。聚光色素又称天线色素(antenna pigment),它们就像天线一样将吸收的光能聚集到反应中心的色素分子(图7-5)。

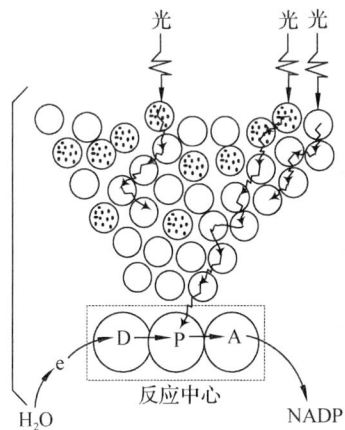

图7-5　光合作用原初反应的光能吸收、传递与转换图解

7.3.1.2　光能的转换

光合反应中心是一个复杂的色素蛋白复合体，它是由反应中心色素分子（特殊状态的叶绿素 a 分子）、原初电子受体和原初电子供体组成。它们协同进行光化学反应，完成光能的转换功能。当聚光色素分子将吸收的光能传递到反应中心时，反应中心色素分子（P）被激发而成为激发态（P^*），激发态的色素分子（P^*）放出电子给原初电子受体（primary electron acceptor，A），这样色素分子失去电子后成氧化态（P^+），留下一个电子空位，即"空穴"，成为"陷阱"（trap），它可从原初电子供体（primary electron donor，D）得到电子来补充，得到电子的色素分子又恢复到原来的状态（P）。结果原初电子受体接受电子被还原（A^-），原初电子供体失去电子被氧化（D^+）。这就完成了光能转变为电能的过程。

原初反应过程中，光能的吸收、传递和转变过程可大致概括如下：

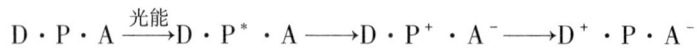

$$D \cdot P \cdot A \xrightarrow{\text{光能}} D \cdot P^* \cdot A \longrightarrow D \cdot P^+ \cdot A^- \longrightarrow D^+ \cdot P \cdot A^-$$

7.3.2　电子传递

在原初反应中，通过光引起的氧化与还原反应，电子供体被氧化，电子受体被还原，实现了将光能转变为电能的过程。但这种状态的电能极不稳定，生物体还无法利用。必须通过电子传递和光合磷酸化过程，使其转变为活跃的化学能。

7.3.2.1　两个光系统

在 20 世纪 40 年代，美国学者爱默生（Emerson）及其同事们以藻类为材料研究不同波长光的光合效率，发现当用波长大于 685nm 的远红光照射时，光合效率大大降低，将这种现象称为红降（red drop）。

当时还无法解释其原因。直到 1957 年爱默生等重新用藻类做试验，他们在远红光照射（685nm）时，再补充以红光（650nm）照射，则量子效率大大增加，大于两者分别照射时量子效率的总和。两种波长的光同时照射，光合效率增加的现象称为双光增益效应（enhancement effect）或爱默生效应（Emerson effect）（图 7-6）。

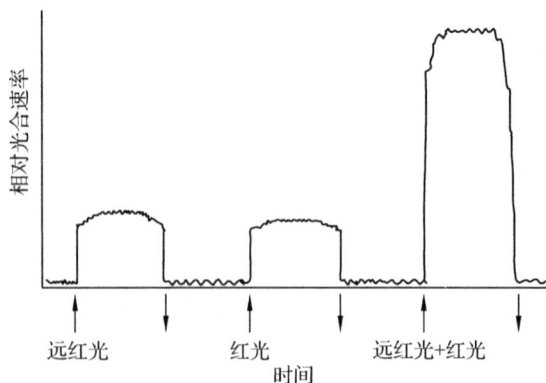

人们从双光增益效应的现象中，推测植物体内存在两个光化学反应系统，它们协同作用完成电子传递和光合磷酸化过程。现在已从叶绿体光合片层中分离出了两个色素蛋白复合体颗粒，分别称为光系统 I（photosystem I，PS I）和光系统 II（photosystem II，PS II）。

高等植物的两个光系统有各自的反应中心。PS I 和 PS II 反应中心中的原初电子供体很相似，都是由两个叶绿素 a 分子组成的二

图 7-6　光合作用的双光增益效应

注：向上和向下的箭头分别表示光照的开和关

聚体，分别用 P_{700}，P_{680} 来表示。P 代表色素(pigment)，700，680 则代表 P 的氧化还原差示光谱中变化最大的波长位置是近 700nm 或 680nm 处，也即用 P 的氧化态吸收光谱与 P 的还原态吸收光谱间的差值最大处的波长来定名反应中心色素分子。

PS Ⅱ 主要分布在类囊体膜的垛叠部分，颗粒较大，直径为 17.5nm。PS Ⅱ 是由核心复合体(core complex)、PS Ⅱ 聚光复合体(PS Ⅱ light-harvesting complex，LHC Ⅱ)和放氧复合体(oxygen-evolving complex，OEC)组成。PS Ⅱ 的反应中心色素就是 P_{680}。PS Ⅱ 的功能是利用光能进行水的光氧化并将质体醌还原。这一过程发生在类囊体膜的两侧，在膜内侧进行水的光氧化，膜的外侧还原质体醌。PS Ⅰ 颗粒较小，直径为 11nm，存在于基质片层和基粒片层的非垛叠区，PS Ⅰ 复合体是由反应中心色素 P_{700}，电子受体和 PS Ⅰ 聚光复合体(LHC Ⅰ)3 部分组成。

7.3.2.2 电子与质子传递

光合作用光反应过程中水被光解后产生电子和质子，最后传递到 $NADP^+$，这是由 PS Ⅱ 和 PS Ⅰ 两个光系统进行各自光反应所驱动的。而连接两个光系统之间的电子传递(electron transport)是由一系列电子传递体完成的。这些电子传递体均为复杂的蛋白复合体，它们排列紧密，具有不同的氧化还原电位，根据氧化还原电位的高低，可排列形成侧写的"Z"形电子传递链。光合电子传递链又称为光合链(photosynthetic chain)，指定位在光合膜上的，由多个电子传递体组成的电子传递的总轨道。

电子传递过程可概括如下(图 7-7)：①电子传递链主要由光合膜上的 PS Ⅱ，$Cytb_6f$，PS Ⅰ 3 个复合体串联组成。②电子传递有两处是逆电势梯度，即 P_{680} 至 P_{680}^*，P_{700} 至 P_{700}^*，这种逆电势梯度的"上坡"电子传递均由聚光色素复合体吸收光能后推动，而其余电子传递都是顺电势梯度进行的。③水的氧化与 PS Ⅱ 电子传递有关，$NADP^+$ 的还原与 PS Ⅰ 电子传递有关。电子最终供体为水，水氧化时，向 PS Ⅱ 传交 4 个电子，使 $2H_2O$ 产生 1 个 O_2 和 4 个 H^+。电子的最终受体为 $NADP^+$。④PQ 是双电子双 H^+ 传递体，它伴随电子传递，把 H^+ 从类囊体膜外带至膜内，连同水分解产生的 H^+ 一起建立类囊体内外的 H^+ 电化学势差，并以此推动 ATP 生成。

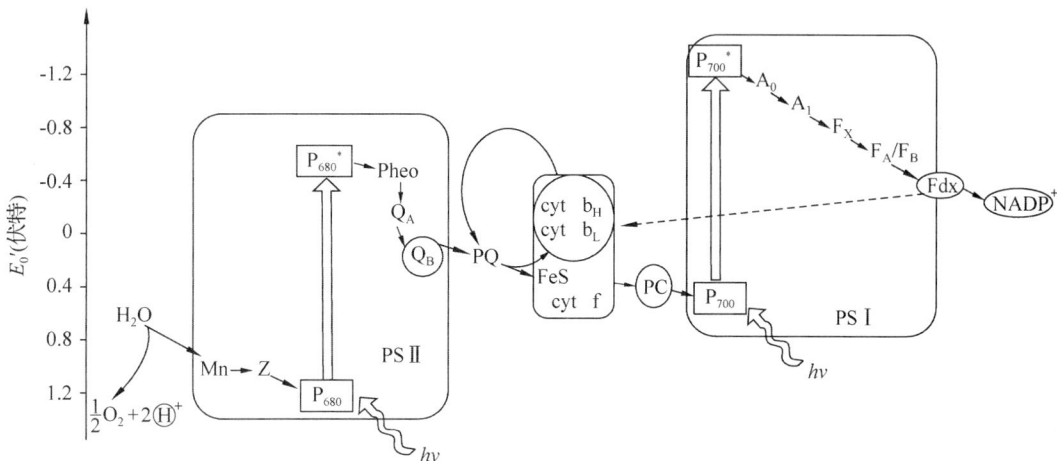

图 7-7　光合作用中光反应的"Z"形光合电子传递链示意(Buchanan，2000)

(1) PSⅡ的电子传递

当 P_{680} 受光激发为 P_{680}^* 后，就将电子传递给去镁叶绿素 (pheophytin，Pheo)。Pheo 为原初电子受体，Pheo⁻ 将电子传递给质体醌 Q_A，Q_A 进一步将电子传递给另一种质体醌 Q_B，Q_B 与来自基质的 H^+ 结合形成还原型质体醌 PQH_2，释放到脂膜中。质体醌 (plastoquinone，PQ) 在膜质中可进行扩散运动，是 PSⅡ 和细胞色素 b_6f ($Cytb_6f$) 复合体之间的电子传递体。PQ 在类囊体膜上十分丰富，所以称之为 PQ 库 (PQ pool)。PQ 既是电子传递体又是质子传递体，在质子跨膜梯度形成中具有重要作用。

P_{680}^* 失去电子后形成 P_{680}^+，从 Tyr (酪氨酸残基) 获得电子，Tyr 为原初电子供体。失去电子的 Tyr 又通过锰聚集体 (Mn cluster) 从水分子中获得电子，使水分子裂解 (water splitting)，同时放出氧气和质子。闪光诱导动力学研究表明，每释放 1 分子氧，要裂解 2 个 H_2O，同时，可产生 4 个电子和 4 个质子。这一过程需要 4 个光量子。

(2) 细胞色素 b_6/f 复合体的电子传递

细胞色素 b_6/f 复合体 (cytochrome b_6/f complex，$Cytb_6/f$) 是位于 PSⅡ 和 PSⅠ 之间的膜蛋白复合体。但它并不直接从 PSⅡ 接受电子，也不直接将电子传递给 PSⅠ。在 $Cytb_6/f$ 复合体与 PSⅡ 和 PSⅠ 之间是通过可扩散的电子传递体来进行电子传递的。

在 PSⅡ 和 $Cytb_6/f$ 复合体之间的电子传递体是质体醌。氧化态为 PQ，还原态为 PQH_2。1 分子 PQH_2 可同时携带 2 个电子和 2 个质子。PQH_2 将电子传递给 $Cytb_6f$ 复合体，同时将 H^+ 释放到类囊体膜腔内，建立跨膜质子浓度梯度。

在 $Cytb_6/f$ 复合体和 PSⅠ 之间的电子传递体是质体蓝素 (plastocyanin，PC)。PC 是水溶性的含铜蛋白质，氧化时呈蓝色，故称为质体蓝素。

$Cytb_6/f$ 复合体的作用是将 PQH_2 氧化，获得电子后将电子传递给 PC，使 PC 还原，在 PQH_2 和 PC 间传递电子。由于 PSⅡ 和 PSⅠ 在空间上是分离的，同时，$Cytb_6/f$ 复合体是较大的膜蛋白复合体，难以在膜脂中迅速扩散，因而电子传递过程中，在蛋白质复合体之间扩散的完成靠 PQ 或 PC。

(3) PSⅠ的电子传递

PSⅠ 核心复合体的 LHCI 吸收光能后以诱导共振方式传递给反应中心 P_{700}，受光激发后的 P_{700} 将电子传递给原初电子受体 A_0 (一种特殊的 Chl a)、次级电子受体 A_1 (叶醌)，再通过 Fe-S 蛋白 (F_X，F_A，F_B)，最后传递给铁氧还蛋白 (ferredoxin，Fd)。Fd – NADP 还原酶 (ferredoxin – $NADP^+$ reductase，FNR) 催化还原的 Fd 将电子传递给 $NADP^+$，完成非循环式电子传递。Fd 也可将电子传回到 PQ，再经过 $Cytb_6/f$ 复合体和 PC，最后到 PSⅠ，形成围绕 PSⅠ 的循环电子传递。

7.3.3 光合磷酸化

7.3.3.1 光合磷酸化的形式

叶绿体利用光能将无机磷酸和 ADP 合成 ATP 的过程，称为光合磷酸化 (photophosphorylation)。由于光合磷酸化过程与光合电子传递相偶联，根据电子传递途径的不同可分为环式光合磷酸化和非环式光合磷酸化。

(1)非环式光合磷酸化

在非环式光合磷酸化中，PS Ⅱ 的放氧复合体将水光解后，PQH_2 将 H^+ 释放到类囊体膜腔内，形成跨膜 H^+ 浓度梯度，电子经由 PS Ⅱ 和 PS Ⅰ 构成的"Z"形传递途径最后传递到 $NADP^+$，形成 NADPH，同时释放 O_2。

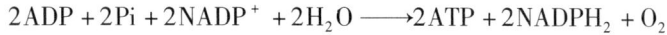

$$2ADP + 2Pi + 2NADP^+ + 2H_2O \longrightarrow 2ATP + 2NADPH_2 + O_2$$

在这一过程中，ATP 的形成与非环式电子传递相偶联。故称为非环式光合磷酸化(noncyclic photophosphorylation)。非环式光合磷酸化需要 PS Ⅱ 和 PS Ⅰ 两个光系统的参与。并伴随 NADPH 的形成和 O_2 的释放。

(2)环式光合磷酸化

在环式光合磷酸化中，PS Ⅰ 被光能激发后，经 A_0，A_1，Fe – S 蛋白将电子传递给 Fd，Fd 没有将电子传递给 $NADP^+$，而是传递给 $Cytb_6/f$ 复合体和 PQ。然后经 Cytf 和 PC 返回到 PS Ⅰ，形成环式电子传递途径。在环式电子传递途径中，伴随形成类囊体膜内外质子浓度梯度将 Pi 和 ADP 合成 ATP 的过程，称为环式光合磷酸化(cyclic photophosphorylation)。环式光合磷酸化只由 PS Ⅰ 和"Z"形光合电子传递链的部分电子传递体组成，没有 PS Ⅱ 的参与，不伴随 $NADP^+$ 的还原和 O_2 的释放。

7.3.3.2 光合磷酸化的机理

光合磷酸化的机理，可用 1961 年英国人 Mitchell 提出的化学渗透假说(chemiosmotic hypothesis)来解释。光合电子传递过程中，在 PS Ⅱ，水被光解产生 4 个电子和 4 个质子，质子进入类囊体腔，4 个电子经两次传递给 2 分子 PQ 后，2 分子 PQ 又从基质中获得 4 个 H^+，形成 2 分子 PQH_2。PQH_2 将电子传递给 $Cytb_6/f$ 复合体时，将质子释放到类囊体腔内。随着光合链的电子传递，H^+ 不断在类囊体腔内积累，于是产生了跨膜的质子浓度差(ΔpH)和电势差(ΔE)，两者合称为质子动力势(proton motive force，pmf)，即推动光合磷酸化的动力。当 H^+ 沿着浓度梯度返回到基质时，在 ATP 合酶的作用下，将 ADP 和 P_i 合成 ATP。

ATP 合酶(ATP synthase)又称为腺苷三磷酸酶(adenosine triphosphatase，ATPase)，位于基质片层和基粒片层的非垛叠区。它将光合链上的电子传递和 H^+ 的跨膜转运与 ATP 合成相偶联，所以也称为偶联因子(coupling factor，CF)。它由两种蛋白复合体构成：一种是突出于膜表面具有亲水特性的 CF_1 复合体；另一种是埋置于膜内的疏水性 CF_0 复合体。CF_1 具有催化功能，呈球形结构，而 CF_0 则构成了 H^+ 的跨膜通道。CF_1 很容易被 EDTA 等螯合剂溶液所洗脱，而 CF_0 则需要去污剂才能除去(图7-8)。

非环式光合磷酸化能被 DCMU(二氯苯基二甲基脲，dichlorophenyl dimethylures，商品名为敌草隆，diuron，一种除草剂)所抑制，而环式光合磷酸化则不被 DCMU 抑制。因为 DCMU 能抑制 PS Ⅱ 的光化学反应，却不抑制 PS Ⅰ 的光化学反应。

光合作用的光反应完成了将光能转变为活跃化学能的过程，形成了细胞内的能量通货 ATP，同时形成 NADPH。作为光合作用过程中的能量暂时贮存化合物，ATP 和 NADPH 主要用于 CO_2 的同化作用，通过将 CO_2 还原，形成稳定的化学能。所以，ATP 和 NADPH 又称为同化力(assimilatory power)或还原力(reducing power)。

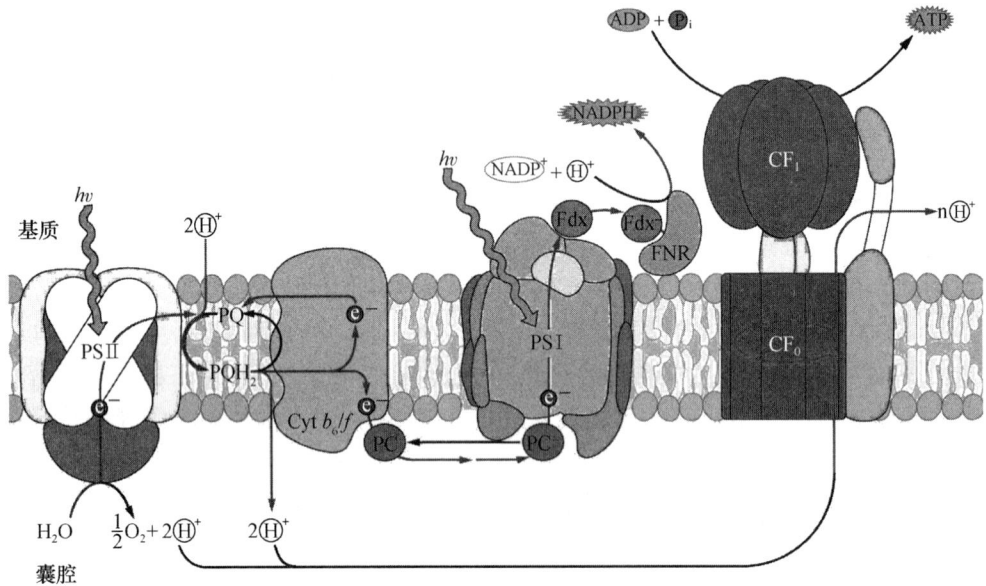

图 7-8 光合膜上的电子与质子传递及光合磷酸化

7.4 光合碳同化

光合过程的碳同化作用(carbon assimilation)是指利用光反应形成的同化力(ATP，NADPH)将 CO_2 还原，形成糖类物质的过程。光合碳同化作用是发生在叶绿体的基质中，由多种酶参与的一系列化学反应。高等植物中 CO_2 同化的途径有 3 条：C_3 途径(卡尔文循环)、C_4 途径和景天科酸代谢途径，其中以 C_3 途径为 CO_2 同化的基本途径。

7.4.1 C_3 途径

C_3 途径(C_3 pathway)是 20 世纪 50 年代卡尔文(M. Calvin)和他的学生本森(A. Benson)研究发现的。他们以单细胞的藻类作材料，饲喂 $^{14}CO_2$，照光后从数秒到几十分钟的不同时间，用沸腾的酒精杀死材料以终止其生化反应，用双向纸层析方法分离 ^{14}C 同位素标记物，根据标记化合物出现的时间顺序来确定 CO_2 同化的生化步骤。经过 10 年的研究，总结出了 CO_2 同化的生化途径。由于该途径固定 CO_2 后形成的第一个稳定的产物是三碳化合物，故称为 C_3 途径，也称为卡尔文循环(Calvin cycle)或 C_3 光合碳还原循环(C_3 photosynthetic carbon reduction cycle，C_3PCR 循环)。只用该途径进行碳同化的植物称为 C_3 植物(C_3 plant)。此项研究的主持人卡尔文获得了 1961 年诺贝尔化学奖。C_3 途径可分为 3 个阶段，即羧化阶段、还原阶段和再生阶段(图 7-9)。

(1)羧化阶段

羧化阶段(carboxylation phase)是指通过受体固定 CO_2 成羧酸的过程。C_3 途径的 CO_2 受体是

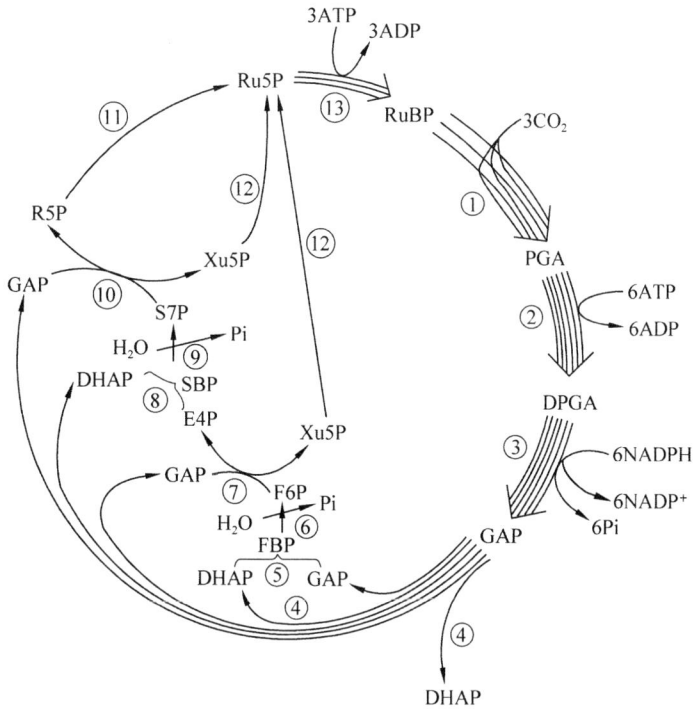

图7-9 卡尔文循环

每一条线代表1分子代谢物的转变。①是羧化阶段；②和③是还原阶段；其余反应是再生阶段

五碳化合物——核酮糖－1,5－二磷酸(ribulose－1,5－bisphosphate，RuBP)。在核酮糖－1,5－二磷酸羧化酶(RuBP carboxylase，Rubisco)的作用下，1分子的RuBP接受1个CO_2形成2分子的3－磷酸甘油酸(3－phosphoglyceric acid，PGA)。

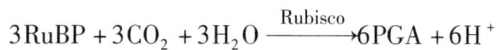

$$3RuBP + 3CO_2 + 3H_2O \xrightarrow{Rubisco} 6PGA + 6H^+$$

(2)还原阶段

羧化阶段形成的PGA是一种呈氧化状态的有机酸，化合物的能量水平较低，需要消耗同化力将其还原到糖的水平，也就是利用ATP和NADPH将PGA的羧基还原成醛基。还原阶段(reduction phase)分两步反应，第一步反应是PGA在3－磷酸甘油酸激酶(3－phosphoglycerate kinase，PGAK)的作用下，形成1,3－二磷酸甘油酸(1,3－diphosphoglyceric acid，DPGA)。DP-GA是一个非常活跃的高能化合物，很容易被NADPH还原。在甘油醛磷酸脱氢酶的作用下，DPGA由NADPH提供的2个H还原形成3－磷酸甘油醛(3－phosphoglyceraldehyde，GAP)。3－磷酸甘油醛是三碳糖，可进一步合成单糖及淀粉，也可由叶绿体输出到细胞质中进一步合成蔗糖。磷酸甘油酸转变为磷酸甘油醛的过程中，光合作用的同化力——ATP和NADPH被消耗掉。

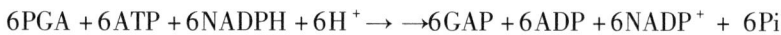

$$6PGA + 6ATP + 6NADPH + 6H^+ \rightarrow \rightarrow 6GAP + 6ADP + 6NADP^+ + 6Pi$$

(3)再生阶段

再生阶段(regeneration phase)是GAP经过一系列转变，重新形成CO_2受体RuBP的过程。

首先 GAP 在丙糖磷酸异构酶(triose phosphate isomerase)作用下，转变为二羟丙酮磷酸(dihydroxy acetone phosphate，DHAP)。GAP 和 DHAP 在果糖二磷酸醛缩酶(fructose biphosphate aldolase)的作用下形成果糖 – 1,6 – 二磷酸(fructose – 1,6 – biphosphate，FBP)，FBP 在果糖 – 1,6 – 二磷酸磷酸酶(fructose – 1,6 – biphosphate phosphatase)作用下释放磷酸，形成果糖 – 6 – 磷酸(fructose – 6 – phosphate，F6P)。F6P 进一步转化为葡萄糖 – 6 – 磷酸(glucose – 6 – phosphate，G6P)。G6P 可在叶绿体合成淀粉，同时部分 F6P 进一步转变下去。

F6P 与 GAP 在转酮酶(transketolase)作用下，生成赤藓糖 – 4 – 磷酸(erythrose – 4 – phosphate，E4P)和木酮糖 – 5 – 磷酸(xylulose – 5 – phosphate，Xu5P)。这一反应由硫胺素焦磷酸(thiamine pyrophosphate，TPP)和 Mg^{2+} 活化。在醛缩酶(aldolase)催化下，E4P 和 DHAP 形成景天庚酮糖 – 1,7 – 二磷酸(sedoheptulose – 1,7 – bisphosphate，SBP)。SBP 脱去磷酸后成为景天庚酮糖 – 7 – 磷酸(sedoheptulose – 7 – phosphate，S7P)，该反应由景天庚酮糖 – 1,7 – 二磷酸酶(sedoheptulose – 1,7 – bisphosphatase)催化。

S7P 又与 GAP 在转酮酶的催化下，形成核糖 – 5 – 磷酸(ribose – 5 – phosphate，R5P)和 Xu5P。在核酮糖磷酸异构酶的作用下，R5P 转变为核酮糖 – 5 – 磷酸(ribulose – 5 – phosphate，Ru5P)。Xu5P 在核糖 – 5 – 磷酸差向异构酶(ribose – 5 – phosphate epimerase)作用下形成 Ru5P。Ru5P 在核糖 – 5 – 磷酸激酶(ribose – 5 – phosphate kinase)催化下又消耗 1 个 ATP，形成 CO_2 受体 RuBP。

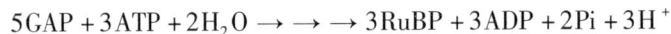

$$5GAP + 3ATP + 2H_2O \rightarrow \rightarrow \rightarrow 3RuBP + 3ADP + 2Pi + 3H^+$$

从以上反应过程可知 C_3 途径 CO_2 固定的总反应为：

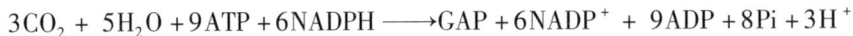

$$3CO_2 + 5H_2O + 9ATP + 6NADPH \longrightarrow GAP + 6NADP^+ + 9ADP + 8Pi + 3H^+$$

可见，C_3 途径每同化 1 分子 CO_2 需要 3 个 ATP 和 2 个 NADPH。还原 3 个 CO_2 可输出 1 个磷酸丙糖(GAP 或 DHAP)，固定 6 个 CO_2 可形成 1 个磷酸己糖(G6P 或 F6P)。形成的磷酸丙糖可运出叶绿体，在细胞质中合成蔗糖或参与其他反应；形成的磷酸己糖则留在叶绿体中转化成淀粉而被临时贮藏。

C_3 途径的酶类多数为光调节酶，也就是说只有通过光的诱导作用，才能表现出催化活性，又称光适应酶。其中 RuBP 羧化酶是最典型的光适应酶，同时，果糖 – 1,6 – 二磷酸酶、景天庚酮糖 – 1,7 – 二磷酸酶、3 – 磷酸甘油醛脱氢酶、核酮糖 – 5 – 磷酸激酶均为光调节酶。它们在光下活化，暗中失活，所以在测定光合作用时，必须进行预光照 30 ~ 40min，光适应后再进行测定。否则，测定结果会很低。

7.4.2 光呼吸

植物绿色细胞在光下吸收氧气，氧化乙醇酸，放出 CO_2 的过程，称为光呼吸(photorespiration)。由于植物细胞通常的呼吸作用，在光照下和黑暗中都能进行，为了便于与光呼吸区别，可将植物细胞通常的呼吸作用称为暗呼吸(dark respiration)。

7.4.2.1 光呼吸的生化历程

光呼吸也是生物氧化过程，其被氧化的底物是乙醇酸(glycolic acid)。乙醇酸来自 RuBP 的氧化，催化此反应的酶是 RuBP 加氧酶(RuBP oxygenase)。现已知 RuBP 羧化酶和 RuBP 加氧酶

是同一种酶。该酶具有双重催化功能，既能催化加氧反应。又能催化羧化应进，其全称为
RuBP 羧化酶/加氧酶（Rubisco），其催化的方向取决于 CO_2 和 O_2 的相对浓度。当 O_2 浓度低，
CO_2 浓度高时，催化羧化反应，生成 2 分子 PGA，进入 C_3 途径；当 O_2 浓度高，CO_2 浓度低时，
催化加氧反应，生成 1 分子 PGA 和 1 分子的磷酸乙醇酸，后者在磷酸乙醇酸酶的作用下，脱
去磷酸形成乙醇酸。

光呼吸的过程是由叶绿体、过氧化体和线粒体 3 种细胞器协同作用完成的，是一个循环过
程。光呼吸代谢途径实际上是乙醇酸的循环氧化过程，又称为 C_2 光呼吸碳氧化循环（C_2 – pho-
torespiration carbon oxidation cycle，PCO 循环），简称为 C_2 循环（C_2 cycle）（图 7-10）。

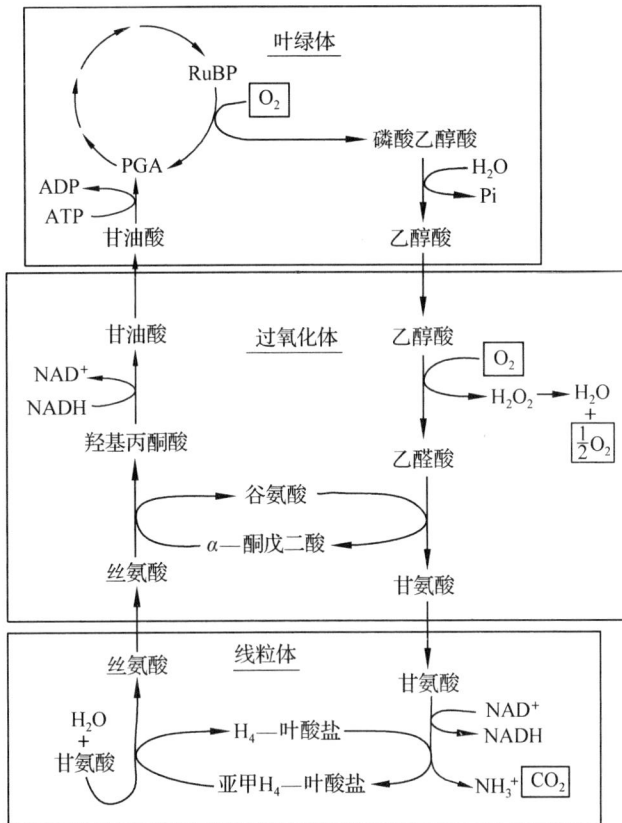

图 7-10　光呼吸代谢途径（整个途径在 3 种细胞器中合作进行）

在叶绿体中形成的乙醇酸转运到过氧化体（peroxisome）。由乙醇酸氧化酶（glycolate oxi-
dase）催化，乙醇酸被氧化为乙醛酸，同时形成 H_2O_2，H_2O_2 在过氧化氢酶催化下形成 H_2O 和
O_2。乙醛酸经转氨作用形成甘氨酸，进入线粒体。在线粒体中 2 分子甘氨酸通过氧化脱羧和转
甲基作用形成 1 分子丝氨酸，此反应产生 NADH 和 NH_3，并释放出 CO_2。丝氨酸转回到过氧化
物体并与乙醛酸进行转氨基作用，形成羟基丙酮酸。羟基丙酮酸在甘油酸脱氢酶的作用下，消
耗 NADH 还原为甘油酸。甘油酸从过氧化体转运回叶绿体，在甘油酸激酶的作用下，消耗 1
分子 ATP 形成 PGA，进入 C_3 途径。在光呼吸循环过程中，2 分子的乙醇酸循环一次释放 1 分
子的 CO_2。O_2 的吸收一是叶绿体中的 Rubisco 加氧反应，二是过氧化体中的乙醇酸氧化反应。

脱羧反应(CO_2 的释放)则在线粒体中，2 个甘氨酸形成 1 个丝氨酸时脱下 1 分子 CO_2。

从 RuBP 到 PGA 的反应总方程式为：

$$RuBP + 15O_2 + 11H_2O + 34ATP + 15NADPH + 10Fd_{red} \longrightarrow 5CO_2 + 34ADP + 36Pi + 15NADP^+ + 10Fd_{ox} + 9H^+$$

7.4.2.2 光呼吸的生理功能

从光呼吸的生化途径可以看出，光呼吸过程将光合固定的碳素转变为 CO_2 释放掉，同时也间接和直接地浪费了同化力 ATP 和 NADPH。据估计，在正常大气条件下，C_3 植物通过光呼吸要损失光合所固定碳素的 20% ~ 40%。但许多研究结果认为，光呼吸具有下述生理意义。

(1)防止强光对光合器官的破坏

在强光照条件下，光反应过程中形成的同化力超过了光合 CO_2 同化的需要，叶绿体内 ATP 和 NADPH 过剩，$NADP^+$ 不足，由光能激发的电子会传递给 O_2，形成超氧阴离子自由基 O_2^-，O_2^- 对光合机构特别是光合膜系统有破坏作用。通过光呼吸作用消耗强光下产生的过多 ATP 和 NADPH，从而对光合机构起保护作用。

(2)消除乙醇酸的毒害

由于 Rubisco 具有催化羧化和加氧的双重特性，乙醇酸的产生是不可避免的。乙醇酸的积累会对细胞产生伤害作用，通过光呼吸消耗掉乙醇酸使细胞免受伤害。

(3)维持 C_3 途径的运转

当气孔关闭或外界 CO_2 供应不足时，光呼吸放出的 CO_2 可供 C_3 途径利用，以维持 C_3 途径的低水平运转。

(4)参与氮代谢

光呼吸代谢中涉及甘氨酸、丝氨酸和谷氨酸等的形成和转化，由此推测它可能是绿色细胞氮代谢的一个部分，或是一种氨基酸合成的补充途径。

7.4.3 C_4 途径

7.4.3.1 C_4 途径的概念

20 世纪 60 年代人们在用放射性同位素 $^{14}CO_2$ 对甘蔗、玉米进行标记时，发现 70% ~ 80% 的 $^{14}CO_2$ 的固定产物为四碳化合物，而不是三碳化合物。研究表明，这个四碳化合物为四碳二羧酸，以 CO_2 固定的第一个稳定产物为四碳化合物的光合碳同化途径称为 C_4 途径(C_4 pathway)。又称 C_4 – 双羧酸途径(C_4 – dicarboxylic acid pathway)，或 C_4 光合碳同化循环(C_4 photosynthetic carbon assimilation cycle，PCA 循环)，现在已证明被子植物中有 20 多个科近 2 000 种植物以 C_4 途径同化 CO_2。这种以 C_4 途径同化 CO_2 的植物又称为 C_4 植物(C_4 plant)。

7.4.3.2 C_4 植物叶片结构特点

与 C_3 植物相比，C_4 植物的栅栏组织与海绵组织分化不明显，叶片两侧颜色差异小。C_3 植物的光合细胞主要是叶肉细胞(mesophyll cell，MC)(图 7-11 A)，而 C_4 植物的光合细胞有两类：叶肉细胞和维管束鞘细胞(bundle sheath cell，BSC)(图 7-11 B)。C_4 植物维管束分布密集，间距小(通常每个 MC 与 BSC 邻接或仅间隔 1 个细胞)，每条维管束都被发育良好的大型 BSC

包围，外面又密接 1～2 层叶肉细胞，这种呈同心圆排列的 BSC 与周围的叶肉细胞层被称为 "花环"（Kranz，德语）结构。C$_4$ 植物的 BSC 中含有大而多的叶绿体，线粒体和其他细胞器也较丰富。BSC 与相邻叶肉细胞间的壁较厚，壁中纹孔多，胞间连丝丰富。这些结构特点有利于 MC 与 BSC 间的物质交换，以及光合产物向维管束的就近转运。

此外，C$_4$ 植物的两类光合细胞中含有不同的酶类，叶肉细胞中含有磷酸烯醇式丙酮酸羧化酶（phosphoenol pyruvate carboxylase，PEPC）以及与 C$_4$ 二羧酸生成有关的酶；而 BSC 中含有 Rubisco 等参与 C$_3$ 途径的酶、乙醇酸氧化酶以及脱羧酶。在这两类细胞中进行不同的生化

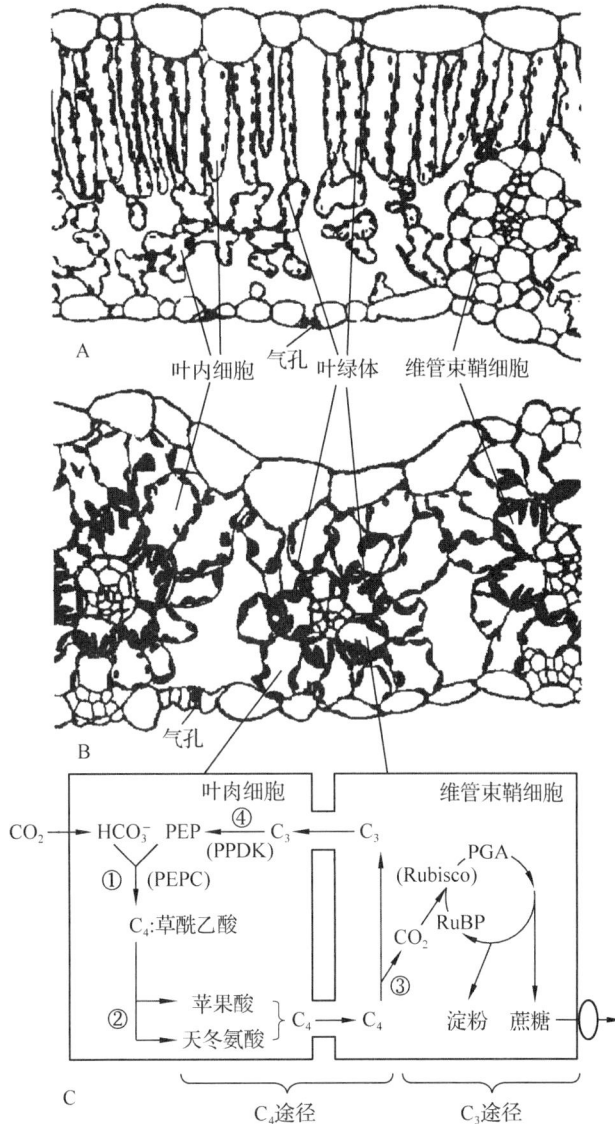

图 7-11 C$_4$ 植物叶片与 C$_3$ 植物叶片结构的比较及 C$_4$ 植物光合碳代谢的基本反应

A. C$_3$ 植物（棉花）叶的横断面　B. C$_4$ 植物（稗草）叶的横断面　C. C$_4$ 植物的光合碳代谢

反应。

7.4.3.3   C4 途径的反应过程

C4 途径中的反应虽因植物种类不同而有差异，但基本上可分为羧化、还原或转氨、脱羧和底物再生 4 个阶段(图 7-11 C)。

(1)羧化阶段

C4 途径的 CO_2 受体是叶肉细胞质中的磷酸烯醇式丙酮酸(phosphoenol pyruvate，PEP)，催化的酶是 PEPC，形成的最初稳定产物是草酰乙酸(oxaloacetic acid，OAA)。CO_2 是以 HCO_3^- 形式被固定的。该反应发生在细胞质中。

(2)还原或转氨阶段

①还原反应　草酰乙酸由 NADP – 苹果酸脱氢酶(malic acid dehydrogenase)催化还原为苹果酸(malic acid，Mal)，该反应在叶绿体中进行。苹果酸脱氢酶为光调节酶。

②转氨反应　也有一些植物不形成苹果酸，而是形成天冬氨酸(aspartic acid，Asp)。在天冬氨酸转氨酶(aspartate aminotransferase)作用下，草酰乙酸接受氨基酸的氨基，形成天冬氨酸，该反应在细胞质中进行。

(3)脱羧阶段

生成的苹果酸或天冬氨酸从叶肉细胞经胞间连丝移动到 BSC，在那里脱羧。四碳二羧酸在 BSC 中脱羧形成 CO_2 和丙酮酸(pyruvic acid，Pyr)。形成的 CO_2 在 BSC 叶绿体中的 C3 途径再次被固定。

(4)底物再生阶段

丙酮酸(或丙氨酸)再从 BSC 运回叶肉细胞。在叶肉细胞叶绿体中，丙酮酸经丙酮酸磷酸双激酶(pyruvate phosphate dikinase，PPDK)催化，重新形成 CO_2 受体 PEP。

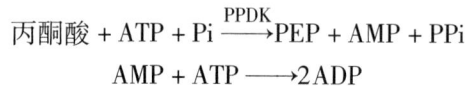

$$丙酮酸 + ATP + Pi \xrightarrow{\text{PPDK}} PEP + AMP + PPi$$

$$AMP + ATP \longrightarrow 2ADP$$

C4 途径中，CO_2 在叶肉细胞中固定形成四碳二羧酸，然后转移到 BSC 中脱羧释放 CO_2，使 BSC 细胞中 CO_2 浓度比空气中高出 20 倍左右，这种循环相当于 CO_2 泵的作用，因为 PEPC 对 CO_2 的亲和力大于 Rubisco 对 CO_2 的亲和力(PEPC 对 CO_2 的 K_m 值为 $7\mu mol \cdot L^{-1}$，Rubisco 对 CO_2 的 K_m 值为 $450\mu mol \cdot L^{-1}$)。这样当环境 CO_2 浓度较低时，C4 途径 CO_2 的同化速率远高于 C3 途径。但由于丙酮酸转变为 CO_2 受体 PEP 的反应中要消耗 2 个 ATP，故 C4 途径每固定 1 分子 CO_2 要比 C3 途径多消耗 2 个 ATP。C4 途径每固定 1 分子 CO_2 要消耗 5 个 ATP，2 个 NADPH。

7.4.4   CAM 途径

干旱地区生长的景天科(Crassulaceae)植物如景天(*Sedum alboroseum*)和落地生根(*Bryophyllum pinnatum*)，在长期干旱环境条件下，其形态结构已发生了明显的适应性变化，同时，也形成了一种特殊的 CO_2 固定方式。夜间气孔张开，吸收 CO_2，在 PEPC 的催化下，PEP 接受 CO_2 形成 OAA，还原为苹果酸后，贮存于液泡中。白天气孔关闭，液泡中的苹果酸便进入细胞质，在苹果酸酶的作用下，氧化脱羧，放出 CO_2，进入卡尔文循环，形成淀粉等(图 7-12)。

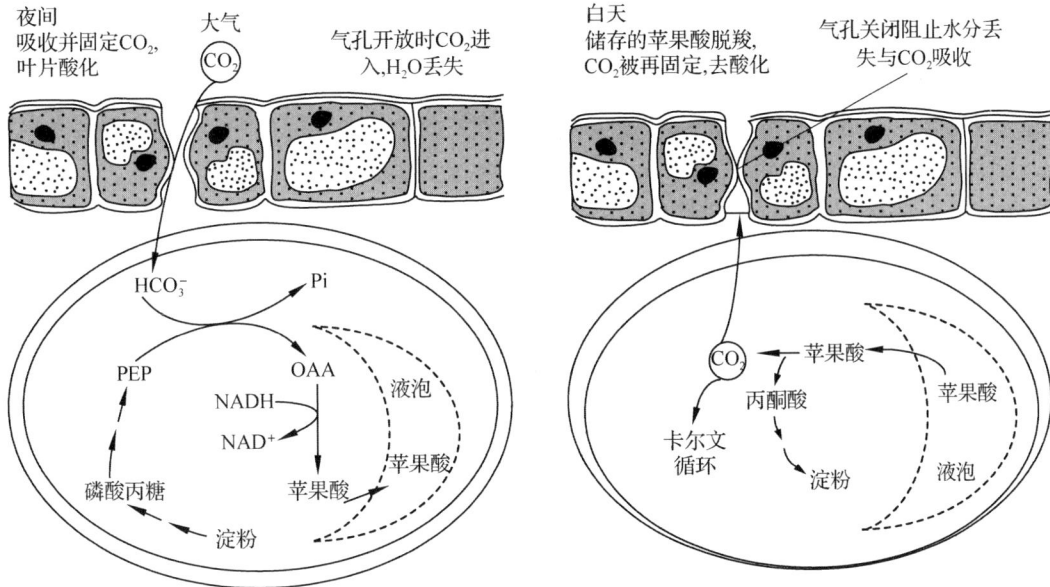

图 7-12 CAM 途径：夜间吸收并固定 CO_2，白天脱羧，CO_2 被再固定

同时，C_3 途径所产生的淀粉通过糖酵解过程，形成 PEP，再接受 CO_2 进入循环。这样植物体在夜间有机酸含量会逐渐增加，pH 下降，淀粉含量下降。白天有机酸含量逐渐减少，pH 增加，淀粉含量增加。白天和夜间植物体的绿色光合器官有机酸含量呈有规律变化，这种光合 CO_2 固定途径称为景天酸代谢（crassulacean acid metabolism，CAM）。具有 CAM 途径同化 CO_2 的植物称为 CAM 植物（CAM plant）。

目前已知在近 30 个科 1 万多种植物中有 CAM 途径，主要分布在景天科、仙人掌科、兰科、凤梨科、大戟科、番杏科、百合科、石蒜科等植物中。其中凤梨科植物达 1000 种以上，兰科植物达数千种，此外还有一些裸子植物和蕨类植物。CAM 植物起源于热带，往往分布于干旱的环境中，多为肉质植物（succulent plant），具有庞大的储水组织，然而肉质植物不一定都是 CAM 植物。常见的 CAM 植物有菠萝、剑麻、兰花、百合、仙人掌等。

CAM 植物与 C_4 植物固定与还原 CO_2 的途径基本相同，二者的差别在于：C_4 植物是在同一时间（白天）和不同的空间（叶肉细胞和维管束鞘细胞）完成 CO_2 固定（C_4 途径）和还原（C_3 途径）两个过程；而 CAM 植物则是在不同时间（黑夜和白天）和同一空间（叶肉细胞）完成上述两个过程的。

从 C_3，C_4 和 CAM 3 种光合碳代谢途径可以看出，C_3 途径是光合碳代谢的基本途径，只有此途径才能将 CO_2 还原为磷酸丙糖并进一步合成淀粉或输出到叶绿体外合成蔗糖。C_4 途径和 CAM 途径是对 C_3 途径的补充，是植物在低浓度 CO_2 条件和干旱条件下形成的光合碳代谢的特殊适应类型。

7.4.5 几种类型植物的比较

根据植物光合碳代谢途径的不同，将植物分为 C_3 植物、C_4 植物和 CAM 植物。实际上高等植物的碳同化途径并不是固定不变的，随着植物的器官、部位、生育期及环境条件的变化会发生转变。例如，高粱是典型的 C_4 植物，但开花后便转变为 C_3 植物。禾本科的毛颖草在低温多雨地区主要以 C_3 途径固定 CO_2，而在高温干旱地区则以 C_4 途径固定 CO_2。玉米幼苗最初具有 C_3 植物的基本特征，生长到第五叶时才具备 C_4 植物的光合特性。有些植物，如冰叶日中花，当缺水时进行 CAM 途径，而水分供应适宜时，则进行 C_3 途径。可见植物光合碳同化途径的多样性及其相互转化是植物对多变生态环境适应性的表现。

后又发现某些植物的形态解剖结构和生理生化特性介于 C_3 和 C_4 植物之间，称为 C_3 - C_4 中间型植物（C_3 - C_4 intermediate plant）。迄今已发现在禾本科、栗米草科、苋科、菊科、十字花科及紫茉莉等科植物中有数十种 C_3 - C_4 中间型植物。这些植物也具有维管束鞘细胞，但不如 C_4 植物发达；在叶肉细胞中也有 RuBP 羧化酶和 PEP 羧化酶，但并不像 C_4 植物那样在叶肉细胞和鞘细胞中有精确的分隔定位。CO_2 同化以 C_3 途径为主，但也有一定量的 C_4 途径。这样植物的光呼吸作用也介于 C_3 和 C_4 植物之间。现在人们认为，C_3 - C_4 中间型植物可能是 C_3 植物向 C_4 植物进化的过渡类型。虽然 C_3，C_4，CAM 和 C_3 - C_4 中间型植物在不同生育期和不同生境条件下发生一定的变化和转化，但它们的基本形态解剖结构和生理生化特性还是相对稳定的，并有较为明显的区别（表 7-3）。

从生物进化的观点看，C_4 植物和 CAM 植物是从 C_3 植物进化而来的。在陆生植物出现的初期，大气中 CO_2 浓度较高，O_2 较少，光呼吸受到抑制，故 C_3 途径能有效地发挥作用。随着植物群体的增加，O_2 浓度逐渐增高，CO_2 浓度逐渐降低，一些长期生长在高温、干燥气候下的植物受生态环境的影响，也逐渐发生了相应的变化。如出现了花环结构，叶肉细胞中的 PEPC 和磷酸丙酮酸二激酶含量逐步增多，形成了有浓缩 CO_2 机制的 C_4 - 二羧酸循环，形成了 C_3 - C_4 中间型植物乃至 C_4 植物，或者形成了白天气孔关闭，抑制蒸腾作用，晚上气孔开启，吸收 CO_2 的 CAM 植物。

表 7-3 C_3 植物、C_4 植物、C_3 - C_4 中间型植物和 CAM 植物的结构、生理特性的比较

特 性	C_3 植物	C_4 植物	C_3 - C_4 中间型植物	CAM 植物
代表植物	典型的温带植物，大豆、小麦、菠菜、烟草	热带、亚热带植物，玉米、高粱、甘蔗、苋菜	温带、热带均有分布，苋科、禾本科、栗米草科植物	沙漠干旱植物，仙人掌、龙舌肉质植物
叶结构	BSC 不发达，不含叶绿体，其周围叶肉细胞排列疏松，无"花环型"结构（kranz type）	BSC 发达，含叶绿体，其周围叶肉细胞排列紧密，有"花环型"结构	BSC 含叶绿体，但 BSC 的壁较 C_4 植物的薄，叶肉细胞分化为栅栏、海绵组织	BSC 不发达，不含叶绿体，含较多线粒体，叶肉细胞的液泡大，无"花环型"结构
叶绿素 a/b	2.8 ± 0.4	3.9 ± 0.6	$2.8 \sim 3.9$	$2.5 \sim 3.0$
CO_2 补偿点/（$\mu mol \cdot mol^{-1}$）	$30 \sim 70$	$0 \sim 10$	$5 \sim 40$	光下：$0 \sim 200$，暗中：< 5
固定 CO_2 途径	只有 C_3 途径	C_3 途径和 C_4 途径	C_3 途径和有限的 C_4 途径	CAM 途径和 C_3 途径
CO_2 固定酶	Rubisco（叶肉细胞中）	PEPC（叶肉细胞中），Rubisco（BSC 中）	PEPC，Rubisco（叶肉细胞和 BSC 中）	PEPC，Rubisco（叶肉细胞中）

（续）

特　性	C₃植物	C₄植物	C₃–C₄中间型植物	CAM 植物
CO_2最初受体	RuBP	PEP	RuBP，PEP（少量）	光下：RuBP 暗中：PEP
CO_2固定的最初产物	PGA	OAA	PGA，OAA	光下：PGA 暗中：OAA
PEPC 活性 /($\mu mol \cdot mg^{-1} \cdot min^{-1}$)	0.30~0.35	16~18	<16	19.2
最大净光合速率 /($\mu mol \cdot m^{-2} \cdot s^{-1}$)	10~25	25~50	中等	0.6~2.5
光合最适温度	20~30℃	30~40℃	介于 C₃植物和 C₄植物之间	35℃
光呼吸 /($mg \cdot dm^{-2} \cdot h^{-1}$)	3.0~3.7	约为0	0.6~1.0	约为0
同化产物分配	慢	快	中等	不详
蒸腾系数 /($g \cdot g^{-1}$)	450~950	250~350	中等	光照下：150~600 黑暗中：18~100

7.5　光能利用率及其影响因素

7.5.1　光合作用的度量

（1）光合速率

根据光合作用的总反应式，测定光合作用时可测定光合作用反应物 CO_2 的吸收量，也可测定光合产物或 O_2 的生成量。由于植物吸收的水分绝大部分通过叶片蒸腾到大气中，所以，一般不测定水分的光合利用量。光合速率（photosynthetic rate）又称光合强度（intensity of photosynthesis），常用单位时间内单位叶面积上光合作用吸收的 CO_2 量或放出的 O_2 量来表示，其单位是 $\mu mol \cdot m^{-2} \cdot s^{-1}$。或用光合产物的干物质积累量表示，单位是 $g \cdot m^{-2} \cdot h^{-1}$。

叶片进行光合作用的同时，也进行呼吸作用和光呼吸作用，所以我们所测的光合速率实际上是净光合速率（net photosynthetic rate，Pn）或表观光合速率（apparent photosynthetic rate）。叶片真正光合速率（true photosynthetic rate）或总光合速率（gross photosyntheticrate）等于净光合速率加上呼吸速率。

（2）光合生产力

植物光合生产力（photosynthetic productivity）是指田间作物在一日中单位叶面积的光合干物质生产能力，单位是 $g \cdot m^{-2} \cdot d^{-1}$。可按下式计算：

$$光合生产力 = (W_2 - W_1) / 0.5 (S_1 + S_2) d$$

式中，W_1 和 W_2 分别代表前后两次测定的植株干重（g）；S_1 和 S_2 分别代表前后两次测定的植株叶面积(m^2)；d 代表前后两次测定相隔的天数(一般以 1 周左右为宜)。

7.5.2 植物的光能利用率

作物产量的形成主要是通过光合作用。据估计,植物干物质有 90% ~95% 是直接来自光合作用,只有 5% ~10% 来自根系吸收的矿质。因此,如何使植物最大限度地利用太阳辐射能,制造更多的光合产物,是光合作用研究和农业生产的一个重大课题。

7.5.2.1 光能利用率的概念

通常把单位地面上植物光合作用积累的有机物所含的能量占同一时间、同一地面上入射的日光能量的百分率称为光能利用率(efficiency for solar energy utilization,Eu)。

每同化 1 mol CO_2需 8 ~12 mol 光量子,贮藏于糖类中的化学能量是 478 kJ。不同波长的光,每个摩尔光量子所具的能量不同,波长 400 ~700 nm 光量子所持的能量平均为 217 kJ·mol^{-1}。以同化 1 mol CO_2需要 10 mol 量子计算,光量子的能量为 2 170 kJ。这样其光能利用率为 22%。若考虑到在全日光中光合有效辐射约占 45%,则最大光能利用率约为全日光的 10%。如果再把呼吸作用消耗的同化产物除去,那么量子需要量还将增大,光能利用率更低,一般最高为 5%。

但实际上,作物光能利用率很低,即便高产田也只有 1% ~2%,而一般低产田块的年光能利用率只有 0.5% 左右。现以年产量为 15 t·hm^{-2}的吨粮田为例,计算其光能利用率。已知长江中下游地区年太阳辐射能为 5.0×10^{10} kJ·hm^{-2},假定经济系数(经济产量与生物产量之比)为 0.5,那么每公顷生物产量为 30 t(3×10^7 g,忽略含水率),按碳水化合物含能量的平均值 17.2 kJ·g^{-1}计算,光能利用率为:

$$光能利用率(\%) = \frac{3 \times 10^7 g \times 17.2 kJ \cdot g^{-1}}{5.0 \times 10^{10} kJ} \times 100\% \approx 1.03\%$$

按上述方法计算,光能利用率只有 1% 左右。在长江中下游地区,如果光能利用率达到 4%,每公顷土地年产粮食可达 58 t。

7.5.2.2 光能利用率低的主要原因

目前生产上作物光能利用率低的主要原因有:

(1)漏光损失

在作物生长初期,植株小,叶面积系数小,日光的大部分直射于地面而损失掉。据估计,水稻、小麦等作物漏光损失的光能可达 50% 以上,如果前茬作物收割后不能马上播种,漏光损失将更大。

(2)光饱和浪费

夏季太阳有效辐射可达 1800 ~2000μmol·m^{-2}·s^{-1},但大多数植物的光饱和点为 540 ~900μmol·m^{-2}·s^{-1},有 50% ~70% 的太阳辐射能被浪费掉。

(3)环境条件不适及栽培管理不当

在作物生长期间,经常会遇到不适于生长发育和光合作用进行的环境条件,如干旱、水涝、高温、低温、强光、盐渍、缺肥、病虫及草害等,这些都会导致作物光能利用率的下降。

为此，下面探讨影响光合作用的内外因素。

7.5.3　影响光合作用的内部因素

(1)叶片的发育和结构

植物叶片的光合速率受叶片厚度、单位叶面积细胞数目、气孔数目、RuBP羧化酶、PEP羧化酶和叶绿素含量等诸多生理生化指标的影响，并表现出品种间的差异特性。人们常用上述指标作为选择高光合能力品种和材料的依据。

叶片的光合速率与叶龄也有密切关系，刚产生的叶片，由于光合器官发育不健全，叶绿体片层结构不发达，光合色素含量少，光合碳固定的酶含量少、活性弱，气孔开度小，以及呼吸代谢旺盛等因素，叶片光合速率较低。随着叶片面积、光合器官数量的增加，光合速率迅速增加，当叶片达最大面积和最大厚度时，光合速率也同时达到最大值。此后随着叶片的衰老和脱落，光合速率逐渐下降，最后停止。故光合速率随叶龄增长出现"低—高—低"的规律。

整株植物的光合作用则受叶面积、群体冠层结构的影响。在不同生育期中也发生明显变化，但一般以营养生长旺盛期为最强，开花及果实生长期下降。

(2)光合产物的积累和输出

叶片光合产物的积累和输出也是影响光合作用的重要因素。当植株去花或去果实，使叶片光合产物输出受阻，积累于叶片中的光合产物会使叶片光合速率下降；反之，去掉部分叶片，剩余叶片光合产物输出增多，积累减少，会刺激保留叶片的光合速率。

光合产物的积累和输出影响光合速率的原因是：①反馈抑制作用，如蔗糖的积累会抑制磷酸蔗糖合成酶的活性，使F6P增加，F6P的增加又反馈抑制果糖 - 1,6 - 二磷酸酯酶的活性，使细胞质和叶绿体中磷酸丙糖含量增加，磷酸丙糖的积累又抑制 C_3 途径中磷酸甘油酸的还原，从而影响 CO_2 的固定。②淀粉粒的影响。叶肉细胞中蔗糖的积累，会促进磷酸丙糖形成葡萄糖 - 6 - 磷酸，合成淀粉，并形成淀粉粒。过多过大的淀粉粒会压迫叶绿体内光合膜系统，造成膜损伤，同时，淀粉粒也有遮光作用，从而阻碍光合膜对光的吸收。

7.5.4　影响光合作用的外界因素

7.5.4.1　光照

(1)光强 - 光合曲线

图7-13是光强 - 光合速率关系的模式图。暗中叶片不进行光合作用，只有呼吸作用释放 CO_2 (图7-13中的 OD 为呼吸速率)。随着光强的增高，光合速率相应提高，当到达某一光强时，叶片的光合速率等于呼吸速率，即 CO_2 吸收量等于 CO_2 释放量，表观光合速率为零，这时的光强称为光补偿点(light compensation point)。在低光强区，光合速率随光强的增强而呈比例地增加(比例阶段，直线 A)；当超过一定光强，光合速率增加就会转慢(曲线 B)；当达到某一光强时，光合速率就不再增加，而呈现光饱和现象。开始达到光合速率最大值时的光强称为光饱和点(light saturation point)，此点以后的阶段称饱和阶段(直线 C)。比例阶段中主要是光强制约着光合速率，而饱和阶段中 CO_2 扩散和固定速率是主要限制因素。用比例阶段的光强 - 光合速率的斜率(表观光合速率/光强)可计算表观量子产额(apparent quantum yield，AQY)。表观量子产额是衡量叶片光合作用状况的一个重要指标，当叶片衰老或在胁迫条件下，AQY 就呈下

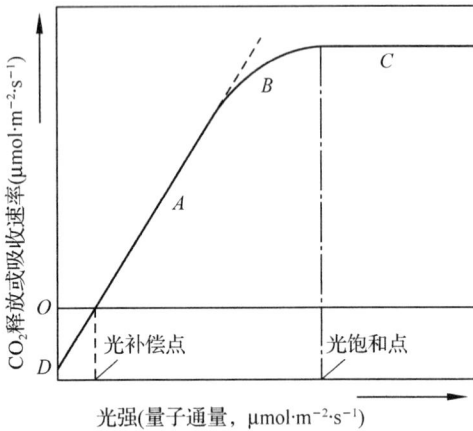

图 7-13 光照强度与光合速率的关系
A. 比例阶段 B. 比例向饱和过渡阶段 C. 饱和阶段

降趋势。

植物叶片光合作用的光补偿点和光饱和点，反映了植物叶片光合作用对光的利用能力，一般来说，草本植物的光补偿点和光饱和点高于木本植物；喜光植物（sun plant）的光补偿点和光饱和点高于耐阴植物（shade plant）。就光合碳同化类型来说，C_4 植物的光饱和点大于 C_3 植物，这可能与 C_4 植物每固定 1 分子 CO_2 比 C_3 植物多消耗 2 分子 ATP 有关；同时，C_4 植物叶片较厚，细胞排列较致密，角质层发达也是其光饱和点高的原因。

在不同环境条件下，植物光合作用的光补偿点和光饱和点也发生变化。当 CO_2 浓度增加时，叶片光合作用的光补偿点会降低，而光饱和点会增加；当温度增加时，叶片呼吸作用加强，光补偿点也会增加。了解不同植物光合作用光补偿点和光饱和点的特性，对作物生产合理布局，选择间、混、套种的作物种类，确定作物的立体用光模式有重要的理论意义和实际意义。同时，在栽培实践中，还必须通过温、光、水、肥的控制，尽可能降低光补偿点，提高光饱和点，增加作物的光能利用能力。

（2）光抑制现象

超过光饱和点的强光照下，叶片光合作用速率和表观量子产额往往呈下降趋势。这种强光下光合作用活性降低的现象称作光合作用的光抑制（photoinhibition）。目前认为光抑制现象主要与光反应中心，特别是 PS II 在强光下光合活性下降有关，C_3 植物比 C_4 植物表现较强的光抑制作用，在温度和水分等胁迫条件下，会加剧光合作用的光抑制现象。

晴天中午的光强常超过植物的光饱和点，很多 C_3 植物，如水稻、小麦、棉花、大豆、毛竹、茶花等都会出现光抑制，轻者使植物光合速率暂时降低，重者叶片变黄，光合活性丧失。当强光与高温、低温、干旱等其他环境胁迫同时存在时，光抑制现象尤为严重。通常光饱和点低的耐阴植物更易受到光抑制危害，若把人参苗移到露地栽培，在直射光下，叶片很快失绿，并出现红褐色灼伤斑，使苗不能正常生长；大田作物由光抑制而降低的产量可达 15% 以上。因此，光抑制产生的原因及其防御系统引起了人们的重视。

植物在长期的进化和对环境适应过程中，也形成了多种强光保护机制：①细胞中存在活性氧清除酶系统，如超氧化物歧化酶（SOD），过氧化氢酶（CAT）和过氧化物酶（POD）等以清除超氧阴离子自由基 O_2^- 等活性氧；②通过提高光合作用的光利用能力，提高光合速率，同时通过增加光呼吸作用来消耗光能；③通过叶黄素循环耗散光能，以热能的形式散失体外，保护脂类，调节类囊体膜的物理性质；④通过 PS II 的可逆失活与修复来消耗光能，保护仍有活性的反应中心免受破坏。

7.5.4.2 二氧化碳

（1）CO_2 – 光合曲线

将光合作用对 CO_2 的响应曲线作图（图 7-14），可以看出：在光下，通入被碱吸收后 CO_2 浓度为零的空气时，由于叶片呼吸作用放出 CO_2，使通过叶室的气体含有一定浓度的 CO_2。随着 CO_2 浓度的增加，当光合作用吸收的 CO_2 与呼吸作用释放的 CO_2 相等时，环境中的 CO_2 浓度称为 CO_2 补偿点（CO_2 compensation point）（图 7-14 中 C 点）。

继续提高环境中的 CO_2 浓度，叶片光合速率随之不断增大，当 CO_2 增大到某一浓度时，光合速率达到最大值（图 6-20 中 P_m），此后再增加 CO_2 浓度，叶片光合速率也不再增加，这时的 CO_2 浓度称为 CO_2 饱和点（CO_2 saturation point）（图 7-14 中 S 点）。

C_3 植物和 C_4 植物叶片光合作用的 CO_2 补偿点和饱和点存在明显差异。C_4 植物叶肉细胞中的 PEP 羧化酶的 K_m 低，对 CO_2 的亲和力高，光呼吸低，所以 CO_2 补偿点低。同时，由于 C_4 植物每同化 1 分子 CO_2 要比 C_3 植物多消耗 2 分子 ATP，在高 CO_2 浓度空气中，叶片同化力和 CO_2 受体 PEP 供应将成为限制因子，所以 C_4 植物 CO_2 饱和点也低于 C_3 植物。

在低 CO_2 浓度的条件下，CO_2 是光合作用的限制因素，在一定范围内，光合作用速率与 CO_2 浓度呈线性变化关系。其直线的斜率受羧化酶的量和活性所限制。所以，称为羧化效率（carboxylation efficiency，CE）。CE 反映了叶片光合作用对 CO_2 的利用效率，是衡量叶片羧化酶数量和活性的一项重要指标。叶片衰老及在逆境条件下，CE 往往下降。

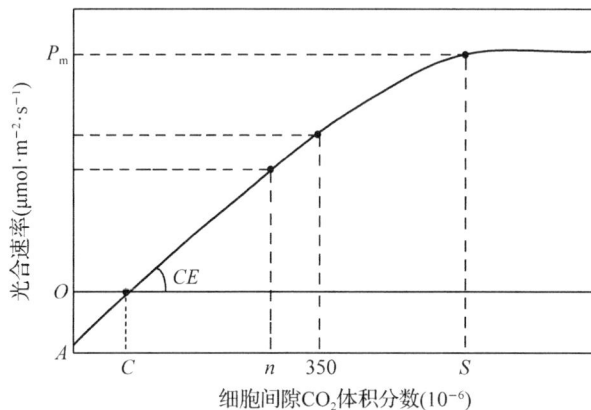

图 7-14　CO_2 - 光合曲线模式图

曲线上 4 个点对应浓度分别为 CO_2 补偿点（C），空气浓度下细胞间隙的 CO_2 浓度（n）；与空气浓度相同的细胞间隙 CO_2 浓度（$350 \mu L \cdot L^{-1}$ 左右）和 CO_2 饱和点（S）。P_m 为最大光合速率；CE 为比例阶段曲线斜率，代表羧化效率；OA 为光下叶片向无 CO_2 气体中的释放速率，可代表光呼吸速率

（2）CO_2 的供应

陆生植物叶片光合作用对 CO_2 的利用，还受 CO_2 扩散阻力的影响。光合速率与 CO_2 的浓度差呈正比，与阻力呈反比。要提高叶片的光合速率就必须提高 CO_2 的浓度差，减少扩散途径的阻力。在作物栽培实践中，通过改良作物的群体结构，便于通风透光，或增施 CO_2 肥料，均可达到提高作物光合速率增加产量的目的。由于 C_3 植物催化 CO_2 固定的酶为 RuBP 羧化酶，它对 CO_2 亲和力低于 C_4 植物的 PEP 羧化酶，以及 C_3 植物较强的光呼吸作用，C_3 植物有较高的 CO_2 补偿点和 CO_2 饱和点，因而对 C_3 植物进行 CO_2 施肥提高光合速率达到增产的效果大于 C_4 植物。

7.5.4.3　温度

温度影响光合碳同化有关酶的催化活性，是影响光合作用的重要因素，同时光合产物的转化、合成和输出也受温度影响。在强光和高 CO_2 浓度条件下，温度成为主要限制因素。温度对叶片光合作用和呼吸作用的影响也不相同，低温对光合作用的抑制作用大于呼吸作用，在高温下，叶片光合作用下降幅度也大于呼吸作用。研究表明，在温度胁迫条件下，叶绿体光合膜系统要比线粒体膜相对敏感，叶绿体光合膜系统更易受伤害。

在较大的温度范围内均可测得植物叶片的光合作用。不同温度条件下，植物叶片的光合作用呈单峰型曲线变化，分别为光合作用的最低温度、最适温度和最高温度，即光合作用的温度三基点。光合作用的最低温度(冷限)和最高温度(热限)是指该温度下表观光合速率为零，而能使光合速率达到最高的温度被称为光合最适温度。不同植物类型和物种光合作用的温度响应有明显变化。同时，生长环境的温度也影响光合作用的温度响应曲线，同一种植物在高温条件下光合作用的最适温度要高于低温条件下最适温度。

7.5.4.4　水分

水分是光合作用的原料，缺水时光合作用下降。但水分对光合作用的影响主要是间接的，因为光合作用所利用的水分不到植物总用水量的 1%。水分主要通过控制植物的其他生理过程而影响植物的光合作用。

缺水对光合作用产生如下影响：当缺水时，叶肉细胞便产生脱落酸运输到保卫细胞，引起保卫细胞失水关闭，使通过气孔进入叶内的 CO_2 减少。缺水时叶片光合产物的输出减少，大量积累在叶片中，对光合作用产生反馈抑制作用。光合机构会因为缺水而受损，严重缺水时，会造成叶绿体膜结构的不可逆损伤，使叶片丧失光合功能。水分亏缺使叶片生长受阻，叶面积减少，使整株和群体植株的光合速率降低。

水分过多也会使光合作用下降。土壤水分过多时通气状况不良，根系有氧呼吸作用受阻，限制了根系的生长，间接地影响光合作用。地上部分水分过多，或大气湿度过大，会使叶片表皮细胞吸水膨胀，挤压保卫细胞，导致气孔关闭，从而限制 CO_2 的供应，使光合作用下降。

7.5.4.5　矿质营养

矿质营养在光合作用中的功能极为广泛，归纳起来有以下几方面：N，P，S，Mg 是构成光合色素、光合膜和蛋白质的成分；磷酸基团参与叶绿体能量转化，参与同化力形成和中间产物的转化；Cu，Fe 是光合链电子传递体的成分；Mn 是 PSⅡ放氧复合体的成分；K，Ca 通过影响气孔运动而控制 CO_2 的进入；K，Mg，Zn 是光合碳代谢有关酶的活化剂；磷酸和 B 能促进叶片光合产物的运输。

7.5.4.6　光合作用的日变化

一般来说，植物叶片的光合作用随着日出而开始，并随着早晨光照的增加而增强，下午则随着日落，光强减弱，光合作用下降，最后停止。但由于一日中光强、温度、水分和 CO_2 浓度都在不断地变化着，一日中叶片光合作用也呈复杂的日变化特性。

在水分供应充足，温度适宜的条件下，叶片光合速率随光强的变化而表现相应的波动变化，呈单峰曲线型，即中午前后较高、上午和下午较低。在高温和强光条件下，叶片光合作用往往出现午休现象（midday depression），即在上午和下午出现两个峰，其中上午的峰值要大于下午的峰值；若在高温、强光和缺水条件下，叶片光合作用仅在上午出现高峰，中午就开始下降，下午的峰值变小，严重时不出现高峰，呈持续下降变化。

植物叶片光合作用的日变化除了与外界环境条件的变化有关外，还受叶片内部生理状态的影响。首先是叶片的内生节律，如气孔的开闭，下午开度变小，限制了叶片对 CO_2 的吸收；其次是叶片光合产物的积累，有人发现，水稻每平方米叶片积累 1g 干物质，光合作用将下降 10%。这对解释植物叶片即使在环境适宜条件下，下午叶片的光合作用也低于上午的现象提供了理论依据。

7.5.5　光合作用与作物产量

7.5.5.1　作物生产力的理论估算

作物产量可分为生物产量和经济产量两种。生物产量（biomass）是指作物的全部干物质，相当于作物一生中通过光合作用生产的全部产物减去作物一生中所消耗的有机物（主要是通过呼吸作用）。经济产量（economic yield）是指作物中的收获部分（如籽粒、块茎等）的重量。经济产量与生物产量的比值称为经济系数（economic coefficient），生物产量×经济系数＝经济产量。各种作物的经济系数相差很大，一般禾谷类为 0.3 ~ 0.4，薯类为 0.7 ~ 0.85，棉花为 0.2 ~ 0.5，烟草为 0.6 ~ 0.7，大豆为 0.2，叶菜类有的可接近于 1。

若到达叶面的太阳辐射为 900 J·m^{-2}·s^{-1}，则其中转变为化学能的能量为 45 J·m^{-2}·s^{-1}（162 kJ·m^{-2}·h^{-1}）。按植物 1 g 有机干物质中含能量 17 kJ 计算，162 kJ 相当于 9.5 g 干物质所含的能量，即 1m^2 土地上的叶片 1h 可净制造 9.5 g 干物质。在此基础上，从理论上可估计作物可能达到的最高产量。设每天按光能利用率进行 6 h 光合作用，生长期为 30 d，则生物产量为：

$$9.5 \times 6 \times 30 = 1710 （g·m^{-2}） = 17\ 100kg·hm^{-2}$$

以水稻为例，从抽穗到成熟大约 30 d，这期间的光合产物基本上都运进籽粒（即经济系数为 1）。那么其最高经济产量约为 16.5 t·hm^{-2}，（若含水量为 12%，则产量约为 19.5 t·hm^{-2}），这是一季作物可能的最高生产力。当然，这种计算是很粗糙的，光辐射能、光能利用率、光合时间等都是粗略的估计值。而实际产量较低，即使达到 7.5 t·hm^{-2}，其光能利用率也只是 1.9% 左右，所以增产潜力还是很大。

7.5.5.2　提高作物光能利用率的途径

要提高作物光能利用率，主要是通过延长光合时间、增加光合面积和提高光合效率等途径。

（1）延长光合时间

延长光合时间可通过提高复种指数、延长生育期及补充人工光照等措施来实现。

①提高复种指数　复种指数（multiple crop index）就是全年内农作物的收获面积与耕地面积之比。通过轮、间、套种等措施，可增加农作物收获面积，缩短田地空闲时间，减少漏光损

失，更好地利用光能。

②延长生育期　大田作物可根据当地气象条件选用生长期较长的中晚熟品种，采取适时早播、地膜覆盖等措施。蔬菜或瓜类作物，可采用温室育苗，适时早栽，或者利用塑料大棚。在田间管理过程中，尤其要防止生长后期的叶片早衰，最大限度地延长生育期。

③补充人工光照　在小面积的栽培试验和设施栽培中，或在加速繁殖重要植物材料时，可采用生物效应灯或日光灯作为人工光源，以延长光照时间。

(2) 增加光合面积

光合面积即植物的绿色面积（主要是叶面积），常常以叶面积系数（leaf area index，LAI）加以衡量。LAI 是指单位土地面积上作物叶面积与土地面积的比值。在一定范围内，叶面积系数越大，光合产物积累越多，最后产量也越高。

然而，叶面积系数并非越大越好。当超过一定限度之后，光合的增加赶不上呼吸的消耗，特别是严重的遮光使下层叶片的光照在光补偿点以下而成为消费器官，净光合速率和干物质积累下降（图7-15）。上述这个限度就是净光合最大时的叶面积，称为最适叶面积。一般当 $LAI < 2.5$ 时，叶面积与产量成正比；当 $LAI > 2.5$ 时，产量仍可增加，但与叶面积不成正比关系；当 $LAI > 4 \sim 5$ 时，产量不再增加。各种作物最适 LAI 是不同的，如小麦为5，水稻为7，大豆为3.2。同一种作物在不同的生育期，LAI 也是在变化的，所以要有一个动态的概念。

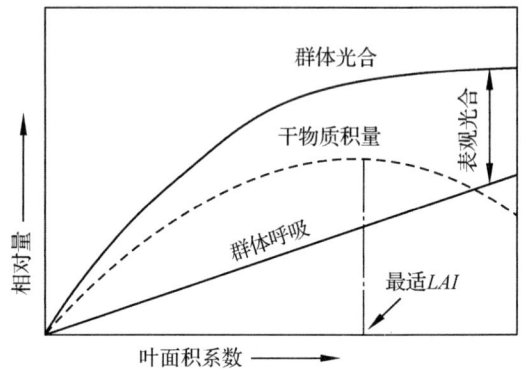

图7-15　LAI 与群体光合作用和呼吸作用的关系

在作物生长前期促进早发，使 LAI 迅速增长；中期稳健生长，适当控制 LAI 增长，像水稻群体结构达到封行不封顶，不披不散，下脚干净利索；到了生育后期，多是作物产量形成期，则要求保持一定的 LAI 和光合速率，延长叶片功能期，早熟不早衰。作物的最适 LAI 又与株型有关。直立叶型 LAI 可以大一些，由于叶面反射出来的光多次折向群体内部，提高光能利用率，也改善株间特别是中下层叶片的光照条件，增加密植程度。

通过合理密植、改变株型等措施，可达到最适的光合面积。种植具有株型紧凑、矮秆、叶直而小且厚、分蘖密集等特征的品种可适当增加密度，提高叶面积系数，充分利用光能，能提高作物群体的光能利用率。

(3) 提高光合效率

光合效率受作物本身的光合特性和外界光、温、水、气和肥等因素影响。在选育光合效率高的作物品种基础上，创造合理的群体结构，改善作物冠层的光、温、水、气条件，才能提高光合效率和光能利用率。例如，在地面上铺设反光薄膜，增加冠层下部的光强；采用遮光措施，避免强光伤害；通过浇水、施肥调控作物的长势；通过增施有机肥，实行秸秆还田，促进微生物分解有机物释放 CO_2 等措施，提高冠层内的 CO_2 浓度。以上措施因能提高光合效率，因而均有可能提高作物的光能利用率。

小　结

绿色植物光合作用在有机物合成、太阳能的蓄积和环境保护等方面起很大作用，是农业生产的基础，在理论和实践上都具有重大意义。

叶片是光合作用的主要器官。叶绿体是进行光合作用的主要细胞器，其双层被膜（特别是内膜）可调节不同物质的进出，其类囊体膜（光合膜）是吸收光能并将之转化为活跃化学能的场所，碳素同化过程在其基质中进行。光合色素包括叶绿素（a 和 b）、类胡萝卜素（胡萝卜素和叶黄素）及藻胆素类。叶绿素的吸收光谱、荧光和磷光现象，说明它可吸收光能、被光激发。

光合作用大致分为原初反应、电子传递和光合磷酸化、碳同化 3 个相互联系的步骤。原初反应包括光能的吸收、传递和光化学反应，通过它把光能转变为电能。电子传递和光合磷酸化则指电能转变为 ATP 和 NADPH（合称同化力）这两种活跃的化学能。活跃的化学能转变为稳定化学能是通过碳同化过程完成的。

碳同化有 3 条途径：C_3 途径、C_4 途径和 CAM 途径。根据碳同化途径的不同，把植物分为 C_3 植物、C_4 植物和 CAM 植物。C_3 途径是所有植物共有的、碳同化的主要形式，其固定 CO_2 的酶是 Rubisco，既可在叶绿体内合成淀粉，也可通过叶绿体被膜上的运转器，以丙糖磷酸形式运出叶绿体，在细胞质中合成蔗糖。C_4 途径和 CAM 途径最后都要再次把 CO_2 释放出来，参与 C_3 途径。C_4 途径和 CAM 途径固定 CO_2 的酶都是 PEPCase，其对 CO_2 的亲和力大于 Rubisco。C_4 途径起着 CO_2 泵的作用；CAM 途径的特点是夜间气孔开放，吸收并固定 CO_2 形成苹果酸，昼间气孔关闭，利用夜间形成的苹果酸脱羧所释放的 CO_2，通过 C_3 途径形成糖。这是在长期进化过程中形成的适应性。

光呼吸是绿色细胞吸收氧气放出 CO_2 的过程，其底物是 C_3 途径中间产物 RuBP 加氧形成的乙醇酸。整个乙醇酸途径依次在叶绿体、过氧化体和线粒体中进行。C_3 植物有较高的光呼吸，C_4 植物光呼吸不明显。某些植物的形态解剖结构和生理生化特性介于 C_3 和 C_4 植物之间，称为 $C_3 - C_4$ 中间型植物。

植物光合速率因植物种类品种、生育期、光合产物积累等的不同而有异，也受光照、CO_2、温度、水分、矿质元素等环境条件的影响。这些环境因素对光合的影响不是孤立的，而是相互联系、共同作用的。在一定范围内，各种条件越适宜，光合速率就越高。

目前植物光能利用率还很低。作物现有的产量与理论值相差甚远，所以增产潜力很大。要提高光能利用率，就应减少漏光等造成的光能损失和提高光能转化率，主要通过适当增加光合面积、延长光合时间、提高光合效率、提高经济系数和减少光合产物消耗。

思考题

1. 名词解释

光合作用　光合速率　净光合速率　表观光合速率　光合生产力　类囊体　基粒　光合有效辐射　吸收光谱　荧光现象　磷光现象　原初反应　量子产额　量子需要量　光合单位　反应中心色素　聚光色素　红降　双光增益效应　光合电子传递链　放氧复合体　质体醌　光合磷酸化　偶联因子　同化力　希尔反应　C_3 途径　C_3 植物　C_4 途径　C_4 植物　CAM 途径　CAM 植物　光呼吸　光饱和点　光补偿点　光合作用的光抑制　CO_2 饱和点　CO_2 补偿点　光能利用率　生物产量　经济产量　经济系数　叶面积系数

2. 试述光合作用的意义。

3. 试述叶绿体的结构与功能的关系。

4. 叶绿素分子具有哪些化学性质？

5. 质体醌与一般光合电子传递体有何区别？

6. 试区别：环式光合磷酸化与非环式光合磷酸化，氧化磷酸化与光合磷酸化，PS Ⅰ 与 PS Ⅱ，光呼吸与暗呼吸，C_3 途径与 C_4 途径，C_4 植物与 C_3 植物。

7. C_3 途径分为哪几个主要阶段？各阶段的主要特征是什么？

8. 试述 C_4 植物光合碳代谢与叶片结构的关系。

9. C_4 途径和 CAM 途径有何异同点？

10. 试述植物光合碳代谢多样性的意义。

11. 你认为光呼吸的生理功能是什么？

12. 什么叫做光能利用率？一般作物光能利用率较低的原因有哪些？

13. 试述提高作物光能利用率的途径。

14. 光照、CO_2、温度如何影响光合作用？

15. 为什么要注意作物通风透光？

第8章 呼吸作用

8.1 呼吸作用概述

8.1.1 呼吸作用的概念与类型

呼吸作用（respiration）是指一切生活细胞内的有机物，在一系列酶的参与下，逐步氧化分解成简单物质，并释放能量的过程。呼吸作用是一切生活细胞的共同特征，呼吸停止，也就意味着生命的终止。呼吸作用中被氧化的有机物称为呼吸底物（respiratory substrate）。糖类、脂肪、蛋白质、氨基酸、有机酸等都可以作为呼吸底物。

依据呼吸过程中是否有氧参与，可将呼吸作用分为有氧呼吸（aerobic respiration）和无氧呼吸（anaerobic respiration）两大类型。

有氧呼吸是指生活细胞利用分子氧（O_2），将体内的某些有机物质彻底氧化分解，形成CO_2和H_2O，同时释放能量的过程。葡萄糖是细胞呼吸过程通常利用的物质，其总反应式可表示为：

$$C_6H_{12}O_6 + 6O_2 \longrightarrow 6CO_2 + 6H_2O + 能量（2870 \ kJ \cdot mol^{-1}）$$

有氧呼吸是植物进行呼吸的主要形式，通常所说的呼吸作用，就是指有氧呼吸。物质的燃烧与有氧呼吸有别。燃烧时，有机物被剧烈氧化散热，而在呼吸作用中氧化过程则分为许多步骤进行，能量是逐步释放的，一部分转移到 ATP 和 NADH 分子中，成为随时可利用的储备能，另一部分则以热的形式放出。水稻浸种催芽时，谷堆里的发热现象便是由于种子萌发时进行旺盛呼吸作用所引起的。

无氧呼吸一般指生活细胞在无氧条件下利用有机物分子内部的氧，把某些有机物分解成为不彻底的氧化产物，同时释放能量的过程。无氧呼吸也称发酵（fermentation），如酵母菌，在无氧条件下进行酒精发酵（乙醇发酵）（alchol fermentation）（见图 8-1），其反应式如下：

$$C_6H_{12}O_6 \longrightarrow 2C_2H_5OH + 2CO_2 + 能量 （226 \ kJ \cdot mol^{-1}）$$

高等植物也可发生酒精发酵，例如，一些体型较大的器官组织深层（如苹果果实内部），稻种催芽时谷堆内部的谷芽由于局部缺氧，常进行酒精发酵。

此外，乳酸菌在无氧条件下会产生乳酸（lactate），这种作用称为乳酸发酵（lactate fermentation）（图 8-1），其反应式如下：

$$C_6H_{12}O_6 \longrightarrow 2CH_3CHOHCOOH + 能量 （197 \ kJ \cdot mol^{-1}）$$

高等植物也可发生乳酸发酵，例如，马铃薯块茎、甜菜块根、玉米胚在进行无氧呼吸时就产生乳酸。

从生物进化角度来讲，无氧呼吸是生物处在远古时的呼吸方式。现今高等植物的呼吸类型主要是有氧呼吸，但仍保留着进行无氧呼吸能力。例如，深层组织或植物遇到淹水时，可进行短时期的无氧呼吸以适应逆境条件。植物若长期进行无氧呼吸就会受到伤害，甚至死亡。

8.1.2　呼吸作用的意义

（1）为植物生命活动提供所需能量

绿色植物进行光合作用把光能转化成为化学能，并贮藏在有机物中，而呼吸作用则将有机物质通过一系列生物氧化过程，使其中的化学能在分解过程中逐步释放出来，一部分以 ATP 形式暂时贮存起来。当 ATP 分解时，就把贮藏的能量再释放出来，提供给植物体内各种需能生理过程（如细胞的分裂和伸长，有机物的合成和运输等）。

（2）为合成有机物提供原料

呼吸作用在分解有机物质过程中会产生一些化学性质十分活跃的中间产物（如丙酮酸、苹果酸等）和 NADH，NADPH，它们可用以合成蛋白质、脂肪、核酸等重要有机化合物。这些中间产物也可通过呼吸作用转化为其他物质。因此，可以说呼吸作用是植物体内有机物质代谢的中心。

（3）增强植物的抗病性和免疫力

植物可依靠呼吸作用氧化分解病原微生物所分泌的毒素，以消除其毒性。植物受伤或受到病菌侵染时，也通过旺盛的呼吸，促进伤口愈合，使伤口迅速木质化或栓质化，以减少病菌的侵染。呼吸作用的加强还可促进具有杀菌作用的绿原酸、咖啡酸等的合成，以增强植物的免疫力。

8.2　呼吸底物的氧化途径

高等植物呼吸代谢具有多样性。不同植物或不同组织器官的呼吸底物可能有所不同，但糖的分解代谢是主要方式。糖的分解就是指糖的氧化。

8.2.1　糖酵解

糖酵解（glycolysis）是葡萄糖经 1,6 – 二磷酸果糖和 3 – 磷酸甘油酸转变为丙酮酸，同时产生 ATP 的一系列反应。这一过程无论在有氧或无氧的条件下均可进行，是所有生物体进行葡萄糖分解代谢所必须经过的共同阶段。在糖酵解研究中，有 3 位德国生物化学家：Gustav Embden，Otto Meyerhof，Jacob Parnas 的贡献最大，因此，糖酵解过程又称为 Embden – Meyerhof – Parnas 途径（EMP pathway）。

8.2.1.1　糖酵解过程

糖酵解在细胞质中进行。其过程从葡萄糖开始，共包括 10 步反应，这 10 个步骤可划分为 4 个阶段：即己糖的磷酸化、磷酸己糖的裂解、氧化脱氢及 ATP 和丙酮酸的生成。

（1）己糖的磷酸化

这一阶段包括 3 步反应：

①葡萄糖的磷酸化　葡萄糖被 ATP 磷酸化形成葡萄糖 – 6 – 磷酸（glucose – 6 – phosphate，

G-6-P)，即第一个磷酸化反应，这个反应由己糖激酶(hexokinase)催化。己糖激酶是从 ATP 转移磷酸基团到各种六碳糖上去的酶，该酶是糖酵解过程中的第一个调节酶，催化的这个反应是不可逆的。

如果底物是淀粉，则在淀粉磷酸化酶催化下形成葡萄糖-1-磷酸(glucose-1-phosphate，G-1-P)，再由磷酸葡萄糖变位酶催化形成葡萄糖-6-磷酸(G-6-P)。

②6-磷酸果糖的生成　这是磷酸己糖的同分异构化反应，由磷酸葡萄糖异构酶(glucose phosphate isomerase)催化6-磷酸葡萄糖异构化为6-磷酸果糖(6-P-F)，即醛糖转变为酮糖。

③1,6-二磷酸果糖的生成　6-磷酸果糖被 ATP 磷酸化为1,6-二磷酸果糖，即第二个磷酸化反应，这个反应由磷酸果糖激酶(phosphofructokinase)催化，是糖酵解过程中的第二个不可逆反应。磷酸果糖激酶是一种变构酶，此酶的活力水平严格地控制着糖酵解的速率。

在这一阶段中，通过两次磷酸化反应，消耗2分子 ATP，将葡萄糖活化为1,6-二磷酸果糖，为裂解成2分子磷酸丙糖作准备，可称为耗能的糖活化阶段。

(2)磷酸己糖的裂解

第二阶段反应是1,6-二磷酸果糖裂解为2分子磷酸丙糖以及磷酸丙糖的相互转化，此阶段包括2步反应。

①1,6-二磷酸果糖的裂解　1,6-二磷酸果糖裂解为3-磷酸甘油醛和磷酸二羟丙酮，反应由醛缩酶(aldolase)催化。醛缩酶的名称取自于其逆向反应的性质，即醛醇缩合反应。

②磷酸丙糖的同分异构化　磷酸二羟丙酮不能继续进入糖酵解途径，但它可以在磷酸丙糖异构酶的催化下迅速异构化为3-磷酸甘油醛，3-磷酸甘油醛可以直接进入糖酵解的后续反应。所以1分子1,6-二磷酸果糖形成了2分子3-磷酸甘油醛。

(3)3-磷酸甘油酸和第一个 ATP 的生成

在第三阶段中，3-磷酸甘油醛氧化脱氢，释放能量，产生第一个 ATP 分子，包括2步反应。

①1,3-二磷酸甘油酸的生成　在有 NAD^+ 和 H_3PO_4 时，3-磷酸甘油醛被3-磷酸甘油醛脱氢酶催化，进行氧化脱氢，生成1,3-二磷酸甘油酸。该反应是糖酵解中唯一的一次氧化还原反应，同时又是磷酸化反应。在这步反应中产生了一个高能磷酸化合物，同时 NAD^+ 被还原为 NADH。

②3-磷酸甘油酸和第一个 ATP 的生成　磷酸甘油酸激酶催化1,3-二磷酸甘油酸分子 C_1 上高能磷酸基团到 ADP 上，生成3-磷酸甘油酸和 ATP。3-磷酸甘油醛氧化产生的高能中间物将其高能磷酸基团直接转移给 ADP 生成 ATP，这是糖酵解中第一次产生能量 ATP 的反应，而且这种 ATP 的生成方式是底物水平的磷酸化。因为1分子葡萄糖分解为2分子的三碳糖，实际产生2分子 ATP，这样就抵消了在第一阶段中葡萄糖的磷酸化所消耗的2分子 ATP。

(4)丙酮酸和第二个 ATP 的生成

第四阶段包括3个步骤，最后生成丙酮酸和第二分子 ATP。

①3-磷酸甘油酸异构化为2-磷酸甘油酸　磷酸甘油酸变位酶催化3-磷酸甘油酸 C_3 上的磷酸基团转移到分子内的 C_2 原子上，生成2-磷酸甘油酸。该反应实际是分子内的重排，磷酸基团位置的移动。

②磷酸烯醇式丙酮酸的生成 在有 Mg^{2+} 或 Mn^{2+} 存在的条件下，由烯醇化酶(enolase)催化 2-磷酸甘油酸脱去一分子水，生成磷酸烯醇式丙酮酸(phosphoenolpyruvate，PEP)。这一脱水反应，使分子内部能量重新分布，C_2 上的磷酸基团转变为高能磷酸基团，因此，磷酸烯醇式丙酮酸是高能磷酸化合物，而且非常不稳定。

③丙酮酸和第二个 ATP 的生成 在 Mg^{2+} 或 Mn^{2+} 的参与下，丙酮酸激酶催化磷酸烯醇式丙酮酸的磷酸基团转移到 ADP 上，生成烯醇式丙酮酸和 ATP。而烯醇式丙酮酸很不稳定，迅速重排形成丙酮酸。这是糖酵解过程中第二次产生能量 ATP 的反应，这步反应是细胞质中进行糖酵解的第三个不可逆反应。

糖酵解的主要反应概括如表 8-1 和图 8-1。

表 8-1 糖酵解的反应及其相关酶

步 骤	反 应	酶	$\Delta G^{\circ'}$	ΔG
1	葡萄糖 + ATP ⟶ 6-磷酸葡萄糖 + ADP + H^+	己糖激酶	-16.7	-33.5
2	6-磷酸葡萄糖 ⟺ 6-磷酸果糖	磷酸葡萄糖异构酶	+1.67	-2.51
3	6-磷酸果糖 + ATP ⟶ 1,6-二磷酸果糖 + ADP + H^+	磷酸果糖激酶	-14.2	-22.2
4	1,6-二磷酸果糖 ⟺ 磷酸二羟丙酮 + 3-磷酸甘油醛	醛缩酶	+23.8	-1.26
5	磷酸二羟丙酮 ⟺ 3-磷酸甘油醛	磷酸丙糖异构酶	+7.53	+1.67
6	3-磷酸甘油醛 + Pi + NAD^+ ⟺ 1,3-二磷酸甘油酸 + NADH + H^+	3-磷酸甘油醛脱氢酶	+6.28	-2.51
7	1,3-二磷酸甘油酸 + ADP + H^+ ⟺ 3-磷酸甘油酸 + ATP	磷酸甘油酸激酶	-18.8	+1.26
8	3-磷酸甘油酸 ⟺ 2-磷酸甘油酸	磷酸甘油酸变位酶	+4.60	+0.84
9	2-磷酸甘油酸 ⟺ 磷酸烯醇式丙酮酸	烯醇化酶	+1.67	-3.35
10	磷酸烯醇式丙酮酸 + ADP + H^+ ⟶ 丙酮酸 + ATP	丙酮酸激酶	-31.4	-16.7

注：$\Delta G^{\circ'}$ 和 ΔG 是以 $kJ \cdot mol^{-1}$ 为单位；ΔG 为实际的自由能变化，是根据 $\Delta G^{\circ'}$ 和典型的生理条件下已知的反应物浓度计算出来的。

8.2.1.2 糖酵解的意义

在糖酵解过程的起始阶段消耗 2 分子 ATP，形成 1,6-二磷酸果糖，以后在 1,3-二磷酸甘油酸及磷酸烯醇式丙酮酸反应中各生成 2 分子 ATP。因此，糖酵解过程净产生 2 分子 ATP (表 8-2)。

表 8-2 糖酵解中 ATP 的消耗和产生

反 应	产 物	酵解 1 分子葡萄糖的 ATP 变化
葡萄糖	6-磷酸葡萄糖	-1
6-磷酸果糖	1,6-二磷酸果糖	-1
$2 \times 1,3$-二磷酸甘油酸	2×3-磷酸甘油酸	+2
$2 \times$ 磷酸烯醇式丙酮酸	$2 \times$ 丙酮酸	+2
		净变化 +2

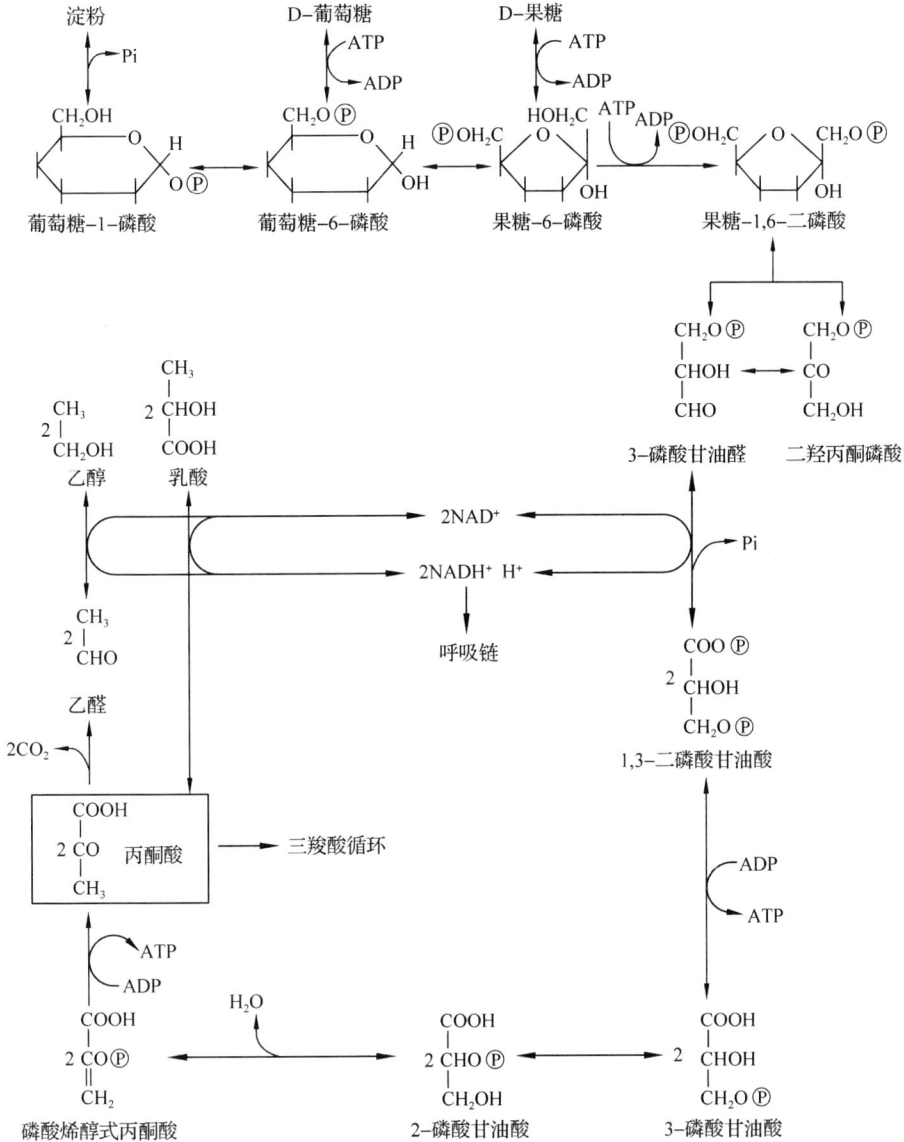

图8-1 糖酵解的代谢途径(含乙醇发酵与乳酸发酵)

生成的2分子 NADH 若进入有氧的彻底氧化途径可产生6分子(原核细胞)或4分子 ATP (真核细胞)。

糖酵解在生物体中普遍存在,从单细胞生物到高等动植物都存在糖酵解过程。并且在无氧及有氧条件下都能进行,是葡萄糖进行有氧或无氧分解的共同代谢途径。通过糖酵解,生物体获得生命活动所需的部分能量。当生物体在相对缺氧如高原氧气稀薄或氧的供应不足如激烈运动时,糖酵解是糖分解的主要形式,也是获得能量的主要方式,但糖酵解只将葡萄糖分解为三碳化合物,释放的能量有限,因此是机体供氧不足或有氧氧化受阻(呼吸、TCA 机能障碍)时补充能量的应急措施。

糖酵解途径中形成的许多中间产物，可作为合成其他物质的原料，如磷酸二羟丙酮可转变为甘油，丙酮酸可转变为丙氨酸或乙酰 – CoA，后者是脂肪酸合成的原料，这样就使糖酵解与蛋白质代谢及脂肪代谢途径联系起来，实现物质间的相互转化。

糖酵解途径除三步不可逆反应外，其余反应步骤均可逆转。

糖酵解生成的终产物丙酮酸如何进一步分解代谢，取决于氧的有无。在无氧条件下，丙酮酸不能进一步氧化，只能进行乳酸发酵或酒精发酵而生成乳酸或乙醇（图 8-1）。在有氧条件下，丙酮酸先氧化脱羧生成乙酰 – CoA，再经三羧酸循环和电子传递链彻底氧化为 CO_2 和 H_2O，并产生大量的 ATP。

8.2.2　三羧酸循环

糖的有氧降解实际上是丙酮酸在有氧条件下，经过三羧酸循环和呼吸电子传递链及氧化磷酸化，生成 CO_2 和 H_2O 及 ATP，进行彻底氧化分解的过程。

三羧酸循环是英国生物化学家克雷布斯（Hans Krebs）于 1937 年提出：在有氧条件下，糖酵解产物丙酮酸氧化脱羧形成乙酰 – CoA，后者通过一个循环被彻底氧化为 CO_2，因而这个循环被称为 Krebs 循环（Krebs cycle），此循环的第一个产物是柠檬酸，又称柠檬酸循环（citric acid cycle），因为柠檬酸有 3 个羧基，所以也称三羧酸循环（tricarboxylic acid cycle，TCAC）。三羧酸循环不仅是糖代谢的主要途径，也是蛋白质、脂肪氧化分解代谢的最终途径，该途径在动植物和微生物细胞中普遍存在。这是生物化学领域中一项经典性成就，为此克雷布斯于 1953 年获诺贝尔医学生理学奖。催化三羧酸循环各步反应的酶类存在于线粒体的基质（matrix）中，因此三羧酸循环进行的场所是线粒体。

8.2.2.1　丙酮酸的氧化脱羧

糖酵解产物丙酮酸在有氧条件下进入线粒体内形成乙酰 – CoA，催化此反应的酶是丙酮酸脱氢酶复合体（pyruvate dehydrogenase complex），位于线粒体内膜上。丙酮酸脱氢酶复合体由丙酮酸脱氢酶、二氢硫辛酸转乙酰酶和二氢硫辛酸脱氢酶 3 种酶组成，需要 TPP，硫辛酸，CoA – SH，FAD，NAD^+ 及 Mg^{2+} 6 种辅助因子的参与；受产物 NADH，ATP 等的反馈抑制。

乙酰 – CoA 可进入三羧酸循环被彻底氧化分解。该反应既脱氢又脱羧，故称氧化脱羧，它本身不属于三羧酸循环，而是连接糖酵解与三羧酸循环的桥梁与纽带，是丙酮酸进入三羧酸循环的必经之路。广义的三羧酸循环则包括了丙酮酸的氧化脱羧过程。

$$丙酮酸 + NAD^+ + CoA – SH \longrightarrow 乙酰 – CoA + CO_2 + NADH + H^+$$

8.2.2.2　三羧酸循环的反应过程

在有氧条件下，乙酰 – CoA 中的乙酰基经过三羧酸循环被彻底氧化为 CO_2 和 H_2O，整个过程包括合成、加水、脱氢、脱羧等 8 步反应，如果加上丙酮酸的氧化脱羧则共有 9 步反应。

（1）丙酮酸氧化脱羧生成乙酰 – CoA

形成的乙酰 – CoA 进入三羧酸循环。

（2）乙酰 – CoA 与草酰乙酸缩合生成柠檬酸

在柠檬酸合成酶（citrate synthetase）的催化下，乙酰 – CoA 与草酰乙酸缩合生成柠檬酸 –

CoA，然后高能硫酯键水解形成 1 分子柠檬酸并释放 CoA－SH，放出大量能量使反应不可逆。

（3）柠檬酸异构化生成异柠檬酸

柠檬酸先脱水生成顺乌头酸，然后再加水生成异柠檬酸。反应由顺乌头酸酶（cis－aconitase）催化。

（4）异柠檬酸生成 α－酮戊二酸

这一反应可分两段。

①异柠檬酸氧化脱氢生成草酰琥珀酸　反应是在异柠檬酸脱氢酶（isocitrate dehydrogenase）的催化下，异柠檬酸被氧化脱氢，生成草酰琥珀酸中间产物，这是三羧酸循环的第一次氧化还原反应。

②草酰琥珀酸脱羧生成 α－酮戊二酸中间物草酰琥珀酸是一个不稳定的 α－酮酸，迅速脱羧生成 α－酮戊二酸。异柠檬酸脱氢酶有两种，一种以 NAD^+ 为辅酶，另一种则以 $NADP^+$ 为辅酶。对 NAD^+ 专一的酶位于线粒体中，它是三羧酸循环中重要的酶。对 $NADP^+$ 专一的酶既存在于线粒体中，也存在于细胞质中，它有着不同的代谢功能。

（5）α－酮戊二酸氧化脱羧生成琥珀酰－CoA

这是三羧酸循环中第二个氧化脱羧反应，由 α－酮戊二酸脱氢酶复合体（α－ketogltarate dehydrogenase complex）催化，该步反应释放出大量能量，为不可逆反应，产生 1 分子 NADH＋H^+ 和 1 分子 CO_2。

α－酮戊二酸脱氢酶复合体与丙酮酸脱氢酶系的结构和催化机制相似，由 α－酮戊二酸脱氢酶、转琥珀酰酶和二氢硫辛酸脱氢酶 3 种酶组成；都是氧化脱羧反应，也需要 TPP，硫辛酸，CoA－SH，FAD，NAD^+ 及 Mg^{2+} 6 种辅助因子的参与；并同样受产物 NADH、琥珀酰－CoA 及 ATP、GTP 的反馈抑制。

（6）琥珀酰－CoA 生成琥珀酸

琥珀酰－CoA 含有一个高能硫酯键，是高能化合物，在琥珀酸硫激酶催化下，高能硫酯键水解释放的能量使 GDP 磷酸化生成 GTP，同时生成琥珀酸。GTP 很容易将磷酸基团转移给 ADP 形成 ATP。这是三羧酸循环中唯一的底物水平磷酸化直接产生高能磷酸化合物的反应。

（7）琥珀酸氧化生成延胡索酸

在琥珀酸脱氢酶的催化下，琥珀酸被氧化脱氢生成延胡索酸，酶的辅基 FAD 是氢受体，这是三羧酸循环中的第三次氧化还原反应。这一反应产物为延胡索酸（反丁烯二酸）。丙二酸、戊二酸等是琥珀酸脱氢酶的竞争性抑制剂。

（8）延胡索酸加水生成苹果酸

在延胡索酸酶的催化下，延胡索酸水化生成苹果酸。

（9）苹果酸氧化生成草酰乙酸

在苹果酸脱氢酶的催化下，苹果酸氧化脱氢生成草酰乙酸，NAD^+ 是氢受体，这是三羧酸循环中的第四次氧化还原反应，也是循环的最后一步反应。

至此，草酰乙酸得以再生，又可接受进入循环的乙酰－CoA 分子，进行下一轮三羧酸循环反应。三羧酸循环的整个反应历程如图 8-2，催化各步反应的酶概括为表 8-3。

三羧酸循环的总反应式为：

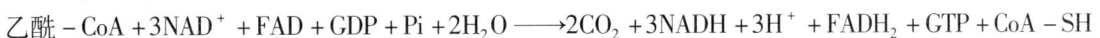

乙酰－CoA ＋3NAD^+ ＋FAD＋GDP＋Pi＋2H_2O ——→ 2CO_2 ＋3NADH＋3H^+ ＋$FADH_2$ ＋GTP＋CoA－SH

表 8-3　三羧酸循环的反应(含丙酮酸的氧化脱羧)

步骤	反　应	酶	辅酶因素
1	丙酮酸 + CoA + NAD$^+$ ⟶ 乙酰 − CoA + CO$_2$ + NADH + H$^+$	丙酮酸脱氢酶系	
2	乙酰 − CoA + 草酰乙酸 + H$_2$O ⟹ 柠檬酸 + CoA − SH	柠檬酸合酶	CoA − SH
3	柠檬酸 ⟹ 异柠檬酸	乌头酸酶	Fe^{2+}
4	异柠檬酸 + NAD$^+$ ⟶ 草酰琥珀酸 + NADH + H$^+$	异柠檬酸脱氢酶	NAD$^+$，Mg^{2+}
	草酰琥珀酸 ⟶ α − 酮戊二酸 + CO$_2$		—
5	α − 酮戊二酸 + CoASH + NAD$^+$ ⟶ 琥珀酰 − CoA + NADH + H$^+$ + CO$_2$	α − 酮戊二酸脱氢酶系	CoASH，NAD$^+$，硫辛酸，TPP，FAD，Mg^{2+}
6	琥珀酰 − CoA + GDP + Pi ⟹ GTP + 琥珀酸 + CoASH	琥珀酸硫激酶	CoA − SH，GDP，GTP
7	琥珀酸 + FAD − 酶 ⟹ 延胡索酸 + FADH$_2$ − 酶	琥珀酸脱氢酶	FAD
8	延胡索酸 + H$_2$O ⟹ 苹果酸	延胡索酸酶	—
9	苹果酸 + NAD$^+$ ⟹ 草酰乙酸 + NADH + H$^+$	苹果酸脱氢酶	NAD$^+$

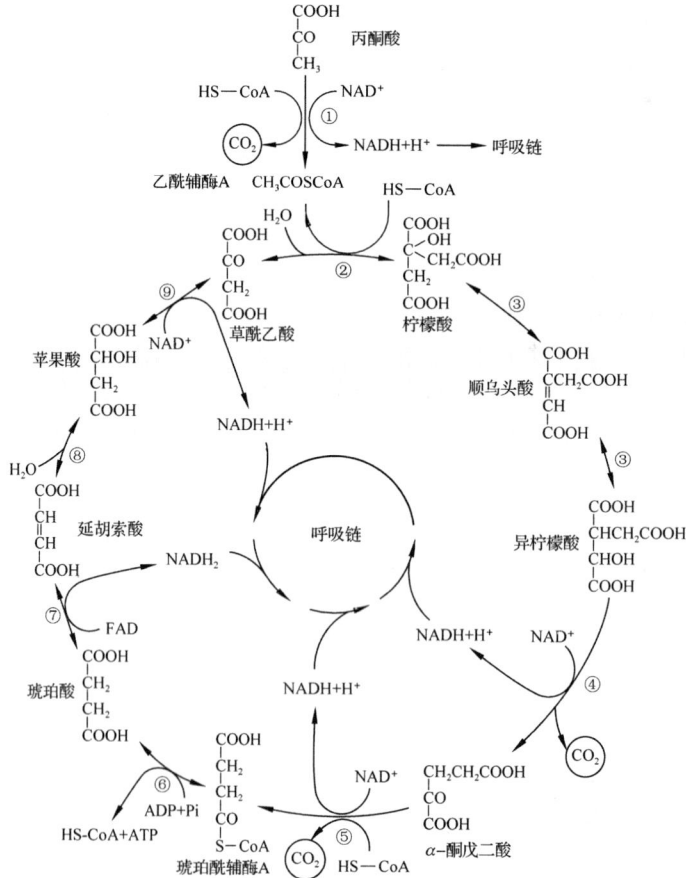

图 8-2　三羧酸循环的反应

参加各反应的酶：①丙酮酸脱氢酶复合体　②柠檬酸合成酶或称缩合酶　③顺乌头酸酶　④异柠檬酸脱氢酶
⑤α − 酮戊二酸脱氢酶复合体　⑥琥珀酸硫激酶　⑦琥珀酸脱氢酶　⑧延胡索酸酶　⑨苹果酸脱氢酶

8.2.2.3 三羧酸循环的特点

①乙酰–CoA 进入三羧酸循环后，两个碳原子被氧化成 CO_2 离开循环；而且在 α–酮戊二酸脱羧之前的反应为三羧酸反应，释放 1 个 CO_2，在其之后的为二羧酸反应，释放 1 个 CO_2。加上丙酮酸的氧化脱羧，这样每一次循环意味着丙酮酸的 3 个碳原子被彻底氧化成 CO_2。

②在整个循环中消耗了 2 分子水，1 分子用于合成柠檬酸，另 1 分子用于延胡索酸的水合作用。实际上在琥珀酰–CoA 硫激酶催化的反应中 GDP 磷酸化所释放的水也用于高能硫酯键的水解。水的加入相当于向中间物加入了氧原子，促进了还原性碳原子的氧化。

③三羧酸循环 4 个氧化还原反应中各脱下 1 对氢原子，其中 3 对氢原子交给 NAD^+，生成 $NADH+H^+$，另 1 对氢原子交给 FAD 生成 $FADH_2$。加上丙酮酸的氧化还原反应，共脱下 5 对氢原子。

④在琥珀酰–CoA 生成琥珀酸时，偶联有底物水平磷酸化生成 1 分子 GTP（植物中为 ATP），能量来自琥珀酰–CoA 的高能硫酯键。

⑤$NADH+H^+$ 和 $FADH_2$ 在电子传递链中被氧化，在电子经过电子传递体传递给 O_2 时偶联 ATP 的生成。在线粒体中每个 $NADH+H^+$ 产生 3 个 ATP，每个 $FADH_2$ 产生 2 个 ATP，再加上直接生成的 1 分子 GTP，1 分子乙酰–CoA 通过三羧酸循环被氧化共产生 12 个 ATP。加上丙酮酸的氧化脱羧生成 $NADH+H^+$，共产生 15 个 ATP。

⑥分子氧并不直接参与三羧酸循环，但三羧酸循环只能在有氧条件下才能进行，因为只有当电子传递给分子氧时，NAD^+ 和 FAD 才能再生；如果没有氧，NAD^+ 和 FAD 不能再生，三羧酸循环就不能继续进行，因此，三羧酸循环是严格需氧的。这一点与糖酵解不同，糖酵解既有需氧方式也有不需氧方式，因为丙酮酸转变为乳酸时 NAD^+ 可以再生。

8.2.2.4 三羧酸循环的生物学意义

生物界中的动物、植物及微生物都普遍存在三羧酸循环途径，所以三羧酸循环具有普遍的生物学意义。

（1）是机体将糖或其他物质氧化而获得能量的最有效方式

在糖代谢中，糖经此途径氧化产生的能量最多。每分子葡萄糖经有氧氧化生成 H_2O 和 CO_2 时，可净生成 38 分子 ATP（原核生物）或 36 分子 ATP（真核生物）。

（2）是糖、脂和蛋白质等物质代谢与转化的枢纽

三羧酸循环的中间产物如草酰乙酸、α–酮戊二酸、丙酮酸、乙酰–CoA 等是合成糖、氨基酸、脂肪等的原料。三羧酸循环也是糖、蛋白质和脂肪等彻底氧化分解的共同途径：蛋白质水解的产物如谷氨酸、天冬氨酸、丙氨酸等脱氨后或转氨后的碳架要通过三羧酸循环才能被彻底氧化；脂肪分解后的产物脂肪酸经 β–氧化后生成乙酰–CoA 以及甘油，也要经过三羧酸循环而被彻底氧化。

在植物体内，三羧酸循环中间产物如柠檬酸、苹果酸等既是生物氧化基质，也是一定生长发育时期特定器官中的积累物质，如柠檬、苹果分别富含柠檬酸和苹果酸。

三羧酸循环的速率受到精细的调节控制以适应细胞对 ATP 的需要。循环过程的多个反应是可逆的，但柠檬酸的合成及 α - 酮戊二酸的氧化脱羧这两步反应不可逆，因此整个循环只能单方向进行。

8.2.3 磷酸戊糖途径

糖的无氧酵解和有氧氧化过程是生物体内糖分解代谢的主要途径，但并非唯一途径。在组织匀浆中加入糖酵解的抑制剂，如碘乙酸或氟化钠后，糖酵解过程被抑制，但葡萄糖仍有一定量的消耗，说明葡萄糖还有其他分解代谢途径。用同位素 ^{14}C 分别标记葡萄糖 C_1 和 C_6，如果糖酵解是唯一代谢途径，由于己糖裂解生成两分子磷酸丙糖，那么 $^{14}C_1$ - 葡萄糖和 $^{14}C_6$ - 葡萄糖生成 $^{14}CO_2$ 的分子数应相等，但实验表明 $^{14}C_1$ 更容易氧化成 $^{14}CO_2$，这就更直接证明了其他代谢途径的存在。这就是磷酸戊糖途径(pentose phosphate pathway，PPP)，又称磷酸己糖支路(hexose monophosphate pathway shunt，HMP 或 HMS)。磷酸戊糖途径的主要特点是葡萄糖直接氧化脱氢和脱羧，不必经过糖酵解和三羧酸循环，脱氢酶的辅酶不是 NAD^+ 而是 $NADP^+$，产生的 NADPH 作为还原力以供生物合成用，而不是传递给 O_2，无 ATP 的直接产生与消耗。

8.2.3.1 磷酸戊糖途径的化学历程

磷酸戊糖途径在细胞溶质中进行，整个途径可分为氧化阶段和非氧化阶段：氧化阶段从 6 - 磷酸葡萄糖氧化开始，直接氧化脱氢脱羧形成 5 - 磷酸核糖；非氧化阶段是磷酸戊糖分子在转酮酶和转醛酶的催化下互变异构及重排，产生 6 - 磷酸果糖和 3 - 磷酸甘油醛，此阶段产生中间产物 C_3，C_4，C_5，C_6 和 C_7 糖(图 8-3)。

(1)不可逆的氧化脱羧阶段

第一阶段包括 3 种酶催化的 3 步反应，即脱氢、水解和脱氢脱羧反应。是不可逆的氧化阶段，由 $NADP^+$ 作为氢的受体，脱去 1 分子 CO_2，生成五碳糖。

①脱氢反应 在 6 - 磷酸葡萄糖脱氢酶(glucose - 6 - phosphate dehydrogenase)作用下，以 $NADP^+$ 为辅酶，催化 6 - 磷酸葡萄糖脱氢，生成 6 - 磷酸葡萄糖内酯及 NADPH。

②水解反应 在 6 - 磷酸葡萄糖酸内酯酶(6 - phosphogluconolactonase)催化下，6 - 磷酸葡萄糖内酯水解，生成 6 - 磷酸葡萄糖酸。

③脱氢脱羧反应 在 6 - 磷酸葡萄糖酸脱氢酶(6 - phosphogluconate dehydrogenase)作用下，以辅酶 $NADP^+$ 为氢受体，催化 6 - 磷酸葡萄糖酸氧化脱羧，生成 5 - 磷酸核酮糖和另一分子 NADPH。

(2)可逆的非氧化分子重排阶段

第二阶段是可逆的非氧化阶段，包括异构化、转酮反应和转醛反应，使糖分子重新组合。

①磷酸戊糖的异构化反应 磷酸核糖异构酶(phosphoriboisomerase)催化 5 - 磷酸核酮糖转变为 5 - 磷酸核糖，而磷酸戊酮糖表异构酶(phosphoketopentose epimerase)催化 5 - 磷酸核酮糖转变为 5 - 磷酸木酮糖。

②转酮反应 转酮酶(transketolase)催化 5 - 磷酸木酮糖上的乙酮醇基(羟乙酰基)转移到 5 - 磷酸核糖的第一个碳原子上，生成 3 - 磷酸甘油醛和 7 - 磷酸景天庚酮糖。在此，转酮酶转移一个二碳单位，二碳单位的供体是酮糖，而受体是醛糖。

转酮酶以硫胺素焦磷酸(TPP)为辅酶，其作用机理与丙酮酸脱氢酶系中 TPP 类似。

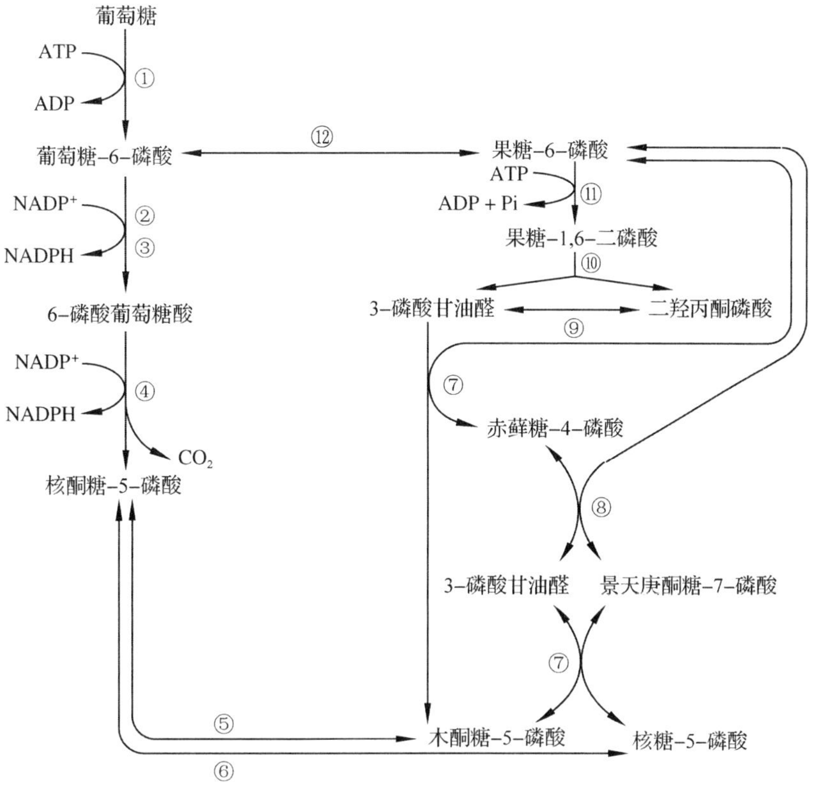

图 8-3　磷酸戊糖途径的反应

①己糖激酶　②葡萄糖 – 6 – 磷酸脱氢酶　③葡萄糖 – 6 – 磷酸内酯酶　④葡萄糖磷酸
脱氢酶　⑤核酮糖磷酸异构酶　⑥核糖磷酸异构酶　⑦转酮醇酶　⑧转醛醇酶　⑨己
糖磷酸异构酶　⑩醛缩酶　⑪磷酸果糖激酶　⑫己糖磷酸异构酶

③转醛反应　转醛酶(transaldolase)催化 7 – 磷酸景天庚酮糖上的二羟丙酮基转移给 3 – 磷
酸甘油醛，生成 4 – 磷酸赤藓糖和 6 – 磷酸果糖。转醛酶转移一个三碳单位，三碳单位的供体
也是酮糖，而受体是也醛糖。

④转酮反应　转酮酶催化 5 – 磷酸木酮糖上的乙酮醇基（羟乙酰基）转移到 4 – 磷酸赤藓糖
的第一个碳原子上，生成 3 – 磷酸甘油醛和 6 – 磷酸果糖。此步反应与第 5 步相似，转酮酶转
移的二碳单位供体是酮糖，受体是醛糖。

⑤磷酸己糖的异构化反应　6 – 磷酸果糖经异构化形成 6 – 磷酸葡萄糖。

8.2.3.2　磷酸戊糖途径的生物学意义

磷酸戊糖途径是生物中普遍存在的一种糖代谢途径，具有多种生物学意义。

(1)为细胞的各种合成反应提供还原力

产生的大量 $NADPH + H^+$ 作为氢和电子供体，是脂肪酸的合成，非光合细胞中硝酸盐、亚
硝酸盐的还原，氨的同化，以及丙酮酸羧化还原成苹果酸等反应所必需的。

（2）中间产物为许多化合物的合成提供原料

如 5 - 磷酸核糖是合成核苷酸的原料，也是 NAD^+，$NADP^+$，FAD 等的组分；4 - 磷酸赤藓糖可与糖酵解产生的中间产物磷酸烯醇式丙酮酸合成莽草酸，最后合成芳香族氨基酸。此外，核酸的降解产物核糖也需由磷酸戊糖途径进一步分解。所以磷酸戊糖途径与核酸及蛋白质的代谢联系密切。

（3）与光合作用有密切关系

在磷酸戊糖途径的非氧化重排阶段中，一系列中间产物 C_3，C_4，C_5，C_7 及酶类与光合作用中卡尔文循环的大多数中间产物和酶相同，因而可以和光合作用联系起来，相互沟通。

（4）与糖的有氧、无氧分解相互联系

磷酸戊糖途径中间产物 3 - 磷酸甘油醛是 3 种代谢途径的枢纽。如果磷酸戊糖途径受阻，3 - 磷酸甘油醛则进入无氧或有氧分解途径，反之，如果用碘乙酸抑制 3 - 磷酸甘油醛脱氢酶，使糖酵解和三羧酸循环不能进行，3 - 磷酸甘油醛则进入磷酸戊糖途径。磷酸戊糖途径在整个代谢过程中没有氧的参与，但可使葡萄糖降解，这在种子萌发的初期作用很大；植物感病或受伤时，磷酸戊糖途径增强，所以该途径与植物的抗病能力有一定关系。糖分解途径的多样性，是物质代谢上所表现出的生物对环境的适应性。

通常，磷酸戊糖途径在机体内可与三羧酸循环同时进行，但在不同生物及不同组织器官中所占比例不同。如在植物中，有时可占 50% 以上，在动物及多种微生物中约有 30% 的葡萄糖经此途径氧化。

8.3　电子传递与氧化磷酸化

生物氧化（biological oxidation）是发生在生物体内的氧化还原反应，因而有别于体外的直接氧化。体外燃烧或纯化学的氧化，一般是在高温、高压、强酸、强碱条件下短时间内完成，并伴随着大量能量的急剧释放。而生物氧化则是在生活细胞内、常温、常压、接近中性的 pH 和有水的环境下，由一系列的酶、辅酶、辅基以及中间传递体的共同作用下逐步完成的，氧化反应分阶段进行，能量也是逐步释放的。生物氧化过程中释放的能量通常被偶联的磷酸化反应所利用，暂时贮存在高能磷酸化合物（如 ATP，GTP 等）中，以满足需能生理过程的需要。

在 EMP-TCA 循环中只有 CO_2 的形成，而未涉及水的产生，绝大部分能量还贮存在 NADH 和 $FADH_2$ 中，尚未转移到 ATP 高能磷酸键中，这些过程经呼吸作用的电子传递和氧化磷酸化而实现。

8.3.1　电子传递链

代谢物上的氢原子被脱氢酶激活脱落后，经过一系列的传递体，最后传递给被激活的氧分子而生成水的全部体系称为电子传递链（electron transport chain，ETC）或电子传递体系，又称呼吸链（respiratory chain）。

8.3.1.1　电子传递链的组成及功能

电子传递链主要由 5 类电子传递体组成，它们是：烟酰胺脱氢酶类、黄素脱氢酶类、铁硫蛋白类、细胞色素类及辅酶 Q（又称泛醌）。它们都是疏水性分子。除脂溶性辅酶 Q 外，其他组分都是结合蛋白质，通过其辅基的可逆氧化还原传递电子。

（1）烟酰胺脱氢酶类

烟酰胺脱氢酶类（nicotinamine dehydrogenases）以 NAD^+ 和 $NADP^+$ 为辅酶，在代谢中这类酶有 200 多种。这类酶催化脱氢时，其辅酶 NAD^+ 或 $NADP^+$ 先与酶的活性中心结合，然后再脱下来。它与代谢物脱下的氢结合而还原成 NADH 或 NADPH。当有受氢体存在时，NADH 或 NADPH 上的氢可被脱下而氧化为 NAD^+ 或 $NADP^+$。其递氢机制是：当其接受代谢物脱下的一对氢原子时，就由氧化型（NAD^+ 或 $NADP^+$）变为还原型（$NADH + H^+$ 或 $NADPH + H^+$）。这种转移是可逆的。

在糖代谢中，许多底物脱氢是由以 NAD^+ 或 $NADP^+$ 为辅酶的脱氢酶催化的，如异柠檬酸脱氢酶、苹果酸脱氢酶、丙酮酸脱氢酶、α - 酮戊二酸脱氢酶、乳酸脱氢酶、3 - 磷酸甘油醛脱氢酶等。

$$NAD^+（NADP^+）+ 2H \Longrightarrow NADH（NADPH）+ H^+$$

（2）黄素脱氢酶类

黄素脱氢酶类（flavin dehydrogenases）是以 FMN 或 FAD 作为辅基。FMN 或 FAD 与酶蛋白结合是较牢固的。这些酶所催化的反应是将底物脱下的一对氢原子直接传递给 FMN 或 FAD 而形成 $FMNH_2$ 或 $FADH_2$。其传递氢的机制是 FMN 或 FAD 的异咯嗪环上第 1 位及第 10 位两个氮原子能反复地进行加氢和脱氢反应，因此 FMN，FAD 同 NAD^+，$NADP^+$ 的作用一样，也是递氢体。

在电子传递链中的 NADH 脱氢酶，其辅基是 FMN，它催化的反应是将 NADH 上的电子传递给电子传递链的下一个成员——辅酶 Q；在三羧酸循环中，琥珀酸脱氢酶以 FAD 为辅基；在脂肪酸 β - 氧化中催化脂肪酸的第一步脱氢的酶——酰基 - CoA 脱氢酶的辅基也是 FAD。另外，二氢硫辛酸脱氢酶以 FAD 为辅基，该酶是参与丙酮酸形成乙酰 - CoA 以及 α - 酮戊二酸脱氢形成琥珀酰 - CoA 过程中多酶体系的一种酶。

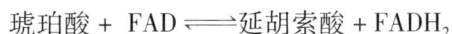

$$NADH + H^+ + FMN \Longrightarrow NAD^+ + FMNH_2$$
$$琥珀酸 + FAD \Longrightarrow 延胡索酸 + FADH_2$$

（3）铁硫蛋白类

铁硫蛋白类（iron - sulfur proteins）的分子中含非卟啉铁与对酸不稳定的硫（酸化时放出硫化氢、也除去铁），二者成等量关系，排列成硫桥，然后再与蛋白质中的半胱氨酸连接。因其活性部分含有两个活泼的硫和两个铁原子，故称为铁硫中心，又称作铁硫桥。铁硫中心的铁原子能以氧化态（Fe^{3+}）或还原态（Fe^{2+}）存在。铁硫蛋白在线粒体内膜上与黄素酶或细胞色素形成复合物，它们的功能是以铁价态变化的可逆氧化还原反应传递电子。

铁硫蛋白是单电子传递体，在从 NADH 到氧的呼吸链中，有多个不同的铁硫中心，有的在 NADH 脱氢酶中，有的与细胞色素 b 及 c_1 有关。另外，铁硫蛋白在叶绿体中也参与光合作用中的电子传递。

（4）辅酶 Q 类

辅酶 Q（coenzyme Q，CoQ）是一类脂溶性的化合物，因广泛存在于生物界，故又名泛醌

(ubiquinone，UQ)。其分子中的苯醌结构能可逆地加氢和脱氢，故 CoQ 也属于递氢体。

(5) 细胞色素类

细胞色素(cytochromes，Cyt；cellular pigments)是一类以铁卟啉衍生物为辅基的结合蛋白质，因有颜色，所以称为细胞色素。细胞色素的种类较多，已经发现存在于高等动物线粒体电子传递链中的细胞色素有 b，c_1，c，a 和 a_3。其中细胞色素 c 为线粒体内膜外侧的外周蛋白，其余的均为内膜的整合蛋白。在典型的线粒体呼吸链中，细胞色素的排列顺序依次是：b→c_1→c→aa_3→O_2，其中仅最后一个 a_3 可被分子氧直接氧化，但现在还不能把 a 和 a_3 分开，故把 a 和 a_3 合称为细胞色素氧化酶，由于它是有氧条件下电子传递链中最末端的载体，故又称末端氧化酶(terminal oxidase)。在 aa_3 分子中除铁卟啉外，尚含有两个铜原子，依靠其化合价的变化，把电子从 a_3 传到氧，故在细胞色素体系中也呈复合体的排列。

细胞色素 aa_3 的正常功能是与氧结合，但当有 CO，CN^- 和 N_3^- 存在时，它们就和 O_2 竞争，所以这些物质是有毒的。其中 CN^- 与氧化态的细胞色素 aa_3 有高度的亲和力，因此对需氧生物的毒性极高。

8.3.1.2　电子传递链的传递顺序

电子传递链(呼吸链)中氢和电子的传递有着严格的顺序和方向。这些顺序和方向，是根据各种电子传递体标准氧化还原电位(E_0)的数值测定的(标准氧化还原电位 E_0 在 pH7.0 的生物系统中用 $E_{0'}$ 表示)，并利用某种特异的抑制剂切断其中的电子流后，再测定电子传递链中各组分的氧化还原状态，以及在体外将电子传递体重新组成呼吸链等实验而得到的结论。

电子传递链各组分在链中的位置、排列次序与其得失电子趋势的大小有关。电子总是从对电子亲和力小的低氧化还原电位流向对电子亲和力大的高氧化还原电位。氧化还原电位 $E_{0'}$ 的数值越低，即失电子的倾向越大，越易成为还原剂，处在呼吸链的前面。因此，电子传递链中的传递体的排列顺序和方向是按各组分的 $E_{0'}$ 由小到大依次排列的(表 8-4)。

表 8-4

电子传递	NADH →	FMN →	CoQ →	Cytb →	$Cytc_1$→	Cytc →	$Cytaa_3$→	O_2
$E_{0'}$ (V)	− 0.32	− 0.3	+ 0.1	+ 0.07	+ 0.32	+ 0.25	+ 0.29	+ 0.82

应该说明的是，氧化还原电位值与电子传递链组分排列顺序有时不完全一致。如上所述，按 $E_{0'}$ 数值，Cytb 应在 CoQ 之前，但实验测定结果证明有时 Cytb 在 CoQ 之后。

在具有线粒体的生物中，典型的呼吸链有两条，即 NADH 呼吸链和 $FADH_2$ 呼吸链。这是根据接受代谢物上脱下的氢的初始受体不同区分的。

(1) NADH 呼吸链

NADH 呼吸链应用最广，糖、蛋白质、脂肪分解代谢中的脱氢氧化反应，绝大部分是通过 NADH 呼吸链完成。中间代谢物上的两个氢原子经以 NAD^+ 为辅酶的脱氢酶作用，使 NAD^+ 还原成为 NADH + H^+，再经过 NADH 脱氢酶(以 FMN 为辅基)、辅酶 Q、铁硫蛋白、细胞色素 b，c_1，c，aa_3 到分子 O_2。一对高势能电子通过 NADH 呼吸链传递到分子 O_2 产生 3 个 ATP。

(2) $FADH_2$ 呼吸链

有些代谢中间物的氢原子是由以 FAD 为辅基的脱氢酶脱氢，即底物脱下氢的初始受体是

FAD。如酯酰-CoA脱氢酶、琥珀酸脱氢酶，脱下的氢通过FAD之后进入呼吸链，所以FADH$_2$呼吸链又称为琥珀酸氧化呼吸链。代谢物脱下的一对氢原子经该呼吸链氧化放出的能量可生成2分子ATP。

上述两条呼吸链中，在CoQ之前是传递氢的，在CoQ之后是传递电子，而氢以H$^+$质子形式进入介质中(图8-4)。

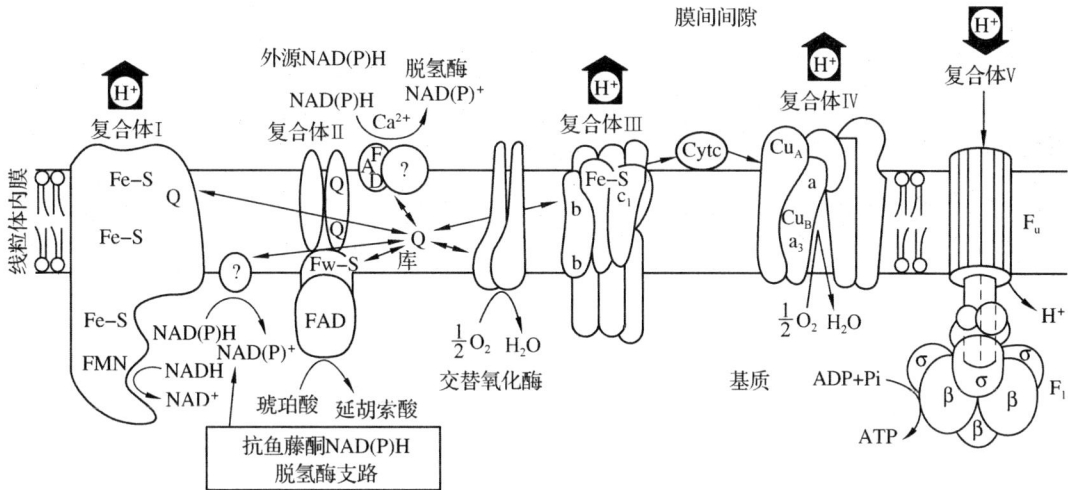

图8-4 电子传递链示意

8.3.2 氧化磷酸化

8.3.2.1 氧化磷酸化的概念及类型

伴随着放能的氧化作用而进行的磷酸化称为氧化磷酸化作用(oxidative phosphorylation)。氧化磷酸化作用是将生物氧化过程中放出能量转移到ATP的过程。细胞内的ATP是由ADP磷酸化生成的，在这个过程中需要消耗化学能。ADP的磷酸化主要有两种方式：一种为底物水平磷酸化，另一种是电子传递链磷酸化，也称氧化磷酸化。氧化磷酸化是机体产生ATP的主要形式。

(1)底物水平磷酸化

代谢底物在分解代谢中，有少数脱氢或脱水反应，引起代谢物分子内部能量重新分布，形成某些高能中间代谢物，这些高能中间代谢物中的高能键，可以通过酶促磷酸基团转移反应，直接使ADP磷酸化生成ATP，这种作用称为底物水平磷酸化(substrate-level phosphorylation)。

$$X \sim P + ADP \longrightarrow XH + ATP$$

式中，X~P代表底物在氧化过程中所形成的高能磷酸化合物。例如，在糖分解代谢中，由糖酵解途径生成的1,3-二磷酸甘油酸和磷酸烯醇式丙酮酸，由三羧酸循环中的α-酮戊二酸氧化脱羧生成琥珀酰-CoA都是带有高能键的中间代谢物，可使ADP磷酸化为ATP。

底物水平磷酸化是捕获能量的一种方式，在发酵作用中是进行生物氧化取得能量的唯一方式。底物水平磷酸化和氧的存在与否无关，在ATP生成中没有氧分子参与，也不经过电子传递链传递电子。

（2）电子传递链磷酸化

电子传递链磷酸化是指利用代谢物脱下的 2H（NADH + H$^+$或 FADH$_2$）经过电子传递链（呼吸链）传递到分子氧形成水的过程中所释放出的能量，使 ADP 磷酸化生成 ATP 的作用。简言之，H 经呼吸链氧化与 ADP 磷酸化为 ATP 反应的偶联，就是电子传递链磷酸化（electron transport chain phosphorylation），又称氧化磷酸化。

电子传递链磷酸化是需氧生物获得 ATP 的一种主要方式，是生物体内能量转移的主要环节，需要氧分子的参与。真核生物氧化磷酸化过程在线粒体内膜进行，原核生物在细胞质膜上进行。

（3）氧化磷酸化的偶联部位和 P/O 比

NADH 呼吸链中有 3 个部位所释放的自由能较高，因此认定这三个部位是氧化与磷酸化相偶联的部位：分别称为部位 I——NADH 和 CoQ 之间的部位；部位 II——CoQ 和细胞色素 c 之间的部位；部位 III——细胞色素 c 和氧之间的部位。

P/O 比值（P/O ratio）是指每消耗 1mol 氧原子所消耗无机磷酸的摩尔数。因为 2mol 氢原子经呼吸链氧化后与 1mol 氧原子结合为水，该过程偶联 ADP 磷酸化生成 ATP 的反应，磷酸化反应要消耗无机磷酸，即每生成 1mol ATP，消耗 1mol 的无机磷酸，所以 P/O 比值反映了每消耗 1mol 氧原子，产生 ATP 的摩尔数。代谢物脱下的 2mol 氢原子，经 NADH 呼吸链氧化而使氧原子还原，有 3 处可以偶联磷酸化，生成 3mol ATP，P/O 比值是 3。但有些代谢物如琥珀酸、酯酰 – CoA、磷酸甘油等由黄素脱氢酶类催化脱氢，生成的 FADH$_2$经呼吸链氧化，即不经部位 I，而是直接通过辅酶 Q 进入呼吸链，因此只有两处能偶联磷酸化，产生 2mol ATP，P/O 比值是 2。通过电化学实验和测定线粒体抑制剂的 P/O 比值都可得到上面的结果。

8.3.2.2　氧化磷酸化的机理

线粒体中的电子传递与磷酸化的偶联，也可由 Mitchell 于 1961 年提出的"化学渗透学说"（chemiosmotic hypothesis）来解释。其主要论点是认为呼吸链存在于线粒体内膜之上，当氧化进行时，呼吸链起质子泵作用，质子被泵出线粒体内膜的外侧，造成了膜内外两侧间跨膜的质子浓度梯度和电位梯度（质子动力势，pmf），这种跨膜梯度具有的势能被膜上 ATP 合酶所利用，使 ADP 与 Pi 合成 ATP。

8.3.3　末端氧化系统

通过细胞色素系统进行氧化的体系是生物的主要氧化途径，它与 ATP 的生成紧密相关。除了细胞色素氧化酶系统外，还有一些氧化体系，又称为非线粒体氧化体系，它们与 ATP 的生成无关，从底物脱氢到 H$_2$O 的形成是经过其他末端氧化酶完成的，但具有其他重要生理功能。

8.3.3.1　细胞色素氧化酶

此酶是植物体内最主要的末端氧化酶，其特点是：①它存在于线粒体嵴上；②含 Fe，是一类以铁卟啉为辅基（色素辅基）的结合蛋白，细胞色素类还含有铜离子；③该酶在幼嫩组织中较活跃，在成熟组织中活性很小；④该酶与氧的亲和力最高；⑤可被 KCN，NaN$_3$，CO 所抑制，因为这些物质与细胞色素氧化酶竞争与 Fe 的结合部分，使酶活性下降，表现为吸氧下降，氧化磷酸化下降；⑥在氧化系统中经过 NADH 呼吸链有 3 个部位产生 ATP，即 $P/O = 3$；如果经过 FADH$_2$ 呼吸链，则 $P/O = 2$。

8.3.3.2 植物抗氰氧化酶系统与抗氰呼吸

在植物线粒体内膜上，除了以细胞色素氧化酶为末端的呼吸链之外，还有以抗氰氧化酶为末端的抗氰呼吸链。抗氰氧化酶(cyanide resistant oxidase，CRO)是一种非血红素铁蛋白，容易被氧肟酸抑制，却不被氰或氰化物抑制，因此而得名。在许多高等植物中，例如，玉米、豌豆、绿豆的种子和马铃薯的块茎等都含有抗氰氧化酶。这些植物在用 KCN，NaN$_3$，CO 处理时，呼吸作用并未被完全抑制，仍表现出一定程度的氧吸收，这是因为电子传递可不经过细胞色素氧化酶系统，而是通过对氰化物不敏感的抗氰氧化系统传给氧。这种在氰化物存在条件下仍运行的呼吸作用，称为抗氰呼吸(cyanide resistant respiration)，也即是对氰化物不敏感的那一部分呼吸。抗氰呼吸可以在某些条件下与电子传递主路交替运行，抑制正常电子传递途径就可促进抗氰呼吸的发生，因此，抗氰呼吸这一呼吸支路又称为交替途径(alternative pathway)。抗氰氧化酶也称为交替氧化酶(alternative oxidase，AOX)。

抗氰呼吸途径的电子传递在正常呼吸链至 CoQ 以前的途径相同；从 CoQ 以后电子分路经一种黄素蛋白(FP)传递给抗氰氧化酶再直接传递到分子氧，并且生成 H$_2$O$_2$，而不是生成 H$_2$O。实验表明这段电子传递不生成 ATP。因此，线粒体内的 NADH + H$^+$ 经抗氰电子传递的 P/O 比为 1，即生成 1 分子 ATP。

电子传递所释放的自由能多以热的形式散发，这可能是抗氰呼吸的生理意义之一。抗氰呼吸产生热量提高组织温度，有利于低温沼泽地区植物的开花，使其芳香腺里的胺或吲哚挥发，用于引诱昆虫传粉。最著名的抗氰呼吸例子是天南星科植物的佛焰花序，它的呼吸速率很高，可达每克鲜重 15 000 ~ 20 000μL · g^{-1} · h^{-1}，比一般植物呼吸速率快 100 倍以上，同时由于呼吸放热，可使组织温度比环境温度高出 10 ~ 20℃。因此，抗氰呼吸又称为放热呼吸(thermogenic respiration)。

8.3.3.3 多酚氧化酶系统

多酚氧化酶(polyphenol oxidase)系统是含铜的末端氧化酶，由脱氢酶、醌还原酶和酚氧化酶组成，催化多酚(如对苯二酚、邻苯二酚、邻苯三酚)氧化为醌，醌又可被 NADPH + H$^+$(或 NADH + H$^+$)还原为多元酚，NADPH + H$^+$(或 NADH + H$^+$)来自代谢物(呼吸底物)的脱氢反应，这样便构成以多酚氧化酶为末端的氧化还原系统。

马铃薯块茎、苹果、梨及茶叶中都富含这种酶。块茎、果实削皮后出现褐色，荔枝果皮变为褐色以及叶片受机械损伤后的褐变都是多酚氧化酶作用的结果。茶叶中的多酚氧化酶活力很高，制红茶时，须揉捻茶叶，揉破细胞，使多酚氧化酶与茶叶中的儿茶酚和单宁接触，将这些酚类化合物氧化并聚合成红褐色的色素；而制绿茶时，须将采下的新鲜茶叶立即焙火杀青，破坏多酚氧化酶，以保持茶叶的绿色。

多酚氧化酶存在于质体、微体中，它催化酚氧化变成醌后，可进一步聚合成棕褐色物质。

这些酶与植物的"愈伤反应"有密切关系。植物组织受伤后呼吸作用增强，这部分呼吸作用称为"伤呼吸"（wound respiration）。伤呼吸把伤口处释放的酚类氧化为醌类，而醌类往往对微生物是有毒的，这样就可避免感染。

代谢底物脱下的氢通过多酚氧化酶系统氧化生成水，并消耗分子氧。该系统被认为是一种电子传递途径，但不与 ADP 磷酸化偶联，不生成 ATP。多酚氧化酶与植物组织的受伤反应有关，植物组织受伤以及受病菌侵害时，植物多酚氧化酶活力增高（呼吸作用也增强），有利于把酚类化合物氧化为醌，醌对病菌有毒害而起杀菌抗病作用。

8.3.3.4 抗坏血酸氧化酶系统

抗坏血酸氧化酶（ascorbic acid oxidase）也是一种含铜的氧化酶，它催化抗坏血酸氧化为脱氢抗坏血酸，其过程常与谷胱甘肽、NADPH（或 NADH）的氧化还原相偶联，形成一个以抗坏血酸氧化酶系统为末端的氧化还原系统。

抗坏血酸氧化酶在植物中普遍存在，特别是黄瓜、南瓜等，主要也分布于细胞质中。硫脲可抑制其活性。抗坏血酸氧化酶系统促进代谢底物脱氢氧化并消耗分子氧生成水，也被认为是一种呼吸电子传递途径，但以抗坏血酸氧化酶为末端的电子传递过程不和 ADP 磷酸化相偶联，不生成 ATP。植物组织感染病菌后，抗坏血酸氧化酶活力增高，呼吸增强，耗氧量增加，三者呈平行关系。如植物组织感染病菌后，磷酸戊糖途径中的 6 - 磷酸葡萄糖脱氢酶和 6 - 磷酸葡萄糖酸脱氢酶的活力明显增高，并与抗坏血酸氧化酶活力增高呈平行关系，这表明抗坏血酸氧化酶系统可能与植物的抗病性有关。

此外，抗坏血酸氧化酶系统可以防止含巯基蛋白质的氧化，延缓衰老进程。

8.3.3.5 乙醇酸氧化酶

乙醇酸氧化酶（glycolate oxidase）的辅基为黄素蛋白，存在于过氧化物体中，能把乙醇酸氧化为乙醛酸并产生 H_2O_2。乙醇酸氧化酶所催化的反应，可与某些底物的氧化相偶联。它还与甘氨酸的合成有密切关系，在光呼吸中及水稻根部的氧化还原反应中起重要作用。

植物呼吸电子传递与末端氧化酶系统的多样性如图 8-5 所示。

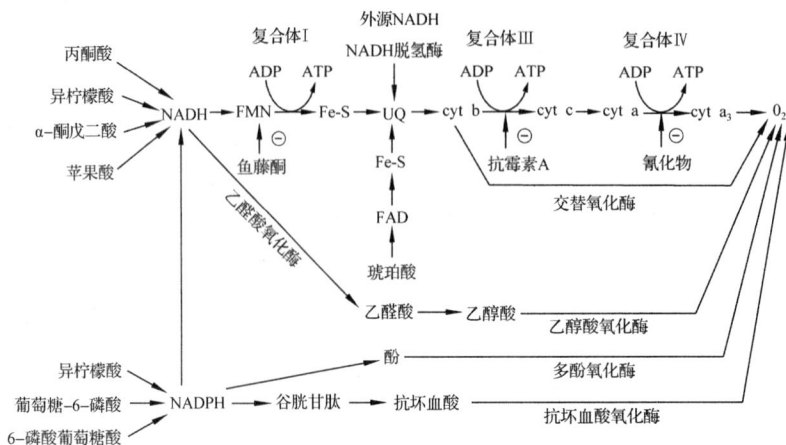

图 8-5　植物呼吸电子传递途径

8.4 呼吸作用的影响因素与生产实践

8.4.1 呼吸作用的度量

(1) 呼吸速率

呼吸速率(respiratory rate) 又称呼吸强度(intensity of respiration)，是最常用的代表呼吸强弱的生理指标，它可以用单位时间单位重量(干重、鲜重)的植物组织或单位细胞、毫克氮所放出的 CO_2 的量(Q_{CO_2})或吸收的 O_2 的量(Q_{O_2})来表示。常用单位有：$\mu mol \cdot g^{-1} \cdot h^{-1}$，$\mu L \cdot g^{-1} \cdot h^{-1}$ 等。

(2) 呼吸商

呼吸商(respiratory quotient，RQ)是表示呼吸底物的性质和氧气供应状态的一种指标。植物组织在一定时间(如 1h)内放出二氧化碳的量与吸收氧气的量的比率称作呼吸商，又称呼吸系数(respiratory coefficient)。

$$RQ = \frac{放出的\ CO_2\ 的量}{吸收的\ O_2\ 的量}$$

当呼吸底物是糖类(如葡萄糖)而又完全氧化时，呼吸商是 1。如果呼吸底物是一些富含氢的物质，如脂类或蛋白质，则呼吸商小于 1。如果呼吸底物是一些比糖类含氧多的物质，如已局部氧化的有机酸，则呼吸商大于 1。以上各例是指只有某一类物质而言，事实上植物体内的呼吸底物是多种多样的，糖类、蛋白质、脂类或有机酸等可以被呼吸利用。一般来说，植物呼吸通常先利用糖类，其他物质较后才被利用。

氧气供应状况对呼吸商影响也很大，在无氧条件下发生酒精发酵，只有 CO_2 释放，无 O_2 的吸收，则 RQ 趋于无穷大。植物体内发生合成作用，呼吸底物不能完全被氧化，其结果使 RQ 增大；如有羧化作用发生，则 RQ 减小。

(3) 呼吸效率

呼吸作用为代谢过程和生理活动提供能量，也为生物大分子合成提供原料。呼吸效率(respiratory efficiency)即每消耗 1g 葡萄糖可合成生物大分子物质的克数，可表示呼吸作用效率的高低：

呼吸效率(%) = 合成生物大分子的克数 ×100/1g 葡萄糖氧化

不同器官、组织呼吸效率不同，这主要与年龄有关。一般生长旺盛的器官，如新叶、根、花幼果、萌发种子呼吸产生能量及中间产物大多数用来建造构成细胞生长的物质(如蛋白、脂肪、纤维素等)，其呼吸效率高，呼吸越强，生长也越快。而成熟或衰老器官中生长活动停止，呼吸产生能量除了部分用于维持细胞活性外，相当部分以热形式散失，呼吸效率低。

8.4.2 影响呼吸速率的内部因素

不同植物具有不同的呼吸速率。一般可以说，凡是生长快的植物呼吸速率就快，生长慢的植物呼吸速率也慢。例如，细菌和真菌繁殖较快，其呼吸速率比高等植物快；在高等植物中，小麦的呼吸速率又比仙人掌快得多。

同一植株不同的器官，因为新陈代谢不同，非代谢(结构)组成的相对比重不同，以及与氧气接触程度不同，所以呼吸速率有很大的差异。生长旺盛、幼嫩的器官(根尖、茎尖、嫩根、嫩叶)的呼吸速率较生长缓慢、年老的器官(老根、老茎、老叶)快。死细胞少的器官(草本茎)较死细胞多的器官(木本茎)的呼吸强。生殖器官的呼吸比营养器官强，花的呼吸速率比叶片要快3~4倍。在花中，雌雄蕊的呼吸比花瓣及萼片强得多，雌蕊比雄蕊强，而雄蕊中以花粉的呼吸最强烈。

同一器官的不同组织，在呼吸速率上彼此也很不相同。若按组织的单位鲜重计算，形成层的呼吸速率最快，因为它的细胞质最丰富，生理活性最旺盛，韧皮部次之，木质部则较慢。

同一器官在不同的生长过程中，呼吸速率也有极大的变化。以叶片来说，幼嫩时呼吸较快，成长后下降；到衰老的时候，呼吸又上升，因为成熟叶片进入衰老时期，氧化磷酸化开始解偶联，能量传递体系破坏，P/O比明显下降，呼吸上升；到衰老后期，蛋白质分解，呼吸则极其微弱。

8.4.3　影响呼吸速率的外界因素

(1)温度

温度主要是影响呼吸酶的活性。在最低点与最适点之间，呼吸速率总是随温度的增高而加快。超过最适点，呼吸速率则会随着温度的增高而下降。

一般来说，接近0℃时，植物的呼吸进行很慢。呼吸作用的最适温度是25~35℃，最高温度是35~45℃。最低温度和最高温度的范围，也与植物种类和生理状态有关。例如，在冬天，木本植物的越冬器官(如芽和针叶)在-25℃仍未停止呼吸；在夏季，温度降低到-4~5℃，针叶呼吸便会停止。应当指出，一个温度是不是最适于呼吸，必须考虑到作用时间因素(time factor)，即是说，要能较长期维持最快呼吸速率的温度，才算是最适温度，那些使呼吸速率短时期上升以后就急剧下降的温度，不能算是最适温度。

(2)氧

氧是植物正常呼吸与生物氧化不可缺少的重要因子。氧不足，直接影响呼吸速率和呼吸性质。在氧浓度下降时，有氧呼吸降低，而无氧呼吸则增高。短时期的无氧呼吸下，植物受害还不大，但无氧呼吸时间一长，植物就会受伤死亡。其原因如下：无氧呼吸产生酒精，酒精使细胞的蛋白质变性；无氧呼吸利用葡萄糖产生的能量很少，植物要维持正常生理需要，就要消耗更多的有机物；没有丙酮酸氧化过程，许多来自这个过程的中间产物形成的物质就无法继续合成。

(3)二氧化碳

二氧化碳是呼吸作用的最终产物。当外界环境中的二氧化碳浓度增加时，呼吸速率便会减慢。实验证明，在二氧化碳的体积分数升高到1%~10%时，呼吸作用明显被抑制。

(4)水分

植物组织的含水量与呼吸作用有密切的关系。在一定范围内，呼吸速率随组织含水量的增加而升高。干燥种子的呼吸作用很微弱，当种子吸水后，呼吸速率迅速增加。因此，种子含水量是制约种子呼吸作用强弱的重要因素。对于整体植物来说，接近萎蔫时，呼吸速率有所增加，如萎蔫时间较长，细胞含水量则成为呼吸作用的限制因素。

(5) 机械损伤

机械损伤会显著加快组织的呼吸速率，其原因是：氧化酶与其底物在结构上是隔开的，机械损伤使原来的间隔破坏，酚类化合物就会迅速地被氧化；机械损伤使某些细胞转变为分生组织状态，形成愈伤组织去修补伤处，这些生长旺盛的生长细胞的呼吸速率，当然比原来休眠或成熟组织的呼吸速率快得多。因此，在采收、包装、运输和贮藏多汁果实和蔬菜时，应尽可能防止机械损伤。

8.4.4 呼吸作用与作物栽培

呼吸作用是作物体内的代谢中心，它不仅影响作物的无机营养和有机营养，也会影响物质措施都是为了直接或间接地保证作物呼吸作用的正常进行。早稻浸种催芽时，要换水、翻动，用温水淋种，在芽苗期湿润管理，寒潮来临时灌水护秧，寒潮过后，适时排水，勤灌浅灌等措施都是为了控制温度和通气，有利于种子和秧苗进行有氧呼吸，不致因缺氧、低温产生生理障碍，从而达到培育壮秧、防止烂秧的目的。

在大田栽培中，适时中耕松土，防止土壤板结，有助于改善根际周围的氧气供应，保证根系的正常呼吸机能。而在淹水缺氧情况下，植物根部的有氧呼吸急剧下降，而无氧呼吸迅速上升。这对于根系的分化和伸长，对于根系吸水、吸肥都是非常不利的，所以，对于地下水位较高田块常需挖深沟降低地下水位。在水稻栽培管理中，注意合理灌溉，采取勤灌浅灌、适时烤田等措施使稻根呼吸旺盛，促进营养和水分的吸收，促进新根的发生，对于夺取水稻高产是非常重要的。否则，土壤缺氧，CO_2 和 H_2S 有毒物积累，会抑制根系呼吸。由于水稻光合作用的最适温度比呼吸的最适温度低，因此种植不能过密，封行不能过早，在高温和光线不足情况下，呼吸消耗过大，净同化率降低，影响产量的提高。早稻灌浆成熟期正处在高温季节，可以通过灌水降温。

8.4.5 呼吸作用与粮食贮藏

种子的呼吸作用与粮食贮藏有密切的关系。一般油料种子含水量在 8% ~9%，淀粉种子呼吸酶的活性降低到极限，呼吸极微弱，可以安全贮藏，一般称为安全含水量(safety water content)。当油料种子含水量达 10% ~11%，淀粉种子含水量达到 15% ~16% 时，原生质由凝胶变为溶胶；呼吸作用就显著增强，如果含水量继续升高，则呼吸速率几乎呈直线上升（图8-6）。其原因是，当种子含水量增高后，种子内出现自由水，呼吸酶活性大大增高，呼吸也就增强。淀粉种子安全含水量高于油料种子的原因，主要是由于淀粉种子中含淀粉等亲水物质多，干燥状态下存在的束缚水含量就要高一些。

在粮食贮藏中首要的问题是控制种子的含水量，不得超过安全含水量。否则，由于呼吸旺盛，不仅会引起

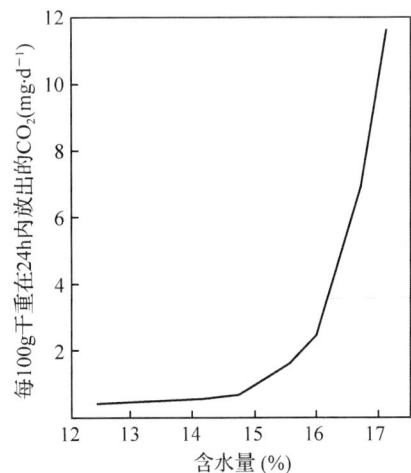

图 8-6 种子含水量与呼吸速率的关系

大量贮藏物质的消耗，而且由于呼吸作用的散热提高了粮堆温度，有利于微生物活动，会导致粮食变质，使种子丧失发芽力和食用价值。此外，还应注意库房通风，以便散热和水分蒸发，可以保持种子发芽率。水稻种子在 14～15℃库温条件下贮藏 2～3 年，仍有 80% 以上的发芽率。对库房内空气成分也应加以控制，如适当增高二氧化碳含量，适当降低氧的含量，对抑制粮油种子的呼吸也十分有效。近年来，国内外采用气调法进行粮食贮藏，取得了显著效果，即将粮仓中空气抽出，充入氮气，达到抑制呼吸安全贮藏的目的。

8.4.6　呼吸作用与果蔬贮藏

果蔬贮藏与种子贮藏不同，需要保持新鲜状态，不能干燥。某些果实成熟到一定时期，其呼吸速率突然增高，最后又突然下降。果实成熟前呼吸速率突然升高的现象称为呼吸跃变现象（呼吸峰）（respiratory climacteric）（图 8-7），如苹果、梨、香蕉、番茄等。果实的呼吸跃变现象与安全贮藏密切相关。

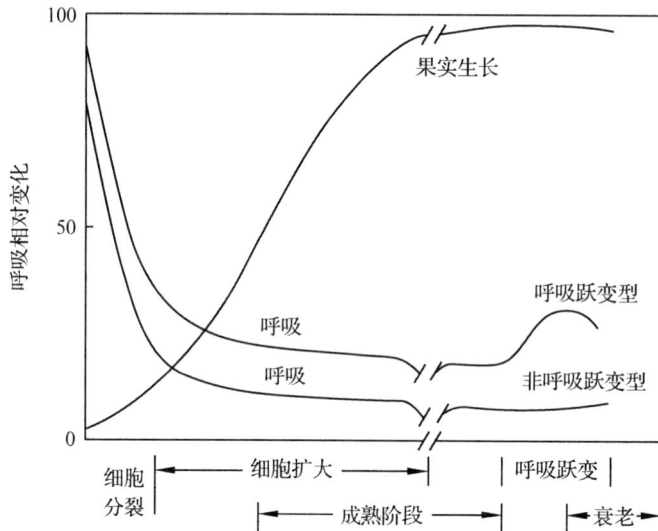

图 8-7　果实呼吸变化示意

呼吸跃变现象的出现受温度影响很大。例如，苹果在贮藏过程中会出现呼吸跃变，若在22.5℃贮藏时，其呼吸跃变出现早且显著，在 10℃下就不那么显著，也出现稍迟，而在 2.5℃下几乎看不出来。果实呼吸跃变是果实进入完全成熟的一种特征，在果实贮藏和运输中，重要的问题是延迟其成熟。其措施一是降低温度，推迟呼吸跃变发生的时间，如香蕉贮藏的最适温度是 11～14℃，苹果是 4℃；二是增加周围环境中的二氧化碳浓度，降低氧浓度以推迟呼吸跃变出现达到延迟成熟，保持鲜果，防止生热腐烂的目的。而在调节果品供应市场时，则可对贮藏中的果实进行人工乙烯处理，可以收到催熟的效果。

在生产实践中，常采用的一种简便的果蔬贮藏法，称为自体保藏法，它是在密闭的环境里利用果蔬呼吸释放的 CO_2，抑制呼吸作用，可以延长贮藏时间，如能密封加低温（1～5 ℃），贮藏时间更长。

此外，呼吸作用与作物抗病性关系密切。作物抗病的生理基础是加强呼吸氧化酶的活性、降解毒物、产生抑制物质等。

小　结

呼吸作用是一切生活细胞的基本特征。呼吸作用是生活细胞的有机物在酶的参与下，逐步氧化分解成简单物质，并释放能量的过程。呼吸作用提供了植物各种生命活动所需的能量，其中间产物又能转变为其他重要的有机物(蛋白质、核酸、脂肪等)，而且与植物抗病性有密切的关系。

呼吸作用可分为有氧呼吸和无氧呼吸两大类型。在正常情况下，有氧呼吸是高等植物呼吸的主要形式，在缺氧条件下，也进行无氧呼吸，然而，长时间的无氧呼吸会导致植物受伤，甚至死亡。

高等植物的呼吸生化途径、电子传递途径和末端氧化系统具有多样性。EMP-TCA 循环是植物体内有机物质氧化分解的主要途径，而 PPP 在植物呼吸代谢中也占有重要地位。糖酵解在细胞质中进行，分解 1 分子葡萄糖可产生 2 分子丙酮酸、2 分子 ATP 和 2 分子 NADH。在无氧条件下丙酮酸分解葡萄糖产生酒精或乳酸，同时产生少量的能量。丙酮酸在有氧条件下进入线粒体，在基质中经三羧酸循环彻底氧化分解，1 分子丙酮酸释放出 3 分子 CO_2，生成 4 分子 NADH、1 分子 $FADH_2$ 和 1 分子 ATP。磷酸戊糖途径可分为葡萄糖氧化脱羧和分子重组两个阶段，PPP 生成的 NADPH 为多种物质生物合成提供还原力。

经三羧酸循环等代谢过程中脱下的电子，在线粒体内膜上沿着一系列呼吸传递体传递，最终与分子氧结合生成水。在电子传递过程中偶联氧化磷酸化形成 ATP。

呼吸速率是指单位时间单位样品所吸收的 O_2，释放出的 CO_2 或消耗有机物的数量。影响植物呼吸速率的主要因素有植物种类，生理状态，以及温度、O_2、CO_2，水分和机械损伤等。

呼吸作用与植物的生长发育过程密切相关。在作物栽培中通常应使呼吸过程得以正常进行，而在粮油种子和果蔬等的贮藏中则应降低呼吸速率，以减少呼吸消耗和延长贮藏时间。

思考题

1. 名词解释

呼吸作用　有氧呼吸　无氧呼吸　糖酵解　三羧酸循环　戊糖磷酸途径　氧化磷酸化　抗氰呼吸　末端氧化酶　呼吸链　生物氧化　呼吸商　呼吸速率　呼吸跃变现象　Cyt　C_oQ　P/O 比　RQ

2. 植物呼吸作用的生理意义如何？

3. 糖酵解、三羧酸循环、磷酸戊糖途径的主要化学历程和生理意义如何？

4. 呼吸商与呼吸底物有何关系？

5. 如何协调温度、湿度及气体关系，做好粮食、果蔬的安全贮藏？

6. 植物的光合作用与呼吸作用有什么关系？

7. 分析下列措施，并说明它们有什么作用？①将果蔬贮存在低温下。②小麦、水稻、玉米、高粱等粮食贮藏之前要晒干。③给作物中耕松土。④早春寒冷季节，水稻浸种催芽时，常用温水淋种并适时翻种。

第9章 有机物的转化、运输与分配

9.1 植物体内有机物的转化

有机物转化，又称为有机物代谢(metabolism of organic compound)，是指生物体内有机物质的合成、分解以及相互转化的过程。植物在生长发育过程中，体内各种有机物不断地发生分解、合成和转化，并与周围环境进行物质交换和能量交换，也即新陈代谢。

9.1.1 光合作用的产物

尽管高等植物CO_2同化存在3条途径，但C_3途径是CO_2同化的基本途径，也是合成蔗糖、淀粉、葡萄糖和果糖等产物的唯一途径。关于光合作用的直接产物过去一直认为是蔗糖和淀粉等糖类化合物，利用放射性同位素$^{14}CO_2$饲喂小球藻，照光后，发现在未形成糖类物质前^{14}C已参与到氨基酸(如甘氨酸、丝氨酸等)和有机酸(丙酮酸、苹果酸、乙醇酸等)中。同时，在离体叶绿体中也发现含有^{14}C标记的脂肪酸(如棕榈酸、亚油酸等)。可见，氨基酸、蛋白质、有机酸和脂肪酸也是光合作用的直接产物。

光合作用直接产物的种类和数量因不同植物而异，大多数高等植物的光合产物是淀粉，如棉花、大豆、烟草等。而洋葱、大蒜等植物不形成淀粉，其光合产物主要是葡萄糖和果糖。不同生育期植物叶片的光合产物也有变化，幼叶的光合产物除蔗糖外，还有蛋白质；而成熟叶片则主要形成蔗糖。生境条件也影响光合产物的种类，强光和高CO_2浓度有利于蔗糖和淀粉的形成；弱光有利于谷氨酸、天冬氨酸和蛋白质的形成；强光、高氧和低CO_2条件有利于甘氨酸和羟基乙酸的合成。磷酸丙糖也可转变为甘油和脂肪，但影响的生境条件还不清楚。

可见，C_3途径中形成的磷酸丙糖(triose phosphate，TP)，一部分在叶绿体内合成淀粉；另一部分通过磷酸转运器(phosphate translocator)运输到细胞质合成蔗糖。当叶绿体内Pi含量降低时，TP输出减少，淀粉合成增加，胞质中蔗糖合成受阻；反之，当Pi含量增加时，TP输出增加，淀粉合成减少，胞质中蔗糖合成增加。叶片中淀粉和蔗糖的合成也与植物的类型有关，棉花、大豆、烟草的主要光合产物为淀粉，白天合成贮存于叶绿体中，夜间降解输出；而小麦、蚕豆等植物的主要光合产物为蔗糖，边合成、边输出；玉米的光合产物则既有蔗糖，也有淀粉。

9.1.2 碳水化合物的转化

单糖在一般情况下，反应活性很低，比较稳定，在化学反应之前必须活化，形成糖的磷酸酯或糖的核苷二磷酸酯以参加糖的互相转变或合成多糖。单糖首先转变为糖的磷酸酯，进一步再与核苷三磷酸(nucleoside triphosphate，NTP)作用形成糖的核苷二磷酸酯，如腺苷二磷酸葡萄糖(adenosine diphosphate glucose，ADPG)、尿苷二磷酸葡萄糖(uridine diphosphate glucose，UDPG)、鸟苷二磷酸葡萄糖(guanosine diphosphate glucose，GDPG)等葡萄糖核苷二磷酸酯或其他单糖的核苷二磷酸酯，成为单糖的活化形式，在参加糖类的合成反应中，作为单糖的供体。如 UDPG 是在 UDPG 焦磷酸化酶催化下由葡萄糖 – 1 – 磷酸(glucose – 1 – phosphate，G – 1 – P)与 UTP 作用形成的。

$$G - 1 - P + UTP \xrightleftharpoons{\text{UDPG 焦磷酸化酶}} UDPG + PPi$$

9.1.2.1 蔗糖的生物合成和分解

在所有的双糖中，蔗糖最为重要，它由葡萄糖和果糖组成，是植物体内碳水化合物的主要贮藏和运输形式之一。甘蔗、甜菜和水果中含蔗糖较多。

(1)蔗糖的合成

叶绿体内形成的磷酸丙糖，通过叶绿体膜上的 Pi 运转器与 Pi 对等交换进入细胞质，经过多步转化形成 G – 1 – P。在 UDPG 焦磷酸化酶(UDP glucose pyrophosphorylase)催化与蔗糖磷酸合成酶(sucrose phosphate synthase，SPSase)等的催化下，最后形成蔗糖。

①蔗糖合成酶途径　由 ADPG 或 UDPG 等作为葡萄糖的供体，在蔗糖合成酶(sucrose synthetase)的催化下与果糖缩合成蔗糖。蔗糖合成酶途径是非绿色组织(如贮藏组织)中合成蔗糖的主要途径。

$$UDPG + 果糖 \xrightleftharpoons{\text{蔗糖合成酶}} UDP + 蔗糖$$

②磷酸蔗糖合成酶途径　由 UDPG 作为葡萄糖供体，在蔗糖磷酸合成酶的催化下，与果糖 – 6 – 磷酸(fructose – 6 – phosphate，F – 6 – P)作用生成磷酸蔗糖，然后在磷酸酯酶的作用下，水解生成蔗糖和磷酸。磷酸蔗糖合成酶是甘蔗、糖用甜菜等糖料作物和小麦、烟草叶片中合成蔗糖的酶。磷酸蔗糖的进一步水解是不可逆反应，故认为是植物体中蔗糖合成的主要途径。

(2)蔗糖的分解

植物体广泛存在催化蔗糖水解的酶，称作蔗糖酶(sucrase)，又称为转化酶(invertase)，它催化蔗糖水解为葡萄糖和果糖。

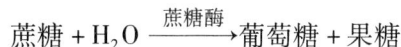

$$蔗糖 + H_2O \xrightarrow{\text{蔗糖酶}} 葡萄糖 + 果糖$$

此外，蔗糖合成酶在植物体内也起着分解蔗糖的作用，如正在发育的谷类作物籽粒中，能将输入的蔗糖分解为 UDPG 或 ADPG，然后用以合成淀粉。

$$蔗糖 + ADP \xrightleftharpoons{\text{蔗糖合成酶}} 果糖 + ADPG$$

9.1.2.2 淀粉的合成和分解

光合产物淀粉是在 C_3 途径中合成并暂时贮存于叶绿体中。谷类、豆类、薯类作物的籽粒及其贮藏组织都含有丰富的淀粉。淀粉有直链和支链淀粉两种，它们都是由葡萄糖单位通过 α – 1，4 – 糖苷键相连接而成的多糖，支链淀粉还有 α – 1，6 – 糖苷键，由此形成分支。淀粉的生物合成途径与分解途径是不同的。

(1)淀粉的生物合成

①直链淀粉的合成 直链淀粉的合成主要有 3 种方式。

第一，淀粉磷酸化酶（P - 酶）途径。淀粉磷酸化酶（amylophosphorylase）广布于生物界，在植物、动物、酵母和某些细菌中都有此酶存在，它催化以下可逆反应：

$$G - 1 - P + 引物(nG) \xrightleftharpoons{淀粉磷酸化酶} (n + 1)G + H_3PO_4$$

引物的功能是 α - 葡萄糖的受体，最小的引物是麦芽三糖。转移的葡萄糖残基就结合在引物葡聚糖链的非还原性末端的 C_4 位的羟基上，每次增加一个葡萄糖残基。但通常此反应朝淀粉降解方向进行。

第二，D 酶反应。D 酶（D-enzyme）是一种糖苷转移酶，作用于 α - 1, 4 - 糖苷键上，它能将一个麦芽多糖的残余片段转移给葡萄糖、麦芽糖或其他 α - 1, 4 - 糖苷键的多糖上，起着加成作用，故又称加成酶。在淀粉的生物合成中，引物的产生与 D - 酶的作用密切相关。

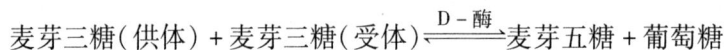

$$麦芽三糖(供体) + 麦芽三糖(受体) \xrightleftharpoons{D - 酶} 麦芽五糖 + 葡萄糖$$

第三，淀粉合成酶反应。现在普遍认为植物中淀粉的合成主要是由淀粉合成酶（starch synthetase）催化的，以 UDPG 中的葡萄糖基为供体，转移到葡聚糖引物的非还原端，反应一次加长一个葡萄糖单位。

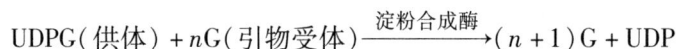

$$UDPG(供体) + nG(引物受体) \xrightarrow{淀粉合成酶} (n + 1)G + UDP$$

这个反应重复下去，可使淀粉链不断延长。最近研究指出，在植物和微生物中 ADPG 比 UDPG 更有效，用 ADPG 合成淀粉要比 UDPG 快 10 倍，用水稻、玉米做试验证明，该反应是合成淀粉的主要途径。

$$ADPG + nG \xrightleftharpoons{淀粉合成酶} (n + 1)G + ADP$$

无论是淀粉合成酶、D - 酶或淀粉磷酸化酶，都只能催化 α - 1, 4 - 糖苷键的生成，支链淀粉形成须由其他酶催化形成 α - 1, 6 - 糖苷键。

②支链淀粉的合成 催化支链淀粉形成的酶称作 Q 酶（Q-enzyme），又称分支酶（branching enzyme）。Q 酶以直链淀粉为底物，该酶具有双重催化功能，既可催化 α - 1, 4 - 糖苷键的断裂，又能催化 α - 1, 6 - 糖苷键的形成，首先从直链淀粉的非还原性端切断一个为 6~7 个糖残基的寡聚糖碎片，然后再催化此片段转移到同一直链淀粉链的或另一直链淀粉链的一个葡萄糖残基的 C_6 位羟基处，这样就形成了一个 α - 1, 6 - 糖苷键，即一个分支，由淀粉合成酶和 Q 酶共同作用下便合成了支链淀粉（图 9-1）。

(2)淀粉的分解

当植物动用贮藏的淀粉时，就把它分解为简单的化合物运到需要的部位去。淀粉的酶促降解有两种途径。

①淀粉的水解途径 催化水解淀粉的酶称为淀粉酶。淀粉酶可分为内切酶和端解酶（外切酶）。内切酶主要是 α - 淀粉酶（α - amylase），它可在淀粉链内任意切割 α - 1, 4 - 糖苷链。外切酶主要是 β - 淀粉酶（β - amylase），β - 淀粉酶从淀粉链的非还原端开始，每次切割下一个麦芽糖单位。麦芽糖可在麦芽糖酶作用下分解为两分子葡萄糖。而切割 α - 1, 6 - 糖苷键，使

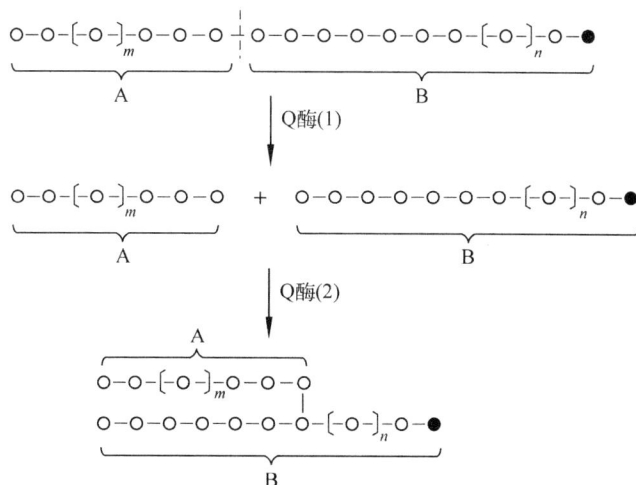

图 9-1 在 Q 酶作用下支链淀粉的形成

在反应(1)中，Q 酶将直链淀粉在虚线处切断，生成 A、B 两段直链，在反应(2)中，

Q 酶将 A 直链以 1，6 – 键联接到 B 段直链上，形成分支

○葡萄糖残基；●还原性端葡萄糖残基；－示1,4 连接；1 示 1,6 连接

支链淀粉脱支的酶称为脱支酶(debranching enzyme)，植物中的 R 酶(R – enzyme)是脱支酶。淀粉在 α – 淀粉酶，β – 淀粉酶，R – 酶和麦芽糖酶的共同作用下水解为葡萄糖。

②淀粉的磷酸解途径 淀粉在淀粉磷酸化酶的催化下，加磷酸分解为 G – 1 – P 的过程称为淀粉的磷酸解(phosphorolysis)：

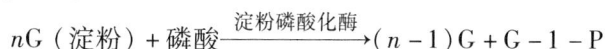

$$nG（淀粉）+磷酸 \xrightarrow{淀粉磷酸化酶} (n-1)G + G – 1 – P$$

此反应反复进行，每次使淀粉减少一个葡萄糖残基，增加一个 G – 1 – P，最后直链淀粉完全分解为 G – 1 – P，反应生成的 G – 1 – P 可以在代谢中利用。

淀粉酶和淀粉磷酸化酶都可分解淀粉，但二者要求的最适温度不同，前者要求较高的温度，后者要求较低的温度。夏季香蕉变甜，是由于高温利于淀粉酶水解淀粉之故。在 0 ~ 9℃ 低温时，马铃薯块茎内淀粉含量降低，而可溶糖和 G – 1 – P 的含量却增加，这说明低温时，淀粉通过淀粉磷酸化酶的作用而分解。甘薯块根、蔬菜等冬天变甜就是这个道理。

9.1.2.3 纤维素的合成和分解

纤维素是细胞壁的主要成分，是地球上最丰富的有机物。纤维素是由许多 D – 葡萄糖通过 β – 1,4 – 糖苷键连接而成的不分支的长链。

目前认为纤维素的合成是由纤维素合成酶(cellulose synthetase)催化的，以鸟苷二磷酸葡萄糖(GDPG)作为葡萄糖的供体，受体是由 β – 1,4 – 键连接起来的小分子多聚葡萄糖(纤维素糊精)。每反应一次纤维素链增加一个葡萄糖单位。

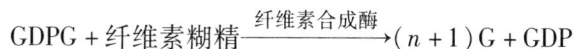

$$GDPG + 纤维素糊精 \xrightarrow{纤维素合成酶} (n+1)G + GDP$$

纤维素的水解，首先在纤维素酶(cellulase)的催化下生成纤维二糖(双糖)，然后在纤维二糖酶的催化下水解为 2 分子 β – D – 葡萄糖。纤维素酶多存在于某些细菌、真菌以及食草动物

的胃中，在高等植物体内含量很少，目前仅在少数植物（如大麦、菠菜、玉米等）种子萌发时，发现有分解种皮中纤维素的纤维素酶。

9.1.3　脂类的转化

9.1.3.1　脂肪的合成和降解

(1) 脂肪的生物合成

脂肪是甘油和脂肪酸形成的酯，其合成过程是先分别形成磷酸甘油和脂肪酸，再形成脂肪（三酰甘油酯）。

①脂肪酸的合成　脂肪酸的从头合成所需的碳源完全来自乙酰 – CoA，此外还需要乙酰 – CoA 羧化酶和脂肪酸合成酶两个酶系参加反应。

乙酰 – CoA 羧化酶（acetyl – CoA carboxylase）是含生物素的酶，大肠杆菌的乙酰 – CoA 羧化酶含有 3 种成分，即生物素羧化酶、生物素羧基载体蛋白（biotin carboxyl carrier protein，BCCP）、转羧基酶，它们以乙酰 – CoA 和 CO_2 为原料，在有能量（ATP）供应的情况下，生成乙酰 – CoA 的活化形式丙二酸单酰 – CoA，丙二酸单酰 – CoA 是脂肪酸碳链延长的直接供体，其反应步骤如下：

首先是羧化反应：

$$ATP + HCO_3^- + BCCP \xrightleftharpoons{\text{生物素羧化酶 } Mg^{2+}} BCCP – CO_2 + ADP + Pi$$

然后是转羧反应：

$$BCCP – CO_2 + 乙酰 – CoA \xrightleftharpoons{\text{转羧基酶}} BCCP + 丙二酸单酰 – CoA$$

在线粒体中，丙酮酸氧化脱羧生成乙酰 – CoA，而脂肪酸的合成是在细胞质中进行。乙酰 – CoA 不能自由越膜，但乙酰 – CoA 在线粒体内可与草酰乙酸结合为柠檬酸，柠檬酸可透过线粒体膜进入细胞质，在柠檬酸裂解酶的催化下再生为乙酰 – CoA，并放出草酰乙酸。在乙酰 – CoA 转运过程中，还可辅助产生脂肪酸合成的还原剂 NADPH。

脂肪酸合成酶系（fatty aicd synthase system，FAS）由 6 种酶和一种脂酰基载体蛋白（acyl carrier protein，ACP）组成（图 9-2）。整个反应包括如下几步：

第一，启动反应。这一步反应是由复合体中的乙酰 CoA – ACP 脂酰基转移酶（acetyl – CoA – ACP acyltransferase）催化完成，结果乙酰基从乙酰 – CoA 转至 ACP，形成乙酰 – ACP；乙酰基并不留在 ACP 上，而是立即转到另一个酶 β – 酮脂酰 – ACP 合酶（β – ketoacyl – ACP synthase）的—SH 上：

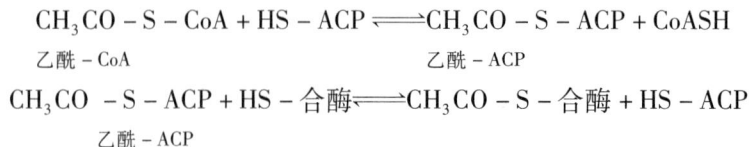

$$CH_3CO – S – CoA + HS – ACP \Longrightarrow CH_3CO – S – ACP + CoASH$$
$$\text{乙酰 – CoA} \qquad\qquad\qquad\qquad \text{乙酰 – ACP}$$

$$CH_3CO – S – ACP + HS – 合酶 \Longrightarrow CH_3CO – S – 合酶 + HS – ACP$$
$$\text{乙酰 – ACP}$$

第二，丙二酸单酰基转移反应。在丙二酸单酰 CoA – ACP 转移酶（malonyl – CoA – ACP acyltransferase）催化下，丙二酸单酰 CoA 中的丙二酸单酰基转至 ACP 上，形成丙二酸单酰 – ACP：

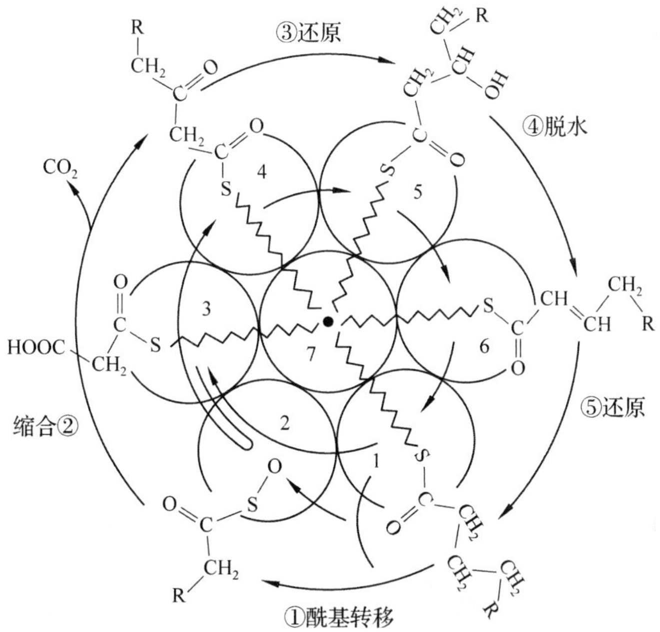

图 9-2 脂肪酸合成酶系和脂肪酸合成循环

1. 酰基转移酶　2. 合成酶　3. 丙二酰转移酶　4. 还原酶
5. 水化酶　6. 还原酶　7. 中央为 ACP

$$HOOC - CH_2 - CO - SCoA + ACP - SH \Longrightarrow HOOC - CH_2 - CO - S - ACP + CoASH$$

丙二酸单酰 – CoA　　　　　　　　　　　　　　丙二酸单酰 – ACP

第三，缩合反应。此步反应由 β – 酮脂酰 – ACP 合酶（β – ketoacyl – ACP synthase）催化，酶上所连的乙酰基与 ACP 上所连的丙二酸单酰基反应，生成乙酰 – ACP，放出 1 分子 CO_2：

$$CH_3CO - S - 合酶 + HOOC - CH_2 - CO - S - ACP \longrightarrow CH_3CO - CH_2 - CO - S - ACP + HS - 合酶 + CO_2$$

丙二酸单酰 – ACP　　　　　　　　　　　乙酰 – ACP

实验表明，这里放出的 CO_2 正是乙酰 – CoA 羧化反应里引入的同一碳原子。因此，可以认为 CO_2 在脂肪酸合成中起了一种催化剂的作用。

第四，第一次还原反应。乙酰 – ACP 被 NADPH + H$^+$ 还原生成 β – 羟丁酰 – ACP。催化这一反应的酶是 β – 酮脂酰 – ACP 还原酶（β – ketoacyl – ACP reductase）：

$$CH_3CO - CH_2 - CO - S - ACP + NADPH + H^+ \longrightarrow CH_3 - CHOH - CH_2 - CO - S - ACP + NADP^+$$

乙酰 – ACP　　　　　　　　　　　β – 羟丁酰 – ACP

第五，脱水反应。β – 羟丁酰 – ACP 在 β – 羟脂酰 – ACP 脱水酶（β – hydroxyacyl – ACP dehydrase）作用下，在 α，β 碳原子间脱水，生成 α，β – 烯丁酰 – ACP（巴豆酰 – ACP）：

$$CH_3 - CHOH - CH_2 - CO - S - ACP \longrightarrow CH_3CH = CH - CO - S - ACP + H_2O$$

β – 羟丁酰 – ACP　　　　　　　　　　α，β – 烯丁酰 – ACP

第六，第二次还原反应。烯丁酰 – ACP 在烯脂酰 – ACP 还原酶（enoyl – ACP reductase）催化下，以 NADPH + H$^+$ 为还原剂，还原生成丁酰 – ACP：

$$CH_3CH = CH - CO - S - ACP + NADPH + H^+ \rightleftharpoons CH_3CH_2CH_2CO - S - ACP + NADP^+$$

α, β – 烯丁酰 – ACP　　　　　　　　　　　　　　丁酰 – ACP

生成的丁酰 – ACP 再与丙二酸单酰 – ACP 重复上述缩合、还原、脱水、再还原循环反应，又延长两个碳原子，生成己酰 – S – ACP。如此反复循环 7 次，直到生成软脂酰 – ACP 为止，以上合成的脂酰 – ACP 可经硫脂酶(thioesterase)水解，生成脂肪酸并释放出 ACP：

$$脂酰 - S - ACP + H_2O \xrightarrow{硫脂酶} 脂肪酸 + ACP - SH$$

脂肪酸可经硫脂酶催化，把脂酰基转移到辅酶 A 上生成脂酰辅酶 A：

$$脂肪酸 + CoA - SH + ATP \xrightarrow{硫脂酶} 脂酰 - S - CoA + AMP + PPi$$

从乙酰 – CoA 合成软脂酸全过程的总反应式如下：

$$8CH_3CO - SCoA + 7ATP + 14NADPH + 14H^+ \longrightarrow C_{15}H_{31}COOH + 14NADP^+ + 8CoA - SH + 7ADP + 7Pi + 6H_2O$$

由于 β – 酮脂酰 – ACP 合成酶对软脂酰 – ACP 无活性，故此途径只能合成 16 碳以下的饱和脂肪酸。

生物体内碳链更长的脂肪酸，则是经由另外的延长系统在软脂酸羧基端连续增加二碳单位而形成。首先是缩合酶催化脂酰 – CoA 与乙酰 – CoA 缩合，生成 β – 酮脂酰 – CoA，然后经还原、脱水、再还原，产生比原来多两个碳原子的脂酰 – CoA，如此重复加长碳链形成 16 碳以上的脂肪酸。

②甘油的合成　EMP 途径的中间产物磷酸二羟丙酮在细胞质中经 3 – 磷酸甘油脱氢酶催化，还原为 3 – 磷酸甘油，后者在磷酸酶的作用下生成甘油。不过 3 – 磷酸甘油是甘油的活化形式，可直接参与脂肪的合成(图 9-3)。

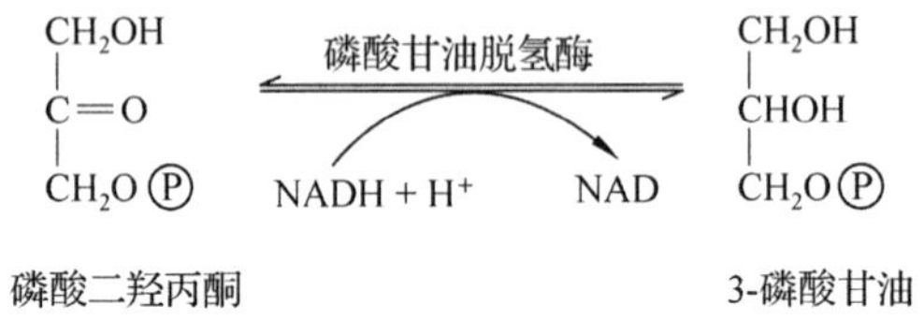

图 9-3　3 – 磷酸甘油的合成

③三酰甘油(脂肪)的合成　3 – 磷酸甘油和脂酰 – CoA 是合成三酰甘油的原料。在磷酸甘油转酰酶催化下，先形成磷脂酸；磷脂酸在磷酸酶催化下脱去磷酸后，形成二酰甘油，后者在二酰甘油转酰酶催化下再和 1 分子酯酰 – CoA 反应，生成三酰甘油。总反应式如下：

$$3 - 磷酸甘油 + 3 脂酰 - CoA + H_2O \longrightarrow 三酰甘油(脂肪) + 3 CoA - SH$$

(2)脂肪的降解

①脂肪的酶促水解　水解脂肪的酶称为脂肪酶(简称脂酶，lipase)，广布于生物界，它催化脂肪逐渐水解为甘油和脂肪酸(图 9-4)。

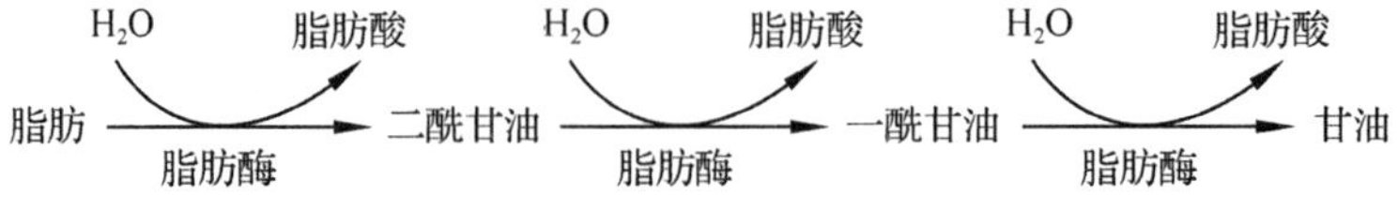

图 9-4　脂肪的酶促水解

总反应式如下：脂肪 + 3 H_2O ——→ 3 脂肪酸 + 甘油

②甘油的降解与转化 甘油首先与 ATP 作用生成 3 – 磷酸甘油，再氧化成磷酸二羟丙酮，进入糖酵解途径进一步氧化。磷酸二羟丙酮也可逆 EMP 途径异生为糖。

③脂肪酸的氧化 脂肪酸的氧化以 β – 氧化作用为主。β – 氧化主要在线粒体中进行，植物还可以在乙醛酸体中进行。所谓 β – 氧化是指在脂肪酸碳链的 β – 位碳原子上氧化，在 α – C 和 β – C 位之间断裂，产生二碳单位的乙酰辅酶 A 和少 2 个碳的脂肪酸的过程。偶数碳原子的脂肪酸最终全部分裂成乙酰 – CoA。

脂肪酸在进行 β – 氧化前必须先活化成脂酰 – CoA。

$$RCH_2 \cdot CH_2COOH + CoA - SH + ATP \xrightarrow{\text{脂酰 – CoA 合成酶}} RCH_2 \cdot CH_2CO \cdot SCoA + AMP + PPi$$

脂肪酸   脂酰 – CoA

酯酰 – CoA 氧包括为脱氢、加水、再脱氢和硫解 4 步反应，全程如图 9-5 所示。

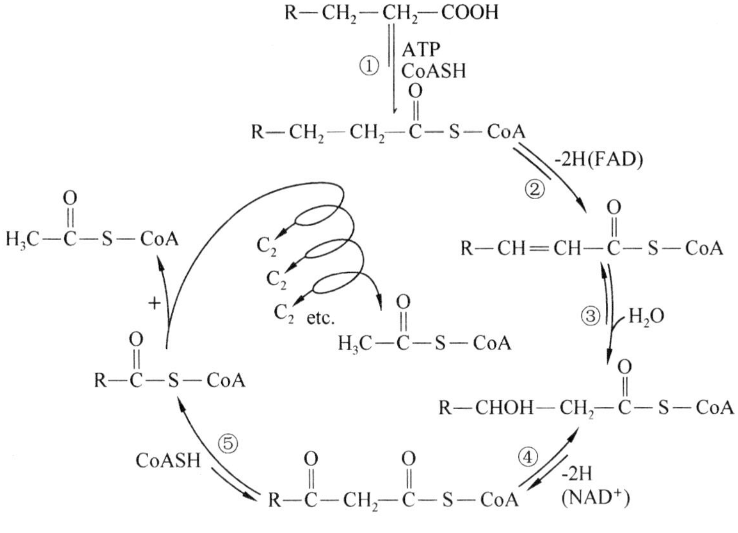

图 9-5 脂肪酸的 β – 氧化作用
①脂酰 – CoA 合成酶 ②脂酰 – CoA 脱氧酶 ③烯脂酰 – CoA 水合酶
④β – 羟脂酰 – CoA 脱氢酶 ⑤β – 酮脂酰 – CoA 硫解酶

第一，脱氢反应。脂酰 – CoA 经脂酰 – CoA 脱氢酶（acyl – CoA dehydrogenase）催化，在 α 和 β 碳原子上脱氢生成烯脂酰 – CoA，此酶以 FAD 为辅基，并作为氢受体生成 $FADH_2$，可进入呼吸电子传递链被氧化。

第二，加水反应。烯脂酰 – CoA 在烯脂酰 – CoA 水合酶（enoyl – CoA hydratase）的催化下，加水生成 β – 羟脂酰 CoA。

第三，再脱氢反应。β – 羟脂酰 – CoA 在 β – 羟脂酰 – CoA 脱氢酶（β – hydroxyacyl – CoA dehydrogenase）催化下，脱去 β – 碳原子与 β – 羟基上的氢原子生成 β – 酮脂酰 – CoA。该脱氢酶以 NAD^+ 为辅酶，NAD^+ 接受氢后生成 $NADH + H^+$，可以进入呼吸电子传递链被氧化。

第四，硫解反应。在 β – 酮脂酰硫解酶（β – ketoacyl – CoA thiolase）催化下，β – 酮脂酰 CoA 再与 1 分子辅酶 A 作用，硫解生成 1 分子乙酰 – CoA 和减二个 C 的脂酰 – CoA，完成一轮循环，然后进入第二轮 β - 氧化循环。

1 分子十六碳的软脂酸经 7 轮循环完全分解为 8 分子乙酰 - CoA，7 分子 NADH + H⁺，7 分子 FADH$_2$，以后进入三羧酸循环呼吸链经氧化磷酸化作用，彻底氧化为 CO_2 和水时，可提供 131 分子 ATP。

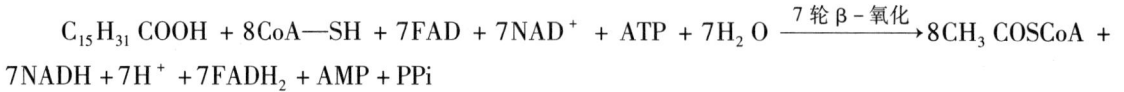

$$C_{15}H_{31}COOH + 8CoA—SH + 7FAD + 7NAD^+ + ATP + 7H_2O \xrightarrow{7 轮 β - 氧化} 8CH_3COSCoA + 7NADH + 7H^+ + 7FADH_2 + AMP + PPi$$

$7FADH_2 = 7 \times 2ATP = 14ATP$

$7NADH = 7 \times 3ATP = 21ATP$

8 乙酰 - CoA $= 8 \times 12ATP = 96ATP$

脂肪酸活化时，反应中 ATP 生成 AMP 和 PPi 消耗掉两个高能键，相当于两个 ATP，故理论上净生成 129 分子 ATP，其能量利用率约为 40%。

9.1.3.2　乙醛酸循环

脂肪酸 β - 氧化生成的乙酰 - CoA，除可以进入三羧酸循环彻底氧化为 CO_2 和水并产生能量外，在油料种子萌发时，还可以通过另一循环，转变为碳水化合物。由于此环中有一主要中间物乙醛酸，又在乙醛酸体上进行，所以称为乙醛酸循环(glyoxylate cycle)。

乙醛酸循环的多个反应与三羧酸循环相似并与三羧酸循环有密切联系，所以可看成三羧酸循环的支路(图 9-6)。

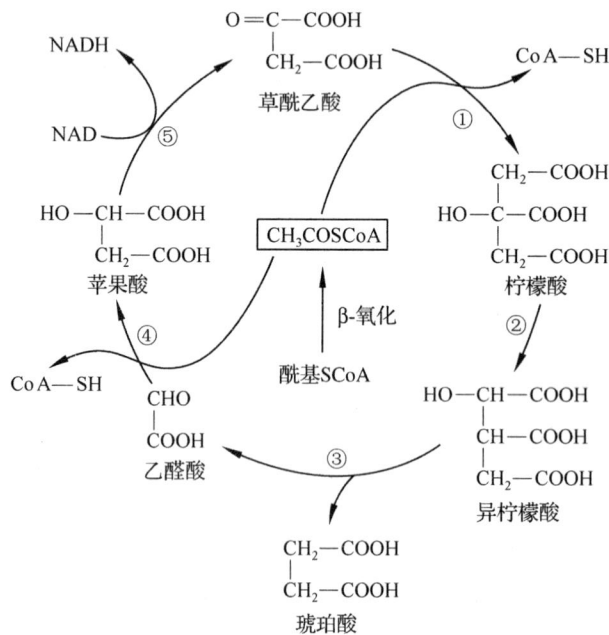

图 9-6　乙醛酸循环
①柠檬酸合成酶　②乌头酸酶　③异柠檬酸裂解酶
④苹果酸合成酶　⑤苹果酸脱氢酶

（1）乙醛酸循环中的主要反应

乙醛酸循环绕过 TCA 中的两个脱羧反应，因而无 CO_2 的生成。有两个关键性的酶促反应过程。

①异柠檬酸裂解酶反应 异柠檬酸裂解酶（isocitrate lyase）将异柠檬酸裂解为琥珀酸和乙醛酸。

$$异柠檬酸 \longrightarrow 琥珀酸 + 乙醛酸$$

②苹果酸合成酶反应 苹果酸合成酶（malate synthase）催化 1 分子乙酰 – CoA 和乙醛酸加合为苹果酸。

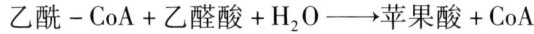

$$乙酰 – CoA + 乙醛酸 + H_2O \longrightarrow 苹果酸 + CoA$$

苹果酸以后脱氢转变为草酰乙酸，再与乙酰 – CoA 缩合为柠檬酸而构成环式反应。琥珀酸进入 TCA 循环转变为草酰乙酸。

乙醛酸循环总反应式如下：

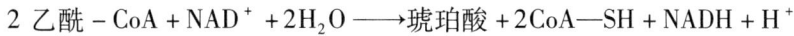

$$2\ 乙酰 – CoA + NAD^+ + 2H_2O \longrightarrow 琥珀酸 + 2CoA—SH + NADH + H^+$$

（2）脂类转变为糖

脂类转变为糖是糖的异生作用的一种形式。所谓糖的异生作用（gluconeogenesis）是指非糖的前体物质如氨基酸、脂肪酸、有机酸等转变为葡萄糖的过程。

脂肪转变为糖开始于脂肪酸 β – 氧化产生的乙酰 – CoA，乙酰 – CoA 由线粒体进入乙醛酸体，经乙醛酸循环产生琥珀酸，然后琥珀酸进入线粒体，经三羧酸循环转变为草酰乙酸，草酰乙酸穿过线粒体膜进入细胞质，在磷酸烯醇式丙酮酸羧激酶催化下，由 GTP 供能，脱羧生成磷酸烯醇式丙酮酸（PEP），PEP 逆糖酵解过程而异生为磷酸葡萄糖，可进一步转变为蔗糖。

油料种子萌发时，此过程强烈进行，油脂大量转变为糖（图 9-7），供种子萌发和幼苗生长所需。由此可知乙醛酸循环是脂肪与糖相互转变的桥梁。

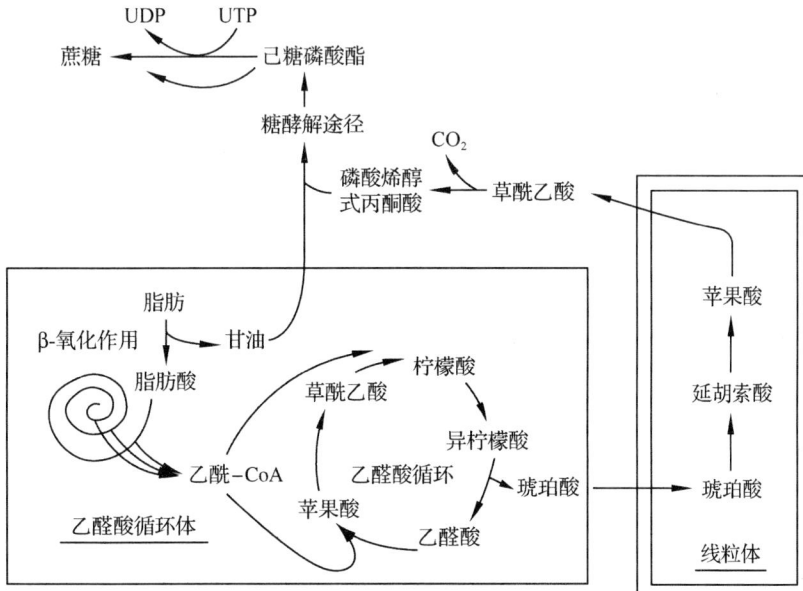

图 9-7 油料种子萌发时由脂肪转变为糖的代谢途径

9.1.4　蛋白质的降解与氨基酸的转化

蛋白质代谢在细胞代谢中具有极其重要的位置。在生物的生长发育过程中，蛋白质与氨基酸的合成分解每时每刻都在进行。

9.1.4.1　蛋白质的分解

蛋白质在体内的分解是在酶的催化下加水分解，使其肽键断裂，最后形成氨基酸，水解蛋白质的酶有两大类，即肽酶(peptidase)和蛋白酶(proteinase)。

肽酶作用于肽链的末端，作用于羧基末端的称为羧肽酶(carboxypeptidase)，作用于氨基末端的称为氨肽酶(aminopeptidase)，它们每次只能分解出一个氨基酸或二肽。肽酶又称为肽链外切酶(exopeptidase)或肽链端解酶。

蛋白酶作用于多肽链内部的肽键，产生长短不同的肽片段，从而暴露出许多末端，然后在肽酶作用下进一步分解成氨基酸。蛋白酶又称肽链内切酶(endopeptidase)。

蛋白酶和肽酶有不同程度的专一性，因此，其中一些酶常用于测定多肽和蛋白质的一级序列。

9.1.4.2　氨基酸的合成与分解

(1) 氨基酸的合成

①谷氨酸和谷酰胺的合成　现已知无机态氮转变为有机态氮，主要是通过谷氨酸和谷酰胺的合成，因为谷氨酸上的氨基可以转移到任何一种 α – 酮酸上去，生成各种相应的氨基酸，它是氨基的供体和转移站，所以在氨基酸合成中占有主要地位。

②转氨基作用　指把一种氨基酸的氨基转移到另一种酮酸上，以形成另一种氨基酸和酮酸的作用。这种转氨基作用由转氨酶(transaminase)催化，转氨酶的辅基是磷酸吡哆醛(胺)，转氨基作用的通式如下(图9-8)：

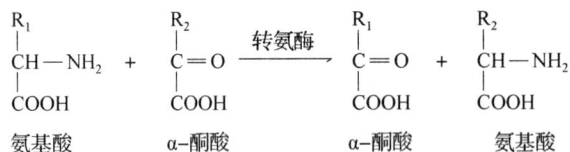

图 9-8　转氨酶催化的转氨基作用通式

重要的转氨反应如谷氨酸与丙酮酸、谷氨酸与草酰乙酸之间的转氨等。由转氨基作用可形成多种氨基酸，如甘氨酸、丙氨酸、天冬氨酸、丝氨酸、亮氨酸、异亮氨酸、苯丙氨酸、酪氨酸等。

(2) 氨基酸的分解

各种氨基酸分子都含有氨基和羧基，因而它们的分解具有共同的途径，主要是脱氨基作用、脱羧基作用，以及脱氨脱羧后产物的转变。但由于各氨基酸的侧链基团不同，个别氨基酸有其特殊的代谢途径。

①脱氨基作用　氨基酸在酶的作用下脱去氨基的过程称脱氨基作用(deamination)，主要有

氧化脱氨基、转氨基、联合脱氨基等作用方式。

第一，氧化脱氨基作用。在 L - 谷氨酸脱氢酶等酶的催化下脱氨生成酮酸，同时伴有氧化过程，称为氧化脱氨基作用(oxidative deamination)。

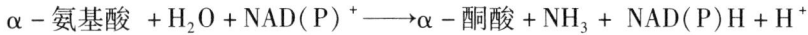

$$\alpha - 氨基酸 + H_2O + NAD(P)^+ \longrightarrow \alpha - 酮酸 + NH_3 + NAD(P)H + H^+$$

第二，联合脱氨基作用(transdeamination)。这是指由转氨基作用和氧化脱氨基作用相互配合的脱氨基过程，反应通式如下(图 9-9)：

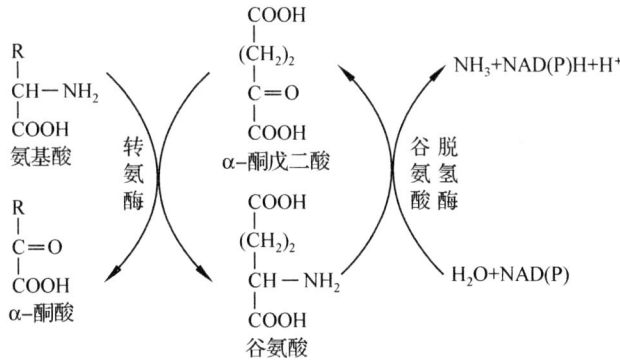

图 9-9　联合脱氨基作用通式

②脱羧基作用(decarboxylation)　指氨基酸在氨基酸脱羧酶的作用下，脱去羧基，生成胺(amine)的过程。反应通式如下：

$$R\!-\!CH\!-\!NH_2\!-\!COOH \xrightarrow{\text{脱羧酶}} R\!-\!CH_2\!-\!NH_2 + CO_2$$
$$\text{胺}$$

脱羧酶(decarboxylase)的辅酶也是磷酸吡哆醛，这种酶的专一性很高，一般一种脱羧酶只能对一种氨基酸起催化作用，在动植物体内普遍存在。

9.1.5　核酸的降解与核苷酸的转化

9.1.5.1　核酸的降解

核酸是许多单核苷酸以 3′,5′- 磷酸二酯键连成的高聚物。核酸分解的第一步就是水解其间的磷酸二酯键。作用于磷酸二酯键的水解酶称为核酸酶(nuclease)，也称磷酸二酯酶，据切割磷酸二酯键的方位不同把核酸酶分为核酸内切酶(endonuclease)和核酸外切酶(exonuclease)。内切酶从核酸多核苷酸链内部切断磷酸二酯键，外切酶则从核苷酸链的 3′- 末端或 5′- 末端逐个水解切下为单核苷酸。

根据核酸酶对底物的专一性将其分为 3 类：核糖核酸酶、脱氧核糖核酸酶和非特异性核酸酶。

(1)核糖核酸酶

只能水解 RNA 磷酸二酯键的酶称核糖核酸酶(ribonuclease，RNase)。不同的 RNase 其专一性不同，例如，牛胰核糖核酸酶(RNase I)，它的作用位点是嘧啶核苷 - 3′- 磷酸与其他核苷酸之间的连接键，而核糖核酸酶 T₁(RNase T₁)的作用位点是 3′- 鸟苷酸与其他相邻核苷酸的 5′- OH 间的连键(图 9-10)。

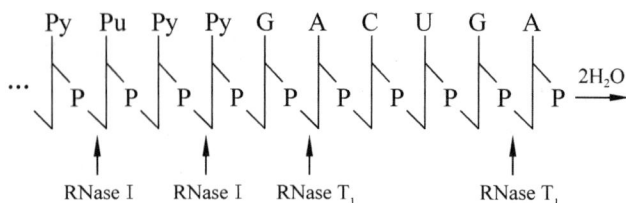

图 9-10　核糖核酸酶对 RNA 的水解位置示意

Py：嘧啶碱　Pu：嘌呤碱

（2）脱氧核糖核酸酶

只能水解 DNA 磷酸二酯键的酶称为脱氧核糖核酸酶（deoxyribonuclease，DNase）。例如，牛胰脱氧核糖核酸酶（DNase I）可切割双链和单链 DNA，产物是 5′-磷酸为末端的寡核苷酸，而牛脾脱氧核糖核酸酶（DNase Ⅱ）降解 DNA 则产生 3′-磷酸为末端的寡核苷酸。

在原核生物中存在着一类能认识外源 DNA 双螺旋中 4~6 个碱基对所组成的特异序列，并在此序列的某位点水解 DNA 双螺旋链，这类酶称作限制性内切酶（restriction endonuclease），简称限制酶（restriction enzyme）。限制酶在生物技术、生物工程、分子生物学等领域，分析染色体结构、DNA 分子测序、分离基因乃至创造新的 DNA 分子，是必不可少的工具。

（3）非特异性核酸酶

既可水解 RNA 又可水解 DNA 磷酸二酯键的核酸酶称为非特异核酸酶（non-specific nuclease）。例如，小球菌核酸酶（micrococcal nuclease）是内切酶，可作用于 RNA 或变性 DNA，产生 3′-核苷酸或寡核苷酸，而蛇毒磷酸二酯酶（venom phosphodiesterase）则能从 RNA 链或 DNA 链的 3′-羟基末端逐个切割核苷酸，生成 5′-核苷酸。

9.1.5.2　核苷酸的合成与分解

（1）核苷酸的合成

核苷酸在细胞内的合成有两类基本途径。一类是从氨基酸、核糖磷酸、CO_2 和 NH_3 合成核苷酸，称作从头合成（de novo synthesis）途径。另一类由核酸分解产生的碱基和核苷转变成核苷酸，这种转变可以通过各种不同的路线完成，一般把这种转变途径称作补救（salvage）合成途径（图 9-11）。

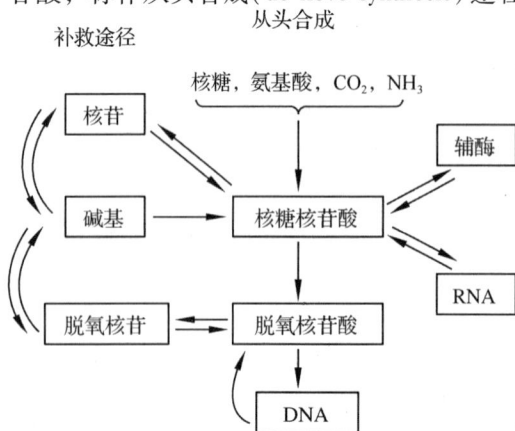

图 9-11　核苷酸合成的两条途径

（2）核苷酸的分解

核苷酸在核苷酸酶（nucleotidase）或称磷酸单酯酶（phosphomonoesterase）的作用下水解为磷酸和核苷。核苷酸酶广泛存在于生物体中，有两类：一类是非特异性核苷酸酶，对 2′，3′或 5′-核苷酸均可水解；另一类是特异性强的核苷酸酶，有 3′-核苷酸酶和 5′-核苷酸酶。

核苷经核苷酶（nucleoside phosphorylase）作用后，产生嘌呤或嘧啶和戊糖。核苷酶也有两类：一类是核苷磷酸化酶(nucleosidase)，它催化核苷磷酸解产生碱基和磷酸戊糖；另一类是核苷水解酶(nucleoside hydrolase)，它分解核苷产生含氮碱(嘌呤或嘧啶)和戊糖：

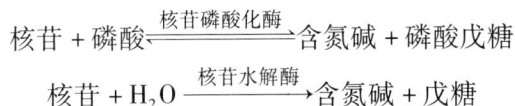

$$核苷 + 磷酸 \xrightarrow[\text{核苷磷酸化酶}]{} 含氮碱 + 磷酸戊糖$$

$$核苷 + H_2O \xrightarrow{\text{核苷水解酶}} 含氮碱 + 戊糖$$

核苷磷酸化酶广泛存在于生物体内，催化反应是可逆的。核苷水解酶主要存在于植物和微生物中，只作用于核糖核苷，对脱氧核糖核苷无作用，催化反应不可逆。核苷的降解产物嘌呤和嘧啶还可以继续分解成 CO_2 和 NH_3 等。

9.1.6 植物次生代谢物的转化

糖类、脂肪、核酸和蛋白质等是初生代谢的产物，称为初生代谢物(primary metabolite)。此外，植物中还有一些表面看来与植物生长发育没有直接关系的种类繁杂的有机物，它们是由糖类等有机物次生代谢衍生出来的物质，称为次生代谢物(secondary metabolite)，又称次生产物(secondary product)或天然化合物(natural product)。

根据植物次生代谢物的化学结构和性质，可将其分为酚类(phenol)、萜类(terpene)和次生含氮化合物(nitrogen-containing compound)等类型。萜类化合物是从乙酰－CoA 或糖酵解中间产物转化而来；酚类化合物是经由莽草酸途径等合成的芳香族化合物；含氮次生代谢物如生物碱主要是从氨基酸合成而来(图 9-12)。

次生代谢物多在液泡或细胞壁中，是代谢的终产物，除了极少数外，大部分不再参加代谢活动。次生代谢物的产生和分布往往局限在某一个或分类学上相近的几个植物种类，而初生代谢物存在于所有植物中。

植物次生代谢物种类繁多，功能各异，不仅可以作药物、香料以及工业原料使用，而且在植物的生态适应性方面具有重要意义。其中最重要的功能之一是赋予植物防御功能，如抑制草食动物的采食和致病微生物的感染。另外，次生代谢物还可以诱引昆虫和动物进行传粉和种子传播。植物之间的异株克生现象也与次生代谢物有关。

9.1.6.1 酚类化合物及其衍生物

酚类(phenol)物质是芳香族环上的氢原子被取代后生成的化合物。其取代基包括羟基、羧基、甲氧基(methoxyl，—O—CH₃)或其他非芳香环结构。属于该类的植物次生物包括芳环氨基酸(如苯丙氨酸、酪氨酸和色氨酸)、简单酚类、类黄酮和异类黄酮等，种类繁多，广泛地存在于高等植物、苔藓、地钱和微生物中。

莽草酸途径(shikimic acid pathway)是植物酚类化合物合成的主要途径。其合成前体是磷酸烯醇式丙酮酸(PEP)(来自 EMP 途径)和 4－磷酸赤藓糖(E4P)(来自 PPP 途径)。

通过莽草酸途径及其衍生反应可以生成许多酚类物质，如肉桂酸(cinnamic acid)、香豆酸(coumaric acid)、咖啡酸(caffeic acid)、绿原酸(chlorogenic acid)、原儿茶酸(protocatechuic acid)、没食子酸(gallic acid)、阿魏酸(ferulic acid)、奎宁酸(quinic acid)等。这些化合物在植物中通常以游离形式存在，它们的衍生物如植保素(phytoalexin)、香豆素(coumarin)、木质素(lignin)以及其他多种黄酮类化合物(flavonoid)都是具有重要意义的次生代谢物。

CO₂

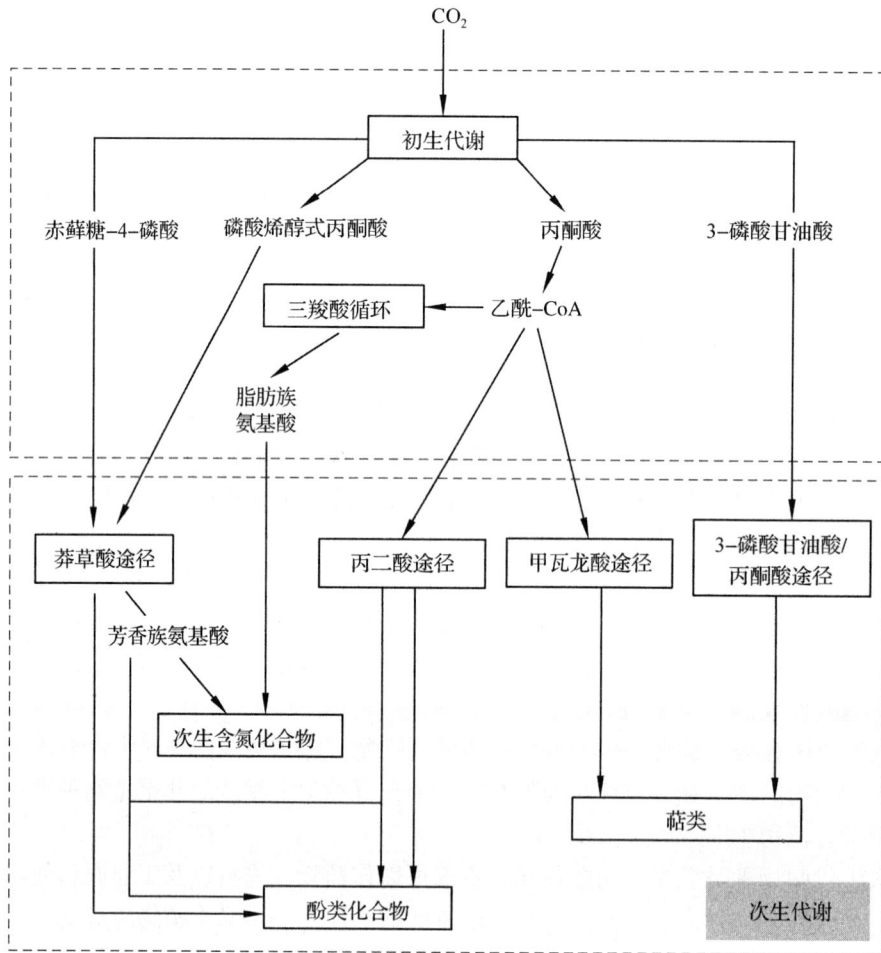

图 9-12　植物次生代谢的主要途径及其与初生代谢的关系（Taiz 和 Zeiger，2006）

（1）简单酚类

简单酚类（simple phenolic compound）广泛分布于微管植物。许多简单酚类化合物在植物抗病虫中有重要作用（图 9-13）。

原儿茶酸可以防止由真菌［如旋卷刺盘孢（*Colletotrichum circinans*）］感染引起的斑点病，对此病具有抗性的有色洋葱的葱头颈部可以产生大量的原儿茶酸，但是在易感病的白色品种中没有原儿茶酸产生。从有色洋葱中提取的原儿茶酸可以抑制上述真菌及其他真菌的孢子萌发。

绿原酸在植物体内分布很广，而且含量较高，是一种对人体无害的次生代谢物。例如，干咖啡豆中可溶性绿原酸含量高达 13%。土豆块茎内也含有大量的绿原酸，在氧气和铜离子存在的情况下容易被氧化，形成褐色或黑色的多聚醌类物质。催化此反应的酶是多酚氧化酶（polyphenol oxidase），所形成的醌类物质具有抑霉剂（fungistat）作用。所以绿原酸及其氧化多聚物是植物抵抗病菌感染的一种机制，它在抗病品种中含量较多，而且容易发生氧化生成多醌；而在感病品种中绿原酸含量较少，或难以氧化为醌类物质。

没食子酸是形成植物单宁的主要化合物之一。没食子酸以多种方式相互连接，并与葡萄糖

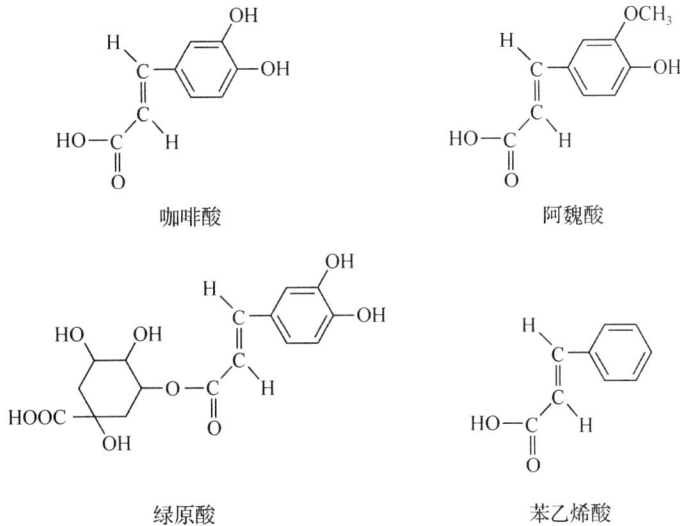

图 9-13 一些简单酚类物质的分子结构

和其他糖类结合形成杂合的多聚体－没食子鞣质（一种单宁酸）。没食子鞣质及其他单宁酸可以使蛋白质发生交联和变性，严重抑制植物的生长，所以植物通常将产生的单宁酸贮存在液泡内，否则会使细胞质内的酶类变性。没食子鞣质还能抑制周围其他植物的生长，是一种植物异株克生物质。植物中还存在着大量的其他单宁，对植物的防御作用具有重要意义。例如，单宁可以抑制细菌和真菌的侵染；它们还是一种收敛剂（astringency），使动物食后嘴唇发麻，而且可以抑制消化，借此防止动物的采食。

酚类物质的一类重要衍生物是香豆素类化合物（coumarins）。自然界的香豆素类化合物有1000 种以上，但是在某一特定植物内只有若干种存在。植物在衰老或受伤时，会降解体内的香豆素葡萄糖结合物，释放出具有青草味的挥发性香豆素。如紫花苜蓿和甜三叶草等牧草中含有大量的香豆素，在贮存不当发生腐烂时会产生有毒的双香豆素（dicumarol），它是一种抗凝血剂，可以导致牲畜罹患甜三叶草病。所以筛选低香豆素的苜蓿品种是牧草品种改良的重要目标。东莨菪素存在于许多植物的种皮内，是种子的天然萌发抑制剂，可以维持种子的休眠状态。在自然状态下，只有经过雨季足量的降雨将其从种皮淋洗出后，种子才能萌发。

（2）类黄酮

类黄酮（flavonoid）是一种 15 碳的化合物，广泛地分布在各种植物中。目前已经鉴定的类黄酮已经超过 2000 种。由于类黄酮的基本骨架中具有多个不饱和键，所以可以吸收可见光，呈现各种颜色（图 9-14）。

香豆素和乙酰－CoA 是类黄酮的前体物。类黄酮分子结构上通常带有多个羟基，这些羟基和各种糖类结合，增加了类黄酮的水溶性，所以类黄酮一般被贮存在细胞的中央大液泡内。

光照，特别是蓝光可以促进类黄酮的合成。例如，苹果的着色面往往是朝向阳光的一面，一般认为光通过表皮细胞内的光敏色素启动类黄酮的生物合成。另外，矿质元素缺乏，如缺磷、硫和氮也容易诱导某些植物形成花色素积累。

花色苷（anthocyanin）一般存在于红色、紫色和蓝色的花瓣中，另外在一些植物的果实、叶

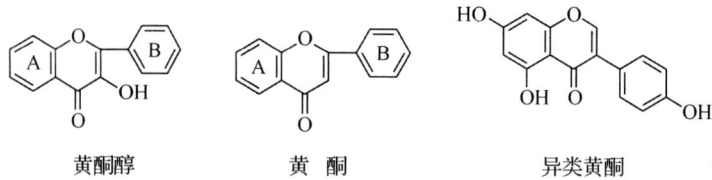

图 9-14　黄酮醇、黄酮和异类黄酮的结构

片、茎干和根中也有存在。花色苷大量地分布在植物的表皮细胞中。花和果实的颜色主要是由其中所含的花色苷颜色决定的。晚秋时节，在光照良好、温度较低的气候条件下，有利于花色苷的大量积累，使树叶呈现鲜艳的颜色。但是在某些黄色或橙色的花和叶片中，类胡萝卜素是呈色的主要物质。

地钱、藻类等低等植物中不含花色苷，但是苔藓和裸子植物中含有少量的花色苷和其他类黄酮物质。高等植物中含有多种花色苷，有时在一朵花中同时存在两种以上的花色苷，使之呈现不同的颜色组合。

在植物细胞内，花色苷一般是以糖苷的形式存在的，与糖基解离的花色苷剩余部分称为花色素(anthocyanidin)。不同花色素的分子结构的差异仅是环上取代羟基数目的不同。花色素的颜色与取代羟基数目有关，同时还受 pH 的影响。许多花色素在酸性 pH 条件下为红色，随着 pH 的升高会变成蓝色或紫色。例如，飞燕草花瓣表皮细胞液泡内的 pH 在衰老过程中从 5.5 上升到 6.6，其中的花色苷的颜色则从紫红色变为蓝紫色。

花色苷在植物中存在的广泛性和丰富性，证明花色苷是植物长期进化选择的结果。目前认为，花色苷的功能主要是作为诱引色，吸引昆虫或动物采食，协助传粉和传播种子。

大部分的黄酮醇(flavonol)和黄酮(flavone)呈淡黄色或象牙白色，和花色素一样也是植物花的呈色物质。一些无色的黄酮醇和黄酮可以吸收紫外线，某些昆虫如蜜蜂可以看见部分紫外波段的光线，所以含黄酮醇和黄酮的花可以诱引这些昆虫采食传粉。这些物质还存在于叶片内，对动物起拒食剂的作用。由于黄酮醇和黄酮可以大量吸收紫外线，可以保护植物叶片不受长波紫外线的危害。

类黄酮的类似物异类黄酮(isoflavonoid)存在于某些植物品种中，尤其是蝶形花亚科豆荚属植物中大量存在。某些种类的异类黄酮是种间化学物质(alleochemics)，即对其他动植物具有排斥或诱引作用的化学物质。例如，鱼藤根中所含的鱼藤酮(rotenone)就是一种异类黄酮，是常用的一种杀虫剂。异类黄酮还是一种植保素，在植物受病原菌感染后迅速产生，抑制病菌的进一步生长。

(3) 木质素

木质素(lignin)是自然界中除了纤维素之外第二丰富的有机物质，在许多木本植物中，木质素占总干重的 15% ~ 25%，是植物细胞壁中的一种骨架物质，存在于纤维素微纤丝之间，起着强化细胞壁的作用。木质部导管分子内木质素含量较高，分布在初生壁、中胶层和次生壁各个部分。

木质素对细胞壁的强化作用，不仅能够使植物保持直立姿态，抗御压力和风力，而且使植物能够形成足够强度的木质部导管分子，进行水分的长距离运输。

木质素还具有防御功能。坚硬的细胞壁有助于抗拒昆虫和动物的采食，即使被采食也难以消化。木质素还可以抑制真菌及其分泌的酶和毒素对细胞壁的穿透能力，感染部位周围细胞壁的木质化还会抑制水分和养分向真菌扩散，达到抑制真菌生长的目的。除了上述的屏障作用之外，木质素合成过程中产生的活性自由基可以钝化真菌的细胞膜、酶和毒素。

由于木质素的相对分子质量巨大，并与其他细胞壁多糖上的羟基以醚键等共价键的形式紧密结合，所以它不溶于大部分溶剂中。

木质素主要是由 3 种芳香醇构成的：松柏醇（coniferyl alcohol）、芥子醇（sinapyl alcohol）、对香豆醇（p–coumaryl alcohol）。针叶树中的木质素含松柏醇较多，而其他木本植物以及草本植物中后两种含量较多。上述 3 种芳香醇都是通过莽草酸途径合成的。

9.1.6.2　萜类

植物萜类（terpene）或类萜（terpenoid）化合物是由五碳的异戊二烯（isoprene）单元构成的化合物及其衍生物，也称为异戊间二烯化合物（isoprenoid）（图 9-15）。异戊二烯的合成有两条途径：一条是甲瓦龙酸途径（mevalonic acid pathway）；另一条是甲基赤藓醇磷酸途径（methyl-erythritol phosphate pathway），又叫 3–磷酸甘油酸/丙酮酸途径（3–phosphoglycerate/pyruvate pathway）。萜类化合物包括异戊二烯头尾相连形成的含 10 个碳原子的单萜（monoterpene）、含 15 个碳原子的倍半萜（sesquiterpene）和多萜（polyterpene）。

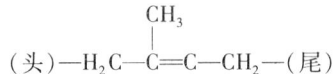

$$（头）—H_2C—\overset{\overset{\textstyle CH_3}{|}}{C}=C—CH_2—（尾）$$

图 9-15　异戊二烯单位

目前在植物中已经发现了数千种萜类化合物。如植物激素中的赤霉素和脱落酸、黄质醛（脱落酸生物合成的中间体）、甾醇（sterol）、类胡萝卜素（carotenoid）、松节油（turpentine）、橡胶（rubber）以及作为叶绿素尾链的植醇（phytol）等。

有的萜类化合物可以对其他植物或动物发生影响，例如，植物释放萜类物质抑制其他植物的生长；含某些萜类化合物的植物可以防虫或者减少草食动物的采食。细胞膜内的甾醇起着增强膜结构稳定性的作用，这也是甾醇的主要生物功能之一。甾醇类化合物在植物的防御功能上具有重要意义。

许多含 10～15 碳的萜烯称为植物精油（essential oil），因为它们通常具有挥发性和较强的气味。例如，在橘皮中就存在着 71 种挥发性的植物精油，其中大部分是单萜，主要是柠檬油精（limonene）。植物精油是香料和香精制造中的重要原料。植物花朵中的精油还有诱引昆虫采蜜，协助授粉的功能。

植物体内释放的挥发性精油（包括异戊二烯自身）的量非常大，在森林上空常常会形成烟雾，甚至会造成一定的空气污染。据测算，每年地球上植物释放出的挥发性物质大约有 14×10^8 t，其中大部分是碳氢类萜烯化合物。在美国田纳西州、北卡罗来纳州，以及澳大利亚等地区经常形成的蓝色山雾，就是由空气中的萜烯类化合物颗粒对蓝光的散射造成的。

最知名的一种植物精油是松节油（turpentine），大量地存在于松属（Pinus）植物的一些特殊细胞内。这些化合物以及某些萜烯类化合物，如香叶烯（myrcene）和柠檬油精，是植物防御松节虫的重要武器。松节虫是针叶林的杀手，每年都给世界各地的林业生产造成巨大的损失。在松属植物中，柠檬油精是昆虫拒食剂(insect repellant)。与此相反，α - 蒎烯是松树吸引昆虫聚集的信息素(aggregation pheromone)。所以，柠檬油精含量高而 α - 蒎烯含量低的松树就不易受到松节虫的侵害。

树脂是 10 ~ 30 碳萜烯的混合物，广泛存在于针叶植物和许多热带被子植物中。树脂在一种特殊的叶片上皮细胞中合成，通过相连的导脂管聚集、分泌，保护植物抗御昆虫侵害。

橡胶含有 3000 ~ 6000 个异戊二烯单元组成的无分支长链，是分子最大的异戊二烯类化合物。天然橡胶是一种热带大戟属植物三叶胶树(*Hevea brasiliensis*)分泌的一种乳状的细胞原生质，胶乳中大约含有 1/3 的纯橡胶。目前世界上发现大约 2000 种产胶植物，有很多被用作橡胶原料植物。

9.1.6.3 次生含氮化合物

植物的许多次生代谢物分子结构中含有 N 原子。主要的次生含氮化合物包括生物碱、生氰苷、葡萄糖异硫氰酸盐、非蛋白氨基酸和甜菜碱等。这些物质对动物具有重要生理作用，也是参与植物防御反应的重要物质。

生物碱(alkaloid)是植物中广泛存在的一类次生含氮化合物，分子结构中具有多种含氮杂环(图 9-16)。其分子中的 N 原子具有结合质子的能力，所以生物碱呈碱性。生物碱多为白色晶体，具有水溶性。生物碱对人和动物具有特殊的生理和精神作用，在植物中也具有十分重要的生理功能。

目前在 4000 余种植物中发现了 3000 多种生物碱。自然界 20% 左右的维管植物含有生物碱，其中大多数是草本双子叶植物，单子叶植物和裸子植物很少含生物碱。最早发现的生物碱是 1805 年从罂粟鸦片中提纯的吗啡(morphine)，其他广为人知的生物碱有烟草中的尼古丁(nicotine)、古柯树叶中的可卡因(也称古柯碱)(cocaine)、柏树树皮中的奎宁(quinine)、咖啡

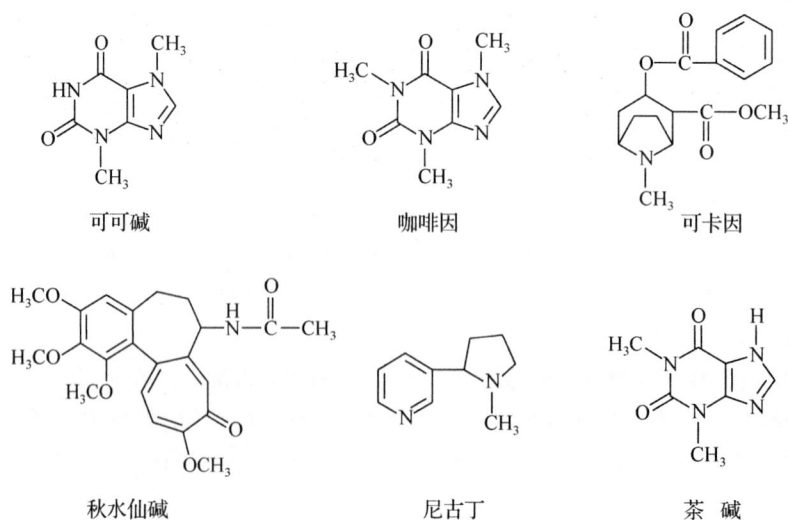

可可碱 咖啡因 可卡因

秋水仙碱 尼古丁 茶 碱

图 9-16 几种生物碱的分子结构

豆和茶叶中的咖啡因(caffeine)、可可豆中的可可碱(theobromine)、秋水仙中的秋水仙碱(colchicine)等。

大多数生物碱都在植物茎中合成,少数生物碱如尼古丁在根中合成。生物碱生物合成的前体是一些常见的氨基酸,如天冬氨酸、赖氨酸、酪氨酸和色氨酸。一些生物碱,如尼古丁及其类似物以鸟氨酸为合成前体。还有一部分是通过萜烯的合成途径合成的。

生物碱曾被认为是植物的代谢废物,但是现在认为是植物的防御物质,因为大多数生物碱对动物具有毒性。几乎所有的生物碱对人都是有毒的;但是在低剂量条件下,许多生物碱具有药理学价值。如吗啡、可待因(codeine)、颠茄碱、麻黄素等被广泛应用在医药中。

蛋白质氨基酸有 20 种,但植物还含有一些所谓的"非蛋白氨基酸"(nonprotein amino acid),这些氨基酸不被结合到蛋白质内,而是以游离形式存在。许多非蛋白氨基酸对动物有很大的毒性,它们可以抑制蛋白质氨基酸的吸收或合成,或者被结合进正常蛋白质,导致蛋白质功能的丧失。例如,刀豆氨酸被草食动物摄入后,可以被精氨酸 tRNA 识别,在蛋白质合成过程中取代精氨酸被结合进蛋白质的肽链内,导致酶催化部位的立体构造的紊乱,丧失与底物结合的能力或丧失催化生化反应的能力。但是合成刀豆氨酸的植物体内有完善的辨别机制,可以区别刀豆氨酸和精氨酸,从而避免刀豆氨酸被错误地结合进正常蛋白质;那些以刀豆为食的昆虫体内也有类似的辨别机制。

生氰苷(cyanogenic glycoside)是植物的防御物质,其本身并没有毒性,但是当含生氰苷的植物被损伤后,会释放出有毒的氢氰酸(HCN)气体。生氰苷存在于多种植物内,最常见的有豆科、蔷薇科等植物。生氰苷的裂解和氢氰酸的释放是酶促过程,植物中的糖苷酶(glycosidase)和羟腈裂解酶(hydroxynitrile lyase)是催化生氰苷释放氢氰酸的两种酶。一般情况下,植物体内的这些酶与生氰苷的存在位置不同,如高粱中的生氰苷存在于表皮细胞的液泡内,而上述裂解酶存在于叶肉细胞内,只有当植物叶片被损伤(如被动物嚼食)时才会使生氰苷与裂解酶混合发生反应,释放毒气。

9.1.6.4 植物次生代谢的意义

植物次生代谢是大自然长期进化选择的结果,是植物生态适应的重要手段。例如,各种植保素、木质素是植物产生抗逆反应的重要物质基础;生物碱、生氰苷等是植物防御动物的有效武器;类黄酮中的花色苷、甜菜碱赋予植物花果多彩的颜色,对物种的繁衍起着重要的作用;而一些次生代谢产物如赤霉素、脱落酸、油菜素内酯、水杨酸、茉莉酸又是植物激素和信号分子,对植物生长发育的调控具有重要作用。其他如寄生和共生识别、异株克生等现象无一不与植物的次生代谢有关。

植物次生代谢物为人类提供了大量的医药原料和工业原料。现代人的心血管疾病和癌症的治疗大多依赖植物次生代谢物,如强心苷是心脏病的常规治疗药物,又如,红豆杉紫杉醇(taxol)是目前最有效的天然抗癌药物;人参皂苷和银杏黄酮更是传统的保健良药。天然药物的研究已经成为人们寻求解决现代疾病的主要手段。植物次生代谢物在食品工业和化学工业中的应用更为广泛:大部分的天然食品色素来源于植物次生代谢物;紫草素可以用作化妆品颜料;甜菊苷是一种理想的无热量、天然甜味剂;杜仲树叶内的杜仲胶具有非常奇特的形状记忆性质,被广泛地应用于医疗化工等领域。

上述例子说明植物次生代谢物对植物生长发育以及人类福祉具有重要的意义，所以植物次生代谢研究深受重视。利用细胞工程和基因工程的方法，调节控制植物的次生代谢，已成为人们控制植物生长发育、改良植物品质、增加产量的重要研究手段。

9.2 有机物运输的途径与机理

高等植物器官有各自特异的结构和明确的分工，叶片是光合作用合成有机物质的场所，植物各器官、组织所需的有机物都需叶片供应。显然，从有机物产生地到消耗或贮藏地之间必然有一个运输过程。细胞组织之间之所以能互通有无，制造或吸收器官与消耗或贮藏器官之所以能共存，植物体之所以能保持一个统一的整体，都依赖着有效的运输机构。

生产实践中，有机物运输是决定产量高低和品质好坏的一个重要因素。因为，即使光合作用形成大量有机物，生物产量较高，但人类所需要的是较有经济价值的部分，如果这些部分产量不高，仍未达到高产的目的。从较高生物产量变成较高经济产量就存在一个光合产物运输和分配的问题。

9.2.1 有机物运输系统

高等植物体内的运输包括短距离运输系统(short distance transport system)和长距离运输系统(long distance transport system)。短距离运输是指细胞内以及细胞间的运输，距离在微米与毫米之间，主要靠物质本身的扩散和原生质的吸收与分泌来完成。长距离运输是指器官之间、源与库之间运输，距离从几厘米到上百米，两者虽然都是物质在空间上的移动，但在运输的形式和机理上有许多不同。

9.2.1.1 短距离运输系统

(1)胞内运输

胞内运输指细胞内、细胞器间的物质交换。有分子扩散、原生质的环流、细胞器膜内外的物质交换，以及囊泡的形成与囊泡内含物的释放等。如光呼吸途径中，磷酸乙醇酸、甘氨酸、丝氨酸、甘油酸分别进出叶绿体、过氧化体、线粒体。叶绿体中的丙糖磷酸经磷酸转运器从叶绿体转移至细胞质，在细胞质中合成蔗糖进入液泡贮藏；细胞质中的磷酸则经磷酸转运器转移至叶绿体。在内质网和高尔基体中合成的成壁物质由高尔基体分泌小泡运输至质膜，小泡内含物释放至细胞壁中等过程均属胞内物质运输。

(2)胞间运输

胞间运输指细胞之间短距离的质外体、共质体以及质外体与共质体间的运输。

①质外体运输　物质在质外体中的运输称为质外体运输(apoplastic transport)。由于质外体没有外围的保护，其中的物质容易流失到体外。

②共质体运输　物质在共质体中的运输称为共质体运输(symplastic transport)。由于共质体中原生质的黏度大，故运输的阻力大。在共质体中的物质有质膜保护，不易流失于体外。共质体运输受胞间连丝状态控制，胞间连丝多、孔径大，胞间物质浓度梯度大，则有利于共质体的运输。

③质外体与共质体间的运输　即物质进出质膜的运输。物质进出质膜有3种方式：顺浓度

梯度的被动转运(passive transport),包括自由扩散、经过通道或载体的协助扩散;逆浓度梯度的主动转运(active transport),含一种物质伴随另一种物质进出质膜的伴随运输;以小囊泡方式进出质膜的膜动转运(cytosis),包括内吞(endocytosis)、外排(exocytosis)和出胞等。

植物体内物质的运输常不局限于某一途径。如共质体的物质可有选择地穿过质膜而进入质外体运输;质外体的物质在适当的场所也可通过质膜重新进入共质体运输。像这种物质在共质体与质外体间交替进行的运输也称共质体—质外体交替运输。

在共质体—质外体交替运输过程中常涉及一种特化细胞,起转运过渡作用,这种特化细胞被称为转移细胞(transfer cells,TC),它在结构上的特征是细胞壁及质膜内突生长,形成许多折叠结构,从而扩大了质膜的表面积,增加了溶质内外转运的面积;另外,质膜折叠可有效地促进囊泡的吞并,加速了物质分泌或吸收。

9.2.1.2 长距离运输系统

一段不过 1 ~ 2cm 的茎,两端物质转移和信息传递若要在细胞间进行,就要通过成百上千个细胞才行,数量和速度都受到很大限制。这样,植物只能长得矮小,匍匐在沼泽地域。随着高等植物向空阔大陆迁居,植物躯体不断变得高大,体内物质运输距离拉长,在长期进化过程中,植物体内的某些细胞与组织发生了特殊分化,逐步形成了专行运输功能的输导组织——维管束(vascular bundle)系统。

(1)维管束的组成

维管束系统贯穿于植物的周身,通过维管组织的多级分支,形成了一个网络密布、结构复杂、功能多样的通道,为物质运输和信息传递提供了方便。维管束系统的发育状况对植物的生长与器官的发育和成熟具有重要的意义,维管组织的损伤或堵塞,会立即引起植物组织的衰败或死亡。

一个典型的维管束外面被维管束鞘包围,内部可以分为 3 个部分:①以导管为中心,富有纤维组织的木质部(xylem);②以筛管为中心,周围有薄壁组织伴联的韧皮部(phloem);③多种组织的集合穿插与包围在两部分中间(图 9-17)。两个管道——筛管与导管可以分别看作是由共质体与质外体进一步特化、转变而来。运输的物质是以水溶液的形式在导管和筛管中流动。

维管束系统的功能是多种多样的,包括植物的汁液运输,信息传递,横向生长,营养储备,机械支持等。

(2)木质部运输

被子植物木质部的输导组织(conducting tissue)主要是导管(vessel),也有少量管胞(tracheid),裸子植物则全部是管胞。导管和管胞是由分生组织(meristem)逐渐分化形成的,当这些细胞能执行运输功能时,已失去了细胞质的有生命活动的成分,而成为死细胞。这些细胞在整个茎中形成连续的管状系统,导管端壁消失,管胞在细胞之间的壁上产生大区域穿孔,从而不再被细胞膜阻碍,大量的

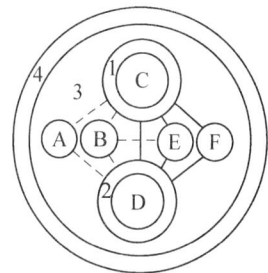

图 9-17 维管束的组成与功能
A. 电波 B. 激素 C. 无机营养 D. 有机营养 E. 加工贮藏 F. 径向生长 实线表示物质交换,虚线表示信息交换
1. 以导管为中心的木质部
2. 以筛管为中心的韧皮部
3. 多种组织的集合
4. 维管束鞘

水溶液沿植物体内的自由空间运动。

既然木质部中的导管和管胞是死细胞，那么通过什么来控制其内部液流的内含物呢？是通过木质部内薄壁组织木射线的活细胞来完成的。这些薄壁组织散布在管胞和导管之间，进行溶质的横向运输，使木质部运输流移出溶质或加入溶质。木质部是进行单向运输的系统，主要将水分、无机物及根部合成的有机物向上运，其运输的速度、机制、动力在有关矿质和水分代谢的章节已论述。

（3）韧皮部运输

韧皮部是光合产物运输的主要途径。被子植物的韧皮部主要由筛管（sieve tube）、伴胞（companion cell）与韧皮部薄壁细胞（parenchyma cell）组成。筛管由筛管细胞首尾相连而成，筛管细胞也称为筛管分子。

成熟的筛管分子（sieve element，SE）（图9-18）缺少一般活细胞所具有的某些结构成分，例如，在发育过程中失去了细胞核及液泡膜，没有微丝、微管、高尔基体和核糖体，保留有质膜、线粒体、质体、平滑型内质网，不能合成蛋白质，也不能独立生活，成熟筛管分子已分化为专门适应同化物运输的特化细胞。它的主要特点是细胞壁的一些部位具有小孔，称为筛孔（sieve pore），筛孔的直径 $0.5 \sim 1.5\mu m$。这些具筛孔的凹陷区域称为筛域（sieve area）。被子植物筛管分子的端壁分化为筛板（sieve plate），筛板上有筛孔，一般筛孔面积占筛板面积的50%左右。目前主要倾向认为筛孔是开放式的，筛分子内存在 P－蛋白，即韧皮蛋白（phloem protein），是被子植物筛分子所特有。P－蛋白呈管状、线状或丝状，有收缩功能，能使筛孔扩大，有利于同化物的长距离运输。

伴胞（companion cell）是一个具有全套细胞器的完整生活细胞，伴胞的细胞核大，原生质浓密，其中含大量的核糖体和线粒体，线粒体的分布密度约10倍于分生细胞，含有高浓度的ATP、过氧化物酶、酸性磷酸酶等。大量的胞间连丝将筛管分子与伴胞联系在一起，组成筛管

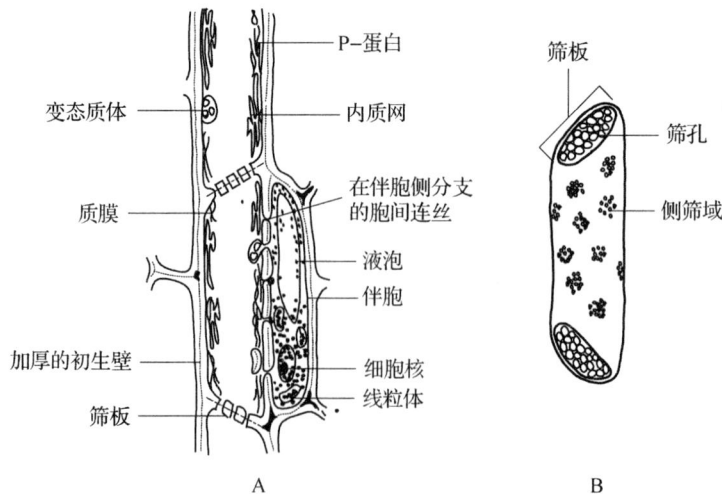

图9-18　成熟筛管分子的结构

A. 筛管分子的纵切面，并示伴胞。通常在小叶脉中，伴胞比筛管分子
大，在大叶脉和茎、根中，伴胞比筛管分子小　B. 筛管分子的侧面观

分子—伴胞复合体(sieve element-companion cell complex, SE – CC)。筛管分子临近死亡,伴胞即解体。伴胞有如下生理功能:可为筛管分子提供结构物质——蛋白质;提供信使 RNA;维持筛管分子间的渗透平衡;调节同化物向筛管的装载与卸出。

9. 2. 2　韧皮部运输的机理

9. 2. 2. 1　物质运输的途径

同位素示踪试验与环割实验(girdling experiment)可以证明同化物运输的途径是韧皮部。将树木枝条环割一圈,深度以到形成层为止,剥去圈内树皮经过一段时间可见到环割上部枝叶正常生长,但割口上端膨大或成瘤状,下端却呈萎缩状态(图9-19)。这是因为环割中断了韧皮部同化物向下运输,同化物只能聚集在割口上端引起树皮组织生长加强而形成粗大的愈伤组织;同时下端因得不到同化物,不能正常生长而萎缩。环割并未影响木质部,因此,根系吸收的水分和矿质营养仍能沿导管正常向上输送,保证了枝叶正常生长的需要。

如果环割不宽,过一阶段,这种愈伤组织可以使上下树皮再连接起来,恢复有机物向下运输的能力。如果环割较宽,上下树皮连接不上,环割口的下端又不长出枝条,时间一长,根系原来贮存的有机物消耗完毕,根部就会饿死。"树怕剥皮"就是这个道理。果树生产常利用环割原理来增加产量或发根。例如,在开花期适当环割树干,可使地上部分的同化物在环割时间内集中于花果。北方的枣树、南方的菠萝蜜等果树栽培,都应用此法作为增产技术。又如,某些果树(柑橘、荔枝、龙眼等)的高空压条繁殖,也是环割枝条,使养分集中于切口上端,有利发根。

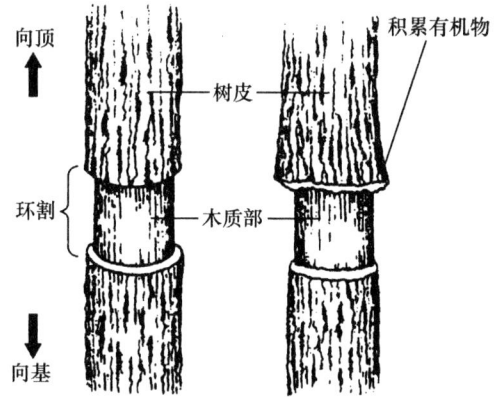

图9-19　木本植物枝条的环割试验
左:刚环割　右:环割后一段时间形成瘤状

9. 2. 2. 2　韧皮部运输的物质

经大量研究,得到有关物质运输途径和方向的一般结论:无机营养在木质部向上运输;无机营养在韧皮部通常向下运输,也可双向运输(bidirectional transport);有机物质在韧皮部可向上和向下运输;有机氮和激素等可在木质部向上运输,也可经韧皮部向下运输;在春季叶片尚未展开前,有机物质可沿木质部向上运输;物质在组织之间,包括木质部与韧皮部之间可进行侧向运输;偶尔也有例外的情形发生。

(1)研究方法

研究同化物运输(assimilate transportation)形式可用蚜虫吻刺法(aphid stylet method)和同位素示踪法。大型蚜虫口器的吻针十分锐利,可直接刺入韧皮部组织吸取汁液,待其正吸吮时用 CO_2 将蚜虫麻醉,并从下唇处切除虫体,留下吻针,筛管汁液便源源不断地从切口流出来,可连续几小时,收集起来进行分析,能真实反映汁液的成分,比较接近自然(图9-20)。另一种方法是在韧皮部上切一个1mm深的刀口,然后用毛细管收集韧皮部汁液。

现今新技术被广泛地应用到韧皮部运输的研究中,如用共聚焦激光扫描显微镜(confocal

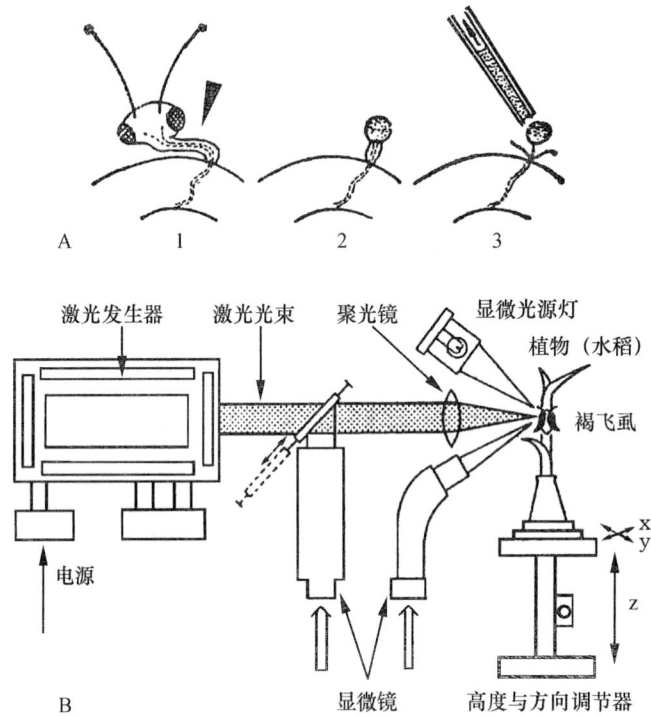

图 9-20　用蚜虫吻刺法收集筛管汁液

A. 用蚜虫口器收集筛管汁液的示意

1. 将蚜虫的吻针连同下唇一起切下　2. 切口溢出筛管汁液　3. 用毛细管收集溢泌液

B. 用激光切断飞虱口针的装置　用显微镜观察与聚焦，当焦点聚在飞虱口针时，开启激光器，随即口针被烧断

laser scanning microscope，CLSM）直接观察完整植株体内韧皮部同化物运输（包括韧皮部装卸）的影像；空种皮技术（empty seed coat technique）用以研究同化物韧皮部卸出机理和调节；微注射法（microinjection technique）用微量进样器将少量激素等化学物质注入到正在生长的种子中，观察与测定激素等化学物质对种皮卸出同化物的影响；应用分子生物学技术将编码绿色荧光蛋白（green fluorescent protein，GFP）的基因导入病毒基因组内，直接观察病毒蛋白在韧皮部中的运输。

（2）运输形式

大量研究表明，植物筛管汁液中干物质含量占 10% ~ 25%，其中 90% 以上为碳水化合物。在大多数植物中，蔗糖是糖类的主要运输形式；某些植物含有其他糖类，如棉子糖、水苏糖、毛蕊花糖等，但这些糖都是由 1 个蔗糖分子与若干个半乳糖分子结合形成的非还原性糖。被运输的糖醇包括甘露醇和山梨醇等，氮素主要以氨基酸和酰胺的形式运输，特别是谷氨酰胺和天冬酰胺。当叶片衰老时，韧皮部中含氮化合物水平非常高。木本植物逐渐衰老的叶片向茎输出含氮化合物以供贮藏，草本植物通常向种子输入有机物。另外，韧皮部运输物中还有维生素、激素等生理活性物质，这些物质的运输量极小，但非常重要。

蔗糖成为同化物的主要运输形式是植物长期进化而形成的适应特征。因为蔗糖是光合作用最主要的直接产物，是绿色细胞中最常见的糖类；蔗糖的溶解度很高，在 0℃ 时，100mL 水中可溶解蔗糖179g，100℃能溶解487g；蔗糖是非还原糖，其非还原端可保护葡萄糖不被分解，使糖能稳定地从源向库转运；蔗糖含的自由能高，与葡萄糖相比，1mol 蔗糖和1mol 葡萄糖虽具有相同的渗透势，但前者含的碳原子比后者高 1 倍，水解产生的能量也比后者多；蔗糖的运输速率很高，适合长距离运输。以上原因决定了蔗糖是同化物运输的主要形式。

（3）运输速度

运输速度指单位时间内被运输物质分子所移动的距离。用放射性同位素示踪法可观察到同化物运输的一般速度是 $20 \sim 200 \mathrm{cm} \cdot \mathrm{h}^{-1}$。不同植物的同化物运输速度是有差异的，例如，大豆 $84 \sim 100~\mathrm{cm} \cdot \mathrm{h}^{-1}$，南瓜 $40 \sim 60~\mathrm{cm} \cdot \mathrm{h}^{-1}$，马铃薯 $20 \sim 80~\mathrm{cm} \cdot \mathrm{h}^{-1}$，甘蔗 $270 \mathrm{cm} \cdot \mathrm{h}^{-1}$。同一作物，由于生育期不同，同化物运输的速度也有所不同，如南瓜幼龄时，同化物运输速度快（$72 \mathrm{cm} \cdot \mathrm{h}^{-1}$），老龄则渐慢（$30 \sim 50 \mathrm{cm} \cdot \mathrm{h}^{-1}$）。

同化物运输速度是韧皮部物质运输的一个重要指标，然而，人们往往对其中运输的物质的量更感兴趣。有机物在单位时间内通过单位韧皮部横截面积运输的数量，称为比集运率（specific mass transfer rate，SMTR），多数植物韧皮部的 SMTR 为 $1 \sim 13~\mathrm{g} \cdot \mathrm{cm}^{-2} \cdot \mathrm{h}^{-1}$，最高可达 $200~\mathrm{g} \cdot \mathrm{cm}^{-2} \cdot \mathrm{h}^{-1}$。

9.2.2.3　韧皮部运输的机理

同化物的运输是一个在活细胞内进行的依赖能量的生理过程，不是一个简单的空间转移过程，因此，同化物的运输机理是十分复杂的。研究证明，韧皮部运输的关键是同化物怎样从"源"细胞装载入筛管分子，以及怎样从筛管分子把同化物卸出到消耗或贮存的"库"细胞，显然，韧皮部的装载是同化物运输的第一步。

（1）韧皮部装载

韧皮部装载（phloem loading）是指同化物从合成部位通过共质体和质外体进行胞间运输，最终进入筛管的过程。这一过程需要经过 3 个步骤：第一步，叶肉细胞光合作用形成的磷酸丙糖从叶绿体运到胞质，合成蔗糖。第二步，叶肉细胞的蔗糖运到叶脉末梢的筛管分子附近，这一运输途径属于短距离运输。第三步，蔗糖主动转运到 SE – CC 复合体，最终进入筛管分子（图 9-21）。一般认为，同化物从韧皮部周围的叶肉细胞装载到韧皮部 SE – CC 复合体的过程存在两条途径——共质体途径和交替运输途径。

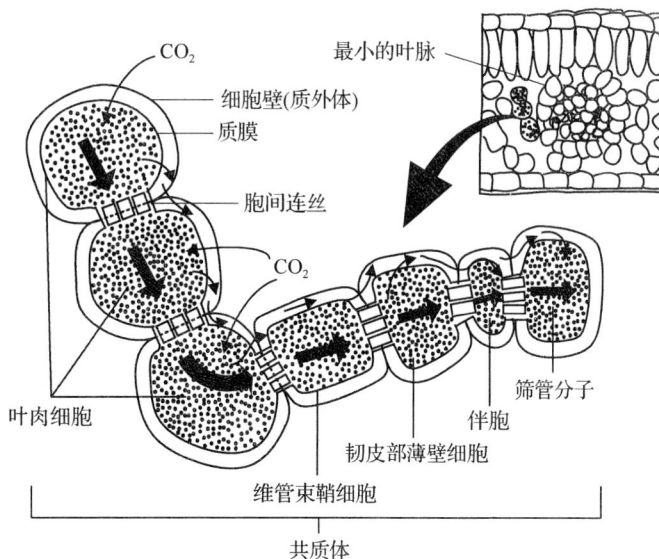

图 9-21　源叶中韧皮部装载途径

图中粗箭头示共质体途径，细箭头示质外体途径

（2）筛管运输的机理

同化物装载进入韧皮部筛管后能向需要的部位定向运输。已知蔗糖在筛管中的运输速度高达 $100cm \cdot h^{-1}$，而蔗糖在水中的扩散速度只有 $0.02\ cm \cdot h^{-1}$，显然蔗糖在筛管中的运输不会扩散。那么蔗糖在筛管中运输的机理是什么？

1930 年，明希（E. Münch）提出了解释韧皮部同化物运输的压力流动学说（pressure flow hypothesis）。该学说的基本论点是，同化物在筛管内是随液流流动的，而液流的流动是由输导系统两端的压力势差引起的（图9-22）。

自该学说提出以来，许多学者都在

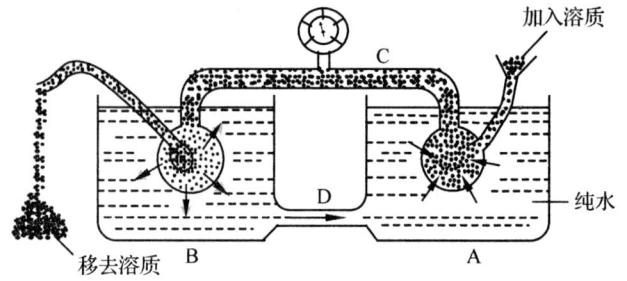

图9-22　压力流动模型

A，B 两水槽中各有一个装有半透膜的渗透计，水可以自由出入，而溶质则不能透过。将溶质不断加到渗透计 A 中，浓度升高，水势降低，水分进入，压力势增大，静水压力将水和溶质一同通过 C 转移到渗透计 B　B 中溶质不断地卸出，压力势降低，水分再通过 D 回流到 A 槽

致力于能更完整正确地解释光合同化物韧皮部运输的现象，曾提出过多种假说，如简单扩散作用、细胞质环流、电渗、细胞质索条、离子泵等假说。目前广为接受的是在明希最初提出的"压力流动学说"基础上经过补充的"新的压力流动学说"。新学说认为，同化物在筛管内运输是由源库两侧筛管—伴胞复合体内渗透作用所形成的压力梯度所驱动（图9-23）。压力梯度的形成是由源端光合同化物不断向筛管—伴胞复合体装入，和库端同化物从筛管—伴胞复合体不断卸出以及韧皮部和木质部之间水分的不断再循环所致。即光合细胞制造的光合产物在能量的驱动下主动装载进筛管分子，从而降低了源端筛管内的水势，筛管分子从邻近的木质部吸收水分，引起筛管的膨压增加；与此同时，库端筛管中的同化物不断卸出进入周围的库细胞，筛管内水势提高，水分流向邻近的木质部，从而库端筛管内的膨压降低。因此，只要源端光合同化物的韧皮部装载和库端光合同化物的卸出过程不断进行，源库间就能维持一定的压力梯度，在此梯度下，光合同化物可源源不断地由源端向库端运输。

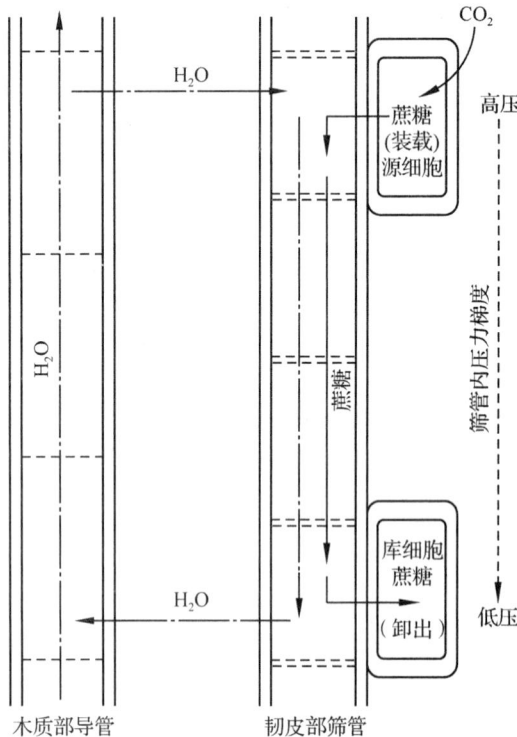

图9-23　压力流动学说示意

虚线箭头为水流，实线箭头为同化物流

"压力流动学说"是最能解释同化物在韧皮部运输现象的一种理论。当然，该理论还有许多方面需要深入研究，许多问题尚未解决。如上述讨论的是被子植物的情况，而裸子植物韧皮部的结构与被子植物有很大的差异，因此，

其运输机理也将存在很大的不同。

（3）韧皮部卸出

同化物从源器官经筛管运到库器官后，还要从筛管分子中运出来。同化物从库器官的筛管中转运出去的过程称为韧皮部卸出（phloem unloading）。库端的卸载与源端的装载是两个相反的过程。

韧皮部卸出首先是蔗糖从筛管分子卸载，然后通过短距离运输途径运到库细胞，在此贮藏或参与代谢。韧皮部卸出可发生在植物任何部位的成熟韧皮部，例如，幼嫩根、茎、叶、贮藏器官、果实、种子等。卸出的蔗糖有多种去向，有的转变为己糖进入糖酵解途径，有的以淀粉形式贮藏，还有的贮存在韧皮部薄壁细胞的液泡里。这样，卸出的蔗糖就不断地被移走，促使库端不断地卸出，也促使源端的同化物不断地装载入筛管和筛管中源源不断地运输。

同化物卸出途径有两条：共质体途径和质外体途径。一般在营养器官（如根和叶）中同化物主要通过共质体途径卸出。在幼叶、幼根里，同化物通过共质体的胞间连丝到达生长细胞和分生细胞，在细胞溶质中进行代谢。同化物卸到生殖器官（如发育着的玉米和大豆种子）时，是通过质外体途径。因为母体和胚之间没有胞间连丝，同化物必须通过质外体，然后才进入胚。同化物卸到贮存器官（如甜菜根、甘蔗茎）时，也是通过质外体。通过质外体卸出时，在有些植物（如玉米和甘蔗茎）中蔗糖被细胞壁中的蔗糖酶分解为葡萄糖和果糖之后进入接受细胞，而在甜菜根和大豆种子中蔗糖通过质外体时并不水解，而是直接进入贮藏部位。

9.3 有机物的分配与调节

9.3.1 代谢源与代谢库

9.3.1.1 源和库的概念

有机物运输的方向取决于提供同化物的器官与利用同化物的器官的相对位置。源（source）即代谢源（metabolic source），是产生或提供同化物的器官或组织，如功能叶、萌发种子的子叶或胚乳。库（sink）即代谢库（metabolic sink），是消耗或积累同化物的器官或组织，如根、茎、果实、种子等。

应该指出的是，源库的概念是相对的，可变的。如幼叶是库，它必须从功能叶获得营养，但当叶片长大时，它就成为源。有的器官同时具有源和库的双重特点。如绿色的茎、鞘、果、穗等，它们既需从其他器官输入养料，同时其本身又可制造养料或者加工养料后再输入到需要的部位。有些两年生植物的贮藏组织在第一个生长季是库，当第二个生长季开始时，它又成了源，向新的枝叶输出其所贮藏的同化物。

9.3.1.2 源－库单位

同化物从源器官向库器官的输出存在一定的区域化，即源器官合成的同化物优先向其临近的库器官输送。例如，在稻麦灌浆期，上层叶的同化物优先输往籽粒，下层叶的同化物优先向根系输送，而中部叶形成的同化物则既可向籽粒也可向根系输送。玉米果穗生长所需的同化物主要由果穗叶和果穗以上的二叶提供。通常把在同化物供求上有对应关系的源与库及其输导系统称为源－库单位(source-sink unit)。如菜豆某一复叶的光合同化物主要供给着生此叶的茎及其腋芽,则此功能叶与着生叶的茎及其腋芽组成一个源－库单位(图9-24)。又如,结果期的番茄植株,通常每隔三叶着生一个果穗,此果穗及其下三叶便组成一个源－库单位(图9-25)。源库会随生长条件而变化,并可人为改变。例如,番茄植株通常是下部三叶向其上果穗输送光合同化物,当把此果穗摘除后,这三叶制造的光合同化物也可向其他果穗输送。源－库单位的可变性是整枝、摘心、疏果等栽培技术的生理基础。

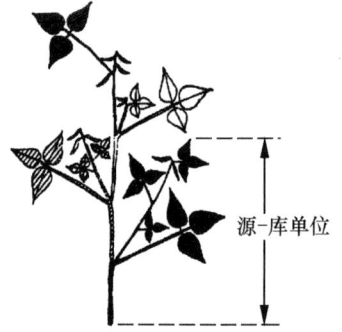

图 9-24　菜豆的源－库单位模式图

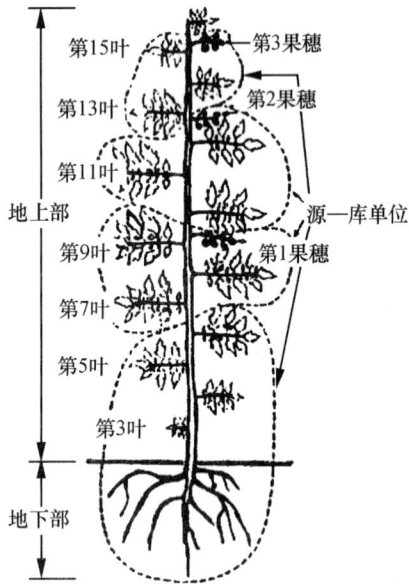

图 9-25　番茄的源－库单位模式图

9.3.1.3　源－库关系

源是库的供应者,而库对源具有调节作用。库源两者相互依赖,相互制约。源为库提供光合产物,控制输出的蔗糖浓度、时间以及装载蔗糖进入韧皮部的数量;而库能调节源中蔗糖的输出速率和输出方向。一般说来,充足的源有利于库潜势的发挥,接纳能力强的库则有利于源的维持。

可用源强与库强来衡量源器官输出或库器官接纳同化物能力的大小。源强(source strength)是指源器官同化物形成和输出的能力。库强(sink strength)是指库器官接纳和转化同化物的能力。库强对光合产物向库器官的分配具有极其重要的作用。表观库强(apparent sink strength)可用库器官干物质净积累速率表示。

源和库内蔗糖浓度的高低直接调节同化物的运输和分配。源叶内高的蔗糖浓度短期内可促进同化物从源叶的输出速率,例如,短时期增加光强或提高 CO_2 浓度可提高源叶内蔗糖的浓度,从而加速同化物从这些叶片内的输出速率。但从长期看源叶内高的蔗糖浓度则抑制光合作用和蔗糖的合成。只有在库器官不断吸收与消耗蔗糖时,才能长期维持高的同化能力。

9.3.2　同化物分配规律

植物体内同化物分配的总规律是从源到库,即从某一源合成的同化物流向与其组成源－库单位的库。

(1)优先向生长中心分配

在植物不同的生长发育时期,存在着一个生长占优势的部位,即生长中心。生长中心对于同化物具有强烈的吸引力,当时叶片形成的同化物主要向此处运输。例如,水稻分蘖期,同化物主要分配到水稻的分蘖节上,供其分蘖所需养分;分蘖期过后,同化物就不再以分蘖节为主要运输点,而向新生长中心运输分配。小麦的同化物分配也有类似规律。可见,生长中心不是不变的,而是随生育期的不同而转向别处。但需要指出的是,一个时期只有一个生长中心。植物存在生长中心，对栽培管理是有利的，可以根据需要通过调节同化物的运输来调控植物的生长。

（2）就近供应

同化物有就近供应的规律，即叶片制造的同化物首先满足其自身生命活动的需要，用不完的供给其邻近部位。如大豆结荚期，当各节都出现荚时，同化物只能由每个叶片进入叶腋中的荚内，只有在某节上摘除豆荚或豆荚受害的情况下该节叶片的同化物才分配到其邻荚中去。

（3）同侧运输

植物上部某处叶片合成的同化物往往向同侧器官分配较多。这是由植物的解剖结构决定的，因为同侧维管束交叉联系要比横跨茎轴到另一侧直接得多。但在另一侧嫩叶缺乏养料供给时，也可引起同化物沿茎轴横向分配到原来不属于它分配的嫩叶去。

（4）同化物的再分配

植物体内同化的物质，除了构成像细胞壁这样的骨架物质已定型固定外，其他物质不论是有机物或无机物，包括细胞的各种内含物（细胞器以及永久或暂时贮藏的物质）都可以进行再度分配及再度利用。

同化物的再分配和再利用（redistribution and reutilization of assimilate），也是器官之间营养物质内部调节的主要特征。如当叶片衰老时，大量的有机、无机养分都要撤离并重新分配到就近的新器官。尤其在生殖生长时，营养器官细胞的内含物会分解并向生殖器官转移。例如，小麦籽粒生长达到最终饱满度的 25% 时，植株对 N，P 的吸收已完成了 90%，籽粒在以后的 75% 的充实生长中，主要由营养体将这些元素再度转移来供应它的需要。据分析，小麦叶片衰老时，叶中 85% 的 N 和 90% 的 P 都要转移到穗部。

作物成熟期间，茎叶中的有机物即使是在收割后的贮藏期还可以继续转移，例如，我国北方农民为了避免秋季早霜危害或提前倒茬，在预计严重霜冻来临之前，将玉米连根带穗提前收获，竖立成垛，茎叶中的有机物仍能继续向籽粒中转移，这称为"蹲棵"，可以增产 5% ~ 10%。又如，花瓣在开花受粉后，其细胞的原生质迅速解体，氮、磷、钾等矿质元素与有机物大部分撤退到果实，而后花瓣凋萎脱落。

在果实、鳞茎、块茎、根茎等贮藏器官发育成熟时，营养体一生积累的精华物质几乎都转移给了这些器官，故而出现"麦熟一晌，枝叶枯黄"的景象；葱、蒜结球时，皮干薄如纸也是这个道理。可见营养体的日渐衰老正是同化物撤离的必然结果。实验证明，如将番茄新坐果实——摘下，切断再分配的去路，营养体寿命将可延续很久。

值得注意的是同化物不能由一片成熟叶进入另一片成熟叶，甚至当其中的一片叶子由于遮光而遭受"饥饿"的情况下，也是如此。各幼叶从成熟叶得到同化物仅是在它达到成年之前。

小　结

有机物的转化又称有机物代谢，是生物体内有机物质的合成和分解，以及相互转化的过程。

单糖在参加化学反应前须经活化成为糖的磷酸酯或糖的核苷二磷酸酯。蔗糖的合成有蔗糖合成酶途径以及磷酸蔗糖合成酶途径。蔗糖的分解主要由转化酶催化水解。直链淀粉的合成由 P 酶、D 酶和淀粉合成酶所催化，支链淀粉的合成还需要 Q 酶的参与。淀粉由 α - 淀粉酶、β - 淀粉酶，脱支酶和麦芽糖酶共同水解为葡萄糖，淀粉也可经磷酸解途径形成磷酸葡萄糖。

脂肪酸的合成由乙酰 – CoA 羧化酶和脂肪酸合成酶系催化，反复进行缩合、还原、脱水、再还原的循环反应而成，最后与甘油合成脂肪(三酰甘油)。脂肪酸降解的主要途径是 β – 氧化，反复经脱氢、加水、再脱氢、硫解而完成，生成的乙酰 – CoA 可经三羧酸循环彻底氧化分解 或经乙醛酸循环转化为碳水化合物。异柠檬酸裂解酶和苹果酸合成酶是乙醛酸循环的关键酶。

氨基酸可由谷氨酸途径和转氨基作用形成，氨基酸的分解包括脱氨基作用和脱羧基作用，形成 α – 酮酸和胺类。蛋白质的分解由肽酶(肽链外切酶)和蛋白酶(肽链内切酶)共同作用完成。核酸的分解由核糖核酸酶、脱氧核糖核酸酶和非特异性核酸酶催化完成。

植物次生代谢物是与植物初生代谢产物在生理功能以及分布上相区别的一类化合物，在植物的防御功能、传粉和种子传播等方面具有重要的生理生态意义。植物次生代谢物分为酚类、萜烯类和次生含氮化合物等。植物次生代谢是大自然长期进化选择的结果，是植物生态适应的重要手段。

高等植物有机物的运输系统包括短距离运输系统和长距离运输系统。短距离运输含胞内运输，即细胞内、细胞器间的物质运输；胞间运输，即细胞之间短距离的质外体运输、共质体运输以及共质体与质外体间的运输。共质体和质外体间的交替运输常涉及特化的转移细胞。

维管束系统是高等植物长距离运输的通道。木质部的输导组织主要包括导管和管胞，韧皮部运输主要是由筛管承担。用环割试验、同位素示踪等方法可以证明木质部主要是将水分和无机养分向上运输，韧皮部则可双向运输同化物。

筛管汁液的干物质主要是碳水化合物，其中蔗糖是主要运输形式。物质运输速度一般为 20 ~ 200cm · h^{-1}。韧皮部运输过程包括源细胞的同化物装载，以及同化物卸出到消耗或贮存的库细胞。解释韧皮部同化物运输机理的学说主要是"压力流动学说"。

代谢源是产生或提供同化物的器官或组织，代谢库是消耗或积累同化物的器官或组织。源和库的概念是相对的、可变的。将同化物供求上有对应关系的源与库称为源 – 库单位。用源强和库强来衡量器官输出或输入同化物的能力大小。

同化物分配规律包括优先向生长中心分配，就近供应，同侧运输等，且还存在着再分配的特性。

思考题

1. 名词解释

β – 氧化作用　乙醛酸循环　转氨基作用　脱氨基作用　肽酶　蛋白酶　非特异性核酸酶　限制性核酸内切酶　ACP　UDPG　ADPG　RNase　DNase　SSB　TP　短距离运输系统　长距离运输系统　转移细胞　P – 蛋白　代谢源　代谢库　源 – 库单位　源强与库强

2. 试述蔗糖、淀粉的生物合成与降解过程。

3. 合成脂肪需要哪些原料? 它们分别来自哪些代谢途径?

4. 用简图表示油料种子萌发时脂肪转变为葡萄糖的过程。

5. 什么是植物的次生代谢物? 植物次生代谢物的主要种类有哪些?

6. 植物次生代谢与初生代谢有何关系?

7. 简述长距离运输系统的特点。

8. 如何证明高等植物同化物长距离运输是通过韧皮部途径的?

9. 同化物分配有何特点?

10. 试述同化物运输的压力流动学说。

11. 代谢源和代谢库怎样影响同化物运输、分配的?

12. 维管束系统的功能有哪些?

13. 为什么"树怕剥皮"?

第 III 篇

植物信息分子的表达与信号转导

生命与非生命物质最显著的区别在于生命是一个完整的自然的信息处理系统。生命运动既包括物质流、能量流，也包括信息流。植物的新陈代谢和生长发育既受遗传信息也受环境信息的调节控制。植物体要正常生长，就需要正确辨别和接受各种信息并做出相应的反应。本篇分4章，主要讨论植物信息分子的表达与信号转导，包括 DNA 的复制、RNA 的转录及蛋白质的合成，物质代谢的相互关系，物质流、能量流与信息流的关系，信号转导的类型，植物激素和生长调节剂的代谢和生理效应，生产实践中的应用。在各种环境信号中，由于几种光受体的发现，有关光控发育的研究取得极大进展，本教材还介绍植物的光形态建成与暗形态建成。这部分内容可以说是从信息角度解析植物生命活动的本质特点。

第10章 信息分子的复制和表达

10.1 植物的信息流

10.1.1 物质流、能量流与信息流

生命与非生命物质最显著的区别在于生命是一个完整的自然的信息处理系统。一方面生物信息系统的存在使有机体得以适应其内外部环境的变化，维持个体的生存；另一方面信息物质如核酸和蛋白质信息在不同世代间传递维持了种族的延续。生命现象是信息在同一或不同时空传递的现象，生命进化实质上就是信息系统的进化。

我国著名生物学家贝时璋教授指出："什么是生命活动？根据生物物理学的观点，无非是自然界三个量综合运动的表现，即物质、能量和信息在生命系统中无时无刻地在变化，这三个量有组织、有秩序的活动是生命的基础。"信息流起着调节、控制物质与能量代谢的作用。著名科学家薛定谔在讨论"生命是什么"这个问题时，更是明确提出"生命的基本问题是信息问题"这一观点。

生物体的新陈代谢和生长发育既受遗传信息也受环境信息的调节控制。植物体要正常生长，就需要正确辨别和接受各种信息并做出相应的反应。植物体内的大分子、细胞器、细胞、组织和器官在空间上是相互隔离的，植物体与环境之间更是如此。根据信息论的基本观点，两个空间隔离的组分之间的相互影响和相互协调，不管采取何种方式，都必须有信息与信号的传输或交流。因此，生物体在新陈代谢时，不但有物质与能量的变化，即存在物质流与能量流，还存在信息流；存在调节物质和能量代谢的信号系统，存在对复杂的代谢过程进行精巧调节控制的机制。

10.1.2 植物遗传信息的流动

DNA 是生物遗传信息的载体。生物体的遗传特征是由 DNA 中特定的核苷酸顺序所决定的。生物体在亲代 DNA 双链的每一条链上，按碱基配对方式准确地形成一条互补链，结果生成两个与亲代相同的 DNA 链的方式称为复制（replication）。生物体用碱基配对的方式合成与 DNA 核苷酸顺序相对应的 RNA 的过程称为转录（transcription）。生物体的 RNA 分子都是通过转录过程合成的。其中信使 RNA 可以指导蛋白质的合成。即根据 mRNA 分子上每三个核苷酸决定一种氨基酸（三联体密码）的规则合成具有特定氨基酸顺序的肽链，此过程称作翻译（translation）。

在细胞分裂过程中，通过 DNA 的复制把遗传信息由亲代传递给子代，在子代的个体发育中，遗传信息通过转录由 DNA 传递给 RNA，再由 RNA 通过翻译形成相应的蛋白质多肽链上的

氨基酸序列，由蛋白质执行各种各样的生物学功能，使子代表现出与亲代相似的遗传特征。

在 RNA 病毒中，RNA 是遗传信息的携带者，RNA 也可以复制，并同时作为 mRNA 起作用，指导病毒蛋白质的合成。RNA 分子还可以通过反向转录（逆转录）（reverse transcription）将遗传信息传递给 DNA 分子。上述遗传信息的流动规则称为中心法则（central dogma），可如图 10-1 所示。

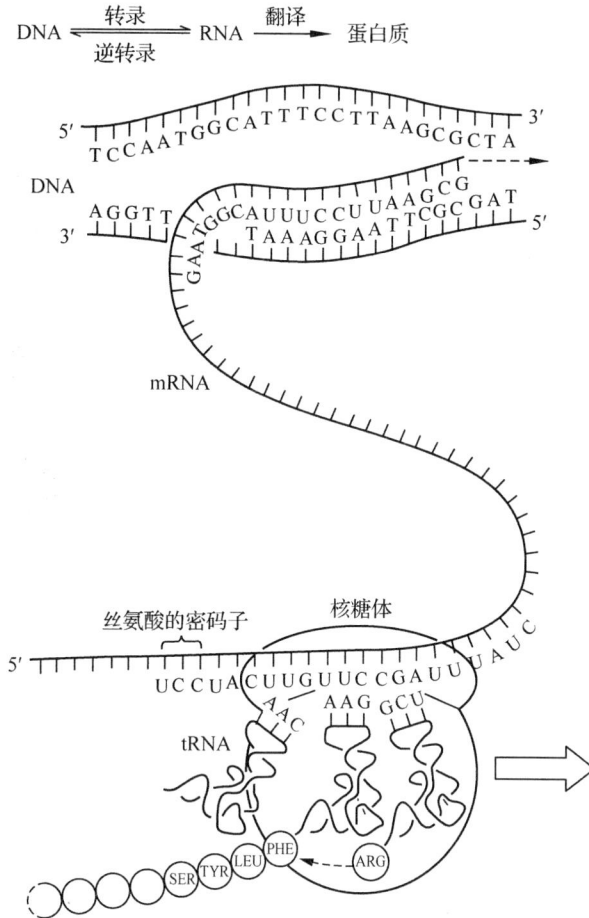

图 10-1　遗传信息流动示意

10.2　脱氧核糖核酸的合成

10.2.1　DNA 的半保留复制

Watson 和 Crick 在提出 DNA 双螺旋结构的基础上又提出了 DNA 半保留复制假说，他们推测复制时 DNA 的两条链分开，然后用碱基配对方式按照单链 DNA 的核苷酸顺序合成新链以组成新 DNA 分子。这样新形成的两个 DNA 分子与原来 DNA 分子的碱基顺序完全一样。每个子代分子的一条链来自亲代 DNA，另一条链是新合成的。这种复制方式称作半保留复制（semiconservative replication)（图 10-2）。

1958 年 Meselson 和 Stahl 首次用实验直接证明了 DNA 的半保留复制。他们先使大肠杆菌长期在以 $^{15}NH_4Cl$ 为唯一氮源的培养基中生长，使 DNA 全部变成 ^{15}N-DNA。然后再将细菌转入普通培养基（含 $^{14}NH_4Cl$）中，并将各代的细菌 DNA 抽提出来进行氯化铯密度梯度离心（CsCl density gradient centrifugation）。此法是用每分钟数万转的高速长时间离心使离心管内的氯化铯溶液因离心作用与扩散作用达到平衡而形成密度梯度（其密度从管底部向上逐渐变小）。同时，溶液中的 DNA 就逐渐聚集在与其密度相同的氯化铯位置处形成区带。

由于 ^{15}N-DNA 比 ^{14}N-DNA 的密度大，离心时就形成位置不同的区带。Meselson 和 Stahl 发现 ^{15}N 培养基中细菌 DNA 只形成一条 ^{15}N-DNA 区带。移至 ^{14}N 培养基经过一代后，所有 DNA 的密度都在 ^{15}N-DNA 和 ^{14}N-DNA 之间，说明形成了一半 ^{15}N-DNA 和一半 ^{14}N-DNA 的杂交分子。实验证明第二代 DNA 正好一半为此杂交分子，一半为 ^{14}N-DNA 分子。第三代以后 ^{14}N-DNA 成比例地增加，整个变化与半保留复制预期的完全一样（图 10-3）。此后，对细菌、动植物细胞及病毒进行了许多试验研究，都证明了 DNA 复制的半保留方式。

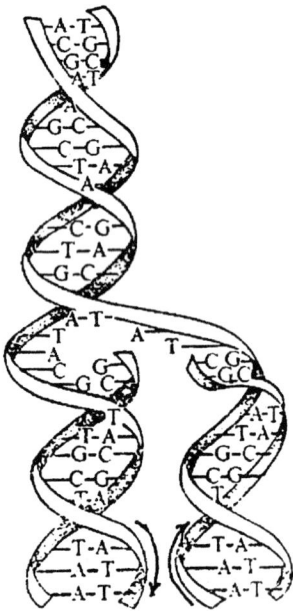

图 10-2　Watson 和 Crick 提出的
双链 DNA 的复制模型

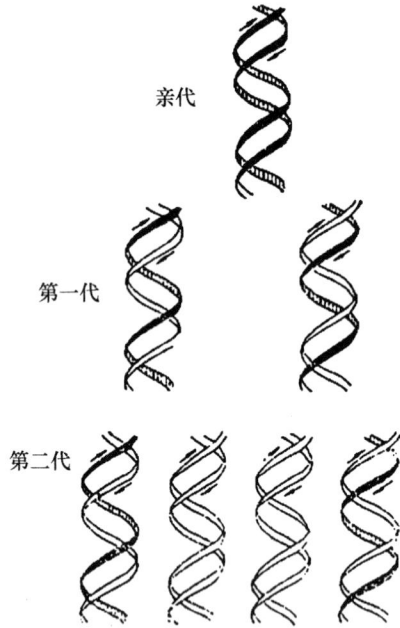

图 10-3　Meselson 和 Stahl 的
DNA 半保留复制实验

黑链表示含 ^{15}N 的 DNA 链；白链表示含 ^{14}N 的 DNA 链

10.2.2　DNA 合成的相关因子

DNA 由脱氧核糖核苷酸聚合而成，其合成的总反应可用下式表示：

$$n_1 dATP + n_2 dGTP + n_3 dCTP + n_4 dTTP \xrightarrow[\text{模板 DNA，DNA 聚合酶，Mg}^{2+}]{} DNA + (n_1 + n_2 + n_3 + n_4)PPi$$

该反应式表明，在有模板 DNA 和 Mg^{2+} 存在时，在 DNA 聚合酶的催化下，在 4 种脱氧核糖核苷三磷酸之间形成 3′,5′-磷酸二酯键，生成多脱氧核糖核苷酸长链（DNA），同时释放焦磷酸。所合成的 DNA 具有与天然 DNA 同样的化学结构和物理化学性质。dATP，dGTP，dCTP 和 dTTP 4 种脱氧核糖核苷酸缺一不可，它们不能被相应的脱氧核苷二磷酸或脱氧核苷一磷酸所取代，也不能被核糖核苷酸所取代。DNA 合成过程很复杂，需要一系列酶和多种蛋白质因子参加。现将 DNA 合成有关的酶和蛋白质因子介绍如下：

（1）引物酶（primase）

该酶以 DNA 为模板，以 4 种核糖核苷酸（ATP，GTP，CTP 和 UTP）为原料，合成一小段 RNA，这段 RNA 作为合成 DNA 的引物（primer），它是 DNA 合成所必需的。

（2）原核生物 DNA 聚合酶

已发现了 3 种 DNA 聚合酶（DNA polymerase），其中 DNA 聚合酶 I 是一种多功能酶，它的主要功能有 3 种。

①催化 DNA 链沿 5′→3′方向延长　将脱氧核糖核苷酸逐个地加到具有 3′-OH 末端的多核苷酸链（RNA 引物或 DNA）上，形成 3′,5′-磷酸二酯键。

②具有 3′→5′外切酶活力　能识别和切除错配的核苷酸末端，而对双链 DNA 则不起作用。

③具有 5′→3′外切酶活力　它只作用于双链 DNA，从 5′末端切下单个核苷酸或一段寡核苷酸，在 DNA 损伤的修复中起重要作用。此外，它起着将 RNA 引物切除、并填补其留下的空隙作用。

DNA 聚合酶 II 也具有催化 DNA 沿 5′→3′方向合成和 3′→5′外切酶活力，但无 5′→3′外切酶活力。其活力很低，主要在修复由紫外线辐射引起的 DNA 损伤方面起作用。

DNA 聚合酶 III 和 DNA 聚合酶 I 一样，也是一种多功能酶，能催化 DNA 沿 5′→3′方向延长，具有 5′→3′和 3′→5′外切酶活力，其含量为 DNA 聚合酶 I 的 1/40，但其活力很高，为后者的 15 倍，是催化 DNA 合成的主要酶。

（3）DNA 连接酶

DNA 连接酶（ligase）的作用是催化 DNA 双链中的一条单链缺口处游离的 3′-OH 末端和 5′-磷酸基末端形成 3′,5′-磷酸二酯键，把两条链连接起来。

（4）DNA 旋转酶

DNA 旋转酶（gyrase）兼有内切酶和连接酶的活力，可在 DNA 双链多处切断，放出超螺旋应力，变构后又在原位点将其连接起来。因此能迅速使 DNA 超螺旋或双螺旋的紧张状态变为松弛状态，便于 DNA 解链。它在转录、重组等生物过程中也起重要作用。

（5）DNA 解链酶

能使 DNA 双链中的氢键松开的酶称为解链酶（helicase）。

（6）单链结合蛋白（single strand binding protein，SSB）

由 DNA 解链酶解开的 DNA 单链，立即被单链结合蛋白所结合，防止解开的单链 DNA 重新形成双链。

（7）DnaB 蛋白

DnaB 蛋白也称可移动的启动子（mobile promoter）。它的功能是识别 DNA 合成的起始位置，与引物酶及一些其他蛋白组成复合体，启动 RNA 引物链的合成，开始 DNA 定点复制。

10.2.3　原核细胞的 DNA 合成

DNA 复制是一个很复杂的过程，研究较多的是大肠杆菌的 DNA 复制过程，简述如下。

10.2.3.1　DNA 复制的起始(promotion)

已知 DNA 复制是从一个固定的起始点开始，通常是从起始点向两个相反方向延伸复制，即双向复制。DNA 复制的起始包括起始位点的识别、模板 DNA 的解链、引物链的合成等步骤。

(1)DNA 解链与复制叉形成

DnaB 蛋白识别起始位点，在 ATP 供能及 Mg^{2+} 参与下，与一些蛋白及引物酶组装成引发体(primosome)并结合于模板 DNA 起始部位；DNA 解链酶 rep 蛋白与旋转酶共同作用于此部位，使模板链局部解开，暴露出起始位点的碱基，同时单链结合蛋白(SSB)立即与解开的 DNA 链紧密结合以防止它们重新结合成双螺旋。此时在电镜下观察犹如"眼睛"形状，称复制眼。继续解链，则在它的两端，两股 DNA 链呈"Y"状，称为复制叉。一个复制眼形成两个复制叉。

(2)引物的合成

已知的 DNA 聚合酶都不能启动新链的合成，只能催化已有链的延长反应，因此需要引物。通常引物是以 DNA 为模板，在引物酶催化下合成的一小段 RNA。其长度 50 ~ 100 个核苷酸。在引物的 5′端含有三个磷酸残基，3′端为游离的羟基。

10.2.3.2　DNA 链的合成与延长(elongation)

(1)DNA 连续链的延伸

所有已知的 DNA 聚合酶都只能催化 DNA 链沿 5′→3′方向合成，而不能催化 3′→5′方向的合成。因此合成引物之后，DNA 聚合酶可按照 3′→5′模板链上的碱基顺序，在引物 3′ – OH 末端按 5′→3′方向催化互补的 dNTP 发生聚合反应，连续地合成一条 5′→3′方向的 DNA 新链，此连续链称为先导链(leading strand)(图 10-4A)。

(2)DNA 不连续链的合成

以 5′→3′模板链合成新链时，DNA 聚合酶不能催化 3′→5′新链的合成，那么这条链如何形成呢？1968 年日本人冈崎(Okazaki)发现这条链是不连续合成的，称为随后链(lagging strand)(图 10-4，右)。它是以 DNA 5′→3′链为模板，RNA 引物酶沿着与复制叉前进的反方向，催化合成许多 RNA 引物，提供 3′ – OH 末端，而且 DNA 聚合酶Ⅲ于其后沿 5′→3′方向分别合成许多约 1000 个核苷酸的 DNA 片段，称为冈崎片段(Okazaki fragment)。此后，RNA 聚合酶 Ⅰ 行使 5′→3′外切酶的功能切去引物，再催化冈崎片段延长，以填补切去引物之缺口(gap)。最后由连接酶将各延长后的冈崎片段连接成完整的新链即随后链。大肠杆菌 DNA 在一个复制叉内的合成过程如图 10-4 所示。可见新链 DNA 中一条是连续合成(先导链)，另一条是不连续合成(随后链)，因此，DNA 分子的复制是半不连续复制(semidiscontinuous replication)。

10.2.3.3　DNA 链合成的终止(termination)

DNA 链合成的终止不需要特定的信号，也不需特殊的蛋白质参与。随后链合成完成以后，两条新链与各自的 DNA 模板链组成两个双股螺旋分子。每个分子含有一条新链和一条亲代 DNA 链，这就是 DNA 的半保留半不连续复制。

DNA 的合成主要在细胞核中进行，特别是在细胞分裂前期其合成速度非常快。

10.2.4 真核细胞的 DNA 合成

真核生物 DNA 分子比原核生物 DNA 分子大得多，植物细胞 DNA 分子大约由 10^{10} 个碱基对组成，相当于细菌 DNA 的 1000 倍。生物体内能独立进行复制的单位称为复制子(replicon)。细菌 DNA 由一个复制子组成，而真核生物 DNA 则由 1000 个以上的复制子组成。

真核生物 DNA 聚合酶和细菌 DNA 聚合酶的性质相似，均以 4 种脱氧核糖核苷三磷酸为底物，聚合反应的进行需要 Mg^{2+}、引物和 DNA 模板参与，链的延长方向为 $5' \rightarrow 3'$ 方向。

真核细胞中也有冈崎片段(100~200 核苷酸长度)，需要 RNA 引物(通常核苷酸数少于 10)、DNA 连接酶和各种有关 DNA 双螺旋分子解旋的酶和蛋白质参与。真核生物可在一条染色体 DNA 链上有许多个复制起始位点。所以虽然真核细胞的复制速度比原核细胞慢，但由于真核细胞是多点复制，其总速度反而比原核细胞快。此外，和原核细胞一样，真核细胞复制的方向也是以双向为主，但也有单向复制。

10.3 核糖核酸的合成

在 DNA 指导下的 RNA 合成称为转录。RNA 的转录从 DNA 模板的一个特定位点开始，到另一个位点处终止。此转录区域称为转录单位。一个转录单位可以是一个基因，也可以是多个基因。DNA 的启动子(promoter)控制转录的起始，而终止子(terminator)控制转录的终止。转录是在 DNA 指导下的 RNA 聚合酶(RNA polymerase)催化下进行的，现已分离纯化了该酶。RNA 合成的总反应如下：

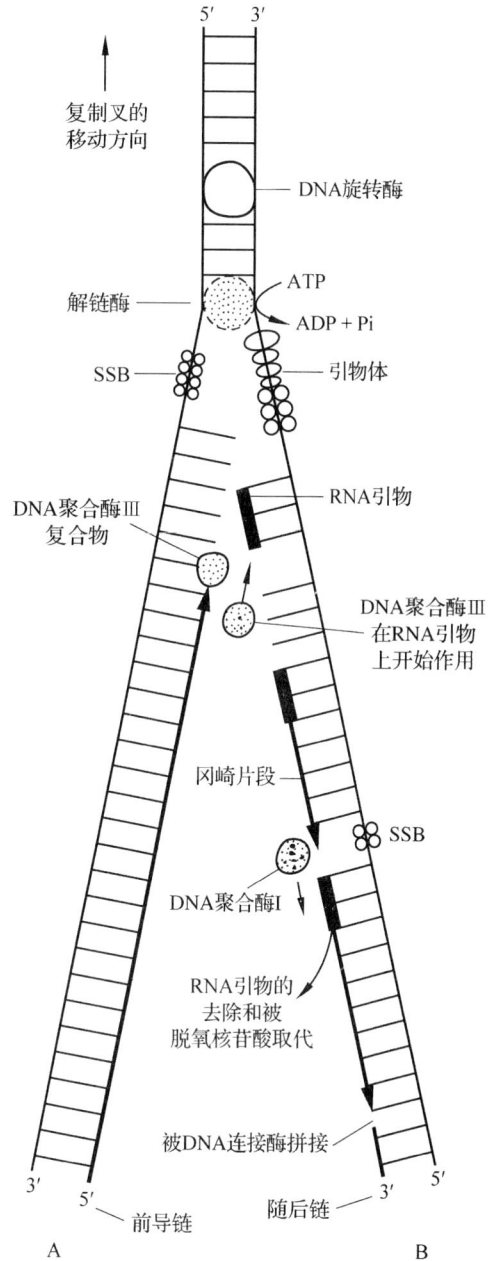

图 10-4 大肠杆菌染色体 DNA 半不连续复制示意

$$n_1 ATP + n_2 GTP + n_3 CTP + n_4 UTP \xrightarrow{\text{模板 DNA，RNA 聚合酶，} Mg^{2+}} RNA + (n_1 + n_2 + n_3 + n_4) PPi$$

10.3.1　原核生物 RNA 聚合酶

大肠杆菌聚合酶全酶(holoenzyme)相对分子质量约为 46 万, 由 5 个亚基组成: 2 个 α 亚基、1 个 β 亚基, 1 个 β′亚基和一个 σ 因子, 还含有 2 个 Zn 原子, 它们与 β′亚基相联结。没有 σ 亚基的酶叫作核心酶(core enzyme)。核心酶有催化聚合反应的活性。σ 亚基有识别起始位点的功能, 因此称 σ 亚基为起始因子。此外, 在全酶制剂中还存在一种分子量较小的 ω 亚基, 核心酶则没有。

10.3.2　RNA 的合成过程

由 RNA 聚合酶催化的转录过程分为以下 4 个步骤:

(1) RNA 聚合酶与 DNA 模板的结合

在起始合成前, RNA 聚合酶与 DNA 模板相结合, DNA 双链中只有一条链作为模板进行 RNA 的合成, 故称为不对称转录(asymmetrical transcription)。转录的模板 DNA 链称为模板链或反义链(antisense strand), 另一条链称有义链(sense strand)。RNA 聚合酶在模板链的启动子部位与之结合。启动子是指 RNA 聚合酶识别、结合和开始转录的一段 DNA 序列。σ 因子起着识别启动子部位的作用, 核心酶(无 σ 亚基)也能与 DNA 结合, 但它与 DNA 模板链所有的区域具有同样的亲和力。在 σ 因子作用下, RNA 聚合酶对启动子的亲和力大大提高, 能够迅速结合到启动子的特殊部位, 并局部打开 DNA 双螺旋, 然后开始转录。

与全酶结合的启动子部位, 常有高 AT 含量的区域, 此处熔点(T_m)较低, 双链容易打开。RNA 聚合酶在此与 DNA 形成复合物, 并沿模板链 3′→5′方向转动。

(2) 转录的起始(initiation)

实验表明, 在新合成的 5′–末端均为三磷酸腺苷或三磷酸鸟苷, 故可能在转录起始时, 由全酶中 β 亚基催化 RNA 的第一个核苷酸(一般是 ATP 或 GTP)的磷酸二酯键的形成。一旦 ATP 或 GTP 接上去后, σ 因子便脱离下来, 这样可降低酶对启动子的亲和力, 剩下的核心酶与 DNA 结合松弛, 有利于核心酶沿模板链移动, 催化 RNA 链的延长。游离的 σ 因子与另一分子的核心酶结合, 又可启动一个新 RNA 链的合成。

(3) 链的延长(elongation)

链的延长由核心酶催化。核心酶沿着 DNA 模板链 3′→5′方向滑动, 同时根据模板链的核苷酸顺序, 将相应的核苷酸加到不断延长的 RNA 链的 3′–OH 末端释放出 PPi, RNA 链合成方向是 5′→3′方向。正在转录的区域, DNA 双链解开使新进入的核苷酸与 DNA 链配对, 已被转录完的 DNA 链则重新形成双螺旋。链的延长如图 10-5 所示。

(4) 转录的终止(termination)

当 RNA 聚合酶沿着 DNA 链移动到一个基因的末端时, 在基因末端的碱基顺序便起着"终止信号"的作用, 使转录终止。提供转录停止信号的 DNA 序列称为终止子。帮助 RNA 聚合酶识别终止信号的辅助因子(蛋白质)则称为终止因子(termination factors), 如 ρ 因子。这时由终止因子 ρ 与 RNA 聚合酶结合, 并识别 DNA 链上的终止信号, 阻止 RNA 聚合酶继续向前移动, 于是转录终止, 释放出已转录完成的 RNA 链。大肠杆菌中 RNA 聚合酶合成 RNA 的过程如图 10-6 所示。

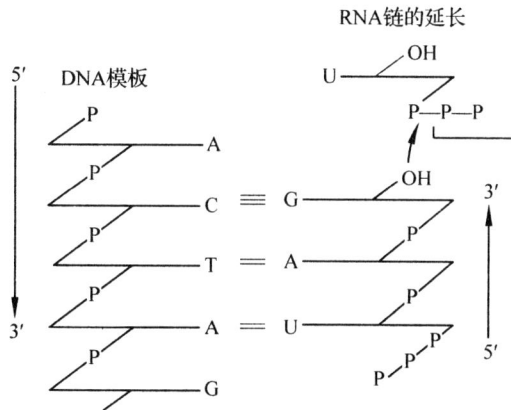

图 10-5 DNA 指导的 RNA 合成

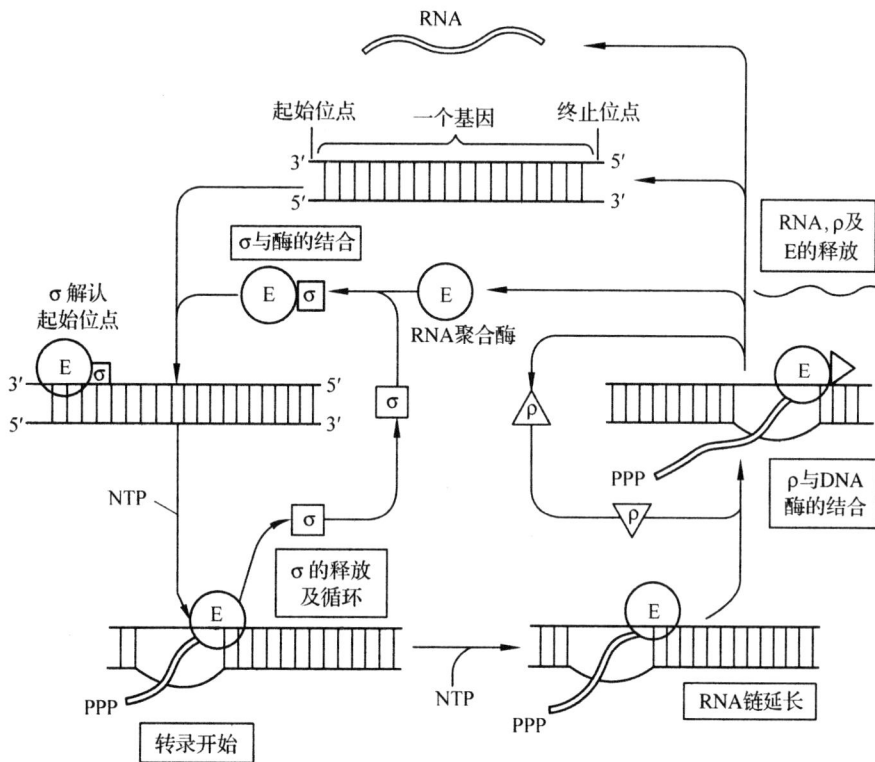

图 10-6 大肠杆菌转录过程示意

10.3.3 真核生物的 RNA 聚合酶

真核生物的转录比原核生物复杂得多。它有 3 类 RNA 聚合酶(A，B，C)。RNA 聚合酶 A 合成 rRNA，RNA 聚合酶 B 合成 mRNA，RNA 聚合酶 C 合成 5SRNA 和 tRNA 等小分子 RNA。

除了上述细胞核 RNA 聚合酶外在，高等植物的叶绿体内也分离出 RNA 聚合酶，相对分子质量约 500 000。在线粒体内也发现有 RNA 聚合酶,为一条肽链,相对分子质量为 64 000 ~ 68 000,它们的结构简单,能催化所有种类的 RNA 的生物合成,并被原核生物 RNA 聚合酶的抑制剂利福平等抑制。

10.3.4 RNA 转录后加工

RNA 聚合酶合成的原初转录产物(primary transcript)往往需经过一系列的变化,包括链的裂解、5′-端与 3′-端的切除和特殊结构的形成、碱基的修饰和糖苷键改变,以及拼接等过程,才能变为成熟的 RNA 分子,这个过程称为转录后加工(post-transcription processing)。

10.4 蛋白质的合成

蛋白质的生物合是以 mRNA 为模板,合成具有特定氨基酸顺序的多肽链的过程。在此进程中除需要能量和氨基酸外还需多种因子参加。在真核细胞中,需要 300 多种不同的生物大分子协同工作才能合成多肽。蛋白质合成所需能量约占一个细胞全部生物合成所需化学能的 90%。

10.4.1 蛋白质合成体系

10.4.1.1 mRNA 与遗传密码

mRNA 是蛋白质生物合成的模板,mRNA 分子中的核苷酸顺序决定蛋白质中多肽链氨基酸的顺序。mRNA 分子中每三个相邻的核苷酸编为一组,决定一个氨基酸,这一组核苷酸称为三联体密码或称密码子(codon)即遗传密码。因此,4 种核苷酸共可编成 $4^3 = 64$ 个密码子。除 3 个终止密码外,其他 61 个密码子为 20 个氨基酸编码。遗传密码与氨基酸间的关系见表 10-1。

表 10-1 氨基酸的三联体密码

第一个核苷酸 (5′端)	第二个核苷酸				第三个核苷酸 (3′端)
	U	C	A	G	
U	UUU 苯丙(Phe)	UCU 丝(Ser)	UAU 酪(Tyr)	UGU 半胱(Cys)	U
	UUC 苯丙(Phe)	UCC 丝(Ser)	UAC 酪(Tyr)	UGC 半胱(Cys)	C
	UUA 亮(Leu)	UCA 丝(Ser)	UAA 终止密码	UGA 终止密码	A
	UUG 亮(Leu)	UCG 丝(Ser)	UAG 终止密码	UGG 色(Trp)	G
C	CUU 亮(Leu)	CCU 脯(Pro)	CAU 组(His)	CGU 精(Arg)	U
	CUC 亮(Leu)	CCC 脯(Pro)	CAC 组(His)	CGC 精(Arg)	C
	CUA 亮(Leu)	CCA 脯(Pro)	CAA 谷酰胺(Gln)	CGA 精(Arg)	A
	CUG 亮(Leu)	CCG 脯(Pro)	CAG 谷酰胺(Gln)	CGG 精(Arg)	G

（续）

第一个核苷酸 (5′端)	第二个核苷酸				第三个核苷酸 (3′端)
	U	C	A	G	
A	AUU 异亮(Ile)	ACU 苏(Thr)	AAU 天酰胺（Asn）	AGU 丝(Ser)	U
	AUC 异亮(Ile)	ACC 苏(Thr)	AAC 天酰胺（Asn）	AGC 丝(Ser)	C
	AUA 异亮(Ile)	ACA 苏(Thr)	AAA 赖(Lys)	AGA 精(Arg)	A
	AUG 甲硫(Met)	ACG 苏(Thr)	AAG 赖(Lys)	AGG 精(Arg)	G
G	GUU 缬(Val)	GCU 丙(Ala)	GAU 天冬(Asp)	GGU 甘(Gly)	U
	GUC 缬(Val)	GCC 丙(Ala)	GAC 天冬(Asp)	GGC 甘(Gly)	C
	GUA 缬(Val)	GCA 丙(Ala)	GAA 谷(Glu)	GGA 甘(Gly)	A
	GUG 缬(Val)	GCG 丙(Ala)	GAG 谷(Glu)	GGG 甘(Gly)	G

注：1. AUG 也作为起始密码；2. 密码子阅读方向为 5′→3′。

遗传密码表具有以下特点：

(1) 编码性

在 64 个密码中，有 61 个为 20 种氨基酸编码，余下 UAA，UAG 和 UGA 为终止密码(termination codon)，不为任何一个氨基酸编码。AUG 作为起始密码(initiation codon)。

(2) 通用性

此 64 个密码对所有的生物均适用，不论生物进化的高低和种类不同。但也有个别例外。

(3) 简并性

即一种氨基酸可以被一个以上的密码子编码的性质。20 种氨基酸占有 61 个密码，除甲硫氨酸和色氨酸只有一个密码外，其余 18 种氨基酸均有多于一个的密码，这种编码同种氨基酸的多个密码称为同义密码子(synonym codon)或简并密码子，这种现象称为简并性(degeneracy)。在同义密码子中，第一、二位碱基是固定的，第三位碱基是可变动的，称为摆动性(wobble)。遗传密码的这种性质能适应突变的发生，对保证生物种的稳定性具有一定意义。

(4) 非重叠性

mRNA 中各密码子互相连接，一个接一个而不互相重叠，各密码之间没有间隔，即没有中断。因此在相同的碱基顺序上，从不同碱基开始，可解读出不同的密码。如果在此碱基序列中间插入或缺失一个碱基，便会在此处之后发生错读，这称作移码(frame shift)。

(5) 兼职性

密码 AUG 具有特殊的功能，它既可作为起始氨基酸甲酰甲硫氨酰 – tRNA 或甲硫氨酰 – tRNA 的密码子，又可作肽链内甲硫氨酸的密码子而具有兼职性。

10.4.1.2 tRNA 与氨基酸的转移运输

tRNA 的主要功能是凭借其反密码子环上的反密码子识别 mRNA 上的相应的密码子，在 3′– OH 端携带与密码子对应的氨基酸，并将其转运到核糖体中，合成蛋白质。

在 tRNA 的反密码子环上，有 3 个碱基组成的反密码子(anticodon)，它能以互补匹配的方式识别 mRNA 上相应的密码子。tRNA 中还含有较多的稀有碱基，某些反密码子中含有 I（次黄苷酸），I 可以与密码中的 A，U，C 配对，而使反密码子的第一位碱基具有可变性，有更大的能力阅读 mRNA 的密码子（图 10-7）。

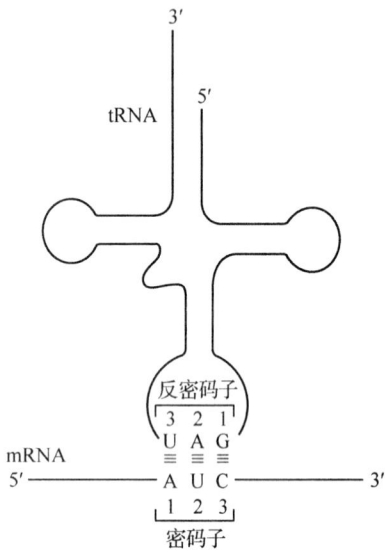

图 10-7 密码子与反密码子的配对关系
（两种 RNA 是反向平行的）

图 10-8 蛋白质在核糖体上合成

tRNA 的氨基酸臂 3′末端具 C – C – A 碱基顺序，氨基酸就结合在腺苷酸的 3′ – OH 上，每个氨基酸均有一个或多个 tRNA，tRNA 可识别特异的氨酰 – tRNA 合成酶，有利于形成氨酰基 tRNA 而将氨基酸运入核糖体，合成多肽。

10.4.1.3 rRNA 与核糖体

核糖体是核酸与蛋白质形成的核蛋白体，其中 rRNA 占 60%，所以又称为核糖核蛋白体，是蛋白质合成的场所。它由大小两亚基组成，小亚基有供 mRNA 结合的部位，可容纳两个密码子的位置。大亚基有供 tRNA 结合的两个位点即肽酰基 P 位和氨酰基 A 位，反密码子与小亚基结合，肽基转移酶在大亚基中(图 10-8)。

10.4.2 蛋白质的合成过程

10.4.2.1 氨基酸活化

作为蛋白质构件分子的氨基酸在掺入蛋白质之前必须活化，并与相应的 tRNA 结合成氨基酰 tRNA 才能参加反应。氨基酸的活化是由氨基酰 tRNA 合成酶催化完成的，其过程为下式：

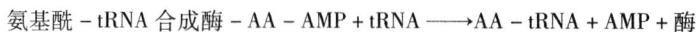

氨基酰 – tRNA 合成酶 + AA + ATP ——→氨基酰 – tRNA 合成酶 – AA – AMP + PPi

氨基酰 – tRNA 合成酶 – AA – AMP + tRNA ——→AA – tRNA + AMP + 酶

可见，氨基酸活化消耗掉 2 个高能键，相当于 2 个 ATP。

10.4.2.2 多肽链的合成

肽链的合成可分为起始、延长和终止 3 个阶段。

（1）起始复合物的形成

核糖体、mRNA 及起始氨基酰 – tRNA 相互结合形成起始复合物(图 10-9)。起始 tRNA 进

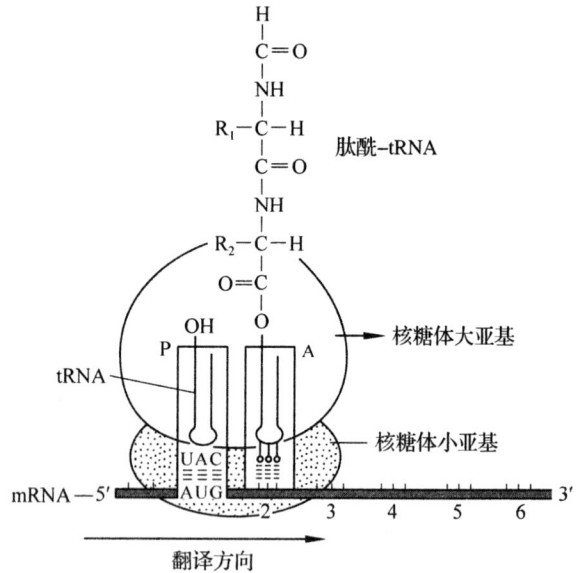

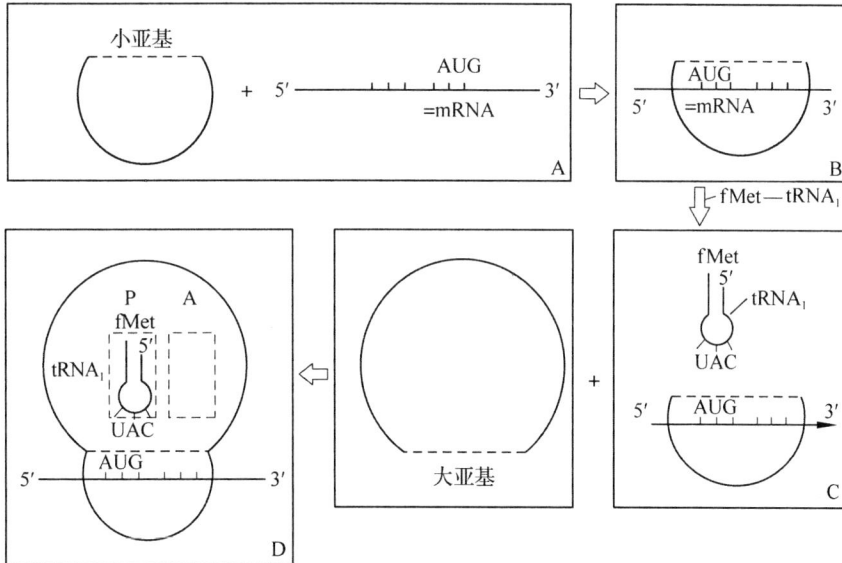

图 10-9 多肽链起始复合物的形成过程

入核糖体的 P 位，起始 tRNA 的反密码子与 mRNA 上的 AUG 起始密码互补配对结合。

（2）肽链的延长（elongation）

又可分为进位、转肽、脱落、移位 4 步。

① 进位 第二个氨基酰－tRNA 通过其反密码子与 mRNA 上的第二个密码子互补结合，进入 A 位。这一步要消耗 1 个分子的 GTP（图 10-10A，B）。

② 转肽（转位） 在转肽酶的催化下，P 位点的起始氨酰 tRNA 上所携带的氨基酸（甲酰甲硫氨酰基，或甲硫氨酰基）转移到 A 位，以其羧基与 A 位点上的氨酰－$tRNA_2$ 中的氨酰基的氨基结合成肽键，形成二肽基－$tRNA_2$。从而使肽链延伸了一个氨基酸（图 10-10 C）。

③ 脱落 P 位点上的起始氨酰 tRNA 通过转肽脱去起始氨基酸以后，成了空载 tRNA。这时从 mRNA 上脱落，并移出核糖体，P 位点便空出来了（图 10-10 D）。

④ 移位（translocation） 核糖体在 mRNA 上沿 5′→3′方向，向右移动一个密码位置（或 mRNA 链向左移动），原在 A 位点的二肽酰－tRNA 便移至左边，占据了 P 位点；而右边新进入的第三个密码子位置成空着的 A 位点，以便进入新的氨酰－$tRNA_3$，进行下一次肽键延长的循环。这一步消耗 1 分子的 GTP。

如此反复循环，直至肽链延长到一定的长度。在蛋白质合成中，每形成 1 个肽键，要消耗 2 个 ATP 用于氨基酸的活化和 2 个 GTP，1 个用于进位，1 个用于移位。

（3）肽链合成的终止（termination）

当核糖体沿 mRNA 的 5′→3′方向移位到 A 位点出现终止密码子 UAG，UGA 或 UAA 中的任何一个时，任何一种携带氨基酸的 tRNA 都不能与此密码结合，不能进入核糖体，只有几种蛋白因子——终止因子（termination factor，TF）或释放因子（release factor，RF），可以识别这些终止密码子。当终止因子或释放因子进入核糖体后，便可水解多肽链和 tRNA 之间的酯键，使新合成的肽链脱离核糖体。核糖体，mRNA，tRNA 结合形成的复合物便解体，准备为下一条多

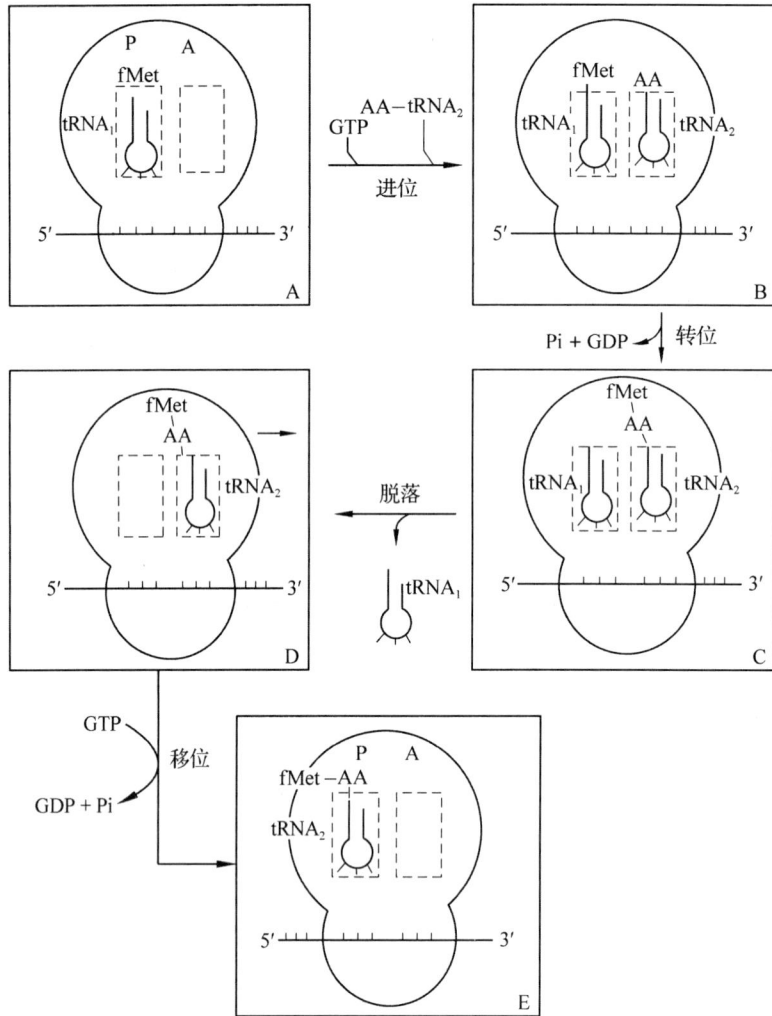

图 10-10 肽链的延伸

肽链的合成进行再循环时使用。

在蛋白质合成中往往是多个核糖体同时附着在一条 mRNA 链上，共同参加多肽链的合成。这种多个核糖体附着于同一条 mRNA 链上的结构称多聚核糖体。在多聚核糖体中，每个核糖体都可合成一条多肽链，因此，可以在有限的时间内，更有效地利用一条 mRNA 合成多条肽链。

10.4.2.3 多肽链合成后的折叠与加工

新生肽链合成后必须经过折叠与加工方能成为有生物活性的蛋白质。

(1)新生肽链折叠

新生肽链的折叠包括多肽链从核糖体上合成出来直到成熟成为具有特定三维结构和全部生物活性的功能蛋白质的全过程。多肽链在合成期间或合成以后有的能够自发地折叠成它的天然构象,使蛋白质分子内的氢键、范德华力、离子键及疏水作用达到最大程度。

在肽链合成期间,刚合成的一段肽链(30~40个氨基酸残基)仍在核糖体内部,一旦露出核糖体,便立即开始折叠。当肽链合成完毕,折叠也几乎完成。

现代分子生物学研究发现新生肽链的折叠多半都需要一些蛋白质的帮助才能完成,包括分子伴侣和折叠酶两大类。分子伴侣(molecular chaperone)可帮助多肽进行非共价组装,折叠酶(foldase)催化共价化学反应,二者帮助新生肽链折叠成有功能的蛋白质。

(2)蛋白质的加工修饰

新生肽链在合成期间及合成以后均能被修饰。翻译后的修饰方式大致有下列几种。

① 肽链末端的修饰　在细菌中,所有新生肽链的 N 端都是 N – 甲酰甲硫氨酸残基,在真核生物中是甲硫氨酸残基。这些甲酰基、甲硫氨酸残基能够被酶切除。

此外,多肽链 N 端和 C 端的其他一些氨基酸有时也要被加工切除。

在真核生物中,约有 50% 的蛋白质在合成以后其 N 端的氨基还被乙酰化,C 端的氨基酸残基有时也要被修饰。

② 信号序列的切除　在有些蛋白质中,N 端有多约由 15~30 个氨基酸残基组成的一个序列负责引导该蛋白质到达它的最后作用部位,这个序列称为信号序列(signal sequence),又称信号肽(signal peptide)。它最后要被特殊的肽酶切除掉。

③ 二硫键的形成　真核细胞中,一些输送到胞外的蛋白质在它们折叠后,位于同一肽链或不同肽链的两个半胱氨酸残基之间可以形成链内或链间二硫键。它们对于维持蛋白质分子的三级结构起着重要作用,可防止这些蛋白质因细胞外的环境剧烈变化而引起变性。

④ 部分肽段的切除　许多蛋白质,如蛋白水解酶(胰蛋白酶、胰凝乳蛋白酶等),它们最初被合成出来的是较大的无生物活性的前体。这些前体必须经过蛋白水解作用进行修剪,才能变成有生物活性的形式。

⑤ 其他加工　如一些氨基酸的磷酸化、羧化、甲基化、乙酰化、羟化;糖基侧链的添加;辅基的加入等。

10.5　植物的基因工程

10.5.1　基因工程的概念

人们认识了信息分子的结构和功能的基本规律,就有可能利用这些规律来改造信息分子。DNA 重组技术(DNA recombination technology)是指利用分子生物学的方法分离目的基因,并对目的基因进行剪切,将剪切好的基因片断与载体连接,然后引入宿主细胞进行复制和表达的生物技术。

基因工程(genetic engineering)就是利用 DNA 重组技术,采用类似工程技术的方法,将不同生物或人工合成的 DNA 按照设计方案在体外进行改造和重新组合,再导入寄主细胞进行无性繁殖,使重组基因在生物体得到表达,从而改变生物遗传特性或创造新类型的生物。基因工程是当代生物工程的重要内容。通过基因工程,不仅可以从理论上研究植物发育过程中的基因表达及其调节控制的规律,还可借此方式培育出具优良特性的新品种。

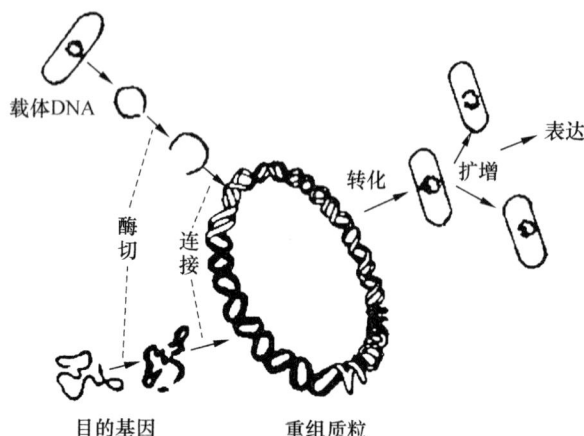

图 10-11　DNA 重组技术基本过程

基因工程是分子水平上的操作，细胞水平上的表达。它的基本过程包括：目的基因的制备；载体的构建；目的基因与基因载体的重组；重组体导入宿主细胞进行扩增；目的基因的表达等一系列复杂的过程(图 10-11)。

10.5.2　基因工程的基本过程

10.5.2.1　目的基因的制备

插入到载体内的基因为外源基因。已被分离或者欲分离、改造、扩增或表达的基因或 DNA 片段，称为目的基因(objective gene)。

高等植物的单倍体基因组大约在 $10^8 \sim 10^{10}$ 碱基对(bp)，可利用限制性内切酶将基因组 DNA 有选择的或部分降解，从而得到大量长短不等、含有不同基因的 DNA 片段。也可用物理学方法(如超声波)处理，所产生的 DNA 片段是完全随机的。然后利用梯度离心、琼脂糖凝胶电泳或分子筛柱层析等方法，把不同长度的 DNA 片段分开，从中回收所需要的一定长度的 DNA 片段备用。也可用 mRNA 逆转录法获得所需要的目的基因，对于 DNA 分子量小的基因也可采用化学合成法获得。

10.5.2.2　载体的选择与改造

基因载体(vector)的作用是将目的基因运转进入细胞中去。目前所利用的载体主要是噬菌体(bacteriophage)、质粒(plasmid)和病毒(virus)3 类。这几类载体在分子量大小、结构、特性和用途上存在着较大差异，但作为载体都必须具有下列性质：① 能自我复制；② 分子量要小，易于从宿主细胞中分离和纯化；③ 具有适当的限制性内切酶位点，最好是单一酶切位点；④ 具有能供选择的遗传标记，可以借助这些标记容易地把重组 DNA 分子与非重组 DNA 分子所转化的细胞区分开。

10.5.2.3　目的基因与基因载体的重组

目的基因和载体 DNA 的重组是在基因工程工具酶、限制性内切酶和 DNA 连接酶的作用下，于体外连接成一个重组(recombination)的 DNA 环状分子，然后再转入宿主细胞。这样可降低细胞对重组 DNA 分子的降解，大大提高了转化(transformation)的效率。如限制性内切酶现在就已发现近 800 种。

10.5.2.4　重组体 DNA 的转化、筛选和鉴定

(1)重组体 DNA 的转化

上述重组体 DNA 必须转入活细胞才能进行复制、转录和翻译，此活细胞称为受体细胞，目前常用的受体细胞是大肠杆菌(宿主细胞)。一般的转入方法是用 $CaCl_2$ 处理宿主细胞，增大

它的细胞膜透性,再与重组体一起保温,使重组体透入宿主细胞。随着宿主细胞的繁殖,重组体也在其内进行复制。因而导致宿主细胞某些特性的改变,这种外源 DNA 进入受体细胞并使它获得新遗传特性的过程称为转化(transformation)。重组体如果是噬菌体 DNA,它导入受体细胞引起的转化称为转染(transfection)。

(2)筛选和鉴定

由于细胞转化频率很低,必须从大量的宿主细胞中筛选出带有目的基因(已结合进重组体)的细胞,通常是根据重组载体的表型特征来进行筛选,外源基因进入植物细胞后,可能出现两种状态:一是整合在核外的细胞器上,这种外源基因易随着细胞分裂会逐渐消失。另一种是整合在核染色体上,它就可能将外源 DNA 的遗传信息进行复制和表达。但并非所有的基因都能表达。由于高等植物细胞是分化的,所以还要考虑表达所在的器官和组织的特异性,如种子贮藏蛋白的基因,应在种子中表达,而不会在叶或根中表达,这种特异的位置效应,实质上是基因的调控。

10.5.3 基因工程的进展

基因工程在植物育种、抗病虫害、改造蛋白等各方面的研究已取得可喜的成果。例如,将只特异性地对许多昆虫表现毒害而对人体无害的苏云金芽孢杆菌杀虫蛋白 *Cry* I 基因通过农杆菌 Ti 质粒转入烟草细胞,得到的转基因烟草对烟草天蛾的毒杀率在 3 天内可达 95% ~ 100%。但起初的杀虫蛋白基因在这些转基因植物中表达水平太低,其表达量仅占叶子可溶性总蛋白量的 0.001% 左右,对高敏的天蛾、菜青虫等有效,但对棉铃虫、玉米螟均无效。研究人员后来将此杀虫蛋白基因进行修饰,也是通过农杆菌 Ti 质粒转入棉花,得到的转基因棉花,其表达量可提高 50 ~ 100 倍,从而有效地控制了棉铃虫和甲虫。

增加作物中植保素含量可以有效地增加植物的抗病能力,通过转入植保素生物合成的关键酶可以增加相应植保素的含量。例如,1,2 - 二苯乙烯合成酶是合成苯丙氨酸类植保素白藜芦醇的关键酶,这种植保素与葡萄对灰葡萄孢菌(*Botrytis cierea*)的抗性有关。烟草等大多数植物中均有白藜芦醇生物合成的底物存在,但是缺乏 1,2 - 二苯乙烯合成酶。将花生的 1,2 - 二苯乙烯合成酶基因转入烟草,可以使烟草合成白藜芦醇,增加了对灰葡萄孢菌的抗性。又如,将过氧化物酶基因与烟草花叶病毒的 35S 启动子相连转入烟草,可以显著增加转基因植物对真菌的抗性,用 *Peronospora parasitia* 接种后发病症状延迟,孢子萌发受到抑制。

药用植物细胞工程是利用植物细胞大规模培养的方法生产药用次生代谢成分的技术,例如,人参皂苷和紫草素等已成功地实现了商业化生产。其中紫草细胞的发酵罐培养已达到 100L 规模,有效成分紫草素的含量可达细胞干重的 10% 以上。

用发根农杆菌(*Agrobacterium rhizogenes*)感染植物可以诱导植物毛状根的产生。毛状根具有生长快,培养条件简单,不需外源激素,次生代谢合成能力稳定等优点,而且便于进行突变体筛选。所以用培养转基因毛状根的方法生产次生代谢物已成为研究热点,已有 100 多种植物的发根培养获得成功。例如,治疗疟疾的特效药倍半萜青蒿素的供体植物青蒿(*Artemisia annua*)。

东莨菪碱在植物内含量较小,但是药用价值大。东莨菪胺 6 - β - 羟化酶可以催化东莨菪胺转化为东莨菪碱,将该酶基因和 35S 启动子结合,利用发根农杆菌的 Ri 质粒作为载体导入颠茄，可以使颠茄毛根中的东莨菪碱含量增加 5 倍。红豆杉中的二萜环化酶（红豆杉烯合成酶）在体内含量很低，该酶基因已经得到克隆，这为利用基因工程技术提高红豆杉中紫杉醇的合成速率提供了可能。

10.6　物质代谢的相互关系及调节

10.6.1　物质代谢的相互关系

10.6.1.1　糖代谢与脂类代谢的相互联系

从代谢途径来看，糖类和脂类的代谢存在着共同的中间产物乙酰 – CoA 和磷酸二羟丙酮等，因此它们可以相互转变。

乙酰 – CoA 是糖分解代谢的重要中间产物，这个中间产物正是脂肪酸与胆固醇合成所需的原料，脂肪酸和胆固醇的合成还需要大量 NADPH 作为供氢体，它主要由磷酸戊糖途径提供。此外，糖代谢所产生的磷酸二羟丙酮可以还原生成 α – 磷酸甘油，它又是合成脂肪和甘油磷脂所需的原料之一。所以糖在体内很容易转变成脂类，特别是脂肪。例如，油料作物的叶子进行光合作用大量合成糖类，运输到种子之后，便转变为脂类化合物贮存起来，而当油料种子萌发时，其中贮藏的脂肪又转变为糖运转到生长中的根和芽。

10.6.1.2　糖代谢与蛋白质代谢的相互联系

糖是生物体重要的碳源和能源，可用于合成各种氨基酸的碳链结构，经氨基化或转氨后，即可生成相应的氨基酸。例如，糖在分解过程中可产生丙酮酸、α – 酮戊二酸和草酰乙酸，这 3 种酮酸均可通过加氨基或氨基移换作用，分别形成丙氨酸、谷氨酸和天冬氨酸。此外，在糖分解过程中产生的能量，可供氨基酸和蛋白质合成之用。

蛋白质可以分解为氨基酸，许多种氨基酸在脱氨后转变为酮酸，参与糖代谢。在以蛋白质为主要贮藏物质的植物种子萌发期间，大量的蛋白质转化为糖类化合物，以供幼苗生长的需要，当植物的碳素同化作用旺盛时期，也有相当数量碳水化合物转变为蛋白质。

10.6.1.3　脂类代谢与蛋白质代谢的相互联系

脂类和蛋白质是生物膜的组成成分，脂类与蛋白质之间可以相互转变。脂肪代谢的水解产物甘油可以转变为丙酮酸，并可进一步转变为草酰乙酸、α – 酮戊二酸，也就有可能接受氨基而转变为相应的氨基酸。脂肪水解的另一产物脂肪酸经 β – 氧化作用而生成乙酰 – CoA；乙酰 – CoA 一方面可以进入三羧酸循环而产生酮酸以合成氨基酸；另一方面又可以进行乙醛酸循环而生成琥珀酸来补给三羧酸循环的碳源，这在油料作物种子萌发期间，脂肪的水解产物与铵盐形成氨基酸和蛋白质的转化过程颇为明显。反之，蛋白质也可转变为脂肪，蛋白质的水解产物氨基酸经脱氨而生成酮酸或进一步形成乙酰 – CoA，乙酰 – CoA 可再缩合成脂肪酸，然后合成脂类物质。

此外，丝氨酸和甲硫氨酸是合成磷脂中乙醇胺和胆碱的原料，进一步合成脑磷脂和卵磷脂。总之，蛋白质、氨基酸在体内是可以转变成各种脂类的。

10.6.1.4 核酸与其他物质的代谢联系

核酸与蛋白质、糖类及脂类之间具有广泛的代谢联系。核酸是细胞中重要的遗传物质，它通过控制蛋白质的合成，影响细胞的组成成分和代谢类型。相反，无论 DNA 的复制或 RNA 的生物合成也需要一些蛋白因子参与。

生物体内各种物质的代谢，都离不开具有高能磷酸键的各种核苷酸。例如，ATP 作为能量和磷酸基的供体，广泛参与各种物质的代谢，UTP 参与多糖的生物合成；CTP 参与磷脂的生物合成；GTP 参与蛋白质的生物合成及糖异生作用等。此外，许多参与代谢的辅酶和辅基也含有核苷酸组分，例如，辅酶 A，NAD，NADP 及 FAD 等。

综上所述，体内各种物质，既有各种特殊的代谢途径，又通过一些共同的中间代谢物或代谢环节，广泛地形成网络。其中糖酵解（EMP）途径和三羧酸循环（TCA 循环）更是沟通各代谢之间联系的重要环节，所以 EMP – TCA 又被称为"中心代谢途径"（central metabolic pathway）或"无定向代谢途径"（amphibolic pathway）。糖类、脂肪、核酸和蛋白质初生代谢物又通过各种途径与酚类、萜类等次生代谢物联系到一起，构成植物代谢更加庞大的网络。现将糖、脂类、蛋白质、核酸代谢的相互联系扼要总结如图 10-12 所示。

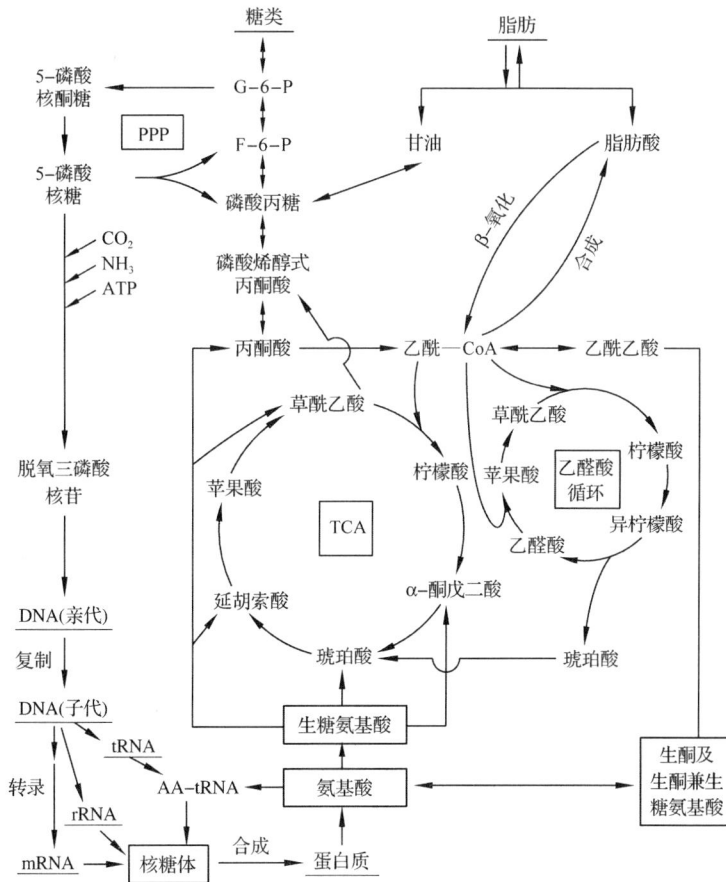

图 10-12 糖、脂类、蛋白质及核酸代谢相互关系简图

10.6.2　物质代谢的调节

代谢调节是生物长期进化过程中形成的一种适应能力，植物代谢调节包括酶的调节和激素的调节等。下面主要介绍酶的调节。

10.6.2.1　酶定位的区域化

酶在细胞内有一定的布局和定位，催化不同代谢途径的酶类，往往分别组成各种多酶体系，存在于一定的亚细胞结构区域，这种现象叫作酶的区域化。如糖酵解的多酶体系分布于细胞质，而三羧酸循环的酶系则在线粒体中，卡尔文循环的酶在叶绿体内，而蔗糖的生物合成在细胞质。

多酶体系在细胞的区域化为酶的调节创造了有利条件，使某些调节因素可以专一地影响细胞某一部分的酶活性，而不致影响其他部位的活性。而且在一个细胞内，同一代谢物可在不同酶的催化下发生完全不同的变化，从而保证整体代谢的顺利进行。

10.2.2.2　底物的调节

酶促反应需要有底物供应。底物的供应牵涉到膜的透性、底物的运输分配等因素。但从代谢角度来看，主要是底物的储备量要满足需要，才能维持酶促反应不断地进行。例如，植物呼吸作用需要有足够的葡萄糖，植物合成蛋白质需有足够的氨基酸，在这些代谢途径中，尚需有能量的供应。若一般贮藏的底物是生物大分子，则需先经降解。此外，在代谢物之间尚能互相促进或互相抑制。

10.6.2.3　酶活力的调节

酶活力的大小与酶促反应速度有密切关系。首先是酶含量的调节，它受基因的控制，这种调节较慢，但较持久。其次是通过酶分子结构的变化来调节酶促反应速度，如酶的变构效应、酶分子的化学修饰等。另外，通过外因如 pH、抑制剂、激活剂等也可调节酶促反应速度。这 3 种层次的调节又有着内在的联系。尤其在代谢途径的起始部位，或是分叉部位上的酶，往往是调节酶。调节酶对反应速度的调节更为重要。

10.6.2.4　产物的反馈调节

产物对酶促反应的调节作用称为反馈调节。反应产物促进酶促反应的称为正反馈调节，如果糖 – 1,6 – 二磷酸对磷酸果糖激酶的促进作用。但这种情况较少，多数是反应产物反过来抑制酶促反应的进行，这种现象称负反馈调节。如葡萄糖 – 6 – 磷酸对己糖激酶的抑制作用。在多酶系统中，中间代谢产物或最终产物对催化前面反应的酶，产生抑制作用的情况，也较为普遍。反馈抑制对维持细胞的正常代谢和经济利用代谢库中的底物，都十分重要。细胞内的反馈抑制主要有如下几种类型：

（1）线性顺序的反馈抑制

这是线性代谢途径中最终产物对起始酶的抑制作用，从而进行负反馈的调节作用（图 10-13）。

$$A \xrightarrow{E_1} B \xrightarrow{E_2} C \xrightarrow{E_3} D \xrightarrow{E_4} X$$

X抑制E_1

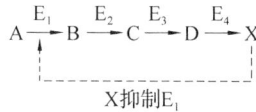

图 10-13　线性顺序的反馈抑制

A：起始代谢物；X：最终产物；B，C，D：中间产物；E_1，E_2，E_3，E_4：分别表示不同的酶

（2）多级顺序的反馈抑制

这种反馈调节的特点是代谢途径中 E_1 并不被分支途径的终产物（X，Y）所调节，而是分支途径的终产物 X 积累抑制催化转变为 X 的酶 E_4，而分支途径终产物 Y 的积累则抑制催化转变为 Y 的酶 E_5，从而使中间代谢产物 D 积累，而 D 的积累抑制了起始酶 E_1，所以对该代谢途径进行负反馈调节（图 10-14）。

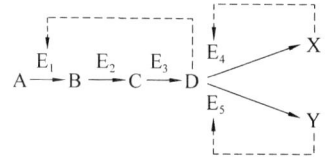

图 10-14　多级顺序的反馈抑制

（3）协同性的反馈调节

协同性的反馈调节，是分支途径的最终产物 X 和 Y，共同对前面的某步反应中的酶（如 E_1）起抑制作用。X 或 Y 单独存在时，对 E_1 均不抑制，只有二者同时存在时，才能协同地抑制 E_1（图 10-15）。

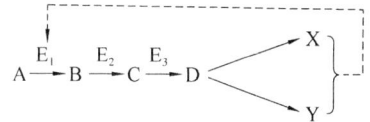

图 10-15　协同性的反馈调节

以上列举几种反馈调节方式。随生物进化程度的不同，在生物体内还可相互组合成为更复杂的反馈调节系统，以适应生存的需要。

小 结

遗传的中心法则表明遗传信息的传递是由 DNA 到 RNA 再到蛋白质；但在病毒中，遗传信息也可从 RNA 传给 DNA 分子。

DNA 的复制是半保留半不连续复制，需 DNA 聚合酶等一系列酶和蛋白质因子参与，包括复制的起始、DNA 链的合成和延长、DNA 链合成的终止几个阶段。每个子代 DNA 分子含有一条新链和一条亲代 DNA 链。

RNA 的转录通常以 DNA 双链中一条链的某片段为模板，称为不对称转录，包括 RNA 聚合酶与 DNA 模板的结合、转录的起始、链的延长与转录的终止 4 个步骤。转录后的 RNA 需经过加工才能变为成熟的 RNA 分子。

DNA（或 mRNA）中的核苷酸序列与蛋白质中氨基酸序列之间的对应关系称为遗传密码。相邻的三个核苷酸（三联体）编码一种氨基酸，称为密码子。遗传密码具有通用性、简并性等特点。

翻译是在核糖体上进行的。mRNA 是多肽链合成的模板，tRNA 是活化氨基酸的接受体。蛋白质的生物合成包括氨基酸的活化，肽链合成的起始、延长、终止和释放，肽链合成后的折叠与加工等过程。

基因工程即 DNA 重组技术，包括目的基因的制备、载体的构建、目的基因与载体的连接重组，重组体转入受体细胞以及目的基因的表达等。基因工程在植物育种、抗病虫害、改造蛋白等各方面的研究已取得可喜的成果。

糖类、脂类、蛋白质及核酸各有其代谢途径及特点，但它们在植物体内又互相转化、彼此制约、紧密联系地构成一个统一的整体，其中糖酵解和三羧酸循环是沟通各种代谢之间联系的重要环节。这些初生代谢物又通过各种途径与酚类、萜类等次生代谢物联系到一起，构成植物代谢更加庞大的网络。

植物在长期进化中形成了一整套完备而灵敏的调节系统。酶的调节包括酶定位的区域化、底物的调节、酶活力的调节和产物的反馈调节等。

思考题

1. 名词解释

复制 转录 翻译 冈崎片段 先导链 随后链 不对称转录 反义链 有义链 遗传密码 密码子 反密码子 简并性 反馈调节 反馈抑制 信号肽 启动子 终止子

2. 什么是遗传的中心法则？

3. 为什么说 DNA 复制是半保留半不连续复制？试讨论之。

4. 试比较 DNA 复制与 RNA 转录的特点。

5. 何谓基因工程？讨论其基本过程和应用价值。

6. 试述蛋白质生物合成的主要特点和步骤。

7. 假设在细胞内以葡萄糖彻底氧化成 CO_2 和水生成的能量为蛋白质合成的能源，试问：每消耗 1 分子葡萄糖最多可有多少分子的氨基酸残基掺入到正在合成的肽链中？

8. 哪些化合物可以认为是联系糖、脂肪、蛋白质和核酸代谢的重要枢纽物质？为什么？

9. 粗略计算含 1000 个核苷酸的 mRNA 所编码的蛋白质的相对分子量（氨基酸残基的平均相对分子量以 120 计）。

10. 某 DNA 的一段链从 5′→3′ 方向阅读序列为 5′TCG TCG ACG ATG ATC ATC GGC TAC TGA 3′

试写出

（1）互补 DNA 链的序列。

（2）假设已知的此 DNA 链从左到右转录，其中哪一条是有义链？请写出相应的 mRNA 序列。

（3）该 mRNA 翻译成蛋白质的氨基酸序列。

11. 植物代谢调节有哪些方式？

第11章 高等植物的信号转导

11.1 信号转导概述

11.1.1 信号转导的概念

生命活动中的信号（signal）是指生物在生长发育过程中细胞所受到的各种刺激。信号的主要作用是承载信息（information），使信息在细胞间或细胞内传递，引发生物体特异的生理生化反应。生物体的新陈代谢应该包括物质、能量和信息的转化和传递。遗传基因决定代谢和生长发育的基本模式，而其实现在很大程度上受控于环境的刺激；环境刺激信息包括生物体的外界环境和体内环境信息两个方面。对植物而言，由于基本上是生长在固定的位置，环境对其的影响更为突出。植物的环境信息包括外界（如光、温、气等）和体内（如激素、电波等）两方面的信息。植物体要正常生长，就需要正确辨别和接受各种信息并做出相应的反应。

植物对信号有一个接受、归纳、分析、筛选、放大、传达、处理和答复（响应）的过程与机制，使得细胞最终决定代谢的方向。信号是诱因，生理反应是信号作用于植物的最终结果。相同的信号作用于不同的细胞可以引发完全不同的生理反应；不同的信号作用于同一种细胞却可以引发出相同的生理反应。植物的一切生命活动都与信号有关，信号是细胞一切活动的始作俑者。

植物感受到各种物理或化学的信号，然后将相关信息传递到细胞内，并经一系列途径的传导和放大，调节植物的基因表达、酶或其他代谢变化，从而做出反应，这种信息的传递和反应过程称为植物的信号转导（signal transduction）。表11-1列举了一些常见的植物信号转导的事例。

表 11-1　一些常见的植物信号转导的事例（王忠，2009）

生理现象	信　号	受体或感受部位	相应的生理生化反应
植物向光性反应	蓝光	向光素	茎受光侧生长素浓度比背光侧低，受光侧生长速率低于背光侧
光诱导的种子萌发	红光/远红光	光敏色素	红光促进种子萌发/远红光抑制萌发
光诱导的气孔运动	蓝光/绿光	蓝光受体/玉米黄素	蓝光促进气孔开放/绿光抑制开放
干旱诱导的气孔运动	干旱	细胞壁和/或细胞膜	脱落酸合成与气孔关闭
根的向地性生长	重力	根冠柱细胞中淀粉体	根向地侧生长素浓度比背地侧高，向地侧生长速率低于背地侧
含羞草感震运动	机械刺激、电波	感受细胞的膜	离子的跨膜运输，叶枕细胞的膨压变化，小叶运动

（续）

生理现象	信　号	受体或感受部位	相应的生理生化反应
光周期诱导植物开花	光周期	光敏色素和隐花色素	相关开花基因表达，花芽分化
低温诱导植物开花	低温	茎尖分生组织	相关开花基因表达，花芽分化
乙烯诱导果实成熟	乙烯	乙烯受体	纤维素酶、果胶酶等编码基因表达，膜透性增加，贮藏物质的转化、果实软化
根通气组织的形成	乙烯、缺氧	中皮层细胞	根皮层细胞发生程序化死亡
植物抗病反应	病原体产生的激发子	激发子受体	抗病物质（植保素、病原相关蛋白等）合成
豆科植物的根瘤	根瘤菌产生结瘤因子	凝集素	促进根皮层细胞大量分裂导致根瘤形成

　　细胞的信号分子按其作用和转导范围可分为胞间通信信号分子和胞内通信信号分子。多细胞生物体受刺激后，胞间产生的信号分子又称为初级信使（primary messenger）即第一信使（first messenger），如各种植物激素，胞内信号分子常称为第二信使（second messenger）。

　　构成信号转导系统的各种要素必须具有识别进入信号、对信号做出响应并发挥其生物学功能的作用。这些功能不是仅靠个别物质就能够完成的，需要有一个体系协同地进行操作。细胞信号转导系统应当包含信号转导最必需的关键组分：①接受细胞外刺激并将它们转换成细胞内信号的成分；②有序地激活信号转导通路，以诠释细胞内的信号；③使细胞能够对信号产生响应，并作出功能上或发育上的决定（如基因转录，DNA 复制和能量代谢等）的有效方法；④将细胞所作出的决定加以联网，这样，细胞才能对作用于它的、种类繁多的信号作出协同响应。

　　对于细胞信号转导的分子途径，可划分为：胞外信号感受，膜上信号转换，和以胞内信号传递及蛋白质可逆磷酸化组成的胞内信号转导（图 11-1）。胞外信号与胞内信号在功能上是紧密联系的。植物体受到信号刺激后，通过细胞信号转导系统可使环境刺激信号和胞间信号级联放大，最终影响酶的活性和合成，导致一系列生理生化反应，从而引起植物生长发育的变化。

11.1.2　信号转导的基本特性

　　在细胞中有许多生物反应通路，比如，物质代谢通路、基因表达通路和 DNA 复制通路等，事实上信号转导也存在通路。这些通路都是由前后相连的反应所组成，前一个反应的产物可能作为下一个反应的底物或者发动者。但信号转导通路比传统意义上的代谢通路等要复杂得多，它主要表现在：①人们可以通过示踪技术检测出代谢底物化学转化的连续步骤，但是不能够直接用这种方法来研究信号转导。因为在信号转导通路中输入信号的化学结构与信号的靶的结构一般是没有关系的。实际上，在信号转导通路中，信号最终控制的是一种反应，或者说是一种响应。②与代谢反应等不同，信号的化学结构并不对其下游的过程产生影响。而代谢底物或者基因转录调节因子的构象会影响各自相关通路的进行。③与依赖模板的反应，如基因转录和 DNA 复制不同，在信号转导通路中不存在对全过程的进行和结局起操纵作用的模板。④其他通路常常是由线性排列的过程组成，一个反应接着另一个反应，沿着既定的方向依次进行，直到终止，它们多是直通式的、纵向交流的；而信号转导通路是非线性排列的，常相互形成一个网络。

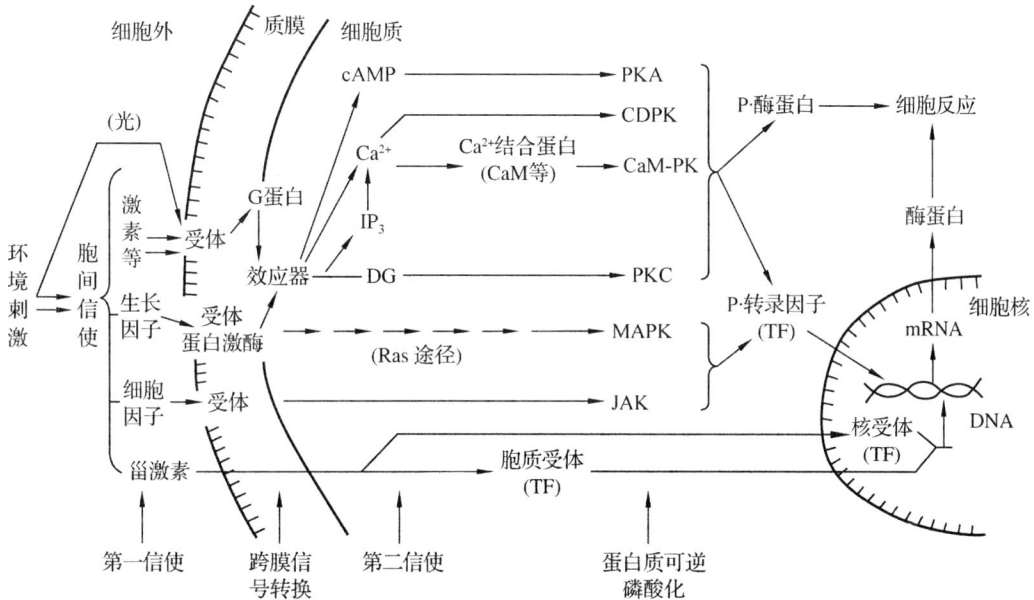

图 11-1 细胞信号传导主要途径模式图

IP$_3$：三磷酸肌醇　DG：二酰甘油　PKA：依赖 cAMP 的蛋白激酶　PKC：依赖 Ca^{2+} 与磷脂的蛋白激酶

CaM–PK：依赖 Ca^{2+}·CaM 的蛋白激酶　CDPK：依赖 Ca^{2+} 的蛋白激酶　MAPK：有丝分裂原蛋白激酶

JAK：另一种蛋白激酶　TF：转录因子

(1)信号分子较小且易于移动

作为一个有效的、可传递信息的信号分子，首先要求它产生之后容易转移到作用靶位，因此一般来说信号分子都是小分子物质且可溶性较好，易于扩散。如果需要跨膜转移，它们要通过特殊通道或载体。

(2)信号分子应快速产生和灭活

生物细胞为了对环境刺激尽快产生反应而且适可而止，就要求信号分子快速产生和灭活。例如，Ca^{2+} 通过离子通道开放很快进入胞质产生 Ca^{2+} 信号，cAMP 环化酶活化快速产生 cAMP 信号。在这里快速灭活与产生同样重要。除 Ca^{2+} 通道关闭使 Ca^{2+} 信号很快灭活外，细胞内有一类专司信号分子灭活的酶，如磷酸二酯酶可将 cAMP 信号灭活。一种信号如果指令产生某个信号分子或组分的基因活化，它绝不会永远继续下去致使细胞造成伤害，反馈机制将使被激活的基因表达停止且恢复到非激活状态。被激活的各种信号分子在完成任务后又恢复钝化状态，准备接受下一波的刺激。它们不会总处在兴奋状态。比如，激酶的磷酸化与去磷酸化，就由磷酸酪氨酸磷酸酯酶在调节着。

(3)信号传递途径的级联放大作用

信号通路有连贯性，各个反应相互衔接，有序地依次进行，直至完成。其间，任何步骤的中断或者出错，都将给细胞，乃至机体带来重大的灾难性后果。细胞信号传递途径由信号分子及其一系列传递组分组成，它形成一个级联(cascade)反应将原初信号放大。一个激素信号分子结合到其受体之后，绝不会只引起胞内一个酶分子活性的增加，它可能通过 G 蛋白激活多个效应酶，如腺苷酸环化酶活化，产生许多 cAMP 第二信使分子；一个 cAMP 分子又可激活依赖它的蛋白激酶，从而将许多靶蛋白磷酸化。因此，一个原初的激素信号，通过信号传递过程的级联反应，可以在下游引起成百上千个酶蛋白的活化；数量有限的一种激素的产生，可以引起生物体内十分明显的发育表型变化。当然，这种级联放大作用也受到严格控制。

（4）信号传递途径是一个网络系统

信号系统之间的相互关系及时空性并不是一种简单因果事件的线形链，实际上是一种信息网络（network）。多种信号相互联系和平衡决定一定特异的细胞反应。当胞外环境因子和胞内信号刺激细胞时，细胞膜上受体直接感受信号，通过细胞壁—质膜—细胞骨架连续体（continuum），引起细胞骨架蛋白变构而传递信息，并与胞内的 G 蛋白、第二信使系统以及调节因子构成信息网络，特定刺激引起特定基因表达和特定生理反应。

11.2　胞外信号及其传递

当环境刺激作用位点与效应位点处在植物体的不同部位时，就必须有胞外信号（external signal）分子传递信息。例如，重力作用于根冠细胞造粉体，使根的伸长区产生反应并由生长素传递信息；土壤干旱引起地上部叶片气孔关闭时，由脱落酸等传递信息；叶片被虫咬伤害引起周身性防御反应可能由寡聚糖等传递信息。植物体内的胞外信号可分为两类，即化学信号和物理信号。

11.2.1　化学信号

化学信号（chemical signal）是指能够把环境信息从感知位点传递到反应位点，进而影响植物生长发育进程的某些化学物质。根据化学信号的作用方式和性质，可分为正化学信号、负化学信号、积累性化学信号和其他化学信号等。

正化学信号（positive chemical signal）是指随着环境刺激的增强，该信号由感知部位向作用部位输出的量也随之增强；反之则称为负化学信号（negative chemical signal）。积累性化学信号则是指在正常情况下，作用部位本身就含有该信号物质并不断地向感知部位输出，以保证该物质维持在一个较低的水平；当感知部位受到环境刺激时，可导致该物质输出的减少，表现上则是该物质积累增加，当其积累超过一定阈值时其调节生理生化活动的作用也就明显地表现出来。

已发现的化学信号分子有几十种，主要包括植物激素类、寡聚糖类、多肽类等。也有人认为 Ca^{2+}，H^+（pH 梯度）可以作为胞外信号分子。

如当植物根系受到水分亏缺胁迫时，根系细胞迅速合成脱落酸（ABA），ABA 通过木质部蒸腾流输向地上部分，引起叶片生长受抑和气孔导度的下降。而且 ABA 的合成和输出量随水分胁迫程度的加剧而显著增加。一般认为，植物激素尤其是 ABA 充当了植物体重要的胞外化学信号。

当植物的一张叶片被虫咬伤后，会诱导本叶和其他叶片产生蛋白酶抑制剂（proteinase inhibitor，PI）等，以阻碍病原菌或害虫进一步侵害。如伤害后立即除去受害叶，其他叶片不会产生 PI。但如果将受害叶细胞壁水解片段（主要是寡聚糖）加到正常叶片中，又可模拟伤害反应诱导 PI 的产生，从而认为寡聚糖是由受伤叶片释放并经维管束转移，诱导 PI 基因活化的信号物质。化学信号主要通过韧皮部长距离传递，也可以集流的方式在木质部中传递。

11.2.2 物理信号

物理信号(physical signal)是指细胞感受到刺激后产生的能够起传递信息作用的电信号和水力学信号等。电、光、磁场等可在生物体内器官、组织、细胞之间或其内部起信号的作用。如光信号中包含光照方向、光质和光周期等光信息，当植株不同部位的光受体接受光信号携带的光信息后，可分别导致向光性(如叶绿体运动、叶和芽的向光性生长)、光周期诱导(如花芽分化)等反应。

电信号(electrical signal)是指能够传递环境信息的电位波动。电信号传递是植物体内长距离传递信息的一种重要方式，是植物体对外部刺激的最初反应。植物的电波传递又可分为动作电波(action potential，AP)和变异电波(variation potential，VP)(图 11-2 A,B)。一般来说，植物中动作电波的传递仅用短暂的冲击(如机械震击、电脉冲或局部温度的升降)就可以激发出来，而且受刺激的植物没有伤害，不久便恢复原状。若用有伤害的局部刺激(如切伤、挫伤或烧伤)，植物会引起变异电波的传递。

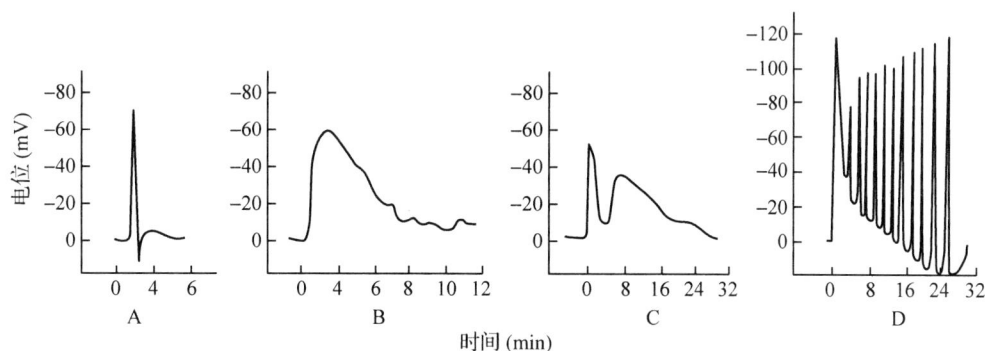

图 11-2 高等植物体内的电波传导
A. 动作电波(AP) B. 变异电波(VP) C. AP-VP 复合波 D. 电波震荡

AP 和 VP 的出现都是细胞质膜电位去极化的结果，而且伴随有化学物质的产生(如乙酰胆碱)。各种电波传递都可以产生生理效应。如对植物进行烧伤刺激，可引起气孔运动和叶片伸展生长的抑制，而且刺激与两种生理效应之间都必须有电波传递的参与；如果阻断电波的传递，则其生理效应就不会产生。

试验证明，一些敏感植物或组织(如含羞草的茎叶、攀缘植物的卷须等)，当受到外界刺激，发生运动反应(如小叶闭合下垂、卷须弯曲等)时伴有电波的传递。当给平行排列的轮藻细胞中的一个细胞以电刺激引起动作电位后，可以传递到相距 10mm 处的另一个细胞而且引起同步节奏的动作电位。

在对含羞草小叶片切伤刺激的研究中，还发现主叶柄上有复合电波的传递，即前端的 AP 拖带着 VP(图 11-2C)。此外，将植物在弱光、干旱等逆境下锻炼一段时间，它们的敏感性也可能增强，用无伤害刺激就会测到 AP 的传递，甚至有时连续几小时内会出现周期性的电波震荡(图 11-2D)。我国著名植物生理学家娄成后教授指出,电波信息传递在高等植物中是普遍存在的。他认为植物为了对环境变化做出反应,既需要专一的化学信息传递,也需要更快速的电波传递。

水信号(hydraulic signal)是指能够传递逆境信息,进而使植物做出适应性反应的植物体内水流(water mass flow)或水压(hydraustatic pressure)的变化。有人也将其称为水力学信号。

长期以来,人们一直将特定的叶片水分状况(水势、渗透势、压力势和相对含水量)与特定的胁迫程度相联系。在以往许多文献中,一般将土壤干旱对植物的影响普遍解释为:当土壤干旱时,水分供应减少,因而根部的水分吸收减少;由于地上部蒸腾作用的存在,使得叶片水势、膨压下降,继而影响到 ABA、细胞分裂素等植物激素的合成、运输、分配以及地上部的生理代谢活动(如光合、呼吸、气孔运动等),最终影响植物的生长发育。显然,这一解释的基础是假定根冠间通信是靠水的流动来实现的。但已有很多试验结果表明,在叶片水分状况尚未出现任何可检测的变化时,地上部对土壤干旱的反应就已经发生了,从而使植物避免或至少推迟了地上部分的脱水,有利于植物的生长发育。这说明植物根与地上部之间除水流变化的信号外,还有其他能快速传递的信号的存在。

近年来,人们开始注意植物体内静水压变化在环境信息传递中的作用。由于水的压力波传播速度特别快,在水中可达 1500m·s^{-1},因此静水压变化的信号比水流变化的信号要快得多,这有利于解释某些快速反应(如气孔运动、生长运动等)的现象。由于在细胞膜上发现有水孔蛋白(aquaporin)的存在,使人们对于植物体内水信号的存在和作用予以了更多的关注。证据表明植物细胞对水力学信号(水压的变化)很敏感,如玉米叶片木质部张力的降低几乎立即引起气孔开放,反之亦然。

11. 2. 3　胞外信号的传递途径

当环境信号刺激的作用位点与效应位点处在植物不同部位时,胞外信号就要作长距离的传递,高等植物胞外信号的长距离传递,主要有以下几种。

(1)易挥发性化学信号在体内气相的传递

易挥发性化学信号可通过在植株体内的气腔网络(air space network)中的扩散而迅速传递,通常这种信号的传递速度可达 2mm·s^{-1}左右。植物激素乙烯和茉莉酸甲酯(JA-Me)均属此类信号,而且这两类化合物在植物某器官或组织受到刺激后可迅速合成。在大多数情况下,这些化合物从合成位点迅速扩散到周围环境中,因此它们在植物体内信号的长距离传递中的作用不大。然而,若植物生长在一个密闭的条件下,这些化合物可在植物体内积累并迅速到达作用部位而产生效应。自然条件下发生涝害或淹水时植株体内就经常存在这类信号的传递。

(2)化学信号的韧皮部传递

韧皮部是同化物长距离运输的主要途径,也是化学信号长距离传递的主要途径。植物体内许多化学信号物质,如 ABA,JA-Me,寡聚半乳糖,水杨酸等都可通过韧皮部途径传递。一般韧皮部信号传递的速度在 0. 1~1mm·s^{-1}之间,最高可达 4mm·s^{-1}。

(3)化学信号的木质部传递

化学信号通过集流的方式在木质部内传递。植物在受到土壤干旱胁迫时,根系可迅速合成并输出某些信号物质,如 ABA。根系合成 ABA 的量与其受的胁迫程度密切相关。合成的 ABA

可通过木质部蒸腾流进入叶片，并影响叶片中的 ABA 浓度，从而抑制叶片的生长和气孔的开放。

（4）电信号的传递

植物电波信号的短距离传递需要通过共质体和质外体途径，而长距离传递则是通过维管束。对草本非敏感植物来讲，AP 的传播速度在 $1 \sim 20 \text{mm} \cdot \text{s}^{-1}$ 之间；但对敏感植物而言，AP 的传播速度高达 $200 \text{mm} \cdot \text{s}^{-1}$。

（5）水力学信号的传递

水力学信号是通过植物体内水连续体系中的压力变化来传递的。水连续体系主要是通过木质部系统而贯穿植株的各部分，植物体通过这一连续体系一方面可有效地将水分运往植株的大部分组织，同时也可将水力学信号长距离传递到连续体系中的各部分。

11.3 跨膜信号转换

11.3.1 膜受体

细胞对信号感知（perception）和跨膜转换主要依靠细胞表面受体来完成的。胞外信号与引起胞内信号放大之间必然有一个中介过程，这个中介过程涉及接受胞外信号所必需的受体以及胞外信号转换成胞内信号的转换系统。胞外的刺激信号（如植物激素）和某些环境因素（如光、重力等），只有少部分可以直接跨过细胞膜系统引起生理反应，大多数需经膜系统上的受体识别后，通过膜上信号转换系统转变为胞内信号，才能调节细胞代谢反应及生理功能。跨膜信号转换（transmembrane transduction）系统由受体、G 蛋白、效应酶或离子通道等组成。受体感受外界刺激或与胞间信号结合后，使 G 蛋白活化，活化的 G 蛋白诱导效应酶或离子通道产生胞内信号。

受体（receptor）是指在膜上能与信号物质特异性结合，并引发产生胞内次级信号的特殊成分。受体可以是蛋白质，也可以是一个酶系等。如植物信号受体有激素受体、光受体和病原激发受体等。受体和信号物质的结合是细胞感应胞外信号，并将此信号转变为胞内信号的第一步。通常一种类型的受体只能引起一种类型的转导过程，但一种外部信号可同时引起不同类型表面受体的识别反应，从而产生两种或两种以上的信使物质。受体与胞间信号的反应具有几个重要特点：①特异性，信号与受体特异识别；②高度亲和性，二者结合迅速而灵敏，使细胞能够觉察到低浓度信号的轻微改变；③可逆性，两者以非共价的离子键、氢键、范德华力（Van der Waals force）等结合；④饱和性，由于受体蛋白在膜上的数量有限，反应可达到饱和。在膜信号转换系统中，受体位于质膜外侧。

11.3.2 G 蛋白

在受体接受信号与信号的产生之间往往需要信号转换，G 蛋白（GTP - binding regulatory protein，GTP 结合调节蛋白）又称偶联蛋白或信号转换蛋白，是跨膜信号转换的主要传递体。G 蛋白的信号偶联功能是靠 GTP 的结合或水解产生的变构作用完成的。当 G 蛋白与受体结合而激活时，它就同时结合上 GTP，继而触发效应器，把胞外信号转换成胞内信号；而当 GTP

水解为 GDP 后，G 蛋白就回到原初构象，失去转换器的功能。现已证明在高等植物中普遍存在 G 蛋白，也已初步证明 G 蛋白在植物跨膜离子运输、气孔运动、植物形态建成等生理活动的信号转导过程中的重要调节作用。

11.3.3　效应酶和离子通道

这是细胞的膜蛋白，如腺苷酸环化酶、磷脂酶 C 和钙离子通道等。它们受 G 蛋白活化，可产生胞内信号。

11.4　细胞内信号

胞内信号（internal signal）是由膜上信号转换系统产生的、有生理调节活性的细胞内因子，被称作细胞信号转导过程中的次级信号或第二信使（second messenger）。

11.4.1　肌醇磷脂信号系统

肌醇磷脂（inositol phospholipid）是一类由磷脂酸与肌醇结合的脂质化合物，分子中含有甘油、脂肪酸、磷酸和肌醇等基团，主要以 3 种形式存在于植物质膜中，即磷酯酰肌醇（phosphatidylinositol，PI）、磷酯酰肌醇 – 4 – 磷酸（PIP）和磷酯酰肌醇 – 4, 5 – 二磷酸（PIP_2）。

（1）双信号系统
以肌醇磷脂代谢为基础的细胞信号系统，是在胞外信号被膜受体接受后，以 G 蛋白为中介，由质膜中的磷酸脂酶 C（phospholipase C，PLC）水解 PIP_2 而产生肌醇 – 1, 4, 5 – 三磷酸（inositol – 1, 4, 5 – triphosphate，IP_3）和二酰甘油（diacylglycerol，DG，DAG）2 种信号分子。因此，该系统又称双信号系统（double signals system）。在双信号系统中，IP_3 通过调节 Ca^{2+} 浓度，而 DG 则通过激活蛋白激酶 C（protein kinase C，PKC）来传递信息。

（2）三磷酸肌醇
IP_3 作为信号分子，在植物中一般认为它作用的靶器官为液泡，IP_3 作用于液泡膜上的受体后，将膜上 Ca^{2+} 通道打开，使 Ca^{2+} 从液泡中释放出来，引起胞内 Ca^{2+} 水平的增加，从而启动胞内 Ca^{2+} 信号系统即通过依赖 Ca^{2+}、钙调素的酶类活性变化来调节和控制一系列的生理反应

（3）二酰甘油
在正常情况下，细胞膜上不存在自由的 DG，它只是细胞在受外界刺激时肌醇磷脂水解而产生的瞬间产物。PKC 是一种依赖于 Ca^{2+} 和磷脂的蛋白激酶，它可催化蛋白质的磷酸化。当有 Ca^{2+} 和磷脂存在时，DG、Ca^{2+}、磷脂与 PKC 酶分子相结合，使 PKC 激活，从而对某些底物蛋白或酶类进行磷酸化，最终导致一定的生理反应。当胞外刺激信息消失后，DG 首先从复合物上解离下来而使酶钝化，与 DG 解离后的 PKC 可以继续存在于膜上或进入细胞质而钝化。

11.4.2　钙信号系统

（1）Ca^{2+} 转移系统
几乎所有不同的胞外刺激信号都可能引起胞内游离钙离子浓度的变化，如光照、触摸、重力和温度等各种物理刺激和各种植物激素、病原菌诱导因子等化学因子。而植物细胞内游离钙

离子浓度的微小变化可能显著影响细胞的生理生化活动。细胞内的钙离子浓度主要与细胞膜系统上各种 Ca^{2+} 的转移系统有关。

质膜上存在依赖 ATP 的 Ca^{2+} 转移系统，它是在 Ca^{2+} – ATP 酶作用下，由水解 ATP 提供能源，将 Ca^{2+} 泵出细胞液，以维持胞内一定的 Ca^{2+} 浓度。反过来，当 Ca^{2+} 通过质膜转移到细胞内时是通过 Ca^{2+} 通道的，而通道的开闭受膜电位的控制，Ca^{2+} 向胞内的转移是一种被动扩散过程。

内质网也是植物细胞的一个钙库，其膜上可能也存在 Ca^{2+} 泵，它也依赖 ATP，把细胞液中的 Ca^{2+} 泵入内质网中。线粒体膜上存在与电子传递链相偶联的钙泵，利用电子传递产生的电化学势将 Ca^{2+} 主动泵入线粒体内。

液泡膜上的 Ca^{2+} 转移系统是较完整的系统。液泡膜上有 Ca^{2+}/H^+ 反向传递体，利用已建立的质子电化学势去驱动 Ca^{2+} 与 H^+ 的跨膜交换。有人用燕麦根细胞中分离的液泡作材料，表明 IP_3 可诱发 Ca^{2+} 从液泡中释放出来，液泡可作为肌醇磷脂信号系统中 IP_3 的靶结构，在胞内 Ca^{2+} 动员中起重要作用。

（2）钙调素

植物细胞的钙信号受体蛋白之一是钙结合蛋白，它与 Ca^{2+} 有很高的亲和力与专一性。钙结合蛋白中分布最广，了解最多的是钙调素（calmodulin，CaM）。CaM 只有与 Ca^{2+} 结合才有生理活性，而 CaM 对 Ca^{2+} 亲和能力正是它感受信息的基本特性，CaM 能感受到 Ca^{2+} 浓度的变化从而引起相应的变化。这个过程可能涉及很多因素，其中有 CaM 量的差异，每个 CaM 结合的 Ca^{2+} 数目的不同，CaM 翻译后修饰与否以及 CaM 靶酶的多样性等因素。

CaM 可以两种方式发挥其作用：一种是 CaM 直接和靶酶结合，诱导靶酶的活性构象变化而调节靶酶的活性；另一种是 CaM 首先使依赖 Ca^{2+}，CaM 的蛋白激酶活化，然后在蛋白激酶的作用下，使一些靶酶磷酸化，而影响其活性。属第一种作用方式的有质膜 Ca – ATP 酶、NAD 激酶；属第二种作用方式的有奎尼酸 NAD 氧化还原酶、质子泵、Rubisco 小亚基等。

11.4.3 环核苷酸信号系统

受动物细胞信号的启发，人们最先在植物中寻找的胞内信使是环腺苷酸（cyclic AMP，cAMP）（图 11-3）。腺苷酸环化酶是一个跨膜蛋白，它被激活时可催化胞内的 ATP 分子转化为 cAMP 分子，细胞内微量 cAMP（仅为 ATP 的 1/1000）在短时间内迅速增加数倍以致数十倍，从而形成胞内信号。细胞溶质中的 cAMP 分子浓度增加往往是短暂的，信号的灭活机制随之将其减少，cAMP 信号在 cAMP 特异的环核苷酸磷酸二酯酶（cAMP specific cyclic nucleotide phosphodiesterase，cAMP – PDE）催化下水解，产生 5′– AMP，将信号灭活。

大量研究表明，cAMP 信使系统还在转录水平上调节基因表达。cAMP 通过激活 cAMP 依赖的蛋白激酶（protein kinase，PK）而对某些特异的转录因子（transcription factor）进行磷酸化，这些因子再与被调节的基因特定部位结合，从而调控基因的转录。在这些转录因子中，有一种称为 cAMP 响应元件结合蛋白（cAMP response element binding protein，CREB）。CREB 被磷酸化后与其被调节的基因特定部位结合，从而调节这些基因的表达。在植物中已检测出 cAMP，合成 cAMP 的腺苷酸环化酶以及分解 cAMP 的磷酸二酯酶活性。

有试验证明叶绿体光诱导的花色素苷合成过程中环鸟苷酸（cyclic GMP，cGMP）参与受体

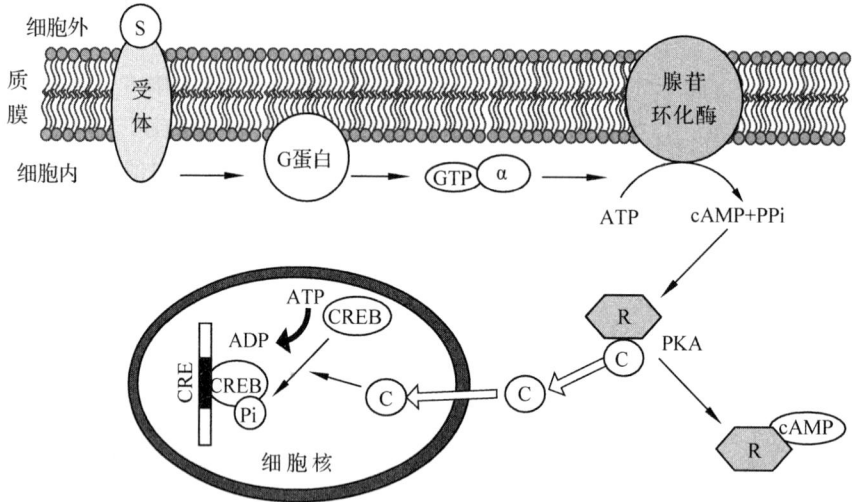

图 11-3 cAMP 信号转导途径示意

胞外刺激信号 S 激活质膜上受体 R，受体激活与其偶联的下游 G 蛋白，激活的 G 蛋白 α 亚基作用于质膜连接
的腺苷环化酶，cAMP 被合成。cAMP 作用于蛋白激酶 A (PKA)，被激活的 PKA 的催化亚基 C 和调节亚基 R 相
互分离。C 亚基进入细胞核，催化 cAMP 响应元件结合蛋白 CREB 的磷酸化，磷酸化后的 CREB 与染色体 DNA
上的 cAMP 响应元件 CRE 结合，调控基因的表达

G 蛋白之后的下游信号转导过程。环核苷酸信号系统与 Ca^{2+} – CaM 信号传递系统在合成完整
叶绿体过程中协同起作用。

11.5 蛋白质的可逆磷酸化

11.5.1 蛋白质可逆磷酸化的过程

细胞内多种蛋白激酶和蛋白磷酸酶是前述几类胞内信使进一步作用的靶子，也即胞内信号
通过调节胞内蛋白质的磷酸化或去磷酸化过程而进一步传递信号。

蛋白激酶 (protein kinase, PK) 催化 ATP 或 GTP 的磷酸基转移到底物蛋白质氨基酸残基上，
使蛋白质磷酸化。蛋白质的去磷酸化由蛋白磷酸酶 (protein phosphatase, PP) 催化。蛋白质可
逆磷酸化的整个反应过程可用下式表示：

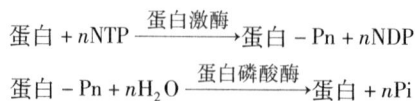

$$蛋白 + nNTP \xrightarrow{\text{蛋白激酶}} 蛋白 – Pn + nNDP$$

$$蛋白 – Pn + nH_2O \xrightarrow{\text{蛋白磷酸酶}} 蛋白 + nPi$$

式中，NTP 代表三磷酸核苷，NDP 代表二磷酸核苷，Pn 代表与底物蛋白质氨基酸残基连接的
磷酸基团及数目。蛋白质被磷酸化的氨基酸残基主要是丝氨酸和苏氨酸，有时为酪氨酸。底物
蛋白质上被磷酸化的氨基酸残基可能是一个，也可能是两个或多个。

胞内信使可由于蛋白质磷酸化的放大而最后完成信号传递过程。蛋白激酶是一个大家族，
植物中有 2% ~3% 的基因编码蛋白激酶。目前已在植物中分离到 70 多个蛋白激酶基因，鉴定
出许多蛋白激酶。其中研究较多的是最初从大豆中得到的钙依赖型蛋白激酶 (calcium dependent

protein kinase，CDPK），CDPK 有一类似钙调素的钙结合位点，但这类激酶只依赖于钙而不依赖于钙调素。现已知的可被 CDPK 磷酸化的作用靶（或底物分子）有细胞骨架成分、膜运输成分、质膜上的质子 ATP 酶等。如从燕麦中分离出与质膜成分相结合的 CDPK 成分可将质膜上的质子 ATP 酶磷酸化，从而调节跨膜离子运输。

除 CDPK 类外，还有与光敏色素密切相关的钙依赖型蛋白激酶、同时受钙离子和钙调素调节的蛋白激酶等。在水稻筛管汁液中测出一个相对分子质量为 17 000、高度磷酸化的蛋白质以及另一个相对分子质量为 65 000、具有蛋白激酶活性的蛋白质，该酶的活性依赖于 Ca^{2+} 的存在。筛管汁液内依赖 Ca^{2+} 的蛋白激酶的发现，表明筛管内存在着信号转导系统。

蛋白磷酸酶逆转磷酸化作用，是终止信号或一种逆向调节，与蛋白激酶有同等重要意义，现在植物中鉴定出几种不同的蛋白磷酸酶。有研究表明，胡萝卜、豌豆中的一种蛋白磷酸酶可能与植物细胞的有丝分裂过程的调控有关。在豌豆保卫细胞中存在一种依赖钙离子的蛋白磷酸酶，它与 K^+ 的转移和气孔的开闭有关。

11.5.2 蛋白质可逆磷酸化的作用

蛋白质的磷酸化和去磷酸化在细胞信号转导过程中具有级联放大信号的作用，外界微弱的信号可以通过受体激活 G 蛋白、产生第二信使、激活相应的蛋白激酶和促使底物蛋白磷酸化等一系列反应得到级联放大。植物细胞中约有 30% 的蛋白质是磷酸化的。拟南芥中目前估算约有 1000 个基因编码激酶，300 个基因编码蛋白磷酸酶，约占其基因组的 5%。

蛋白质可逆磷酸化是细胞信号传递过程中的共同环节，也是中心环节。胞内第二信使产生后，其下游的靶分子一般都是细胞内的蛋白激酶和蛋白磷酸酶，激活的蛋白激酶和蛋白磷酸酶催化相应蛋白的磷酸化或去磷酸化，从而调控细胞内酶、离子通道、转录因子等的活性。

例如，cAMP 可以通过蛋白激酶 A（protein kinase A，PKA）作用使下游的蛋白质磷酸化；Ca^{2+} 可以通过与钙调素结合活化 Ca – CaM 依赖的蛋白激酶使蛋白质磷酸化，也可以激活 Ca^{2+} 依赖型蛋白激酶（CDPK）使蛋白质磷酸化。

信号分子也可直接作用于由有丝分裂原活化蛋白激酶（mitogen activated protein kinase，MAPK）、MAPK 激酶（MAPKK）和 MAPKK 激酶（MAPKKK）3 个激酶组成的 MAPK 级联体，通过系列的蛋白质磷酸化反应，调控转录因子对基因的表达。

蛋白磷酸酶与蛋白激酶在细胞信号转导中的作用相反，主要功能是逆转蛋白磷酸化作用，是一个终止信号或逆向调节的过程。蛋白质去磷酸化也几乎存在于所有的信号转导途径。在单子叶植物玉米和双子叶植物矮牵牛、拟南芥、油菜、苜蓿、豌豆中已克隆到蛋白磷酸酶基因，并且在多种植物中发现其活性并可能参与植物 CTK、ABA、病原、胁迫及发育信号转导途径。

虽然磷酸化或去磷酸化的过程本身是单一的反应，但多种蛋白质的磷酸化和去磷酸化的结果是不同的，很可能与实现细胞中各种不同刺激信号的转导过程有关。事实上，正是蛋白质磷酸化的可逆性为细胞的信息提供了一种开关作用。在有外来信号刺激的情况下，通过去磷酸化或磷酸化再将之关闭。这就使得细胞能够有效而经济地调控对内外信息的反应。

信号转导的最终结果是导致一系列细胞的生理生化反应，如代谢反应、分裂分化等，从而引起植物生长发育的变化。

小 结

信号转导是指植物感受到各种物理或化学的信号，然后将相关信息传递到细胞内，调节植物的基因表达、酶或其他代谢变化，从而做出反应的信息的过程。

细胞的信号分子按其作用和转导范围可分为胞间通信信号分子和胞内通信信号分子。多细胞生物体受刺激后，胞间产生的信号分子又称为初级信使即第一信使，胞内信号分子常称为第二信使。

构成信号转导系统的各种要素必须具有识别进入信号、对信号作出响应并发挥其生物学功能的作用。这些功能不是仅靠个别物质就能够完成的，需要有一个体系协同地进行操作。

信号分子较小且易于移动，应快速产生和灭活，信号传递途径有级联放大作用，并且是一个网络系统。

高等植物信号转导的分子途径可划分为胞外信号感受、膜上信号转换、以胞内信号传递及蛋白质可逆磷酸化组成的胞内信号转导，最终导致一系列生理生化反应，引起植物生长发育的变化。

胞间的化学信号包括植物激素、多肽、糖类等物质，物理信号中最重要的是电信号，包括动作电波和变异电波的传递。胞间信号的长距离传递是通过维管束系统进行的。G 蛋白是主要的跨膜信号传递体。植物的胞内信号包括肌醇磷酸信号系统、钙信号系统及环核苷酸信号系统。蛋白质的磷酸化和去磷酸化是细胞内信号进一步转导的重要方式。

思考题

1. 名词解释

第一信使　第二信使　化学信号　物理信号　电信号　水信号　G 蛋白　CaM　AP　VP　cGMP　IP_3　DG

2. 你如何理解植物的信号转导？

3. 试述信号分子的特点。

4. 谈谈植物电信号的作用方式。

5. 环境刺激或胞外信号是如何调节细胞发育的？

6. 分析 Ca^{2+} 信号产生的生理意义。

7. 说明 IP_3 信号途径的生理作用。

8. 蛋白质可逆磷酸化有什么意义？

第12章 植物生长物质

12.1 植物生长物质概述

植物生长物质(plant growth substance)是指能调节植物生长发育的微量化学物质，包括植物激素、植物生长调节剂和其他植物生理活性物质。

植物激素(plant hormone，phytohormone)是指在植物体内合成的、通常从合成部位运往作用部位、对植物的生长发育产生显著调节作用的微量小分子有机物。从上述植物激素的定义可知，植物激素是内生的、能在植物体内移动的、低浓度就有调节效应的有机物质。植物体内的激素含量甚微，7000~10 000株玉米幼苗顶端只含有1μg生长素；3 t花菜的叶片仅仅提取出3 mg生长素；1kg向日葵鲜叶中的玉米素(一种细胞分裂素)为5~9μg。植物激素虽能调节控制个体的生长发育，但本身并非营养物质，也不是植物体的结构物质。

植物激素这个名词最初是从动物激素衍用过来的。植物激素与动物激素有某些相似之处，然而它们的作用方式和生理效应却差异显著。例如，动物激素的专一性很强，并有产生某激素的特殊腺体和确定的"靶"器官，表现出单一的生理效应。而植物没有产生激素的特殊腺体，也没有明显的靶器官。植物激素可在植物体的任何部位起作用，且同一激素有多种不同的生理效应，不同种激素之间还有相互促进或相互颉颃的作用。另外，植物激素的作用不仅依赖其浓度变化的方式，也依赖于靶(target)细胞对激素的敏感性。

现已确定的植物激素是生长素(auxin)、赤霉素(gibberellin)、细胞分裂素(cytokinin)、脱落酸(abscisic acid)、乙烯(ethylene)和油菜素内酯(brassinolide)六大类。此外，还发现了其他许多具有显著生理调节活性的植物内源物质，例如，三十烷醇(triacontanol)、茉莉酸(jasminate)、多胺(polyamine)、水杨酸(salicylic acid)、寡糖素(oligosacharin)、膨压素(trugorin)、系统素(systemin)等。由于这些物质的生物合成和生理作用等方面还存在许多待研究的问题，目前只能被当作"植物生长物质"而不是"植物激素"看待。

由于植物体内植物激素含量很少，难以提取，无法大规模在农业生产上应用。随着研究的深入，人们人工合成(或从微生物中提取)了多种与植物激素有相似生理作用的物质，称为植物生长调节剂(plant growth regulator)。

植物激素与植物生长调节剂这两个名词常易混淆。植物激素是内生的、能从合成部位运往作用部位且在极低浓度($1\mu mol \cdot kg^{-1}$)下即可调节植物生理过程的有机化合物。而植物生长调节剂不仅指人工合成的具有生理活性的有机化合物，也包括一些天然的有机化合物以及植物激素在内。当天然植物激素被提取出来并施用于其他植物以诱导生理反应时就成为生长调节剂了。因此，生长调节剂中包含一些分子结构和生理效应与植物激素相同或类似的有机化合物，如吲哚丙酸、吲哚丁酸等；还有一些结构与植物激素完全不同，但具有类似生理效应的有机化合物，如萘乙酸、矮壮素、乙烯利、多效唑等。此外，生长调节剂与除草剂和农药之间也没有截然的界限。例如，有些化合物(如 2,4 - D；2,4,5 - T)在高浓度时起除草剂作用，但在低浓度时有调节植物生理过程的活性；有些杀虫剂(如西维因)和杀菌剂(如甲基氨基甲酰)也有类似生长调节剂的作用。所以，植物生长调节剂是由多种多样化合物组成的并无明确范围的一类化合物，只是因为当它们以低浓度施用于植物时，具有调节植物生理活性的作用，才被人们叫作生长调节剂。

植物生长调节剂已广泛应用于农林业生产，如促进种子萌发、促进插条生根、促进开花、促进结实、疏花疏果、保花保果、防止脱落、促进果实成熟、延缓衰防除杂草等，并发挥了巨大的作用。

12.2　生长素类

12.2.1　生长素的发现

生长素是最早被发现的植物激素。英国的达尔文(Charles Darwin，1880)等利用金丝雀草胚芽鞘进行向光性试验，发现在单方向光照射下，胚芽鞘向光弯曲；如果切去胚芽鞘的尖端或在尖端套以锡箔小帽，单侧光照便不会使胚芽鞘向光弯曲；如果单侧光线只照射胚芽鞘尖端而不照射胚芽鞘下部，胚芽鞘还是会向光弯曲(图 12-1 A)。因此认为胚芽鞘产生向光弯曲是由于幼苗在单侧光照下产生某种影响，并将这种影响从上部传到下部，造成背光面和向光面生长速度不同。博伊森和詹森(Boyse 和 Jensen，1913)在向光或背光的胚芽鞘一面插入不透物质的云母片，他们发现只有当云母片放入背光面时，向光性才受到阻碍。如在切下的胚芽鞘尖和胚芽鞘切口间放上一明胶薄片，其向光性仍能发生(图 12-1 B)。帕尔(Paál，1919)发现，将燕麦胚芽鞘尖切下，把它放在切口的一边，即使不照光，胚芽鞘也会向一边弯曲(图 12-1 C)。荷兰的温特(F. W. Went，1926)把燕麦胚芽鞘尖端切下，放在琼脂薄片上，约 1h 后，移去芽鞘尖端，将琼脂切成小块，然后把这些琼脂小块放在去顶胚芽鞘一侧，置于暗中，胚芽鞘就会向放琼脂的对侧弯曲(图 12-1 D)。如果放纯琼脂块，则不弯曲，这证明促进生长的影响可从鞘尖传到琼脂，再传到去顶胚芽鞘，这种影响与某种化学物质有关，温特称其为生长素(auxin)(希腊语，促进的意思)。根据这个原理，他创立了植物激素定量的生物测定法——燕麦胚芽鞘弯曲试验法(Avena curvature test)，以此定量测定生长素含量，推动了植物激素的研究。

荷兰的科戈(F. Kogl，1934)等从玉米油、根霉、麦芽中分离和纯化了刺激生长的物质，经鉴定为吲哚乙酸(indole - 3 - acetic acid，IAA)，其分子式为 $C_{10}H_9O_2N$，相对分子质量为175.19。此后，大量的试验证明 IAA 在高等植物体内广泛存在，是植物体内主要的生长素，它是第一个被发现的植物激素。因此，IAA 成为生长素类物质的代表与缩写符号。

除 IAA 外，还在大麦、番茄、烟草及玉米等植物中先后发现苯乙酸(phenylactic acid，PAA)、4 - 氯吲哚乙酸(4 - chloroindole - 3 - acetic acid，4 - Cl - IAA)及吲哚丁酸(indole - 3 - butyric cid，IBA)等其他生长素类物质(图 12-2)。以后人工合成了多种生长素类的植物生长调节剂，如 2,4 - 二氯苯氧乙酸(2,4 - dichlorophenoxyacetic acid，2,4 - D)、α - 萘乙酸(α -

naphthalene acetic acid，NAA）等。

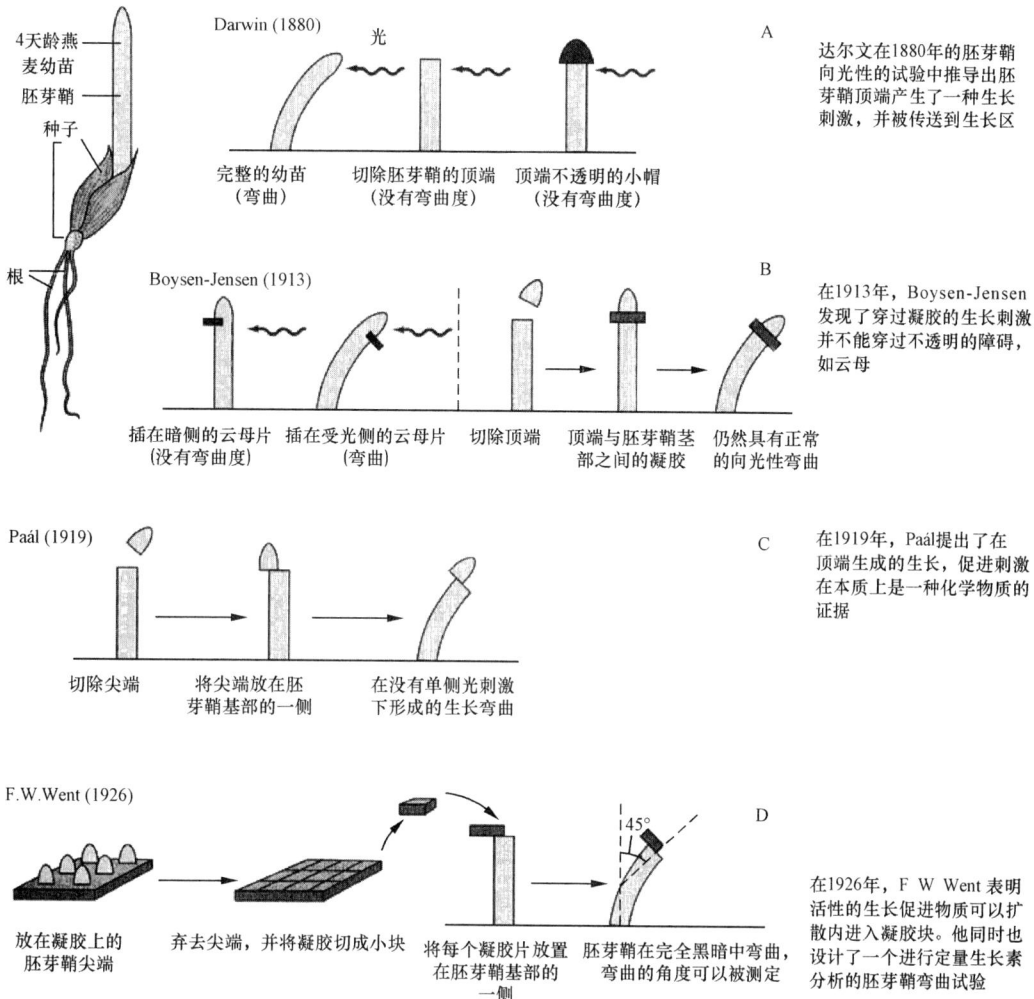

图 12-1　生长素研究的早期试验（Taiz 和 Zeiger，2006）

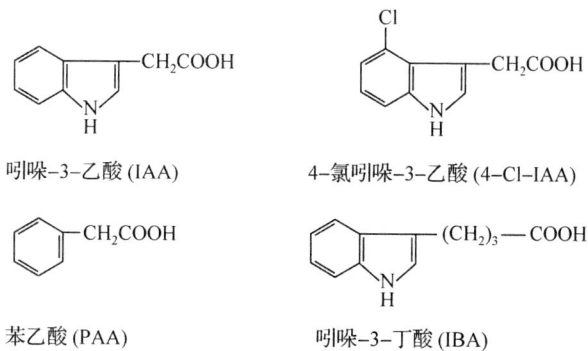

图 12-2　几种天然存在生长素的分子结构

12.2.2 生长素的代谢

12.2.2.1 生长素的分布与运输

(1)分布特点

植物体内生长素的含量很低,一般每克鲜重为 10～100ng。各种器官中都有生长素的分布,但较集中在生长旺盛的部位,如正在生长的茎尖和根尖(图 10-3),正在展开的叶片、胚、幼嫩的果实和种子,禾谷类的居间分生组织等,衰老的组织或器官中生长素的含量则较少。

寄生和共生的微生物也可产生生长素,并影响寄主的生长。如豆科植物根瘤的形成就与根瘤菌产生的生长素有关,其他一些植物肿瘤的形成也与能产生生长素的病原菌的入侵有关。

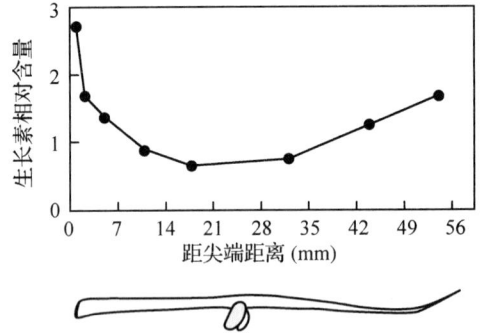

图 12-3 黄化燕麦幼苗中生长素的分布

(2)极性运输

生长素在植物体内的运输具有极性的特点,即生长素只能从植物的形态学上端向下端运输,而不能向相反的方向运输,这称为生长素的极性运输(polar transport)。把含有生长素的琼脂小块放在一段切头去尾的燕麦胚芽鞘的形态学上端,把另一块不含生长素的琼脂小块接在下端,过些时间,下端的琼脂中即含有生长素。但是,假如把这一段胚芽鞘颠倒过来,把形态学的下端向上,做同样的实验,生长素就不向下运输(图 12-4)。其他植物激素则无此特点。

生长素的极性运输是一种可以逆浓度梯度的主动运输过程,因此,在缺氧的条件下会严重地阻碍生长素的运输。另外,一些抗生长素类化合物如 2,3,5－三碘苯甲酸(2,3,5－triiodobenzoic acid,TIBA)和萘基邻氨甲酰苯甲酸(naphthyphthalamic acid,NPA)等也能抑制生长素的极性运输。

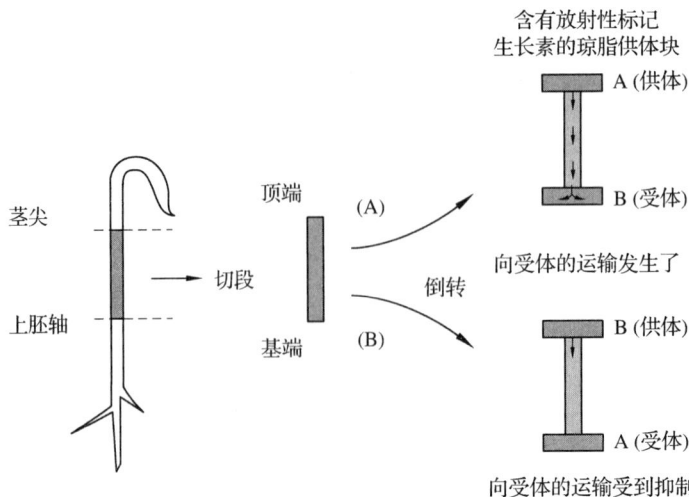

图 12-4 供体－受体凝胶块法测定生长素的极性运输(Taiz 和 Zeiger,2006)

生长素的极性运输与植物的发育有密切的关系，如向性运动、扦插枝条不定根形成时的极性和顶芽产生的生长素向基运输所形成的顶端优势等。对植物茎尖用人工合成的生长素处理时，生长素在植物体内的运输也是极性的，且生长素活性越强，极性运输也越强。

除了极性运输方式之外，也发现在植物体中存在被动的、在韧皮部中无极性的生长素运输现象，成熟叶子合成的 IAA 大部分是通过韧皮部进行非极性的被动运输。大部分生长素结合物的运输也是通过韧皮部进行的，例如，萌发的玉米种子中生长素结合物就是通过韧皮部从胚乳运输到胚芽鞘顶端的。

12.2.2.2 生长素的生物合成

植物体中生长素的合成发生于细胞旺盛分裂和生长的部位，一般以茎端分生组织、嫩叶和发育中的种子为主，其合成前体主要是色氨酸(tryptophan)。色氨酸转变为生长素时，其侧链要经过转氨、脱羧、氧化等反应，其合成的途径如图 12-5 所示。

锌是色氨酸合成酶的组分，缺锌时，导致由吲哚和丝氨酸结合而形成色氨酸的过程受阻，使色氨酸含量下降，从而影响 IAA 的合成。此外，近年来，在玉米、拟南芥中还发现非色氨酸合成途径的存在。

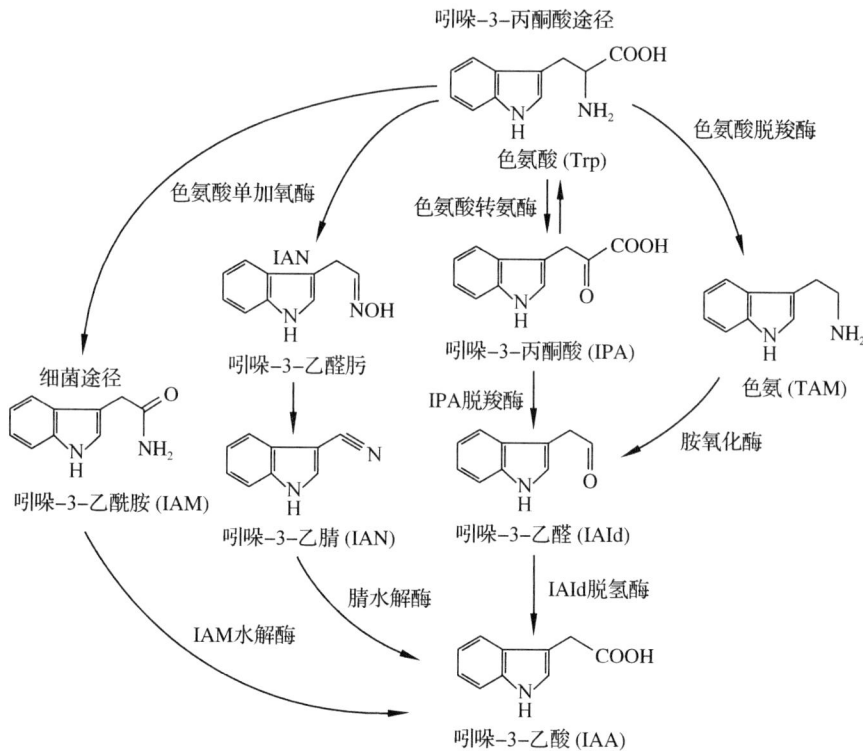

图 12-5　植物和细菌中的吲哚乙酸生物合成途径

12.2.2.3　生长素的结合与降解

(1)束缚型和游离型生长素

植物体内的 IAA 可与细胞内的糖、氨基酸等结合而形成束缚型生长素(bound auxin),反之,没有与其他分子以共价键结合的易从植物中提取的生长素称作游离型生长素(free auxin)。束缚型生长素是生长素的贮藏或钝化形式,占组织中生长素总量的 50% ~ 90%。束缚型生长素无生理活性,在植物体内的运输也没有极性,当束缚型生长素再度水解成游离型生长素时,又表现出生物活性和极性运输。

植物体内的生长素通常都处于比较适宜的浓度,以保持植物体在不同发育阶段对生长素的需要。束缚型生长素在植物体内的作用可能有下列几个方面:作为贮藏形式;作为运输形式;解毒作用;防止氧化;调节游离型生长素含量。

(2)生长素的降解

吲哚乙酸的降解有 2 条途径,即酶氧化降解和光氧化降解。酶氧化降解是 IAA 的主要降解过程,催化降解的酶是吲哚乙酸氧化酶(IAA oxidase),它是一种含 Fe 的血红蛋白。

IAA 的酶促氧化包括释放 CO_2 和消耗等摩尔的 O_2。IAA 氧化酶的活性需要 2 个辅助因子,即 Mn^{2+} 和一元酚化合物,邻二酚则起抑制作用。植物体内天然的 IAA 氧化酶辅助因子有对香豆酸、4 – 羟苯甲酸和堪菲醇等;抑制剂有咖啡酸、绿原酸、儿茶酚和栎精等。IAA 氧化酶在植物体内的分布与生长速度有关。一般生长旺盛的部位 IAA 氧化酶的含量比老组织中少,而茎中又常比根中少。

IAA 的光氧化产物和酶氧化产物相同,都为亚甲基氧代吲哚(及其衍生物)和吲哚醛。IAA 的光氧化过程需要相对较大的光剂量。在配制 IAA 水溶液或从植物体提取 IAA 时要注意光氧化问题。人工合成的生长素类物质,如 α – NAA 和 2,4 – D 等不受 IAA 氧化酶的降解,能在植物体内保留较长时间,比外用 IAA 有较大的稳定性。所以,在生产中一般不用 IAA 而施用人工合成的生长素类调节剂。

由此可见,植物体内的自由生长素水平是通过生物合成、生物降解、运输、结合和区域化等途径来调节,以适应生长发育的需要。

12.2.3　生长素的生理效应

生长素的生理作用十分广泛,包括对细胞分裂、伸长和分化,营养器官和生殖器官的生长、成熟和衰老的调控等方面。

12.2.3.1　促进生长

生长素最明显的效应就是在外用时可促进茎切段和胚芽鞘切段的伸长生长,其原因主要是促进了细胞的伸长。在一定浓度范围内,生长素对离体的根和芽的生长也有促进作用。此外,生长素还可促进马铃薯和菊芋的块茎、组织培养中愈伤组织的生长。生长素对生长的作用有 3 个特点。

(1)双重作用

生长素在较低浓度下可促进生长,而高浓度时则抑制生长。从图 12-6 可以看出,在低浓度的生长素溶液中,根切段的伸长随浓度的增加而增加;当生长素浓度大于 $10^{-10}\,mol \cdot L^{-1}$ 时,对根切段伸长的促进作用逐渐减少；当浓度增加到 10^{-8} mol. L^{-1} 时，则对根切段的伸长表现出明显的抑制作用。生长素对茎和芽生长的效应与根相似，只是浓度不同。因此，任何一种器官，生长素对其促进生长时都有一个最适浓度，低于这个浓度时称为亚最适浓度，这时生长随浓度的增加而加快，高于最适浓度时称为超最适浓度，这时促进生长的效应随浓度的增加而逐渐下降。当浓度高到一定值后则抑制生长，这是由于高浓度的生长素诱导了乙烯的产生。

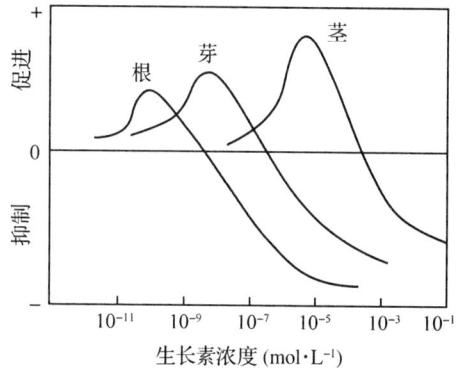

图 12-6　植物不同器官对生长素的反应

（2）不同器官对生长素的敏感性不同

从图 10-6 可以看出，根对生长素的最适浓度大约为 10^{-10} mol · L^{-1}，茎的最适浓度为 2×10^{-5} mol · L^{-1}，而芽则处于根与茎之间，最适浓度约为 10^{-8} mol · L^{-1}。由于根对生长素十分敏感，所以浓度稍高就超最适浓度而起抑制作用。不同年龄的细胞对生长素的反应也不同，幼嫩细胞对生长素反应灵敏，而老的细胞敏感性则下降。高度木质化和其他分化程度很高的细胞对生长素都不敏感。黄化茎组织比绿色茎组织对生长素更为敏感。

（3）对离体器官和整株植物效应有别

生长素对离体器官的生长具有明显的促进作用，而对整株植物往往效果不太明显。

12. 2. 3. 2　促进插条不定根的形成

生长素可以有效促进插条不定根的形成，这主要是刺激了插条基部切口处细胞的分裂与分化，诱导了根原基的形成。用生长素类物质促进插条形成不定根的方法已在苗木的无性繁殖上广泛应用。

12. 2. 3. 3　对养分的调运作用

生长素具有很强的吸引与调运养分的效应。从天竺葵叶片进行的试验中（图 12-7）可以看出，^{14}C 标记的葡萄糖向 IAA 浓度高的地方移动。利用这一特性，用 IAA 处理，可促使子房及其周围组织膨大而获得无籽果实。

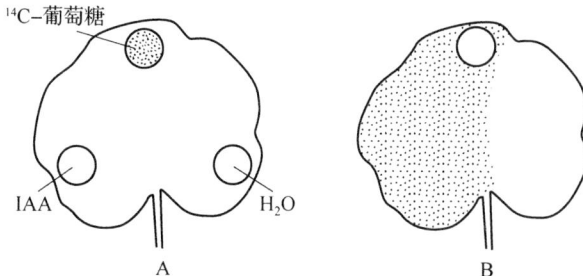

图 12-7　生长素调运养分的作用

A. 在天竺葵的叶片不同部位滴上 IAA，H_2O 和 ^{14}C 葡萄糖　B. 48h 后同一叶片的

放射性自显影（原来滴加 ^{14}C 葡萄糖的部位已被切除，以免放射自显影时模糊）

12.2.3.4 生长素的其他效应

生长素还广泛参与许多其他生理过程。如促进菠萝开花、引起顶端优势、诱导雌花分化（但效果不如乙烯）、促进形成层细胞向木质部细胞分化、促进光合产物的运输、叶片的扩大和气孔的开放等。此外，生长素还可抑制花朵脱落、叶片老化和块根形成等。

12.2.4 生长素的作用机理

植物激素作用于细胞时，需首先与其受体结合，经过一系列信号转导过程，才能发挥其生理生化作用。对生长素的作用机理先后提出了酸生长理论和基因活化学说。目前已有足够的证据证明这两种假说的合理性。

12.2.4.1 激素受体

激素受体（hormone receptor）是指能与激素特异结合的、并能引发特殊生理生化反应的蛋白质。然而，能与激素结合的蛋白质却并非都是激素受体，只可称作某激素的结合蛋白（binding protein）。激素受体的一个重要特性是激素分子和受体结合后能激活一系列的胞内信号转导，从而使细胞作出反应。不同激素各有其受体。

生长素结合蛋白大多位于质膜、内质网或液泡膜上，它们的功能主要是使质膜上的质子泵将膜内的质子泵到膜外，引起质膜的超极化。如已被确认为生长素受体的一种生长素结合蛋白（auxin-binding protein，ABP），最先是从玉米胚芽鞘中提取，其相对分子质量为 40 000，含两个亚基。也有少数生长素受体位于细胞质（或细胞核）中，促进 mRNA 的合成，是基因活化学说的基础。

12.2.4.2 酸生长理论

将燕麦胚芽鞘切段放入一定浓度生长素的溶液中，研究 IAA 和 H^+ 对切断伸长的影响，结果发现 IAA 和低 pH 溶液对切断伸长有显著的促进效应。基于上述结果，雷利和克莱兰（Rayle and Cleland）提出了生长素作用机理的酸生长理论（acid growth theory）。其要点为：①原生质膜上存在着非活化的质子泵（H^+-ATP 酶），生长素作为泵的变构效应剂，与泵蛋白结合后使其活化。②活化了的质子泵消耗能量（ATP）将细胞内的 H^+ 泵到细胞壁中，导致细胞壁基质溶液的 pH 下降。③在酸性条件下，H^+ 一方面使细胞壁中对酸不稳定的键（如氢键）断裂，另一方面（也是主要的方面）使细胞壁中的某些多糖水解酶（如纤维素酶）活化或增加，从而使连接木葡聚糖与纤维素微纤丝之间的键断裂，细胞壁松弛。④细胞壁松弛后，细胞的压力势下降，导致细胞的水势下降，细胞吸水，体积增大而发生不可逆增长。

由于生长素与 H^+-ATP 酶的结合和随之带来的 H^+ 的主动分泌都需要一定的时间，所以生长素所引起伸长的滞后期（10~15min）比酸所引起伸长的滞后期（1min）长。现在，也有人认为水解酶不参与细胞的酸生长过程，而是细胞壁中的扩张蛋白（expansin）起着疏松细胞壁的作用，其作用原理是它在酸性条件下可以弱化细胞壁多糖组分间的氢键。

12.2.4.3 基因活化学说

生长素作用机理的酸生长理论虽能很好地解释生长素所引起的快速反应，但许多研究结果表明，在生长素所诱导的细胞生长过程中不断有新的原生质成分和细胞壁物质合成，且这种过程能持续几个小时，而完全由 H^+ 诱导的生长只能进行很短时间。由核酸合成抑制剂放线菌素 D(actinmycin D)和蛋白质合成抑制剂亚胺环己酮(cycloheximide)的实验得知，生长素所诱导的生长是由于它促进了新的核酸和蛋白质的合成。进一步用 5 – 氟尿嘧啶(抑制除 mRNA 以外的其他 RNA 的合成)试验证明，新合成的核酸为 mRNA。生长素的长期效应是在转录和翻译水平上促进核酸和蛋白质的合成而影响生长。

应用重组 DNA 技术，已经提取和鉴定了若干受 IAA 特异调节的 DNA 序列，即 AUX 响应基因(auxin-responds genes)。根据转录因子的不同，生长素诱导基因可分为两类。

(1)早期基因(early gene)或初级反应基因(primary response gene)

早期基因表达时间很短，从几分钟到几小时。例如，*AUX/IAA* 基因家族编码的短命转录因子，加入生长素 5～60min 后，大部分 *AUX/IAA* 就表达。

(2)晚期基因(late gene)或次级反应基因(secondary response gene)

某些早期基因编码的蛋白质能够调节晚期基因的转录。晚期转录基因对激素是长期反应。因为晚期基因需要重新合成蛋白质，所以其表达被蛋白质合成抑制剂堵塞。

由于生长素所诱导的生长既有快速反应，又有长期效应，因此提出了生长素促进植物生长的作用方式设想(图 12-8)。

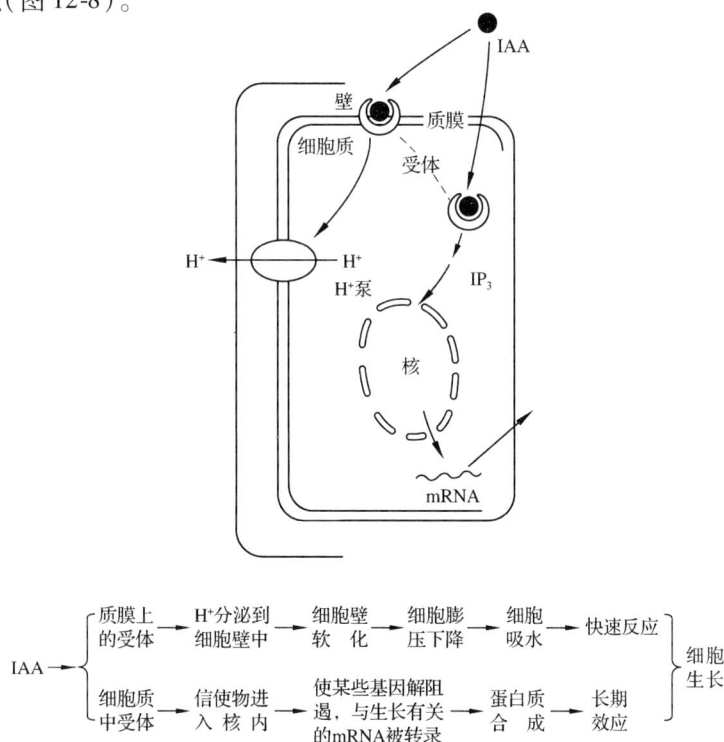

图 12-8 生长素促进细胞生长的作用方式示意

12.3 赤霉素类

12.3.1 赤霉素的代谢

12.3.1.1 赤霉素的发现与结构

赤霉素(gibberellin，GA)是在研究水稻恶苗病时发现的，它是指具有赤霉烷骨架，能刺激细胞分裂和伸长的一类化合物的总称。

20 世纪初日本已经发现引起水稻恶苗病的是一种真菌，这种真菌的有性世代是赤霉菌。1926 年，黑泽英一用灭过菌的赤霉菌培养滤液处理未受感染的水稻植株，也能刺激稻苗徒长，揭示该症状是赤霉菌所分泌的某种物质引起的。1935 年日本科学家薮田从诱发恶苗病的赤霉菌中分离得到了能促进生长的非结晶固体，并称为赤霉素。后来英、美科学家从真菌培养液中首次获得了这种物质的化学纯产品。

赤霉素的种类很多，广泛分布于植物界。迄今为止，已发现 136 余种赤霉素，并按发现的先后顺序将其写为 GA_1，GA_2，GA_3 等。因此，赤霉素是植物激素中种类最多的一类激素。

赤霉素的种类虽然很多，但都是以赤霉烷(gibberellane)为骨架的衍生物。赤霉素是一种双萜，由 4 个异戊二烯单位组成，有 4 个环，其碳原子的编号如图 12-9 所示。A，B，C，D 4 个环对赤霉素的活性都是必要的，环上各基团的种种变化就形成了各种不同的赤霉素，但所有有活性的赤霉素的第七位碳均为羧基。

根据赤霉素分子中碳原子的不同，可分为 20 - C 赤霉素和 19 - C 赤霉素(图 12-9)。前者含有赤霉烷中所有的 20 个碳原子(如 GA_{15}，GA_{24}，GA_{19}，GA_{25}，GA_{17} 等)，而后者只含有 19 个碳原子，第 20 位的碳原子已丢失(如 GA_1，GA_3，GA_4，GA_9，GA_{20} 等)。19 - C 赤霉素在数量上多于 20 - C 赤霉素，且活性也高。

商品 GA 主要是通过大规模培养遗传上不同的赤霉菌的无性世代而获得的，其产品有赤霉酸(GA_3)及 GA_4 和 GA_7 的混合物等。

12.3.1.2 赤霉素的生物合成

种子植物中赤霉素的生物合成途径，根据参与酶的种类和在细胞中的合成部位，大体分为 3 个阶段(图 12-10)：①从异戊烯焦磷酸(isopentenyl pyrophosphate，iPP)到贝壳杉烯(ent - kaurene)阶段，此阶段在质体中进行，异戊烯焦磷酸是由甲瓦龙酸(mevalonic acid，MVA)转化来的，而合成甲瓦龙酸的前体物为乙酰 - CoA。②从贝壳杉烯到 GA_{12} 醛(GA_{12} - aldehyde)阶段，此阶段在内质网上进行。③由 GA_{12} 醛转化成其他 GA 的阶段，此阶段在细胞质中进行。GA_{12} - 醛第 7 位上的醛基氧化生成 20 - C 的 GA_{12}；GA_{12} 进一步氧化可生成其他 GA。各种

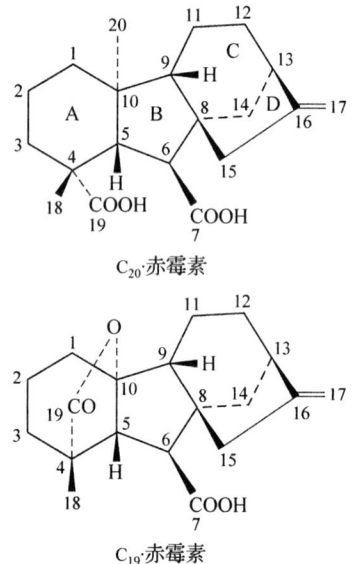

C_{20}·赤霉素

C_{19}·赤霉素

图 12-9 C_{20} - GA 和 C_{19} - GA 的结构

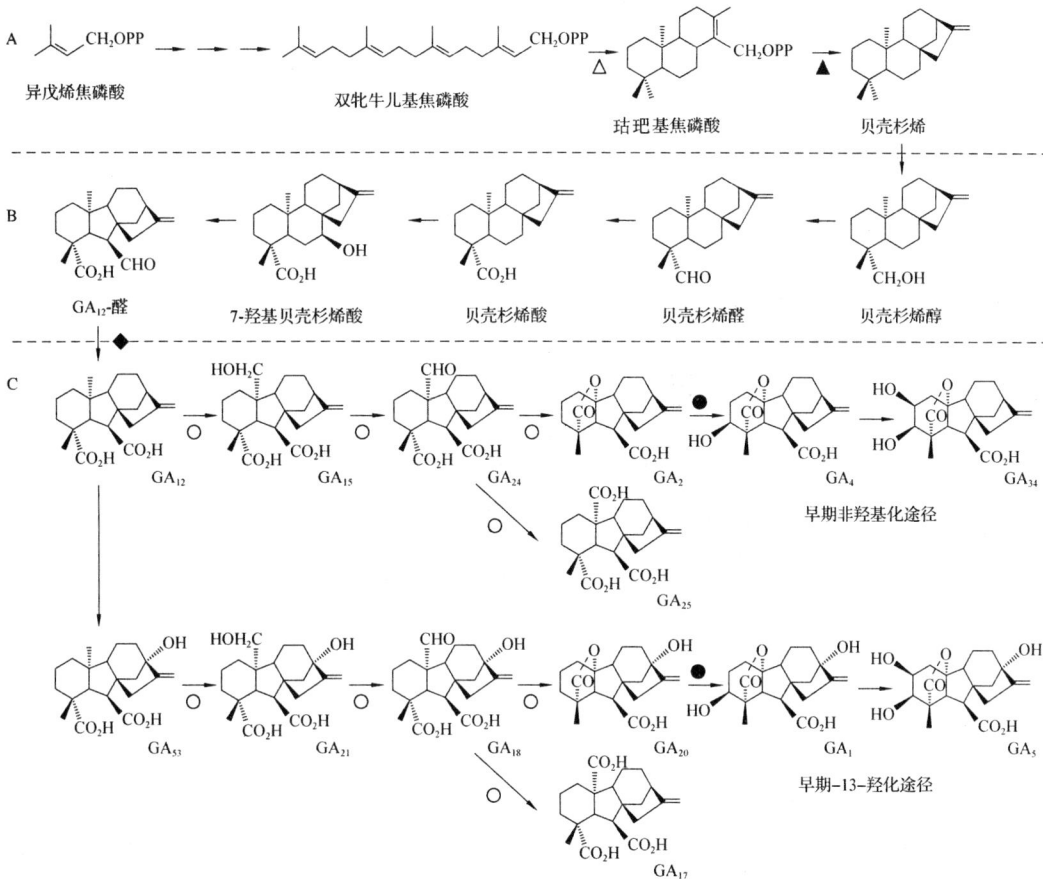

图 12-10 种子植物赤霉素生物合成的基本途径

A，B，C 阶段分别在质体、内质网和细胞质中进行 图中记号：△ 柯巴基焦磷酸合成酶（CPS）
▲ 贝壳杉烯合成酶（KS） ◆7－氧化酶 ○20－氧化酶 ●3β－羟化酶

GA 之间还可相互转化。所以大部分植物体内都含有多种赤霉素。

植物体内合成 GA 的场所是顶端幼嫩部分，如根尖和茎尖，也包括生长中的种子和果实，其中正在发育的种子是 GA 的丰富来源。一般来说，生殖器官中所含的 GA 比营养器官中的高，前者每克鲜组织含 GA 几个微克，而后者每克鲜组织只含 1～10ng。在同一种植物中往往含有多种 GA，如在南瓜与菜豆种子中至少分别含有 20 种与 16 种 GA。

GA 在植物体内的运输没有极性，可以双向运输。根尖合成的 GA 通过木质部向上运输，而叶原基产生的 GA 则是通过韧皮部向下运输，其运输速度与光合产物相同，为 $50～100cm \cdot h^{-1}$。

植物体内的 GA 除了可以相互转化外，还可通过结合和降解来消除过量的 GA。GA 合成以后在体内的降解很慢，然而却很容易转变成无生物活性的束缚型 GA（conjugated gibberellin），植物主要通过结合方式来调控 GA 的含量。

植物体内的束缚型 GA 主要有 GA－葡萄糖酯和 GA－葡萄糖苷等。束缚型 GA 是 GA 的贮藏和运输形式。在植物的不同发育时期，游离型与束缚型 GA 可相互转化。如在种子成熟时，游离型的 GA 不断转变成束缚型的 GA 而贮藏起来；而在种子萌发时，束缚型的 GA 又通过酶促水解转变成游离型，进而发挥其生理调节作用。

12.3.2 赤霉素的生理效应

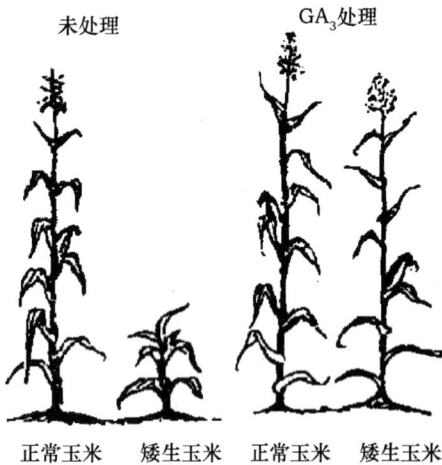

图 12-11 GA₃ 对矮生玉米的影响

GA₃ 对正常植株的效应较小，但可促进长矮
生植株长高，达到正常植株的高度

(1) 促进茎的伸长生长

赤霉素最显著的生理效应就是促进植物的生长，这主要是它能促进细胞的伸长。用 GA 处理，显著促进植株茎的生长，尤其是对矮生突变品种的效果特别明显（图 12-11）。但 GA 对离体茎切段的伸长没有明显的促进作用，而 IAA 对整株植物的生长影响较小，却对离体茎切段的伸长有明显的促进作用。GA 促进矮生植株伸长的原因是由于矮生种内源 GA 的生物合成受阻，使得体内有效 GA 含量比正常品种低的缘故。所以对矮生变种外用 GA，其效果特别明显。

GA 主要作用于已有的节间伸长，而不是促进节数的增加。即使 GA 浓度很高，仍可表现出最大的促进效应，这与生长素促进植物生长具有最适浓度的情况显著不同。另外，不同植物种和品种对 GA 的反应有很大的差异。

(2) 诱导开花

GA 对植物开花的诱导效应视不同植物反应类型而异。某些高等植物花芽的分化是受日照长度（即光周期）和温度影响的。例如，对于二年生植物，需要一定日数的低温处理（即春化）才能开花，否则表现出莲座状生长而不能抽薹开花。若对这些未经春化的植物施用 GA，则不经低温过程也能诱导开花，且效果很明显。此外，也能代替长日照诱导某些长日植物开花，但 GA 对短日植物的花芽分化无促进作用。对于花芽已经分化的植物，GA 对其花的开放具有显著的促进效应。如 GA 能促进甜叶菊、铁树及柏科、杉科植物的开花。

不同植物种类的成花诱导也可能需要不同的 GA，如 GA$_{4/7}$ 促进松柏科植物花芽分化，GA$_{1/3}$ 促进杉科植物花芽分化，GA$_5$ 促进十字花科油菜花芽分化。

(3) 打破休眠

用 $2 \sim 3 \mu g \cdot g^{-1}$ 的 GA 处理休眠状态的马铃薯能使其很快发芽，从而可满足一年多次种植马铃薯的需要。对于需光和需低温才能萌发的种子，如莴苣、烟草、紫苏、李和苹果等的种子，GA 可代替光照和低温打破休眠，这是因为 GA 可诱导 α-淀粉酶、蛋白酶和其他水解酶的合成，催化种子内贮藏物质的降解，以供胚的生长发育所需。在啤酒制造业中，用 GA 处理萌动而未发芽的大麦种子，可诱导 α-淀粉酶的产生，加速酿造时的糖化过程，并降低萌芽的呼吸消耗，从而降低成本。

(4) 促进雄花分化

对于雌雄异花同株的植物，用 GA 处理后，雄花的比例增加；对于雌雄异株植物的雌株，如用 GA 处理，也会开出雄花。GA 在这方面的效应与生长素和乙烯相反。

(5)其他生理效应

GA 还可加强 IAA 对养分的动员效应，促进某些植物坐果和单性结实、延缓叶片衰老等。此外，GA 也可促进细胞的分裂和分化，GA 促进细胞分裂是由于缩短了 G_1 期和 S 期。但 GA 对不定根的形成却起抑制作用，这与生长素又有所不同。

12.3.3 赤霉素的作用机理

12.3.3.1 GA 与酶的合成

关于 GA 与酶合成的研究主要集中在 GA 如何诱导禾谷类种子 α-淀粉酶的形成上。实验证明，糊粉层细胞是 GA 作用的靶细胞。大麦种子内的贮藏物质主要是淀粉，籽粒在萌发时，贮藏在胚中的束缚型 GA 水解释放出游离的 GA，通过胚乳扩散到糊粉层，并诱导糊粉层细胞合成 α-淀粉酶，酶扩散到胚乳中催化淀粉水解(图 12-12)，水解产物供胚生长需要。GA 促进无胚大麦种子合成 α-淀粉酶具有高度的专一性和灵敏性，现已用来作为 GA 的生物鉴定法。

GA 的受体定位于糊粉层细胞质膜的外表面，GA 与其受体结合，形成赤霉素受体复合物。它与膜上异源三聚体 G-蛋白相互作用，诱发出 2 条信号传递链：环鸟苷酸(cGMP)途径(Ca^{2+} 不依赖信号转导途径)和钙调蛋白及蛋白激酶途径(Ca^{2+} 依赖信号转导途径)，调节 α-淀粉酶和其他水解酶的基因表达及其生物合成(图 12-13)。

12.3.3.2 GA 调节 IAA 水平

许多研究表明，GA 可使内源 IAA 的水平增高。这是因为：①GA 降低了 IAA 氧化酶的活性；②GA 促进蛋白酶的活性，使蛋白质水解，IAA 的合成前体(色氨酸)增多；③GA 还促进束缚型 IAA 释放出游离型 IAA。以上 3 个方面都增加了细胞内 IAA 的水平，从而促进生长。所以，GA 和 IAA 在促进生长、诱导单性结实和促进形成层活动等方面都具有相似的效应(图 12-14)。

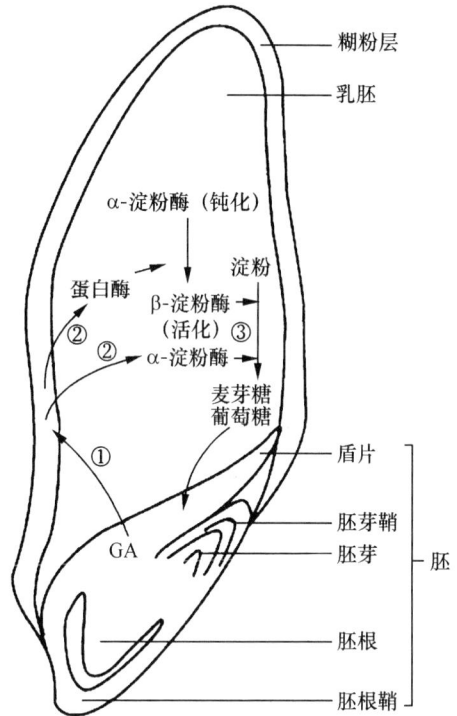

图 12-12 大麦种子发芽时 GA 诱发酶的释放和糖类的移动

①GA 从胚移动到糊粉层 ②刺激 α-淀粉酶和蛋白酶的合成，蛋白酶把不活化的 β-淀粉酶转化为活化型 ③α-淀粉酶和 β-淀粉酶一起分解淀粉为麦芽糖、葡萄糖等，运到生长着的胚以满足其代谢需要

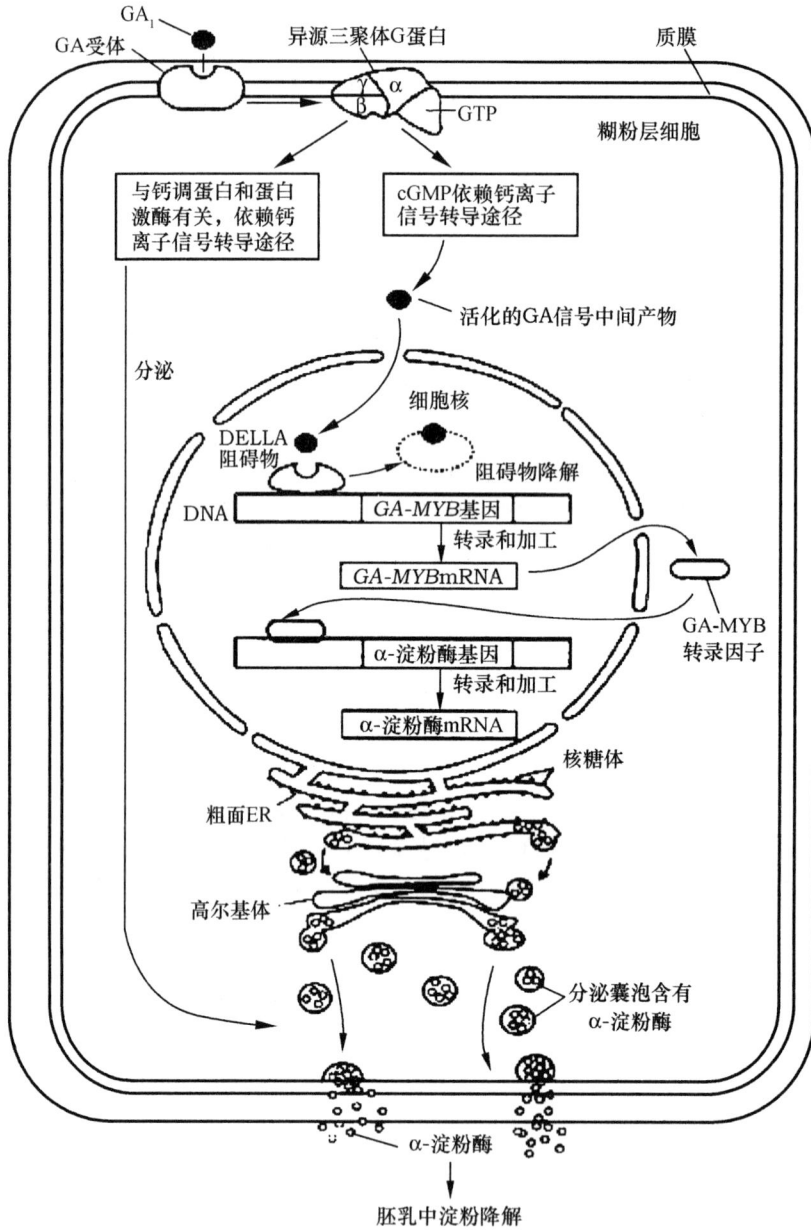

图 12-13 赤霉素诱发大麦糊粉层 α–淀粉酶合成的模式图（Taiz 和 Zeiger，2002）

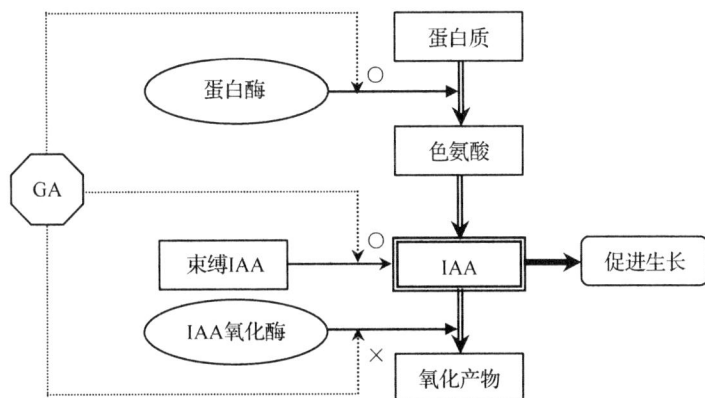

图 12-14　GA 与 IAA 形成的关系

注：双线箭头表示生物合成；单线箭头表示调节部位。○表示促进；×表示抑制

12.4　细胞分裂素类

12.4.1　细胞分裂素的代谢

12.4.1.1　细胞分裂素的发现和种类

细胞分裂素（cytokinin，CTK，CK）是以促进细胞分裂为主的一类植物激素。它的发现是人们在组织培养过程中寻找促进细胞分裂物质的研究成果。

斯库格（F. Skoog，1948）等在寻找促进组织培养中细胞分裂的物质时，发现生长素存在时腺嘌呤具有促进细胞分裂的活性。1954 年雅布隆斯基（J. R. Jablonski）和斯库格发现烟草髓组织在只含有生长素的培养基中细胞不分裂而只长大，如将髓组织与维管束接触，则细胞分裂。后来他们发现维管组织、椰子乳汁或麦芽提取液中都含有诱导细胞分裂的物质。

1955 年米勒（C. O. Miller）和斯库格等偶然将存放了 4 年的鲱鱼精细胞 DNA 加入烟草髓组织的培养基中，发现也能诱导细胞的分裂，且其效果优于腺嘌呤，但用新提取的 DNA 却无促进细胞分裂的活性，如将其在 pH <4 的条件下进行高压灭菌处理，则又可表现出促进细胞分裂的活性。他们分离出了这种活性物质，并命名为激动素（kinetin，KT）。1956 年，米勒等从高压灭菌处理的鲱鱼精细胞 DNA 分解产物中纯化出了激动素结晶，并鉴定出其化学结构（图 12-15）为 6 – 呋喃氨基嘌呤（N^6 – furfurylaminopurine），分子式为 $C_{10}H_9N_{50}$，相对分子质量为 215.2，接着又人工合成了这种物质。激动素并非 DNA 的组成部分，它是 DNA 在高压灭菌处理过程中发生降解后的重排分子。

后来人们在试验中发现植物体内广泛分布着能促进细胞分裂的物质。1963 年，莱撒姆（D. S. Letham）从未成熟的玉米籽粒中分离出了一种类似于激动素的细胞分裂促进物质，命名为玉米素（zeatin，Z，ZT），1964 年确定其化学结构为 6 –（4 – 羟基 – 3 – 甲基 – 反式 – 2 – 丁烯基氨基）嘌呤〔6 –（4 – hydroxyl – 3 – methy – trans – 2 – butenylamino）purine〕，分子式为 $C_{10}H_{13}N_{50}$，相对分子质量为 129.7（图 12-15）。玉米素是最早发现的植物天然细胞分裂素，其生理活性远强于激动素。

1965 年斯库格等提议将来源于植物的、其生理活性类似于激动素的化合物统称为细胞分裂素。目前在高等植物中已至少鉴定出了 30 多种细胞分裂素。细胞分裂素都为腺嘌呤的衍生物，是腺嘌呤 6 位和 9 位上 N 原子以及 2 位 C 原子上的 H 被取代的产物(图 12-15)。

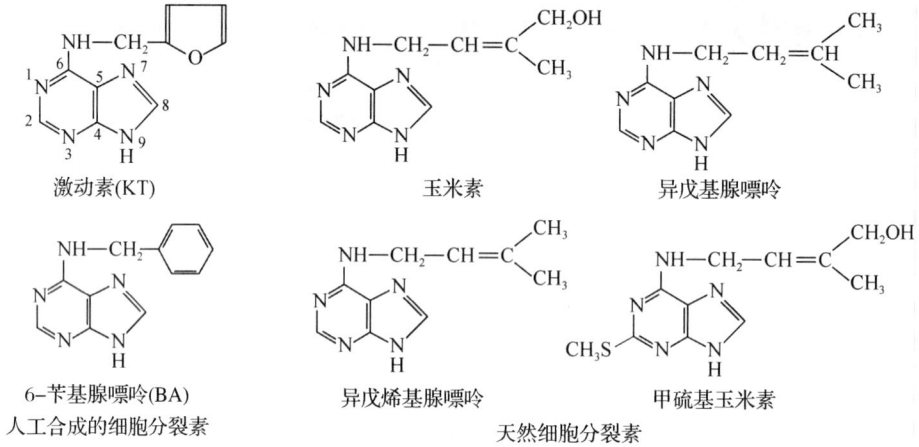

图 12-15　常见的天然细胞分裂素和人工合成细胞分裂素的结构式

腺嘌呤环对细胞分裂素的活性是基本的，对环结构成分的微小变化(如以 C 代替 N，或以 N 代替 C)，则其活性降低。对于与环连接的原子，只有在 N_6 位上取代的化合物(即 R_1 取代化合物)活性最高，R_2 和 R_3 取代的化合物活性很低或无活性。

天然细胞分裂素可分为两类，一类为游离态细胞分裂素，除最早发现的玉米素外，还有玉米素核苷(zeatin riboside)、二氢玉米素(dihydrozeatin)、异戊烯基腺嘌呤(isopentenyladenine，iP)等。另一类为结合态细胞分裂素。结合态细胞分裂素有异戊烯基腺苷(isopentenyl adenosine，iPA)、甲硫基异戊烯基腺苷、甲硫基玉米素等，它们结合在 tRNA 上，构成 tRNA 的组成成分。

常见的人工合成的细胞分裂素有：激动素(KT)、6 - 苄基腺嘌呤(6 - benzyl adenine，BA，6 - BA)和四氢吡喃苄基腺嘌呤(tetrahydropyranyl benzyladenine，又称多氯苯甲酸，简称 PBA)等。在农业和园艺上应用得最广的细胞分裂素是激动素和 6 - 苄基腺嘌呤。有的化学物质虽然不具有腺嘌呤结构，但仍然具有细胞分裂素的生理作用，如二苯脲(diphenylurea)。

12.4.1.2　细胞分裂素的含量与运输

在高等植物中细胞分裂素主要存在于可进行细胞分裂的部位，如茎尖、根尖、未成熟的种子、萌发的种子和生长着的果实等。一般而言，细胞分裂素的含量为 $1 \sim 1000 ng \cdot g^{-1}$ 植物干重。从高等植物中分离出的细胞分裂素，大多数是玉米素或玉米素核苷。

一般认为，细胞分裂素的合成部位是根尖，然后经过木质部运往地上部产生生理效应。在植物的伤流液中含有细胞分裂素。随着试验研究的深入，发现根尖并不是细胞分裂素合成的唯一部位，茎顶端也能合成细胞分裂素。此外萌发的种子和发育的果实也可能是细胞分裂素的合成部位。

12.4.1.3 细胞分裂素的代谢特点

(1)游离细胞分裂素的合成

细胞分裂素的主要合成途径是从头生物合成途径。由底物异戊烯焦磷酸(isopentenyl pyrophosphate, iPP)和 AMP 开始，在异戊烯基转移酶(isopentenyl tansferase)的催化下，形成异戊烯基腺苷 $-5'-$ 磷酸盐，进而在水解酶作用下形成异戊烯基腺嘌呤。异戊烯基腺嘌呤如进一步氧化，就能形成玉米素。

(2)由 tRNA 合成细胞分裂素

生物体内某些 tRNA 上有一些修饰的碱基具有细胞分裂素活性。tRNA 降解时，其中的细胞分裂素游离出来。但这种方式产生的细胞分裂素较少，不是细胞分裂素合成的主要途径。

(3)细胞分裂素的结合与分解

细胞分裂素也有自由型和结合型两种存在形式。前者如玉米素、二氢玉米素和异戊烯基腺苷等，具有生理活性；后者是指细胞分裂素与其他有机物形成的结合体，如与糖类或氨基酸形成结合物，其中以细胞分裂素葡糖苷在植物中最普遍。结合态细胞分裂素性质较为稳定，适于贮藏或运输。

在细胞分裂素氧化酶(cytokinin oxidase)的作用下，玉米素、玉米素核苷和异戊烯基腺嘌呤等可转变为腺嘌呤及其衍生物，细胞分裂素氧化酶对细胞分裂素不可逆分解可防止细胞分裂素积累过多，产生毒害。

12.4.2 细胞分裂素的生理效应

(1)促进细胞分裂

细胞分裂素的主要生理功能就是促进细胞的分裂。生长素、赤霉素和细胞分裂素都有促进细胞分裂的效应，但它们各自所起的作用不同。细胞分裂包括核分裂和细胞质分裂两个过程，生长素只促进核的分裂(因促进了 DNA 的合成)，而与细胞质的分裂无关。而细胞分裂素主要是对细胞质的分裂起作用，所以，细胞分裂素促进细胞分裂的效应只有在生长素存在的前提下才能表现出来。而赤霉素促进细胞分裂主要是缩短了细胞周期中的 G_1 期(DNA 合成准备期)和 S 期(DNA 合成期)的时间，从而加速了细胞的分裂。

(2)促进芽的分化

促进芽的分化是细胞分裂素最重要的生理效应之一。细胞分裂素(激动素)和生长素的相互作用控制着愈伤组织根、芽的形成。当培养基中[CTK]/[IAA]的比值高时，愈伤组织形成芽；当[CTK]/[IAA]的比值低时，愈伤组织形成根；如二者的浓度相等，则愈伤组织保持生长而不分化(图 12-16)。所以，通过调整二者的比值，可诱导愈伤组织形成完整的植株。

(3)促进细胞扩大

细胞分裂素可促进一些双子叶植物如菜豆、萝卜的子叶或叶圆片扩大。这种扩大主要是因为促进了细胞的横向增粗。由于生长素只促进细胞的纵向伸长，而赤霉素对子叶的扩大没有显著效应，所以 CTK 这种对子叶扩大的效应可作为 CTK 的一种生物测定方法。

(4)促进侧芽发育，消除顶端优势

CTK 能解除由生长素所引起的顶端优势，促进侧芽生长发育。这是由于生长素诱导了乙

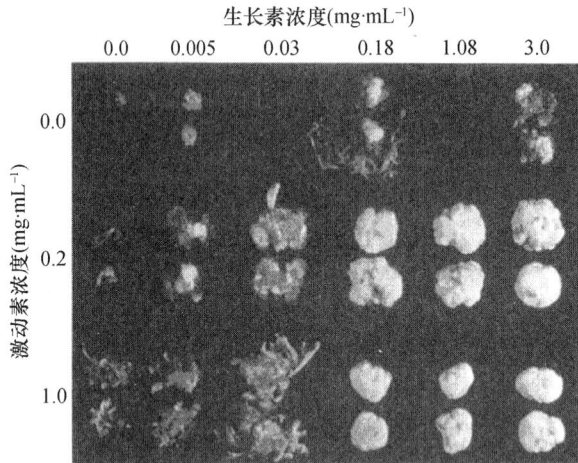

图 12-16 烟草在不同浓度生长素与激动素的培养下器官形成
的调整与生长（Taiz 和 Zeiger，2006）

在低生长素与高激动素浓度（下左）下形成芽。在高生长素与低激动素浓度（上右）下形成根。

在这两种激素浓度基本相近或都高时（中间与下右），形成未分化的愈伤组织

烯的生成，乙烯抑制了侧芽的生长而表现出顶端优势，而 CTK 能抑制乙烯的产生。从而使侧芽解除抑制，消除顶端优势。

（5）延缓叶片衰老

离体叶片会很快变黄，蛋白质降解。如在离体叶片上局部涂以激动素，则在叶片其余部位变黄衰老时，涂抹激动素的部位仍保持鲜绿（图 12-17 A，B）。这不仅说明了激动素有延缓叶片衰老的作用，而且说明了激动素在一般组织中是不易移动的。

细胞分裂素延缓衰老是由于细胞分裂素能够延缓叶绿素和蛋白质的降解速度，稳定多聚核糖体，抑制 DNA 酶、RNA 酶及蛋白酶的活性，保持膜的完整性等。此外，CTK 还可调动多种养分向处理部位移动（图 12-17 C），因此有人认为 CTK 延缓衰老的另一原因是由于促进了物质的积累，现在有许多资料证明激动素有促进核酸和蛋白质合成的作用。例如，细胞分裂素可抑制与衰老有关的一些水解酶（如纤维素酶、果胶酶、核糖核酸酶等）的 mRNA 的合成，所以，CTK 可能在转录水平上起防止衰老的作用。

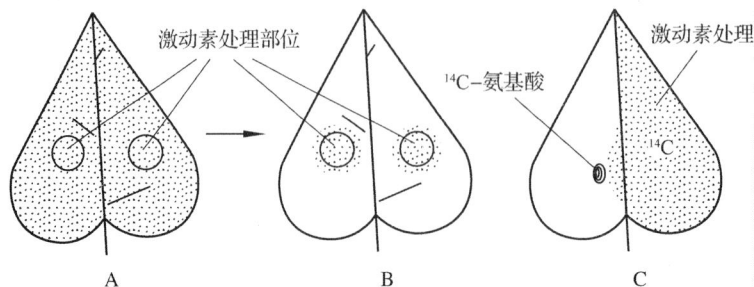

图 12-17 激动素的保绿作用及对物质运输的影响

A. 离体绿色叶片，圆圈部位为激动素处理区 B. 几天后叶片衰老变黄，但激动素处理区仍保持绿色，

黑点表示绿色 C. 放射性氨基酸被移动到激动素处理的一半叶片，黑点表示有^{14}C－氨基酸的部位

（6）其他生理效应

需光种子如莴苣和烟草等在黑暗中不能萌发，用细胞分裂素可代替光照打破这类种子的休眠，促进萌发。细胞分裂素在果实及种子发育中的作用主要有促进坐果、影响果实种子中同化物的积累及胚乳发育等。细胞分裂素还表现出增强植物抗性、促进气孔开放等效应。

12.4.3 细胞分裂素的作用机理

（1）细胞分裂素受体

在拟南芥中，目前已鉴定了 3 个编码细胞分裂素受体的基因，分别为 *CRE*1（cytokinin receptor 1 gene）、*AHK*2（arabidopsis histidine kinase 2 gene）和 *AHK*3（arabidopsis histidine kinase 3 gene），其中最先发现的 *CRE*1 是因为其功能缺失型突变体的外植体在含有适当浓度的细胞分裂素和生长素时不能形成绿色愈伤组织和不定芽而被分离鉴定到的。它们编码的蛋白都是细胞分裂素的受体，为二聚体，具有典型的组氨酸蛋白激酶结构特征，其 N 末端激酶结构域含有一个保守的组氨酸残基，可能定位于质膜内侧的两个 C 末端内接受结构域具有保守的天冬氨酸残基。

（2）信号转导

研究表明，在植物体内细胞分裂素是利用了一种类似于细菌中双元组分系统的途径将信号传递至下游元件的。在拟南芥中，首先是作为细胞分裂素受体的拟南芥组氨酸激酶（arabidopsis histidine kinase，AHK）与细胞分裂素结合后磷酸化，并将磷酸基团（H）由激酶区的组氨酸转移至信号接收区（D）的天冬氨酸残基；天冬氨酸上的磷酸基团被传递到胞质中的拟南芥组氨酸磷酸转运蛋白（arabidopsis histidine – phosphotransfer protein，AHP），磷酸化的 AHP 进入细胞核并将磷酸基团转移到 A 型和 B 型拟南芥反应调节因子（arabidopsis response regulator，ARR）上，进而调节下游的细胞分裂素反应。ARR 有 2 种类型。其中 B 型 ARR（BARR）是一类转录因子，作为细胞分裂素的正调控因子起作用，可激活 A 型 ARR 基因的转录。A 型 ARR（AARR）作为细胞分裂素的负调控因子可以抑制 B 型 ARR 的活性，从而形成了一个负反馈循环。两种 ARR 与各种效应物相互作用，导致细胞功能的改变，如细胞周期等（图 12-18）。

和其他激素信号传导途径的情况类似，Ca^{2+} 作为第二信使也是细胞分裂素信号传导途径的重要组分。例如，在葫芦藓芽分化的研究中，发现细胞分裂素处理可以大幅度增加丝状细胞内的 Ca^{2+} 浓度，同时促进芽的分化；如果在无 Ca^{2+} 的基质上，芽的分化会受到抑制。Ca^{2+} 载体处理可以代替细胞分裂素促进芽的分化。细胞分裂素可以调节质膜上的 Ca^{2+} 通道对 Ca^{2+} 的通透性。这些试验说明在细胞分裂素信号传导途径中，Ca^{2+} 是非常重要的信使，它可能与细胞内的钙调素一起发挥生理调节作用。

（3）细胞分裂素对转录和翻译的控制

激动素能与豌豆芽染色质结合，调节基因活性，促进 RNA 合成。6 – BA 加入大麦叶染色体的转录系统中，增加了 RNA 聚合酶的活性。细胞分裂素促进 mRNA 的合成，克罗韦尔从大豆细胞得到 20 种 DNA 克隆及所产生的 mRNA，细胞分裂素处理后 4h 内，这些 mRNA 明显增加，比对照高 2～20 倍，其中一个被称为 CIM1 的 mRNA 可以增加 20 倍，这些基因的诱导不受蛋白质合成抑制剂放线菌酮的抑制。

一个最典型的细胞分裂素诱导基因是硝酸还原酶基因，硝酸还原酶是植物氮同化代谢过程

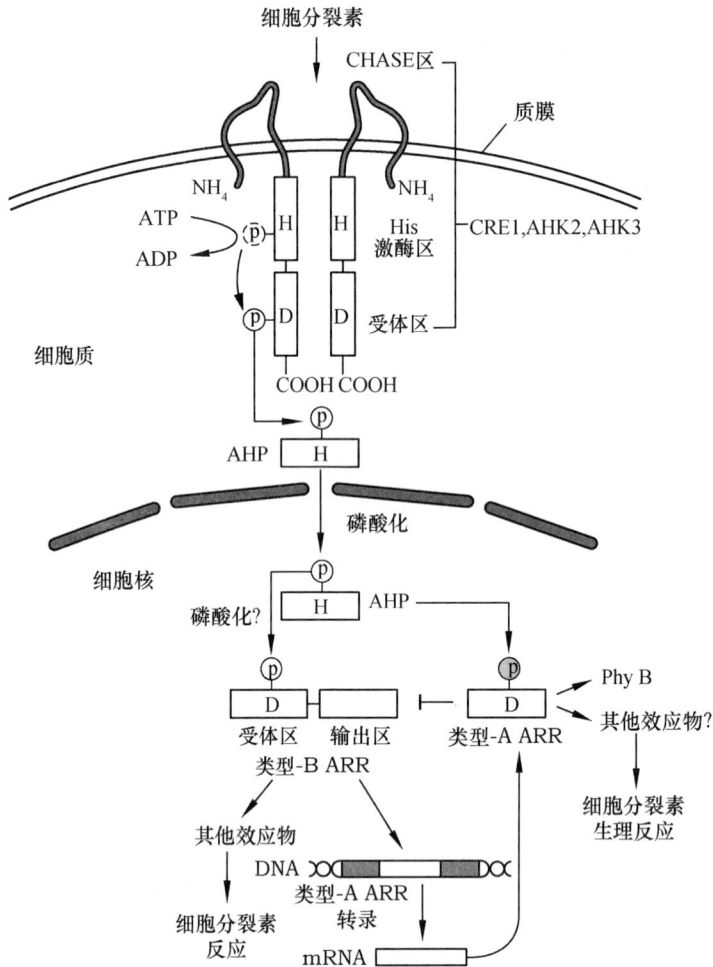

图 12-18　拟南芥中细胞分裂素信号传导途径模式（J Kieler，2002）

中的关键酶，可被光所诱导。细胞分裂素可代替光照条件诱导黄花大麦叶片产生硝酸还原酶，同时伴随硝酸还原酶 mRNA 水平的增加，转录抑制剂和翻译抑制剂都会阻碍细胞分裂素对硝酸还原酶的诱导。

　　多种细胞分裂素是植物 tRNA 的组成成分，这些细胞分裂素成分都在 tRNA 反密码子（anti-codon）的 3′末端的邻近位置，由于 tRNA 反密码子与 mRNA 密码子之间相互作用，因此，细胞分裂素有可能通过它在 tRNA 上的功能，在翻译水平通过控制特殊蛋白质合成来发挥作用。

12.5　脱落酸

12.5.1　脱落酸的代谢

12.5.1.1　脱落酸的发现

　　脱落酸（abscisic acid，ABA）是指能引起芽休眠、叶子脱落和抑制生长等生理作用的植物激素。它是人们在研究植物体内与休眠、脱落和种子萌发等生理过程有关的生长抑制物质时发现的。

1961年刘(W. C. liu)等在研究棉花幼铃的脱落时，从成熟的干棉壳中分离纯化出了促进脱落的物质，并命名这种物质为脱落素(后来阿迪柯特将其称为脱落素Ⅰ)。1963年大熊和彦和阿迪柯特(K. Ohkuma and F. T. Addicott)等从225kg 4~7d龄的鲜棉铃中分离纯化出了9mg具有高度活性的促进脱落的物质，命名为脱落素Ⅱ(abscisin Ⅱ)。伊格尔斯(C. F. Eagles)和韦尔林(P. F. Wareing)从桦树叶中提取出了一种能抑制生长并诱导旺盛生长的枝条进入休眠的物质，他们将其命名为休眠素(dormin)。

1965年康福思(J. W. Cornforth)等从28kg秋天的干槭树叶中得到了260μg的休眠素纯结晶，通过与脱落素Ⅱ的分子量、红外光谱和熔点等的比较鉴定，确定休眠素和脱落素Ⅱ是同一物质。

1967年在渥太华召开的第六届国际植物生长物质会议上，这种生长调节物质正式被定名为脱落酸。

12.5.1.2 脱落酸的化学结构

ABA是以异戊二烯为基本单位的倍半萜羧酸。化学名称为5-(1′-羟基-2′,6′,6′-三甲基-4′-氧代-2′-环己烯-1′-基)-3-甲基-2-顺-4-反-戊二烯酸，分子式为$C_{15}H_{20}O_4$，相对分子质量为264.3(图12-19)。

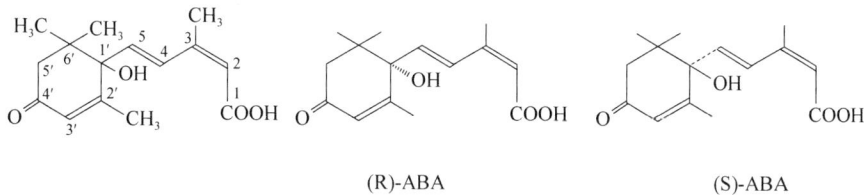

图12-19 脱落酸的化学结构

ABA环1′位上为不对称碳原子，故有两种旋光异构体。植物体内的天然形式主要为右旋ABA即(+)-ABA，又写作(S)-ABA；它的对映体为左旋，以(-)-ABA或(R)-ABA表示。(S)-ABA和(R)-ABA都有生物活性，但后者不能促进气孔关闭。人工合成的脱落酸是(S)-ABA和(R)-ABA各半的外消旋混合物，无旋光性，以(RS)-ABA或(±)-ABA表示。

对于ABA的主链，由于有2个双键，因此也存在立体异构体。天然的ABA为2-顺-4-反异构体。

12.5.1.3 ABA的分布与运输

脱落酸的合成部位主要是根冠和萎蔫的叶片，在茎、种子、花和果等器官中也能合成脱落酸。目前认为细胞内合成ABA的主要部位是质体。脱落酸是弱酸，而叶绿体的基质呈高pH，所以脱落酸以离子化状态积累在叶绿体中。

ABA的运输没有极性，既可以在韧皮部运输，也可通过木质部运输，但主要是韧皮部运输，叶片内的 ABA 运输主要依赖韧皮部，而根系合成的 ABA 主要依赖木质部运输到茎叶部。脱落酸主要以游离型的形式运输，也有部分以脱落酸糖苷的形式运输。脱落酸在植物体的运输速度很快，在茎或叶柄中的运输速率大约是 $20mm \cdot h^{-1}$。

ABA 是一种根对干旱胁迫响应的信号物质，但不是全部木质部运输的 ABA 都可以到达保卫细胞，因为许多木质部 ABA 会被叶肉细胞吸收和代谢掉。然而，在水分胁迫早期，木质部汁液从 pH6.3 升到 pH7.2，这种碱化有利于形成解离状态的 ABA。它不易跨过膜进入叶肉细胞，而较多随蒸腾流到达保卫细胞。因此，木质部汁液 pH 值升高也作为促进气孔早期关闭的根信号。

12.5.1.4　ABA 的生物合成

脱落酸生物合成的途径主要有两条：一是以甲瓦龙酸(MVA)为前体，经过法呢基焦磷酸(farnesylpyrophosphate，FPP)直接合成 ABA 的过程，此途径亦称为 ABA 合成的直接途径(图 12-20)；二是由类胡萝卜素氧化分解生成 ABA 的途径亦称为 ABA 合成的间接途径，从图 10-20 可见法呢基焦磷酸经过玉米黄质(zeaxanthin)、黄质醛(xanthoxal)、ABA 醛(ABA - alde-hyde)等最终形成 ABA。两条途径的最终前体都是甲瓦龙酸，通常认为在高等植物中，主要以间接途径合成 ABA。

ABA 和 GA 生物合成的前体相同，从法呢基焦磷酸开始分道扬镳，在长日照条件下合成 GA，在短日照条件下合成 ABA。除受光周期调节外，逆境(特别是水分亏缺)会大大加强 ABA 的合成，使保卫细胞中的 ABA 显著增加，导致气孔关闭，降低蒸腾。

12.5.1.5　ABA 的钝化与氧化

ABA 可与细胞内的单糖或氨基酸以共价键结合而失去活性。而结合态的 ABA 又可水解重新释放出 ABA，因而结合态 ABA 是 ABA 的贮藏形式。但干旱所造成的 ABA 迅速增加并不是来自结合态 ABA 的水解，而是重新合成的。

ABA 的氧化产物是红花菜豆酸(phaseic acid)和二氢红花菜豆酸(dihydrophaseic acid)。红花菜豆酸的活性极低，而二氢红花菜豆酸无生理活性。

12.5.2　脱落酸的生理效应

(1)促进休眠

外用 ABA 时，可使旺盛生长的枝条停止生长而进入休眠，这是它最初也被称为"休眠素"的原因。这种休眠可用 GA 有效地打破。在秋天的短日条件下，叶中甲瓦龙酸合成 GA 的量减少，而合成的 ABA 量不断增加，使芽进入休眠状态以便越冬。

ABA 对维持种子休眠具有重要作用。如桃、蔷薇的休眠种子的外种皮中存在脱落酸，所以只有通过层积处理，脱落酸水平降低后，种子才能正常发芽。某些生态型的拟南芥种子有一定的休眠性，但其 ABA 缺陷型突变体(*aba*)种子没有休眠性，拟南芥的 ABA 不敏感型突变体 *abi*1 和 *abi*3 休眠性也很弱。

ABA 对种子休眠的调控作用还可以从一种特殊的生理现象即胎萌现象(vivipary)的研究中得到证实。所谓胎萌现象，是指种子在未脱离母体前就开始萌发的现象。例如，玉米的若干种

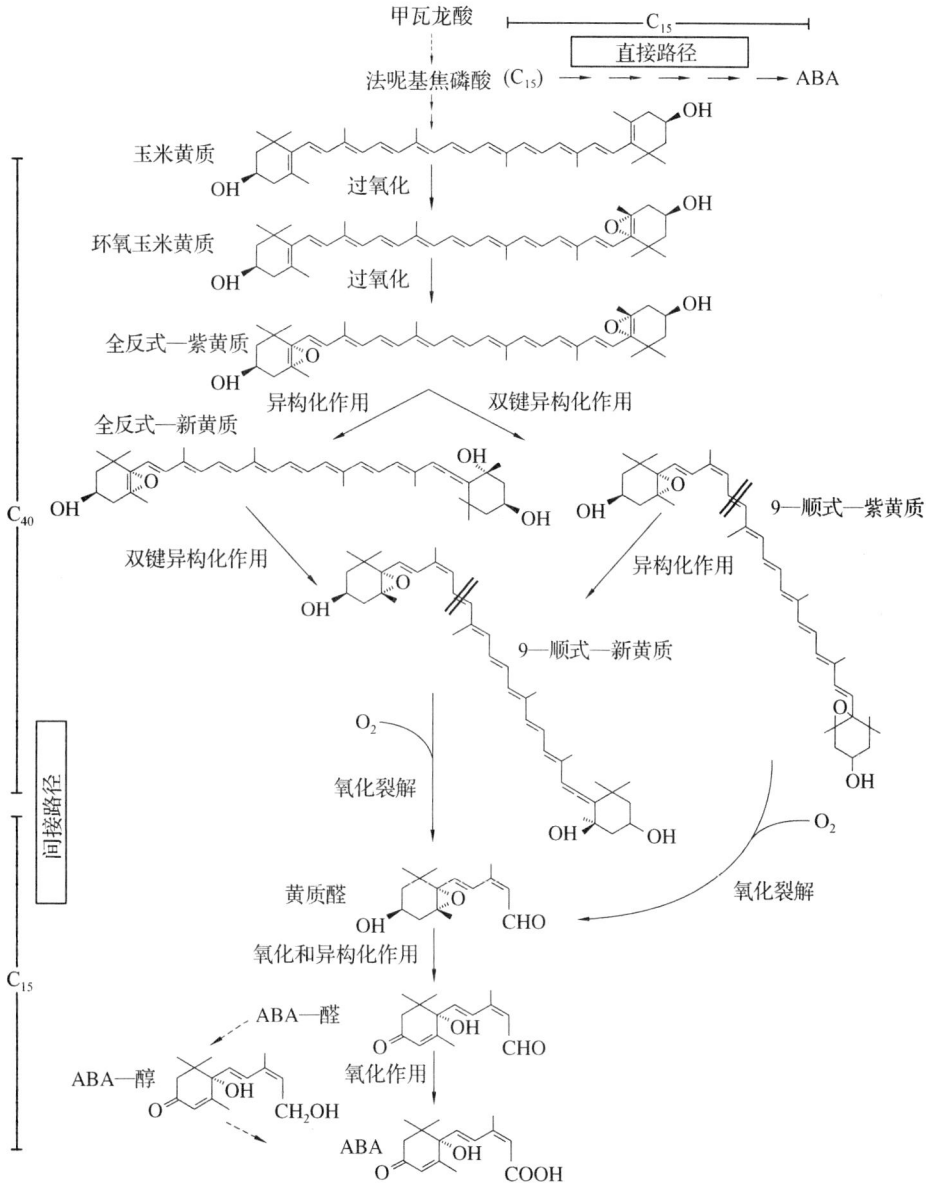

图 12-20 高等植物中生物合成脱落酸的可能途径

直接途径是指从 C_{15} 化合物(FPP)直接合成 ABA 的过程;

间接途径则是指从 C_{40} 化合物经氧化分解生成 ABA 的过程

胎萌突变体,种子在穗上就开始发芽,这些突变体都是与 ABA 有关的突变体,有些是 **ABA 合成缺陷型**,有些是 ABA 不敏感型。ABA 合成缺陷型突变体的胎萌现象可以用外源 ABA 处理加以抑制。

(2)促进气孔关闭,增加抗逆性

ABA 可引起气孔关闭(图 12-21),降低蒸腾,这是 ABA 最重要的生理效应之一。科尼什

（K. Cornish）发现水分胁迫下叶片保卫细胞中的 ABA 含量是正常水分条件下含量的 18 倍。ABA 促使气孔关闭的原因是它使保卫细胞中的 K^+ 外渗，造成保卫细胞的水势高于周围细胞的水势而使保卫细胞失水所引起的。ABA 还能促进根系的吸水与溢泌速率，增加其向地上部的供水量，因此 ABA 是植物体内调节蒸腾的激素，可作为抗蒸腾剂使用。

一般来说，干旱、寒冷、高温、盐渍和水涝等逆境都能使植物体内 ABA 迅速增加，同时抗逆性增强。如 ABA 可显著降低高温对叶绿体超微结构的破坏，增加叶绿体的热稳定性；ABA 可诱导某些酶的重新合成而增加植物的抗冷性、抗涝性和抗盐性。因此，ABA 被称为应激激素或胁迫激素（stress hormone）。

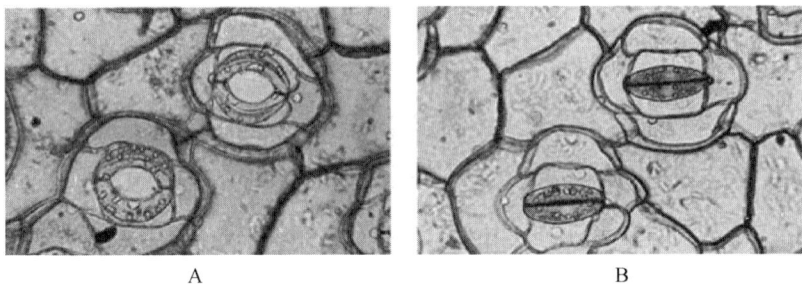

图 12-21　ABA 促进气孔的关闭
A. 培养在缓冲液中的蚕豆表皮　B. 缓冲液中加入 ABA 后几分钟内气孔就关闭）

（3）抑制生长

ABA 能抑制整株植物或离体器官的生长，也能抑制种子的萌发。ABA 的抑制效应比植物体内的另一类天然抑制剂酚类要高千倍。酚类物质是通过毒害发挥其抑制效应的，是不可逆的，而 ABA 的抑制效应则是可逆的，一旦去除 ABA，枝条的生长或种子的萌发又会立即开始。

（4）促进脱落衰老

ABA 是在研究棉花幼铃脱落时发现的。ABA 促进器官脱落主要是促进了离层的形成。将 ABA 溶液涂抹于去除叶片的棉花外植体叶柄切口上，几天后叶柄就开始脱落（图 12-22），此效应十分明显，已用于脱落酸的生物检定。

虽然 ABA 最初是当作脱落诱导因子分离提纯的，但后来证明其仅在少数几种植物中促进器官脱落，大多数植物中控制脱落的主要激素是乙烯。虽然如此，有证据表明，ABA 在叶片的衰老过程中起重要的调节作用，由于 ABA 促进了叶片的衰老，增加了乙烯的生成，从而间

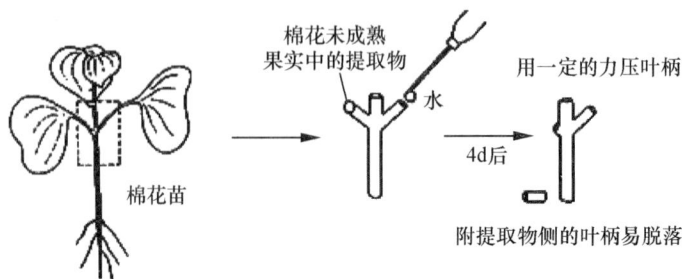

图 12-22　促进落叶物质的检定法

接地促进了叶片的脱落。

研究离体燕麦切段的衰老过程中，发现 ABA 作用在衰老过程的早期，起一种启动和诱导的作用；而乙烯作用在衰老的后期。

(5)脱落酸的生理促进作用

脱落酸通常被认为是一种生长抑制型激素，但它也有许多生育促进的性质。例如，在较低浓度下可以促进发芽和生根，促进茎叶生长，抑制离层形成，促进果实肥大，促进开花等。

ABA 的这种生育促进性质与其抗逆激素的性质是密切相关的。因为 ABA 的生育促进作用对于最适条件下栽培的植物并不突出，而对低温、盐碱等逆境条件下的作物表现最为显著。ABA 改善了植物对逆境的适应性，增强了生长活性，所以在许多情况下表现出有益的生理促进作用。ABA 的这种特殊的生理性质，对于正确理解其生理意义十分重要，同时对脱落酸的实际应用也具有启发意义。

12.5.3　脱落酸的作用机理

在植物体内，ABA 不仅存在多种抑制效应，还有多种促进效应。所参与的生理过程的调节，既有类似种子成熟等长期过程，也有类似气孔关闭等短期过程。对于长期过程，肯定有 ABA 诱导基因的参与；而快速的生理反应可能是 ABA 诱导的质膜两侧离子流动的结果。但是无论基因诱导还是离子流控制，都需要 ABA 的信号传递过程。

12.5.3.1　脱落酸受体

脱落酸与受体的结合是其信号转导的第一步。脱落酸受体蛋白质的结合位点可能是多元的，可以在质膜外侧和细胞内部。将脱落酸分别注射到鸭跖草保卫细胞和大麦糊粉层细胞，不能使气孔关闭，也不能抑制 GA 诱发 α – 淀粉酶的合成，表明 ABA 受体在质膜外表面。但有人用膜片钳技术把 ABA 直接注入蚕豆气孔的胞质溶胶，抑制了内向 K^+ 通道，气孔就不开放；还有试验向鸭跖草保卫细胞注射脱落酸，若以紫光照射，脱落酸即放出，于是气孔关闭，这些试验表明脱落酸的受体在胞内。

12.5.3.2　ABA 调节气孔运动的信号转导途径

经过长期研究，已经对 ABA 调控植物气孔关闭的信号转导途径有了深入的了解，图 12-23 即为这个信号途径的简图。

气孔保卫细胞可同时响应多种信号而发生气孔关闭，说明有多种受体和重叠交叉的信号转导途径。最近的研究表明在拟南芥中 NO 及磷脂酶 Da1（PLDa1）也参与了 ABA 对气孔调控信号转导途径。在信号转导途径中，蛋白质磷酸化和去磷酸化作用起着重要的作用。

12.5.3.3　ABA 对基因表达的调控

目前发现的受 ABA 诱导的基因大多数在种子后熟期或对逆境胁迫作出响应时表达。在种子发育的中晚期，ABA 水平升高，同时伴随一些 ABA 诱导基因的表达和积累。例如，和种子抗脱水能力相关的 LEA 蛋白、DHN 蛋白基因的表达增加。在种子成熟的中晚期表达的一些基因，如凝集素基因、贮藏蛋白基因、酶抑制剂基因等，也受 ABA 的诱导。外源 ABA 处理也可

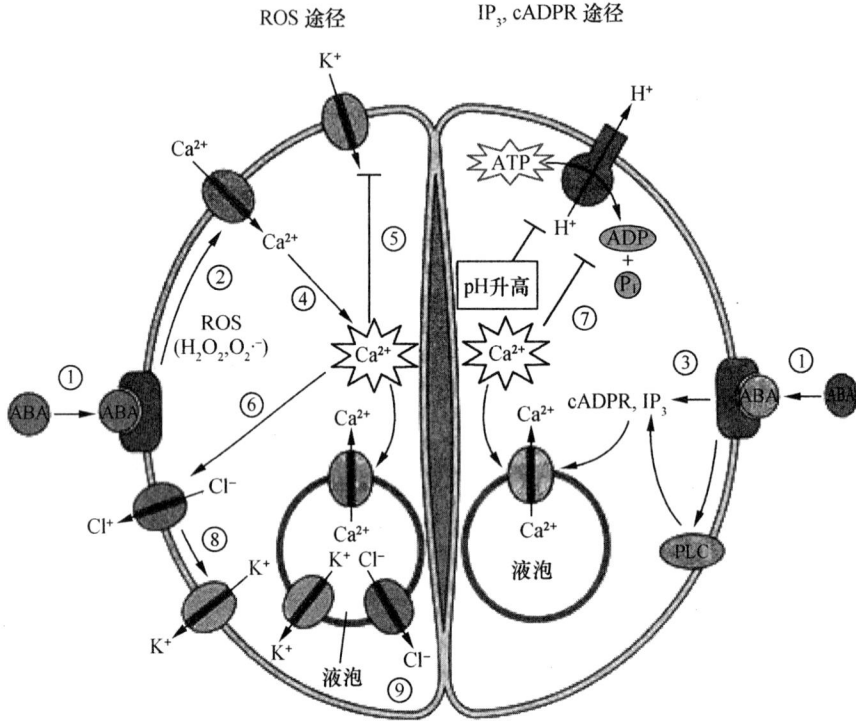

图 12-23　气孔保卫细胞中 ABA 信号的简单模式（R Finkelstein，2002）

①ABA 与保卫细胞质膜上受体相结合，诱导细胞内产生 ROS（活性氧），如过氧化氢和超氧阴离子　②活性氧作为第二信使激活质膜的钙离子通道，使胞外钙离子流入胞内　③同时 ABA 还通过 PLC（磷脂酶 C）等使细胞内的 cADPR（环化 ADP 核糖）和 IP$_3$（1，4，5 – 三磷酸肌醇）水平升高，它们又激活液泡膜上的钙离子通道，使液泡向胞质释放钙离子　④胞外钙离子的流入还可以启动胞内发生钙离子振荡，并促使钙从液泡中释放出来　⑤钙离子的升高会阻断钾离子流入的通道，促使氯离子通道的开放　⑥氯离子流出而质膜产生去极化（depolarization）　⑦胞内钙离子的升高还抑制质膜上质子泵，细胞内 pH 升高，进一步发生去极化作用　⑧去极化导致内向钾离子通道活化　⑨钾离子和氯离子先从液泡释放到胞质溶胶，进而又通过质膜上的钾离子和阴离子通道向胞外释放，导致气孔的关闭）

以促使这些基因提前表达。

　　逆境条件可以诱导植物组织内 ABA 水平的升高，同时诱导和逆境相关基因的表达。外源 ABA 往往也能诱导这些抗性基因的表达。从功能上 ABA 所诱导表达的抗性基因可以分为两大类：第一大类是功能蛋白，包括水通道蛋白、渗透调节分子（如蔗糖、脯氨酸和甜菜碱）的合成酶、保护大分子以及膜蛋白结构和功能的保护蛋白（如 LEA 蛋白、抗冻蛋白、分子伴侣、mRNA 结合蛋白）等。这类蛋白分子直接参与到植物对胁迫环境的应答反应和修复过程中，是直接保护植物细胞免受胁迫环境伤害的效应分子。第二大类是调节蛋白，包括蛋白激酶、转录因子、磷脂酶等，这类蛋白是通过参与到植物胁迫信号转导途径或通过调节其他效应分子的表达和活性而起作用的。

12.6 乙 烯

12.6.1 乙烯的代谢

12.6.1.1 乙烯的发现

乙烯(ethylene, ET, ETH)是各种植物激素中分子结构最简单的一种,其化学结构为 $CH_2 = CH_2$,是一种不饱和烃,在正常生理条件下呈气态。高等植物的各个部位都能产生乙烯。

早在19世纪中叶(1864)就有关于燃气街灯漏气会促进附近的树落叶的报道,但到20世纪初(1901)俄国的植物学家奈刘波(Neljubow)才首先证实照明气中的乙烯在起作用,他还发现乙烯能引起黄化豌豆苗的三重反应。第一个发现植物材料能产生一种气体并对邻近植物材料的生长产生影响的人是卡曾斯(Cousins,1910),他发现橘子产生的气体能催熟同船混装的香蕉。

虽然1930年以前人们就已认识到乙烯对植物具有多方面的影响,但直到1934年甘恩(Gane)才获得植物组织确实能产生乙烯的化学证据。

由于以上的研究成果,1935年美国的克罗克(Clerk)等提出乙烯可能是一种内源激素,它是果实的后熟激素,对营养器官的生长也有调节作用。但因为植物体内乙烯的生成量极微,加之当时测量方法的限制所以限制了对乙烯的研究。随着测试手段的改进,测试精度的提高,到了1959年,由于气相色谱的应用,伯格(S. P. Burg)等测出了未成熟果实中有极少量的乙烯产生,随着果实的成熟,产生的乙烯量不断增加。这一研究进展迅速吸引了大量的研究者进入该领域。此后几年,在乙烯的生物化学和生理学研究方面取得了许多成果,并证明高等植物的各个部位都能产生乙烯,还发现乙烯对许多生理过程,包括从种子萌发到衰老的整个过程都起重要的调节作用。1965年在柏格的提议下,乙烯才被公认为是植物的天然激素。

12.6.1.2 乙烯的生物合成

许多试验都肯定,蛋氨酸(甲硫氨酸,methionine, Met)是乙烯生物合成前体。1979年华裔科学家杨祥发及其同事发现1-氨基环丙烷-1-羧酸(1-aminocyclopropane-1-carboxylic acid, ACC)是乙烯合成过程中的直接前体。后来证实乙烯的合成是一个蛋氨酸的代谢循环,被命名为杨氏循环(The Yang Cycle)(图12-24)。

蛋氨酸经过蛋氨酸循环,生成S-腺苷蛋氨酸(S-adenosyl methionine, SAM),SAM再形成5′-甲硫基腺苷(5′-methylthioadenosine, MTA)和ACC,前者通过循环再生成蛋氨酸,而ACC则在ACC氧化酶(ACC oxidase)的催化下氧化生成乙烯(图10-24)。在植物的所有活细胞中都能合成乙烯。

ACC的合成是乙烯生物合成途径的限速步骤,催化生成ACC的酶是ACC合成酶(ACC synthase)。该酶存在于细胞质中,半衰期短,含量极低且不稳定。多种植物的ACC合成酶基因得到了克隆,发现此酶由多基因编码,例如,在西红柿中至少有9个基因,每个基因受不同的环境和发育因素调控。

乙烯生物合成的最后一步由ACC氧化酶催化,在液泡膜内表面在 O_2 存在下,把ACC氧化为乙烯。此酶活性极不稳定,依赖于膜的完整性。和ACC合成酶一样,ACC氧化酶也是由多

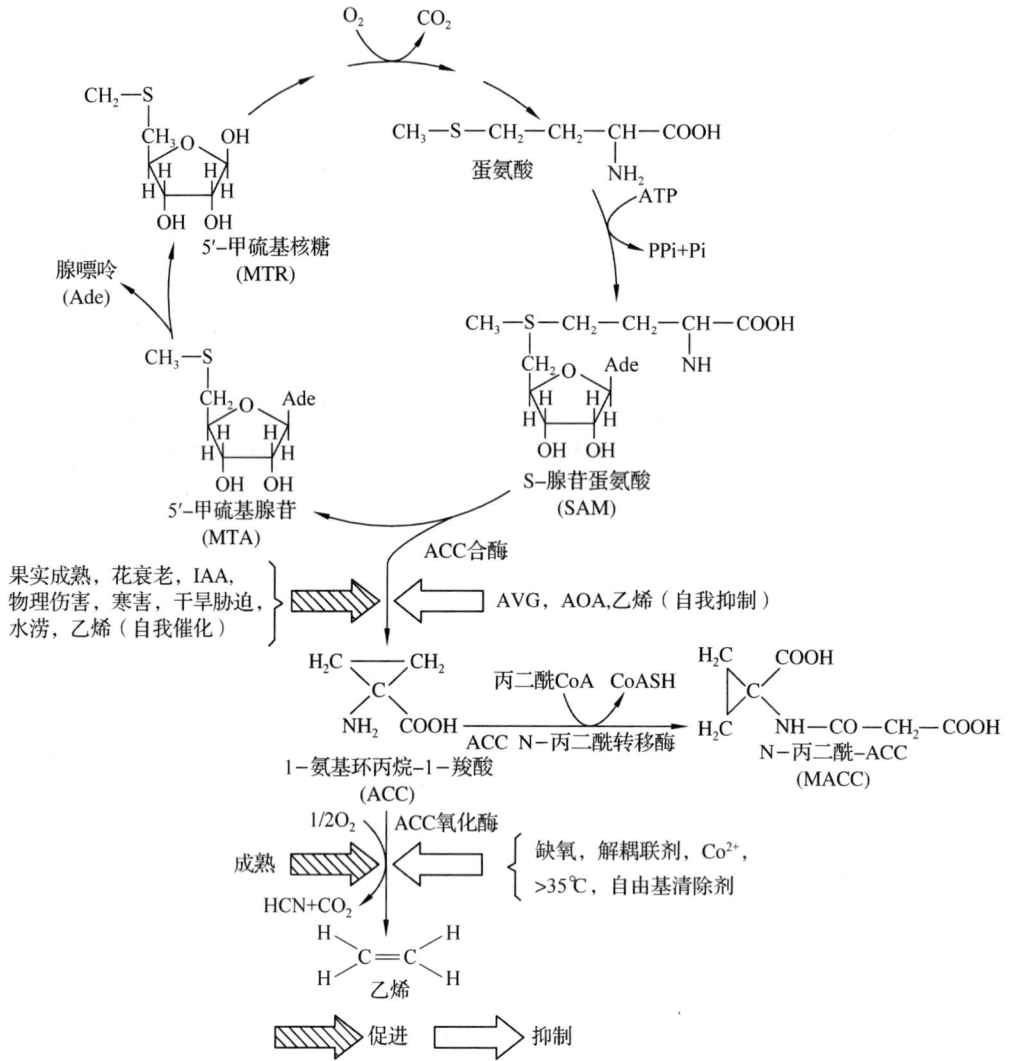

图12-24 乙烯的生物合成途径(Mckeon, 1995)

基因家族编码，其转录受多种内外因素的调节。

植物组织中蛋氨酸含量较低，但总是维持在一个比较稳定的水平。在乙烯发生量较高的情况下就需要持续不断的蛋氨酸供应。植物组织靠杨氏循环持续不断地供应乙烯合成需要的蛋氨酸。

12.6.1.3 生物合成的调节

乙烯的生物合成受到许多因素的调节，这些因素包括发育因素和环境因素。

在植物正常生长发育的某些时期，如种子萌发、果实后熟、叶的脱落和花的衰老等阶段都会诱导乙烯的产生。对于具有呼吸跃变的果实，当后熟过程一开始，乙烯就大量产生，这是由于ACC合成酶和ACC氧化酶的活性急剧增加的结果。

IAA 也可促进乙烯的产生。IAA 诱导乙烯产生是通过诱导 ACC 的产生而发挥作用的，这可能与 IAA 从转录和翻译水平上诱导了 ACC 合成酶的合成有关。

影响乙烯生物合成的环境条件有 O_2，AVG（氨基乙氧基乙烯基甘氨酸，aminoethoxyvinyl glycine），AOA（氨基氧乙酸，aminooxyacetic acid），某些无机元素和各种逆境。从 ACC 形成乙烯是一个双底物（O_2 和 ACC）反应的过程，所以缺 O_2 将阻碍乙烯的形成。AVG 和 AOA 能通过抑制 ACC 合成酶的活性来抑制乙烯的形成。所以在生产实践中，可用 AVG 和 AOA 来减少果实脱落，抑制果实后熟，延长果实和切花的保存时间。在无机离子中，Co^{2+}，Ni^{2+} 和 Ag^+ 都能抑制乙烯的生成。

各种逆境如低温、干旱、水涝、切割、碰撞、射线、虫害、真菌分泌物、除草剂、O_3、SO_2 和一定量 CO_2 等化学物质均可诱导乙烯的大量产生，这种由于逆境所诱导产生的乙烯称作逆境乙烯(应激乙烯)(stress ethylene)。

水涝诱导乙烯的大量产生是由于在缺 O_2 条件下，根中及地上部分 ACC 合成酶的活性被增加的结果。虽然根中由 ACC 形成乙烯的过程在缺 O_2 条件下受阻，但根中的 ACC 能很快地转运到叶中，在那里大量形成乙烯。

ACC 除了形成乙烯以外，也可转变为非挥发性的 N - 丙二酰 - ACC（N - malonyl - ACC，MACC），此反应是不可逆反应。当 ACC 大量转向 MACC 时，乙烯的生成量则减少，因此 MACC 的形成有调节乙烯生物合成的作用。

12.6.1.4 乙烯的运输

乙烯在植物体内易于移动，并遵循虎克扩散定律。此外，乙烯还可穿过被电击死了的茎段。这些都证明乙烯的运输是被动的扩散过程，但其生物合成过程一定要在具有完整膜结构的活细胞中才能进行。

一般情况下，乙烯就在合成部位起作用。乙烯的前体 ACC 可溶于水溶液，因而推测 ACC 可能是乙烯在植物体内远距离运输的形式。

12.6.2 乙烯的生理效应

(1)改变生长习性

乙烯对植物生长的典型效应是：抑制茎的伸长生长、促进茎或根的横向增粗及茎的横向生长(即使茎失去负向重力性)，这就是乙烯所特有的"三重反应"(triple response)(图 12-25 A ～ C)。

乙烯促使茎横向生长是由于它引起偏上性(epinasty)生长所造成的。所谓偏上生长，是指器官的上部生长速度快于下部的现象。乙烯对茎与叶柄都有偏上生长的作用，从而造成了茎横生和叶下垂(并非由于缺水萎蔫所致)(图 12-25 D)。

(2)促进成熟

催熟是乙烯最主要和最显著的效应，因此也称乙烯为催熟激素。乙烯对果实成熟、棉铃开裂、水稻的灌浆与成熟都有显著的效果。

在实际生活中我们知道，一旦箱里出现了一只烂苹果，如不立即除去，它会很快使整箱苹果都烂掉。这是由于腐烂苹果产生的乙烯比正常苹果的多，触发了附近的苹果也大量产生乙

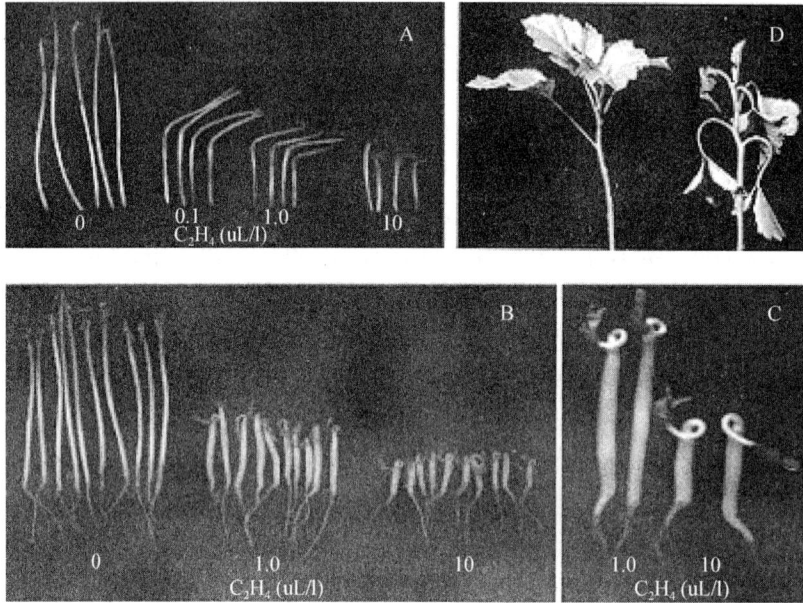

图 12-25 乙烯的"三重反应"（A~C）和偏上生长（D）

A~C. 不同乙烯浓度下黄化豌豆幼苗生长的状态

D. 用 $10\mu L \cdot L^{-1}$ 乙烯处理 4h 后蕃茄苗的形态，由于叶柄上侧的细胞伸长大于下侧，使叶片下垂

烯，使箱内乙烯的浓度在较短时间内剧增，诱导呼吸跃变，很快达到完熟，进而降解腐烂。又如柿子，即使在树上已成熟，但仍很涩口，不能食用，只有经过后熟才能食用。由于乙烯是气体，易扩散，故散放的柿子后熟过程很慢，放置十天半月后仍难食用。若将容器密闭（如用塑料袋封装），果实产生的乙烯就不会扩散掉，再加上自身催化作用，后熟过程加快，一般几天后即可食用。

根据乙烯生物合成和代谢途径，近年来利用生物技术方法成功地制备了耐贮存转基因番茄。其原理是将 ACC 合成酶或 ACC 氧化酶的反义基因导入植物，抑制果实内这两种酶的 mR-NA 翻译，并且加速 mRNA 的降解，从而完全抑制乙烯的生物合成，这样的转基因番茄不出现呼吸高峰，不变红，不能正常成熟，只有外施乙烯处理才能成熟。

(3)促进脱落

尽管 ABA 也促进脱落，但实际上乙烯才是控制叶片脱落的主要激素。这是因为乙烯能促进细胞壁降解酶——纤维素酶的合成并且控制纤维素酶由原生质体释放到细胞壁中，从而促进细胞衰老和细胞壁的分解，引起离区近茎侧的细胞膨胀，从而迫使叶片、花或果实机械地脱离。

叶片内的生长素可以抑制脱落的发生，但是高浓度的生长素反而会诱导乙烯的发生，促进脱落。所以一些生长素类调节剂可以作为脱叶剂使用。

(4)促进开花和雌花分化

乙烯可促进菠萝和其他一些植物开花，还可改变花的性别，促进黄瓜雌花分化，并使雌、雄异花同株的雌花着生节位下降。乙烯在这方面的效应与 IAA 相似，而与 GA 相反，现在知道

IAA 增加雌花分化就是由于 IAA 诱导产生乙烯的结果。

（5）乙烯的其他效应

乙烯还可诱导茎段、叶片、花茎甚至根上的不定根的形成，促进根的生长和分化，促进花的衰老，打破种子和芽的休眠，诱导次生物质（如橡胶树的乳胶、漆树的漆等）的分泌，增加产量等。

12.6.3 乙烯的作用机理

由于乙烯能提高很多酶，如过氧化物酶、纤维素酶、果胶酶和磷酸酯酶等的含量及活性，因此，乙烯可能在翻译水平上起作用。但乙烯对某些生理过程的调节作用发生得很快，如乙烯处理可在 5min 内改变植株的生长速度，这就难以用促进蛋白质的合成来解释了。因此，有人认为乙烯的作用机理与 IAA 的相似，其短期快速效应是对膜透性的影响，而长期效应则是对核酸和蛋白质代谢的调节。黄化大豆幼苗经乙烯处理后，能促进染色质的转录作用，使 RNA 水平大增；乙烯促进鳄梨和番茄等果实纤维素酶和多聚半乳糖醛酸酶的 mRNA 增多，随后酶活性增加，水解纤维素和果胶，果实变软、成熟。

近年来通过对拟南芥（*Arabidopsis thaliana*）乙烯反应不敏感型突变体的研究，发现了包括 ETR1 在内的至少 5 个乙烯受体。拟南芥中从乙烯受体到细胞核的信号转导途径已初步确定。相对分子质量为 147 000 的 ETR1 蛋白作为乙烯受体在乙烯信号转导过程的最初步骤上起作用，ETR1 定位于内质网，符合乙烯的疏水性，能自由越过质膜进入细胞内。乙烯受体的共同特征是：N 端跨膜 3 次，并具有乙烯结合位点；都具有与细菌二元组分相似的组氨酸激酶催化区域。乙烯受体由多基因编码。

乙烯与受体结合需要通过一个过渡金属辅因子，大多是铜或锌，它们和乙烯有高亲和力，银离子也能代替铜产生高亲和结合，因此，Ag^+ 抑制乙烯的作用，可能是影响乙烯与受体结合后的蛋白变化，而不是阻止乙烯与受体的结合。EDTA 是一种与金属结合的螯合物，所以也抑制乙烯的作用。CO_2 与乙烯竞争同一作用部位，也抑制乙烯的作用。

12.7　油菜素内酯

12.7.1　油菜素内酯的代谢

12.7.1.1　油菜素内酯的发现

1970 年，美国的米切尔（Mitchell）等发现在油菜花粉中有一种新的生长物质，它能引起菜豆幼苗节间伸长、弯曲、裂开等异常生长反应，并将其命名为油菜素（brassin）。格罗夫（Grove）等（1979）从 227kg 油菜花粉中提取得到 10mg 的高活性结晶物，因为它是甾醇内酯化合物，故将其命名为油菜素内酯（brassinolide，BR）。此后油菜素内酯及多种结构相似的化合物纷纷从植物中被分离鉴定。BR 在植物体内含量极少，但生理活性很强。

在 1998 年第十六届国际植物生长物质年会上已正式确认将油菜素内酯列为植物的第六类激素。

目前，BR 以及多种类似化合物已被人工合成，用于生理生化及田间试验，这一类化合物

的生物活性可用水稻叶片倾斜以及菜豆幼苗第二节间生长等
生物测定法来鉴定。

12.7.1.2　油菜素内酯的种类

现在已从植物中分离得到 60 多种油菜素内酯，分别表示
为 BR_1，BR_2，…，BRn。

最早发现的油菜素内酯（BR_1）其熔点 274~275℃，分子
式 $C_{28}H_{48}O_6$，相对分子质量 475.65，化学名称是 2α、3α、
22α、23α - 四羟基 - 24α - 甲基 - B - 同型 - 7 - 氧 - 5α - 胆甾烯 - 6 - 酮（图 12-26）。BR 的基
本结构是有一个甾体核，在核的 C - 17 上有一个侧链。已发现的各种天然 BR，根据其 B 环中
含氧的功能团的性质，可分为 3 类，即内酯型、酮型和脱氧型（还原型）。

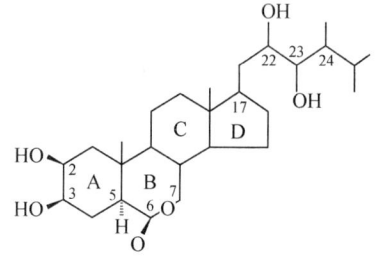

图 12-26　油菜素内酯（BR_1）的结构

油菜素内酯用碱处理时，其活性丧失；若再用酸处理，则活性可恢复，这与 B 环内酯结
构的破坏与形成有关。可见内酯环是活性表现的重要结构因素。

12.7.1.3　油菜素内酯的生物合成

BR 的合成途径先是由甲瓦龙酸（MVA）转化为异戊烯基焦磷酸，经系列反应后先形成菜油
甾醇（campesterol），经过多个反应，最后经栗甾酮（typhasterol）才生成油菜素内酯（图 12-27）。
催化从菜油甾醇到油菜素内酯代谢途径中的多个反应酶的基因已经得到克隆。

12.7.1.4　油菜素内酯的分布

BR 在植物界中普遍存在，如双子叶植物的油菜、白菜、栗、茶、扁豆、菜豆、蚊母树、
牵牛花，单子叶植物的香蒲、玉米、水稻，裸子植物的黑松、云杉等。从分布的器官看，涉及
花粉、雌蕊、果实、种子、根、茎、叶等。油菜花粉是 BR_1 的丰富来源，BR_1 也存在于其他植
物中。

BR 虽然在植物体内各部分都有分布，但不同组织中的含量不同。通常 BR 的含量是：花
粉和种子 $1~1000ng \cdot kg^{-1}$，枝条 $1~100ng \cdot kg^{-1}$，果实和叶片 $1~10ng \cdot kg^{-1}$。某些植物的
虫瘿中 BR 的含量显著高于正常植物组织。

12.7.2　油菜素内酯的生理效应

(1) 促进细胞伸长和分裂

用 $10ng \cdot L^{-1}$ 的油菜素内酯处理菜豆幼苗第二节间，便可引起该节间显著伸长弯曲，细胞
分裂加快，节间膨大，甚至开裂，这一综合生长反应被用作油菜素内酯的生物测定法（bioas-
say）。BR_1 促进细胞的分裂和伸长，其原因是增强了 RNA 聚合酶活性，促进了核酸和蛋白质的
合成；BR1 还可增强 ATP 酶活性，促进质膜分泌 H^+ 到细胞壁，使细胞伸长。

BR 还可促进整株的生长。用油菜素处理菜豆幼苗第二节间后，在数天内可使节间增长；
几星期后，即可促进全株的生长，包括株高、株重、荚重、芽数等均比对照组显著增加。

(2) 促进光合作用

BR 可促进小麦叶 RuBP 羧化酶的活性，提高光合速率。BR_1 处理花生幼苗后 9d，叶绿素

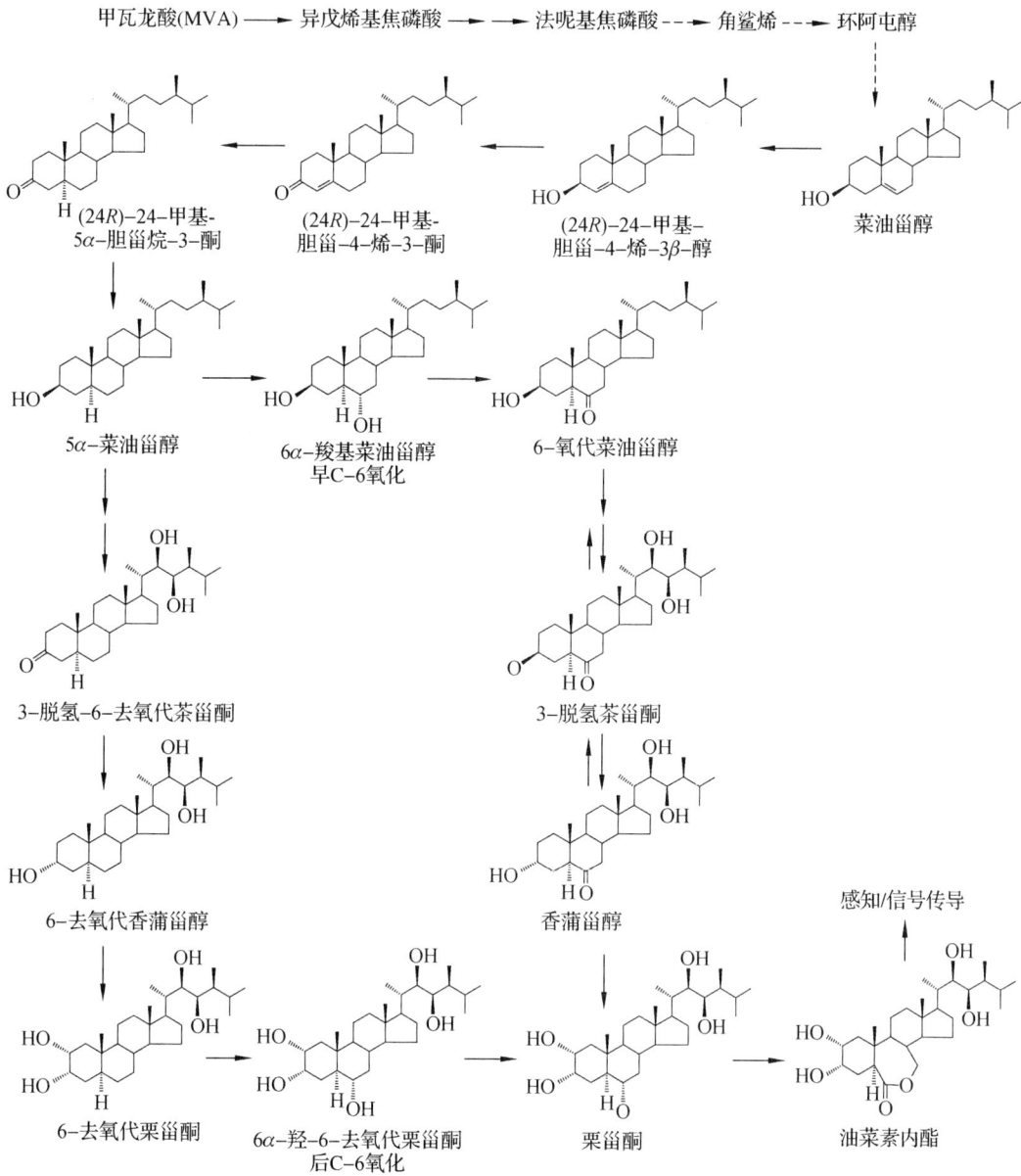

图 12-27 油菜素内酯的生物合成途径

含量比对照高 10% ~ 12%，光合速率加快 15%。用 $^{14}CO_2$ 示踪试验，表明 BR_1 处理有促进叶片中光合产物向穗部运输的作用。

（3）提高抗逆性

水稻幼苗在低温阴雨条件下生长，若用 $10^{-4}mg \cdot L^{-1} BR_1$ 溶液浸根 24h，则株高、叶数、叶面积、分蘖数、根数都比对照高，且幼苗成活率高、地上部干重显著增多。此外，BR_1 也可使水稻、茄子、黄瓜幼苗等抗低温能力增强。

除此之外，BR 还能通过对细胞膜的作用，增强植物对干旱、病害、盐害、除草剂、药害等逆境的抵抗力，因此有人将其称为"逆境缓和激素"。

（4）其他生理效应

表油菜素内酯（epibrassinolide）对绿豆下胚轴切段有"保幼延衰"的作用，促进黄瓜下胚轴的伸长。BR 对黄瓜子叶硝酸还原酶（NR）活性有明显提高作用。

1nmol. L^{-1}浓度的 BRs 可促进欧洲甜樱桃、山茶和烟草花粉管的生长。BR 可诱导雌雄同株异花的西葫芦雄花序开出两性花或雌花。

BR 主要用于增加农作物产量，减轻环境胁迫，有些也可用于插枝生根和花卉保鲜。随着对 BR 研究的深入和成本低的人工合成类似物的出现，BR 在农业生产上的应用越来越广泛。

12.7.3　油菜素内酯的作用机理

12.7.3.1　油菜素内酯与基因表达

油菜素内酯主要从翻译和转录两个水平对相关基因的表达进行调节。

Mandava（1987）早就发现 RNA 及蛋白质合成抑制剂对 BR 的促进生长作用有影响，BR 可能通过影响转录和翻译进而调节植物生长。Mandava 等还用 RNA 合成抑制剂放线菌素 D 和蛋白合成抑制剂环己亚胺等检测 BR 诱导的上胚轴生长作用，表明 BR 诱导生长的生长效应依赖于核酸和蛋白质合成。

根据对拟南芥的油菜素内酯不敏感突变体的研究推断，油菜素内酯的受体可能是存在于质膜上的 LRR 受体激酶。LRR 受体激酶（leucine-rich repeat receptor-like kinase，LRR RLK）的化学组成特点是富含亮氨酸。

12.7.3.2　油菜素内酯与细胞膜的关系

也有一些研究表明 BR 与细胞膜的透性有关，特别在逆境下提高植物抗性往往与膜相联系，如在某些试验中，BR 与 IAA 作用相似，都可增强膜的电势差、ATPase 活性及 H$^+$ 的分泌。

BR 通过与质膜上的受体结合，一方面活化液泡膜上的 ATPase，促进液泡泵入 H$^+$，向胞液输出阴阳离子，从而提高了液泡水势，增大了膨压；另一方面，通过诱导与生长有关的基因表达（gene expression），最终引起细胞的扩大反应。

油菜素内酯对赤豆（Azukibean）上胚轴节段和玉米根尖切段生长的促进和 IAA 类似，是同 H$^+$ 分泌的增加和转移膜电位的早期过极化联系在一起的。也即共同遵循"酸生长"的理论：通过促进膜质子泵对 H$^+$ 的泵出，导致自由空间的酸化，使细胞壁松弛，进而促进生长。

但 BR 与 IAA 在其最适浓度下同时使用具有明显的加成效果，又表明它们在最初的作用方式上是有区别的。如 BR 促进小麦胚芽鞘伸长的生理活性大于 IAA，但在高浓度的促进作用不如 IAA 明显。BR 和 IAA 混合处理对芽鞘切段的伸长、乙烯释放和 H$^+$ 分泌都表现了加成作用。BR 也有颉颃 ABA 对小麦胚芽鞘切段伸长的抑制作用。

12.7.3.3　BR 的基因响应和非基因响应途径

有人提出了 BR 生理作用的基因响应和非基因响应途径。

（1）BR 的基因响应途径

BR 通过调节基因表达来调控植物生长发育途径被称为 BR 的基因响应途径。BR 信号首先被膜上的受体 BRI1/BAK1 复合体感知，然后在一系列蛋白参与下传递到核内，进一步调控下游基因的表达。

Borriss 等（1990）用差异杂交法从正在生长的豌豆黄化苗中鉴定出一种 BR 上调基因（*BRU*1），该基因与细胞伸长密切相关的一种酶，即木葡聚糖内转化糖基化酶（xyloglucan endo-transglycosylase，XET）。实验表明 *BRU*1 转录物的表达水平与油菜素内酯所引起的茎的伸长相关，且 *BRU*1 转录物的浓度与油菜素内酯介导的细胞壁可塑性的增加呈正相关。在拟南芥中也发现了受油菜素内酯调节的 XET，由 *TCH* 4 基因编码，这种调节发生在转录水平上。研究还证明，油菜素内酯在 *BRU* 1 翻译水平、在 *TCH* 4 转录水平分别进行调控。

（2）BR 的非基因响应

这个途径又称为快速响应途径，不涉及基因的表达并且不被转录和翻译抑制剂所阻断。实验表明一种 BR 相关蛋白激酶能够和液泡膜的 H^+ – ATPase 上的亚基相互作用，并磷酸化该亚基。因此，BR 信号可能通过相关蛋白激酶的活性调节液泡膜 H^+ – ATPase 的装配，从而影响液泡对水分的吸收而引起细胞的迅速伸长。

12.8 其他植物生长物质及其应用

12.8.1 植物生长物质的多样性

植物体内除了有上述六大类激素外，还有很多微量的有机化合物对植物生长发育表现出特殊的调节作用。此外，众多的植物生长调节剂也可对植物生长发育起重要的调节控制作用。

12.8.1.1 多胺

（1）多胺的种类与代谢

多胺（Polyamines，PA）是生物代谢过程中产生的一类具有生物活性的低相对分子质量脂肪族含氮碱化合物。长期以来，多胺一直不为人们所重视，被认为是末端代谢产物的废物。20 世纪 60 年代人们发现多胺具有刺激植物生长和防止衰老等作用，能调节植物的多种生理活动。

根据氨基数目的不同，多胺可以分为二胺、三胺、四胺等，一般把它们统称为多胺。通常胺基数目越多，生理活性越强。高等植物含有的多胺主要有 5 种，二胺有腐胺（putrescine，Put）和尸胺（cadaverine，Cad）等，三胺有亚精胺（spermidine，Spd），四胺有精胺（spermine，Spm），还有其他胺类（表 12-1）。

表 12-1　高等植物中的游离二胺和多胺

胺　类	结　构	来　源
二氨丙烷	$NH_2(CH_2)_3NH_2$	禾本科
腐　胺	$NH_2(CH_2)_4NH_2$	普遍存在
尸　胺	$NH_2(CH_2)_5NH_2$	豆科
亚精胺	$NH_2(CH_2)_3NH(CH_2)_4NH_2$	普遍存在
精　胺	$NH_2(CH_2)_3NH(CH_2)_4 – NH(CH_2)_3NH_2$	普遍存在

（续）

胺　类	结　构	来　源
鲱精胺	$NH_2(CH_2)_4NH\underset{\underset{NH}{\parallel}}{CNH_2}$	普遍存在

高等植物的多胺不但种类多，而且分布广泛。多胺的含量在不同植物间及同一植物不同器官间、不同发育状况下差异很大，可从每克鲜重数纳摩尔到数百纳摩尔。通常，细胞分裂最活盛的部位也是多胺生物合成最活跃的部位。

多胺生物合成的前体物质为 3 种氨基酸，其生物合成途径大致是（图 12-28）：①精氨酸转化为腐胺，并为其他多胺的合成提供碳架；②蛋氨酸向腐胺提供丙氨基而逐步形成亚精胺与精胺；③赖氨酸脱羧则形成尸胺。值得注意的是：亚精胺与精胺的合成与 SAM 有关，因此多胺与乙烯合成相互竞争 SAM。

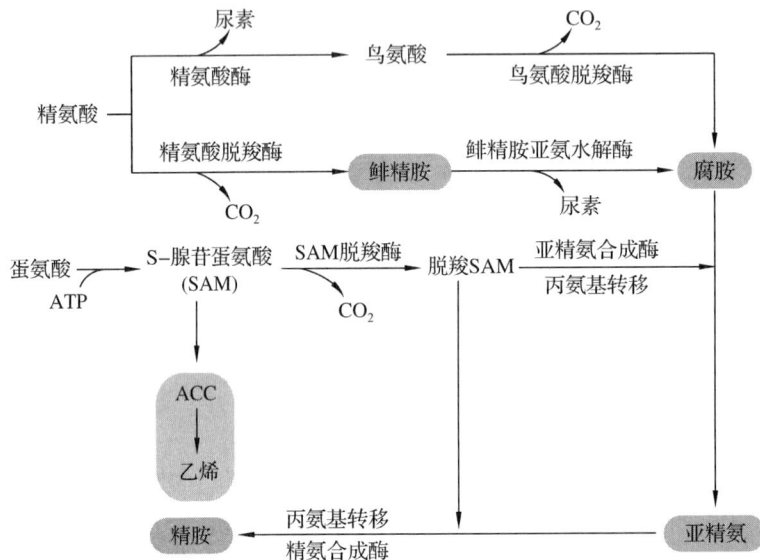

图 12-28　植物中多胺的生物合成途径（潘瑞炽，2004）

多胺在细胞内可通过氧化脱氨而降解生成醛或其衍生物、NH_3 和 H_2O_2。植物中至少已发现 3 种多胺氧化酶。

（2）多胺的生理效应和应用

①促进生长　休眠菊芋的块茎是不进行细胞分裂的，但如果在培养基中加入多胺，则块茎的细胞能进行分裂和生长，并刺激形成层的分化与维管束组织的形成。亚精胺能够刺激菜豆不定根数的增加和生长的加快。有证据表明多胺能影响核酸代谢，促进蛋白质合成，从而促进生长。

②延缓衰老　置于暗中的燕麦、豌豆、菜豆、油菜、烟草、萝卜等叶片，在被多胺处理后均能延缓衰老进程。而且发现，前期多胺能抑制蛋白酶与 RNA 酶活性的提高，减慢蛋白质的降解速率，后期则延缓叶绿素的分解。多胺和乙烯有共同的生物合成前体 S-腺苷蛋氨酸，多胺通过竞争 S-腺苷蛋氨酸而抑制乙烯的生成，从而起到延缓衰老的作用。

③适应逆境条件性　高等植物体内的多胺对各种不良环境是十分敏感的，即在各种胁迫条件(水分胁迫、盐分胁迫、渗透胁迫、pH变化等)下，多胺的含量水平均明显提高，这有助于植物抗性的提高。例如，绿豆在高盐环境下根部腐胺合成加强，由此可维持阳离子平衡，保护质膜稳定去适应渗透胁迫。

多胺还可调节与光敏色素有关的生长和形态建成，调节植物的开花过程，并能提高种子活力和发芽力，促进根系对无机离子的吸收等。

12.8.1.2　茉莉酸

(1)茉莉酸的种类和分布

茉莉酸类是广泛存在于植物体内的一类化合物，现已发现了30多种。茉莉酸(jasmonic acid，JA)和茉莉酸甲酯(methyl jasmonate，JA-Me)是其中最重要的代表(图12-29)。

图12-29　茉莉酸和茉莉酸甲酯结构

JA：R＝H　JA－Me：R＝CH₃

游离的茉莉酸首先是在1971年从真菌培养滤液中被分离鉴定，并作为一种植物生长抑制剂，后来发现许多高等植物中都含有JA。而JA-Me则是1962年从茉莉属(*Jasminum*)的素馨花(*J. officinale* var. *grandiflorum*)中分离出来作为香精油的有气味化合物。

茉莉酸的化学名称是3－氧－2－(2′－戊烯基)－环戊烷乙酸〔3－oxo－2－(2′－pentenyl)－cyclopentanic acetic acid〕，其生物合成前体来自膜脂中的亚麻酸(linolenic acid)，目前认为JA的合成既可在细胞质中，也可在叶绿体中。

茉莉酸类广泛分布于各种植物，目前在160多个科的206种植物(包括藻类、蕨类、藓类和真菌)中均发现，被子植物中分布最普遍。通常JA在茎端、嫩叶、未成熟果实、根尖等处含量较高，生殖器官特别是果实比营养器官如叶、茎、芽的含量丰富。

茉莉酸类通常在植物韧皮部系统中运输，也可在木质部及细胞间隙运输。

(2)茉莉酸的生理效应和应用

茉莉酸类可引起多种形态或生理效应，其生理作用有促进的、也有抑制的。促进作用如乙烯合成，叶片衰老，叶片脱落，气孔关闭，呼吸作用，蛋白质合成，块茎形成。抑制作用如种子萌发，营养生长，花芽形成，叶绿素形成，光合作用。

JA还能提高植物的抗逆性，增强对病虫和机械伤害的防卫能力。

茉莉酸与脱落酸结构有相似之处，其生理效应也有许多相似的地方，但也有独特之处。如JA不抑制IAA诱导燕麦芽鞘的伸长弯曲，不抑制含羞草叶片的蒸腾，不抑制茶的花粉萌发等。

JA的作用机制主要是诱导特异蛋白质的合成。据报道，JA诱导产生的蛋白质有十多种，其中大多数是植物抵御病虫害、物理或化学伤害而诱发形成的，具有防卫功能。例如，JA可诱导番茄和马铃薯叶片形成蛋白酶抑制物从而保护尚未受伤的组织，以免继续伤害。由受伤害的植株发散出的JA－Me也可使距离较远的健康番茄植株产生蛋白酶抑制剂。还有少数蛋白质具有贮藏功能。

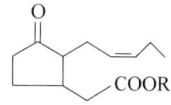

12.8.1.3 水杨酸

(1) 水杨酸的分布与代谢

1763 年英国的斯通(E. Stone)首先发现柳树皮有很强的收敛作用，可以治疗疟疾和发烧。后来发现这是柳树皮中所含的大量水杨酸糖苷在起作用，于是经过许多药物学家和化学家的努力，医学上便有了阿司匹林(aspirin)药物的问世。阿司匹林即乙酰水杨酸(acetylsalicylic acid)，在生物体内可很快转化为水杨酸(salicylic acid，SA)(图 12-30)。20 世纪 60 年代后，人们开始发现了 SA 在植物中的重要生理作用。

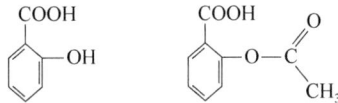

图 12-30 **水杨酸**(左)**与乙酰水杨酸**(右)

SA 在植物体中的分布一般以产热植物的花序较多，在不产热植物的叶片等器官中也含有 SA。植物体内 SA 的合成来自反式肉桂酸(trans–cinnamic acid)，即由莽草酸(shikimic acid)经苯丙氨酸(phenylalanine)形成反式肉桂酸，再经系列反应生成苯甲酸(benzoic acid)，最后转化成 SA。

水杨酸能溶于水，易溶于极性的有机溶剂。植物组织中的 SA 除了游离形式外，还可以葡糖苷的形式存在。SA 被水杨酸酯葡萄糖基转移酶催化转变为水杨酸 2 – 氧 – β – 葡糖苷后，可防止植物体内因 SA 含量过高而产生的不利影响。

(2) 水杨酸的生理效应和应用

①生热效应 天南星科植物佛焰花序有生热现象，其原因是佛焰花序开花前，雄花基部产生 SA，激活抗氰的非磷酸化途径，导致剧烈放热。在严寒条件下花序产热，保持局部较高温度有利于开花结实。此外，高温有利于花序产生具有臭味的胺类和吲哚类物质的蒸发，以吸引昆虫传粉。可见，SA 诱导的生热效应是植物对低温环境的一种适应。

②增强抗性 SA 最受关注的效应是其与植物的抗病性相关。一些抗病植物受病原微生物侵染后，会诱发 SA 的形成，进一步形成病原相关蛋白(pathogenesis related protein，PR)，抵抗病原微生物，提高抗病能力。实验证明，抗性烟草植株感染烟草花叶病毒(TMV)后，产生的系统抗性与 9 种 mRNA 的诱导活化有关，施用外源 SA 也可诱导这些 mRNA。进一步研究表明，病菌的侵染或外源 SA 的施用能使本来处于不可翻译态的 mRNA 转变为可翻译态。因此，内源 SA 可能在激活 PR 蛋白基因以及建立过敏反应和系统获得性抗性(SAR)的信号转导途径中扮演着关键的角色。

③其他作用 SA 还抑制蒸腾、抑制 ACC 转变为乙烯，被用于切花保鲜；SA 可抑制大豆的顶端生长，促进侧生生长，增加分枝数量、单株结荚数及单荚重；诱导浮萍开花等。

12.8.1.4 其他植物生长调节剂

植物激素在体内含量甚微。因此，在生产上广泛应用受到限制，生产上应用主要是人工合成的生长调节剂。根据对生长的效应，可以将植物生长调节剂分为 3 类：

①生长促进剂(growth promoter) 这些生长调节剂可以促进细胞分裂、分化和伸长生长，也可促进植物营养器官的生长和生殖器官的发育。如吲哚丙酸、萘乙酸、激动素、6 - 苄基腺嘌呤、二苯基脲(DPU)、长孺孢醇等。

②生长抑制剂(growth inhibitor) 它们抑制植物顶端分生组织的生长，使茎顶端分生组织细胞的核酸和蛋白合成受阻，影响了分生组织细胞的伸长和分化，从而破坏顶端优势，植株生长矮小，但侧枝数目增加。外施生长素等可以逆转这种抑制效应，而外施赤霉素则无效，因为这种抑制作用不是由于缺少赤霉素而引起的。常见的生长抑制剂有三碘苯甲酸、青鲜素、水杨酸、整形素等。

③生长延缓剂(growth retardant) 它们抑制植物亚顶端分生组织生长的生长，使节间缩短，叶和节数不变，株型紧凑、矮小，生殖器官不受影响或影响不大。亚顶端分生组织中的细胞主要是伸长，由于赤霉素在这里起主要作用，而该类抑制剂能抑制赤霉素的生物合成，所以外施赤霉素往往可以逆转这种效应。这类物质包括矮壮素、多效唑、比久(B_9)等。

上述分类方法通常是以使用目的而定的。同一种调节剂由于浓度不同，对生长的作用也可能不同。如生长素类调节剂2,4 - D，低浓度时促进植物生长，而高浓度则会抑制生长，甚至杀死植物成为除草剂；即使是同一种浓度的生长调节剂施用于不同植物、不同器官或生长发育的不同时期，生理效应也可能不同。

(1)生长素类

生长素类的调节剂种类很多，包括吲哚衍生物，如吲哚丙酸(indole propionic acid，IPA)和吲哚丁酸(indole butyric acid，IBA)等；萘酸衍生物，如 α - 萘乙酸(α - naphthalene acetic acid，NAA)、萘乙酸钠、萘乙酰胺等；氯化苯衍生物，如 2,4 - 二氯苯氧乙酸(2,4 - D)、2,4,5 - 三氯苯氧乙酸(2,4,5 - T)、4 - 碘苯氧乙酸(4iodophenoxyacetic acid)等。

生长素类调节剂在农业上应用最早。有些人工合成的生长素类物质，如萘乙酸、2,4 - D等，由于原料丰富，生产过程简单，可以大量制造。此外，它们不像 IAA 那样在体内会受吲哚乙酸氧化酶的破坏，因而效果稳定，在农业上得到了广泛的推广使用。但因其浓度和用量的不同，对同一植物组织会有完全不同的效应，使用时必须注意用药浓度、药量、使用时期及植物的生理状态等。

(2)赤霉素类

生产上应用和研究最多的是 GA_3。此外也有应用 GA_{4+7}(为30% GA_4 和70% 的 GA_7 混合物)和 GA_{1+2}(GA_1 和 GA_2 的混合物)的，都是从赤霉菌培养过滤液中提取而来。

(3)细胞分裂素类

常用的有激动素(KT)和 6 - 苄基腺嘌呤(6 - BA)，此外还有 CPPU(N - (2 - 氯 - 4 - 吡啶基) - N - 苯基脲)及玉米素等，其价格昂贵，主要用于组织培养。

(4)乙烯释放剂

由于乙烯在常温下呈气态，所以，即使在温室内，使用起来也十分不便。常用的是各种乙烯释放剂，这些乙烯释放剂在适当条件下释放出乙烯。其中乙烯利(ethrel)的生物活性较高，被应用得最广。乙烯利是一种水溶性的强酸性液体，其化学名称称作 2 - 氯乙基膦酸(2 - chloroethyl phosphonic acid，CEPA)，在 pH <4 的条件下稳定，当 pH >4 时，可以分解放出乙烯，pH 值越高，产生的乙烯越多。

乙烯利易被茎、叶或果实吸收。由于植物细胞的 pH 一般大于 5，所以，乙烯利进入组织后可水解放出乙烯（不需要酶的参加），对生长发育起调节作用。

(5) 生长抑制剂

①三碘苯甲酸   三碘苯甲酸（2, 3, 5 - triiodobenzoic acid，TIBA）的分子式为 $C_7H_3O_2I_3$，它可以阻止生长素运输，抑制顶端分生组织细胞分裂，使植物矮化，消除顶端优势，增加分枝。生产上多用于大豆，开花期喷施 $125\mu l \cdot L^{-1}$ TIBA，能使豆梗矮化，分枝和花芽分化增加，结荚率提高，增产显著。

②整形素   整形素（morphactin）的化学名称是 9 - 羟基芴 - (9) - 羧酸甲酯，用于禾本科植物，它能抑制顶端分生组织细胞分裂和伸长、茎伸长和腋芽滋生。可使植株矮化成灌木状，常用来塑造木本盆景。整形素还能消除植物的向地性和向光性。

③青鲜素   青鲜素也叫马来酰肼（maleic hydrazide，MH），分子式为 $C_4H_4O_2N_2$，化学名称是顺丁烯二酸酰肼，其作用与生长素相反，抑制茎的伸长。其结构类似尿嘧啶，进入植物体后可以代替尿嘧啶，阻止 RNA 的合成，干扰正常代谢，从而抑制生长。MH 可用于控制烟草侧芽生长，抑制鳞茎和块茎在贮藏中发芽。有报道，较大剂量的 MH 可以引起试验动物的染色体畸变，建议使用时注意适宜的剂量范围和安全间隔期，且不宜施用于食用作物。

(6) 生长延缓剂

①PP$_{333}$（paclobutrazol）   PP$_{333}$ 又名氯丁唑，化学名称为 1 - (对 - 氯苯基) - 2 - (1, 2, 4 - 三唑 - 1 - 基) - 4, 4 - 二甲基 - 戊烷 - 3 醇，是英国 ZCJ 公司 20 世纪 70 年代推出的一种新型高效生长延缓剂，国内也叫多效唑（MET）。PP$_{333}$ 的生理作用主要是阻碍赤霉素的生物合成，同时加速体内生长素的分解，从而延缓、抑制植株的营养生长。PP$_{333}$ 广泛用于果树、花卉、蔬菜和大田作物，可使植株根系发达，植株矮化，茎秆粗壮，并可以促进分枝，增穗增粒、增强抗逆性等，另外还可用于海桐、黄杨等绿篱植物的化学修剪。然而，PP$_{333}$ 的残效期长，影响后茬作物的生长，目前有被烯效唑取代的趋势。

②矮壮素   矮壮素又名 CCC，是 chlorocholine chloride（2 - 氯乙基三甲基氯化铵）的简称，属于季铵型化合物。矮壮素能抑制赤霉素的生物合成过程，所以是一种抗赤霉素剂，它与赤霉素作用相反，可以使节间缩短，植株变矮、茎变粗，叶色加深。CCC 在生产上较常用，可以防止小麦等作物倒伏，防止棉花徒长，减少蕾铃脱落，也可促进根系发育，增强作物抗寒、抗旱、抗盐碱能力。

③Pix   它是 1, 1 - 二甲基哌啶 鎓氯化物（1, 1 - dimethyl pipericlinium chloride），国内俗称缩节安、助壮素、皮克斯等，它与 CCC 相似。生产上主要用于控制棉花徒长，使其节间缩短，叶片变小，并且减少蕾铃脱落，从而增加棉花产量。

④比久   它是二甲胺琥珀酰胺酸（dimethyl aminosuccinamic acid）的俗称，也叫阿拉，B$_9$。比久可抑制赤霉素的生物合成，抑制果树顶端分生组织的细胞分裂，使枝条生长缓慢，抑制新梢萌发，因而可代替人工整枝。同时有利于花芽分化，增加开花数和提高坐果率。比久可防止花生徒长，使株型紧凑，荚果增多。比久残效期长，影响后茬作物生长，有人还认为比久有致癌的危险，因此不宜用在食用作物上，不要在临近收获时再施用。

⑤烯效唑   烯效唑又名 S - 3307，优康唑，高效唑，化学名称为（E）- (对 - 氯苯基) -

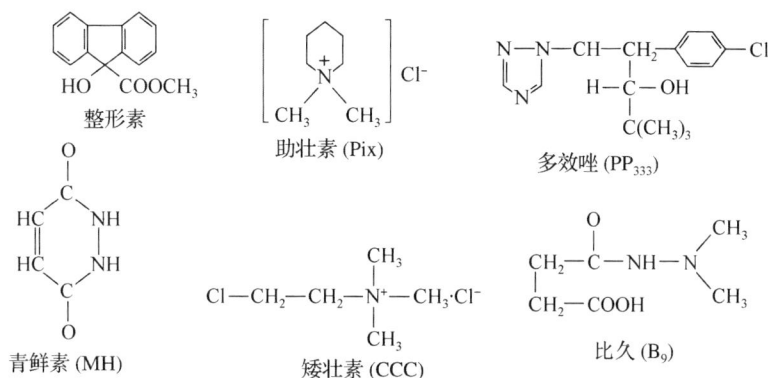

图 12-31 部分植物生长抑制物质

$2-(1,2,4-$ 三唑 $-1-$ 基 $)-4,4-1-$ 戊烯 -3 醇。能抑制赤霉素的生物合成，有强烈抑制细胞伸长的效果。有矮化植株、抗倒伏、增产、除杂草和杀菌(黑粉菌、青霉菌)等作用。

12.8.2 植物生长调节剂的应用

12.8.2.1 植物生长物质的应用效果

由于植物激素广泛参与调控植物生长发育、代谢以及植物与外界环境的相互作用等，因此自从发现植物激素以来，对其研究几乎涉及植物生物学的各个领域。植物生长调节剂因其成本低、收效快、效益高、节省劳动力等优点，自从20世纪40年代问世以来，已在粮食和经济作物、果树、蔬菜、林木、花卉、食用菌以及植物组织培养等方面进行了广泛的应用，并获得了显著的效益。其主要调节功能有：调节植物内部的化学组成或果实的颜色；启动或终止种子、芽及块茎的休眠；促进发根和根的生长；控制植株或器官大小；提前、推迟或阻止开花；诱导或控制叶片或果实的脱落；调节坐果率及果实的进一步发育；促进植株从土壤中吸收矿质营养；改变作物发育的起始时间；增加植物的抗病虫能力和抗逆能力等。

(1)调节作物生长发育

在田间条件下施用植物生长调节物质，对作物生长发育各个环节进行调节，以提高作物产量和改善产品品质。如花期调节、组织培育中的器官分化、苗速生繁殖、壮苗培育等。

(2)提高经济系数

如生长延缓剂用于植物矮化，改良农作物和果树栽培方式等，以增加农产品的经济产量。

(3)调控农产品的成熟保鲜贮藏

如调节种子、延存器官的萌发和休眠，果蔬的催熟、保鲜、安全贮藏、运输等。

(4)增强作物抗逆性

在各种逆境条件下通过外施生长调节物质，改变植物内源激素的平衡状态，增强抗逆性。

(5)辅助基因工程和品种选育

植物激素和生长调节剂可以改变植物体内的核酸和蛋白质代谢，诱导染色体变化、倍性变异、性别转变等，可为选育高产、优质、抗逆性强的新品种提供丰富的、有价值的育种材料。

表 12-2　植物激素和生长调节剂在农业上的应用（潘瑞炽，2004）

目　的	试　剂	作　用	使用方法
延长休眠	NAA 甲酯	马铃薯块茎	0.4% ~ 1% 粉（泥粉）
破除休眠	GA	马铃薯块茎	0.5 ~ 1mg · L^{-1} 浸泡 10 ~ 15min
		桃种子	100 ~ 200mg · L^{-1}，浸 24h
促进营养生长	GA	芹菜	50 ~ 100mg · L^{-1}，采前 10d 喷施
		菠菜、莴苣	10 ~ 30 mg · L^{-1}，采前 10d 喷施
		茶	100mg · L^{-1}，芽叶刚伸展时喷施
控制营养生长	PP$_{333}$	花生	250 ~ 300mg · L^{-1}，临花后 25 ~ 30d 喷施
		水稻	250 ~ 300mg · L^{-1}，一叶一针期喷施
		油菜	100 ~ 200mg · L^{-1}，二叶一心期喷施
		甘薯	30 ~ 50mg · L^{-1}，薯块膨大初期喷施
	Pix	棉花	100 ~ 200mg · L^{-1}，始花至初花期喷施
	TIBA	大豆	200 ~ 400mg · L^{-1}，开花期喷施
	CCC	小麦	0.3% ~ 1%，浸种 12h
	B$_9$	花生	500 ~ 1000mg · L^{-1}，始花后 30d 喷施
	烯效唑	水稻	20 ~ 50mg · L^{-1}，浸种 36 ~ 48h
		小麦	16mg · L^{-1} 浸种 12h
		大豆	50 ~ 70mg · L^{-1}，始花期喷施
		水仙	100mg · L^{-1}，浸球茎 1 ~ 3h
插条生根	IBA	杧果	0.5 ~ 1mg · L^{-1}，蘸 3s
		葡萄	50mg · L^{-1} 浸 8h
		番茄	1000mg · L^{-1} 浸 10min
		瓜叶菊	1000mg · L^{-1}，浸 24h
	NAA	锦熟黄杨	1000mg · L^{-1} 粉剂
		甘薯	500mg · L^{-1}，粉剂，定植前蘸根
		甘薯	50mg · L^{-1}，水剂，浸苗基部 12h
促进泌胶乳	乙烯利	橡胶树	8% 溶液涂于树干割线下
促进开花	乙烯利 GA	菠萝	400 ~ 1000mg · L^{-1}，营养生长成熟后，从株心灌 50mL/株
		郁金香	400mg · L^{-1} 筒状叶长 10 ~ 20cm，灌入 1ml/株
促进雌花发育	乙烯利	黄瓜、南瓜	100 ~ 200mg · L^{-1} 1 ~ 4 叶期喷施
促进雄花发育	GA	黄瓜	50 ~ 1000mg · L^{-1}，2 ~ 4 叶期喷施
促进抽穗	GA	水稻	30mg · L^{-1} 稻穗破口期喷施
延迟抽穗	PP$_{333}$	水稻	100 ~ 200mg · L^{-1}，花粉母细胞形成期喷施
防止落叶	2,4 - D 钠盐	大白菜	25 ~ 50mg · L^{-1}，采收前 3 ~ 5d 喷施
		甘蓝	100 ~ 500mg · L^{-1}，采收前喷施
延缓衰老	6 - BA	水稻	10 ~ 100mg · L^{-1}，始穗后 10d 喷施

（续）

目　的	试　剂	作　用	使用方法
保花保果	2,4 - D	番茄、茄子	30 ~ 50 mg·L^{-1}，浸花或喷花
	6 - BA	柑橘	15 ~ 30mg·L^{-1}，处理幼果，2 次
疏花疏果	PP$_{333}$	桃	500 ~ 1000 mg·L^{-1}，花期喷施
	吲熟酯	柑橘	200 ~ 400mg·L^{-1}，盛花期喷施
	乙烯利	苹果	300mg·L^{-1}，花蕾膨大期喷施
果实催熟	乙烯利	香蕉	1000mg·L^{-1}，浸果 1 ~ 2min
		柿子	500mg·L^{-1}，浸果 0.5 ~ 1min
促进结实	BR	玉米	0.01mg·L^{-1}，吐丝前后喷施
	6 - BA	苹果	300mg·L^{-1}，果实膨大期喷施

12.8.2.2　应用植物生长物质的注意事项

生长调节剂在生产实践中得到了广泛的推广和应用，成功的例子很多，但失败的教训也时有发生，这主要是对生长调节剂的特性认识不够和使用不当所造成的。以下几点事项应引起重视。

（1）明确生长调节剂的性质

首先要明确生长调节剂不是营养物质，也不是万灵药，更不能代替其他农业措施。只有配合水、肥等管理措施施用，方能发挥其效果。

（2）要根据不同对象（植物或器官）和不同的目的选择合适的药剂

如促进插枝生根宜用 NAA 和 IBA，促进长芽则要用 KT 或 6 - BA；促进茎、叶的生长用 GA；提高作物抗逆性用 BR；打破休眠、诱导萌发用 GA；抑制生长时，草本植物宜用 CCC，木本植物则最好用 B$_9$；葡萄、柑橘的保花保果用 GA，鸭梨、苹果的疏花疏果则要用 NAA。

研究发现，两种或两种以上植物生长调节剂混合使用或先后使用，往往会产生比单独施用更佳的效果，这样就可以取长补短，更好地发挥其调节作用。此外，生长调节剂施用的时期也很重要，应注意把握。

（3）正确掌握药剂的浓度和剂量

生长调节剂的使用浓度范围极大，可从 0.1μg·L^{-1} 到 5000μg·L^{-1}，这就要视药剂种类和使用目的而异。剂量是指单株或单位面积上的施药量，而实践中常发生只注意浓度而忽略了剂量的偏向。正确的方法应该是先确定剂量，再定浓度。浓度不能过大，否则易产生药害，但也不可过小，过小又无药效。药剂的剂型，有水剂、粉剂、油剂等，施用方法有喷洒、点滴、浸泡、涂抹、灌注等，不同的剂型配合合理的施用方法，才能收到满意的效果，此外，还要注意施药时间和气象因素等。

（4）先试验，再推广

为了保险起见，应先做单株或小面积试验，再中试，最后才能大面积推广，不可盲目草率，否则一旦造成损失，将难以挽回。

小　结

植物生长物质是指能调节植物生长发育的微量化学物质，包括植物激素、植物生长调节剂和其他植物生理活性物质。植物激素是植物体内天然产生的，植物生长调节剂是人工合成或外用于植物的。主要的植物激素有六大类：生长素类、赤霉素类、细胞分裂素类、脱落酸、乙烯和油菜素内酯。

生长素类中的吲哚乙酸是首先被发现的植物激素，它能促进细胞的分裂和伸长，主要由 L - 色氨酸合成。生长素具有极性运输的特征，有促进插枝生根、抑制器官脱落、性别控制、延长休眠、顶端优势、单性结实等作用。酸生长理论和基因活化学说可用于解释生长素促进细胞的伸长生长。属于生长素类的植物生长调节剂有吲哚丁酸、NAA、2,4 - D 等。

赤霉素是迄今发现种类最多的一类激素，已发现 125 种，具有赤霉素烷环的基本结构，最常见的是 GA_3。赤霉素的主要作用是加速细胞的伸长生长。赤霉素能诱发禾谷类糊粉层细胞 α - 淀粉酶的生物合成，G - 蛋白和 cGMP 为 α - 淀粉酶基因表达的信号转导链的成员。赤霉素还有促进营养生长、诱导开花、防止脱落、打破休眠等作用。

细胞分裂素是以促进细胞分裂为主的一类激素，为腺嘌呤的衍生物，主要合成部位是根尖分生组织。天然存在的细胞分裂素有玉米素、玉米素核苷和异戊烯基腺苷等；人工合成的有激动素和 6 - 苄基腺嘌呤等。细胞分裂素有促进细胞分裂和扩大、诱导芽的分化、延缓叶片衰老等作用。

脱落酸是种子成熟和抗逆信号的激素，为倍半萜化合物，高等植物中主要由间接途径合成。脱落酸除具有抑制细胞分裂和伸长的作用，还有促进脱落和衰老、促进休眠和提高抗逆能力等作用。

乙烯是一种气体激素，是促进衰老和成熟的植物激素。其生物合成的前体是蛋氨酸，ACC 是其合成的直接前体。植物生长的"三重反应"和促进果实成熟是乙烯重要的生理作用，还有促进衰老、脱落、次生物质分泌，影响分化、开花等作用。

油菜素内酯可促进植物生长，细胞伸长和分裂，促进光合作用，增强抗性。

除了上述六大类激素以外，植物其他内源生长物质还包括多胺、茉莉酸、水杨酸等。

植物生长抑制物质包括生长抑制剂和生长延缓剂。前者如三碘苯甲酸、整形素等，抑制植物顶端分生组织的生长，使株型发生变化，外施生长素等可以逆转这种抑制效应；后者如 PP_{333}，CCC 等，抑制茎亚顶端分生组织的延长，使节间缩短，外施赤霉素等可以逆转这种抑制效应。

植物生长物质已广泛应用于农业生产，应用前景广阔。使用时必须注意用药浓度、药量、使用时期及植物的生理状态等。

思　考　题

1. 名词解释

植物生长物质　植物激素　植物生长调节剂　极性运输　酸生长理论　三重反应　激素受体　植物生长延缓剂　植物生长抑制剂　IAA　NAA　GA　GA_3　CTK　6 - BA　ABA　ETH　JA　JA - Me　PA　SA　BR　PP_{333}　CCC　ACC　IBA　2,4 - D　B_9　KT　Pix　MH

2. 相对于动物激素，植物激素有哪些特点？

3. 如何证明 IAA 是极性运输的？

4. 为什么切去顶芽会刺激腋芽的发育？如何解释生长素抑制腋芽生长而不抑制产生生长素的顶芽的

生长?

5. 试述 IAA 促进植物细胞伸长的机理。

6. 赤霉素如何诱导禾谷类糊粉层细胞 α – 淀粉酶的生物合成? 如何证明?

7. 脱落酸如何诱导气孔关闭?

8. CTK 如何延缓植物衰老?

9. 乙烯是如何形成的? 哪些因素促进或抑制其合成? 它如何诱导果实的成熟?

10. 简述六大类激素的生理功能。

11. 为什么很低浓度的激素就会对生理过程表现出非常显著的效应?

12. 举例说明激素信号传导在植物发育调节中的作用。

13. 植物激素之间在合成和生理作用方面有何相互关系?

14. 植物生长延缓剂和植物生长抑制剂有何区别?

15. 植物生长物质在农业生产中有哪些方面的应用? 应注意些什么?

第13章 植物的光形态建成

13.1 光形态建成的概念与特点

13.1.1 光形态建成与暗形态建成

13.1.1.1 光形态建成

植物的光生物学(photobiology)有两大分支,即光合作用和光形态建成。习惯上把生命周期中呈现的个体及其器官的形态结构的形成过程,称作形态发生或形态建成(morphogenesis)。光在植物的分化、生长、发育的各个进程中起调节控制作用,这些调节作用表现在分子、细胞、组织和器官各个水平层次的变化上,就是光形态建成(photomorphogenesis),亦即植物的光控发育作用。

因此,光对植物生长有两种作用:间接作用和直接作用。间接作用即是光合作用,由于植物必须在较强的光照下才能合成足够的光合产物供生长需要,因此光合作用对光能的需要是一种高能反应,光在此为植物生长发育提供足够的能量。直接作用是指光形态建成,如光促进需光种子的萌发、幼叶的展开、叶芽与花芽的分化、黄化植株的转绿、叶绿素的形成、生物节律、基因表达、向地性和向光性等。由于光形态建成只需短时间、较弱的光照就能满足,因此光形态建成对光的需要是一种低能反应,光在此为植物生长发育给以适当的信号。

和光合作用转化并贮存大量的光能不同,光形态建成反应所需的能不是从光本身来的,而是靠植物细胞内贮存的能量转化而来。低能的光只是一个信号,引起光受体的变化,又经过一系列中间过程并消耗体内许多能量之后,才在产物的积累和结构形态上产生一个可见的变化。作为信号,只需要极弱的光。如果比较这两个过程所需要的光能,那么,光形态建成所需红闪光的能量和一般光合作用补偿点的能量相差达 10 个数量级。

光形态建成的研究从 20 世纪 20 年代开始,在 50 年代末发现光敏素之后迅速增多起来,现在更是形成了与光合作用并列的一个分支学科。至今已在各种植物中发现几百个生理生化过程受光调控,其中有些过程是其他基因顺序表达的必要条件。

13.1.1.2 暗形态建成

现代实验植物生理学的奠基人之一,Juliusvon Sachs 在他的著名教科书(*Vorlesungen uber pflanzen-physiologie*)(1882 年)就描述了光与暗对植物生长发育的影响,这也许是关于植物光形态建成的第一个科学性的文献。Sachs 注意到黑暗生长中的幼苗或成熟植株的一部分形成不规则的奇形,瘦弱、伸长的茎以及发育不全的黄化叶。他将这个症状称为黄化症(etiolation illness),如果植株的另一部分暴露在光下,则黄化症就可以减轻,但不可能完全恢复。

就生长而言，只要条件适宜，并有足够的有机养分供应，植物在黑暗中也能生长。如豆芽发芽、愈伤组织在培养基上生长等。但与正常光照下生长的植株相比，其形态上存在着显著的差异，如茎叶淡黄、茎秆细长、叶小而不伸展、组织分化程度低、机械组织不发达、水分多而干物质少等。黄化植株每天只要在弱光下照光数十分钟就能使茎叶逐渐转绿，但组织的进一步分化又与光照的时间与强度有关，即只有在比较充足的光照下，各种组织和器官才能正常分化，叶片伸展加厚，叶色变绿，节间变短，植株矮壮。光促进幼叶的展开，抑制茎的伸长。如草坪中长在树下的草比空旷处的草长得要高；黑暗中生长的幼苗比光下生长的幼苗要高（图13-1）。

光照和黑暗条件下不但植物的形态特征不同，而且细胞分化和化学成分也有极大的差异。这种差异是植株适应不同环境基因差别表达的结果，因此，许多学者建议用暗形态建成（skotomorphogenesis），而不用黄化现象（etiolation）甚至黄化症（etiolation illness）来表述黑暗环境对植物生长发育的影响更有道理。如十字花科植物拟芥

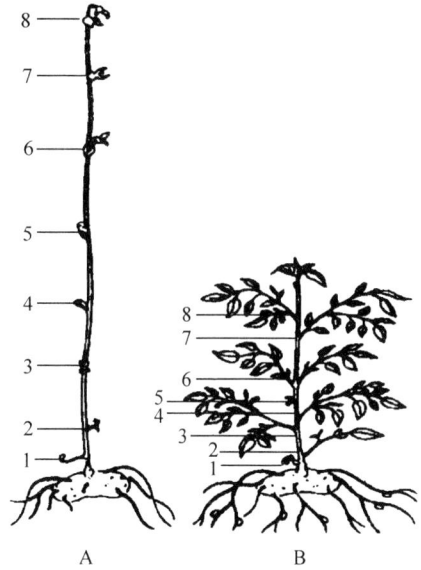

图13-1 光、暗条件下生长的马铃薯幼苗
A. 黑暗中生长的幼苗   B. 光下生长的幼苗
1~8 指茎节的顺序

南在光下幼苗植株下胚轴短，子叶扩展，叶绿体分化明显；而暗下则恰恰相反，下胚轴长，具顶端钩，子叶不展开，质体不分化。不论光形态建成或暗形态建成都被认为是自养植物对自然环境的特殊适应，以尽可能地适应生存条件的变化。暗形态建成虽具有个体的全部遗传信息，但它的大部分基因不能表达出来。只有在一定的光照条件下，植物的基因才能充分地表达。

13.1.2 光受体与光形态建成

13.1.2.1 光受体

光化学定律认为，光要引起一定的作用，首先必须被吸收。植物中除含有大量的叶绿素、类胡萝卜素和花青素外，还含有一些微量色素。这些微量色素因能感受光质、光强、光照时间、光照方向等信号的变化，进而影响植物的形态建成，故被称为光受体（phytoreceptor），即光感受系统。

光受体是植物感受外界环境变化的关键。植物能对不同的光质做出不同的反应，表明它们采用特有的光信号来确定自身在时间和空间上所处的位置，从而使其生长、代谢及发育同外界环境相一致。植物体内的光受体主要包括：①光敏素（phytochrome，phy），感受红光和远红光，还参与光暗交互循环的同步昼夜节律生物钟等；②隐花色素（cryptochrome，cry）或称蓝光/紫外光-受体（blue/UV-A receptor），感受蓝光和近紫外光（紫外光A）；③紫外光-B受体（UV-B receptor），感受较短波长的紫外光（紫外光-B）；④向光素（phototropin，phot），感受蓝光/UV-A甚至绿光。其中光敏素是发现最早、研究最为深入的一种光受体。隐花色素和向光素都能感受蓝光，通常都称为蓝光受体（blue light receptor）。其中隐花色素调控植物伸长生长、开花时间以及生物体的生理节奏；而向光素则参与调节植物的一系列运动反应，包括向

光性、叶绿体运动及气孔开启。

13.1.2.2　植物激素与光形态建成

植物激素与光形态建成关系密切。如光对植物生长的抑制作用与光对生长素的破坏有关。实验表明，红光可使自由型的 IAA 转变为束缚型 IAA，还可促进 IAA 氧化酶的活性，加速 IAA 的分解，使 IAA 的含量下降，抑制植物的生长。

细胞分裂素处理可以导致黑暗中萌发生长的黄化苗呈现光下生长的表型，例如，下胚轴变短变粗，子叶开张等，并伴有明显的质体发育，因此认为光信号通路与细胞分裂素信号通路可能通过共同的中间信号分子调节光形态建成。后来的研究发现光受体突变体 *phyB* 和 *cry*1 均表现出对细胞分裂素不敏感，表明细胞分裂素信号通路中的关键组分参与了光信号转导的调控。

拟南芥的油菜素内酯（BR）合成相关突变体 *det*2，*cpd* 和 *dwf*4 等生长在黑暗中也表现出去黄化的特征，即幼苗胚轴缩短和子叶张开，可能是由于突变导致黑暗中诱导了部分光控基因的表达。与野生型的黄化苗相比，*det*2 在黑暗生长中一个编码花青素合成酶的基因 *CHS* 的表达量提高了 50 倍以上。BR 和光信号还可以在信号传递过程中相互作用。研究表明光信号可以调控 BR 的合成途径，BR 的信号转导参与调节不同光照条件下的向性反应。拟南芥 BR 合成突变体表现出明显的光生长形态的异常，并且这些表型可以为外源 BR 恢复。

黄化大麦经红光照射后，GA 含量急剧上升；光敏素可促进卷曲幼叶中 GA 的形成和质体中 GA 的释放；光下乙烯的生物合成受阻而使幼苗下胚轴弯曲张开和伸直；植物激素可以模拟某些光诱导反应，如 GA，CTK 可替代或部分替代光的作用，使休眠需光种子萌发。

13.1.2.3　光形态建成若干实例

褐藻之一墨角藻假根的产生是光形态建成中细胞分化的例子。墨角藻的卵在水中可自由游动。当受精卵受到单方向光照时，背光的一面在受精后 14h 开始形成突起，而纺锤体的轴是与光照方向平行的，因而形成的胞壁与光的方向垂直。新形成的细胞壁将细胞分割为大小不等的两个细胞，较大的发育成叶状体，较小的则成为假根，墨角藻以假根固定在附着物上。进一步研究发现，照光能使 Ca^{2+} 在细胞中产生浓度梯度，即照光的一面 Ca^{2+} 从细胞中流出，而背光的一面 Ca^{2+} 则从介质中流入。同时由肌动蛋白组装的微丝以及大量的线粒体、高尔基体、核糖体等细胞器都聚集在背光一侧，细胞核也向背光一侧移动（图 13-2）。这样，Ca^{2+} 梯度和微丝聚集使细胞产生极性而引起不均等的分裂。

与墨角藻受到不均一刺激不同的是，把蕨类植物的原叶体置于液体培养基中进行振荡培养，由于重力及光照的单方向刺激均受干扰，原叶体与培养基的接触也变得均一，从而使其生长不再表现出极性，而长成一团不定形的愈伤细胞。

植物在黑暗中伸长特别快的特点有其适应意义，它可使植株从土壤中或暗处很快伸长到光亮处。如土中的种子萌发后可迅速出土见光进行自养，这对贮藏养分少的小粒种子显得十分重要。此外，在蔬菜生产中，也可利用黄化植株组织分化差、薄壁细胞多、机械组织不发达的特点，用遮光或培土的方法来生产柔嫩的韭黄、蒜黄、豆芽菜、葱白、软化药芹等，其茎内机械组织不发达，幼苗柔嫩多汁。作物栽培中，要合理密植，避免因栽种过密而导致群体内光照减弱，不但影响光合作用，而且使茎秆长势细弱，容易倒伏。在水稻机械化育秧中，为了快速培

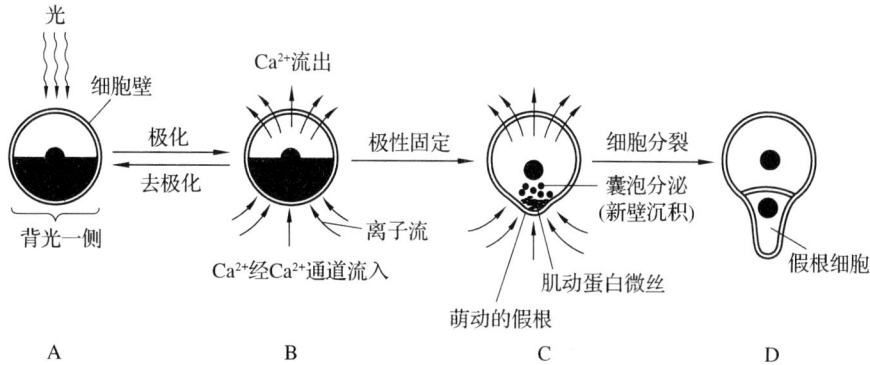

图 13-2　墨角藻受精卵极性建立受光调控的过程
A. 未极化的合子　B. 极性尚未稳定的合子　C. 极化的合子　D. 胚胎产生极性而引起不均等的分裂

育秧龄短而又有一定株高的小苗或乳苗，可在播种后的 2～4d 中，对幼芽(苗)进行遮光处理，使秧苗伸长，以利机械栽插。

不仅光强度对植物生长发育有很大影响，而且不同波长的光对植物生长速度和形态建成的作用也不相同。用能量相同而波长不同的光线照射黑暗中生长的黄化幼苗，结果红光促进叶片伸展，抑制茎的过度伸长，促使黄化苗恢复正常；蓝紫光也抑制生长，使苗矮小。蓝光对植物生长有明显的抑制作用，紫外光的抑制作用更强。高山上的植物长得矮小，就是因为高山上的大气稀薄，紫外光强度较大的缘故。生产上用有色塑料薄膜(红、绿、蓝色)覆盖育出的秧苗，比用无色薄膜育出的苗苗壮且分蘖多，主要原因就在于有色薄膜可吸收部分光能，提高棚内温度，同时，利于透过蓝紫光，使苗矮壮。在水稻育苗时，采用浅蓝色塑料薄膜有利于培育壮秧，因为浅蓝色薄膜可大量透过 400～500nm 的蓝紫光，既可提高增温效果，又可抑制幼苗的生长，促使幼苗强壮。

13.2　光敏素

13.2.1　光敏素的特性

13.2.1.1　光敏素的发现

美国马里兰州贝尔茨维尔(Beltsville)农业部试验站的博思威客(H. A. Borthwick)等人从 1946 年开始，利用大型光谱仪将白光分离成单个的波长成分，对多种植物进行试验，发现不同光质产生相同效应所需的光能存在很大差异。对短日植物(SDP)苍耳与大豆('Biloxi'品种)开花的最大抑制作用产生在光谱的红光区(600～680nm)，其界限在 700nm 左右，在 480nm 左右的黄绿光区作用最小，在较短波长下(近 400nm 的蓝光区)，作用有所增强。另外，他们还对长日植物(LDP)大麦、天仙子进行研究得知抑制短日植物成花的光谱与促进长日植物成花的光谱相似。

在 Flint 和 Mcalister 研究光对莴苣种子萌发的基础上，Borthwick 和 Hendricks 等进一步观察到莴苣种子的萌发可以被红光促进；红光的作用可以被后来照射的远红光所抵消；远红光的作用又可以被红光消除。这就像一个两相的开关，植物只对按下开关的最后一次处理起反应。这种系统不仅在莴苣种子萌发中起作用，而且在开花的控制上也有效。因此，他们提出有种色素存在着两个光转换形式。

1959 年，Butler 等使用一种特制的分光光度计，能够自动记录混浊样品的光学密度的微细变化，成功地检测到黄化芜菁 (*Brassica rapa*) 子叶和黄化玉米 (*Zea mays*) 幼苗体内吸收红光和远红光的色素。利用此种装置测定预先照射红光或远红光的黄化玉米幼苗组织的吸收光谱，发现凡经红光照射的，其红光区域的吸收减少，而远红光区域的吸收增大；反之，照射远红光后，其红光区域的吸收增多，而远红光区域的吸收减少。Borthwick 等 (1960) 命名这种色素物质为光敏素 (phytochrome，phy)。

光敏素存在于除真菌外，几乎各类植物包括藻类、苔藓、地衣、蕨类、裸子及被子植物一切能进行光合作用的植物中，并且分布于各种器官组织中。在植物分生组织和幼嫩器官，如胚芽鞘、芽尖、幼叶、根尖和节间分生区中含量较高。光敏素主要存在于质膜、线粒体、质体和细胞质中。通常黄化苗中光敏素含量比绿色组织中高出 50～100 倍。

13.2.1.2　光敏素的结构与类型

光敏素的两种形式在不同光谱作用下发生相互转换，当光敏素的红光吸收型 (red light - absorbing form，Pr) 吸收了 660nm 的一个光量子，就转变为远红光吸收型 (far - red light - absorbing form，Pfr)，后者是色素的活跃形式。Pfr 可以通过吸收 730nm 的光量子，或在黑暗中转变为 Pr。

Pr 是生理钝化型，Pfr 是生理活化型。在黄化苗中仅存在 Pr 型，照射白光或红光后，没有生理活性的 Pr 型转化为具有生理活性的 Pfr 型；相反，照射远红光后，Pfr 型转化为 Pr 型。Pr 和 Pfr 的吸收光谱在可见光波段上有相当多的重叠，因此在自然光照下植物体内同时存在着 Pfr 型和 Pr 型两种形式。Pfr 在光敏素总量 (Ptot = Pr + Pfr) 中占有一定的比例 (Pfr/Ptot)，这个比例在饱和远红光下为 0.025，在饱和白光下约为 0.6，当 Pfr/Ptot 的比例发生变化时，即可以引起植物体内的生理变化。

也可用 Pr/Pfr 比值表述。提纯的光敏素在溶液中呈现的吸收光谱与作用光谱很接近。用远红光照射光敏素溶液时，几乎所有 Pfr 转换为 Pr，可是用红光照射时，不是所有的 Pr 转换为 Pfr，因其中一部分 Pfr 会逆转成 Pr。红光照射光敏素的吸收光谱表示有一个 Pfr 占优势的某些 Pr 成分的混合物。在这种平衡中，出现一个 Pr/Pfr 特异的比值。在纯光敏素的吸收光谱中，红光建立的光稳定状态是 81% Pfr 和 19% Pr，而当远红光照射时，光敏素转换为 Pr 相当完全，只残留 2% Pfr。

光敏素是一种易溶于水的色素蛋白，在植物体中以二聚体形式存在。红光吸收形式呈蓝绿色，而远红光吸收形式呈浅绿色。每个单体由一条长链多肽脱辅基蛋白 (apoprotein) 与一个线状四吡咯环的发色团 (生色团) (chromophore) 组成，二者以硫醚键连接 (图 13-3)。

光敏素每个亚基的两个组成部分生色团和脱辅基蛋白质合称为全蛋白质 (holoprotein)。生色团与胆绿素 (biliverdin) 结构相似，相对分子质量为 612，具有独特的吸光特性。光敏素的 Pr 和 Pfr 的光学特性不同。Pr 的吸收高峰在 660nm，而 Pfr 的吸收高峰在 730nm (图 13-4)。

多年前人们只知道有一种光敏素分子，现在的光谱学、免疫化学和分子生物学研究认为，

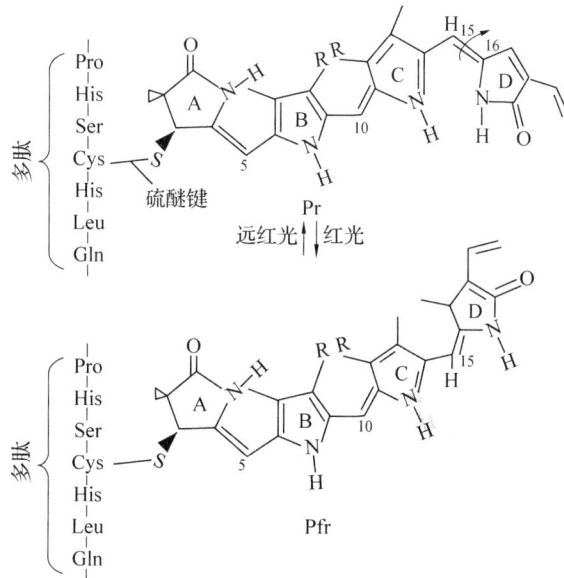

图 13-3 光敏色素 Pr 和 Pfr 生色团的结构及与脱辅基蛋白的连接

植物组织中，不论是黄色或绿色组织中都至少存在两种类型的光敏素分子。一种称为类型 I 光敏素（type I phytochrome，P I），即人们原来熟悉的、主要存在于黄化组织中的光敏素，有一种分子形式（phy A）；另一种称为类型 II 光敏素（type II phytochrome，P II），在绿色组织中相对较多，其中可能包括多种分子形式（phy B，phy C 等）。每种光敏素都有光致互变的两种形式：Pr 和 Pfr。P I 在黄化组织中大量存在，在光转变成 Pfr 后就迅速降解，因此在绿色组织中含量较低。P II 在黄化组织中含量较低，仅为 P I 的

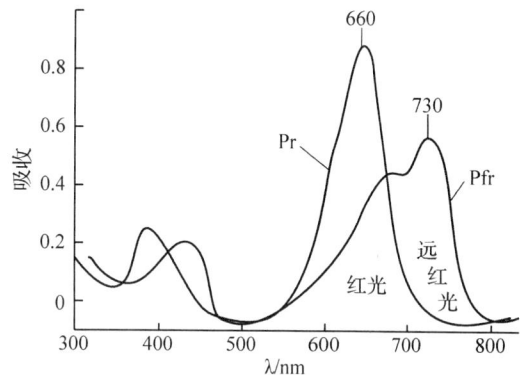

图 13-4 光敏素的吸收光谱

1% ~2%，但光转变成 Pfr 后较稳定，加之在绿色植物中 P I 被选择性降解，因而 P II 虽然含量低，却是绿色植物中主要的光敏素。两类光敏素分别调控不同的生理反应。一般认为 P I 参与调控的反应时间较短，而 P II 参与调控的反应时间较长。P II 调控的反应有时不被远红光和暗期所逆转。

13.2.2 光敏素的广泛生理效应

判断一个光调节的反应过程是否包含有光敏素作为其中光受体的实验标准是：如果一个光反应可以被红闪光诱发，又可以被紧随红光之后的远红闪光所充分逆转，那么，这个反应的光受体就是光敏素。

红光和远红光通过光敏素调控的光形态建成反应非常广泛。例如，吸水后的莴苣种子的萌发可被红光（red light，R）促进，被远红光（far red light，FR）抑制。当对莴苣种子用 R（600 ~

660nm)和 FR(700～750nm)交替照射，且每次照射后取出一部分种子放在暗处发芽，发现其萌发情况决定于最后一次照射的光谱成分。如最后照射的是红光，则促进种子萌发，最后照射的是远红光则抑制种子萌发(表 13-1)。这一现象与光敏素有关。光敏素吸收了红光或远红光后，分子结构上就发生可逆变化，从而引起相应的生理生化反应。

表 13-1　交替照射红光(R)和远红光(FR)对莴苣种子萌发率的影响*

光处理	萌发(%)	光处理	萌发(%)
R	70	R—FR—R—FR—R	76
R—FR	6	R—FR—R—FR—R—FR	7
R—FR—R	74	R—FR—R—FR—R—FR—R	81
R—FR—R—FR	6	R—FR—R—FR—R—FR—R—FR	7

* 在 26℃温度下，连续以 1min 的红光和 4min 的远红光照射。

不仅种子的光发芽反应，而且具有叶绿素的各种植物，包括藻类、苔藓、地衣、蕨类、裸子植物和被子植物的生活周期中的许多生理现象都和光敏素的调控有关。例如，双鞭毛藻的趋光性、红藻的生殖器官分化、转板藻的叶绿体运动、苔藓和蕨类孢子的光发芽、蕨类假根的伸长、禾本科幼苗叶子的展开、中胚轴和胚芽鞘生长的抑制，双子叶植物胚芽弯钩的展开、茎伸长抑制及叶片的分化和生长、刺激合欢和含羞草小叶片的快速闭合、抑制短日植物开花、刺激长日照植物开花等都是由广泛而普遍地分布在植物界的光敏素调节控制的(表 13-2)。

表 13-2　绿色植物中一些典型的光敏素控制的反应

植物类型	反应类型
藻类、苔藓类	茎节间伸长
孢子萌发	根原基分化和根的生长
叶绿体运动	叶片分化和生长
原丝体生长分化	单子叶植物叶片展开
裸子植物	叶绿体发育及叶绿素合成
种子萌发	叶感夜运动
胚芽弯勾伸直	向光性生长
节间伸长	膜电位、膜透性变化和离子流动
芽萌发	核酸、蛋白质合成及酶活性
被子植物	
种子萌发	花青素合成
胚芽弯勾伸直和子叶展开	光周期成花诱导

13.2.3　光敏素的反应类型

13.2.3.1　快反应和慢反应

光敏素受光激活后，需经过一段时间才能在形态上观察到植物体有某种变化。从受光激活到有形态变化的这段时间称为光敏素反应的迟延时间(lag time)。迟延时间短则几分钟，长则可达数周。根据迟延时间的长短，将由光敏素参与的反应分为快反应和慢反应两种类型。

快反应的诱导时间较短，以分秒计，PⅠ作为其光受体，一般为可以逆转的生理生化反应。如含羞草小叶被红光诱导的闭合；转板藻叶绿体运动；膜电位、膜透性的变化等。

慢反应的诱导时间较长，以小时或天计，PⅡ作为其光受体，反应一旦终止，不可逆转，伴有形态变化。如由红光诱导的种子萌发；幼苗弯钩张开；花芽分化等。

13.2.3.2　光敏素反应的需光量

各种由光敏素参与的反应都需吸收一定的光量，且反应的程度和光量成比例。根据对光量（fluence）即光量子密度，单位为 $mol \cdot m^{-2}$ 需求，可将光敏素反应可分为 3 种类型：极低光量反应（very low fluence response，VLFR），低光量反应（low fluence response，LFR）和高光量反应，又称高辐照度反应（high irradiance response，HIR）。

（1）极低光量反应（VLFR）

VLFR 又称极低辐照度反应。光敏素的 VLFR 可以被低至 $0.0001 \mu mol \cdot m^{-2}$ 光量（约为萤火虫一次闪烁发出光量的 1/10）的红光或远红光所引发，在 $0.05 \mu mol \cdot m^{-2}$ 光量时就达到饱和，即使在暗室的安全灯光下也可发生 VLFR。因而极低辐照度反应只能在全黑环境下观测，供试的材料一般为暗中吸胀的种子或暗中生长的幼苗。极低辐照度反应不能被远红光所逆转。例如，红光促进暗中生长的燕麦芽鞘伸长，而抑制它的中胚轴生长。

在拟南芥中参与 VLFR 的光敏素为 phy A（PⅠ）。因为缺乏 phy A 的拟南芥突变体对极低红光光量不能产生应答，但在低红光光量范围内仍可产生正常的应答，这种结果表明 phy A 是极低光量反应的光受体。

（2）低光量反应（LFR）

LFR 又称低辐照度反应。这类反应在光量达到 $1.0 \mu mol \cdot m^{-2}$ 才会发生，到了 $1000 \mu mol \cdot m^{-2}$ 将达到饱和。低辐照度反应是典型的红光/远红光可逆反应。例如，莴苣种子，只需几秒至几分钟照光即可促进它的萌发。大多数幼苗的光形态建成是典型的 LFR。其他如细胞膜电位变化、离子流动和分布、转板藻叶绿体转动等都是可被 R/FR 诱导的 LFR 可逆反应。

参与 LFR 的光敏素主要为 phyB（PⅡ），因为 phyB 的作用光谱与 R/FR 对莴苣种子萌发可逆效应的光谱十分相似，由此也表明 phyB 是调节 R/FR 可逆的 LFR 的光受体。

极低光量反应和低光量反应都会被达到发生反应所需光量的红闪光促进。诱导反应所需光量是光照强度（$mol \cdot m^{-2} \cdot s^{-1}$）与照射时间二者之积。一个短暂的强红闪光可以诱导一个反应；相反，一个照射时间足够长的弱红光也能诱导同样的反应。这种光照强度和照射时间相对于反应需光量可以相互补偿的关系被称为互易法则（reciprocity law）。VLFR 和 LFR 都遵守互易法则。

（3）高光量反应（HIR）

HIR 又称高辐照度反应。反应需要持续强光照（大于 $10 \mu mol \cdot m^{-2}$），其饱和光量比低光量反应强 100 倍以上，反应程度与光强和持续时间成比例。高光量反应不是红光—远红光可逆反应，不遵守互易法则。典型的高光量反应有：莴苣胚芽弯钩的张开，芥菜、莴苣幼苗下胚轴伸长的抑制，双子叶植物幼苗和苹果皮中花色素苷的形成，天仙子开花的诱导等。

高光量反应有不同的反应模式，有的由 phyB 控制，有的由 phyA 控制。HIR 的作用光谱不仅在红光、远红光波段，在蓝光和紫外光 A 波段对其也有促进效应，因而推测参与 HIR 的光受体除光敏素外还有蓝光受体。

13.2.4　光敏素的作用机理

光敏素本身是一种受光调节的蛋白激酶，具有光受体和激酶的双重性质。光敏素接受光信号后，一方面其自身可以发生磷酸化，同时还可以将其他蛋白因子磷酸化。光敏素的这种蛋白激酶活性是其原初信号得以传递的原因，它可能是红光和远红光信号转导的一种重要方式，也可能是光敏素信号转导机制的一部分。

光敏素的 Pr 比较稳定，Pfr 不稳定。在黑暗条件下，Pfr 会逆转为 Pr，Pfr 浓度降低；Pfr 也会被蛋白酶降解。Pfr 的半衰期为 20min 到 4h。Pfr 一旦形成，即和某些物质（X）反应，生成 Pfr·X 复合物，经过一系列信号放大和转导过程，产生可观察到的生理反应。X 在具体的反应中应是信号转导链上的早期组分（图 13-5）。

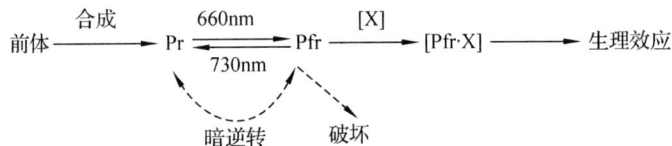

图 13-5　光敏素的产生、代谢与引起生理反应的可能途径

通常认为 Pfr 是生理活化型光敏素，而 Pr 是非生理活化型光敏素。但也有报道发现 Pr 参与了拟南芥种子萌发和向地性反应的调节及去黄化等多种反应。此外，Pr 型光敏素在细菌中的活性也得到了证明（Karniol and Vierstra，2003）。有关光敏素的作用机理，主要有两个假说，即膜作用假说和基因调节假说。

13.2.4.1　膜作用假说

膜作用假说 1967 年由 Hendricks 与 Borthwich 提出，认为光敏素能改变植物细胞中一种或多种膜的特性和功能，然后引发以后的各种反应。显然光敏素调控的快速反应与膜性质的变化有关。

Pfr 能结合到质膜、内质网、叶绿体和线粒体等膜上。燕麦幼苗实验表明光活化的 Pfr 能与线粒体被膜结合。活化的光敏素不仅能与膜结合，而且还能调节膜的功能。巨大藻（Nitella）在照光后 1.7s 就可观察到原生质膜内侧的电势比外侧低的极化作用被消除。一些豆科植物的小叶在光照时会运动，这是由于 K^+ 快速进入或排出细胞，进而影响到小叶叶枕细胞的膨压引起的。光敏素在小叶运动中起光调节作用，在吸光后，光敏素改变了膜的透性，引起 K^+ 的流动，最终引起小叶运动。

早在 1964 年 Fredericq 就观察到用远红光（FR）逆转暗间断红光（R）对牵牛花分化的抑制效应时，只有在 R 后 2min 内处理 FR 才有效；如果超过 2min，则 FR 的逆转能力迅速消失。此后还发现光敏素诱导的白芥硝酸还原酶的增加，其 FR 逆转能力失效一半的时间是 7min。

记录到的最快的 Pfr 调节的反应是在 R 处理后的暗期中，玉米和燕麦苗组织提取液内光敏素沉降力的诱导。黄化植物粗提取液离心后，只有5%~10%的光敏色素随膜碎片沉降，但是当Pr光转化成为Pfr以后可以导致60%~80%的光敏素和一些亚细胞组分一起沉降下来，在25℃光敏素沉降1/2的时间仅为2s。

光诱导的转板藻(*Mongeotia*)叶绿体转动在照光开始60s即可观察到，若R后间隔5min再照射FR，其逆转力就减少1/2。光敏素对光形态建成的作用是与Ca^{2+}以及依赖Ca^{2+}的结合蛋白CaM有关的。给转板藻照射30s红光后，可检测到在3min内转板藻体内Ca^{2+}积累速度增加2~10倍。这个效应可被照射红光后立即照射30s的远红光全部逆转。叶绿体之所以能在细胞内转动，这是由于叶绿体和原生质膜之间存在肌动球蛋白纤丝，而钙调素能活化肌球蛋白轻链激酶，导致肌球蛋白的收缩运动，使叶绿体转动。

13.2.4.2 基因调节假说

上述光敏素诱导的膜电势变化、离子流动、叶绿体转动等反应可以在数分钟内迅速完成，但对于多数被光敏素诱导的生理过程来说，这需要较长的时间。例如，种子萌发、花的分化与发育、酶蛋白的合成等，这些都涉及基因的转录与蛋白质的翻译。光敏素对光形态建成的作用，通过调节基因表达来实现的假说，称为光敏素的基因调节假说。基因调节假说最早由Mohr(1966)提出，越来越多的试验事实支持该假说。

自从1960年Marcus发现3-磷酸甘油醛脱氢酶($NADP^+$)的活性受光的调节以来，已发现有60多种受光敏素调控的酶或蛋白质。这些酶(或蛋白质)涉及许多重要的代谢途径，例如，光合作用的光反应和暗反应、能量代谢、叶绿素合成以及光呼吸、氮素同化、核酸与蛋白质的合成及降解、脂肪和淀粉的降解，以及次生产物和生长调节物质的合成等而且常常是有关代谢的关键酶或限速酶。如与叶绿体形成和光合作用有关的叶绿素a/b结合蛋白和Rubisco，PEPC；与呼吸及能量代谢有关的细胞色素C氧化酶、葡萄糖-6-磷酸脱氢酶、3-磷酸甘油醛脱氢酶、异柠檬酸脱氢酶、苹果酸脱氢酶、抗坏血酸氧化酶、过氧化氢酶和过氧化物酶；与碳水化合物代谢有关的淀粉酶、α-半乳糖苷酶；与氮及氨基酸代谢有关的硝酸还原酶、亚硝酸还原酶、谷氨酰胺合成酶、谷氨酸合成酶；与蛋白质、核酸代谢有关的氨酰tRNA合成酶、RNA核苷酸转移酶、三磷酸核苷酶及吲哚乙酸氧化酶等都受光敏素调控。

其中关于Rubisco小亚基(SSU)的基因*rbcS*和LHCⅡ的基因*cab*表达的光调节研究是光敏素调节基因表达的一个例子。这两种重要的叶绿体蛋白的基因都存在于细胞核中，图13-6是关于光敏素调节基因*rbcS*和*cab*表达的模式图。和其他真核生物的基因一样，*rbcS*和*cab*也都由负责表达调控的启动子区和负责编码多肽链的编码区两个主要区域构成。红光照射时，Pr转变成Pfr，于是引起一系列的生化变化，激活了细胞质中的一种调节蛋白。活化的调节蛋白转移至细胞核中，并与*rbcS*和*cab*基因启动子区中的一种特殊的光调节因子(light regulated element，LRE)相结合，转录被刺激，促使有较多的基因产物SSU和LHCⅡ蛋白的生成。新生成的SSU进入叶绿体，与在叶绿体中合成的大亚基LSU结合，组装成Rubisco全酶。而LHCⅡ进入叶绿体后，则参与了类囊体膜上的PSⅡ复合体的组成。

光敏素对基因表达的调控大都是在转录水平上进行。这样，该过程就涉及植物如何感受光信号以及感受光信号后如何进一步调控基因表达。研究表明，G蛋白，cGMP，Ca^{2+}，二酰甘油(diacylglycerol，DAG)和IP_3等第二信使都是光敏素信号转导的组分。

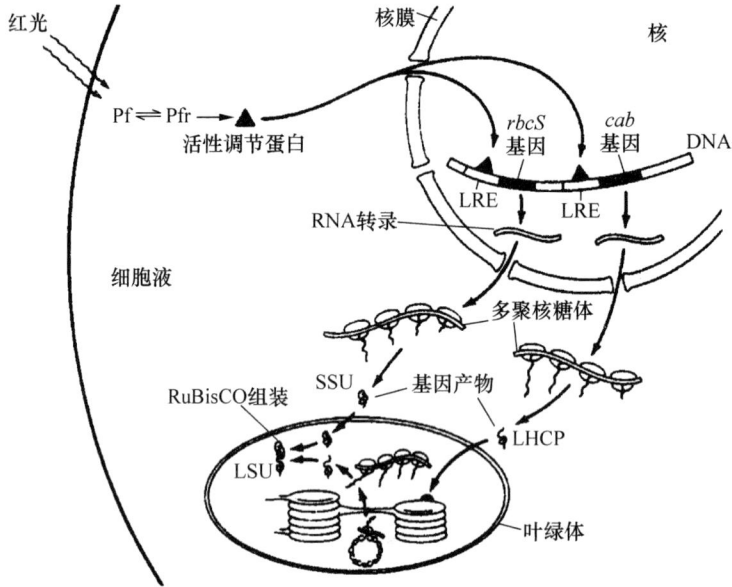

图 13-6　光敏素调节 *rbcS* 和 *cab* 基因转录的模式

13.3　蓝光受体

　　光形态建成反应并不总是通过光敏素参与而引起的。例如，过去认为不进行光合作用，与光似乎没有关系的许多微生物和菌类，现在明确了在它们的生活周期控制中蓝光和近紫外线起着重要作用。在高等植物中，也发现了许多由较短波长的光所调控的形态建成。

　　在拟南芥中已分离到 5 个蓝光受体：隐花色素 1（cry1），隐花色素 2（cry2），隐花色素 3（cry3），向光素 1（phot1）和向光素 2（phot2）。其中 cry3 与 cry1 和 cry2 的起源不同，是定位于叶绿体和线粒体上具有 DNA 结合活性的光受体。在蕨类植物铁线蕨中，除了 cry 和 phot 外，还发现了紫外光－A 受体和光敏素－向光素嵌合的光受体。在苔藓植物中已分离出 2 个 cry 光受体和 4 个 phot 光受体，推测也有紫外光－A 受体和 phy－cry 嵌合的光受体。

　　蓝光对植物生长发育的影响是至关重要的，涉及多种生理过程的调节作用，包括脱黄化、开花、昼夜节律、基因表达、向光性、叶绿体运动、气孔运动、向地性反应、极性的建立、生长素调节、侧枝诱导、叶茎生长调节等。

13.3.1　隐花色素

　　植物界存在的另一类光形态建成反应是蓝光调节的反应。人们早就观察到许多由蓝光诱导的光形态建成，隐花色素（cryptochrome，cry）被用以表示对许多蓝光近紫外光诱导的光反应负责的、不同于光敏素的吸光色素系统。

　　真菌体内没有叶绿素和光敏素，它们的许多生物学过程受蓝光的调控，例如，呼吸途径由糖酵解途径变成磷酸戊糖途径，类胡萝卜素的生物合成等。水生镰刀霉（*Fusarium aquaeductum*）等菌丝体受光所诱导的类胡萝卜素生物合成的作用光谱（action spectra）说明只有波长小于

500nm 的蓝光和近紫外光(UV-A)有效。与此类似的蓝光对真菌发育的影响还有须霉(*Phycomyces*)的向光性反应,青霉(*Denicillium*)孢梗束的形成,木霉(*Trichoderma*)分生孢子的分化等。糖海带(*Laminaria saccharina*)雌配子体卵发生诱导的效应光谱和真菌中隐花色素的作用光谱完全一致。蕨类植物孢子体的正常发育需要蓝光:鳞毛蕨属的绵马(*Dryopteris filixmas*)的丝状体在红光下只能进行纵向伸长生长,只有蓝光能使它变成长宽相似的心形原叶体。铁线蕨(*Adiantum capillusveneris*)原丝体顶端也在蓝光下转变成横向生长而膨胀起来。

隐花色素作用光谱的特征是在蓝光区有 3 个吸收峰或肩(在 450,420 和 480nm 左右,图 13-7),在近紫外光区有一个峰(在 370 ~ 380nm),大于 500nm 波长的光对其是无效的,这也是判断隐花色素介导的蓝光、紫外光反应的实验性标准。由于隐花色素作用光谱的最高峰处在蓝光区,所以常把隐花色素引起的反应简称为蓝光效应(blue light effect)。不同的植物对蓝光效应的作用光谱稍有差异。

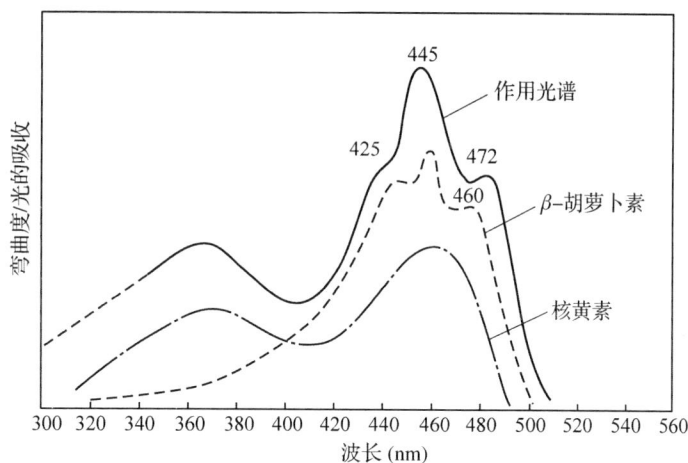

图 13-7 燕麦胚芽鞘的向光性作用光谱及核黄素和胡萝卜素的吸收光谱

隐花色素是吸收蓝光(400 ~ 500 nm)和近紫外光(320 ~ 400 nm)的黄素蛋白,相对分子质量为 70 ~ 80kD,其生色团可能是黄素腺嘌呤二核苷酸(FAD)和蝶呤(pterin)。

和光敏素不同,通过隐花色素吸收的蓝光、近紫外光诱导效应是不能被随后给予的较长波长的光照所逆转的。

隐花色素在不产生种子而以孢子繁殖的隐花植物(cryptogamoa),如藻类、菌类、蕨类等植物的光形态建成中起重要作用。隐花色素也广泛存在于高等植物中,因为许多生理过程如植物的向光性反应、花色素的合成、气孔的开放、叶绿体的分化与运动、茎和下胚轴的伸长和抑制等都可被蓝光和近紫外光调节。一般认为蓝紫光抑制伸长生长,阻止黄化并促进分化。用浅蓝色聚乙烯薄膜育秧,因透过的蓝紫光多,能使秧苗长得较健壮。在蓝光、近紫外光引起的信号传递过程中涉及 G 蛋白、蛋白磷酸化和膜透性的变化。隐花色素在植物种子萌发中的去黄化作用、光周期诱导开花和调节昼夜节律中均起作用。蓝光下,cry1 可以调节胚轴伸长。

拟南芥有两种隐花色素基因,*cry*1 和 *cry*2;番茄和大麦都有至少 3 种隐花色素基因,*cry*1*a*、*cry*1*b* 和 *cry*2;蕨类和藓类分别有 5 种和至少 2 种隐花色素基因。

*cry*1 和 *cry*2 的生理功能在某种程度上可能有重叠。例如,*cry*1 和 *cry*2 都调节抑制下胚轴伸

长和诱导花色素苷合成。而且，功能分析表明，*cry*1 和 *cry*2 的 N 末端域或 C 末端域是可互换的。除了它们的共同功能外，拟南芥的两种 *cry* 蛋白也有显著不同的功能。例如，*cry*1 主要调节抑制下胚轴伸长和蓝光引导昼夜节律时钟，而 *cry*2 主要调节子叶扩展和控制开花时间。*cry*1 大多在地上组织中表达，*cry*2 在叶原基、根尖和子叶中活性较高。

13.3.2 向光素

向光素(phototropin，phot)是一类质膜相关的黄素蛋白，感受蓝光/UV - A 甚至绿光，相对分子质量从 120 ~ 144kD。此类蛋白都含有两个重要的多肽区域，N 端含有两个与黄素单核苷酸(flavin mononueleotide，FMN)结合的发色团结构域；C 端有一个典型的丝氨酸/苏氨酸(Ser/Thr)蛋白激酶结构域。

Gallagher 等(1988)首先报道了豌豆黄化苗生长区有一种能够被蓝光诱导发生磷酸化作用的 120 kD 的质膜蛋白。这种蛋白在离体状态下能发生强烈的蓝光依赖型的磷酸化作用，但在缺乏向光性的拟南芥突变体 *JK*224 中几乎没有这种蛋白。Christie 等(1999)发现在昆虫细胞中表达的重组 nphl/ phot1 蛋白的吸收光谱和荧光激发光谱与拟南芥向光性反应的作用光谱相似。同时，他们还发现 phot1 不仅是其自身磷酸化作用的激酶，也是植物向光性反应的光受体。根据这种蛋白在植物向光性反应的作用，他们将其命名为向光素。

人们已经在拟南芥、水稻、玉米等植物中克隆出了多种编码了向光素的基因，主要有 *phot*1 和 *phot*2 (以前称为 *nph*1 和 *nph*2)，而在燕麦(*Avena sativa*)细胞中则存在两种类型的 *phot*1，分别为 *phot*1*a* 和 *phot*1*b*。向光素的相关蛋白存在于植物的不同器官中，能够调节诸如光照、氧气以及电位差等环境刺激诱导的反应。

在黄化苗顶端弯钩处于分裂和伸长状态的细胞中以及在根尖伸长区的细胞中，phot1 主要集中分布于下胚轴皮层的横向细胞壁区域。而在光下生长的植物中，phot1 则主要分布在微管薄壁组织和叶片微管薄壁组织中。另外在叶片表皮细胞的质膜、叶肉细胞以及保卫细胞中 phot1 也有不均匀的分布。

向光素在植物复杂的蓝光信号反应中发挥了很重要的作用，它不仅介导植物的向光性反应，而且还介导叶片保卫细胞的气孔开放和叶肉细胞中叶绿体移动，并能启动蓝光信号转导反应中生长素载体的移动以及诱导 Ca^{2+} 的流动等反应。

向光反应是植物对环境适应性的表现。胚芽鞘向光弯曲可增加子叶的吸光面积，而根对蓝光照射的背光生长则可保证其伸向土壤吸收水分和营养。弱光下，叶绿体移动到叶肉细胞的表面以增加光能的吸收，而在强光下叶绿体则会移动到叶肉细胞的侧壁以减小强光的伤害。气孔在白天张开以交换气体，夜间关闭以减少水分的散失。向光素是植物向光性反应的主要光受体，phot1 和 phot2 在向光性反应过程中起不同的作用：phot1 既能调节低照度光下植物的向光性反应，又能调节高照度光下的向光性反应；而 phot2 仅调节高照度光下植物的向光性反应。

植物的向光性反应是由植物体内不同蓝光受体及其信号传导系统的协同作用完成的。Whippo 和 Hangarter 在研究中发现，在相对高光照度的蓝光($100 \ mmol \cdot m^{-2} \cdot s^{-1}$)下，向光素和隐花色素协同作用使向光性反应减弱；而在相对低光照度的蓝光($< 1.0 \ mmol \cdot m^{-2} \cdot s^{-1}$)下，向光素和隐花色素协同作用增强植物的向光性反应。根据这些结果，他们认为随着蓝光照度的改变，向光素和隐花色素会相应地改变其对胚轴生长的刺激与抑制来调节向光性反应。

　　phot1 除了在胚轴向光性反应中起作用外，也调节根系的向光性反应。胚轴无向光性的拟南芥突变体 *phot1* 在高光照度和低光照度的蓝光照射下，其根系都不表现负向光性反应。拟南芥、水稻等的根有负向光性反应，蓝光显著诱导水稻根的负向光性，红光则无效。这说明水稻根的负向光性反应也是由蓝光受体控制的。

　　向光素可在组织水平上调节叶伸展，即扩大叶的接受光能的范围，在分子水平上介导蓝光调节气孔开放、控制气体交换和蒸腾作用。

　　在细胞水平上转动的叶绿体其光合作用效率可达到最优。植物叶片中的叶绿体会随着光照方向和光照度的变化而改变其在细胞中的位置，在高照度光下它从叶肉细胞表面移动到细胞侧壁，叶绿体扁平面与光照方向平行，称为叶绿体的回避反应（avoidance response）；在弱照度光下叶绿体聚集在细胞表面，其扁平面与光照方向垂直，称为叶绿体的聚集反应（accumulation response）。研究表明向光素参与调控了叶绿体的移动反应。

13.4　其他光受体

　　紫外光反应是指细胞吸收 280～320nm 波长的紫外光（UV－B）引起的光形态建成反应，其最大效应在 290～300nm 波长范围。一些作物如小麦、大豆、玉米等在 UV－B 照射下，植株矮化，叶面积减小，干物质积累下降。UV－B 主要引起气孔关闭，叶绿体结构破坏，叶绿素及类胡萝卜素含量下降，影响植物的光合作用、物质代谢、离子运输等过程。一个重要的反应是在一些植物中 UV－B 能诱导类黄酮和花色素苷的生物合成，引起类黄酮、花色素苷等色素合成增加，以抗御紫外光的伤害。但目前对这类反应的光受体性质尚不清楚。

　　有研究发现蓝光诱导的气孔开放可被绿光阻止。叶表皮经 30s 蓝光照射，就会诱导气孔开放，但是在蓝光照射后紧接着用绿光照射就见不到气孔开放。如果在绿光照射后紧接着再用蓝光照射，气孔便能开放。这一反应类似于光敏素的红光/远红光的可逆反应。气孔开放对蓝光/绿光的可逆反应已在拟南芥、鸭跖草、烟草、蚕豆、豌豆、洋葱和大麦等植物上得到证实。在蓝光、红光和绿光中生长的拟南芥叶片上的气孔在没有绿光时开放，在绿光照射下关闭。然而当仅用红光和绿光交替照射叶片时，绿光并不能阻止气孔开放。这表明绿光对气孔开放的抑制效应仅发生在蓝光和绿光的相互作用上。自然条件下太阳辐射中的绿光量子可能会下调气孔对蓝光的反应。

　　有学者指出，植物体中可能存在绿光受体（Folta，2004）。由此可以假设，在不同波长光范围内有可能存在一种或几种光受体，而其信号转导途径又有各自的特性和相关性，这可能将成为光受体的研究热点。

小　结

　　植物的光生物学有两大分支，即光合作用和光形态建成。光在植物的分化、生长、发育的各个进程中起调节控制作用，这些调节作用表现在分子、细胞、组织和器官各个水平层次的变化上，就是光形态建成。

　　光照和黑暗条件下不但植物的形态特征不同，而且细胞分化和化学成分也有极大的差异。这种差异是植株适应不同环境基因差别表达的结果，用暗形态建成来表述黑暗环境对植物生长发育的影响。

光受体是微量色素，能感受光质、光强、光照时间、光照方向等信号的变化，进而影响植物的形态建成，即光感受系统。

植物体内的光受体主要包括光敏素，隐花色素或称蓝光/紫外光－受体，紫外光－B 受体，向光素。光敏素是发现最早、研究最为深入的一种光受体。隐花色素和向光素都能吸收蓝光，也通常被称为蓝光受体。植物激素与光形态建成关系密切。

光敏素是一种易溶于水的色蛋白，其两种形式在不同光谱作用下发生相互转换，Pr 是生理钝化型，Pfr 是生理活化型。至少存在两种类型的光敏素分子。光敏素在植物中有广泛生理效应，参与红光与远红光反应。有关光敏素的作用机理，主要有两个假说，即膜作用假说和基因调节假说。

蓝光对植物生长发育的影响是至关重要的，涉及多种生理过程的调节作用。已分离到多种蓝光受体。

隐花色素被用以表示对许多蓝光近紫外光诱导的光反应负责的、不同于光敏素的吸光色素系统。和光敏素不同，通过隐花色素吸收的蓝光、近紫外光诱导效应是不能被随后给予的较长波长的光照所逆转的。

向光素是一类质膜相关的黄素蛋白，感受蓝光/UV－A 甚至绿光，已经在植物中克隆出多种编码了向光素的基因。向光素在植物复杂的蓝光信号反应中发挥了很重要的作用，它不仅介导植物的向光性反应，而且还介导叶片保卫细胞的气孔开放和叶肉细胞中叶绿体移动，并能启动蓝光信号转导反应中生长素载体的移动以及诱导 Ca^{2+} 的流动等反应。

在不同波长光范围内有可能存在一种或几种光受体，而其信号转导途径又有各自的特性和相关性，这可能将成为光受体的研究热点。

思考题

1. 名词解释

   光形态建成 暗形态建成 黄化现象 光受体 光敏素 蓝光受体 隐花色素 向光素

2. 光形态建成对于植物有何重要意义？

3. 谈谈光形态建成与暗形态建成的关系。

4. 植物光形态建成的受体有哪几类？各有什么特点？

5. 光敏素区别于其他色素的主要特征是什么？

6. 简要说明光敏素调控植物发育的作用机理。

7. 你如何理解植物体内存在不同的光形态建成受体？

第 IV 篇

植物发育的生理生化

生物体从发生到死亡所经历的过程称为生命周期(life cycle)。高等植物的生命周期包括无性世代和有性世代，也称为孢子体世代和配子体世代。从合子发育成一个绿色植株是孢子体的无性世代，其体细胞的染色体是二倍体(2n)。种子植物的生命周期，要经过胚胎形成、种子萌发、幼苗生长、营养体形成、生殖体形成、开花结实、衰老和死亡等阶段。本篇分3章，是植物生长发育的生理生化，就是介绍这些过程中的代谢变化特点和调控机制，包括植物的生长和运动，种子萌发和幼苗生长，植物生长的相关性，植物成花和生殖生理，春化作用、光周期现象的原理及其在生产实践中的应用，种子和果实成熟时的生理生化变化特点，休眠的意义、类型及其调控，植物的衰老和器官的脱落等。这部分可以说是探索追踪植物生命活动的一个纵剖面，得以了解植物生命周期中的代谢运动规律。

第14章 植物的生长和运动

14.1 植物体的生长与分化

14.1.1 生长、分化和发育

14.1.1.1 生长、分化和发育的概念

生长(growth)是指生物体在生命周期中，细胞、组织、器官及有机体的数目、体积或重量的不可逆增加过程。它通过原生质的增加、细胞分裂和细胞体积的扩大来实现。例如，根、茎、叶、花、果实和种子的体积扩大或干重增加都是典型的生长现象。通常将植物营养器官的生长称为营养生长(vegetative growth)，繁殖器官的生长称为生殖生长(reproductive growth)。

分化(differentiation)是指来自同一合子或遗传上同质的细胞转变为形态结构、机能以及化学组成上异质细胞的过程，是一种反映不同细胞之间区别的质的变化。它可在细胞、组织、器官的不同水平上表现出来。例如，从受精卵细胞分裂转变成胚；从生长点转变成叶原基、花原基；从形成层转变成输导组织、机械组织、保护组织等。正是由于这些不同水平上的分化，植物的各个部分才具有异质性，即具有不同的形态结构与生理功能。由于细胞与组织的分化通常是在生长过程中发生的，因此分化又可看作为"变异生长"。

发育(development)是指在生物体在生命周期中，组织、器官或整体在形态结构和功能上的有序变化过程。例如，从叶原基的分化到长成一张成熟叶片的过程是叶的发育；从根原基的发生到形成完整根系的过程是根的发育；而受精的子房膨大，果实形成和成熟则是果实的发育。上述发育的概念是从广义上讲的，它泛指生物的发生与发展；而狭义的发育概念，通常是指植物从营养生长向生殖生长的有序变化过程，其中包括性细胞的出现、受精、胚胎形成以及新的繁殖器官的产生等。

14.1.1.2 生长、分化和发育的相互关系

生长、分化和发育三者之间既有区别又有联系。生长是量变，是基础；分化是质变，是变异生长；发育则是有序的量变与质变，是生物体生长和分化的总和。从分子生物学的观点来看，生长、分化和发育的本质是基因按照特定的程序表达而引起植物生理生化活动和形态结构上的变化。

一般认为，发育包含了生长和分化，生长和分化又受发育的制约。如花的发育，包括花原基的分化和花器官各部分的生长。发育只有在生长和分化的基础上才能进行，同样，没有营养物质的积累，细胞的增殖、营养体的分化和生长，就没有生殖器官的分化和生长，也就没有花和果实的发育。但同时，生长和分化又受发育的制约。植物某些部位的生长和分化往往要在通

过一定的发育阶段后才能开始。如水稻必须生长到一定叶数以后，才能接受光周期诱导。白菜、萝卜等在抽薹前后长出不同形态的叶片，也表明不同的发育阶段有不同的生长数量和分化类型。

发育是遗传信息在内外条件影响下有序表达的结果。发育在时间上有严格的进程，如种子发芽、幼苗成长、开花结实、衰老死亡都是按一定的时间顺序发生的。发育在空间上也有巧妙的布局，如茎上的叶原基就是按一定的顺序排列形成叶序；花原基的分化通常是由外向内进行，如先发生萼片原基，以后依次产生花瓣、雄蕊、雌蕊等原基；在胚生长时，胚珠周围组织也同时进行生长与分化等。

14.1.1.3 植物生长发育的特点

高等植物是直立不动的生物，其发育过程中，一个最突出的特点就是在茎和根的尖端始终保持着一团胚胎状态的分生组织(meristem)，它们对整株植物的发育起着绝对的控制作用。在分生组织中能衍生各种组织的原始细胞称为组织原细胞(initial cell)或干细胞(stem cell)。由组织原细胞分裂产生的两个子细胞，一个自我留存，保留组织原细胞的特性，另一个细胞经过若干次分裂后分化，衍生出某种组织。

根据分生组织的来源可以将其分为初生分生组织(primary meristem)，是在胚胎发生过程中形成的；次生分生组织(secondary meristem)，是在后期生长发育过程中形成的。

根据分生组织在植物体内所处的位置可将其分为顶端分生组织(apical meristem)，侧生分生组织(lateral meristem)和居间分生组织(intercalary meristem)。侧枝和侧根上的顶端分生组织、叶腋分生组织、居间分生组织都属于次生分生组织，但是它们在构造和性质上与初生分生组织基本相同。

根据生长量是否有上限(asymptote)，可把植物器官或个体的生长分为有限生长(determinate growth)和无限生长(indeterminate growth)两类。叶、花、果等器官的生长为有限生长，这些器官发育到一定的阶段就停止生长，然后衰老死亡。具有分生组织的根、茎等营养器官具有无限生长的潜在性，在适宜的环境中能不断地生长分化。通常一年生或二年生植物个体的生长是有限的；而多年生植物个体的生长是无限的。当然植物生长的"有限性"和"无限性"不是绝对的，可以转化。例如，茎尖分生组织的生长通常是无限性的，但一旦变成花芽之后，就变成了有限性了；如果它变成一个花序分生组织的话，其生长方式则可能是有限的，也可能是无限的。有限生长植物器官也可能会产生无限生长的不定根或茎芽来。

植物的生长发育易受环境因素的影响。植物的根系固着于土壤中，枝叶伸展在大气中，在生命周期中要不断地与环境进行物质与能量的交换，在开放系统中完成生长发育过程，易受环境因素影响。往往植物的营养生长转向生殖生长还受到光、温等外界环境因子的调控。另外，由于植物不能像动物那样随意移动，这又决定了植物必须对环境条件的变化作出相应反应，以利于其生长发育过程的完成。

植物界的生物多样性不仅表现在物种之间的千差万别，而且还表现在环境不同时，同一物种形态生理也可能差异极大。这种发育的可塑性显然有助于植物适应各种环境的变化。控制植物的生长发育可发生在胞内、胞间和胞外3个层面上。

胞内控制大多在基因表达上，基因通过所编码的各种蛋白来控制细胞内生理生化活动。细胞分化和器官发育的分子基础是基因表达的差别。在个体的发育过程中,细胞内的基因不是同时表达的,而往往只表达基因库中的极小部分。比如,在胚胎中有开花的基因,但在营养生长期,它就处于关闭状态。一定要到达花熟状态,处在生长点的开花基因才表达,即花芽才开始分化。这就是个体发育过程中基因在时间和空间上的顺序表达。基因表达要经过两个基本过程:一是转录,即由 DNA 转录成为 mRNA;二是翻译,即以 mRNA 为模板合成特定的蛋白质。在转录与翻译水平上的调节都会使不同的细胞产生不同功能的酶蛋白,从而控制不同的功能代谢,影响植物体发育。

胞间控制主要表现在激素作用上,植物激素以化学信号在细胞间传递,对不同细胞或组织的生理活性发生作用。激素在基因表达、细胞分化、生长发育过程中起着许多重要的调控作用。如生长素促进细胞分裂和生长,诱导根的分化,维持茎的顶端优势;赤霉素加速细胞的伸长,诱导水解酶的合成,促进开花和控制性别等;细胞分裂素加快细胞分裂,促进芽的分化与发育,延缓器官衰老;乙烯促进器官脱落;脱落酸促进器官休眠等。植物激素作为一种化学信号,介导着细胞与细胞之间、器官与器官之间、环境与植物之间的相互作用,贯穿在整个植物生长发育的全过程中。

胞外控制主要反映在环境影响上,植物感受胞外环境信号,经信号转导对植物生长发育发生效应。植物与动物显著差别的特性就是非移动性,这意味着植物随时随地受着自然环境变化的影响。如很多植物必须经过低温通过春化作用,感受一定光周期诱导才能启动成花基因表达,发生一系列的生理生化反应,从而使营养生长向生殖生长转化。环境控制主要表现在两个方面:一是作为能量和物质的供体,如光、气、温、水、矿质是植物进行光合作用和物质代谢的能量和物质来源;二是作为信号物质调控植物的代谢,如光信号(光强、光质、光周期和光照方向)和重力信号控制植物的形态建成和向性运动;温度直接控制着植物体内的各种生理生化的反应速率和生长发育的进程。

14. 1. 2　植物生长与分化的类型

植物的生长是建立在各种器官生长的基础上,而器官生长的基础则是细胞的生长和分化。一般情况下,细胞分化要经过 4 个过程:诱导细胞分化信号的产生和感受;分化细胞特征基因的表达;分化细胞结构和功能基因的表达;上述基因表达的产物导致分化细胞结构和功能的特化。

植物与动物一样都是通过生长和分化来完成其生活周期。但在发育进程上,二者又不完全相同。新生的动物,外形已定,器官齐全,只是个体的长大和内部调节系统的发育,各个器官几乎均衡生长;而一粒种子则需要经过发芽、成苗、枝叶生长、开花结实、衰老脱落直至死亡的一系列有序的形态变化才能走完它的一生。其主要原因是植物器官的发育受控于植物体上某些特定的部位,只有局部区域的细胞才具有分裂伸长的能力。例如,枝叶的出现、个体的长高,源于顶芽;茎秆增粗则始于形成层;而扦插、嫁接成苗又与枝条受伤部位的再生作用有关。植物的发育是一个持续进行的过程,其形态建成完全依靠植物体内各种分生组织的活动构建而成,这是区别于动物生长发育的一个显著特点。

14.1.2.1　顶端生长与分化

（1）茎尖的生长与分化

茎顶的生长锥是高等植物营养器官（茎、叶、枝）和生殖器官（花、果实、种子）的最初发源地，营养体向生殖体的转变也发生在这里。茎的尖端生长，在进入花芽分化之前，可以维持无限生长。植株的分枝取决于茎尖对下面侧芽或侧枝生长的控制。

关于茎尖顶端分生组织的描述，主要有2种学说：原套－原体学说和细胞组织学分区学说（图14-1）。

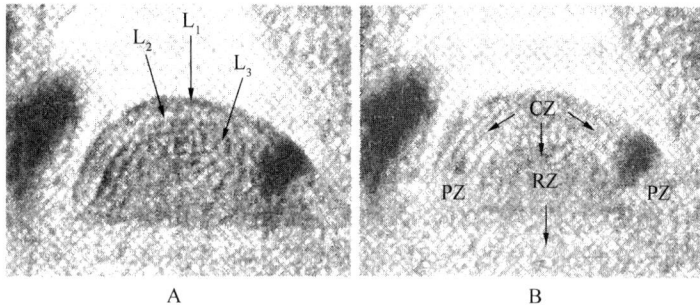

图14-1　植物茎顶端分生组织结构的两种描述方式（白书农，2003）
A. 原套－原体学说　　B. 细胞分区学说

原套－原体学说比较注重茎端分生组织中的细胞分层现象。原套（tunica）由处在茎尖顶端外侧一层或数层细胞组成，呈套状位于原体之外。原套细胞，特别是处在最外侧一、二层细胞只进行垂周分裂，以增大表面积而不增加细胞层数；组成原套的细胞从外向内又可以分为 L_1，L_2 和 L_3 3 层，L_1 和 L_2 层细胞分裂为垂周分裂（垂直于器官表面的细胞分裂），L_3 层细胞的分裂不像 L_1，L_2 层细胞那样规则，分裂可发生的各层面上。原体（corpus）是原套之内的组织，细胞形态大小变化较大，排列无规律。原体细胞能进行垂周分裂和平周分裂，以增加体积。垂周分裂会促使植株长高，叶面扩大，根系扩展。原套和原体的分裂和生长的规律性保持了茎尖顶端表面积生长和体积生长的均衡性。叶原基、侧芽原基以及花器官原基等的原细胞都是由原套和原体细胞分裂分化来的。所以，原套和原体的细胞层也称为组织形成层。

细胞组织学分区学说比较强调茎顶端分生组织区域内细胞之间的衍生关系，该学说将茎端分生组织分为原分生组织（中央区）、周围分生组织（周缘区）和肋状分生组织（肋状区）3 个区。植物的茎枝、叶、芽和花等就是由上述各种分生组织衍生而来的。中央区（central zone，CZ）指处在顶端分生组织中央的、细胞体积相对较大、液泡化程度较高、分裂速度相对较慢的细胞群，也称中央母细胞区，它产生茎中所有组织的原细胞。周缘区（peripheral zone，PZ）指顶端分生组织中包围中央区、细胞体积较小、无明显液泡的区域，或称周缘分生组织区。周缘区细胞的分裂频率高，由它分裂形成叶原基。肋状区（rib zone，RZ）指顶端分生组织中在中央区下面，周缘区以内的区域。由这部分细胞的分裂分化形成茎的中央组织，如维管束系统。

当顶端分生组织进入休眠期后，各区细胞分裂停止，上述的组织细胞学特性就会消失，但是仍然能够显现原套和原体的层状构造。

大量试验研究表明，茎端分生组织的形态发生是受多个基因共同作用下的程序化过程。例如，*KN1*，*STM* 及其同类基因对维持分生细胞的非决定态（无确定分化方向）特性具有决定作用。

（2）根尖的生长与分化

根的顶端与茎端既有相似又有区别，根尖生长点只进行单一的尖端生长，不形成任何侧生器官，也没有节和节间，但有根冠，可保护根尖分生组织。根的形态建成具有 3 个特点：①根的基本结构形成在先，而其分生组织形成在后。根分生组织的功能主要是维持根在其基本结构上的延伸。②根的基本结构的形成与激素的调控密切相关。提高生长素的浓度会使侧根的发生密度大大增加。③根细胞具有很大的可塑性。很多情况下，茎叶组织中均可形成不定根，根的细胞也会表现出茎叶细胞的特征。

根尖分化过程中，不均等分裂是根的皮层和内皮层细胞分化的必要条件。

14.1.2.2　次生生长与分化

植物除茎、根尖端之外，其他部位还分布着一些区域。例如，侧生生长区、居间生长区和基生生长区，都是由尖端生长锥分化出来，并保持其分生状态而被分割与保留在成长器官中，因此称作次生分生组织。这些内部的生长区域平时大多潜伏不动，只有到适当时机或受到一定的刺激时才活跃起来，恢复旺盛的分裂活动。例如，禾谷类作物的茎节基部有居间分生组织，对茎秆的伸长具有重要意义。树木和草本双子叶植物的茎内有侧生分生组织（形成层），当植物长到一定时期才开始活动，细胞进行旺盛分裂，形成输导组织和机械组织，使树干和枝条加粗并增加机械强度。

14.1.2.3　再生生长与分化

植物体内有些长成的薄壁组织平时不具有分生能力，但在特殊环境中，其细胞仍可以恢复分裂而使其生长。如受伤后伤口的愈合、茎和根的皮层在植物长粗时被胀破后有周皮的形成等，都是再生分生组织活动的结果。植物的离体器官（根、茎、叶等）在适当条件下能恢复细胞分裂，把欠缺的部分再生出来，从而形成一个新植株的过程称作再生作用（regeneration）。再生作用常被用于农林业生产实践，如再生稻的培育、苗木的扦插繁殖等。

14.1.2.4　极性与分化

极性（polarity）是指细胞、器官和植株在不同轴向上存在某种形态结构和生理生化上的梯度差异的现象，主要表现在细胞内物质（如代谢物、蛋白质、激素等）、细胞器数量的不均匀分布，核位置的偏向等方面。极性的建立会引发不均等分裂，使两个子细胞的大小和内含物不等，由此引起分裂细胞的分化。因此，极性是细胞分化的前提。极性一旦建立，即难以逆转。

事实上，受精卵在第一次分裂形成茎细胞和顶细胞就是极性现象。受精卵的不均等分裂产生大小不等的两个细胞，靠近珠孔端的茎细胞大，将来发育成为胚柄，其对侧的顶细胞小，将来形成胚。在植物整个生长发育期间，细胞不均等分裂现象屡见不鲜。例如，气孔发育，根毛形成和花粉管发育等。

有关极性产生的原因，尚不完全清楚。但大多认为与生长素的极性运输有关。生长素在茎中的极性运输，使形态学下端生长素含量较高，促进下端生根，上端发芽。因此，在生产实践中，例如，在扦插、嫁接及组织培养时，应注意形态学的下端朝下，上端朝上，避免倒置，否则会影响成活(图 14-2)。

14.1.3 植物的组织培养

植物组织培养(tissue culture)是指植物的离体器官、组织或细胞在人工控制的环境下培养发育再生成完整植株的技术。通过组织培养产生的植株称作试管植物，用于离体培养进行无性繁殖的各种植物材料称作外植体(explant)，外植体的第 1 次培养(第 1 代)称作代培养，第 2 次及以后的培养称作继代培养。根据外植体的种类及性质，通常将组织培养分为器官培养、组织培养、细胞培养以及原生质体培养等类型。

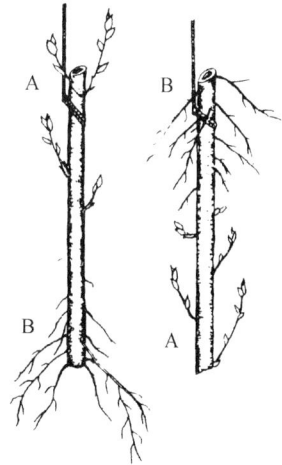

图 14-2　柳树枝条的极性生长
A. 形态学上端　B. 形态学下端
(图左正放，上端出芽，下端生根。图右倒置，下端出芽，芽朝上；上端长根，根朝下)

14.1.3.1 组织培养的原理

组织培养的理论基础就是细胞全能性(totipotency)。植物组织培养技术正是利用每个具有核的活细胞都有着与母体合子类似的全部遗传信息，在适宜的条件下能发育成一完整有机体的特性以及细胞极性和再生特性，将其从植物体中分离出来并给予一定的刺激和培养条件(植物生长调节物质，营养，适宜的光照、温度、水分及无菌条件等)，使这些已分化的细胞脱分化，然后在一定条件下再分化，最后形成再生植株。

外植体在培养基上经诱导，逐渐失去原有的分化状态，形成结构均一的愈伤组织(callus)或细胞团的过程，称作脱分化(dedifferentiation)。处于脱分化状态的细胞或细胞群，再度分化形成不同类型的细胞、组织器官乃至最终产生完整植株的过程，称作再分化(redifferentiation)。通常，愈伤组织再分化有两种类型，一是器官发生型，即直接分化形成芽和根，从而获得小植株；二是胚胎发生型，即分化形成类似胚胎结构，称作胚状体(embryoid)，胚状体的一端分化形成芽原基，另一端分化形成根原基，进而获得小植株(图 14-3)。组织培养的成败与外植体本身的遗传、生理状态及培养环境条件有关。

14.1.3.2 组织培养的基本程序
(1)外植体的选择与消毒

植物细胞虽然具有全能性，但全能性表达与否及表达的难易程度因外植体遗传特性及生理状态而异。与分化程度较高的成熟组织细胞相比，分生组织和胚性细胞具有较强的再生能力。由根、下胚轴及茎形成的愈伤组织分化成根的频率很高；由茎端形成的愈伤组织分化成芽与叶的频率亦很高；靠近上部的茎段与接近基部的茎段相比能形成较多的花枝和较少的营养枝。因此，在组织培养中，要根据研究目标，有针对性地选择外植体。

通常采集来的材料都带有各种微生物，故在培养前必须进行严格的消毒处理。常用的消毒剂有 70% 酒精、次氯酸钠、氯化汞($HgCl_2$，升汞)等，消毒后需用无菌水充分清洗。

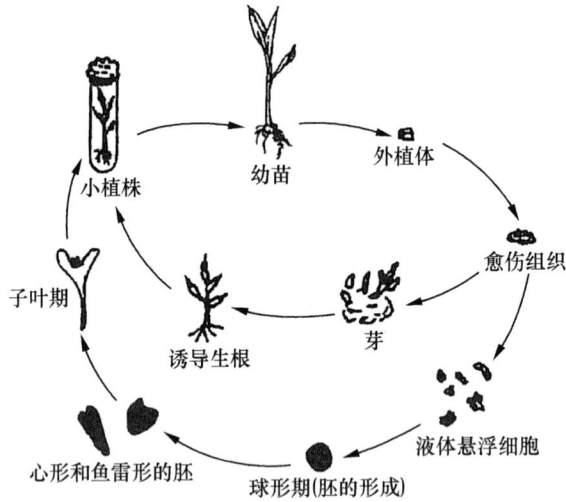

图 14-3   植物组织培养的过程

(2) 培养基制备

培养基(medium)中含有外植体生长所需的各种营养物质。不同的外植体、培养方法、培养目的等要求选用不同的培养基。现有的培养基种类很多，其中 White 培养基是最早的植物组织培养基之一，被广泛用于离体根的培养；MS (Murashige 和 Skoog，1962)培养基含有较高的硝态氮和铵态氮，营养元素均衡，适合于多种培养物的生长，是目前应用最广泛的培养基；N_6培养基含适合于禾本科花粉的培养；B_5培养基则适合于十字花科植物的培养；WPM 培养基适合于木本植物的培养。

各种培养基配方虽有所不同，但其主要成分是基本相同，都是由无机营养物(大量元素和微量元素)、有机碳源(1% ~4% 蔗糖)、生长调节剂(IAA，2,4 – D，NAA，KT，6 – BA 等)、有机附加物(维生素、甘氨酸、水解酪蛋白、肌醇、椰子汁等)等几类物质组成，同时要调节适宜的 pH 值。常见的几种培养基见表 14-1。

表 14-1   植物组织培养常见培养基配方 $mg \cdot L^{-1}$

成　分	培养基								
	White[1]	Heller[2]	MS[3]	ER[4]	$B_{5[5]}$	Nitsch[6]	$N_{6[7]}$	NT[8]	SH[9]
NH_4NO_3	—	—	1650	1200	—	720	—	825	—
KNO_3	80	—	1900	1900	2527.5	950	2830	950	2500
$CaCl_2 \cdot 2H_2O$	—	75	440	440	150	—	166	220	200
$CaCl_2$	—	—	—	—	—	166	—	—	—
$MgSO_4 \cdot 7H_2O$	750	250	370	370	246.5	185	185	1233	400
KH_2PO_4	—	—	170	340	—	68	400	680	—
$NH_4H_2PO_4$	—	—	—	—	—	—	—	—	300
$(NH_4)_2SO_4$	—	—	—	—	134	—	463	—	—
$Ca(NO_3)_2 \cdot 4H_2O$	300	—	—	—	—	—	—	—	—
$NaNO_3$	—	600	—	—	—	—	—	—	—

（续）

成 分	培养基 White[①]	Heller[②]	MS[③]	ER[④]	B$_5$[⑤]	Nitsch[⑥]	N$_6$[⑦]	NT[⑧]	SH[⑨]
Na_2SO_4	200	—	—	—	—	—	—	—	—
$NaH_2PO_4 \cdot H_2O$	19	125	—	—	150	—	—	—	—
KCl	65	750	—	—	—	—	—	—	—
KI	0.75	0.01	0.83	—	0.75	—	0.8	0.83	1
H_3BO_3	1.5	1	6.2	0.63	3	10	1.6	6.2	5
$MnSO_4 \cdot 4H_2O$	5	0.1	22.3	2.23	—	25	4.4	22.3	—
$MnSO_4 \cdot H_2O$	—	—	—	—	10	—	—	—	10
$ZnSO_4 \cdot 7H_2O$	3	1	8.6	—	2	10	1.5	—	1
$ZnSO_4 \cdot 4H_2O$	—	—	—	—	—	—	—	8.6	—
$Zn \cdot Na_2 \cdot EDTA$	—	—	—	15	—	—	—	—	—
$Na_2MoO_4 \cdot 2H_2O$	—	—	0.25	0.025	0.25	0.25	—	0.25	0.1
MoO_3	0.001	—	—	—	—	—	—	—	—
$CuSO_4 \cdot 5H_2O$	0.01	0.03	0.025	0.0025	0.025	0.025	—	0.025	0.2
$CoSO_4 \cdot 7H_2O$	—	—	—	—	—	—	—	0.03	—
$CoCl_2 \cdot 6H_2O$	—	—	0.025	0.0025	0.025	—	—	—	0.1
$AlCl_3$	—	0.03	—	—	—	—	—	—	—
$NiCl_2 \cdot 6H_2O$	—	0.03	—	—	—	—	—	—	—
$FeCl_3 \cdot 6H_2O$	—	1	—	—	—	—	—	—	—
$Fe_2(SO_4)_3$	2.5	—	—	—	—	—	—	—	—
$FeSO_4 \cdot 7H_2O$	—	—	27.8	27.8	—	27.8	27.8	27.8	15
$Na_2 \cdot EDTA \cdot 2H_2O$	—	—	37.3	37.3	—	37.3	37.3	37.3	20
$NaFe \cdot EDTA$	—	—	—	—	28	—	—	—	—
肌 醇	—	—	100	—	100	100	—	100	1000
烟 酸	0.05	—	0.5	0.5	1	5	0.5	—	5
盐酸吡哆醇	0.01	—	0.5	0.5	1	0.5	0.5	—	0.5
盐酸硫胺素	0.01	—	0.1	0.5	10	0.5	1	1	5
甘氨酸	3	—	2	2	—	2	2	—	—
叶 酸	—	—	—	—	—	0.5	—	—	—
生物素	—	—	—	—	—	0.05	—	—	—
D - 甘露糖醇	—	—	—	—	—	—	—	12.7%	—
蔗 糖	2%	—	3%	4%	2%	2%	5%	1%	3%

注：本表不包括生长调节物质和各种复杂的天然提取物；糖的浓度是以百分数表示的。①White（1963）　②Heller（1953）　③Murashige and Skoog（1962）　④Eriksson（1965）　⑤Gamborg *et al.*（1968）　⑥Nitsch（1969）　⑦朱自清等（1974）　⑧Nagata and Takebe（1971）　⑨Schenk and Hidebrandt（1962）

（3）消毒灭菌

由于培养基的营养十分丰富，微生物极易滋生而造成污染，因此，在接种培养前需经过严格的灭菌。培养基及用具一般通过高温高压灭菌法，在高压灭菌锅内，121℃和 0.11MPa 压强下保持 15～20min，即可杀死微生物的营养体及其孢子。

（4）接种与培养

植物组织培养是一种无菌培养技术，因此，要求操作人员在操作过程中遵守无菌操作规程。接种时，在接种室的超净工作台上，用无菌镊子将灭过菌的材料放在无菌培养皿或铺垫上，用无菌解剖刀或剪刀切成适当大小的组织块，再转移到预先准备好的培养基中，密封培养瓶待培养。

无菌培养是将接种在无菌培养基中的外植体，置于培养室的专用培养架上培养。要求培养室清洁少菌，能够调控温度、光照和通气等环境因子。温度一般控制在 23～28℃，人工光照采用日光灯，光周期和光照强度依据实验目的而定。培养方式有固体培养和液体培养两种。通常在液体培养基中加入 0.7%～1%的琼脂作凝固剂，便成了固体培养基。用液体培养基时，特别是细胞悬浮培养，一般用振荡法通气。

（5）试管苗移栽

当试管苗具有 4～5 条根后，即可移栽。移栽前应先去掉试管塞，在光线充足处炼苗。移栽时先将小苗根部的培养基洗去，以免遭受细菌繁殖污染。苗床土可采用通气性较好的基质，如泥炭土、珍珠岩、蛭石、砻糠灰等调配成的混合培养土。用塑料薄膜覆盖并经常通气，小苗长出新叶后，去掉塑料薄膜就能成为正常的田间植株。

14.1.3.3　植物组织培养的特点及应用

通过植物组织培养可以研究被培养部分在不受植物体其他部分干扰下的生长与分化的规律，并且可以利用各种培养条件影响它们的生长与分化，以解决理论和生产上的问题。与常规无性繁殖相比，组织培养具有以下优点：繁殖快，繁殖系数高、周期短；用材少，占用空间小，不受环境场地限制；可脱去自然无性繁殖的植物体内感染的病毒，使之复壮；用于常规方法难以繁殖的材料；便于种植资源的保存、交流和创新。

植物组织培养的应用十分广泛，主要表现在以下领域。

（1）无性系的快速繁殖

快速繁殖是组织培养在生产上应用最广泛、最成功的一个领域。自 20 世纪 60 年代在兰花工业上应用获得成功以来，已在香蕉、苹果、甘蔗、葡萄、草莓、甜瓜、香石竹、唐菖蒲、菊花、菠萝、柑橘、樱桃、桉树、杨树、杉木等植物的无性系快速繁殖方面取得了成功，带来了巨大的经济效益。特别对于名贵品种、稀优种质、优良单株或新育成品种的繁殖推广应用具有重要的意义。

（2）获得无病毒种苗

自然条件下生长的植物常常带有病毒，如草莓能感染 60 多种病毒和类菌物质，母体的病毒可以通过代代相传，造成产量下降、品质劣化、抗病能力下降。病毒病害与细菌和真菌病害不同，不能通过化学药剂进行防治。依据感病植株的不同部位病毒分布不一致的特点，通过茎尖培养可以获得无病毒苗。此法已在马铃薯、香蕉、苹果、甘蔗、葡萄、桉树、毛白杨、草莓、香石竹等植物上应用，产生了明显的经济效益。

（3）新品种的选育

①花药培养和单倍体育种　花药和花粉培育的主要目的是诱导花粉发育形成单倍体植株，以便快速地获得纯系，缩短育种周期，且有利于隐性突变体筛选，提高选择效率。已有烟草、水稻、小麦、大麦、玉米和甜椒等一大批花培优良新品种在生产上大面积推广。

②离体胚培养和杂种植株获得　这是用于克服远缘杂交不亲和的一种有效方法。至今，用胚培养技术已得到许多栽培种与野生种的种间杂种，并选育出一批高抗病、抗虫、抗旱、耐盐、优质品系或中间材料，从而扩充了作物的基因库。

③体细胞诱变和突变体筛选　植物细胞在离体培养条件下，不受整体的调控直接与环境接触，易受培养条件和外加压力（物理、化学因素）的影响而产生诱变，从中可以筛选出有用的突变体，培育新品种。

④细胞融合和杂种植株的获得　利用去除细胞壁后的原生质体，易于诱导融合，也易于摄取外源遗传物质、细胞器的特点，通过原生质体融合，可部分克服有性杂交不亲和性而获得体细胞杂种，从而创造和培育优良品种。

（4）人工种子和种质保存

人工种子（artificial seed）又称人造种子、超级种子，是指将植物组织培养产生的胚状体、芽体及小鳞茎等包裹在含有养分的胶囊内，具有种子的功能并可直接播种于大田的颗粒。人工种子具有巨大的应用潜力，它在快速繁殖优良品种与无性系、固定杂种优势、简化育种程序、去病毒技术及与其他生物技术相结合等方面，均有非常诱人的前景。

利用组织和细胞培养法低温保存种质，给保存和抢救有用基因带来希望和可能。超低温植物材料的保存可以减少培养物的继代次数，节省人力物力，解决培养物因长期继代培养而丧失形态建成能力的问题。

（5）药用植物和次生物质的工业化生产

药用植物的有效成分如抗癌药物、生物碱、调味品、香料、色素等，都是一些次生代谢物，而这些化合物都是在细胞内合成的。利用次生物质的细胞工程来开发天然植物资源，可以克服植物本身有用成分含量低、生产速度慢、资源稀缺等缺点，并且不受地区、季节、气候等限制，便于进行代谢调控和工厂化生产。如人参、紫草、毛地黄、黄连等通过细胞培养生产药用成分以实现工业化生产，具有广阔的发展前景。

14.2　生长分析与植物运动

14.2.1　生长曲线与生长大周期

在植物的生长过程中，细胞、器官及整个植株的生长速率都表现出"慢—快—慢"的基本规律，即开始时生长缓慢，以后逐渐加快，至最高点再逐渐减慢，最后停止生长。我们把生长的这 3 个阶段总和起来，称作生长大周期（grand period of growth）。

如果以植物（或器官）体积对时间作图，可得到植物的生长曲线（growth curve）。生长曲线表示植物在生长周期中的生长变化趋势，典型的有限生长曲线呈"S"形（图 14-3A）。如果用干重、高度、表面积、细胞数或蛋白质含量等参数对时间作图，亦可得到类似的生长曲线。以植株的净增长量变化(生长速率)为纵坐标作图，可得到一条抛物线(图 14-3)。

生长曲线反映了植物生长大周期的特征，由 3 部分组成：对数期(logarithmic phase)、直线期(linear phase)和衰老期(senescence phase)。对数期的绝对生长速率是不断提高的，而相对生长速率则大体保持不变；直线期的绝对生长速率为最大，而相对生长速率却是递减的；衰老期的生长逐渐下降，绝对与相对生长速率均趋向于零值。

植物生长大周期的产生与细胞生长过程有关，因为器官或整个植株的生长都是细胞生长的结果，而细胞生长的 3 个时期，即分生期、伸长期、分化期呈"慢—快—慢"的生长规律。器官生长初期，细胞主要处于分生期，这时细胞数量虽能迅速增多，但物质积累和体积增加较少，因此表现出生长较慢；到了中

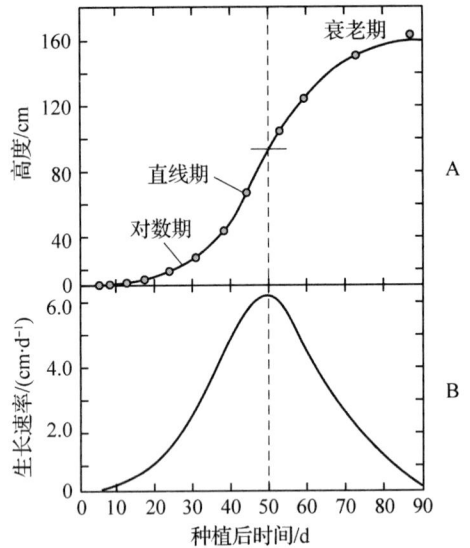

图 14-4　典型的植物生长曲线
上图．S 型生长曲线　下图．由上图的生长曲线斜率推导的绝对生长速率曲线

期，则转向以细胞伸长和扩大为主，细胞内的 RNA、蛋白质等原生质和细胞壁成分合成旺盛，再加上液泡渗透吸水，使细胞体积迅速增大，因而这时是器官体积和重量增加最显著的阶段，也是绝对生长速率最快的时期；到了后期，细胞内 RNA、蛋白质合成停止，细胞趋向成熟与衰老，器官的体积和重量增加逐渐减慢，以致最后停止。

另一方面，从整个植株来看，初期植株幼小，光合面积小，合成干物质少，生长缓慢；中期产生大量绿叶，使光合能力加强，制造大量有机物，干重急剧增加，生长加快；后期因植物的衰老，光合速率减慢，有机物积累减少，同时还有呼吸消耗，使得干重非但不增加，甚至还会减少，表现为生长转慢或停止。

生长大周期是植物生长的固有规律，研究和了解生长大周期对生产实际有重要指导意义。由于植物生长是不可逆的，为促进或抑制植物生长，必须在生长速率最快期到来之前采取措施才有效。

14.2.2　生长分析的指标

为了准确地描述和分析植物的生长状态，比较不同植物、发育时期和环境条件下的生长差异，常通过量化的指标进行植物生长分析。

14.2.2.1　生长积量

生长积量是指生长积累的数量，即植株在某一生长时期的实际数量，可用长度、面积、重量(干重、鲜重)等表示。

14.2.2.2 生长速率

生长速率是表示植物生长快慢的量，一般有 2 种表示方法：

(1)绝对生长速率

单位时间内植株的绝对增加量，称作绝对生长速率（absolute growth rate，AGR）。如以 t_1、t_2 分别表示最初与最终两次测定的时间（可用 s，min，h，d 等表示），以 Q_1、Q_2 分别表示最初与最终两次测得的数量，则

$$AGR = (Q_2 - Q_1)/(t_2 - t_1)$$

某一短时间内（瞬间）的生长速率可用 $AGR = dQ/dt$ 表示。植物的绝对生长速率，因物种、生育期及环境条件等不同而有很大的差异，例如，雨后春笋的生长速率可达 $50 \sim 90 \mathrm{cm \cdot d^{-1}}$；而生长在北极的北美云杉生长速率仅为每年 $0.3\mathrm{cm}$；小麦的茎秆在抽穗期生长速率为 $5 \sim 6\ \mathrm{cm \cdot d^{-1}}$；拔节期的玉米生长速率为 $10 \sim 15\ \mathrm{cm \cdot d^{-1}}$，而抽穗后的株高就停止增长。

(2)相对生长速率

在比较不同材料的生长速率时，绝对生长常受到限制，因为材料本身的大小会显著地影响结果的可比性，为了充分显示幼小植株或器官的生长程度，常用相对生长速率（relative growth rate，RGR）表示。即单位时间内植物绝对增加量占原来生长量的相对比例。

$$RGR = (Q_2 - Q_1)/Q_1(t_2 - t_1) \text{ 或 } RGR = (1/Q) \times (dQ/dt)$$

式中 Q 为原有物质的数量，dQ/dt 为瞬间增量。例如，竹笋的相对生长速率约为 $0.005\mathrm{mm \cdot cm^{-1} \cdot min^{-1}}$；而黑麦的花丝在开花时的相对生长速率可达 $2.0\mathrm{mm \cdot cm^{-1} \cdot min^{-1}}$。

在试验期间的平均相对生长速率（R）可用下式表示：

$$R = (\ln Q_2 - \ln Q_1)/(t_2 - t_1)$$

式中，Q_1 为第一次取样时（t_1）的植物数量，Q_2 为第二次取样时（t_2）的植物数量，ln 为自然对数。RGR 或 R 的单位依 Q 的单位而定，Q 如以干重表示，RGR 或 R 的单位为 $\mathrm{mg \cdot g^{-1} \cdot d^{-1}}$。

14.2.2.3 净同化率

单位叶面积、单位时间内的干物质增量，称作净同化率（net assimilation rate，NAR）。以 L 表示叶面积，则：

$$NAR = (W_2 - W_1)/(L \cdot t)$$

NAR 的常用单位是 $\mathrm{g \cdot m^{-2} \cdot d^{-1}}$。

14.2.2.4 叶面积比

总叶面积除以植株干重，称作叶面积比（leaf area ratio，LAR），即：

$$LAR = L/W$$

从相对生长速率、叶面积比和净同化率三者之间的关系可以看出：

$$RGR = LAR \times NAR$$

式中 RGR 可以作为植株生长能力的指标；LAR 代表了植物光合组织与呼吸组织之比，在植物生长早期比值最大，可以作为光合效率的指标，但不能代表实际的光合效率，因其数值随

呼吸消耗量和植株年龄而变化。光照，温度，水分，CO_2，O_2 和无机养分等影响光合作用、呼吸作用和器官生长的环境因素都能影响 *RGR*，*LAR* 和 *NAR*，因此这些参数可以用来分析植物生长对环境条件的反应。决定 *RGR* 的主要因素是 *LAR* 而不是 *NAR*。生长分析参数值在不同植物间存在差异，以 *RGR* 为例，低等植物通常高于高等植物；在高等植物中，C_4 植物高于 C_3 植物；草本植物高于木本植物；在木本植物中，落叶树高于常绿树，阔叶树高于针叶树。*NAR* 也有类似倾向，但差异较小（表 14-2）。

表 14-2　几种植物的 RGR 和 NAR

物　　种		*RGR* $(mg \cdot g^{-1} \cdot d^{-1})$	*NAR* $(g \cdot m^{-2} \cdot d^{-1})$
草　本	玉米（C_4）	330	22
	苋菜（C_4）	370	21
	大麦（C_3）	116	10
落叶木本	欧洲白蜡树（C_3）	43	4
常绿木本	酸橙（C_3）	20	3
	云杉（C_3）	8	3

14.2.3　生长与运动

植物的某些器官或部位，在有限的空间内产生的位置移动，称作植物运动（plant movement）。高等植物的运动按其与外界刺激的关系可分为向性运动（tropic movement）和感性运动（nastic movement）；按其运动的机理可分为生长性运动（growth movement）和膨压运动（亦称紧张性运动）（turgor movement）。

14.2.3.1　向性运动

向性运动是指外界因素对植物器官单方向刺激所引起的定向生长运动。根据刺激不同可分为向光性（phototropism）、向重力性（gravitropism）、向触性（thigmotropism）、向化性（chemotropism）、向水性（hydrotropism）等。所有的向性运动都是生长性运动，由生长器官不均衡生长所引起。

植物的向性运动一般包括 3 个步骤：感受刺激（stimuli perception），植物体中的感受器接收环境中单方向的刺激信号；信号转导（signal transduction），感受细胞把环境刺激信号转化成细胞内的物理信号或化学信号；运动反应（motor response），生长器官接收信号后发生不均等生长，表现出向性运动。

（1）向光性

植物生长器官受单方向光照射而引起生长弯曲的现象称为向光性，蓝光是诱导向光弯曲最有效的光谱。植物各器官的向光性有正向光性（（positive phototropism，器官生长方向朝向射来的光）、负向光性（negative phototropism，器官生长方向与射来的光相反）及横向光性（diaphototropism，器官生长方向与射来的光垂直）之分。植物感受光的部位是茎尖、芽鞘尖端、根尖、某些叶片或生长中的茎。一般来说，地上部器官具有正向光性，根部为负向光性。向光素与生长素是参与向光性反应的主要调控因子。

向光性在植物生长中具有重要的意义。由于叶子具有向光性的特点，叶子能尽量处于最适宜利用光能的位置。例如，用锡箔把在光下生长的苍耳叶片遮住一半后，叶柄相应的一侧延长，向光源方向弯曲，这样叶片就会从阴处移到光亮处，叶片不易重叠。这种同一植株的许多叶片作镶嵌排列的现象，称作叶镶嵌（leaf mosaic）。推测可能由于叶片遮蔽部分运输较多的生长素到该侧的叶柄，因此该侧叶柄生长较快，使叶柄向有光一侧弯曲。另外，棉花、花生、向日葵等植物顶端在一天中随阳光而转动，呈所谓"太阳追踪"（solar tracking），叶片与光垂直，即横向光性（diaphototropism），这种现象是由于溶质（包括 K^+）控制叶枕的运动细胞引起的。

（2）向重力性

植物感受重力的刺激，在重力方向上发生生长反应的现象，称为向重力性。种子或幼苗在地球上受到地心引力影响，不管所处的位置如何，总是根朝下生长，茎朝上生长。这种顺着重力作用方向的生长称作正向重力性（positive gravitropism）；逆着重力作用方向的生长称作负向重力性（negative gravitropism）；侧枝、叶柄、地下茎、次生根等以垂直于重力的方向水平生长称为横向重力性（diagravitropism）。

重力的感受部位在离根尖 1.5~2.0mm 的根冠、离茎端约 10mm 的幼嫩组织以及其他尚未失去生长机能的节间、胚轴、花轴等，感受重力的受体是含淀粉体或叶绿体的细胞。研究表明，IAA 是根向重力性反应的主要调控物质，而 Ca^{2+} 在向重力性反应信号转导中起重要作用。

植物的向重力性具有重要的生物学意义。根的正向重力性有利于根向土壤中生长，以固定植株并摄取水分和矿物质。茎的负向重力性则有利于叶片伸展，并从空间获得充足的空气与阳光。

（3）向化性与向水性

向化性是由某些化学物质在植物周围分布不平均引起的定向生长。植物根部生长的方向就有向化现象，它们是朝向肥料较多的土壤生长的。深层施肥的目的之一，就是为了使作物根向土壤深层生长，以吸收更多的肥料。高等植物花粉管的生长也表现出向化性。花粉落到柱头上后，受到胚珠细胞分泌物（如退化助细胞释放的 Ca^{2+}）的诱导，就能顺利地进入胚囊。

根的向水性也是一种向化性。当土壤干燥而水分分布不均时，根总是趋向潮湿的地方生长，干旱土壤中根系能向土壤深处伸展，其原因是土壤深处的含水量较表土高。香蕉、竹子等以肥引芽，也是利用了根和地下茎在水肥充足的地方生长较为旺盛的生长特点。

14.2.3.2　感性运动

感性运动的方向与外界刺激方向无关。根据外界刺激的种类可分为偏性、感夜性、感热性、感震性等。有些感性运动由生长不均匀引起，如偏上性、感温性；另一些感性运动则由细胞膨压的变化引起，如感震性。

（1）偏上性和偏下性

叶片、花瓣或其他器官向下弯曲生长的特性，称为偏上性（epinasty）；叶片和花瓣向上弯曲生长的现象，称为偏下性（hyponasty）。叶片运动是因为从叶片运到叶柄上下两侧的生长素数量不同，因此引起生长不均匀。生长素和乙烯可引起番茄叶片偏上性生长（叶柄下垂）。赤霉素处理可引起偏下性生长。

（2）感夜性

植物的感夜性运动（nyctinasty movement）主要是由昼夜光暗变化信号引起的叶片的开合运动。一些豆科植物，如大豆、花生、合欢和酢浆草的叶子，白天叶片张开，夜间合拢或下垂。特别奇特的是舞草（*Codariocalyx motorius*），在常温强光的环境下，舞草的 2 片侧小叶会不停地摆动，上下飞舞，或作 360°的大旋转。光照越强或声波振动越大，运动的速度就会越快，直至晚上所有叶片下垂闭合睡眠为止。三叶草和酢浆草、睡莲的花以及许多菊科植物的花序昼开夜闭；月亮花、甘薯、烟草等花的昼闭夜开，都是由光引起的感夜运动。

感夜运动的器官是叶基部的叶褥或小叶基部。叶片的开闭是由位于叶褥相反侧称为腹侧运动细胞（ventral motor cell）和背侧运动细胞（dorsal motor cell）膨压的变化所致（图 14-5）。而膨压的变化依赖于细胞渗透势变化导致的细胞水分的变化。目前提出的可能机制为：在光调控小叶张开过程中，腹侧运动细胞受光的刺激而使质膜质子泵活化，泵出质子，建立跨膜质子梯度，促进 K^+ 与 Cl^- 的吸收，细胞渗透势下降，细胞吸水，运动细胞膨胀而张开，同时，背侧运动细胞质子泵处于去活化状态。在小叶关闭过程中，变化过程处于相反的变化模式。研究表明，光敏色素和蓝光受体参与小叶开闭的调控，在白天，红光和蓝光能使闭合的叶片张开，远红光可消除红光的作用。

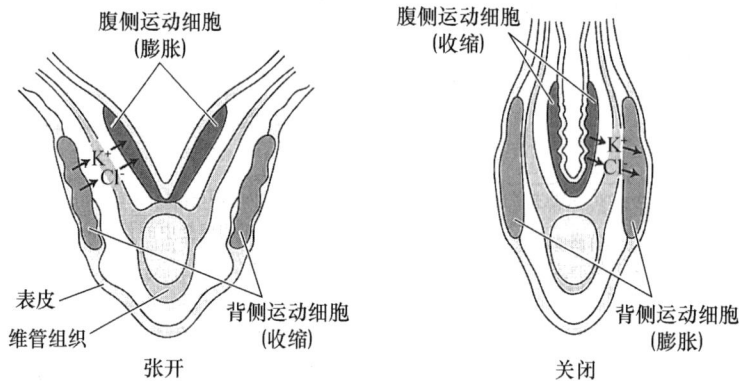

图 14-5　合欢叶枕运动细胞间的离子流调控小叶的张开和闭合
（改编自 Galston，1994）

（3）感温性

由温度变化引起的器官背腹两侧不均匀生长引起的运动，称为感温性运动（thermonasty movement）。如郁金香和番红花的花，通常在白天温度升高时，适于花瓣的内侧生长，而外侧生长减少，花朵开放。夜晚温度降低时，花瓣外侧生长而使花瓣闭合，这样，随着每天内外侧的昼夜生长，花朵增大。如将番红花和郁金香从较冷处移至温暖处，很快又会开花。花的这种感温性是不可逆的生长运动，是由花瓣上下组织生长速率不同所致。这类运动产生的原因可能是由于温度的变化引起生长素在器官不同面分布不均匀而引起生长不平衡所致。花的感温性对植物具有重要的意义，可使植物在适宜的温度下进行授粉，还可保护花的内部免受不良条件的影响。

(4)感震性

感震性运动(seismonasty movement)是由于机械刺激而引起的植物运动。含羞草(*Mimosa pudica*)在感受刺激的几秒钟内，就能引起叶褥和小叶基部的膨压变化，使叶柄下垂，小叶闭合，其膨压变化情况及机制类似合欢的感夜运动。有趣的是含羞草的刺激部位往往是小叶，而发生动作的部位是叶褥，两者之间虽隔一段叶柄，但刺激信号可沿着维管束传递。它还对热、冷、电、化学等刺激作出反应，并以 $1 \sim 3cm \cdot s^{-1}$(强烈刺激时可达 $20cm \cdot s^{-1}$)的速度向其他部位传递。另外，食虫植物的触毛对机械触动产生的捕食运动也是一种反应速度更快的感震性运动。

含羞草叶子下垂的机制，在于复叶叶柄基部的叶褥中细胞膨压的变化。从解剖上来看，叶褥上部的细胞壁较厚而下部的较薄，下部组织的细胞间隙也比上部的大。在外界震动刺激下，叶褥下部运动细胞的透性增大，水分和溶质由液泡中排出，进入细胞间隙，因此，下部组织运动细胞的膨压下降，组织疲软；而上部组织仍保持紧张状态，复叶叶柄即下垂。小叶运动的机制与此相同(图14-6)。只是小叶叶褥的上半部和下半部组织中细胞的构造，正好与复叶叶柄基部叶褥的相反，所以当膨压改变，部分组织疲软时，小叶即成对地合拢起来。

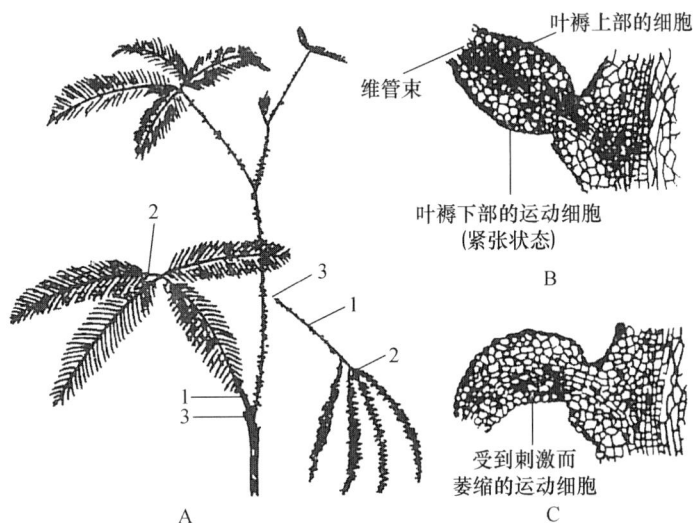

图14-6　含羞草的感震性运动

A. 一片叶子受到刺激后下垂　　B. 总叶柄的叶褥结构(未受刺激)　　C. 受刺激后叶子下垂的叶褥细胞

1. 总叶柄　2. 小叶柄　3. 叶褥

那么，刺激感受后转换成什么样的信号会引起动作部位的膨压变化呢？有两种看法。一种认为是由电信号的传递，诱发了感震性运动；另一种认为信号为化学物质。现已清楚，含羞草的小叶和捕虫植物的触毛接受刺激后，其中感受刺激的细胞的膜透性和膜内外的离子浓度会发生瞬间改变，即引起膜电位的变化。感受细胞的膜电位的变化还会引起邻近细胞膜电位的变化，从而引起动作电位的传递。当其传至动作部位后，使动作部位细胞膜质子泵活性、膜透性和离子浓度改变，从而造成膨压变化，引起感震运动。有人测到含羞草的动作电位为103mV，传递速度在 $1 \sim 20cm \cdot s^{-1}$ 之间。对于引起膨压变化的化学信号，已有人从含羞草、合欢等植物中提取出一类膨压素的物质，它是含有 β - 糖苷的没食子酸，可随着蒸腾流传到叶褥，迅速改变叶褥细胞的膨压，导致小叶合拢。从感震性反应的速度来看，似乎动作电位更能作为刺激感受的传递信号。

14.2.3.3 生命的内源节奏——生理钟

植物的一些生理活动具有周期性或节奏性，而这种周期是一个不受环境影响，以近似昼夜周期的节律(22～28h)自由运行的过程，称为近似昼夜节奏(circadian rhythm)，也称为生理钟(physiological clock)或生物钟(biological clock)。菜豆叶片在白天呈水平方向伸展，而晚间呈下垂状态的运动，就是一种典型的近似昼夜节律(图 14-7)。这种周期性运动即使在连续光照或连续黑暗以及恒温的条件下仍能持续进行，其特点是不受温度的影响；可以自动调拨。

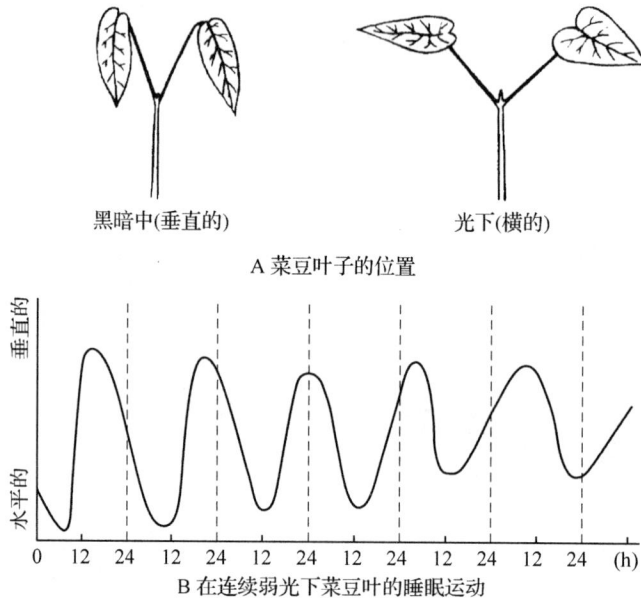

图 14-7 菜豆叶片在恒定条件(微弱光，20℃)下的运动
高点代表垂直的叶片(A)；低点代表横的叶片(B)
(潘瑞炽，2001)

生命的内源节奏现象在生物界中广泛存在，从单细胞到多细胞生物，包括植物、动物，还有人类。植物方面的例子很多。如小球藻的细胞分裂，膝间藻的发光现象，许多种藻类和真菌的孢子成熟和散放；高等植物的花朵开放、叶片运动、气孔开闭、蒸腾作用、伤流液的流量和其中氨基酸的浓度和成分、胚芽鞘的生长速度等。植物组织培养中也可观察到培养物膨压和生长速度的内在性昼夜变化。

生理钟有明显的生态意义。如有些花在清晨开放，为白天活动的昆虫提供了花粉和花蜜；菜豆、酢浆草、三叶草等叶片在白天呈水平位置，这对吸收光能有利。

描述生理钟特征有 2 个参数。一是节奏周期(period)，指完成一次昼夜节奏时间长度，也就是在重复的周期曲线上两个同位点之间的特定时间。二是振幅(amplitude)，是指所观察的反应的变动幅度，即波峰与波谷之间的距离。如菜豆叶片的运动。

生理钟的节奏周期能被外界光信号重拨和调相。光对生理钟的节奏周期有起启动和校正的作用。若将通常在夏季夜间开放的昙花放在日夜颠倒的条件下约1周，可使昙花在白天盛开。接受光信号的受体可能是光敏素或隐花色素，一些豆科植物叶片的昼夜节奏性运动对红光敏感；气孔运动的内源节奏是蓝光反应，由隐花色素作为光受体。

14.3 种子萌发与幼苗生长

14.3.1 种子萌发的概念及条件

14.3.1.1 种子萌发的概念

植物个体的生命周期是从受精卵分裂形成胚开始的，但人们习惯上还是以种子萌发作为个体发育的起点，因为农业生产是从播种开始的。

风干种子的生理活动极为微弱，处于相对静止状态，即休眠状态。在有足够的水分、适宜的温度和正常的空气条件下，种子开始萌发（germination）。萌发是具有生活力的种子吸水后，胚生长突破种皮并形成幼苗的过程，通常以胚根突破种皮作为萌发的标志。萌发是无休眠或已解除休眠的种子吸水后由相对静止状态转为生理活动状态，呼吸作用增强，贮藏物质被分解并转化为可供胚利用的物质，引起胚生长的过程。萌发的本质是水分、温度等因子使种子的某些基因表达和酶活化，引发一系列与胚生长有关的反应。

种子萌发是植物进入营养生长阶段的关键一步。从形态上看，萌发是由静止状态的胚转变为活跃生长的幼苗；从生理上看，萌发是受阻抑的代谢生长过程获得恢复，遗传程序发生变化，出现新的转绿部分；从生化上看，萌发是氧化与合成途径顺序的演变，营养生长的途径得以恢复；从分子上看，萌发是大量基因特异表达的结果；从发育上看，萌发是植株个体由幼年走向成熟的标志。

种子萌发过程大致可分为3个步骤：种子吸水萌动；内部物质与能量转化；胚根突破种皮形成幼苗。种子萌发必须具备两方面的条件，一是种子本身具有生活力并完成了休眠；二是有适当的外界条件，如水分、温度、气体和光照等。

14.3.1.2 种子的寿命及活力

（1）种子寿命

种子寿命（seed longevity）是指种子从成熟到失去生命力所经历的时间。种子寿命因植物种类及所处环境的不同而有差异。自然条件下，种子寿命可以由几个小时到很多年。寿命极短的柳树种子，成熟后只有在12h内有发芽能力。大多农作物的种子为1~3年。种子寿命长的可达百年以上。例如，地下埋藏几百年甚至千年的莲子仍有萌发能力，并能开花结果。

种子寿命长短与种子贮藏条件有关。一般来说，种子在干燥、低温条件下贮存，寿命较长。在高温多湿条件下，呼吸强烈，贮存营养消耗快，同时释放热量，加快病菌繁殖、害虫滋生，则易使种子丧失生活力。但是许多热带植物（如椰子、荔枝、杧果等）种子刚好相反，它们不耐脱水干燥和零上低温贮存，这类种子称为顽拗性种子（recalcitrant seed）。这类种子寿命较短，可在保持一定含水量和适宜温度条件下贮存。

（2）种子活力及其测定

种子生活力（seed viability）又叫发芽力或发芽率。种子生活力高，则发芽率高，生活力低，则发芽率低，是生产上常用的术语。种子活力（seed vigor）是指种子的健壮度，包括迅速、整齐萌发的发芽潜力及生长潜势和生产潜力。二者既有区别，又有联系。种子的生活力或活力是鉴定种子品质的主要依据，其大小通常是通过测定种子的发芽力来体现。由于测定种子发芽力需要较长时间，因此，可用以下间接、快速的方法测定种子生活力。

①利用组织还原力　生活的种子具有呼吸作用，其呼吸底物经脱氢酶催化所释放的氢可将无色的氯化三苯基四氮唑（2, 3, 5 - triphenyl tetrazolium chloride，TTC）还原为红色的三苯甲腙，使种胚染为红色；而死种子的胚因无呼吸作用则不染色。

②利用原生质的着色能力　生活细胞的原生质膜具有选择透性，能阻止某些染料透过质膜。因而如用某种染料浸染种子，即可依照胚的着色来判断种子的生活力，胚被染色的种子即为不具有生活力的种子。

③利用细胞中的荧光物质　蛋白质、核酸等有机大分子具有荧光特性。失去生活力的种子，其酶蛋白及辅酶遭到破坏，故可利用紫外荧光灯照射纵切的种子来判断种子的生活力。有生活力的种子发出蓝、紫色荧光，而无生活力的种子则为黄、褐色或无色。

14.3.2　影响种子萌发的环境条件

种子的萌发只有在适宜的条件下才能进行。影响种子萌发的主要环境条件有水分、氧气、温度，有些种子的萌发还受光的影响。

14.3.2.1　水分

水分是种子萌发的先决条件，种子只有吸收一定量的水分才能萌发。干燥种子的含水量极低（一般只有 5% ~ 14%），这些水分都属于被蛋白质等亲水胶体吸附住的束缚水，不能作为反应的介质。只有吸水后，种子细胞中的原生质胶体才能由凝胶转变为溶胶，使细胞器结构恢复，基因活化，转录萌发所需要的 mRNA 并合成蛋白质。同时吸水能使种子呼吸上升，代谢活动加强，让贮藏物质水解成可溶性物质供胚发育所需要。另外，吸水后种皮膨胀软化，有利于种子内外气体交换，也有利于胚根、胚芽突破种皮而继续生长。

干燥种子吸胀作用的大小与原生质凝胶物质对水的亲和性有关，蛋白质、淀粉和纤维素对水的亲和性依次递减，因此，含蛋白质较多的豆类种子的吸胀作用大于含淀粉较多的禾谷类种子。种子吸水的程度和速率还与温度以及环境中水分的有效性有关。在一定温度范围内，温度高时，吸水快，萌发也快。例如，早春水温低，早稻浸种要 3 ~ 4d，夏天水温高，晚稻浸种 1d 就能吸足水分。土壤中有效水含量高时有利于种子的吸胀吸水。土壤干旱或在盐碱地中，种子不易吸水萌发。土壤水分过多，会使土温下降、氧气缺乏，对种子萌发也不利，甚至引起烂种。

14.3.2.2　氧气

休眠种子的呼吸作用很弱，需氧量很少，但种子萌发时，旺盛的物质代谢和活跃的物质运输等需要有氧呼吸来保证。因此，氧对种子萌发极为重要。环境缺氧（如土壤板结，水分过多，播种太深等），则萌发种子进行无氧呼吸。长时间的无氧呼吸消耗过多的贮藏物，同时，产生大量酒精，致使种子中毒，因而不利于种子萌发。

一般作物种子要求氧浓度在10%以上才能正常萌发，当氧浓度在5%以下时，很多作物种子不能萌发。尤其是含脂肪较多的种子在萌发时需氧更多，如花生、大豆和棉花等种子。因此，这类种子宜浅播。水稻种子萌发时虽然有一定的耐缺氧能力，但在缺氧时会造成只长胚芽鞘，而根及真叶生长缓慢的状况，易发生烂秧。原因是胚芽鞘的生长只有细胞伸长没有细胞分裂；而根的生长既有细胞伸长又有细胞分裂，对能量和物质的需求量高，尤其是细胞分裂，所以必须依赖有氧呼吸。

14.3.2.3 温度

种子萌发是在一系列酶参与下的生理生化过程，因而受温度影响很大，因为温度能影响酶的活性，从而影响贮藏物质的转化和运输。温度对种子萌发的影响存在三基点，即最适、最低和最高温度。最适温度是指在短时间内使种子萌发达到最高百分率的温度。原产于南方低纬度地区的植物（如水稻、玉米等）要求较高温度；原产于北方高纬度地区的植物（如麦类等）要求较低温度。常见作物种子萌发的温度范围见表14-3。

表14-3　几种作物种子萌发的温度的三基点　　　　　　　　　　　　　　　℃

作物种类	最低温度	最适温度	最高温度
冬小麦、大麦	0 ~ 5	25 ~ 31	31 ~ 37
玉　米	5 ~ 10	37 ~ 44	44 ~ 50
水　稻	10 ~ 13	25 ~ 35	38 ~ 40
黄　瓜	15 ~ 18	31 ~ 37	38 ~ 40
番　茄	15	25 ~ 30	35
大　豆	10 ~ 12	30	40
棉　花	12 ~ 15	25 ~ 30	40

萌发的最适温度尽管是生长最快的温度，但由于种子消耗的有机物较多，往往使幼苗生长快但不够健壮，抗逆性不强，因此，生产上常采用比最适温度稍低的协调最适温度。变温处理（通常低温16h，高温8h，变温幅度大于10℃）有利于种子萌发，而且还可提高幼苗的抗寒力。自然界中的种子大都是在变温情况下萌发的。

14.3.2.4 光　照

不同种类植物的种子萌发对光的需求不同，据此可将种子分为3种类型：一是中性种子，萌发时对光无严格要求，在光下或暗中均能萌发，大多数种子属于此类；二是需光种子（light seed），又称喜光种子，如莴苣、紫苏、胡萝卜、桦木以及多种杂草种子，它们在有光条件下萌发良好，在黑暗中则不能发芽或发芽不好；三是需暗种子（dark seed），又称嫌光种子，萌发时有光受抑制，只能在黑暗处萌发，如茄子、番茄、韭菜、瓜类等。光对种子萌发的影响与光的波长有关，并通过光敏素实现。需光种子的萌发受红光（660nm）促进，被远红光（730nm）抑制，两种光的作用效果可以相互逆转。

种子萌发对光的需求是植物在进化过程中发展起来的一种保护机制，具有重要的生物学意义。例如，需光种子一般体积比较小，假如种子在埋土太深的黑暗条件下萌发，幼苗出土前就可能发生贮存物质就已耗尽的情况。萌发对光的需求可以防止这种情况的发生。

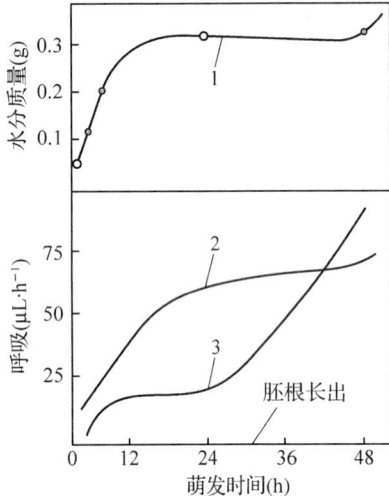

图 14-8　豌豆种子萌发时吸水和呼吸的变化
1. 种子吸水过程的变化　2. CO_2 释放的
变化　3. O_2 吸收的变化

14.3.3　幼苗的形成

14.3.3.1　从种子萌发到幼苗形成的生理生化变化

(1) 种子吸水变化

种子萌发是从吸水开始的，整个过程可分为 3 个阶段，即急剧的吸水、吸水的停止和胚根长出后的重新迅速吸水 (图 14-8)。第一阶段是吸胀作用 (物理过程)，此阶段的吸水与种子代谢无关。无论种子是否通过休眠，是否有生活力，同样都能吸水。通过吸胀吸水，活种子中的原生质胶体由凝胶状态转变为溶胶状态，使那些原在干种子中结构被破坏的细胞器和不活化的高分子得到伸展与修复，表现出原有的结构和功能。第二阶段，细胞利用已吸收的水分进行代谢。酶促反应与呼吸作用增强，子叶或胚乳中的贮藏物质开始分解，转变成简单的可溶性化合物，为胚的生长提供养分。

至第三阶段，由于胚的迅速生长及细胞体积增大，重新大量吸水，这时的吸水是与代谢活动密切相关的渗透性吸水。因此，只有具萌发力的种子才进入第三阶段，死种子和休眠种子只有吸水的第一、第二阶段。

(2) 呼吸作用的变化

种子萌发过程中呼吸作用和吸水过程相似，也分为 3 个阶段 (图 14-8)。种子吸水的第一阶段，呼吸作用也迅速增加，这主要是由已经存在于干种子中并在吸水后活化的呼吸酶及线粒体系统完成的，可能与三羧酸循环及电子传递有关的线粒体酶的活化有关。在吸水的迟滞期，呼吸作用也停滞在一定水平，这一方面是因为干种子中已有呼吸酶、线粒体系统已经活化，而新的呼吸酶和线粒体还没有大量形成；另一方面，此时胚根还没有突破种皮，氧气的供应也受到一定限制。吸水的第三阶段，呼吸作用又迅速增加，因为胚根突破种皮后，氧气供应得到改善，而且此时新的呼吸酶和线粒体系统已经大量形成。在吸水的第一阶段和第二阶段，CO_2 的产生大大超过 O_2 的消耗，呼吸商 $RQ > 1$，而第三阶段，O_2 的消耗则大大增加。这说明种子萌发初期的呼吸作用主要是无氧呼吸，而随后进行的是有氧呼吸。

(3) 酶系统的活化与形成

种子萌发时酶的形成有两个来源，一是由已经存在于干燥种子中的酶活化而来，二是种子吸水后重新合成。干燥种子中已经存在许多酶元 (包括呼吸系统的酶、蛋白质合成系统中的酶以及一些水解酶等)，它们一经水合后，活性可立即得到恢复，如 β - 淀粉酶 (β - amylase)。种子萌发所需的大多数酶需要在吸水后重新合成，如 α - 淀粉酶 (α - amylase)。

酶重新合成所需的 mRNA 或是由 DNA 转录而来，或已经存在于干燥种子中。那些在种子发育期间已经形成，负责编码种子萌发初期所需蛋白质合成的 mRNA，称为长命 mRNA(long lived mRNA)或贮存 mRNA。长命 mRNA 可与细胞质中的蛋白质合成信息体(informosome)，保持在干燥种子中，早期几种水解酶的合成对种子萌发以及胚根的发端可能起着重要作用。

(4)有机物的转化

种子中贮藏有大量的大分子有机物，如淀粉、脂肪、蛋白质等，这些大分子有机物在酶的作用下分解为简单的、便于转运的小分子化合物，供给正在生长的幼胚，一方面作为呼吸底物进一步分解，释放能量，供生命活动需要；另一方面作为新建器官的各种原料(图 14-9)。

①碳水化合物的转化 禾谷类种子的胚乳内贮藏有大量的淀粉。种子萌发后，在淀粉酶作用下淀粉被水解为可溶性糖。萌发初期主要靠 β - 淀粉酶，随着种子的萌发又逐渐形成α - 淀粉酶，将淀粉水解为糊精和麦芽糖，麦芽糖在麦芽糖酶(maltase)作用下再进一步水解为葡萄糖。此外，淀粉还

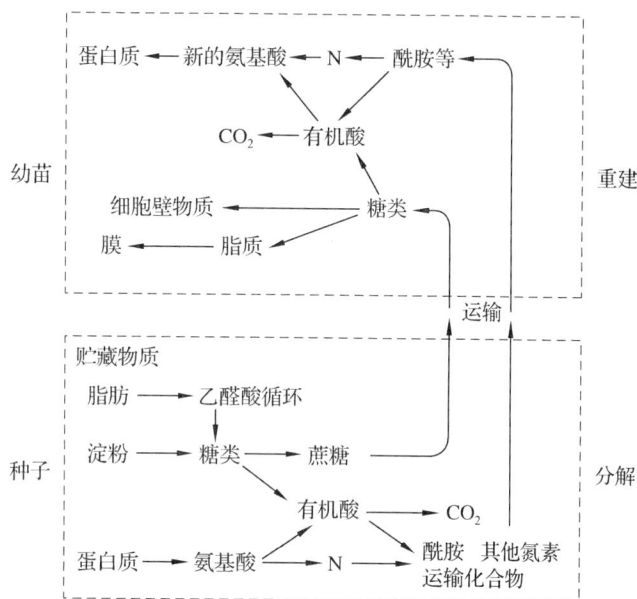

图 14-9 萌发种子中贮藏物质的降解转化

可以通过磷酸化酶的作用水解。淀粉降解的产物以蔗糖的形式从胚乳或子叶运输到生长中的胚根和胚芽中。

②脂肪的转化 油料作物的种子萌发时，在脂肪酶(lipase)的作用下，将脂肪水解为甘油和脂肪酸。脂肪酶在酸性条件下水解作用较强，因而脂肪酶的作用具有自动催化的性质，所以油料种子贮藏时间过长或在高温、高湿条件下，常易发生酸败。

脂肪酸经 β - 氧化途径分解为乙酰 - CoA，再经乙醛酸循环(glyoxylic acid cycle)转变为蔗糖。甘油则在酶的催化下变成磷酸甘油，再转变成磷酸二羟丙酮参加糖酵解反应，或进一步经糖异生途径(gluconeogenic pathway)转变为葡萄糖、蔗糖，转运至胚轴供生长用。

③蛋白质的转化 萌发的种子靠种子中贮藏的蛋白质来满足氮素的需要。水解蛋白质的酶有两大类：蛋白酶(protease)和肽酶(peptase)。蛋白质在蛋白酶的作用下分解为许多小肽，而后在肽酶作用下完全水解为氨基酸。种子萌发时，贮藏蛋白质在蛋白酶和肽酶的作用下，分解为游离氨基酸，并主要以酰胺(谷氨酰胺和天冬酰胺)的形式运输到胚轴供生长用。最近发现，在豌豆种子萌发过程中，高丝氨酸可能担负着氨基的运输作用。蛋白质水解产生的氨基酸，除了可作为再合成蛋白质的原料，也可以通过脱氨基作用转变为有机酸或游离的氨(NH_3)。有机酸可以进入呼吸代谢途径彻底氧化分解或转化为糖，也可作为形成氨基酸的碳架。氨以酰胺的形式贮存起来，即可消除氨态氮大量积累而造成的毒害作用，又可供新的氨基酸合成之用。

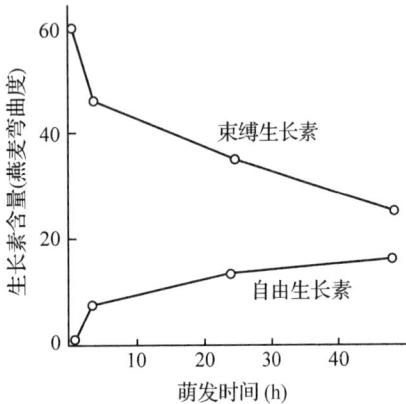

图 14-10 玉米种子萌发时，自由生长素增多而束缚生长素减少

（5）植物激素的变化

种子萌发过程中有许多激素的参与。未萌发的种子通常不含自由态的生长素，萌发初期种子内束缚态的生长素转为自由态（图 14-10），并且合成新的生长素。落叶松种子经层积处理后，种子吸水萌发时，生长抑制剂含量逐渐下降，而赤霉素含量逐渐升高。大麦种子萌发时胚细胞的赤霉素浓度增加，赤霉素从胚细胞分泌到糊粉层细胞诱导α-淀粉酶和其他酶的形成。此外，在种子萌发早期，细胞分裂素和乙烯都有所增加，而 ABA 和其他抑制剂则明显下降。

14.3.3.2   影响幼苗（植株）生长的环境条件

植物的生长发育是内部遗传因子和外界环境综合作用的结果。幼苗出土后，要在适宜的温度、光照、水分、肥料等条件下才能成为健壮的植株。

（1）温度

温度能影响光合、呼吸、矿质与水分的吸收、物质合成与运输等代谢功能，从而影响细胞的分裂、伸长、分化以及植物的生长。

植物的生长要在一定的温度范围内才能进行。每种植物的生长都有温度三基点，即生长的最低温度、最适温度和最高温度。最适温度一般是指生长最快时的温度，而不是生长最健壮的温度，因为生长最快时，物质较多用于生长，消耗太快，抗性也差，没有在较低温度下生长壮实。在生产实践中，培育健壮的植株，常常要求在比生长最适温度略低的温度，即植株生长最健壮的温度，所谓生长协调最适温度（growth coordinate temperature）下进行。

温度三基点因植物原产地不同而有很大差异。北极或高山上的植物，可在 0℃ 或 0℃ 以下生长，最适温度很少超过 10℃。大部分原产于温带的植物，其最适温度通常在 25～35℃，最高生长温度在 35～40℃，大多数热带和亚热带植物生长温度范围更高些，最适温度 30～40℃，最高温度 45℃，有些沙漠地区的灌木，60℃ 仍能生存。同一植物的不同器官对温度的要求也不同，一般来说，根生长的温度都比地上部分低，其土壤最适温度通常在 20～30℃，温度过高或过低吸水减少，生长缓慢甚至停滞。

研究表明，日温较高而夜温较低有利于植物的生长，因为白天温度高，光照强，光合作用合成的有机物多；晚间温度降低，呼吸作用减弱，物质消耗减少，积累增加。较低的夜温还有利于根系的生长和发育。因此，温室或大棚栽培作物时，应注意调节昼夜变温，使植株健壮生长。

（2）光照

①光强 光照强度直接影响植物的形态和组织的分化。在足够的光照下，植物生长得粗壮结实，结构紧密，形成的叶片较厚。光线不足时（如植株群体过密，株间郁闭缺光），叶片较薄，机械组织分化较差，茎秆脆弱、纤细，易倒伏，易受病虫害侵袭。如果植株完全处于黑暗中，只要有足够的养料，也能够生长，但与正常光照下生长的植株有较大差异。

在蔬菜生产中，可利用黄化植株组织分化差、薄壁细胞多、机械组织不发达的特点，用遮光或培土的方法来生产柔嫩的韭黄、蒜黄、豆芽菜、葱白、软化药芹等。农林业生产中也常因植株群体过密，光线不足，分化差，造成倒伏而致减产。因此，要合理密植，加强水肥管理，使株间通风透光，防止黄化现象的出现。

②光质　不同波长的光对植物生长的影响作用也不相同，红光对促进叶片伸展，抑制茎的过度伸长，促使黄化苗恢复正常最有效；蓝紫光明显抑制生长，紫外光抑制伸长作用最明显。海拔较高地区，大气稀薄，紫外光强，因此，高山上生长的树木相对矮小。光对茎伸长的抑制作用与光对生长素的破坏有关。光可使自由型的生长素转变为无活性的生长素，并促进 IAA 氧化酶的活性，降低植物体内自由态 IAA 水平。在生产中，采用浅蓝色塑料薄膜育出的苗木矮壮，是因为浅蓝色薄膜可大量透过蓝紫光，抑制茎的伸长生长，提高根冠比；而温室植物生长得细长，原因之一是由于玻璃吸收了部分光波，尤其是短波光。

植物在受到紫外光照射后，会增加抗紫外光色素如黄酮、黄酮醇、肉桂酰酯及肉桂酰花青苷等的合成，这些抗紫外光色素分布于叶的上表皮，能吸收紫外光而使植株免受伤害，这也是植物的一种保护反应。

(3) 水分

原生质的代谢活动，细胞的分裂、生长与分化等都必须在细胞水分接近饱和的情况下才能顺利进行。细胞分裂和伸长均需要充足的水分，但细胞伸长对缺水更为敏感。细胞的扩展主要受膨压的控制，植物缺水后膨压下降，细胞生长受阻，因此，供水不足，植株的体积增长会提早停止。生产上，控制小麦、水稻茎部过度伸长的根本措施就是控制第二、三节间伸长期间的水分供应。研究表明，在控水条件下，许多树木在叶水势 $-0.4 \sim -0.2\mathrm{MPa}$ 时生长就迅速下降，而光合速率在 $-1.2\mathrm{MPa} \sim -0.8\mathrm{MPa}$ 时才开始下降。充足的水分加快叶片的生长速率，叶大而薄；相反，水分不足，叶小而厚。在植物生长水分敏感期，如禾谷类植物拔节和抽穗期供水不足，会严重影响产量。

土壤水分过多时，如淹水条件下，通气不良，根尖细胞分裂明显被抑制。此外，无氧条件还使土壤积累还原物质如 NO_2^-，Mn^{2+}，Fe^{2+}，H_2S 等，对根生长有害。根在通气不良条件下会形成通气组织或不定根以适应环境，通气组织的产生与乙烯诱发有关。水分供应充足条件下，植物生长快，茎叶柔软，机械组织和保护组织不发达，抗逆能力降低，因此，在生产上，苗期适度控制水分，是培育壮苗的主要手段之一。

(4) 其他因素

大气中的 O_2，CO_2 和水汽等对植物生长影响很大。氧为一切需氧生物生长所必需，大气含氧量相当稳定(21%)，所以植物的地上部分通常无缺氧之忧，但土壤在过分板结或含水过多时，常因空气中氧不能向根系扩散，而使根部生长不良，甚至坏死。CO_2 常成为光合作用的限制因子，田间空气的流通以及人为提高空气中 CO_2 浓度，常能促进植物生长。水汽(相对湿度)会通过影响蒸腾作用而改变植株的水分状况，从而影响植物生长。

土壤中含有植物生长必需的矿质元素。植物缺乏必需元素会引起生理失调，影响生长发育，并出现特定的缺素症状。另外，土壤中还存在许多有益元素和有毒元素。有益元素促进植物生长，有毒元素则抑制植物生长。

植物体的生长还受其他生物的影响。寄生物(可以是动物、植物和微生物)有时能杀伤杀死或抑制寄主植物的生长，如菟丝子寄生在大豆上会严重危害大豆植株的生长。有时则能引起寄主植物的不正常生长，如形成瘤瘿。在共生情况下则双方的生长均受到促进，如根瘤菌与豆类的共生。

植物体也可通过改变生态环境来影响另一生物体。这表现在两个方面：一是相互竞争(allelospoly)，即对环境生长因素，如对光、肥、水的竞争，例如，高秆植物对短秆植物生长的影响。二是相生相克(allelopathy)，即植物通过分泌化学物质来促进或抑制周围植物的生长。

相生相克也称它感作用或化感作用，它指植物或微生物的代谢分泌物对环境中其他植物或微生物的促进或抑制作用。引起化感作用的化学物质称为化感物质(allelochemical)，它们几乎都是一些分子量较小，结构较简单的植物次生物质。如直链醇、脂肪酸、醛、酮、肉桂酸、香豆素、萘醌、生物碱等，最常见的是酚类和类萜化合物。这些物质对植物生理代谢及生长发育均能产生影响。

相生的例子很多，如豆科与禾本科植物混种，小麦和豌豆、玉米和大豆等。豆科植株上的根瘤固定的氮素能供禾本科植物利用；而禾本科植物由根分泌的载铁体(如麦根酸)，能络合土壤中的铁，供豆科植物利用，使豆类能在缺铁的碱性土壤里生长。在种过苜蓿的土壤里种植番茄、黄瓜、莴苣等植物生长良好，这是因为苜蓿分泌三十烷醇。洋葱和食用甜菜、马铃薯和菜豆种在一起，有相互促进的作用。

相克现象也很普遍。如番茄植株释放鞣酸、香子兰酸、水杨酸等能严重抑制莴苣、茄子种子的萌发和幼苗生长，对玉米、黄瓜、马铃薯等作物的生长也有抑制作用。薄荷叶强烈的香味抑制蚕豆的生长。多种杂草产生它感化合物严重阻抑作物生长。苇状羊茅分泌物影响油菜、红三叶草生长，它的粗提物抑制菜豆、绿豆生长，其中含有许多次生物质包括多种酚类化合物。

植物残体也会产生化感物质，如玉米、小麦、燕麦和高粱的残株分解产生的咖啡酸、氯原酸、肉桂酸等抑制高粱、大豆、向日葵、烟草生长；小麦残株腐烂产生异丁酸、戊酸和异戊酸，抑制小麦本身生长；水稻秸秆腐烂产生羟基苯甲酸、苯乙醇酸、香豆酸等抑制水稻秧苗生长；甘蔗残株腐烂产生羟苯甲酸、香豆酸、丁香酸等，抑制甘蔗截根苗的萌发与生长。

因此，在作物布局上可利用有益的作物组合，尽量避免与相克的作物为邻，对有"自毒"的应避免连作。

14.3.3.3 植物生长的周期性

植物体或植物器官的生长速率受昼夜或季节的影响而发生有规律的变化，该现象称作植物生长的周期性(growth periodicity)。

(1)生长的昼夜周期性(温周期性)

植物生长随着昼夜交替变化而呈现有规律的周期性变化的现象，称作植物生长的昼夜周期性(daily periodicity)。影响植物昼夜生长的温度、水分、光照等诸因素中，以温度的影响最明显，因此，也常把植物生长的昼夜周期性称作温周期性(thermoperiodicity)。一般来说，在夏季，植物生长速率白天较慢，夜晚较快，因为白天温度高，光照强，蒸腾强，植物易缺水。此外，强光会抑制细胞的伸长；夜晚温度低，呼吸作用弱，有机物消耗少，积累增加。但在冬季，夜晚温度太低，使植物的生长受阻，所以植物白天的生长速率比夜晚快。

植物生长的昼夜周期性变化是植物在长期系统发育中形成的对环境的适应性。例如，番茄虽然是喜温作物，但系统发育是在变温下进行的。在白天温度较高（23～26℃），而夜间温度较低（8～15℃）时生长最好，果实产量也最高。

（2）生长的季节周期性

植物的生长在一年中随着季节的变化而发生有规律的周期性变化，称作植物生长的季节周期性（seasonal periodicity of growth）。在一年四季中，光照、温度、水分等影响植物生长的环境因素不同，春季日照不断延长，温度不断回升，植株上的休眠芽开始萌发生长；夏季日照进一步延长，温度不断提高，雨水增多，植物旺盛生长。秋季日照逐步缩短，气温下降，生长逐渐停止，植物逐渐进入休眠。

树木的长高和加粗均具有季节周期性的变化规律，并基本上呈"S"形的季节性生长曲线。树木的直径生长是构成木材的主要生长过程，而年轮的形成体现了树木形成层周期性生长的结果。在每年生长季节的早期，由于气温温和，雨量充沛，形成层活动旺盛，所形成的木质部细胞较大，且壁较薄，材质疏松，颜色较浅，称作早材（early wood）。到了秋季，形成层细胞分裂减弱以至停止，所形成的木质部细胞小而壁厚，材质紧密，颜色较深，称作晚材（late wood）。早材和晚材构成一个年轮。在具有显著季节性变化的温带和寒带地区，树木的年轮较为明显，生长在热带和亚热带地区的木本植物，由于一年内无明显的四季之分，形成层活动整年不停，年轮的界限就不明显。

因此，年轮的形成与环境条件具有明显的相关性。例如，在半干旱地区，树木的生长受降雨量的限制，在降雨充沛的年份，树木年轮就较宽，反之就形成较窄的年轮；在高纬度和高海拔地区，温度一般是树木生长的主要限制因子。通过年轮分析，可以推测历史上的气候变化情况，获得历史气象信息。

植物生长的周期性除受环境条件的影响外，还受植物内部生长节律的影响，如生长在稳定条件下的人工气候室中的树木也表现出间歇性生长的规律。

14.4 植物生长的相关性

高等植物是由各种器官组成的统一的有机体，因此，植物各部分间的生长互相有着极密切的关系。植物各部分间相互协调与制约的现象称作相关性（correlation）。这种相关性是通过植物体内的营养物质和信息物质在各部分之间的相互传递或竞争来实现的。

14.4.1 地上部和地下部的相关性

14.4.1.1 地上部分与地下部分的关系

植物的地上部分和地下部分功能及所处的环境不同，在营养物质与信息物质的交流和供求关系上就存在着相互依赖和相互制约。根部的活动和生长有赖于地上部分所提供的光合产物、生长素、维生素等，其中叶片合成的化学信号以及细胞膨压等水分状况信号传送至根系，调节地下部分的生长和生理活动；同时，地上部分的生长和活动则需要根系提供水分、矿质、氮素以及根中合成的植物激素（CTK，GA 与 ABA）、氨基酸等，其中的 ABA 被认为是一种逆境信号，在水分亏缺时，根系快速合成并通过木质部蒸腾流将 ABA 运输到地上部分，调节地上部

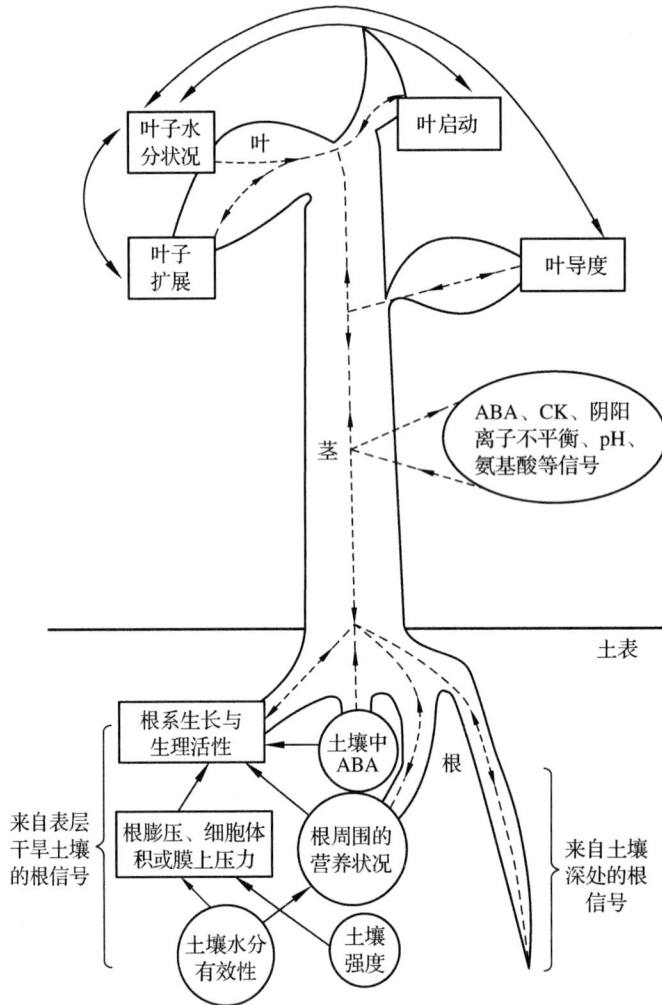

图 14-11　土壤干旱时根中化学信号的产生以及根冠间的相关性（W J Davies 等，1991）

虚线箭头表示化学信号传递；圆圈表示土壤作用；矩型表示植物生理过程

分的生理活动。图 14-11 概括了土壤干旱时根冠间的物质与信息交流情况。一般地说，根系生长良好，其地上部分的枝叶也较茂盛；同样，地上部分生长良好，也会促进根系的生长。所谓"根深叶茂"、"本固枝荣"就是这个道理。

　　然而，当环境条件不利时（主要表现在对水分、营养的争夺上），则地下部分和地上部分的生长就会表现出相互制约的一面，并可从根/冠比（root-top ratio，R/T）的变化上反映出来。

14.4.1.2　根冠比及影响因素

(1) 根冠比的概念

　　所谓根冠比是指植物地下部分与地上部分重量（干重或鲜重）的比值，可以反映地下部分与地上部分相对生长情况及环境条件对它们生长的影响。

(2)影响根冠比的因素

影响根冠比的因素很多，主要有以下几个方面。

①土壤水分 根系是植物吸收水分的主要器官，而地上部分是消耗水分的主要部位，当土壤水分供应不足时，根系吸收有限的水分，首先满足自身的需要，因此对地上部位生长的影响比地下部分更大，另外，适度的干旱还会刺激根系纵深的生长，使根冠比增大。反之，若土壤水分过多，土壤通气条件差，对地下部分生长的影响更大，根冠比降低。所谓"旱长根、水长苗"就是这个道理。林业生产中，苗木在越冬前，通过控制水分，促进根系生长，提高根冠比，有利于提高抗寒能力。

②矿质营养 矿质元素中，以氮素对根冠比的影响最大。氮素充足，蛋白质合成旺盛，有利于枝叶生长，减少光合产物向根系的运输，使根冠比减小；反之，氮素充足，有利于地上部分生长，根冠比增大。磷和钾在糖类的转化和运输中起重要作用，可促进光合产物向根部的运输，使根冠比增大。

③光照 在一定范围内，光照强度提高使光合产物增多，对地上和地下部分生长都有利，但在强光下，植物蒸腾作用增强，往往产生水分亏缺和光抑制，加之强光对生长素的破坏，使地上部分受影响更大，根冠比增大。光照不足时，地上部分合成的光合产物首先满足自身需要，输送至根部减少，使根冠比降低。

④温度 通常根系生长的最适温度比地上部分低，所以低温有利于根冠比增大。秋末早春气温较低时不利于冠部生长，而根系仍有不同程度的生长，使根冠比增大。当气温升高时，地上部分生长加快，根冠比下降。

⑤生长调节剂 矮壮素、多效唑等生长延缓剂和生长抑制剂均能抑制植物顶端或亚顶端分生组织细胞的分裂和生长，增加植物的根冠比，而赤霉素、油菜素内酯等生长促进剂促进茎叶的生长，降低植物的根冠比。

维持合理的根冠比是植物健壮生长的重要因素。在农业生产上，常通过肥水来调控根冠比，对甘薯、胡萝卜、甜菜（含马铃薯）等这类以收获地下部分为主的作物，在生长前期应注意氮肥和水分的供应，以增加光合面积，多制造光合产物，中后期则要施用磷、钾肥，并适当控制氮素和水分的供应，以促进光合产物向地下部分的运输和积累，从而提高作物产量。

14.4.2 主茎和侧枝的相关性

14.4.2.1 顶端优势

植物的顶芽（或主茎）生长占优势，并抑制侧芽（或侧枝）生长的现象，称作顶端优势（apical dominance，terminal dominance）。顶端优势现象普遍存在于植物界，但是不同植物顶端优势的强弱有所不同。在树木中，特别是针叶树，如松、杉、柏类，顶芽生长很快，分枝生长受顶端优势的抑制，使侧枝从上到下的生长速度不同，距茎尖越近，被抑制越强，整个树形呈宝塔形。草本植物中如向日葵、麻类，以及禾谷类作物玉米、高粱等的顶端优势也明显。而灌木以及草本植物如水稻、小麦等的顶端优势则较弱。顶端优势现象也在根中存在，主根生长旺盛，侧根生长受抑，通常双子叶植物的直根系具有明显的顶端优势。

14.4.2.2　顶端优势产生的原因

对顶端优势产生的原因有多种解释，一般认为与营养物质的供应和内源激素的调控有关。

戈贝尔（K. Goebel, 1900）提出了营养假说。该假说认为顶芽构成了"营养库"，垄断了大部分营养物质。顶端分生组织先于侧芽分生组织形成，具有竞争优势，优先利用营养物质，造成侧芽营养的缺乏。从解剖结构来看，侧芽与主茎之间无维管束连接，不易得到充足的营养供应，而顶芽是生长中心，且输导组织发达，因而竞争营养的能力强。这种情况在营养缺乏时表现更为明显。如亚麻植株在缺乏营养时，侧芽生长完全被抑制，而在营养充足时侧芽可以伸长。但该假说未涉及激素对芽生长的调节作用。

蒂曼和斯科格（K. V. Thimann & F. Skoog, 1934）提出了激素抑制假说。该假说认为顶端优势是由于生长素对侧芽的抑制作用而产生的。植物顶芽产生的生长素向下极性运输到侧芽，而侧芽对生长素的敏感性强于顶芽，从而使侧芽生长受到抑制。距顶芽越近的侧芽，生长素浓度越高，其受到的抑制作用也就越强。除去顶芽可使侧芽从顶端优势中解放出来；但在去除顶芽的切口处如果涂上含有生长素的羊毛脂，则侧芽的生长又会被抑制，与顶芽存在时的情况相同（图 14-12）。

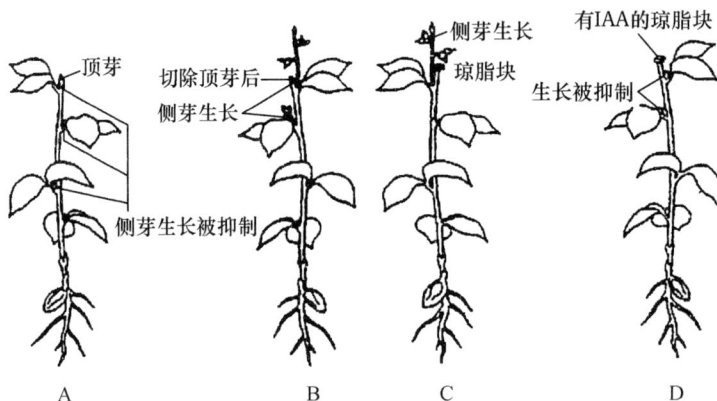

图 14-12　顶端优势

A. 具有顶芽的植株，侧芽生长被抑制　B. 去掉顶芽后侧芽开始生长　C. 在茎尖切口处涂以不含 IAA 的羊毛脂，侧芽能生长　D. 在茎尖切口处涂以含 IAA 的羊毛脂，侧芽仍不能生长

温特（F. Went, 1936）将营养假说和激素假说相结合，提出营养转移（nutrient diversion）假说。该假说认为生长素既能调节生长，又能控制代谢物的定向运转，植物顶端是生长素的合成部位，高浓度的 IAA 使其保持为生长活动中心和物质交换中心，将营养物质调运至茎端，因而不利侧芽的生长。例如，植物顶端产生的生长素可以决定矿质元素和同化物在植物体内的运输方向及其分布，生长素通过影响同化物在韧皮部的运输来控制植物茎中的营养梯度。

对顶端优势产生的原因虽然提出了多种假说，但有一点是共同的，即都认为顶端是信号源。顶端产生的生长素极性向下运输，直接或间接地调节其他激素、营养物质的合成、运输与分配，从而调节植物的顶端优势。其他植物激素也与顶端优势有关。细胞分裂素可促进侧芽的生长，抑制或解除顶端优势；生长素与细胞分裂素浓度的比值往往决定了顶端优势的强弱；赤霉素有增强植物顶端优势的作用，但在顶芽被去除的情况下，赤霉素不能代替生长素来抑制侧芽的生长，相反会引起侧芽的强烈生长。此外，营养物质以及 Ca^{2+} 浓度等也影响着顶端优势，因此顶端优势可能是多种因子综合影响的结果。

14.4.2.3 顶端优势的应用

生产上可以根据不同的需要，利用顶端优势控制植物的生长，以达到增产目的。例如，麻类、向日葵、烟草、玉米、高粱等作物以及用材树种木松、杉等需要控制其侧枝生长，而使主茎强壮、挺直，因而要保持顶端优势。有时需要打破顶端优势，促进侧芽生长。如棉花打顶和整枝、瓜类摘蔓等可调节营养生长，合理分配养分；对一些经济林树种，如茶树、桑树、香椿等需要抑制顶端优势，以便得到较多的枝叶而增加产量；果树及园林植物栽培中进行去顶、修剪整形，抑制顶端优势，促进侧枝生长，形成合理的冠形结构，调节生长和开花结果；苗木培育时，常采取断根移栽的方法，切断主根，促进侧根及根蘖苗的萌发生长。采用抗生长素类生长抑制剂如三碘苯甲酸处理，可消除顶端优势，促进侧枝生长，提高分枝数。

14.4.3 营养器官与生殖器官的相关性

营养生长和生殖生长是植物生长周期中的两个阶段，以花芽分化作为生殖生长开始的标志。根据开花结实次数的不同，可以把种子植物分为两大类：单次开花植物和多次开花植物。

单次开花植物的营养生长在前，生殖生长在后，生命周期中只开一次花。这些植物开花后，营养器官所合成的有机物，向生殖器官转移，随后营养器官逐渐停止生长和衰老死亡。如水稻、小麦、玉米、高粱、向日葵、竹子等植物属此类。

多次开花植物的营养生长与生殖生长有所重叠，生命周期中能多次开花。这些植物生殖器官的出现并不会马上引起营养器官的衰竭，在开花结实的同时，营养器官还可继续生长。不过通常在盛花期以后，营养器官的生长速率降低。多次开花植物如棉花、番茄、大豆、四季豆、瓜类以及多年生果树等。

有些单次开花植物在条件适宜时，开花结实后并不引起全部营养体的死亡。如南方的再生稻，在早稻收割后，稻茬上再生出的分蘖仍能开花结实。

营养生长与生殖生长之间的关系表现为既相互依赖，又相互对立的关系。良好的营养生长是植物生殖生长的基础，生殖生长所需要的养分，大部分由营养器官所提供。没有健壮的营养器官，生殖器官就不可能获得足够的养分。同样，生殖器官的存在，成为生命活动旺盛的代谢库，对营养器官和代谢有促进作用，有利于光合产物输出，缓解光合产物积累对光合作用的反馈抑制。此外，生殖器官产生的赤霉素等激素对营养器官有促进和调节作用。

营养器官的生长过于旺盛，消耗营养物质过多，会抑制生殖器官的生长。在自然界，常常可以看到许多枝叶长得极其茂盛的果树，往往不能正常开花结实，即使开花结实也会因营养的不足而出现落花落果现象。

生殖器官生长对营养器官生长的影响也十分明显，通常从花芽分化开始，生殖器官就消耗营养器官的营养物质。生殖生长时，根部及枝叶得到的糖分减少，如生殖器官过于旺盛，会制约营养器官的生长。植株大量开花结果，很多的养分为花、果消耗，枝、叶等营养器官的生长会趋于停滞、衰退甚至死亡。如黄桦和白桦树在大量形成种子的年份，其叶子细小或易脱落，枝条生长下降。如果摘去正在发育中的果实，则枝叶等营养器官就能继续健壮生长。一年生、二年生作物及多年生一次结实的植物（如竹子），进入生殖生长便意味着植株即将死亡。多年生多次结实植物，开花虽不能引起植物体衰老死亡，但如果一年结果过多，将会消耗大量的营养储备，造成植株体内养分积累不足，不但影响当年生长，还会影响第二年花芽的分化，使花果减少；反之，结果情况正好相反，即形成所谓"大小年"现象。

在协调营养生长和生殖生长的关系方面，生产上积累了很多经验。例如，合理的肥水管理，既可防止营养器官的早衰，又不至于使营养器官生长过旺；在果树生产中，适当疏花、疏果以使营养收支平衡，并有积余，以便年年丰产，消除"大小年"现象；对于以营养器官为收获物的植物，如茶树、桑树、麻类及叶菜类，则可通过供应充足的水分，增施氮肥，摘除花芽等措施来促进营养器官的生长，而抑制生殖器官的生长；如果以收获生殖器官为主，则在生育前期应促进营养器官的生长，为生殖器官的生长打下良好的基础，后期则应注意增施磷、钾肥，以促进生殖器官生长。

小　结

生长是指生物体在生命周期中，细胞、组织、器官及有机体的数目、体积或重量的不可逆增加过程。分化是指来自同一合子或遗传上同质的细胞转变为形态结构、机能以及化学组成上异质细胞的过程，是一种反映不同细胞之间区别的质的变化。发育是指在生物体在生命周期中，组织、器官或整体在形态结构和功能上的有序变化过程。

植物生长与分化的类型包括顶端生长与分化，次生生长与分化，再生生长与分化。植物的生长与分化往往有极性。生长、分化和发育三者之间既有区别又有联系。

植物组织培养的理论基础是细胞具有全能性。适宜的培养材料、培养基（无机营养、有机营养、生长调节剂等）以及严格的无菌操作和条件，是组织培养成功的关键。组织培养技术已在快繁、品种选育、脱毒、种质保存、次生代谢产物的工业化生产等方面发挥巨大作用。

植物的生长是一个有规律的动态变化过程。植物体整株及器官的生长速率均表现出生长大周期和昼夜周期性以及季节性周期性。可通过生长曲线和量化指标进行植物生长分析。

高等植物的运动可分为向性运动和感性运动。向性（向光性、向重力行和向化性等）运动是受外界刺激产生的，是植物的某些部位接受环境刺激后，经过一系列信号传递，产生不均匀生长的结果，其运动方向取决于外界刺激方向，是生长性运动。感性（偏上性、感震性等）运动与外界刺激或内部节奏有关，刺激方向与运动方向无关，感性运动有些是生长性运动，有些是紧张性运动。

种子萌发作为植物营养生长的开始，要求一定的水分、适宜的温度和充足的氧气，有些种子还需要光照或黑暗。种子萌发时，首先吸水膨胀，透气性增加，酶活性增强，酶数量增加，呼吸速率提高，贮存有机物降解，运往胚的生长部位，再度合成为细胞结构物质或供呼吸和萌发初期幼苗生长利用。

幼苗出土后，要在适宜的温度、光照、水分、肥料等条件下才能成为健壮的植株。植物体之间还存在相生相克作用。植物生长具有昼夜周期性（温周期性）和季节周期性现象。植物各部分的生长互相间有着极密切的关系，包括地上部和地下部的相关性（根冠比），主茎和侧枝的相关性（顶端优势），营养器官与生殖器官的相关性。协调这些关系可为调控植物生长打下良好的基础。

思考题

1. 名词解释

生长　发育　分化　组织培养　外植体　再分化　脱分化　愈伤组织　生长大周期　生长相关性　根冠比　极性　再生作用　向性运动　感性运动　向光性　向重力性　种子寿命　协调最适温度　顶端优势　温周期现象　偏上(下)性　感夜性　感温性　感震性　需光种子　需暗种子

2. 试述生长、分化和发育三者之间的区别与联系。

3. 植物生长和分化的类型有哪些?

4. 试述植物组织培养的理论依据及其特点。

5. 简述种子萌发过程中的生理生化变化。

6. 简述植物向光性的生物学意义。

7. 简述含羞草小叶与复叶运动的机制。

8. 了解植物生长大周期有何意义?

9. 分析植物顶端优势产生的原因，如何利用顶端优势指导生产实践。

10. 试用植物生理学的知识解释："雨后春笋"、"根深叶茂"、"本固枝荣"、"旱长根、水长苗"。

第15章 植物的生殖生理

15.1 植物的营养生长与生殖生长

高等植物的生殖生长从花芽分化开始。高等植物的胚胎没有花芽，花芽是由营养体进行营养生长的芽分化而来的。在高等植物的生命周期中，最明显的变化是营养生长到生殖生长的转变，其转折点就是花芽分化(flower bud differentiation)，即指成花诱导之后，植物茎尖的分生组织(meristem)不再产生叶原基和腋芽原基，而分化形成花或花序的过程。营养生长到生殖生长的转变过程称为成花过程，此过程不仅仅是形态上的变化，而在花芽分化之前，植物体内发生了一系列复杂的生理变化。成花过程可分为3个阶段：首先是感受阶段，这一阶段需经成花诱导(flower induction)或称作成花转变(flowering transition)，即适宜的环境刺激诱导植物从营养生长向生殖生长转变；然后是成花决定阶段，即成花启动(floral evocation)，完成了成花诱导后，处于成花决定态的分生组织，经过一系列内部变化分化成形态上可辨认的花原基(floral primordia)；最后是花的表达阶段，即花的发育(floral development)或称作花器官的形成。

上述的花形态建成反应是由成花基因控制的，但成花基因的表达可受环境信号的诱导。花芽的形成既决定于植物的内部因素，又受控于植物的外部条件。首先，花芽原基形成花芽的分化决定于植物的内部因素。植物开花之前必须达到的生理状态称为花熟状态(ripeness to flower state)。植物在花熟状态之前的生长阶段称为幼年期(juvenile phase)。处于幼年期的植株，即使满足其成花所需的外界条件也不能成花。其次，已经完成幼年期生长的植株，往往要在适宜的外界条件下才能开花。植物开花与温度和光照长度密切相关，许多植物总是在特定的季节开花，这与它们在进化过程中长期适应外界环境的周期性变化有关。

当然，也有些植物的开花不受环境条件影响而只受内部发育因子控制，充分营养生长后也会开花，这种开花过程称为自主调节(autonomous regulation)途径。

高等植物幼年期的长短，因植物种类不同而有很大差异。草本植物的幼年期一般较短，只需几天或几周；果树为3~15年；而有些木本植物的幼年期可长达几十年；也有些植物根本没有幼年期，在种子形成过程中已经具备花原基。植物完成幼年期的营养生长阶段，进入花熟状态以后，其茎尖分生组织就具有感受适宜环境刺激的能力而被诱导成花，花芽分化就是植物由营养生长转入生殖生长的标志。

15.2 春化作用

15.2.1 春化作用的条件

15.2.1.1 春化作用的概念

低温是诱导植物进行花芽分化的重要环境因素。一些植物必须经历一定的低温，才能形成花原基，进行花芽分化。春化作用的概念来自对小麦开花特性的研究。1918 年德国的 Garssner 研究了小麦的发育特性后，把小麦分为两大类，一类为秋季播种的冬性品种，另一类为春季播种的春性品种。将冬性品种春播，植株就只进行营养生长，不开花结实。但如果在冬性黑麦种子萌发时，用 1~2℃ 的低温处理，再春播，就可以开花结实。这说明冬性小麦开花需要一定的低温。

1928 年 Lysenko 将吸水萌动的冬小麦种子进行低温处理后春播，可在当年夏季抽穗开花，他将这种处理方法称为春化，意指使冬小麦春麦化了。这种经过低温诱导促使植物开花的作用称作春化作用(vernalization)。我国北方农民早就应用春化处理来进行冬麦春播或春季补苗。如"闷麦法"就是将萌动的冬小麦种子闷在罐中，放在 0~5℃ 低温下 40~50d，即可用于春季补种。现在春化的概念不仅限于种子对低温的要求，还包括成花诱导中植物在其他时期对低温的感受。用低温诱导植物开花的处理称作春化处理(图 15-1)。

图 15-1 天仙子春化
处理成花效果

15.2.1.2 春化植物类型

依植物对低温诱导感受的时期不同，可将需要低温诱导的植物划分为 3 个主要类型。

冬性一年生植物常见的有冬性禾谷类植物如冬小麦、冬黑麦、冬大麦等，在秋季播种，以幼苗越冬，经受冬季的自然低温诱导，第二年春末夏初抽穗开花。

大多数二年生植物如萝卜、胡萝卜、白菜、芹菜、甜菜、荠菜、天仙子等的开花也要求低温。它们在头一年秋季长成莲座状的营养植株，并以这种状态过冬，经过低温的诱导，于第二年夏季抽薹开花。如果不经过一定天数的低温，就一直保持营养生长状态。当然植物经过低温春化后，往往还要在较高温度和一定日照条件下才能完成开花结实过程，因此，春化过程只对植物开花起诱导作用。

第三类是需低温诱导的多年生植物，如果没有冬季的寒冷条件，就不开花，如紫罗兰、菊花的某些品种、紫苑、石竹、黑麦草等。有些春季开花的多年生植物，它们的开花也要求低温，如水仙、藏红花等，它们的花是在温暖的春季形成的，而花的发育则需经过冬季的低温，它们对低温的要求不是为了花诱导，而是打破花芽的休眠。

植物开花对低温的要求大致有两种类型。一类植物对低温的要求是绝对的，二年生和多年生草本植物多属此类；另一类是冬小麦等许多一年生冬性植物对低温的要求是相对的，低温处理可促进植物开花，未经低温处理的植株虽然营养生长期延长，但最终也能开花，它们对春化作用的反应表现出量的需要，随着低温处理的时间加长，到抽穗需要的天数逐渐减少，未经低温处理的，达到抽穗的天数最长，但最终也能开花。

15.2.1.3　春化作用的影响因素

(1) 低温及其持续时间

低温是春化作用的主要条件之一，对大多数要求低温的植物而言，最有效的春化温度是 1～2℃。但只要有足够的时间，−1～9℃范围内都同样有效。植物种类或品种不同，对低温要求的范围以及低温持续的时间不同。

一般低于最适生长的温度对成花就具有诱导作用，但植物的原产地不同，通过春化时所要求的温度也不一样。如禾谷类植物的春化温度可低至 −6℃，而热带植物橄榄的春化温度则高达 10～13℃。根据原产地的不同，小麦可分为冬性、半冬性和春性品种 3 种类型，一般冬性越强，要求的春化温度越低，春化的时间也越长（表 15-1）。我国华北地区的秋播小麦多为冬性品种，黄河流域一带的多为半冬性品种，而华南一带的则多为春性品种。

表 15-1　不同类型小麦通过春化需要的温度及天数

类　型	春化温度范围(℃)	春化天数(d)
冬　性	0～3	40～45
半冬性	3～6	10～15
春　性	8～15	5～8

在一定期限内，春化的效应随低温处理时间的延长而增加。不同类型的冬性植物通过春化时要求低温持续的时间也不一样，有些植物只要经过几天或约 2 周的低温处理后，其开花过程就受到明显促进，如 1～2d 的低温处理就明显促进芹菜的开花。而强冬性植物通常需要 1～3 个月的低温诱导才能通过春化。

在植物春化过程结束之前，如将植物放到较高的温度下，低温处理的效果会被减弱或消除。这种现象称作脱春化作用或去春化作用（devernalization）。一般去春化的温度为 25～40℃，如冬小麦在 30℃以上 3～5d 即可去春化。通常植物经过低温春化的时间越长，则去春化越困难，当春化过程结束后，春化效应就非常稳定，高温处理便不起作用。多数去春化的植物重返低温条件下，可重新进行春化，且低温的效应可以累加，这种去春化的植物再度被低温恢复春化的现象，称作再春化现象（revernalization）。

(2) 水分、氧气和营养

植物春化时除了需要一定时间的低温外，还需要有充足的氧气、适量的水分和作为呼吸底物的糖分，这些是保证植物正常生长发育所必须的条件基础。植物在缺氧条件下不能完成春化；干燥种子低温处理不能通过春化；若将小麦的胚在室温下萌发至体内糖分耗尽时，再进行低温诱导，这样的离体胚不能完成春化，当添加2%的蔗糖后，则离体胚就能感受低温而通过春化。

(3) 光照

光照对植物春化的影响比较复杂。一般在春化之前，充足的光照可以促进二年生和多年生植物通过春化，这可能与充足的光照可缩短植物的幼年期、有利于储备充足的营养有关。在黑麦等某些冬性禾谷类品种中，短日照处理可以部分或全部代替春化处理，这种现象称作短日春化现象（short day vernalization）。但大多数植物在春化之后，还需在长日条件下才能开花。如二年生的甜菜、天仙子、月见草、桂竹香等，在完成春化处理以后若在短日下生长，则不能开花，春化的效应逐步消失。菊花是一个例外，它是需春化的短日植物。

15.2.2 春化作用的机理

15.2.2.1 感受低温的时期

大多数一年生植物在种子吸胀以后即可接受低温诱导，如冬小麦、冬黑麦等既可在种子吸胀后进行春化，也可在苗期进行，苗期进行效果较好，其中以三叶期为最快。这类植物属种子春化型。大多数需要低温的二年生和多年生植物只有当幼苗生长到一定大小后才能感受低温，而不能在种子萌发状态下进行春化。如甘蓝幼苗在茎粗超过 0.6cm，叶宽 5cm 以上时才能接受春化；月见草至少要有 6~7 片叶时，才能进行低温春化，这类植物属绿体春化型。

15.2.2.2 春化作用感受部位

有些植物在种子的萌发期间就可以感受低温，通过春化作用，如萝卜、白菜、冬小麦等，种子感受低温的部位是胚。例如，将冬黑麦的胚培养在含蔗糖的培养基上，用低温处理，就可通过春化。麦类植物的幼胚在母体的穗中发育时，也能接受低温的影响而进行春化，甚至是受精后 5d 的胚也可进行春化。

许多植物感受低温的部位是茎尖端的生长点。如栽培于温室中的芹菜，由于得不到春化所需的低温，不能开花结实。如果用通入 0℃ 冷水的橡胶管把芹菜茎的顶端缠起来，只让茎的生长点得到低温，就能通过春化而在温室开花结实。反之，如果是将芹菜置于低温条件下，当给予茎尖 25℃ 左右的较高温度处理时，则植株不能开花。多种植物生长点局部温度处理试验都表明茎的尖端是接受春化的部位。此外，茎尖端生长点周围的幼叶也能被春化，而成熟组织则无此反应。

上述事实说明，植物在春化作用中感受低温的部位是分生组织和能进行细胞分裂的组织。

15.2.2.3 春化效应的传递

完成春化作用的植株不仅能将这种刺激保持到植物开花，而且还能传递这种刺激。将已通过春化作用的天仙子枝条，或一片叶，嫁接到另一株未经过春化的枝条上，可使后者开花；甜菜、甘蓝、胡萝卜也有类似的效应。将已春化的天仙子枝条分别与未春化的烟草和矮牵牛嫁接，也可使后两者开花。这些现象说明在春化过程中可能产生了某种开花刺激物，这种物质还可通过嫁接传递。Melcher（1939）将这种物质命名为春化素（vernalin）。多年来许多学者试图从已春化植株中提取春化素，但至今未能分离出这种物质。大量研究表明一些化学物质与开花诱导密切相关。

许多需春化作用的植物，如二年生天仙子、白菜、甜菜和胡萝卜等不经低温处理则只长莲座状的叶丛，不能抽薹开花，但用赤霉素处理却可使这些植物不经低温处理就能开花。一些植物（油菜、燕麦等）经低温处理后，体内赤霉素含量较未处理的多；冬小麦的赤霉素含量原来比春小麦低，但经低温处理后体内赤霉素增高到春小麦的水平；用赤霉素生物合成抑制剂处理

图 15-2   低温和外施赤霉素对胡萝卜开花的效应（王忠，2000）
A. 对照　B. 未低温处理，但每天施用 10μg GA　C. 低温处理 8 周

植株会对春化起抑制效应。

这些结果都表明赤霉素与春化作用有关，是否赤霉素就是所寻找的春化素？研究结果表明：赤霉素并不能诱导所有需春化的植物开花；植物对赤霉素的反应也不同于低温诱导，被低温诱导的植物抽薹时就出现花芽，而赤霉素引起植物抽薹后，才诱导花芽分化。可能低温下产生的春化素在长日下转变为赤霉素或诱导赤霉素合成，进而诱导成花；但赤霉素并不是春化素，两者之间的关系有待进一步研究（图 15-2）。

也有研究发现，高等植物体有一种微量生理活性物质玉米赤霉烯酮（zearalenone）与春化作用有关。玉米赤霉烯酮广泛存在于越冬的小麦、油菜、胡萝卜和芹菜的茎尖中，并在低温下形成。在油菜春化过程中，玉米赤霉烯酮的含量逐步增加，未春化植株的茎尖则未见玉米赤霉烯酮的存在。当玉米赤霉烯酮的累积量达到一定高峰值时，标志着春化作用的完成，随后玉米赤霉烯酮逐渐消失，且外施玉米赤霉烯酮有部分代替低温的效果。有人认为玉米赤霉烯酮可能作为一种植物激素信号，启动某些酶系统，从而促进春化作用的通过。

15.2.2.4   春化作用与植物代谢

植物在通过春化作用的过程中，其开花部位的茎尖生长点并没有立刻发生形态上的明显变化，却在内部代谢方面发生了显著变化，包括呼吸代谢、核酸代谢、蛋白质代谢、激素水平和有关基因的表达。

在春化处理的前期，需要氧和糖的供应，此时氧化磷酸化作用的顺利进行对冬小麦的春化过程有强烈影响。如用氧化磷酸化的解偶联剂 2,4 - 二硝基苯酚（DNP）处理，发现 DNP 在抑制氧化磷酸化的同时，也强烈地抑制了春化的效果，且这种抑制作用在春化处理的前期最明显。说明氧化磷酸化过程对春化作用有重要影响，可能与 ATP 的形成有关。通过春化的冬小麦种子呼吸速率增大。

同时，在春化过程中，冬性谷类作物细胞内的氧化酶系统也发生动态变化，在前期以细胞色素氧化酶类起主导作用，随着低温处理时间的加长，细胞色素氧化酶活性逐渐降低，而抗坏血酸和多酚氧化酶的活性不断提高。

经过低温处理的冬小麦种子中游离氨基酸和可溶性蛋白质含量增加，电泳分析表明经春化处理的冬小麦有新的蛋白质谱带出现，而未经低温处理的幼苗体内没有这些蛋白质。低温诱导下产生的这些新的蛋白质在体内的存在是生长点可进行花芽分化的前提条件之一。

15.2.2.5   春化作用的基因调控

春化作用是低温诱导植物体内基因特异表达的过程。研究指出，在春化过程中，核酸，特别是 RNA 含量增加，而有新的 mRNA 合成。至少发现 5 个与春化反应直接相关的基因存在于拟南芥中。其中 vrn2 编码一个核定位锌指结构蛋白，可能参与转录的调控。在冬小麦中得到 4 个与春化相关的 cDNA 克隆，其中 ver203 和 ver17 相关基因可能参与春化过程，使得花序的发育及开花时间受到影响。它们在未春化和脱春化的植株中不表达，而只在春化后的冬小麦体内表达。ver203 与茉莉酸诱导基因有部分同源性，提示该基因在春化诱导中的作用可能与茉莉酸参与的信号传导有关。

有人采用拟南芥突变体研究，证实了开花阻抑物基因 FLC 与春化密切相关。低温处理前，顶端分生组织中 FLC 强烈表达；低温处理后，随着处理时间的延长，FLC 的表达逐渐减弱，直到被抑制，植物则进入生殖生长。也有研究发现拟南芥经一定时间的低温处理后，DNA 的甲基化水平大大降低，营养生长向生殖生长转变，提前了开花时间。说明 DNA 的甲基化程度与春化作用也有密切关系。

可以认为，春化过程是一个复杂的基因启动、表达与调节的过程，某些特定基因被诱导活化，促进了特异的 mRNA 和新的蛋白质合成，进而导致一系列生理生化变化，促进花芽分化。

15.2.3　春化作用在生产上的应用

(1) 人工春化处理

农业生产上对萌动的种子进行人为低温处理，使之完成春化作用称作春化处理。我国农民的"闷麦法"即可用于春天补种冬小麦；在育种工作中利用春化处理，可以在一年中培育 3～4 代冬性作物，加速育种过程；为了避免春季"倒春寒"对春小麦的低温伤害，可以对种子进行人工春化处理后，适当晚播，同时可提早成熟。春化处理加速了植物的花诱导过程，可提早开花、成熟。育种加代。同样在杂交育种中通过人工春化调节开花期使亲本花期相遇。

(2) 指导调种引种

我国地域广大，北方纬度高、温度低，南方纬度低、温度高，在南北地区之间相互引种时，必须了解不同品种对温度的要求。北方品种往南引种时，就有可能无法满足它对低温的要求，从而使其只进行营养生长而不开花结实。过去就曾有过把河南省的小麦引到广东省栽培，结果只有营养生长而不抽穗结实，造成无法弥补的损失。掌握了不同品种的春化特性，就可在引种中免受损失。

(3) 控制花期

在生产上，可以利用春化处理、去春化处理、再春化处理来控制营养生长和开花时期。在园艺生产上可用低温处理促进石竹等花卉的花芽分化。低温处理还可使秋播的一、二年生草本花卉改为春播，当年开花。利用解除春化控制某些植物开花，如越冬贮藏的洋葱鳞茎在春季种植前用高温处理以解除春化，防止在生长期抽薹开花，以获得大的鳞茎增加产量。当归为二年生药用植物，当年收获的块根质量差不宜入药，需第二年栽培，但第二年栽培时又易抽薹开花而降低块根品质，如在第一年将其块根挖出，贮藏在高温下而使其不通过春化，可减少第二年的抽薹率而获得较好块根，提高产量和药用价值。

15.3　光周期现象

15.3.1　光周期与光周期现象

人们早就注意到许多植物的开花具有明显的季节性，同一植物品种在同一地区种植时，尽管在不同时间播种，但开花期都差不多；同一品种在不同纬度地区种植时，开花期表现有规律的变化。即使是需春化的植物在完成低温诱导后，也是在适宜的季节才进行花芽分化和开花。季节的特征明显表现为温度的高低、日照的长短等，其中，日长的变化是季节变化最可靠的信号，北半球、纬度越高，夏季日照越长，冬季度日照越短。

在一天 24h 的循环中，白天和黑夜总是随着季节不同而发生有规律的交替变化。一天之中白天和黑夜的相对长度称作光周期(photoperiod)。植物对白天和黑夜相对长度的反应，称作光周期现象(photoperiodism)。

法国 Tournois(1912)发现蛇麻草和大麻的开花受到日照长度的控制。美国 Garner 和 Allard (1920)观察到烟草的一个变种在华盛顿地区夏季生长时，株高达 3 ~ 5m 时仍不开花，但在冬季转入温室栽培后，其株高不足 1m 就可开花。他们试验了温度、光质、营养等各种条件，发现日照长度是影响烟草开花的关键因素。在夏季用黑布遮盖，人为缩短日照长度，烟草就能开花；冬季在温室内用人工光照延长日照长度，则烟草保持营养状态而不开花。由此他们得出结论，短日照是这种烟草开花的关键条件。后来的大量试验也证明，植物的开花与昼夜的相对长度即光周期有关，许多植物必须经过一定时间的适宜光周期后才能开花，否则就一直处于营养生长状态。光周期的发现，使人们认识到光不但为植物光合作用提供能量，而且还作为环境信号调节着植物的发育过程，尤其是对成花反应的诱导。

15.3.2　植物对光周期反应的类型

人们通过用人工延长或缩短光照的方法，广泛地探测了各种植物开花对日照长度的反应，发现植物开花对日照长度的反应主要有以下 3 种类型：短日植物、长日植物和日中性植物（图 15-3）。

(1)长日植物(long day plant，LDP)

长日植物指在 24h 昼夜周期中，日照长度长于一定时数，才能成花的植物。对这些植物延长光照可促进或提早开花，相反，如延长黑暗则推迟开花或不能成花。这类植物有小麦、大

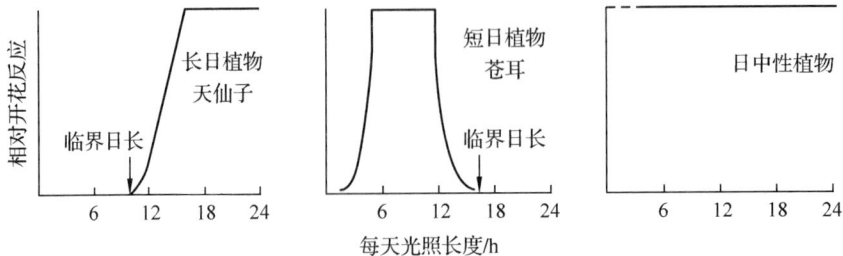

图 15-3　光周期反应的 3 种类型

麦、黑麦、燕麦、油菜、菠菜、萝卜、白菜、甘蓝、芹菜、甜菜、胡萝卜、金光菊、山茶、杜鹃花、桂花、天仙子、洋葱、莴苣等。如典型的长日植物天仙子必须满足一定天数的 8.5 ~ 11.5h 日照才能开花，如果日照长度短于 8.5h 就不能开花。

（2）短日植物（short day plant，SDP）

短日植物指在 24h 昼夜周期中，日照长度短于一定时数才能成花的植物。对这些植物适当延长黑暗或缩短光照可促进或提早开花，相反，如延长日照则推迟开花或不能成花。属于短日植物的有水稻、玉米、大豆、高粱、苍耳、紫苏、大麻、黄麻、草莓、烟草、菊花、秋海棠、蜡梅、甘蔗、日本牵牛等。如菊花须满足少于 10h 的日照才能开花。当然，短日植物需要一定的光照时数维持正常生长发育水平，过短的光照条件下也无法完成生长和开花。

（3）日中性植物（day neutral plant，DNP）

这类植物的成花对日照长度不敏感，只要其他条件满足，在任何日照长度条件下都能开花。如月季、黄瓜、茄子、番茄、辣椒、四季豆、君子兰、向日葵、棉花、蒲公英等。

除上述 3 种典型的光周期反应类型外，还有些植物花诱导和花形成的两个过程很明显地分开，且要求不同的日照长度，这类植物称作双重日长（dual daylight）类型。如鸭茅、风铃草、白三叶草等植物，其花诱导需短日照，而花器官形成需长日条件，这类植物称为短长日植物（short long day plant，SLDP）。与之相反，芦荟、大叶落地生根等，其花诱导过程需长日照，但花器官的形成则需短日条件，这类植物称为长短日植物（long short day plant，LSDP）。有的在一定中等长度的日照条件下保持营养生长状态，而在较长和较短的日照下才能开花的植物称为两极光周期植物（ambiphotoperiodic plant），如狗尾草等。与两极光周期植物相反，还有一类只能在一定的中等长度的日照条件下才能开花，而在较长和较短的日照下均保持营养生长状态的植物称为中日性植物（intermediate-day plant）。如甘蔗某些品种只有在日长 11.5 ~ 12.5 h 的日照下才开花。

15.3.3 光周期诱导的机理

15.3.3.1 植物对光期的要求

试验表明，对光周期敏感的植物，对日照长度的要求都有一定的临界值，或者是植物成花所需的极限日照长度，称作临界日长（critical day length）。对于长日植物的开花，需要日照长度长于某一临界日长；而短日植物则要求短于某一临界日长。也就是说临界日长是指在昼夜周期中短日植物开花所能允许的最长日照长度或长日植物开花所能允许的最短日照长度。长日植物只能在长于临界日长的条件开花或促进开花，日长短于临界日长就不能开花或明显推迟开花；短日植物在短于临界日长的条件下开花或促进开花，而日长超过其临界日长时则不能开花或明显推迟开花。

有的植物对日照长度的要求非常严格，有明确的临界日长，必须经过连续的、一定天数的长日照才能开花，这类植物称作绝对长日植物（absolute long-day plant）。同样，有的植物必须经过连续的、一定天数的短日照才能开花，这类植物称作绝对短日植物（absolute short-day plant）。

但是，许多长日植物或短日植物的开花对日照长度的反应并不十分严格，它们在不适宜的光周期条件下，经过相当长的时间，也能或多或少地开花，这些植物称为相对长日植物或相对短日植物。

　　所谓长日植物，其临界日长不一定都比短日植物的临界日长要长；而短日植物的临界日长也不一定短于长日植物临界日长。长日植物和短日植物是依其对临界日长的反应方向而划分的，主要取决于在超过或短于临界日长时的反应。

　　同种植物的不同品种对日照的要求可以不同，如烟草的有些品种为短日植物，而有些品种是长日植物，还有些品种是日中性植物。通常早熟品种为长日或日中性植物，晚熟品种为短日植物。植物并不是在一生中都要求所需的日照长度，而只是在发育的某一阶段才需要一定数量的光周期数。不同植物开花时所需的临界日长不同（表 15-2）。

表 15-2　一些短日植物和长日植物的临界日长　　　　　　　　　　　　　　h

植物名称	24h 周期中的临界日长	植物名称	24h 周期中的临界日长
短日植物		甘　蔗	12.5
菊　花	15	落地生根	12 以下
苍　耳	15.5	厚叶高凉菜	12
大　豆		长日植物	
'曼德临'（'Mandarin'）（早熟种）	17	天仙子	11.5
		白　芥	约 14
'北京'（'Peking'）（中熟种）	15	菠　菜	13
		小　麦	12 以上
'比洛克西'（'Biloxi'）（晚熟种）	13 ~ 14	大　麦	10 ~ 14
		燕　麦	9
美洲烟草	14	甜菜（一年生）	13 ~ 14
一品红	12.5	拟南芥	13
晚　稻	12	意大利黑麦草	11
红叶紫苏	约 14	毒　麦	11
裂叶牵牛	14 ~ 15	红三叶草	12

　　同株植株的不同年龄、同种植物的不同生态类型、不同品种、植物生长的温度环境变化都会在一定程度上影响临界日长的改变。也就是说，植物的临界日长值因各种因素的变化而有所改变。

　　植物的临界日长和光周期反应类型是植物进化中对原产地长期适应的结果。低纬度地区日照时数的季节变化较小，随着纬度的升高，日照时数的季节变化逐步加大，即夏季是长日条件，冬季是短日条件。但冬季温度很低，植物不能正常生长，植物生长的季节是长日照条件的夏季。在北纬地区的不同纬度，日照时数的季节变化是冬至日照最短，夏至日照最长，春分和秋分的日照时数各为 12h。因此，光周期和温度的高低共同决定了起源于高纬度地区的植物是长日植物，起源于低纬度地区的植物是短日植物。中纬度地区既有短日照条件又有长日照条件，而且短日季节和长日季节的温度条件都适于植物生长，因此，既有短日植物又有长日植物。温带地区，植物对光周期条件的反应和温度的高低在很大程度上决定了植物开花的季节。多数长日植物的自然开花是晚春和早夏；而大多数短日植物属喜温植物，在夏季的长日高温季节进行旺盛的营养生长，到夏末和秋初时开花。日中性植物由于对日照长度没有要求，因此在任何一个季节都可以开花。

15.3.3.2 植物对暗期的要求

在自然条件下，一天 24h 中是光暗交替的，光期长度和暗期长度互补。所以，有临界日长就会有相应的临界暗期（critical dark period）或称作临界夜长（critical night length），这是指在光暗周期中，短日植物能开花的最小暗期长度或长日植物开花的最大暗期长度。

那么，是光期还是暗期起决定作用？许多试验表明，暗期有更重要的作用：Hamner 和 Benner(1938)的试验证明，在 24h 的光暗周期中，短日植物苍耳需在暗期长于 8.5h 才能开花，而如果处于 16h 光照和 8h 暗期就不能开花。

从以上试验可看出，首先，光暗的相对长度不是光周期现象中的决定因子，在 8/16 的光暗组合与 4/8 的光暗组合中，有相同的比例却得到不同的结果，前者开花而后者不开花，表明只有暗期超过 8.5h，苍耳才能开花，说明一定长度的暗期更为重要。

暗期间断对植物开花有重要影响。Hamner 等在苍耳的光、暗期试验中，当给予 16h 暗期处理时，发现在暗期中间即使是短至 1min 的照光处理（暗期间断），苍耳也会保持营养生长状态，不能完成短日、长夜条件下的开花诱导，而间断白昼则对其开花毫无影响。以其他短日植物为材料，暗期间断同样抑制其花芽分化。Borthwick 等以临界日长大于 12h 的长日植物大麦为材料，给予 12.5h 的暗期处理时，其开花受到明显抑制，暗期间断则显著促进其开花（图 15-4）。暗期间断试验表明，临界暗期对长日植物和短日植物的开花都是十分重要的。

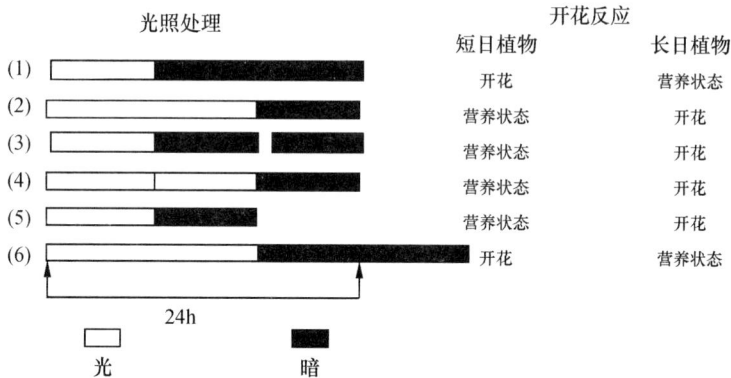

图 15-4 暗期与暗期间断对植物开花诱导的影响

以后的许多中断暗期和光期的试验进一步证明了临界暗期的决定作用：如果用短时间的黑暗打断光期，并不影响光周期成花诱导，但如果用闪光处理中断暗期，则使短日植物不能开花，继续营养生长；相反，却诱导了长日植物开花。若在光期中插入一短暂的暗期，对长日植物和短日植物的开花反应都没有什么影响。

归纳起来，在植物的光周期诱导中，暗期的长度是植物成花的决定因素，尤其是短日植物，要求超过一个临界值的连续黑暗。短日植物对暗期中的光非常敏感，中断暗期低强度的短时间的光即有效（日光的 $1/10^5$ 或月光的 3~10 倍），说明这不同于光合作用的反应，是一种光信号的反应。中断暗期的时间也很重要，一般来说，在暗期的中间给予闪光最有效。所以，有人建议将长日植物改为短夜植物（short night plant），短日植物改为长夜植物（long night plant）更确切。

15.3.3.3　光周期诱导

达到一定生理年龄的植株，只要经过一定时间适宜的光周期处理，以后即使处在不适宜的光周期条件下，仍然可以长期保持刺激的效果而诱导植物开化，这种现象称为光周期诱导（photoperiodic induction）。光周期诱导是一种低能量反应，所需的光强较低，为 $1 \sim 2$ $\mathrm{mol \cdot m^{-2}}$。

光周期诱导数是指完成开花诱导至少需要的适宜光周期天数。花芽的分化往往出现在光周期诱导之后的若干天。不同植物通过光周期诱导所需的天数也不同：短日植物如苍耳、日本牵牛、水稻等，只需要一个适宜的光周期诱导；大部分短日植物需要 1d 以上，如大豆（'比洛克西'品种）3d，大麻 4d，苎麻 7d，菊花、红叶紫苏和高凉菜约 12d。长日植物如菠菜、油菜、白芥、毒麦等，也只需 1 个光周期诱导。其他长日植物也在 1d 以上，如天仙子 $2 \sim 3$d，甜菜（一年生）$15 \sim 20$d，拟南芥 4d，胡萝卜 $15 \sim 20$d。

植物通过光周期诱导所需的时间，与植株年龄以及环境条件特别是温度、光强等的变化有关。一般增加光周期诱导的天数，可加速花原基的发育，增加花的数目。

植物在适宜的光周期诱导后，发生开花反应的部位是茎顶端生长点，然而感受光周期的部位却是植物的叶片。若将短日植物菊花全株置于长日照条件下，则不开花而保持营养生长；置于短日照条件下，可开花；叶片处于短日照条件下而茎顶端给予长日照，可开花；叶片处于长日照条件下而茎顶端给予短日照，却不能开花（图 15-5）。这个试验充分说明：植物感受光周期的部位是叶片。对于光周期敏感的植物，只有叶片处于适宜的光周期条件下，才能诱导开花，而与顶端的芽所处的光周期条件无关。虽然也有少数植物的其他部位对光周期有一定的敏感性，如组织培养的菊芋根可对光周期起反应，但感受光周期最有效的部位是叶片。叶片对光周期的敏感性与叶片的发育程度有关。幼小的和衰老的叶片敏感性差，叶片长至最大时敏感性最高，这时甚至叶片的很小一部分处在适宜的光周期下就可诱导开花。

Lona（1959）以短日植物紫苏为材料，将离体紫苏叶片经光周期诱导后，嫁接到在长日条件下保持营养生长状态的植株上，结果能使这些植株开花。将 5 株苍耳嫁接串联在一起，只要其中一株的一片叶接受了适宜的短日光周期诱导，即使其他植株都在长日照条件下，最后所有

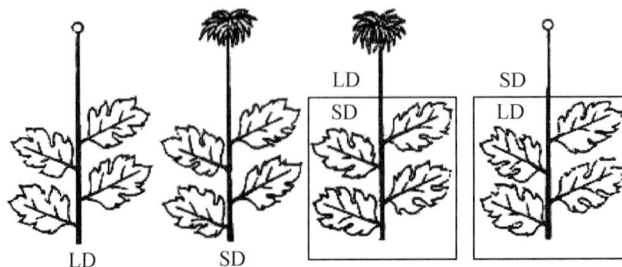

图 15-5　菊花叶片和生长点不同光周期处理的开花诱导效果

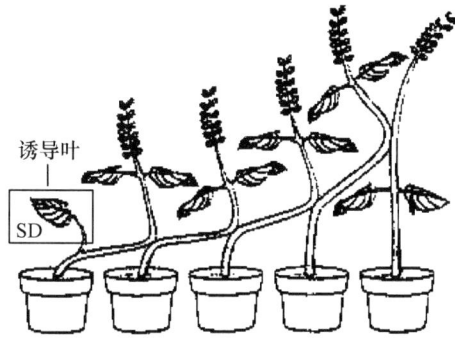

图 15-6　成花刺激物在嫁接植株间传递（Hopkins，1995）

植株也都能开花。这证明确实有刺激开花的物质通过嫁接在植株间传递并发挥作用（图 15-6）。

15.3.3.4　光敏素在光周期诱导中的作用

鉴于植物开花光周期现象的普遍存在，植物学家对其本质进行了长期而大量的工作。柴拉轩（Chaylakhyan）提出了开花的成花素（florigen）假说，但后来的研究者一直没有发现成花素。

光敏素虽不是成花素，但影响成花过程。光敏素对成花的作用与 Pr 和 Pfr 的可逆转化有关，成花作用不是决定于 Pr 和 Pfr 的绝对量，而是受 Pfr/Pr 比值的影响。Pfr 到 Pr 的暗逆转犹如一个滴漏式计时器，植物以此来感受暗期长度。

短日植物要求低的 Pfr/Pr 比值。在光期结束时，光敏色素主要呈 Pfr 型，这时 Pfr/Pr 的比值高。进入暗期后，Pfr 逐渐逆转为 Pr，或 Pfr 因降解而减少，使 Pfr/Pr 比值逐渐降低，当 Pfr/Pr 比值随暗期延长而降到一定的阈值水平时，就可促发成花刺激物质形成而促进开花。对于长日植物成花刺激物质的形成，则要求相对高的 Pfr/Pr 比值，因此长日植物需要短的暗期，甚至在连续光照下也能开花。如果暗期被红光间断，Pfr/Pr 比值升高，则抑制短日植物成花，促进长日植物成花。

但近年来的研究表明，植物的成花反应并不完全受暗期结束时 Pfr/Pr 相对比值所控制。如对许多短日植物来说，在光期结束时立即照射远红光，其开花并未受到促进，反而受到强烈抑制，其临界夜长也只是略微缩短，而不是大大缩短。在短日植物暗诱导的前期（3～6h 内），体内保持较高的 Pfr 水平，有利于成花，而在暗诱导的后期，较低的 Pfr 水平促进成花。

因此，短日植物开花所要求的是暗期前期的"高 Pfr 反应"和后期的"低 Pfr 反应"；而长日植物开花要求的是暗期前期的"低 Pfr 反应"和后期的"高 Pfr 反应"。一般认为，长日植物对 Pfr/Pr 比值的要求不如短日植物严，足够长的照光时间、比较高的辐照度和远红光光照对于诱导长日植物开花是必不可少的。有试验表明在用适宜的红光和远红光混合照射时，长日植物开花最迅速。

15.3.4　光周期理论在生产中的应用

（1）指导引种和育种

生产上常从外地引进优良品种，以获得优质高产。在同纬度地区间引种容易成功；但是在不同纬度地区间引种时,如果没有考虑品种的光周期特性,则可能会因提早或延迟开花而造成减产,甚至颗粒无收。对此,在引种时首先要了解被引品种的光周期特性,是属于长日植物、短日植物还是日中性植物;同时要了解作物原产地与引种地生长季节的日照条件的差异;还要根据被引进作物的经济利用价值来确定所引品种。在中国将短日植物从北方引种到南方,会提前开花,如果所引品种是为了收获果实或种子,则应选择晚熟品种;而从南方引种到北方,则应选择早熟品种。如将长日植物从北方引种到南方,会延迟开花,宜选择早熟品种;而从南方引种到北方时,应选择晚熟品种。

通过人工光周期诱导,可以加速良种繁育、缩短育种年限。如在进行甘薯杂交育种时,可以人为地缩短光照,使甘薯开花整齐,以便进行有性杂交,培育新品种。根据中国气候多样的特点,可进行作物的南繁北育:短日植物水稻和玉米可在海南岛加快繁育种子;长日植物小麦夏季在黑龙江、冬季在云南种植,可以满足作物发育对光照和温度的要求,一年内可繁殖 2 ~ 3 代,加速了育种进程。

具有优良性状的某些作物品种间有时花期不遇,无法进行有性杂交育种。通过人工控制光周期,可使两亲本同时开花,便于进行杂交。如早稻和晚稻杂交育种时,可在晚稻秧苗 4 ~ 7 叶期进行遮光处理,促使其提早开花以便和早稻进行杂交授粉,培育新品种。

(2)控制花期

在花卉栽培中,已经广泛地利用人工控制光周期的办法来提前或推迟花卉植物开花。例如,菊花是短日植物,在自然条件下秋季开花,但若给予遮光缩短光照处理,则可提前至夏季开花;也可通过延长日照时数或用光进行暗期间断,使菊花延迟到元旦或春节期间开花。而对于杜鹃花、茶花等长日的花卉植物,进行人工延长光照处理,则可提早开花。

(3)调节营养生长和生殖生长

对以收获营养体为主的作物,可通过控制光周期来抑制其开花。如短日植物烟草,原产于热带或亚热带,引种至温带时,可提前至春季播种,利用夏季的长日照及高温多雨的气候条件,促进营养生长,提高烟叶产量。对于短日植物麻类,通过延长光照或南种北引可推迟开花,使麻秆生长较长,提高纤维产量和质量,但种子不能及时成熟,可在留种地采用苗期短日处理方法,解决种子问题。此外,利用暗期光间断处理可抑制甘蔗开花,从而提高产量。有些叶菜类的蔬菜,通过增施氮肥、加强田间管理和调节播种期,也可收到增产效果。

15.4　花芽分化与受精生理

植物经过一定时期的营养生长,就能感受外界信号(低温和光周期)并产生成花刺激物。成花刺激物被运输到茎尖端分生组织,在这里发生一系列诱导反应,随后分生组织进入一个相对稳定的状态,即成花决定态(floral determinated state)。进入成花决定态的植物就具备了分化花或花序的能力,在适宜的条件下就可启动花的发生,进而开始花的发育过程。

15.4.1　花器官的形成

花原基形成、花芽各部分的分化与成熟的过程,称为花芽分化(flower bud differentiation)。花芽分化初期茎尖端生长点发生形态上和生理生化方面的变化。

15.4.1.1 茎生长点形态变化

无论是禾本科植物的穗分化或双子叶植物的花芽分化，在经过光周期诱导后（有的植物还要经低温春化），最初的形态变化都是生长锥的伸长和表面积增大。例如，小麦在春化过程结束时，生长锥的形态没有立即发生变化，在一段时间以后，生长锥开始伸长，其表面的一层或数层细胞分裂加快，这些细胞体积小、细胞质浓、细胞内无淀粉粒；而生长锥的中部细胞分裂较慢并逐渐停止，细胞较大，细胞质较稀薄，其中出现液泡，并有淀粉粒。由于表层和中部细胞分裂速率不同，而使生长锥表面出现皱褶，由原来分化叶原基的生长点开始形成花原基，再由花原基逐步分化出花器官的各部分。短日植物苍耳在接受短日诱导后，生长锥由营养状态转变为生殖状态的形态变化过程如图15-7所示。首先是生长锥膨大，然后自基部周围形成球状突起并逐渐向上部推移，形成一朵朵小花。

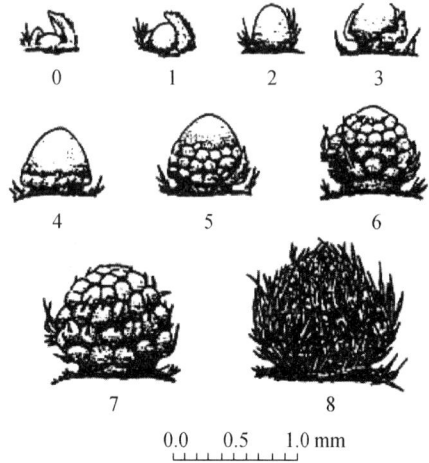

图15-7 苍耳接受短日诱导后生长锥的变化
0. 营养生长   1~8. 花芽分化各阶段

15.4.1.2 生理生化变化

在开始花芽分化后，细胞代谢水平增高，有机物发生剧烈转化。开始分化时，葡萄糖、果糖和蔗糖等可溶性糖含量增加；氨基酸和蛋白质含量增加；核酸合成速率加快。试验表明，若用 RNA 合成抑制剂 5－氟尿嘧啶或蛋白质合成抑制剂环己酰亚胺处理植物的芽，均能抑制营养生长锥分化成为花芽。说明生长锥的分化伴随着核酸和蛋白质的代谢变化。花器官分化和发育受基因调控，在拟南芥等植物的成花中，已发现有多种基因参与调控。

15.4.1.3 花器官形成所需要的条件

（1）营养状况

营养是花芽分化和花器官形成的物质基础，营养生长和生殖生长之间还存在着对营养的竞争，所以也有营养物质向生长锥分配的问题。碳水化合物对花芽的形成尤为重要，它是合成其他物质的碳源和能源。花器官形成需要大量的蛋白质，氮素营养不足，花芽分化缓慢而且花少，但是氮素过多，C/N 比失调，植株贪青徒长，花发育也不好。例如，水稻颖花分化时需要大量养分，但是由于发育的先后和养分的限制，在同一穗上的不同颖花所获得的营养多少有差异，分布在上部枝梗与枝梗顶端的花发育早，优先获得较多的营养物质，生长势强，发育正常；而在同一穗上的下部枝梗的中部偏上的颖花发育迟，形成弱势花而产生空瘪粒。也有报道，精氨酸和精胺有利于花芽分化。磷的化合物和核酸也与花芽分化有关。花芽分化是涉及多种物质代谢的复杂过程。

（2）激素对花芽分化的调控

研究证明，花芽分化受到内源激素的调控，特别是对果树花芽分化的激素调控研究较多。

总的来看，赤霉素可抑制多种果树的花芽分化；细胞分裂素、脱落酸和乙烯则促进果树的花芽分化；生长素的作用比较复杂，低浓度起促进作用而高浓度起抑制作用。在夏季对果树新梢进行摘心，则赤霉素和生长素减少，细胞分裂素含量增加，改变营养物质的分配，促进花芽分化。据报道多胺能明显地促进花芽分化。

外施生长调节物质也同样影响花芽的分化和花器官的发育。细胞分裂素、吲哚乙酸、脱落酸和乙烯可促进多种果树的花芽分化。赤霉素可促进某些石竹科植物花萼、花冠的生长，生长素对柑橘花瓣的生长也有促进作用。而有些生长调节剂或化学药剂还会引起花粉发育不良，如乙烯利可引起小麦花粉败育。

总之，当植物体内淀粉、蛋白质等营养物质丰富，细胞分裂素和脱落酸水平较高而赤霉素含量低时，有利于花芽分化。在一定的营养水平下，内源激素的平衡对成花起主导作用。在营养缺乏时，则要受营养状况所左右。体内的营养状况与激素平衡间相互影响而调节花芽的分化。

（3）外界条件

光对花器官形成的影响最大。植物花芽分化期间，光照时间长，光照强有机物合成多，则有利于开花，如在花器官形成时期，多阴雨天，光照弱，光合产物少，则营养生长延长，花芽分化受阻。在农业生产中，对果树的整形修剪，棉花的整枝打杈，可以避免枝叶的相互遮阴，使各层叶片都得到较强的光照，有利于花芽分化。

一般植物在一定的温度范围内，随温度升高而花芽分化加快。温度主要影响光合作用、呼吸作用和物质的转化及运输等过程，从而间接影响花芽的分化。在水稻的减数分裂期，如遇 17℃ 以下的低温，花粉母细胞发育受影响，不能正常分裂，绒毡层细胞肥大，不能向花粉粒供应充足的养分，形成不育花粉。苹果的花芽分化最适温度为 22~30℃，若平均气温低于 10℃，花芽分化则处于停滞状态。

不同植物的花芽分化对水分的需求不同。稻、麦植物的孕穗期，尤其是在花粉母细胞减数分裂期对缺水敏感，此时水分不足会导致颖花退化。而夏季的适度干旱可提高果树的 C/N 比，有利于花芽分化。

氮肥过少，不能形成花芽；而氮肥过多，引起枝叶旺长，花芽分化也受阻。增施磷肥，可增加花数，缺磷则抑制花芽分化。因此，在适量的氮肥条件下，配合施用磷、钾肥，并注意补充锰、钼等微量元素，有利于花芽分化。

15.4.1.4　性别分化

（1）植物性别类型

植物在花芽分化过程中，同时进行着性别分化（sex differentiation）。大多数植物在花芽分化中逐渐在同一朵花内形成雌蕊和雄蕊的两性花，这类植物称为雌雄同花植物（hermaphroditic plant），如水稻、小麦、棉花、大豆等；有些植物的花是单性花，即同一花中只有雄性花器或雌性花器。在同一植株上有雄花和雌花两种花的植物称为雌雄同株植物（monoecious plant），如玉米、黄瓜、南瓜、蓖麻等；还有一些植物，在单个植株上，要么只有雌花，要么只有雄花，即同一植株上只具一种单性花，这类植物称为雌雄异株植物（dioecious plant），如银杏、大麻、杜仲、番木瓜、千年桐、菠菜、芦笋等。在雌、雄株之间还有一些中间类型。对于单性花植物，人们希望有更多的雌性花收获高产量的种子或果实，但收获纤维的大麻等作物则以雄株的产量和品质更好，有些中药材的雌、雄株药用品质和药效相差较大，在应用中均有特定的选择。

（2）性别表现的调控

①遗传控制　大多数雌雄异花或雌雄异株的植物，其花器官发育早期均为两性的，但在花器官原基分化过程中，一种性器官原基分化不能进行或中止，另一种性器官得到完全发育至成熟就形成了单性花。植物性别表现类型的多样性有其不同的遗传基础。

许多雌雄异株植物的性别是由性染色体决定性，其中有的植物和动物性别决定相同，雄性个体有 XY 型染色体，而雌性个体为 XX 染色体。如大麻的染色体是 $2n=20$，其中 18 个是常染色体，2 个是性染色体。在雌雄同株异花植物中，同一植株上产生不同性别的花，是由相关的性基因控制在何时何处产生雄花或雌花。这些性别基因的表达具有时间和空间的顺序性，与植株年龄有关，通常雄花出现在植株发育的早期，然后才出现雌花。如玉米的雄花先抽出，然后在茎秆的一定部位出现雌花。黄瓜、丝瓜等瓜类植株雄花着生在较低的节位上，而雌花着生在较高的节位上。环境条件如光周期、温度、营养条件及生长调节物质水平也影响性别决定基因的表达，从而可在一定范围内调节花的性别与比例。

花器官的形成依赖于器官特征基因在时间顺序和空间位置的正确表达。近年来对有关花发育的特异性基因的研究已有突破性进展，最突出的是对花发育的同源异型基因（homeotic gene）的研究。现已克隆了拟南芥和金鱼草花结构的多数同源异型基因，这些基因控制花分生组织特异性、花序分生组织特异性和花器官特异性的建立。Coen 等（1991）提出了花形态建成遗传控制的 ABC 模型（ABC model），认为典型的花器官具有 4 轮基本结构，从外到内依次为花萼、花瓣、雄蕊和雌蕊（心皮）。拟南芥中已知的同源异型基因有 5 种，被分为 3 类，即 A 类、B 类和 C 类。*AP*1 和 *AP*2 是 A 功能基因，*AP*3 和 *PI* 是 B 功能基因，*AG* 是一个 C 功能基因。A 类基因控制第一、二轮花器官的发育，其功能丧失会使第一轮萼片变成心皮，第二轮花瓣变成雄蕊；B 类基因控制第二、三轮花器官的发育，其功能丧失会使第二轮花瓣变成萼片，第三轮雄蕊变成心皮；C 类基因控制第三、四轮花器官的发育，其功能丧失会使第三轮雄蕊变成花瓣，第四轮心皮变成萼片。花的 4 轮结构花萼、花瓣、雄蕊和心皮分别由 A，AB，BC 和 C 类基因决定（图 15-8）。这 3 类基因中任一组突变都会影响花分化中花器原基的分化与成熟，其中控制雄蕊和心皮形成的那些同源异型基因（homeotic gene）是最基本的性别决定基因。

随着研究的深入，人们又发现了 D 类和 E 类基因。D 类基因包括 *STK*，*SHP*1 和 *SHP*2；E 类基因包括 *SEP*1，*SEP*2，*SEP*3 和 *SEP*4。这些基因参与了胚珠和整个花器官的发育调控。至此，ABC 调控模式又有了新的发展，形成了更复杂的 ABCDE 调控模式。在 ABCDE 模型（AB-CDE model）中，A 类基因仍然是控制萼片和花瓣的发育；B 类基因仍然是控制花瓣和雄蕊的发育；C 类基因仍然是控制雄蕊和心皮的发育；但增加了 D 类基因控制胚珠的发育；E 类基因参与整个花器官的发育（图 15-9）。

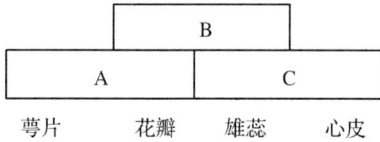

图 15-8 植物花器官发育的 ABC
基因控制模型简图

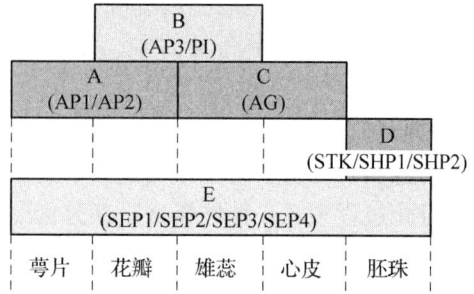

图 15-9 拟南芥花器官发育的 ABCDE
模型及相关基因（王忠，2009）

②植株年龄 雌雄同株异花的植物性别随年龄而变化。通常雄花的出现往往在发育的早期，然后才出现雌花。如玉米的雄花先抽出，而后在茎秆的一定部位出现雌花。在黄瓜的植株上，雄花着生在较低的节位上，而雌花着生在较高的节位。

③环境条件 主要包括光周期、温周期和营养条件等对植物性别变化的影响。

经过适宜光周期诱导的植物都能开花。但雌雄花的比例却受诱导之后的光周期影响，总的来说，如果植物继续处于诱导的适宜光周期下，促进多开雌花，如果处于非诱导光周期下，则多开雄花。例如，长日植物蓖麻，在花芽形成前 10d，每天光照延长至 22h，就大大增加雌花的数量；长日植物菠菜，在光周期诱导后给予短日照，在其雌株上也能形成雄花；短日植物玉米在光周期诱导后继续处于短日照下，可在雄花序上形成果穗。光周期不仅能调节开花，而且能控制性别表达和育性。

较低的夜温与昼夜温差大时对许多植物的雌花发育有利。如夜间较低温度有利于菠菜、大麻、葫芦等植物的雌花发育；但黄瓜在夜温低时雌花减少；对于番木瓜，在低温下雌花占优势，在中温下雌雄同花的比例增加，而在高温下则以雄花为主。通常水分充足、氮肥较多促进雌花分化，而土壤较干旱，氮肥较少时则雄花分化较多。

（3）雌雄个体的代谢差异

雌雄异株植物两类个体间的代谢常有明显差异。如大麻、桑、番木瓜等植物的雄株的呼吸速率高于雌株；一般植物雄株的过氧化氢酶活性比雌株高 50% ~ 70%；而银杏、菠菜等植物雄株幼叶的过氧化物酶同工酶数少于雌株；许多植物雌株的 RNA 含量，叶绿素、胡萝卜素和碳水化合物的含量都高于雄株。

雌雄株植物内源激素含量的明显差异值得注意：大麻雌株叶片中的生长素含量较高，而雄株叶片中赤霉素含量较高；玉米的雌穗原基中有较高的生长素含量水平和较低的赤霉素含量水平，但在雄穗原基中相反，有高水平的赤霉素和低水平的生长素；在雌雄异株的野生葡萄中，雌株的细胞分裂素含量高于雄株。

碳水化合物和叶绿素、胡萝卜素的含量，也是雌株高于雄株。雌雄个体间的核酸含量也有差异。特别是 RNA/DNA 比值和 RNA 的含量，都是雌株高于雄株。探明性别间生理生化差异的代谢机理对调控植物花的性别或比例将有重大经济价值。生产中可根据这些差异，在早期对植物的性别加以鉴定，进行有目的的选择和栽培。

15.4.2 植物的受精生理

有性生殖包括传粉、受精、果实与种子的发育和成熟等过程。有性生殖是由两性细胞结合形成合子再发育成子体的过程。这些过程涉及一系列生理生化变化，也是植物对环境影响的敏感时期。

15.4.2.1 花粉的化学组成

(1)壁物质

花粉(pollen)的壁物质占花粉物质的65%。成熟的花粉分为内壁与外壁。外壁较厚，由花粉素(或称孢粉素，pollenin)、纤维素、角质构成，其中花粉素是花粉特有的，含量较高，是纤维素的2~3倍。花粉素是由类胡萝卜素、花药黄质或类胡萝卜素酯氧化后形成的聚合物。

花粉内壁较薄，由果胶质和胼胝质组成。无论外壁或内壁均含有活性蛋白。外壁蛋白由绒毡层合成，属于糖蛋白类，具有种的特异性，授粉时与柱头相互识别有关；内壁蛋白是花粉自身合成，主要是与花粉萌发和花粉管在柱头中伸长相关的水解酶类。

(2)碳水化合物和脂类

根据对1170种植物的分析，把花粉分为淀粉型与脂肪型两大类，风媒传粉植物多为淀粉型花粉，虫媒传粉植物多为脂肪型花粉。

在淀粉型花粉中，淀粉的有无和多少可作为判断花粉发育程度的指标。如水稻、高粱等作物的花粉，凡呈球形而遇碘变蓝的为发育正常的花粉，凡呈三角形而遇碘不变蓝的为发育异常的花粉。同时，糖的种类和含量也与花粉生活力有关。如小麦花粉，凡含果糖、葡萄糖和蔗糖的为可育花粉，凡只含果糖、葡萄糖而不含蔗糖的则为不育花粉。由此可见，缺乏蔗糖可能是导致花粉退化的原因之一。

脂类主要是脂肪酸和磷脂，脂肪酸大部分为结合态，少部分为游离态，脂肪酸多具有偶数碳原子，如十八碳原子的油酸，十六碳原子的棕榈酸等。花粉中的磷脂已发现有卵磷脂、脑磷脂、胆甾醇类和环己六醇类。脂类除作为结构物质外，还可作为花粉色素的溶剂。

(3)色素

花粉中色素的作用可归纳为3个方面：①防止紫外线对花粉粒的破坏，所以高山植物花粉中色素含量较高；②吸引昆虫传粉，因此虫媒花的花粉色素含量高于风媒花的花粉；③可能与某些植物的自花授粉不亲和性有关。如连翘的花粉中含槲皮苷和芸香苷两种色素，均能抑制其自身花粉的萌发，防止自花授粉。

(4)氨基酸

花粉中的氨基酸含量比植物其他组织中都高，而且脯氨酸的含量特别高，一般占花粉干重的0.2%~2%，最高可达2.5%以上。

(5)酶类与植物激素

花粉中已鉴定出上百种酶，主要有氧化还原酶、水解酶、转移酶、裂解酶、异构酶、连接酶等。花粉中含有生长素、赤霉素、细胞分裂素、乙烯等内源激素，其中生长素的含量最高。

(6)维生素与无机物质

花粉中含多种维生素，其中以B族维生素较多。例如，苹果花粉中维生素 B_1 1mg/100g 花粉，B₂1.8mg/100g 花粉，维生素 C 3~6mg/100g 花粉，维生素 E 80mg/100g 花粉。花粉中含有多种无机盐，占干重的 2.5%~6.5%。主要有 P，K，Ca，Mg，Na，S 等。

在自然条件下，各种植物花粉生活力很不同，苹果、梨可保持 70~210d，向日葵可保持一年。小麦花粉在 5h 后，授粉结实率便降至 6.4%。玉米花粉生活力为 1~2d。据报道，花粉生活力最长的是一些蔷薇科果树，可达 9 年。花粉的生活力也与外界环境条件有关，一般来说相对湿度 6%~40% 贮藏花粉最好。但禾本科的花粉要求 40% 以上的相对湿度。花粉可忍受 -20℃ 以下的低温。一般花粉贮藏的最适温度是 1~5℃。低温可降低花粉的代谢强度，延长贮藏寿命，近年来，采用超低温、真空和冷冻干燥技术保存花粉，使花粉生活力大为延长。

15.4.2.2　花粉萌发和花粉管生长

被子植物的花粉是在花药中产生的，花粉粒是植物的雄配子体。花药发育成熟后开裂，花粉粒散出。花药开裂后，成熟的花粉以不同方式传到雌蕊柱头的过程称作传粉或授粉（pollination）。授粉是受精的前提，花粉传到同一花的雌蕊柱头上称作自花授粉（self-pollination）；而传到另一花的雌蕊柱头上称作异花授粉（allogamy），包括同株异花授粉及异株异花授粉。只有经异株异花授粉后才能发生受精作用的称为自交不亲和性（self incompatibility，SI）或自交不育（self-infertility）。

花粉落在柱头上，被柱头表皮细胞吸附，在适宜的条件下，花粉粒从柱头的分泌物中吸收水分，并很快发生水合作用，使其内部压力增大，花粉粒的内壁从外壁上的萌发孔向外突出形成花粉管，此过程称为花粉的萌发（图 15-10）。

图 15-10　雌蕊的结构模式及花粉的萌发过程
1. 花粉落在柱头上　2. 吸水　3. 萌发
4. 侵入花柱细胞　5. 花粉管伸长至胚囊

落在柱头上的花粉萌发时间因植物种类而异。例如，玉米需 5min，水稻、高粱几乎是在传粉后立即萌发，甜菜为 2h，甘蓝为 2~4h。

花粉的萌发和花粉管的生长受各种外界条件的影响，其中影响最大的是温度和湿度，一般花粉萌发的最适温度在 20~30℃ 之间。例如，苹果为 10~25℃，葡萄是 27~30℃；温度过高过低均可造成不良影响。花粉萌发的温度最低点较高，如果开花期遇到低温，也会影响花粉萌发。如水稻开花期的适温为 30~35℃，若日平均气温低于 20℃，日最高气温持续低于 23℃，花药就不易开裂，授粉极难进行。如果温度过高，超过 40~45℃，则开颖后花柱易干枯，还易引起花粉失活，同样不利于受精。

一般来说花粉成熟时，其大量的内含物经水解酶的作用分解为可溶性物质，具有较低的水势，花粉粒到达柱头后就能快速吸水。如果柱头细胞的水势低于花粉的水势，花粉就不易萌发。如果花粉外围的水势过高，花粉粒又易吸水过度而膨裂，导致原生质溢出而死亡。如花期雨水过多，花粉易破裂，但太干燥（空气相对湿度低于 30%）也影响花粉萌发。花粉萌发需要适宜的水分（空气相对湿度）、温度等外部条件，同时对花粉本身和柱头的营养状态和化学成分也有严格要求。

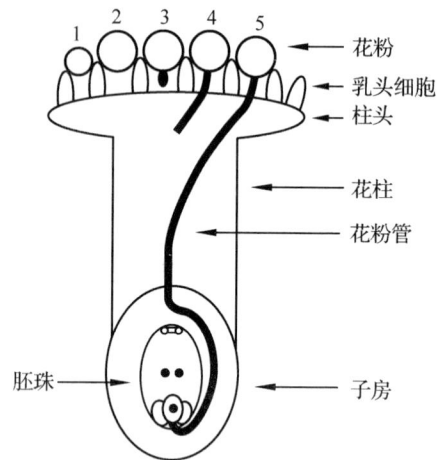

花粉的萌发与花粉管的生长表现出群体效应（group effect），即落在柱头上的花粉密度越大，萌发的比例越高，花粉管的生长越快。这是因为花粉中存在生长素，花粉数量越多，生长素也就越多，所以促进花粉的萌发和花粉管的生长。硼能显著促进花粉萌发和花粉管的伸长。一方面硼促进糖的吸收与代谢，另一方面硼参与果胶物质的合成，有利于花粉管壁的形成。

15.4.2.3　花粉与雌蕊的相互识别

植物通过花粉和雌蕊间的相互识别来阻止自交或排斥亲缘关系较远的异种、异属的花粉，而只接受同种的花粉。花粉落到柱头上后能否萌发，花粉管能否生长并通过花柱组织进入胚囊受精，取决于花粉与雌蕊间的亲和性（compatibility）和识别反应。

自然界中有许多植物都表现出自交不亲和性（self incompatibility，SI），而在远缘杂交中出现不亲和的现象更是非常普遍。从进化角度来看，自交不亲和性是植物丰富变异以增强对环境适应能力的基础，而杂交不亲和性则是植物在繁衍过程中保持物种相对稳定的基础。遗传学上自交不亲和性是受一系列复等位 S 基因所控制，当雌雄双方具有相同的 S 等位基因时就表现为不亲和。

有研究指出，花粉与雌蕊柱头的亲和或不亲和，其生理学基础在于双方某种蛋白质的相互识别，这种花粉与柱头的识别蛋白为糖蛋白。花粉的识别蛋白是由绒毡层产生的，存在于花粉外壁中。花粉粒落到柱头上后，即由花粉粒外壁释放蛋白质与柱头的蛋白质相互作用，进行识别，从而决定了以后的一系列代谢过程。如果两者是亲和的，花粉内壁即释放角质酶（cutinase）前体，并被柱头蛋白质活化，蛋白质薄膜内侧的角质层溶解，花粉管便得以进入花柱。如果两者不亲和，便产生排斥反应，柱头的乳突细胞形成胼胝质阻碍花粉管进入。有时花粉根本不能萌发，无花粉管的形成。

远缘杂交不亲和性是植物保持种性的基本措施，而自交不亲和性是保障开花植物远系繁殖、克服自交退化的机制之一，有利于繁衍和进化。

15.4.2.4　授粉受精后的生理生化变化

花粉管经花柱进入子房后，多沿子房内壁生长。然后花粉管进入胚珠，在胚囊分泌的酶的作用下，引起尖端破裂，两个精细胞逸出，其中一个与卵细胞结合成合子（zygote），另一个与两个极核结合形成三倍体的初生胚乳核，从而完成双受精（double fertilization）的过程。

花粉落在柱头上，经过相互识别亲和的花粉在柱头上吸水后 mRNA 和 rRNA 数量增多，蛋白质合成增强，以用于花粉的萌发和花粉管的生长；在柱头的酸性条件下，促使花粉中的酶类活性提高（如淀粉酶、磷酸化酶、转化酶），呼吸速率加快；另外，高尔基体在花粉管开始突出前非常活跃，产生许多分泌囊泡，其内含多种酶和果胶质等造壁物质，花粉不仅可利用自身的贮藏物质，而且能利用雌蕊中的物质，参与花粉管壁的建成，以利其伸长生长。授粉后雌蕊组织的呼吸速率一般比未授粉时增加 0.5～1 倍；吸水与吸盐能力明显加强；生长素含量激增。授粉后雌蕊中生长素含量急剧增加，其主要原因是：授粉后花粉中的生长素扩散到雌蕊中；花粉管伸长过程中会有使色氨酸转变为生长素的酶系分泌到雌蕊中，使雌蕊合成大量的生长素。由于受精后雌蕊组织的生长素含量和呼吸速率剧增，使更多的水分、矿质和有机物向雌蕊组织中运输，子房便迅速生长发育成果实。

小　结

在高等植物的生活周期中，花芽分化是营养生长向生殖生长转变的转折点，标志着植物幼年期的结束和成熟期的到来。完成幼年期生长的植株的开花，还受到环境条件的影响，其中低温和光周期是成花诱导的主要外界条件。

一些二年生植物和冬性一年生植物的成花需要低温的诱导，即春化作用。植物感受春化的部位是茎尖的生长点，多数一年生植物在种子吸胀后即可接受春化，而多数二年生或多年生植物只有当营养体长到一定大小时才能接受春化。植物在春化过程中，体内代谢发生了深刻变化。完成春化以后，植物能稳定保持春化刺激的效果，直至开花。在未完成春化过程之前，高温处理可引起去春化作用。

光周期对植物成花同样具有重要影响，植物对光周期的反应类型主要分为 3 类：短日植物、长日植物和日中性植物。感受光周期的部位是叶片，形成的开花刺激物能够传导，从而引起茎尖端发生成花反应。暗期长度对短日植物的成花诱导比日长更为重要。暗期间断抑制短日植物开花，而促进长日植物开花。光敏色素参与了植物的开花过程，Pfr/pr 的相对比值影响植物的成花过程，短日植物的成花在暗期前期要求"高 Pfr 反应"，在暗期后期要求"低 Pfr 反应"，长日植物与此相反。

春化处理和光周期的人工控制可调节植物的开花时期，春化和光周期理论在农业生产中有重要利用价值。

植物通过成花诱导以后，茎生长锥在形态和生理上发生较大变化，经花芽分化形成花器官。花器官的数量、质量以及性别表现受到多种因素的影响，既受遗传控制，又受植株年龄、环境条件等调控。

花粉的生活力因植物种类而异，且明显受环境条件的影响。花粉能否正常萌发和受精取决于花粉和柱头之间的亲和性。受精引起雌蕊组织代谢的巨大变化，尤其是雌蕊中生长素含量剧增，引起雌蕊呼吸速率大增、吸收能力加强、物质合成加快，使子房膨大形成果实。

思考题

1. 名词解释

花熟状态　春化作用　春化处理　解除春化　再春化作用　光周期现象　长日植物　短日植物　日中性植物　临界日长　临界暗期　光周期诱导　ABCDE 模型

2．设计一简单的实验来证明植物感受低温的部位是茎尖生长点。

3．赤霉素与春化作用有何关系？

4. 春化作用在农业生产实践中有何应用价值？

5. 什么是光周期现象？举例说明植物的主要光周期类型。

6. 用实验证明植物感受光周期的部位，并证明植物可以通过某种物质来传递光周期刺激。

7. 如果你发现一种尚未确定光周期特性的新植物种，怎样确定它是短日植物、长日植物或日中性植物？

8. 试述植物激素与成花的关系。

9. 为什么说光敏素在植物的成花诱导中起重要作用？

10. 用实验说明暗期和光期在植物的成花诱导中的作用。

11. 简述光周期反应类型与植物原产地的关系。

12. 举例说明光周期理论在农业实践中的应用。

13. 根据所学生理知识，简要说明从远方引种要考虑哪些因素才能成功。

14. 哪些因素影响花器官的形成？

15. 植物的性别表现有什么特点？受哪些因素的调控？

第 16 章　植物的成熟和衰老

高等植物受精后，从受精卵开始，又进入了新一轮的个体发育。受精卵发育成胚，胚珠发育成种子，子房壁发育成果皮，子房发育成果实。种子和果实在成熟过程中，不仅形态发生了很大的变化，而且其内部也发生了一系列复杂的生理生化变化。多数植物种子成熟后进入休眠状态，并且，只有在适宜的条件下才能打破休眠，开始萌发。伴随种子和果实的形成，植株渐趋于衰老，有些器官还会发生脱落。果实和种子发育的好坏，是下一代生长和发育的基础，也决定着作物产量的高低和品质的优劣，所以，了解种子和果实的成熟生理，研究和调控植物休眠、衰老和脱落，具有重要的理论和实践意义。

16.1　种子发育成熟的生理生化

16.1.1　种子的发育成熟进程

多数植物种子的发育可分为以下 3 个时期（图 16-1）。

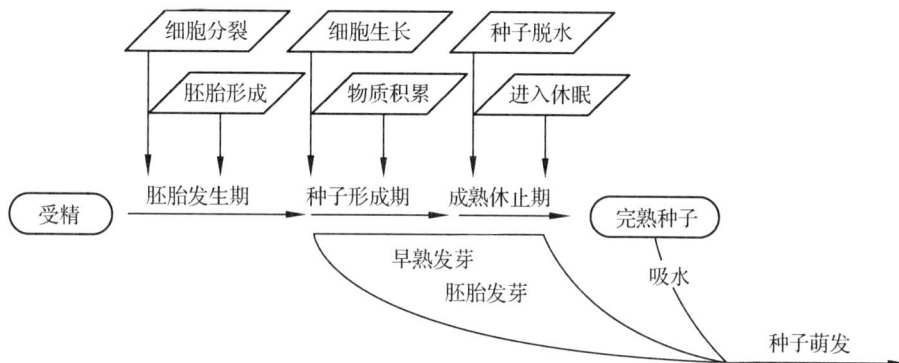

图 16-1　种子发育过程示意

（1）胚胎发生期

从受精（合子）开始到胚（embryo）形态初步建成为胚胎发生（embryogenesis）期，此期以细胞分裂为主，同时进行胚、胚乳（endosperm）或子叶的分化。这期间胚不具有发芽能力，离体种子不具活力。性细胞融合后经过一个短时期静止（少数植物没有静止期），以细胞快速分裂和 DNA 复制为特征；然后分化胚器官原基，细胞快速分裂和生长，以 DNA 加速复制为特征，此时期胚干重及鲜重增长较快，淀粉、蛋白质和 RNA 合成迅速；这个时期种子的含水量可达到 80% 左右。

（2）种子形成期

此期细胞分裂停止，以细胞扩大生长为主，淀粉、蛋白质和脂肪等贮藏物质在胚、胚乳或子叶细胞中大量积累，引起胚、胚乳或子叶的迅速生长。此期间有些植物种子的胚已具备发芽能力，在适宜的条件下能萌发，即所谓的早熟发芽（precocious germination）或胚胎发芽（viviparous germination），简称胎萌（vivipary）。这种现象在红树科和禾本科植物中最为常见，发生在禾本科植物上则称为穗发芽或穗萌（preharvest sprouting）。种子胎萌可能与胚缺乏 ABA 有关。处于形成期的种子一般不耐脱水，若脱水，种子易丧失活力。在豆科植物中胚子叶细胞内DNA 继续复制，形成多线体或多倍体，淀粉和贮藏蛋白合成迅速，累积量最大；此时期植物绿色部分制造的物质加速运向种子，种子干重增长可达 3 倍以上，含水量可下降至 50% 左右。

（3）成熟休止期

此期间贮藏物质的积累逐渐停止，种子脱水显著，含水量降低，多聚核糖体解聚或消失，原生质由溶胶状态转变为凝胶状态，呼吸速率逐渐降低到最低水平，胚进入休眠期。完熟状态的种子耐脱水、耐贮藏，并具有最强的潜在生活力。经过休眠期的完熟种子，在条件适宜时就能吸水萌发。种子含水量降至 10% ~ 20%。

完熟种子之所以能耐脱水，这与 *LEA* 基因的表达有关。*LEA* 基因在种子发育晚期表达，其产物被称为胚胎发育晚期丰富蛋白（late embryogenesis abundant protein，LEA）。*LEA* 的特点是具有很高的亲水性和热稳定性，并可被 ABA 和水分胁迫等因子诱导合成。一般认为，*LEA*在种子成熟脱水过程中起到保护细胞免受伤害的作用。

成熟休止期的长短差异很大，受气候等条件影响明显。而前两个时期比较稳定，例如，小麦约为 27d，燕麦约为 14d，高粱与向日葵约为 35d，大豆 38d 左右，棉花可达 65d，水稻为25d 左右。

16. 1. 2　贮藏物质的积累

种子发育成熟期间贮藏物质的变化，基本上与种子萌发时的变化相反，植株营养器官制造的养料以可溶性的小分子化合物（如葡萄糖、蔗糖、氨基酸等）的形式运往种子，并在种子中逐渐转化为不溶性的高分子化合物（如脂肪、淀粉、蛋白质等），并贮藏在子叶或胚乳中。禾本科植物的胚乳主要贮藏淀粉与蛋白质，胚中盾片主要贮藏脂类与蛋白质。子叶的贮藏物质因植物而不同，如大豆、花生的子叶以贮藏蛋白质和脂肪为主，而豌豆、蚕豆的子叶则以贮藏淀粉为主。

（1）糖类的转化

以淀粉为主要贮藏物的种子，称作淀粉种子，如水稻、小麦、玉米等禾谷类作物的种子，在其成熟过程中伴随可溶性糖含量的降低，而不断积累淀粉。例如，小麦种子成熟时，胚乳中的蔗糖与还原糖（果糖和葡萄糖）的含量逐渐减少，而淀粉的含量急剧增加（图 16-2），这表明淀粉是由可溶性糖类转化而来的。在形成淀粉的同时，这些可溶性糖也能形成构建细胞壁的不溶性物质，如纤维素、半纤维素等。水稻种子成熟过程中碳水化合物的变化与小麦相似。禾谷类种子成熟要经过乳熟、糊熟、蜡熟和完熟（黄熟）4 个时期，淀粉的积累以乳熟和糊熟两个时期最快，因此该时期干重增加迅速。与糖类变化相关的催化淀粉合成的酶类，如 Q 酶、淀粉磷酸化酶等，其活性相应升高。

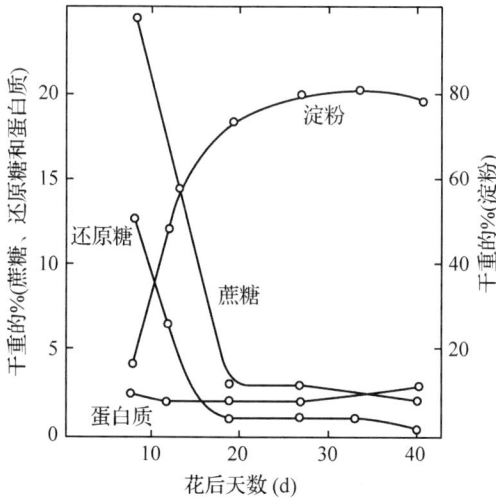

图 16-2 小麦种子成熟过程中胚乳主要
碳水化合物和蛋白质含量的变化

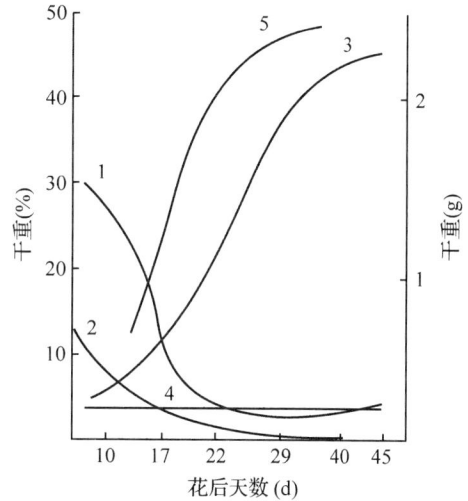

图 16-3 油菜种子成熟过程中各种有机物变化情况
1. 可溶性糖 2. 淀粉 3. 千粒重
4. 含 N 物质 5. 粗脂肪

(2) 蛋白质的转化

豆科植物种子大多富含蛋白质(占种子干重的 40% 以上),称为蛋白质种子。成熟的禾谷类种子中也含有较多的蛋白质(占种子干重的 7% ~16%)。蛋白质种子首先由叶片或其他营养器官的氮素,以氨基酸或酰胺形式运至荚果,在荚皮中氨基酸或酰胺合成暂时贮藏状态的蛋白质,然后分解,以酰胺态运至种子再转变为氨基酸,最后合成种子中的贮藏蛋白。种子贮藏蛋白的生物合成在种子发育的后期开始,至种子干燥成熟阶段终止,其合成速度很快,并且不发生降解,因而积累也快。豆科植物的种子贮藏蛋白大部分为球蛋白,这些蛋白没有明显的生理活性,其主要功能是提供种子萌发时所需的氮和氨基酸。

(3) 脂肪的转化

大豆、花生、油菜、蓖麻、向日葵等油料种子中的脂肪含量很高,称为脂肪种子或油料种子。油料作物种子成熟过程中脂肪代谢的特点表现为:①随着种子的成熟,籽粒干重和脂肪含量不断升高,而淀粉和可溶性糖等碳水化合物含量不断下降(图 16-3)。这说明脂肪是由碳水化合物转化而来,并且种子发育初期很少合成,但随后有一个迅速合成的时期。②种子成熟初期先形成饱和脂肪酸,然后转化为不饱和脂肪酸,因此其碘值(中和 100g 油脂所能吸收碘的克数)随种子成熟度增加而提高;③种子成熟初期形成的脂肪中含有较多游离脂肪酸,随着成熟度的增加,游离脂肪酸含量逐渐减少,用于合成脂肪,使种子的酸价(中和 1g 油脂中游离脂肪酸所需的 NaOH 毫克数)逐渐降低。未成熟的种子酸价高,所以,这样的种子收获后,不但油脂含量低,而且油脂的质量也差。

(4) 矿质的积累

运进种子的磷、钾、钙、镁等矿质元素主要集中积累在子叶(双子叶植物)或糊粉层与盾片(单子叶植物)中。其中 70% 以上的磷主要是以植酸(肌醇六磷酸)的形式存在。当成熟的种子脱水时,植酸会与钙、镁等结合形成非丁(phytin,肌醇六磷酸钙镁盐,或植酸钙镁盐)。它是谷类种子中磷、钙、镁等矿质元素的贮存库与供应源。如水稻种子成熟时有 80% 的无机磷以非丁的形式贮存于糊粉层，当种子萌发时，非丁分解释放出磷、钙和镁等供幼苗生长之用。

16.1.3　其他生理生化变化

(1)呼吸速率的变化

种子成熟过程是有机物合成与积累的过程，需要通过呼吸作用提供大量能量。因此，种子内有机物的积累与其呼吸速率存在着平行关系，即干物质积累迅速时，呼吸速率也高；干物质积累缓慢(种子接近成熟)时，呼吸速率也逐渐降低(图 16-4)。

(2)含水量的变化

种子含水量的变化与其干物质的积累相反，但与呼吸作用的变化相似，即随种子成熟，其含水量逐渐降低(图 16-5)。种子成熟时幼胚中具有浓缩的原生质而无液泡，自由水含量很少，随着含水量的下降，种子的生命活动由活跃状态转入代谢微弱的休眠状态。

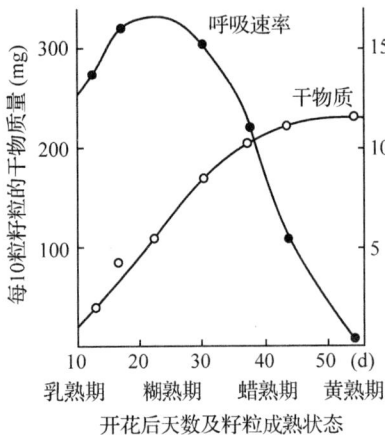

图 16-4　水稻种子成熟过程中干物质及呼吸速率的变化

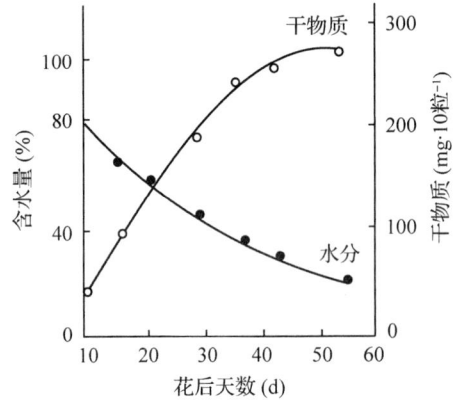

图 16-5　水稻种子成熟过程中干物质及水分的变化

(3)内源激素的变化

种子成熟过程受多种内源激素的调节控制，因此种子内源激素的种类和含量都在不断地发生变化。以小麦为例，胚珠受精前玉米素含量极低，受精末期达到最高，然后下降；受精后籽粒开始生长时 GA 浓度迅速升高，受精后第 3 周达到高峰，然后减少；胚珠内 IAA 含量极低，受精时略有增加，然后减少，籽粒膨大再度增加，当籽粒鲜重最大时其含量最高，籽粒成熟时几乎测不出其活性；此外，籽粒成熟期间 ABA 含量大大增加。种子发育过程中，内源激素的出现有一定的顺序规律(图 16-6)，这种变化可能与这些激素的功能有关。首先出现的是 CTK，可能调节籽粒形态建成的细胞分裂过程；其次是 GA 与 IAA，可能调节有机物质向籽粒运输与积累的过程；最后是 ABA，可能与控制籽粒的休眠过程有关。

16.1.4　种子成熟的影响因素

尽管植物种子的生物学特性是由其遗传基因控制的，但基因的表达又受外界环境条件的影

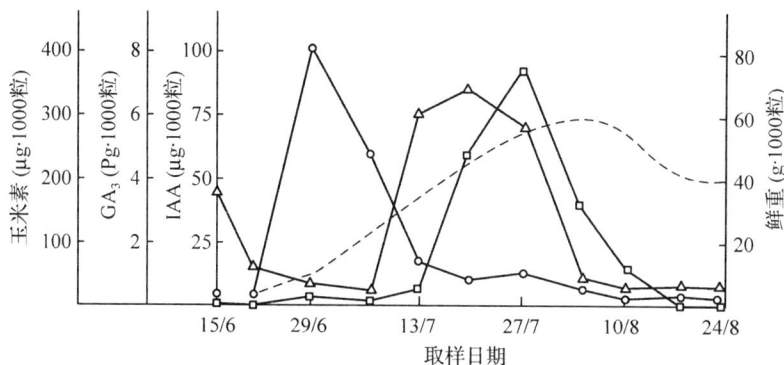

图16-6 小麦籽粒发育过程中各类激素的动态变化

玉米素(○)、GA(△)、IAA(□)含量的变化(虚线表示千粒鲜重的变化)

响,因此,光照、温度、水分及矿质元素等对种子的化学成分、饱满度和成熟度都会产生重要的影响,进而影响种子的产量和品质。

16.1.4.1 温 度

温度适宜有利于光合产物积累和运输,促进种子成熟;温度过高,呼吸消耗大,籽粒不饱满;温度过低,不利于有机物运输与转化,种子瘦小,成熟推迟。昼夜温差大有利于种子成熟和物质积累,促进增产。温度对油料种子成熟过程中的油分含量和油分的性质也有很大影响。我国北方大豆种子成熟时,温度较低,种子含油量高,但蛋白质含量较低;南方则正好相反(表16-1)。亚麻种子成熟时昼夜温差大,有利于不饱和脂肪酸的形成,因此,优质的干性油往往来自纬度较高或海拔较高的地区。

表16-1 我国不同地区大豆的品质 %

不同地区品种	蛋白质含量	含油量
北方春大豆	39.9	20.8
黄淮海夏大豆	41.7	18.0
长江流域春夏秋大豆	42.5	16.7

16.1.4.2 光 照

光照强度直接影响种子内有机物的积累。例如,小麦籽粒2/3的干物质来源于抽穗后叶片及穗子本身的光合产物,此时光照强,叶片同化物多,输出到籽粒的多,产量也高。小麦灌浆期遇到连续阴天,则灌浆速率降低,粒重减轻,导致减产。此外,光照也影响籽粒的蛋白质含量和含油率。

16.1.4.3 水 分

水分对种子成熟的影响表现在土壤含水量和空气相对湿度两方面的作用。

(1)土壤含水量

土壤干旱常因破坏作物体内水分平衡而严重影响灌浆,造成籽粒不饱满,导致减产。土壤缺水，会影响可溶性糖转变为淀粉，造成淀粉含量少；而蛋白质的积累过程受阻较小，因此，干旱使种子中蛋白质的含量相对较高。土壤水分过多，由于缺氧使根系受到损伤，光合下降，种子不能正常成熟。中国北方雨量及土壤含水量比南方少，所以北方小麦的蛋白质含量显著高于南方小麦。例如，黑龙江克山、北京、济南、杭州的小麦种子干重中蛋白质的含量分别为 19.0%，16.1%，12.9% 和 11.7%。

（2）空气相对湿度

阴雨天多，空气相对湿度高，会延迟种子成熟；反之，空气湿度较低，则会加速成熟。若空气湿度太低，则会出现大气干旱，加之土壤干旱导致植株萎蔫，不但阻碍物质运输，影响灌浆，而且会使水解酶活性增强，合成酶活性降低，导致贮藏物质积累减少，籽粒瘦小，产量大减。我国河西走廊的小麦，就常因遭遇干热风而减产。

16.1.3.4　矿质营养

矿质营养对种子的化学成分也有显著影响。氮肥能提高蛋白质的含量，钾肥可加速糖类由叶、茎运向籽粒或其他贮藏器官（如块茎、块根等）并加速其转化，增加淀粉含量。钾也有助于脂肪的转化与运输。磷肥对脂肪的形成有积极的影响。然而，氮肥过多会使大量光合产物流向植株的茎、叶，引起营养体返青，与种子争夺光合产物，导致减产；同时，氮肥多使植物体内大部分糖类和含氮化合物转化成蛋白质，造成糖分的减少，进而影响到脂肪的合成及其在种子中的含量。

16.2　植物的休眠

16.2.1　休眠及其意义

多数植物的生长都会经历季节性的不良气候时期，如温带地区一年四季的光照、温度和雨量等差异十分明显，如果不存在某种防御机制，植物便会受到伤害或致死。休眠（dormancy）是植物的整体或某一部分生长极为缓慢或暂时停止生长的现象，是植物抵御不良自然环境的一种自身保护性的生物学特性。

植物的休眠有多种形式，如一、二年生植物大多以种子为休眠器官，即种子休眠；多年生落叶树以休眠芽越冬，多年生草本植物则以休眠的根系、鳞茎、球茎、块根、块茎等度过不良环境，即芽休眠。

无论种子休眠还是芽休眠，都是植物经过长期进化而获得的一种对环境条件及季节性变化的生物学适应性。例如，温带地区的植物在秋季形成种子后，通过休眠来避免冬季严寒的伤害。禾谷类作物种子由于具备短暂的休眠期，可以避免谷粒在穗上萌发（特别是在收获期遇上阴雨天气），不但保持了物种的延存，而且对人类生产也有益处。树木的叶片在秋季脱落前形成不透水、不透气的芽，使其在不适宜生长的条件到来前做好防御准备。这些都是适应环境的保护性反应。

此外，田间杂草种子具有复杂的休眠特性，萌发期参差不齐，由于陆续出土难于防治而给庄稼带来很大危害。对杂草种子休眠特性的研究，将有助于防除杂草，提高作物产量。

16.2.2 种子休眠

16.2.2.1 种子休眠的类型

根据休眠的深度和原因，通常将休眠分为强迫休眠(forcedormancy)和生理休眠(physiological dormancy)2种类型。由不利于生长的环境而引起的休眠称为强迫休眠，当外界条件适于生长时，植物能够立即脱离休眠恢复生长。由于植物自身内部原因造成的休眠称为生理休眠，也称作真正休眠。

16.2.2.2 种子休眠的原因

(1)种皮限制

苜蓿、紫云英等豆科植物的种子，以及锦葵科、藜科、茄科中有些植物的种子，种皮较厚、结构致密或附有角质和蜡质，致使种皮不能透水或透水性差，这些种子称作"硬实"或"铁籽"。另有一些植物如椴树的种子，其种皮不透气，外界氧气不能进入，而种子中的二氧化碳在内部又积累，不能排出，从而抑制胚的生长。还有些植物的种子，如苋菜等，虽能透水、透气，但因种皮太硬或过厚，使胚不能正常穿出。

(2)种子未完成后熟

有些植物的种子采收后需继续进行一系列生理生化变化达到真正的成熟才能萌发，这种现象，称作后熟作用(after ripening)。一些蔷薇科植物(苹果、梨、桃、李、杏等)以及松柏类植物的种子必须经过一段后熟作用积累种子萌发所需要的物质，才能萌发。

一般认为，在后熟过程中，种子内的淀粉、蛋白质、脂类等有机物的合成作用加强，呼吸渐弱，酸度降低。经过后熟作用后，种皮透性增加，呼吸增强，有机物开始水解，脱落酸含量下降，细胞分裂素含量先上升，以后随着赤霉素含量上升而下降。

(3)胚未完全发育

一般植物种子成熟时，胚已分化发育完全。但也有一些植物的种子，采收时从外部看已经成熟，但内部的胚还很幼小，其分化发育尚未完成，还须从胚乳中吸取养料，继续生长发育一段时间，直到完全成熟，才能萌发。如欧洲白蜡树种子(图16-7)，以及银杏、人参、冬青、当归等植物的种子都属这一类。

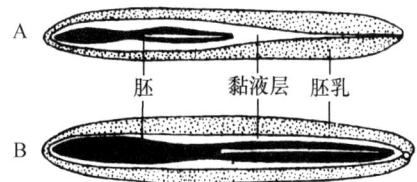

图16-7 欧洲白蜡树的种子
A. 刚收获 B. 在湿土中贮藏6个月

(4)抑制物的存在

有些植物的种子不能萌发，是由于果实或种子内有萌发抑制物的存在。萌发抑制物的种类较多，如氨(某些含氮物质，它们在适当的酶作用下释放出来)，氰氢酸(扁桃苷等释放的)，芳香油类、植物碱、有机酸(水杨酸、阿魏酸等)，酚类、醛类(乙醛、苄醛)，某些盐类($NaCl$，$CaCl_2$，$MgSO_4$等)等。种子中只要含有足够量的抑制物即可抑制其萌发。此外，有些氨基酸(色氨酸、丙氨酸、甘氨酸等)也能抑制种子萌发。还有些种子的休眠是由于脱落酸的存在而引起的，如红松种子。

萌发抑制物的种类及其存在部位，因不同植物而异。如向日葵的诱发抑制物存在于花盘、果皮和种子的胚乳中；梨、苹果、番茄、黄瓜、西瓜、甜瓜、柑橘等抑制物存在于果肉、果汁中；水稻、荞麦存在于种皮内；鸢尾存在于胚乳中；菜豆存在于子叶中；野燕麦存在于稃壳中；而红松种子的各部位都有。当种胚与抑制物所在部位彼此分开存在时，或在贮藏过程中，经过后熟过程的生理生化变化，使抑制物浓度下降后，即不再抑制种子萌发。

抑制物的存在具有重要的生态学意义。例如，沙漠中有些植物的种子存在有抑制物，只有大量降雨将这些抑制物洗脱之后种子才能萌发，因而保证了已萌发的种子不致因缺水而枯死。

16.2.3 芽休眠

芽休眠(bud dormancy)是指植物生活史中芽生长的暂时停顿现象。多年生木本植物遇到不良环境时，其节间缩短，芽停止抽出，并在芽的外层出现"芽鳞"等保护性结构，以便度过低温或干旱等环境。当逆境结束后，芽鳞脱落，新芽伸长，或抽出新枝(叶)，或开出花朵(花芽)。由此可见，叶、枝、花等均是以"芽"的原始体形式通过休眠期(dormancy stage)，这是一种良好的生物学特性。芽休眠不仅发生于植株的顶芽、侧芽和花芽，也发生于根茎、块茎、球茎、鳞茎，以及水生植物的休眠冬芽。

16.2.3.1 日照长度与芽休眠

日照长度是诱发和控制芽休眠最重要的因素。木本植物的芽休眠，已被证明是一种光周期现象，由短日照引起，并被长日照解除。日照诱发植物芽休眠具有临界日长现象，如板栗、苏合香等植物，需在短于其临界日长的日照长度下，能够引起休眠，长于临界日长的日照则不发生休眠；而铃兰、洋葱等则相反，长日照诱发其休眠。

前面已讲过与开花有关的光周期刺激是由叶片感受的，但在很多情况下，树芽休眠时叶片已脱落，此时芽可感受短日照而进入休眠(如山毛榉)；但对另一些尚未落叶的植物来说，秋季的短日照仍然是由成熟叶片感受的。

16.2.3.2 引起芽休眠的其他因素

短日照并不是促进休眠的唯一原因。有些树木对日照长度不很敏感，如苹果、梨和李等果树。研究表明，植物激素(如脱落酸、乙烯)、氨、芥子油、氰化氢、多种有机酸等，都是芽休眠的促进物。短日照之所以能诱导芽休眠，就是因为短日照促进了脱落酸含量的增加。在休眠芽恢复生长时，其树木提取物中的细胞分裂素活性增加。

此外，缺水、营养元素缺乏(氮素缺乏更明显)等都会引起或加速芽休眠。

16.2.4 休眠的延长和打破

16.2.4.1 种子休眠的破除

由于种子(及器官)的休眠给生产带来不便，因此，可根据其休眠原因的不同，采取相应的措施来解除休眠，促进萌发。

(1)机械破损

种皮厚、结构坚硬的"铁籽"，在自然情况下，可由细菌和真菌分泌的酶类去水解其种皮中的多糖及其他组成成分，使种皮变软，易于水分和气体透过，但这样需要较长的时间。生产上一般采用物理或化学方法促使种皮透水、透气，例如，机械切割或削破种皮；碾磨擦破种皮等。紫云英、苜蓿和菜豆等种子常采用此法促进其萌发。

（2）低温湿沙层积处理（沙藏法）

需要完成后熟的种子，如苹果、梨、桃、白桦、山毛榉等，都用此法破除休眠。层积处理（stratification）的方法是，将种子和湿沙分层铺埋（或相混埋放），置于 1~10℃ 阴湿环境中 1~3 个月，即可有效解除休眠，完成后熟作用。在层积处理期间，种子内的抑制物含量下降，而赤霉素和细胞分裂素含量增加。通常，适当延长低温处理时间，能促进种子萌发。

（3）化学方法

用氨水（1:50）处理松树种子或用 98% 浓硫酸低温处理皂荚种子 1h（此法必须注意安全），清水洗净，再用 40℃ 的温水浸泡，可打破休眠，提高发芽率；用 0.1%~0.2% 的过氧化氢溶液浸泡棉籽 24h，能显著提高发芽率（过氧化氢分解释放的氧气可供给种子）；也可用有机溶剂除去蜡质或脂类种皮成分，以打破休眠，用乙醇处理莲子，可增加其种皮的透性。此外，许多作物，如稻、麦、棉花或龙胆、人参、银杏等经济植物的种子亦可用 GA_3（5~50mg·L^{-1}）处理，打破休眠，促进其萌发。

（4）清水冲洗

由于抑制物的存在而休眠的种子或器官，如番茄、甜瓜、西瓜等种子，从果实中取出后，需用清水反复冲洗，以除去附着在种子上的抑制物，从而解除休眠、提高发芽率。

（5）日晒或高温处理

小麦、黄瓜和棉花等种子，经日晒或 35~40℃ 温水处理，可打破休眠，促进萌发；油松和沙棘的种子在 70℃ 水中浸种 24h，可增加其种皮透性，促进萌发。

（6）光照处理

这主要是对需光种子而进行的方法。不同的需光种子对光照的要求不同，有些需光种子一次性感光就能萌发，如泡桐种子；而有些种子则须经 7~10d，每天 5~10h 的光周期诱导才能萌发，如八宝树、榕树、团花等。

此外，X 射线、超声波、高低频电流、电磁场等物理方法，也有破除种子休眠的作用。

16.2.4.2 芽休眠和延存器官休眠的破除

芽休眠解除主要由温度或长日照所控制。许多木本植物休眠芽需经历 260~1000h 0~5℃ 的低温才能解除休眠。芽休眠经受一定时期的低温后可以得到解除。有些未经低温处理的休眠植株给予长日照或连续光照，也可解除休眠。

高温突然降临，可提早打破休眠，将植株地上部分或枝条浸于 30~35℃ 的温水中，12h 后即可解除芽休眠。应用此法可使丁香和连翘提早开花。外源施用赤霉素可代替低温或长日照而打破休眠，如马铃薯块茎（0.5~1.0 μl·L^{-1}）、葡萄枝条、桃树苗（4000μl·L^{-1}）等。此外，用某些化学试剂如乙酸气熏、硫脲（5g·L^{-1}）浸泡等也可实现打破休眠，促进发芽。

16.2.4.3 休眠的延长

在生产实践中，除需要打破休眠外，也有需要延长休眠防止发芽的情况。例如，小麦等某些作物的种子休眠期很短，成熟后若遇到阴雨天气，就会在穗上萌发（穗发芽），影响产量和质量，造成损失。为此，可在小麦成熟时喷施 PP_{333} 或烯效唑等植物生长延缓剂，延缓种子萌发。

马铃薯长期贮藏后，度过休眠期就要萌发，这会失去它的商品价值，同时，还会产生龙葵素等有毒物质，而不能食用，所以要设法延长其休眠。用 40% 的萘乙酸甲酯粉（用泥土混制）处理马铃薯块茎，可安全贮藏；将马铃薯块茎在架上摊成薄层，保持通风，也可安全贮藏 6 个月。此外，也可用萘乙酸甲酯来延长洋葱、大蒜等营养繁殖器官的休眠。

16.3　果实成熟的生理生化

果实(fruit)是由子房或连同花的其他部分发育而成的。单纯由子房发育而成的果实称作真果，如桃、番茄、柑橘等；除子房外，还包含花托、花萼、花冠等花的其他部分共同发育而形成的果实称作假果，如苹果、梨、瓜类等。果实的发育应从雌蕊形成开始，包括雌蕊的生长、受精后子房等部分的膨大、果实形成和成熟等过程。成熟的果实经过一系列的质变，达到最佳食用的阶段，称为果实的完熟(ripening)。通常所说果实成熟(maturation)也往往包含了完熟过程。

16.3.1　果实发育的特点

16.3.1.1　果实的生长曲线

果实的生长与其他器官一样，是细胞分裂和扩大的结果，其体积和重量的增加也不是平均进行的。不同植物果实的生长周期性呈现出不同的特点。测定果实的生长曲线，基本可分为 3 种类型。

肉质果实（如苹果、梨、香蕉、草莓、柑橘、番茄、甜瓜等）的生长一般和营养器官一样，也呈单"S"形生长曲线，即初期的生长速率较慢，以后逐渐加快，达到高峰后又逐渐减慢，最后停止生长（图 16-8）。这种慢—快—慢生长节奏的表现是与果实中细胞分裂、膨大（伸长）、分化及其成熟的节奏相一致的。

有些核果（如桃、李、杏、樱桃）及一些非核果（如葡萄、山楂、无花果、柿等）的生长曲线则呈双"S"形，即，在果实生长的中期有一个缓慢生长期，表现出慢—快—慢—快—慢的生长节奏（图 16-8）。这个缓慢生长期正是果肉暂停生长，而内果皮木质化、果核变硬、珠心及珠被也停止生长，但幼胚迅速生长的时期；

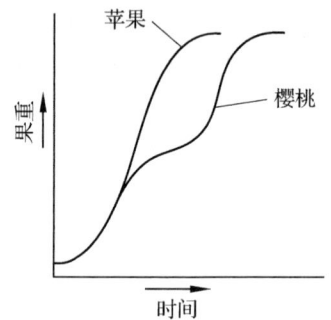

图 16-8　果实的生长曲线

而第二个迅速生长期，主要是中果皮细胞的膨大和营养物质大量积累的时期。

已经发现猕猴桃果实的生长曲线是三"S"形的，在其果实生长过程中出现 3 个快速生长期，表现出慢—快—慢—快—慢—快—慢的生长节奏。

16.3.1.2　影响果实大小的因子

果实的食用部分是由薄壁细胞组成的，因此果实的大小主要取决于薄壁细胞的数目、细胞体积和细胞间隙的大小。当然果实的生长依赖于叶片的光合生产。

(1)细胞数目

果实细胞数目的多少与细胞分裂时间的长短和分裂速度有关。细胞分裂始于花原基形成之后，开花时中止，受精后又继续分裂。通常果枝粗壮、花芽饱满，形成的幼果细胞数目较多。大果型和晚熟性的品种，一般花后细胞分裂持续的时间较长，细胞数也多。幼果生长前期的细胞分裂期，需要大量合成蛋白质以形成细胞原生质，这时所需的有机营养主要来自体内的贮备。如在上年秋季早期进行部分摘叶处理，果实的细胞数会减少，而细胞体积仍与对照相似。

(2)细胞体积

细胞数目虽是果实增大的基础，然而细胞体积的扩大对果实最终大小的贡献更大。如在葡萄浆果的花后总增大率中，细胞数目仅增长了2倍，而细胞体积却增大了300多倍。

(3)细胞间隙

开花时果实组织内一般没有细胞间隙或间隙很小，但随着细胞膨大和细胞间果胶物质的分解，细胞变圆，细胞间隙变大，果实比重下降。苹果、枣等果实生长后期，体积的增长速率远远超过了重量的增长速率，说明此时细胞间隙增加较多。

(4)叶果比

果实生长中后期，是果肉细胞的主要膨大期，需要有大量碳水化合物的供应，当年叶片同化物的供应对果实的增大起着决定性作用。如在春季摘叶，收获期果重会大大下降。一般来说，一个大型肉质果的正常生长需要20~40片功能叶的光合作用来维持，否则果型变小。当然叶果比也不是固定不变的，它可随叶面积的增大和叶功能的提高而改变。因此，疏花、疏果、保叶等提高叶果比的措施都能使果实增大。

16.3.1.3 单性结实

通常植物通过受精作用，引起子房生长素含量增多，刺激子房膨大，形成含有种子的果实；但是也有不经受精作用而结实的现象。这种不经过受精作用，子房直接膨大形成不含种子的果实的现象，称作单性结实(parthenocarpy)，所形成的果实，称作无籽果实(seedless fruit)。单性结实可分为3种类型。

(1)天然单性结实

不经授粉、受精或其他任何刺激而形成无籽果实的现象，称作天然单性结实(natural parthenocarpy)。例如，香蕉、菠萝和有些葡萄、柑橘、无花果、柿子、黄瓜等，个别植株或枝条发生突变，形成无籽果实(将突变枝条剪下来进行无性繁殖，可形成无核产品)。天然单性结实的原因，一方面与花粉败育有关；另一方面无核品种果实的子房中生长素含量高于有核品种，并在开花之前开始积累，促使子房不经受精作用而膨大。

(2)刺激性单性结实

在外界环境条件的刺激下而引起的单性结实，称作刺激性单性结实(stimulative parthenocarpy)。例如，较低温度和较高光强可诱导番茄产生无籽果实；短光周期和较低叶温可引起瓜类作物单性结实；外源生长调节剂(如2,4-D；NAA等)处理花蕾或花序，也可诱导单性结实等。

(3)假单性结实

有些植物授粉受精后，由于某种原因而使胚停止发育，但子房或花托继续发育，亦形成无籽果实，这种现象称作假单性结实（fake parthenocarpy）。如无核柿子、无核白葡萄等。

16.3.1.4 果实呼吸跃变

随着果实的成熟，其呼吸速率发生着规律性的变化。根据果实成熟过程中有无呼吸跃变现象即呼吸峰（respiratory climacteric），可将果实分为 2 种类型，即跃变型果实和非跃变型果实。跃变型果实有苹果、梨、香蕉、番茄、桃等（图 16-9）；非跃变型果实有柑橘、柠檬、葡萄、草莓、凤梨等。

跃变型果实和非跃变型果实的主要区别是，前者含有复杂的贮藏物质（淀粉或脂肪），在摘果后达到完全可食状态前，贮藏物质强烈水解，呼吸加强，而后者并不如此。通常，跃变型果实成熟比较迅速，而非跃变型果实成熟比较缓慢。在跃变型果实中，香蕉的呼吸峰出现较早，淀粉

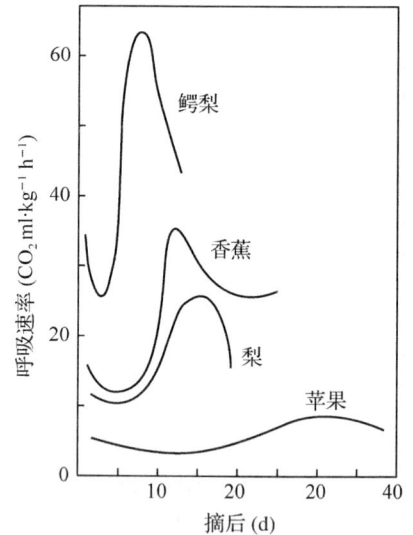

图 16-9 果实成熟过程中的呼吸跃变

水解迅速，成熟较快；而苹果的呼吸峰出现较迟，淀粉水解较慢，因此，成熟相对也慢一些。一般把呼吸跃变的出现作为果实成熟的生理指标，它标志着果实成熟达到可食用的最佳状态，同时也标志着果实已开始衰老，不耐贮藏了。

研究表明果实跃变正在进行或正要开始前，其内部乙烯的含量明显升高，呼吸跃变的出现是由于果实内乙烯的产而引起的。乙烯刺激呼吸的机制在于：一方面，乙烯可增加果皮细胞的透性，加速气体交换，加强内部氧化过程，加速果实成熟；另一方面，乙烯可诱导呼吸酶 mRNA 的合成，提高呼吸酶含量与活性，并能显著诱导抗氰呼吸，加速果实成熟与衰老。

生产上可控制呼吸跃变的来临，以提早或推迟果实的成熟。例如，降低温度和 O_2 的浓度（提高 CO_2 浓度或充氮气），延迟呼吸峰的出现，使果实成熟延迟。反之，提高温度和 O_2 浓度，或施以乙烯，都可以刺激呼吸跃变早临，加速果实成熟。乙烯甚至可以诱导本来没有跃变期的果实产生呼吸高峰，如橘和柠檬。

果实人工催熟很早就引起了人们的注意，如温水浸泡柿子、酒喷青蜜橘、烟熏香蕉、乙烯利处理番茄、香蕉、柿子、棉花等传统技术已广泛使用；近年来采用的气控法及基因工程技术获得耐贮番茄品种等例子，也愈加引起人们的广泛关注和应用。

16.3.2 肉质果实成熟的生理生化变化

16.3.2.1 淀粉转变为可溶性糖（果实变甜）

未成熟果实贮存的糖类以淀粉为主，随着果实成熟度的增加或呼吸峰的出现，淀粉逐渐被转化为葡萄糖、果糖、蔗糖等可溶性糖，并积累在液泡中，而淀粉含量越来越少，使果实甜度随之增加。例如，香蕉果实从绿到黄，淀粉可从占鲜重的 20% 以上降到 1% 以下，同时可溶性糖的含量上升到 15% 左右。果实的甜度与糖的种类有关，如以蔗糖甜度为 1，则果糖为 1.03～1.5，葡萄糖为 0.49。不同果实所含可溶性糖的种类不同，如苹果、梨含果糖多；桃含蔗糖多；葡萄含葡萄糖和果糖多，而不含蔗糖。通常，在日照充足、温度较高、昼夜温差大、降雨

量少的条件下，果实的含糖量高，这也是
新疆吐鲁番哈密瓜和葡萄等水果特别甜的
原因所在。

16.3.2.2 有机酸的变化(酸味减少)

在未成熟果实的果肉液泡中，存在大
量的有机酸，使果实带有酸味。例如，苹
果、梨中主要含有苹果酸；葡萄主要含酒
石酸；柑橘和菠萝中主要含柠檬酸；黑莓

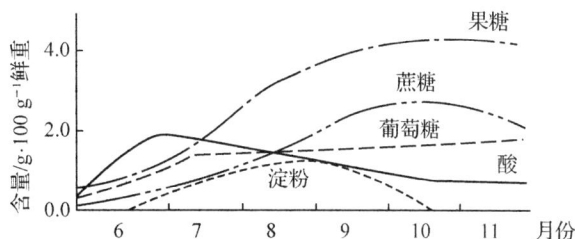

图 16-10 苹果成熟期有机物质的变化
(潘瑞炽，2004)

主要含异柠檬酸。随着果实的成熟，有机酸一方面作为呼吸底物，被氧化成 CO_2 和水；另一方面与 K^+，Ca^{2+} 等形成盐，或转变成糖。所以，酸味下降，甜味增加。图 16-10 是苹果成熟期淀粉转化为糖及有机酸含量降低的情况。

果实中糖和酸含量的比值，即糖酸比，是决定果实品质的重要因素之一。糖酸比越高，果实越甜。但一定的酸味往往能够体现一种果实的特色。

16.3.2.3 单宁物质的变化(涩味减少)

未成熟的柿子、李子等果实有涩味，这是由于细胞液内含有单宁造成的。成熟果实涩味消失，是由于单宁被过氧化物酶氧化成无涩味的过氧化物；或由于活性单宁进一步浓缩成为不溶于水的胶状物，因此，涩味消失。单宁属于多酚类物质，可以保护果实免于脱水及病虫侵染。

16.3.2.4 芳香物质的产生(香味出现)

果实成熟时能够产生一些具有香味的物质，主要是：醇类、醛类、酯类、酚类、杂环化合物、萜类、碳氢化合物和含硫化合物等。例如，苹果的香味是乙基－2－甲基－丁酸；香蕉的香味是乙酸戊酯；橘子的香味是柠檬醛。还有些果实的香味挥发物可大量挥发，这些香味物质可决定果实的食感，也可作为果实开始成熟的标志。

16.3.2.5 果胶物质的变化(由硬变软)

果实软化是成熟的一个重要特征。引起果实软化的主要原因是细胞壁物质的降解。未成熟的果实生硬，是因为果肉细胞壁中层沉积着不溶于水的原果胶物质。随着果实的成熟，原果胶(protopectin)被原果胶酶分解，产生可溶性的果胶(pectin)；果胶还可在果胶酶的作用下形成半乳糖醛酸。由于胞间层溶解，果肉细胞彼此分离。此外，纤维素酶降解纤维素，使纤维素长链变短。果实的果肉细胞中内含物由不溶状态变为可溶态(淀粉变为可溶性糖)等种种原因而使果实变软。

16.3.2.6 色素的变化(色泽变艳)

果实成熟时的颜色变化，是最熟悉和易观察的成熟标志之一。多数果实成熟时，绿的底色消失，变成黄色、橙色、红色、蓝色或其他鲜艳的颜色。果色的变化通常是由于叶绿素的降解和类胡萝卜素或花青素苷等其他色素显色或不断合成积累的结果。苹果成熟时变黄，是胡萝卜素增加的结果，此时胡萝卜素合成超过叶绿素和叶黄素；柑橘成熟过程中类胡萝卜素增加；而柚和柠檬的浅色是类胡萝卜素的减少；番茄的红色是在其后熟期间番红素增多（提高 10 倍）的结果，所以，常以番茄的颜色变化来判断其成熟度。在光照充足、昼夜温差较大的地区，果实形成花青素较多，利于果实着色。

16.3.2.7　内源激素的变化

果实的成熟过程是在多种内源激素协同作用下进行的。一般在幼果生长时期，生长素、赤霉素、细胞分裂素的含量增高，至果实成熟时，这些激素的含量都下降到最低点，而与此同时，乙烯和脱落酸含量则升高。其中乙烯对果实的成熟影响最大，一方面，乙烯诱导呼吸峰的出现；另一方面，乙烯刺激水解酶类合成，促进不溶性物质水解为可溶性物质，使果实向着成熟的方向转化。

16.3.3　果实成熟的分子生物学

果实成熟是分化基因表达的结果。果实成熟过程中 mRNA 和蛋白质合成发生变化。有些蛋白的 mRNA 含量下降；另一些编码蛋白的 mRNA 含量增加，如多聚半乳糖醛酸酶（polygalacturonase，PG）的 mRNA，在番茄果实成熟时表现为增加。这些 mRNA 涉及色素的生物合成、乙烯的合成和细胞壁代谢。

反义 RNA 技术的应用为研究 PG 在果实成熟和软化过程中的作用提供了最直接的证据。获得的转基因番茄能表达 PG 反义 mRNA，使 PG 的活性严重受阻，转基因纯合子后代的果实中 PG 活性仅为正常的 1%，其果实中的果胶降解受到抑制，但乙烯、番茄红素的积累以及转化酶、果胶酶的活性未受到任何影响，并没有推迟软化或减少软化程度。这说明，PG 虽然可降解果胶，但它不是影响果实软化的唯一因素。

ACC 合成酶反义转基因番茄已投入商业生产。这种果实的乙烯合成严重受阻，只有用外源乙烯处理才能成熟变软，且果实色泽、质地、芳香等与正常果实相同。

同样，获得的反义 ACC 氧化酶 RNA 转基因番茄植株，成熟时乙烯的增加被抑制，其花色、果色均呈黄色，果实中检测不到番茄红素。可见，利用基因工程技术改变果实色泽，提高果实品质方面的研究已经取得了一定的进展。利用调节次生代谢关键酶的基因表达，来改变花卉的颜色已取得成功，很有可能用同样的方法能够改变果实的颜色。

16.4　植物的衰老

植物的衰老（senescence）是指细胞、器官或整个植株的生命功能衰退，最终导致自然死亡的一系列恶化过程。衰老是受植物遗传控制的、主动和有序的发育过程，它总是发生在一个器官或整株的死亡之前，因此，衰老可以看作导致自然死亡的最后发育阶段，是植物发育的正常过程。但是，环境因素也可以诱导衰老，例如，秋季的短日照和低温就可以触发植物叶片衰老、落叶。

16.4.1 植物衰老的类型及意义

16.4.1.1 衰老的类型

根据植株与器官死亡的情况，将植物衰老分为 4 种类型。

（1）整体衰老

整体衰老（overall senescence）指一、二年生植物（如玉米、花生、冬小麦等）开花结实后，除留下种子外，全株都衰老死亡。

（2）地上部衰老

地上部衰老（top senescence）指多年生草本植物（如苜蓿、芦苇等），每年地上部器官都衰老死亡，而根系和其他地下部分则可继续生存多年。

（3）脱落衰老

脱落衰老（deciduous senescence）指多年生落叶树木的叶片每年发生季节性同步衰老脱落。

（4）渐进衰老

渐进衰老（progressive senescence）指一些多年生常绿树木较老的器官和组织逐渐衰老退化，并被新的组织与器官所取代。

事实上，同一植株不同部位的衰老节律也很不同，叶片以脱落型衰老；枝条以渐进型衰老；繁殖器官，如花和果实，有其各自特殊的成长和成熟类型，它们或者与叶片、植株衰老行为有联系，或者不相联系。由于植物具有无限生长的特性，因此，器官的衰老过程实际上发生在植物生活周期的各个时期。

16.4.1.2 衰老的生物学意义

衰老是植物长期进化过程和自然选择过程中形成的一种不可避免的生物学现象，是正常的生理过程，因此，不应该把衰老单纯看成消极的、导致死亡的过程。从生物学意义上说，没有衰老就没有新的生命开始。如叶片或子叶的衰老可促进幼苗其他生长点的更好生长；多年生植物秋天叶片衰老脱落之前，把大量营养物质运送到茎、芽、根中，以供再分配和再利用；花的衰老使刚刚授粉而产生的受精卵能正常发育；果实与种子成熟后的衰老与脱落，有利于借助其他媒介传播种子，便于种的生存，对物种的繁衍和人类的生产是有益的；一、二年生的植物成熟衰老时，其营养器官贮存的物质降解，运转到发育的种子、块茎、块根等器官中，以利于新器官的生长发育等。因此，植物衰老在生态适应以及营养物质再度利用等方面具有积极的生物学意义。但是，生产上由于措施不当或某些不良因素的影响，便会引起作物适应能力降低，生长不良，造成某些器官或植株早衰，籽粒不饱满，进而影响农产品的产量和质量。因此，在生产实践中应通过提高植物的抗衰老能力来克服这些负面影响。

16.4.2 衰老的结构与代谢变化

16.4.2.1 衰老过程中细胞结构的变化

细胞衰老是与生物膜的衰老直接相关。因为生物膜对细胞生命活动有重要的调节作用，例如，生物膜调控各种物质进出细胞或细胞器，膜酶控制各种代谢反应的方向与速度。所以，生物膜在形态、结构和功能上的变化会直接影响细胞的生命活动，膜的衰老是细胞衰老的重要原因，也可作为细胞衰老的重要标志。

研究表明，细胞趋向衰老过程中，其膜脂的饱和脂肪酸含量逐渐升高，使膜由液晶相逐渐转变为凝固相。当胁迫严重时，使膜产生渗漏，失去膜的选择性等功能。由于细胞膜的降解衰变，导致细胞的结构也发生明显的衰变。首先，叶绿体的完整性丧失，叶绿体肿胀，膜脂相变，外被膜结构逐渐脱落，基粒数减少，内囊体经囊泡化作用而解体，基质中出现许多脂质球；其次，核糖体和粗糙内质网急剧减少，失去蛋白质合成能力。随着组织的衰老，内质网膨胀，功能减退；再次，线粒体是较为稳定的细胞器之一，在衰老后期，线粒体嵴扭曲至消失；最后，液泡膜溶解，其中的各种水解酶散布到整个细胞，同时，细胞质 pH 降低，酸性介质的水解酶活跃，消化所有的细胞器，包括细胞核，整个细胞自溶解体。在某些组织的衰老细胞中，可看到核物质穿壁现象。

衰老与程序性细胞死亡（programmed cell death，PCD）有关，包括一系列特有的细胞形态学（如质膜和核膜的囊泡化、DNA 裂解成寡核苷酸片段及凋亡小体的形成等）和生理生化变化，这些变化往往涉及相关基因的表达和调控。

16.4.2.2　衰老时的生理生化变化

植物的衰老过程可表现在分子、细胞、器官和整体等不同水平上，其中以叶片的衰老研究最为广泛。许多农作物的生育后期均可出现不同程度的叶片早衰现象，成为提高作物产量的限制因素。因此，研究植物叶片衰老生理具有重要意义。

植物衰老时，内部发生着一系列的生理生化变化，主要表现在：

（1）蛋白质含量下降

蛋白质水解是植物衰老的第一步。叶片衰老时，蛋白质合成能力降低，而分解加快，总体表现为蛋白质含量显著下降（图 16-11）。在蛋白质分解的同时，伴随着游离氨基酸的积累，可溶性氮会暂时增加。在衰老过程中也有某些蛋白质的合成，主要是水解酶如核糖核酸酶、蛋白酶、酯酶、纤维素酶的含量和活性增加，进而分解蛋白质、核酸和脂类等物质。分解形成的可溶性糖、核苷、氨基酸等小分子化合物由衰老叶片运至植物体的其他部位，进行物质的再循环利用。

（2）核酸含量降低

叶片衰老时，RNA 总量下降，尤其是 rRNA 的减少最为明显。其中以叶绿体和线粒体的 rRNA 对衰老最为敏感，而细胞质的 tRNA 衰退最

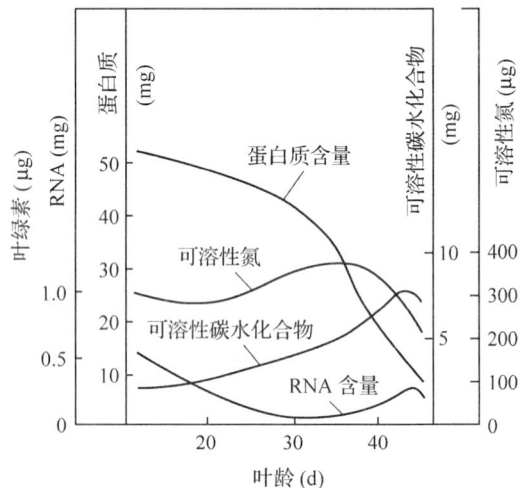

图 16-11　菜豆衰老叶片中有机物含量变化

晚。叶片衰老时 DNA 也下降，但下降速度比 RNA 小。如烟草叶片在 3d 内 RNA 下降 16%，而 DNA 只减少 3%。虽然 RNA 总量下降，但某些酶（如蛋白酶、核酸酶、酸性磷酸酶、纤维素酶、多聚半乳糖醛酸酶等）的 mRNA 的合成仍在继续，这些酶的表达基因，以及与乙烯合成相关的 ACC 合成酶和 ACC 氧化酶等基因，称作衰老相关基因（senescence associated gene，SAG），

即在衰老过程中表达上调或增加的基因，也称作衰老上调基因(senescence up - regulated gene，SUG)。而另一些编码与光合作用有关的多数蛋白质的基因，则随叶片衰老其表达量急剧下降，这些降低表达的基因称为衰老下调基因(senescence down - regulated gene，SDG)。

(3)光合速率下降

叶片衰老过程中，叶绿体被破坏，叶绿素降解，但类胡萝卜素相对稳定，降解较晚，因此，叶片失绿变黄是叶片衰老最明显的外部特征。此外，伴随着水解酶活性的增强，Rubisco减少，光合电子传递和光合磷酸化受到阻碍，所以光合速率下降。

(4)呼吸速率的变化

叶片衰老时呼吸速率下降，但其下降速率比光合速率慢，因为叶片衰老过程中，线粒体的结构相对比叶绿体稳定。有些植物叶片在衰老开始时呼吸速率保持平稳，后期出现一个呼吸跃变期，以后迅速下降。叶片衰老时，氧化磷酸化逐步解偶联，产生的 ATP 数量减少，细胞内合成反应所需能量不足，进一步加剧衰老。

越来越多的证据表明，叶片衰老过程中，糖原异生作用的一个通路得到激活，使脂降解转变成糖。

(5)内源激素的变化

在植物的衰老过程中，其内源激素也有明显的变化，通常表现为，促进生长的生长素、细胞分裂素、赤霉素等含量减少；而诱导衰老和成熟的激素如脱落酸和乙烯等含量逐步增加。

16.4.3 植物衰老的机制与调节

16.4.3.1 植物衰老的机制

有关植物衰老的原因曾有过多种解释，现主要介绍以下几种。

(1)自由基与衰老

自由基(free radical)是指具有不配对(奇数)电子的原子、原子团、分子或离子，其化学性质非常活跃，氧化能力极强。生物体内自身代谢产生的自由基，称作生物自由基，主要包括氧自由基(如 O_2^-、$OH\cdot$、$ROO\cdot$ 等氧化能力很强的含氧物质，也称作活性氧(active oxygen))和非含氧自由基(如 $CH_3\cdot$ 等)。这些自由基极易与周围物质发生反应，并能持续进行连锁反应，对细胞及生物大分子有破坏作用，对生物系统造成潜在危害，因此自由基有细胞杀手之称。自由基引起的代谢失调，及其在体内的积累是植物衰老的重要原因之一。

植物体内有些酶与衰老密切相关，如超氧化物歧化酶(superoxide dismutase，SOD)，参与自由基的清除和膜的保护；脂氧合酶(lipoxygenase，LOX)，催化膜脂中不饱和脂肪酸加氧，产生自由基，使膜损伤，并积累脂类过氧化产物丙二醛(malondiadehyde，MDA)。

衰老过程往往伴随着 SOD 活性的降低和 LOX 活性的升高，导致生物体内自由基产生与消除的平衡被破坏，以致积累过量的自由基，对细胞膜及许多生物大分子产生破坏作用，如加强酶蛋白的降解、促进脂质过氧化反应、加速乙烯产生、引起 DNA 损伤、改变酶的性质等，进而引发衰老。

植物体内的自由基或活性氧(包括 H_2O_2 等)，可以在多个部位通过多条途径产生，如叶绿体可通过 Mehler 反应产生 O_2^- 和 H_2O_2；线粒体能在消耗 NADH 的同时产生 O_2^- 和 H_2O_2；过氧化物酶体通过乙醇酸氧化产生 H_2O_2 等。正常情况下，由于植物体存在着自由基清除系统，保证了细胞内自由基的产生和清除处于动态平衡，使细胞内自由基水平保持较低，不会引起伤害。植物细胞中的自由基清除系统主要由保护酶和一些抗氧化物质组成。主要的保护酶有 SOD、过氧化物酶（peroxidase，POD）、过氧化氢酶（catalase，CAT）、谷胱甘肽过氧化物酶（glutathione peroxidase，GPX）等，其中 SOD 最为重要；主要的抗氧化物质有维生素 E、抗坏血酸（ascorbate）、还原型谷胱甘肽（glutathione，GSH）、类胡萝卜素（CAR）、巯基乙醇（β – mer-captoethanol，β – ME）等。

对水稻、烟草、菜豆等植物叶片的衰老研究表明，叶片中 SOD 活性随衰老而呈下降趋势，O_2^- 等随衰老而增加，脂类过氧化产物 MDA 迅速积累；而植物处于生长旺盛时期，SOD 活性则是随着生长的加速保持比较稳定的水平或有所上升，因此，SOD 活性的下降与植物体的衰老呈正相关。SOD 的主要功能是清除 O_2^-，将其歧化为 H_2O_2，H_2O_2 可进一步在过氧化物酶或过氧化氢酶作用下分解。

（2）核酸与衰老

①差误理论　Orgel 等人提出了与核酸有关的植物衰老的差误理论，认为植物衰老是由于基因表达在蛋白质合成过程中引起差误积累所造成的。当产生的错误超过一定阈值时，细胞机能失常，导致衰老。这种差误是由于 DNA 的裂痕或缺损导致错误的转录、翻译，使合成的蛋白质发生氨基酸排列顺序错误或引起多肽链折叠错误，进而形成并积累无功能的蛋白质（酶），造成代谢紊乱，启动衰老。

②核酸降解　研究表明叶片中蛋白酶基因的表达与叶片衰老过程相关，其中一些基因的表达具有衰老特异性。例如，在即将衰老的组织中，由于 RNA 酶活性上升而导致核酸（特别是 rRNA）的降解，从而影响了功能蛋白质的生物合成，造成组织衰老。因此认为 DNA 降解是导致衰老的主要原因之一。

在某些理化因子，如紫外线、电离辐射、化学诱变剂等因素的作用下，DNA 受到损伤，其结构和功能遭到破坏，导致蛋白质合成受阻或合成无功能蛋白，结果造成细胞衰老。例如，紫外线照射能使 DNA 分子中同一条链上两个胸腺嘧啶碱基之间形成二聚体，影响 DNA 双螺旋结构，使转录、复制和翻译等受到影响。

（3）激素与衰老

该学说认为，植物体或器官内各种激素的相对水平不平衡是引起衰老的原因。抑制衰老的激素与促进衰老的激素之间可相互作用，协同调控衰老过程。一般来说，细胞分裂素、低浓度的生长素、赤霉素、油菜素内酯、多胺等能延缓植物衰老；脱落酸、乙烯、茉莉酸、高浓度的生长素等则促进植物衰老，其中，乙烯是典型的衰老促进剂。

①乙烯　许多证据表明，乙烯是诱导衰老的主要激素。不利于生长的环境诱导逆境乙烯的产生，促进衰老，特别是促进花和果实的衰老；外源乙烯或 ACC 能加速叶片衰老；乙烯的水平和叶绿素降解相关；乙烯生物合成抑制剂（AVG 和 Co^{2+}）或颉颃剂（Ag 或 CO_2）都可延缓衰老；拟南芥的乙烯不敏感突变体的叶绿素降解推迟，衰老速率减慢；利用遗传工程获得 ACC 合成酶的反义 mRNA 植株，乙烯合成能力很低，叶片衰老推迟。

乙烯调节衰老的机制：一是乙烯使呼吸电子传递转向抗氰呼吸代谢途径，从而引起电子传递速率增加 4～6 倍，ATP 生成少，物质消耗多，而促进衰老；二是乙烯能增加膜的透性，刺激氧气的吸收并产生活性氧(如 H_2O_2),过量活性氧使膜脂过氧化,而使植物衰老。因此,可用乙烯释放剂(如乙烯利)来促进成熟和衰老,而用乙烯吸收剂 $KMnO_4$、乙烯合成抑制剂 AVG 来推迟果实和叶片的衰老,延长切花寿命。

②脱落酸　可抵消细胞分裂素和赤霉素的作用,促进衰老;同时,也可诱导乙烯的产生而引起衰老。但有证据表明,脱落酸并不是引起衰老的关键因子。

外源施用脱落酸可直接促进离体植物衰老,但对整体植物的效果则不明显。这可能是脱落酸利用关闭气孔的效应协同其他作用来促进衰老的。

③茉莉酸类物质　茉莉酸和茉莉酸甲酯能加快叶片中叶绿素的降解,加速 Rubisco 分解,促进乙烯合成,提高蛋白酶与核酸酶等水解酶的活性,从而加速生物大分子降解,加速衰老。

④细胞分裂素　这是最早被发现具有延缓衰老作用的内源激素。在刚刚发生衰老的叶片上喷施 CTK,通常能显著延缓衰老,有时甚至可以逆转衰老。细胞分裂素延缓衰老,一方面是由于细胞分裂素可刺激多胺的形成,而多胺可抑制 ACC 合成酶的形成,进而减少乙烯的生成,同时,多胺还可清除自由基;另一方面是由于细胞分裂素能动吸引营养物质而延缓衰老。细胞分裂素延缓叶绿素和蛋白质降解,维持 Rubisco 和 PEP 羧化酶的活性,保护膜的完整性,维持 SOD 和 CAT 的活性。

⑤生长素　低浓度的生长素能延缓衰老,而高浓度的生长素对衰老有促进作用,这可能与生长素能促进乙烯合成有关。此外,生长素还与胞液内游离态钙离子浓度的增加以及钙在细胞之间的运输有关,生长素可能通过钙—钙调蛋白对植物衰老起调控作用。

⑥多胺　多胺类物质中的腐胺、精胺、亚精胺等可延缓植物衰老。多胺可通过维持膜系统的稳定性,抑制乙烯合成,抑制体内自由基的产生,保持 SOD,CAT 等活性氧清除酶较高的活性,促进 DNA,RNA 和蛋白质的合成,稳定细胞内生物大分子的含量等方面来延缓植物衰老。衰老时,多胺生物合成酶活性下降,氧化酶活性上升,使植物体内的多胺水平降低。可见,植物细胞维持一定水平的多胺,可起到推迟衰老的作用。

此外,赤霉素也能阻止叶绿素和蛋白质降解,并清除自由基,而延缓衰老。油菜素甾体类化合物也都有一定的延缓衰老的效应。乙烯可能与脱落酸和细胞分裂素共同调控植物细胞的 PCD,进而调控衰老。可见,衰老与植物体内多种激素的综合作用有关。

16.4.3.2　环境条件对衰老的调节

(1) 光照

光是调节植物衰老的重要因子之一。适度的光照能够延缓植物衰老,黑暗可加速衰老,这可能是光通过调节叶片上的气孔开度,进而影响植物的气体交换、光合作用、呼吸作用、水分和矿质元素的吸收与运输等主要生理活动。Thimann 等认为,光延缓叶片衰老是通过环式光合磷酸化供给 ATP,用于聚合物的再生成,或降低蛋白质、叶绿素和 RNA 的降解。但强光则促使植物体内产生自由基,诱发衰老。光质对植物衰老的影响表现在:红光阻止叶绿素和蛋白质降解,远红光则可抵消这种作用,说明光敏素在植物衰老过程中有一定的作用;蓝光可显著延缓绿豆幼苗叶绿素和蛋白质降解,延缓叶片衰老。日照长短对植物衰老也有一定影响,长日照促进赤霉素合成,利于生长;短日照促进脱落酸合成,利于脱落,加速衰老。

（2）温度

高温和低温都会加速叶片衰老，这一方面，可能与钙的运转受到干扰有关；另一方面，可能因蛋白质降解，叶绿体功能衰退，导致叶片黄化有关。此外，高温和低温均能诱发自由基的产生，引起生物膜相变和膜脂过氧化，加速植物衰老。

（3）水分

水分胁迫会刺激乙烯和脱落酸的形成，加速蛋白质和叶绿素降解，光合作用下降，呼吸速率上升；促进自由基的产生，加速植物衰老。

（4）气体

O_2 浓度过高会加速自由基的形成，而自由基的产生超过自身的消除能力时便会引起衰老。污染环境的 O_3 可加速植物的衰老过程。高浓度的 CO_2 可抑制乙烯生成、抑制呼吸，因而对衰老有一定的抑制作用。用 5% ~10% CO_2 并结合低温，可延长果实和蔬菜的贮藏。

（5）矿质营养

氮肥不足，叶片易衰老；增施氮肥，可促进蛋白质合成，延缓叶片衰老。Ca^{2+} 处理果实有稳定膜的作用，减少乙烯的释放，进而延缓果实成熟和衰老；但 Ca^{2+} 若进入果实内部则作用相反，它活化钙调蛋白，启动磷脂水解及脂氧合酶对膜的作用，从而促进衰老。Ag^+ 抑制乙烯合成，可延缓衰老；Ni^{2+}，Co^{2+} 具有抑制乙烯和脱落酸合成的双重作用。

16.5 植物器官的脱落

16.5.1 器官脱落与影响因素

16.5.1.1 脱落的类型及其生物学意义

脱落（abscission）是指植物细胞、组织或器官脱离母体的过程。脱落可分为 3 种类型：一是由于衰老或成熟引起的脱落，如果实和种子成熟后的脱落；二是由于逆境条件（高温、低温、干旱、水涝、盐渍、污染、病虫害等）引起的脱落，称作胁迫脱落；三是因植物自身的生理活动而引起的脱落，称作生理脱落，如营养生长和生殖生长的竞争、源与库的不协调、光合产物运输受阻或分配失控均能引起生理脱落。胁迫脱落和生理脱落都属于异常脱落。

脱落有其特定的生物学意义，即利于物种的保存，尤其是在不适宜生长的条件下。如种子、果实的脱落，可以保存植物种子繁殖其后代；部分器官的脱落有益于留存下来的器官发育成熟，例如，脱落一部分花和幼果，可以让剩下的果实得以发育。然而，异常脱落也常常给农业生产带来重大损失，如棉花花蕾的脱落率可达 70% 左右，大豆花荚脱落率也很高。

16.5.1.2 离层的形成

器官脱落大都发生在离层（separation layer），离层是指分布在叶柄、花柄和果柄等基部的一段区域，经横向分裂而形成的几层细胞（图 16-12），这个特定的组织区域，称作离区（abscission zone）。构成离层的细胞体积小、排列紧密、细胞壁薄，有浓稠的原生质和较多的淀粉粒，细胞核大而突出。脱落就发生在离层细胞之间。叶片行将脱落之前，纤维素酶和果胶酶活性的增强，导致细胞壁的中胶层分解，细胞彼此离开，叶柄只靠维管束与枝条相连，在重力与风力等作用下，维管束折断，于是叶片脱落。正是由于离层的形成，使脱落时不会损伤原来的组织，同时形成一层新的保护层（protection layer），使新暴露出来的组织免受干旱和微生物的伤害。

多数植物叶片在脱落之前已形成离层，只是处于潜伏状态，一旦离层活化，即引起脱落。但也有例外，如烟草、禾本科植物的叶片不产生离层，因而叶片枯萎也不脱落；花瓣不形成离层也可脱落。

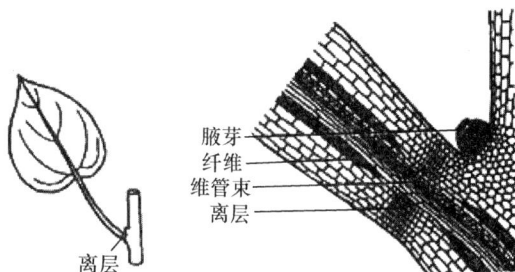

图 16-12 双子叶植物叶柄基部离层结构示意

16.5.1.3 影响脱落的环境因素

（1）光照

光照强度对器官脱落有较大的影响。通常，在一定的光照强度范围内，强光能抑制或延缓脱落，弱光则促进脱落。因为光照强度过弱，不仅使光合速率降低，形成的光合产物少，而且光可直接影响碳水化合物的积累与运输，所以使叶片和果实因营养缺乏而脱落。如作物种植密度过大时，行间过分遮阴，易使下部叶片提早脱落。不同光质对脱落也有不同影响，远红光增加组织对乙烯的敏感性，促进脱落；而红光则延缓脱落。短日照促进落叶，而长日照则延迟落叶。

（2）温度

温度过高或过低都会加速器官脱落。高温可提高呼吸速率，加速物质消耗，促进脱落，如棉花达到30℃，四季豆达到25℃时，脱落加快。在田间条件下，高温常引起土壤干旱而加速脱落。低温既降低酶的活性，又影响物质运输，也导致脱落，如霜冻引起棉花落叶。低温往往是秋天树木落叶的重要因素之一。

（3）水分

干旱促进器官脱落的主要原因是，影响了内源激素水平。干旱可提高 IAA 氧化酶的活性，使生长素含量及细胞分裂素活性降低，促进离层形成而导致脱落。植物根系受到水涝时，也会出现叶、花和果的脱落。水涝主要通过降低土壤中氧气浓度影响植物生长发育，植物对水涝反应可产生逆境乙烯，因而其脱落也与植物激素有关。

（4）氧气

高浓度 O_2 促进脱落，其主要原因在于：一是高浓度 O_2 促进了乙烯的合成；二是高浓度 O_2 能够增加光呼吸，消耗过多的光合产物；三是 O_2 浓度高容易形成超氧自由基，加速衰老，导致脱落。通常 O_2 浓度增加到25%~30%时，就能够促进乙烯的合成，加速脱落。低浓度 O_2 抑制呼吸作用，降低根系对水分和矿质元素的吸收，造成植物发育不良，也会导致脱落。

（5）矿质营养

缺 N，P，K，S，Ca，Mg，Zn，B，Mo，Fe 都可导致脱落。Zn，N 缺乏，影响生长素的合成；B 素缺乏会使花粉败育，引起不孕或果实退化；Ca 是胞间层的组成成分，Ca 缺乏会引起严重的脱落和烂根。

此外，大气污染、盐害、紫外线辐射、病虫害等对脱落都会有影响。

16.5.2　器官脱落的调控

16.5.2.1　脱落与植物激素

（1）生长素

生长素对植物器官脱落的效应与生长素使用浓度、时间和处理部位有关。低浓度的生长素促进器官脱落，而高浓度的生长素则抑制器官脱落。如菜豆叶片随着叶龄的增加，生长素含量逐渐降低，到叶龄为 70d 时，生长素含量降至最低，叶片脱落，说明生长素与脱落有关。外施生长素确实可以防止脱落。将一定浓度的生长素施在离区近轴端（离区靠近茎的一端），则促进脱落；施于远轴端（离区靠近叶片的一侧），则抑制脱落。这表明脱落与离区两侧的生长素含量密切相关。阿迪柯特（Addicott）等（1955）提出了生长素梯度学说（auxin gradient theory）来解释生长素与脱落的关系。该学说认为，器官脱落为离区两侧的生长素浓度所控制，当远轴端的生长素含量高于近轴端时，则抑制或延缓脱落；反之，当远轴端生长素含量低于近轴端时，则加速脱落。

（2）乙烯

乙烯是与脱落有关的重要激素。内源乙烯水平与脱落率呈正相关。奥斯本（Osborne，1978）提出双子叶植物的离区存在特殊的乙烯响应靶细胞，乙烯可刺激靶细胞分裂，促进多聚糖水解酶的产生，从而使中胶层和基质结构疏松，导致脱落。乙烯的效应依赖于组织对它的敏感性，随植物种类以及器官和离区的发育程度不同而敏感性差异很大，当离层细胞处于敏感状态时，低浓度乙烯即能促进纤维素酶及其他水解酶的合成及转运，导致叶片脱落；而且离区的生长素水平是控制组织对乙烯敏感性的主导因素，只有当其生长素含量降至某一临界值时，组织对乙烯的敏感性才能得以发展。试验证明，叶片内生长素的含量可控制叶片对乙烯的敏感性。乙烯处理会促进嫩叶脱落，但对完全展开的叶片无影响，因为完全展开的叶片内游离生长素含量较嫩叶高，因此对乙烯不敏感。

（3）脱落酸

生长的叶片内脱落酸含量很少，而在衰老的叶片和即将脱落的幼果中，脱落酸含量很高，尽管如此，脱落酸并非是导致脱落的直接原因。脱落酸的主要作用是刺激乙烯的合成，并抑制叶柄内生长素的传导，提高组织、器官对乙烯的敏感性，促进纤维素酶和果胶酶等水解酶的合成，加速植物衰老，引起器官脱落。秋天短日照促进脱落酸合成，所以导致季节性落叶，这正是短日照成为叶片脱落信号的原因。但脱落酸促进脱落的作用低于乙烯，乙烯能提高脱落酸的含量。

（4）赤霉素和细胞分裂素

赤霉素和细胞分裂素间接影响脱落，其主要作用是颉颃脱落酸和乙烯，抑制水解酶的合成，促进果胶质和纤维素合成酶的形成，延缓植物衰老，因而可以间接地减少器官脱落。例如，细胞分裂素能降低玫瑰和香石竹组织对乙烯的敏感性，并阻止乙烯的合成。

总之，各种激素的作用并不是孤立的，器官的脱落也并非受某一种激素的单独控制，而是多种激素相互协调、平衡作用的结果。Addicott（1982）将离层内的激素效应总结如图 16-13 所示。

16.5.2.2　控制器官脱落的途径

器官脱落对农业生产的影响较大，在农业生产上，研究推迟和促进植物器官脱落的机制及其调控措施具有重要意义。

（1）改善营养条件

通过改善营养条件，使花、果得到足够的光合产物。可以增加水、肥供应，使形成较多的光合产物，供花、果发育所需要；适当修剪，甚至抑制营养枝的生长，使养分集中供应果枝；合理疏花、疏果，防止多数果实的脱落，保证产量和品质。

（2）应用植物生长调节剂或化学药剂

给叶片喷施生长素类化合物（如萘乙酸、2,4－D 等）可延缓果实脱落。如用 10～25mg·L^{-1}2,4－D 溶液喷花或蘸花，可防止番茄落花、落果；采用乙烯合成抑制剂 AVG 能有效地防止果实脱落；乙烯作用抑制剂硫代硫酸银（STS）能抑制花脱落；在棉花结铃盛期施用 20mg·L^{-1}赤霉素溶液，可防止和减少棉铃脱落。

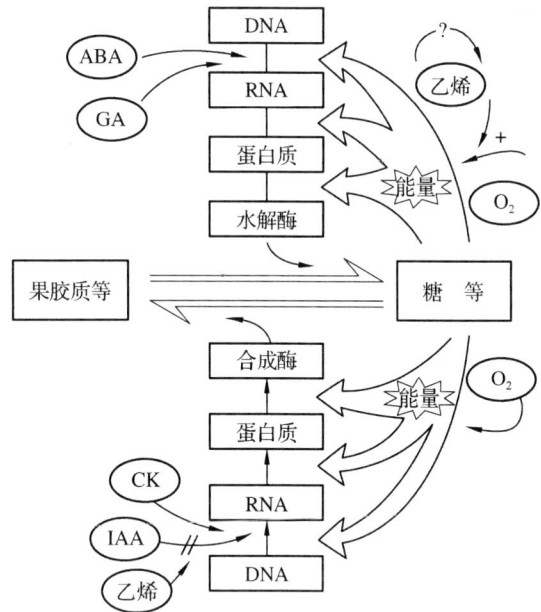

图 16-13　激素作用于离层的图解

生产上有时还需要促进器官脱落。化学脱果剂和落叶剂的使用，可有助于控制果实质量和便于机械采收。如用乙烯利可使棉花植株的老叶脱落，棉田通风透光，提高棉花产量；在棉花（或其他豆科植物）采收之前，施用氯酸镁、2,3－二氯异丁酸等脱叶剂可促进叶片集中脱落，便于机械收获；为了机械收获葡萄或柑橘等果实，常喷洒一定浓度的氟代乙酸、环己亚胺等使果实容易脱离母体枝条。使用萘乙酰胺，可对苹果、梨等果树进行疏花、疏果，避免坐果过多，影响果实品质。这些药剂能促进脱落是因为它们可诱导乙烯形成，并降低生长素的含量。

（3）基因工程手段

可以通过调控与衰老有关的基因的表达，来影响器官脱落。

小　结

多数植物种子的发育成熟可分为 3 个时期即胚胎发生期、种子形成期、成熟休止期。种子成熟过程中，不断输入可溶性的小分子化合物，并逐渐转化为大分子化合物如淀粉、蛋白质、脂肪等贮藏起来。脂肪是由糖类转化而来。在油料种子成熟初期先合成饱和脂肪酸，然后在去饱和酶的作用下转化为不饱和脂肪酸。种子的化学成分还受光照、水分、温度和矿质营养等外界环境条件的影响。

果实的生长曲线有单"S"形、双"S"形和三"S"形 3 种类型。不经过受精作用子房直接膨大形成不含种子的果实的现象，称作单性结实。单性结实有 3 种，即天然单性结实、刺激性单性结实和假单性结实。果实成熟时发生一系列变化：产生呼吸跃变，这是与果实内乙烯的含量升高有关；淀粉转化为可溶性的葡萄糖、果糖、蔗糖等，甜味增加；有机酸被过氧化或转化，含量下降，酸味减少；单宁被过氧化物酶氧化成过氧化物或凝结成不溶性物质，涩味消失；产生芳香类物质；果胶酶和原果胶酶活性增强，果肉细胞彼此分离，果实软化；叶绿素含量下降，花色素苷和类胡萝卜素含量增加，果实色泽变艳。

休眠是植物生长暂时停顿的一种现象，可分为强迫休眠和生理休眠 2 种类型。种子休眠的主要原因是：种皮限制、种子未完成后熟、胚未完成发育、抑制物的存在。解除种子休眠的方法有：机械破损法、清水浸泡冲洗、层积处理、激素与化学药剂处理、日光晾晒等。

衰老是植物体生命周期的最后阶段，是成熟的细胞、组织、器官和整个植株自然终止生命活动的一系列衰变过程。植物衰老有整株衰老、地上部衰老、渐进衰老和脱落衰老等多种类型。植物衰老时蛋白质含量、核酸含量、光合速率、呼吸速率下降。衰老使膜由液晶态逐渐转变为凝固态，膜脂过氧化，失去选择透性，且透性增大，内含物外渗。植物衰老的机制主要与 DNA 损伤、自由基伤害、各种激素的相对水平不平衡及程序性细胞死亡等有关。衰老也受各种环境条件的调控。

植物体内的自由基或活性氧的产生有多个部位或多条途径。正常情况下，自由基的清除系统主要由保护酶和一些抗氧化物质组成，主要的保护酶有超氧化物歧化酶（SOD）、过氧化物酶（POD）、过氧化氢酶（CAT）、谷胱甘肽过氧化物酶（GPX）等。

器官脱落是植器官自然离开母体的现象。脱落可分为正常脱落、胁迫脱落和生理脱落 3 种类型。器官在脱落之前先形成离层。生长素和乙烯的含量和比值调控器官脱落。温度过高或过低、干旱、弱光、短日照等条件促进脱落。生产上可通过水肥供应，适当剪枝，以及改善花果的营养条件等，达到保花、保果的效果。采用乙烯合成抑制剂 AVG 等防止果实脱落，效果显著。化学脱果剂和落叶剂的使用，可有助于控制果实质量、便于机械采收。

思考题

1. 名词解释

单性结实　天然单性结实　刺激性单性结实　假单性结实　后熟作用　休眠　强迫休眠　生理休眠　层积处理　衰老　脱落　离区与离层　自由基　生物自由基　活性氧

2. 种子成熟时发生的生理生化变化有哪些？

3. 种子休眠的原因有哪些？如何解除休眠？

4. 肉质果实成熟期间的生理生化变化有哪些？

5. 影响果实色泽的因素有哪些？

6. 简述果实呼吸跃变的原因。

7. 植物衰老时发生了哪些生理生化变化？

8. 引起植物衰老的可能原因有哪些？

9. 植物体内自由基的清除系统由什么组成的？主要的保护酶有哪些？

10. 如何调控器官的衰老？

11. 生产上如何调控植物器官的脱落？

第 V 篇

植物与环境

植物体是一个开放系统，决定植物生长发育的因素包括遗传潜力和外界环境，这两类因素控制着植物的内部代谢过程和状态，这些过程和状态又控制着植物生长发育的强度和方向。植物的地理分布、生长发育的节奏以及产量形成均受环境制约，各种不良环境若超出植物正常生长、发育所能忍受的范围，会使植物受到伤害甚至死亡。加强植物逆境生理的探讨、研究，了解植物在不良环境下的生命活动规律并进行调控，对于提高农业生产力，保护环境有现实意义。本篇分两章，包括植物抗性生理通论，介绍植物的逆境和抗逆性特点，逆境下植物的形态与生理响应，生物膜、渗透调节、自由基与植物抗性的关系，植物的交叉适应及逆境蛋白。植物抗性生理各论，即植物的抗寒性、抗热性、抗旱性、抗涝性、抗盐性、抗病与抗虫性，环境污染与植物抗性等。这部分可以说是从宏观角度将植物生命活动与外界环境条件，特别是逆境下自然界的运动变化联系到一起，从而在大背景下更加深刻认识植物的新陈代谢特点和适应能力。

第17章　植物逆境生理通论

17.1　植物的逆境和抗逆性

17.1.1　植物生活环境与逆境

植物体是一个开放体系，生存于自然环境。自然环境不是恒定不变的，天南地北，水热条件相差悬殊，即使同一地区，一年四季也有冷热旱涝之分。逆境（environmental stress，stress）是指对植物生存和发育不利的各种环境因素的总称，也可称为胁迫。逆境的种类多种多样（图17-1），包括物理的、化学的、生物因素等，可分为生物逆境（biotic stress）和非生物逆境（abiotic stress）两大类。对植物产生重要影响的非生物逆境主要有水分（干旱和淹涝）、温度（高温、低温）、盐碱、环境污染等理化逆境，生物逆境主要包括病害、虫害、杂草等。逆境之间通常是相互联系的。例如，水分亏缺通常伴随着盐碱和高温逆境，水分胁迫、低温胁迫、病虫害和大气污染等都可引起活性氧伤害。

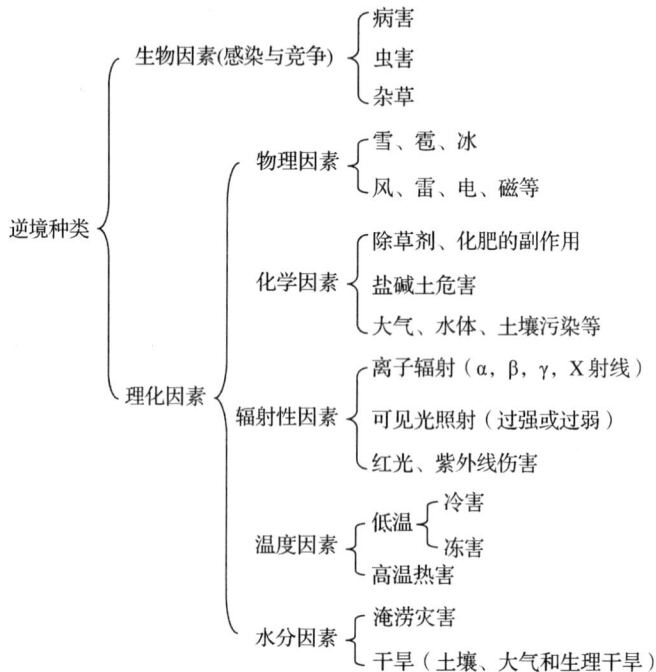

```
                                    ┌ 病害
            生物因素(感染与竞争) ┤ 虫害
                                    └ 杂草
                                  ┌ 物理因素 ┌ 雪、雹、冰
                                  │          └ 风、雷、电、磁等
                                  │          ┌ 除草剂、化肥的副作用
                                  │ 化学因素 ┤ 盐碱土危害
  逆境种类 ┤                       │          └ 大气、水体、土壤污染等
            │                      │          ┌ 离子辐射（α，β，γ，X射线）
            │ 理化因素             │ 辐射性因素 ┤ 可见光照射（过强或过弱）
            │                      │          └ 红光、紫外线伤害
            │                      │          ┌ 低温 ┌ 冷害
            │                      │ 温度因素 ┤      └ 冻害
            │                      │          └ 高温热害
            │                      └ 水分因素 ┌ 淹涝灾害
            │                                 └ 干旱（土壤、大气和生理干旱）
```

图 17-1　植物逆境的种类

植物对环境胁迫的反应与环境因子的性质和胁迫的特性有关，包括胁迫的持续时间、胁迫的强度、环境因子的组合、胁迫的次数。植物对环境胁迫的反应还与植物自身的特性有关，包括植物的器官或组织、植物的发育阶段、植物的受胁迫经历和植物的种类或基因型（图17-2）。

植物对逆境的响应可分为4个水平，即个体、细胞、分子和信号转导。个体水平的响应表现为根、茎、叶等器官在各个发育时期的适应性变化。细胞水平的响应表现为膜组分和结构的改变、渗透调节物质的消减、活性氧清除能力的变化、激素类物质及其平衡的变化以及保护性物质的积累等。分子水平的响应表现为DNA表达的调控、酶活性的调控、逆境蛋白的产生等。信号转导水平的响应是植物对逆境的最初响应，各种逆境信息被植物体感受后在胞内产生信号分子，再通过细胞信号系统使细胞作出各种协同响应。

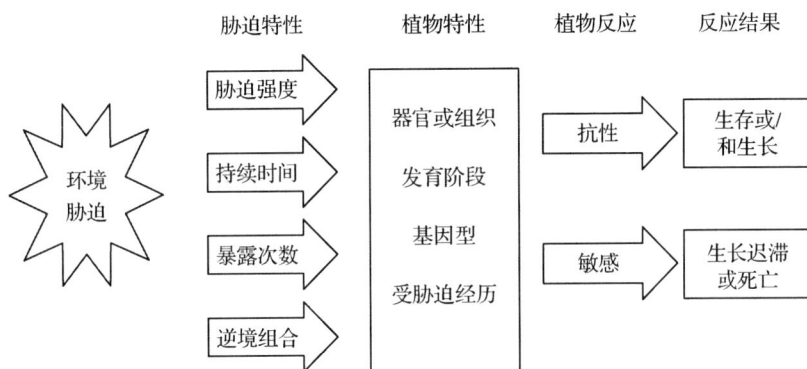

图 17-2　植物对胁迫的反应（Buchanan，2004）

17.1.2　植物抗性的方式及其比较

如果说逆境（胁迫）指某一种使植物内部产生有害变化的环境因子，如水分胁迫、温度胁迫、盐分胁迫等，那么当植物受到胁迫之后而产生的相应变化则可称为胁变（strain）。胁变既可表现为物理变化（如原生流动变慢或停止）又可表现为化学变化（代谢方向与强度）。胁变的程度有轻有重，程度轻且解除胁迫后又能复原的胁变称作弹性胁变（elastic strain）；程度重而解除胁迫后不能复原的胁变称作塑性胁变（plastic strain）。当胁迫急剧或时间较久则会导致植物死亡。研究植物在逆境下的生理反应称为植物逆境生理（plant stress physiology）。逆境下植物的反应是多种多样的，从生长到发育、从器官到细胞、从酶系统到代谢等方面都能看到逆境下生理反应的变化。植物在长期的系统发育中逐渐形成了对逆境的适应和抵抗能力，这种适应和抵抗能力称为抗逆性，简称抗性（stress resistance，hardiness）。

抗性是植物在对环境的逐步适应过程中形成的。如果植物长期生活在某种逆境中，通过自然选择，有利性状被保留下来，并不断加强，不利性状不断被淘汰，植物即产生一定的适应该种逆境的能力，即能采取不同的方式去抵抗各种胁迫，适应逆境，以求生存与发展。植物对逆境的适应能力称作植物的适应性（adaptability）。植物的适应性表现为多种多样（图17-3），主要表现为避逆性、御逆性和耐逆性3个方面。

避逆性（stress escape）是指植物整个发育过程不与逆境相遇，而是在相对适宜的环境中完成其生活史的特性。这种形式在植物进化上是十分重要的。例如，沙漠中的某些植物干旱时处于休眠状态，在有足够的雨水时会迅速生长、开花结实，完成生活史。

御逆性(stress avoidance)是指植物处于逆境时，其生理过程不受或少受逆境的影响，即逆境条件下仍能保持正常的生理活性，主要是在内部创造一个适宜生活的内环境，免除外部不利条件对其危害，或者通过各种方式摒拒逆境对植物组织施加的影响。这类植物的抗逆方式表现在根系发达、叶片小蒸腾低及输导系统发达等。例如，仙人掌在其组织内贮藏大量的水分，白天将气孔关闭降低蒸腾，以避免干旱对其影响。

耐逆性(stress tolerance)是指植物通过自身的生理生化变化来适应环境的能力。当植物生存的内外环境都不利时，植物随逆境而发生相应的变化，它通过代谢反应阻止、降低或修复由逆境造成的损伤，使其仍保持正常的生理活动。例如，某些苔藓植物，在极度干旱的季节仍能存活，一旦水分供应充足，就能旺盛地生长。一般来说，在可忍受范围内，逆境所造成的损伤是可逆的，即植物可恢复其正常生长；如超出可忍受范围，损伤是不可逆的，完全丧失自身修复能力，植物将受害甚至死亡。

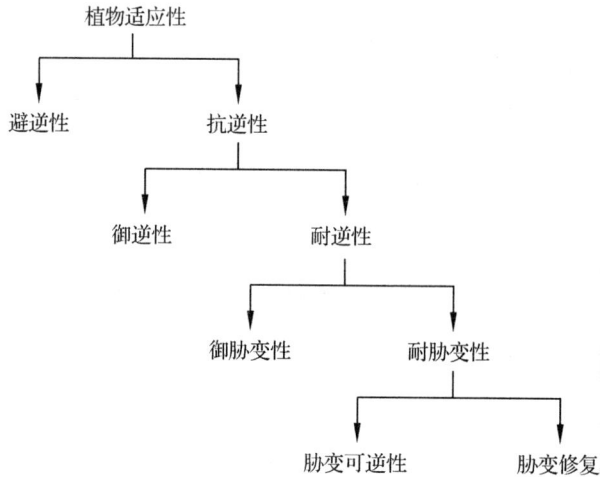

图 17-3 植物的各种适应性及其相互关系

御胁变性(strain avoidance)是指植物在逆境作用下能减低单位胁迫所引起的胁变，起着分散胁迫的作用。如蛋白质合成能力强、蛋白质分子间的键结合力强和保护性物质多等，在植物对逆境的敏感性减弱。

耐胁变性(strain tolerance)又可分为胁变可逆性与胁变修复两种情况。

胁变可逆性(strain reversibility)是指逆境作用于植物体后植物产生一系列生理变化，当环境胁迫解除后，各种生理功能能够迅速恢复正常。

胁变修复(strain repair)是指植物在逆境下通过代谢过程迅速修复被破坏的结构和功能。

17.1.3 胁迫的原初伤害与次生伤害

胁迫因子超过一定的强度，即会产生伤害。首先往往直接使生物膜受害，导致透性改变，这种伤害称为原初直接伤害(图 17-4)。质膜受伤后，进一步可导致植物代谢的失调，影响正常的生长发育，此种伤害称为原初间接伤害。一些胁迫因子还可以产生次生胁迫伤害，即不是

胁迫因子
├── 原初胁迫
│   ├── 原初直接伤害（质膜伤害）
│   └── 原初间接伤害（代谢变化）
└── 次生胁迫
    └── 次生伤害（如盐的水分胁迫引起的植物脱水）

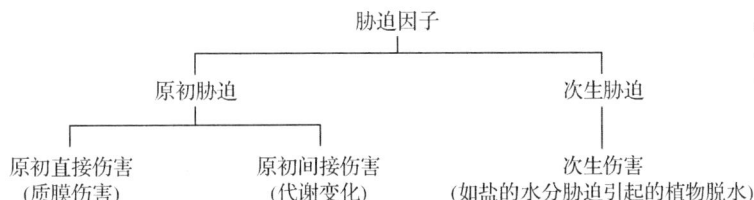

图 17-4 逆境胁迫对植物的伤害作用

胁迫因子本身作用，而是由它引起的其他因素造成的伤害。例如，盐分的原初胁迫是盐分本身对植物细胞质膜的伤害及其导致的代谢失调。另外，由于盐分过多，使土壤水势下降，产生水分胁迫，植物根系吸水困难，这种伤害，称为次生伤害。如果胁迫急剧或时间延长，则会导致植物死亡。

17.2 逆境下植物的形态与生理响应

17.2.1 植物形态结构的变化

逆境条件下植物形态有明显的变化。如干旱会导致叶片和嫩茎萎蔫，气孔开度减小甚至关闭；淹水使叶片黄化、枯干，根系褐变甚至腐烂；高温下叶片变褐，出现死斑，树皮开裂；病原菌侵染叶片出现病斑。逆境往往使细胞膜变性、龟裂，细胞的区域化被破坏，原生质的性质改变，叶绿体、线粒体等细胞器结构遭到破坏。植物形态结构的变化与代谢和功能的变化是相一致的。

17.2.2 植物生理代谢的变化

1980 年莱维特（Levitt）指出，不同的环境胁迫（如冰冻、低温、高温、干旱、盐渍土壤过湿和病害）作用于植物体时均能造成植物水分胁迫，且植物体内的水分状况变化相似，即植物吸水能力下降，蒸腾量降低，但由于蒸腾量大于吸水量，植物组织的含水量降低而产生萎蔫。例如，盐渍使土壤水势下降，植物难以吸水也间接地造成水分胁迫。一旦出现水分胁迫，植物便会脱水，对膜系统的结构与功能产生不同程度的影响。

在任何一种逆境胁迫下，植物的光合速率都呈明显下降趋势。例如，低温使得叶绿素生物合成受阻，叶片发生缺绿或黄化，各种光合酶活性受到抑制，如果此时再伴有阴雨、光照不足的条件则植物的光合速率会下降更多。

逆境下植物的呼吸速率变化不稳，表现为呼吸速率降低、呼吸速率先升高后降低和呼吸速率明显增强。冰冻、高温、盐渍和淹水胁迫时，植物的呼吸速率逐渐降低；零上低温和干旱胁迫时，植物的呼吸速率是先升后降，即胁迫开始的短时间内呼吸速率上升，2~3d 后随着胁迫时间的延长又明显地下降。植物在逆境条件下呼吸速率发生变化的同时，植物的呼吸代谢途径亦发生变化。例如，干旱、感病、机械损伤是 PPP 途径所占比例增加，当内外因素不利于EMP 途径的酶类时，PPP 途径依然畅通甚至还能加强，从而提高了植物的适应能力。

许多资料表明，在各种逆境条件下，植物体内的物质合成小于物质分解，即水解酶类（磷酸化酶和蛋白酶）活性大大提高，大分子物质降解，淀粉水解为可溶性糖，蛋白质水解为氨基酸。

17.2.3 植物抗逆性的获得

植物的抗逆性是植物在遇到逆境时对环境的适应性反应，任何植物的抗逆性都不是骤然形成的，而是逐步形成的，这种逐步适应的变化或适应性形成的过程，称为抗性锻炼（hardening）或顺应（acclimation）。植物通过锻炼可以提高对某种逆境的抵抗能力。

植物抗逆性的强弱与植物的发育阶段和年龄有很大的关系。通常，植物在幼小时期和生长旺盛时期抗逆性比较弱，进入休眠以后抗逆性增大。开花期抗逆性弱于营养生长期。

通过锻炼可提高植株对逆境的抵抗能力，但植物抗性的强弱主要是由遗传决定的。例如，越冬作物由于秋季温度逐日降低，经过渐变的低温锻炼，就可以忍受冬季的 0℃ 以下严寒。而有的冷敏感作物在 0℃ 以上低温也会受害甚至死亡。

17.3 生物膜与抗逆性

17.3.1 逆境下膜结构和组分的变化

植物抗逆性与生物膜结构的关系早就引起人们的注意，1912 年马克西莫夫就提出原生质膜是结冰伤害的主要部位。莱恩斯（Lyons）依据生物膜理论和植物抗冷性方面的研究报告，首先提出了植物冷害的"膜伤害"假说。他指出，生物膜由于其结构特点会随温度的降低而产生物相变化。因此，生物膜和抗逆性密切相关。按照生物膜的流动镶嵌学说，膜的双分子层脂类的物理状态与温度有关。温度高时为液晶相，温度低时为凝胶相。实验表明，零上低温首先使膜的形态发生改变，从液晶相变为凝胶相，膜出现裂缝，透性增大，使电解质和可溶性有机物质外渗，从而破坏原来的离子平衡。同时，膜相的改变，也使得结合在膜上的酶系统活性降低，这些变化最终导致细胞代谢失调。现已查明，不仅原生质的存在状态与含水量有关，而且膜的结构与状态也与含水量有关。逆境下植物组织脱水，使得膜系统在不同脱水情况下产生不同形式的胁变，缓慢脱水时细胞塌陷使细胞表面延伸，严重脱水时，促使膜脂由双分子层的排列方式转变为六晶形结构的星状排列。以上的两种脱水条件都会使膜蛋白从膜系统中游离下来，导致蛋白质变性聚合和离子泵破坏。

一般认为，膜脂种类以及膜脂中饱和脂肪酸与不饱和脂肪酸的比例与植物的抗寒性、抗热性、抗旱性、抗盐性等密切相关。膜脂中不饱和脂肪酸越多，固化温度越低，抗冷性就越强。

由于正常活细胞的膜结构需要膜脂有一定的流动性，因此，在植物细胞膜膜脂中含有较多碳链短的、不饱和键多的脂肪酸时，对于提高植物的抗逆性有重要意义。如适当的逆境锻炼可以使植物细胞膜组分中脂肪酸的不饱和度增加，从而使抗逆性增强。

饱和脂肪酸与植物抗旱性密切相关。抗旱性强的小麦品种在灌浆期如遇干旱，其叶表皮细胞的饱和脂肪酸较多，而不抗旱的小麦品种则较少。

17.3.2　逆境下膜的其他变化

逆境作用于植物细胞时对质膜的作用最先发生，也最直接。对膜的伤害首先发生的是膜的过氧化作用，继而改变膜的透性，并引起膜流动性的改变，表现为膜结构被破坏，膜功能降低，细胞内容物外渗。

膜脂过氧化作用（membrane lipid peroxidation）是自由基对膜脂中不饱和脂肪酸的氧化作用过程，产生对细胞有毒性的脂质过氧化物。一方面，自由基可以引发蛋白质分子脱氢生成蛋白质自由基（P·），蛋白质自由基与另一蛋白质分子发生加成反应，生成二聚蛋白质自由基（PP·），依次对蛋白质分子连续加成而生成蛋白质分子聚合物。另一方面，膜脂过氧化的产物丙二醛与蛋白质结合使蛋白质分子内和分子间发生交联而改变结构。膜上的蛋白质和酶由于上述的聚合和交联，空间构型发生改变，功能或活性也发生改变，从而导致膜结构和功能的改变，细胞受到损伤直至死亡。

活性氧对细胞膜有较大的伤害。正常情况下，细胞内活性氧的产生和清除处于动态平衡状态，活性氧水平很低，不会伤害细胞。可是当植物受到胁迫时，活性氧累积增多，平衡被打破。活性氧伤害细胞的机理在于活性氧导致膜脂过氧化，SOD 和其他保护酶活性下降，积累膜脂过氧化产物，破坏膜的完整性。活性氧还会使膜脂脱酯化，磷脂游离，膜结构破坏。膜结构被破坏的直接后果就是膜透性的增加，细胞内容物外渗，引起细胞的衰亡。

17.4　渗透调节与植物抗逆性

17.4.1　渗透调节的概念

渗透胁迫（osmotic stress）是指环境的低水势对植物体产生的水分胁迫，包括土壤干旱、盐渍等，低温和冰冻也会对细胞产生渗透胁迫。在渗透胁迫下，植物细胞失水，膨压减小，生理活性降低，严重时细胞完全丧失膨压，最后导致细胞死亡。

多种逆境都会对植物产生水分胁迫。水分胁迫时植物体内积累各种有机和无机物质，以提高细胞液浓度，降低其渗透势，这样植物就可保持其体内水分，适应水分胁迫环境。这种由于提高细胞液浓度，降低渗透势而表现出的调节作用称为渗透调节（osmoregulation，osmotic adjustment）。渗透调节是在细胞水平上进行的。

17.4.2　渗透调节物质

目前已知的植物细胞的渗透调节物质的种类很多，大致可分为两大类。一类是由外界环境进入细胞的无机离子，如 K^+，Cl^- 等；一类是细胞自身合成的有机物质，在维管植物主要是脯氨酸（proline，Pro）、甜菜碱（betaine）和可溶性糖。通常，作为渗透调节物质的可溶性有机物质必须具备以下共同特点：①分子量小，容易溶解；②在生理 pH 范围内不带静电荷，能为细胞膜保持住而不易渗漏；③能维持酶构象的稳定而不致溶解；④对细胞器无不良影响（无毒害作用）；⑤生物合成迅速，并在一定区域内很快积累到足以引起调节渗透势的量，从而起到调节渗透势的作用。

17.4.2.1 无机离子

逆境下细胞内常常累积无机离子以调节渗透势，特别是盐生植物主要靠细胞内无机离子的累积来进行渗透调节。虽然细胞质和液泡的渗透势一样，但两者的无机离子浓度不同，细胞质中的渗透式明显低于液泡。因此，无机离子主要是作为液泡中的渗透调节物质。

17.4.2.2 脯氨酸

脯氨酸是最重要和最有效的渗透调节物质之一。据研究，在逆境尤其是在干旱和盐渍条件下，植物体内游离脯氨酸含量可增加数十倍甚至上百倍，可占总游离氨基酸的 2% 左右。例如，抗旱的高粱品种的脯氨酸积累比不抗旱品种高 1 倍以上。现已查明，在逆境下游离脯氨积累的主要原因是脯氨酸的合成受激而氧化受抑；蛋白质的合成受阻而水解加强。此外，外施脯氨酸也可以减轻高等植物的渗透胁迫。脯氨酸在抗逆中的作用有两点：一是作为渗透调节物质，保持原生质与环境的渗透平衡；二是保持膜结构的完整性。脯氨酸与蛋白质相互作用能增加蛋白质的可溶性和减少可溶性蛋白的沉淀，增强蛋白质的水合作用。

目前认为，脯氨酸是一种理想的渗透调节物质。因为，①游离脯氨酸的等电点为 pH = 6.3，是中性化合物，大量积累不致引起酸碱失调，对酶的活性无抑制作用；②游离脯氨酸的毒性最低，利用生物试验法证明，在构成蛋白质的所有氨基酸中，高浓度的游离脯氨酸对细胞生长的抑制作用最低；③游离脯氨酸的溶解度最高，25℃下 100g 水中溶解脯氨酸达 162.3 g（是谷氨酸的 192 倍，天冬氨酸的 300 倍）。此外，脯氨酸还是一种既富含氮素又富含能量的化合物，在干旱等逆境胁迫下，可结合游离 NH_3，既消除毒害作用又贮存氮素（复水时作为无毒形式的氮源）；脯氨酸在脱氢酶的作用下可转变为 α - 酮戊二酸或作为呼吸底物，或转化为谷氨酸，可提供 2 分子的 $NAD(P)H$。

17.4.2.3 甜菜碱

甜菜碱是一种含氮化合物，为季铵衍生物，化学名称为 N - 甲基代氨基酸。植物中的甜菜碱主要有 12 种，常见的有甘氨酸甜菜碱（glycinebetaine）、丙氨酸甜菜碱（alaninebetaine）、脯氨酸甜菜碱（prolinebetaine）（图 17-5）。甜菜碱在 19℃ 下 100mL 水中可溶解 157g；在生理 pH 范围内不带静电荷；无毒，即使浓度达到 $0.5 \sim 1000 \text{mmol} \cdot L^{-1}$ 时亦无毒害作用产生。由于其最初是从甜菜中发现的，故称作甜菜碱。许多资料表明，在干旱和盐渍条件下，多种植物体内游离甜菜碱的含量都有提高。在逆境条件下由于甜菜碱在细胞原生质中的积累量高于液泡，因此可作为细胞质渗透物质（cytoplasmic osmoticum）。在水分亏缺时，甜菜碱积累比脯氨酸慢，解除水分胁迫时，甜菜碱的降解也比脯氨酸慢。

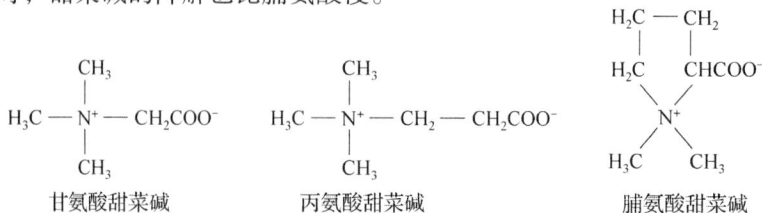

甘氨酸甜菜碱　　　　丙氨酸甜菜碱　　　　脯氨酸甜菜碱

图 17-5　几种常见的甜菜碱

甜菜碱具有如下生理意义：①作为细胞的解毒剂。在干旱和盐渍等逆境条件下，细胞失水，水解反应加强，蛋白质和氨基酸水解产生 NH_3，伤害植物，但甜菜碱在积累过程中能够消除 NH_3 的毒害，并贮存氮素。②作为酶的稳定剂。甜菜碱能消除 Cl^- 对某些酶（如 RuBP 羧化酶、苹果酸脱氢酶等）的抑制作用，防止酶分解为亚基，从而稳定了高盐下酶的活性。③作为生物合成中的甲基供体，参与植物体内各种甲基化反应。如蛋氨酸、甘氨酸等多种氨基酸的合成，以及嘌呤和嘧啶的合成。④参与磷脂的生物合成。逆境解除后植物常进行自身修复，由于甜菜碱可以转化为胆碱，而胆碱则可与甘油、脂肪酸、磷酸共同结合成卵磷脂（磷脂的一种），从而为细胞膜系统的修复提供物质基础。

17.4.2.4 可溶性糖

可溶性糖是另一类渗透调节物质，包括蔗糖、葡萄糖、果糖、半乳糖等。可溶性糖的积累一方面来自于淀粉等大分子碳水化合物的分解，另一方面是光合产物形成时直接转向低分子量的蔗糖等，而不是淀粉。

17.4.2.5 多元醇

多元醇也是一类渗透调节物质。多元醇具有多个羟基，亲水性强，在细胞中积累，能有效维持细胞的膨压，包括甘露醇、山梨醇、肌醇等。许多研究表明，高含量的多元醇在植物抵御干旱、高盐中发挥渗透调节作用。如甘露醇就是一种在盐和干旱胁迫下积累的糖醇，可以减轻非生物胁迫对植物所造成的危害。

17.4.3 渗透调节的生理效应

植物体内各种渗透调节物质种类较多，其共同特点是分子量小、易溶解；有机物在生理 pH 范围内不带静电荷；能被细胞膜保持住；引起酶结构变化的作用较小；在酶结构稍有变化时，能使酶构象稳定，而不至溶解；生成迅速，并能累积到足以引起渗透调节的量。

渗透调节的主要生理作用就是完全或部分地维持细胞膨压，从而有益于其他生理生化过程。渗透调节维持了膨压，因而促进细胞的扩大和生长；渗透调节还可以保持气孔的开度，增加气孔导度而利于光合作用的进行；脯氨酸和甘露醇能够清除活性氧，提高植物抗氧化能力。

17.5 自由基与植物抗性

17.5.1 植物对自由基的清除和防御

在干旱、高温、低温、辐射、大气污染等逆境胁迫下，可在植物的细胞壁、细胞核、叶绿体、线粒体以及微体等部位通过生物体自身代谢产生自由基，以氧自由基（活性氧）为主。对植物而言，没有氧就没有植物生命。基态氧分子具有较低的反应活性，但是氧也会被活化，植物组织中可以通过各种途径形成对细胞有害的活性氧。

自由基具有很强的氧化能力，对许多生物功能分子有破坏作用，但在正常情况下，植物细胞内自由基的产生和清除处于动态平衡状态，自由基的浓度很低，不会对细胞造成伤害作用。

但是，当植物受到逆境胁迫时，这种平衡状态被破坏，自由基的产生速率高于清除速率，因此，当自由基的浓度超过伤害"阈值"时，必将导致多糖、脂质、核酸、蛋白质等生物大分子的氧化与破坏，尤其是膜脂中的不饱和脂肪酸的双键最易受到自由基的攻击，产生脂质的过氧化作用，并引起连锁反应，使膜结构破坏，胞内组分外渗，代谢紊乱；同时，脂质过氧化产生的脂性自由基可使膜蛋白或膜酶发生聚合反应和交联反应，破坏了蛋白质的结构与功能，最终造成细胞的伤害或死亡。

当然，植物体中也有防御系统，能降低或消除活性氧对膜脂的攻击能力。植物的防御系统主要有两类，即酶系统和非酶系统。酶系统包括超氧化物歧化酶(superoxide dismutase，SOD)、过氧化氢酶(catalase，CAT)、过氧化物酶(peroxidase，POD)等；非酶系统包括抗坏血酸、类胡萝卜素、谷胱甘肽、维生素 E 等。

此外，植物体还可以通过细胞色素氧化酶呼吸链将氧直接还原成水来减少氧接受电子生成活性氧的机会，从而防御自由基的产生。

17.5.2　活性氧对植物的作用

植物生命活动中不可避免要产生活性氧。活性氧对植物既有消极伤害的一面，又有积极有益的一面。

活性氧对植物伤害作用表现为：破坏细胞的结构和功能，抑制植物的生长，诱发膜脂的过氧化作用，损伤 DNA 和蛋白质等生物大分子。

活性氧对植物的有益作用主要有：以反应物或辅基的形式参与许多酶促反应等细胞的代谢过程；参与植物的抗病作用，直接作用与病原体或启动木质素等抗病物质的合成；参与乙烯的形成；参与调节过剩光能耗散；诱导植物抗性提高。

17.6　内源激素与植物抗性

植物对逆境的适应过程受到植物遗传性和植物激素等因素控制，这些因素相互作用改变膜系统和酶的活性，使植物提高抗逆能力。目前对逆境下脱落酸和乙烯的变化研究的较为深入，结果也较为一致。水杨酸、茉莉酸等在植物抗性中也有非常重要的作用。逆境能使植物体内激素的含量和活性发生变化，并通过这些变化来影响生理过程，激素间比值的变化在抗逆性中的作用更为重要。

17.6.1　脱落酸与植物的抗性

许多资料表明，干旱、水涝、低温、盐渍、辐射、氧缺乏等逆境下，植物体内游离脱落酸会迅速积累，含量大大提高，一般超过原来的十几倍乃至几十倍。而脱落酸含量的增加会提高植物抗逆性，因此，通常认为脱落酸是一种胁迫激素(stress hormone)，又称应激激素。

逆境条件下，植物组织中内源游离脱落酸含量的增加有助于植物抗性的提高。其机理可能有以下几个方面：①维持细胞结构和膜结构的稳定，防止逆境对细胞器和系统的伤害。脱落酸能防止微管拆卸，维持细胞骨架的稳定；脱落酸能提高膜脂的流动性，防止膜系统遭受低温伤害；脱落酸能维持抗氧化剂谷胱甘肽(GSH)含量的稳定，防止膜脂的过氧化。②防止水分散失，促进根系吸水。脱落酸能调节气孔运动，促使关闭，减少蒸腾失水；脱落酸在根中能刺激离子的吸收与运转，增加根内渗透组分，提高吸水力。③改变植物内的代谢过程，促进某些溶质的积累。在干旱、低温、盐渍等逆境下，脱落酸能促进脯氨酸、可溶性糖、可溶性蛋白的积累，从而提高了植物的抗旱性、抗寒性和抗盐性。④调节植物自身的保护功能。脱落酸能抑制植物生长，促进器官（如叶片）脱落，促进芽休眠，使植物度过不良的环境条件。

外施脱落酸可以提高植物抗逆性。许多试验表明，外施适当浓度的脱落酸能够提高作物的抗寒、抗冷、抗旱和抗盐能力。其机理主要有三方面。①减少膜的伤害，增加稳定性。脱落酸可使生物膜稳定，减少自由基对其的破坏，从而减少逆境导致的伤害。②改变体内代谢。③减少水分丧失。

17.6.2 乙烯与植物的抗性

在内源激素中，乙烯是对逆境条件最为敏感的一种激素，具有所谓"遇激而增，传息应变"的特性。在淹水、干旱、高温、低温、盐渍、病虫侵食、辐射、毒物伤害等逆境条件下乙烯均迅速增加，故将其又特称为逆境乙烯（stress ethylene）。此外，因切割、摩擦、碰撞、触摸、振动、挤压、摇曳等机械伤害等诱导下产生的乙烯则称为伤害乙烯（injury ethylene）。

目前，对于乙烯在植物抗性中的作用，研究得较为清楚的是以下两方面：第一，在机械刺激和向触形态发生中，乙烯具有重要作用。例如，幼苗出土遇到土块压力时，通过乙烯诱导的"三重反应"使幼苗绕过土块，摆脱障碍，顶出土面；攀缘植物的卷须接触到物体之后，乙烯使卷须两侧生长不等，数分钟内即可缠绕住物体；当风或动物摇动植物时，乙烯会迅速增加使植株生长减慢，茎变短变粗，分枝与不定根增生，形成抗倒伏性状。第二，当植物被病原微生物侵染和昆虫咬食时，乙烯能刺激苯丙氨酸解氨酶、肉桂酸羟化酶、多酚氧化酶、几丁质酶以及与酚类物质代谢有关酶类的活性提高，使伤口形成绿原酸、咖啡酸等酚类化合物，抑制病虫的侵染，促进伤口愈合。

17.7 植物的交叉适应及逆境蛋白

17.7.1 植物的交叉适应现象

早在1975年，布斯巴（Boussiba）等就指出，植物也像动物一样，存在着"交叉适应"现象，即植物经历了某种逆境后，能提高对另一些逆境的抵抗能力，这种对不良环境之间的相互适应作用，称为交叉适应（cross adaptation）。莱维特（Levitt）认为低温、高温等8种刺激都可提高植物对水分胁迫的抵抗力。缺水、缺肥、盐渍等处理可提高烟草对低温和缺氧的抵抗能力；干旱或盐处理可提高水稻幼苗的抗冷性；低温处理能提高水稻幼苗的抗旱性；外源ABA、重金属及脱水可引起玉米幼苗耐热性的增加；冷驯化和干旱则可增加冬黑麦和白菜的抗冻性。这些交叉适应或交叉忍耐（cross tolerances）往往包括了多种保护酶的参与（表17-1）。

表 17-1   在一些作物中发现的交叉忍耐（Bowler 等, 1992）

种 属	处 理	交叉忍耐	有关的酶
白酒草属 *Congza bonariensis*	百草枯	阿特拉津, SO_2, 光抑制	SOD, GR, AP
陆地棉	干旱	百草枯	GR
黑麦草属的 *Lolium perennc*	百草枯, SO_2	SO_2, 百草枯	SOD, GR
烟 草	O_2, 百草枯	百草枯, SO_2	SOD, GR
玉 米	干旱	百草枯, SO_2	SOD, GR

注：AP. 抗坏血酸过氧化物酶；GR. 谷胱甘肽还原酶；SOD. 超氧化物歧化酶。

逆境蛋白的产生也是交叉适应的表现。一种刺激（逆境）可使植物产生多种逆境蛋白。如一种茄属（*Solanum commerssonii*）茎愈伤组织在低温诱导的第一天产生相对分子质量 21 000，22 000 和 31 000 3 种蛋白，第七天则产生相对分子质量均为 83 000 而等电点不同的另 3 种蛋白。多种刺激可使植物产生同样的逆境蛋白。缺氧、水分胁迫、盐、脱落酸、亚砷酸盐和镉等都能诱导热激蛋白的合成；多种病原菌、乙烯、乙酰水杨酸、几丁质等都能诱导病原相关蛋白的合成。此外，脱落酸在常温下可诱导低温锻炼下才形成相对分子质量为 20 000 的多肽。

多种逆境条件下，植物都会积累脯氨酸等渗透调节物质，植物通过渗透调节作用可提高对逆境的抵抗能力。

生物膜在多种逆境条件下有相似的变化，而多种膜保护物质（包括酶和非酶的有机分子）在胁迫下可能发生类似的反应，使细胞内活性氧的产生和清除达到动态平衡。

17.7.2　逆境蛋白与抗逆相关基因

在逆境条件下植物的基因表达发生改变，植物会关闭一些正常表达的基因，启动或加强一些与逆境相适应的基因。近年来研究发现，在逆境胁迫下，植物不仅形态结构和生理生化产生相应的变化，而且在植物体内诱导合成一类新的蛋白质，以提高植物对逆境的适应能力，这些蛋白质可称为逆境蛋白（stress protein）。例如，在高于植物正常生长温度下诱导合成热休克蛋白（又称作热激蛋白，heat shock protein，HSP）；低温下形成新的蛋白，称作冷响应蛋白（cold responsive protein）或称作冷激蛋白（cold shock protein）；植物被病原菌感染后形成与抗病性有关的一类蛋白，称作病原相关蛋白（pathogenesis-related protein，PR）；植物在受到盐胁迫时会形成一些新蛋白质或使某些蛋白合成增强，称为盐逆境蛋白（salt-stress protein）。此外，逆境还能诱导植物产生同工蛋白（protein isoform）或同工酶、厌氧蛋白（anaerobic protein，ANP）、渗调蛋白（渗压素）（osmotin）、厌氧多肽（anaerobic polypeptide）、紫外线诱导蛋白（UV-induced protein，UVP）、干旱逆境蛋白（drought stress protein）或干旱诱导蛋白（drought induced protein）、化学试剂诱导蛋白（chemical induced protein）等。

抗逆相关基因（stress resistant related gene）包括功能基因和调节基因，前者表达上述的逆境蛋白，直接参与植物对逆境的保护反应，后者编码可调节抗逆基因表达的转录因子或编码在植物感受和传递胁迫信号中的信号蛋白、蛋白激酶等。

抗逆相关基因还可以根据其表达条件而分为低温诱导基因、渗透调节基因和干旱应答基因等类型。低温诱导可以诱发 100 种以上的抗冻基因表达，如拟南芥中这些基因表达会产生新多肽，在低温锻炼过程中一直保持高水平。新合成的蛋白质进入膜内或附着于膜表面，对膜起保护和稳定作用，从而防止冰冻伤害，提高植物抗冻性。渗透调节基因一是指直接或间接参与渗透调节物质运输的蛋白质基因；二是指参与渗透调节物质合成的酶类基因；三是指植物细胞水孔蛋白基因及调控其表达的基因。

17.7.3 逆境间的相互作用

逆境间的相互作用包括逆境间的协同互作和逆境间的颉颃互作等。

协同互作(synergistic interaction)是指逆境组合(stress combination)诱导的对植物的有害影响，比任何一种逆境单独诱导的有害影响大。这种逆境组合的伤害实际上是一种复合伤害。

颉颃互作(antagonistic interaction)是指植物对一种逆境的适应或驯化可为另一种同时发生的逆境提供保护即提高了对另一种逆境的抗性。这实际上就是所谓的交叉适应或交叉忍耐现象。例如，适应营养限制的植物通常有低的生长速率，相应地减少了植物对水分胁迫的敏感性。

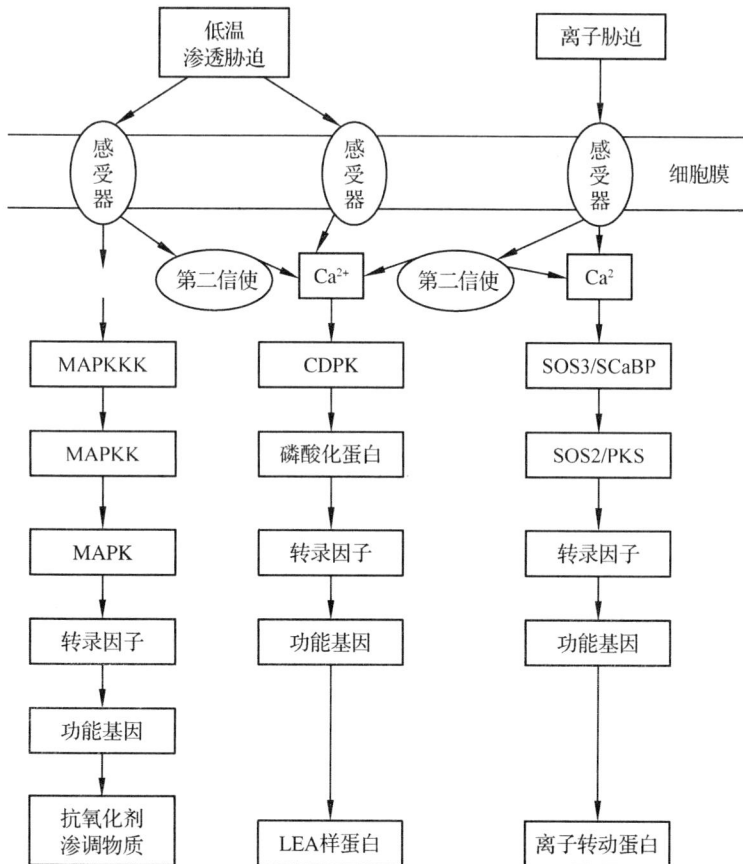

图 17-6 植物对低温、渗透胁迫和离子胁迫反应的信号转导途径

MAPK：有丝分裂原活化蛋白激酶(mitogen activated protein kinase)　LEA：胚胎发育晚期丰富蛋白
(late embryogenesis abundant protein)　CDPK：钙依赖型蛋白激酶(calcium dependent protein kinase)
SOS3：一种 Ca^{2+} 感受蛋白　SCaBP：SOS3 样钙结合蛋白　PKS：蛋白激酶 S

　　总之，植物在生长发育过程中，很少仅有一种环境因子发生变化。相反，一般是多种因子同时发生相应变化，如强光和热相伴随。植物对单个因子的反应可能受其他因子变化的影响，逆境间的相互作用对植物的影响更为错综复杂。

　　植物的不同胁迫信号转导途径之间，既相互独立，又密切联系。例如，分别用低温、干旱、高盐和 ABA 处理水稻后，分析其基因表达情况。结果表明每种处理条件均诱导了特异基因的表达，同时有 15 个基因受这 4 个处理条件的诱导表达，25 个基因受干旱和低温处理诱导表达，22 个基因受低温和高盐处理诱导表达，43 个基因同时受干旱和 ABA 处理诱导表达，17 个基因受低温和 ABA 的诱导表达。

　　又如，研究发现，植物对低温胁迫、渗透胁迫和盐胁迫可能有共同的和交叉的途径，其过程如图 17-6 所示。

小　结

　　逆境的种类多种多样，可分为生物逆境和非生物逆境两大类。植物在长期的系统发育中逐渐形成了对逆境的适应和抵抗能力，即抗逆性，简称抗性。抗性是植物在对环境的逐步适应过程中形成的。

　　逆境条件下植物形态和生理都有明显的变化，膜的变化最为显著，其次是生理代谢能力降低。逆境胁迫条件下，细胞主动形成渗透调节物质，提高溶质浓度，从外界吸水，适应逆境胁迫。细胞内的渗透调节物质主要有无机离子、脯氨酸、甜菜碱、可溶性糖等。

　　植物体降低或消除活性氧对膜脂攻击的防御系统主要有 2 种，即酶系统和非酶系统，酶系统包括超氧化物歧化酶、过氧化氢酶、过氧化物酶等；非酶系统包括抗坏血酸、类胡萝卜素、谷胱甘肽、维生素 E 等。

　　植物激素脱落酸和乙烯等可通过改变膜系统和酶的活性，使植物提高抗逆能力。

　　逆境间的相互作用包括逆境间的协同互作和逆境间的颉颃互作。在逆境条件下植物的基因表达发生改变，植物会关闭一些正常表达的基因，启动或加强一些与逆境相适应的基因。在逆境胁迫下，植物不仅形态结构和生理生化产生相应的变化，而且在植物体内诱导合成一类新的蛋白质，以提高植物对逆境的适应能力。

思考题

1. 名词解释

逆境　胁迫　胁变　抗性锻炼　交叉适应　抗逆性　渗透调节　逆境蛋白

2. 逆境胁迫对植物代谢有哪些影响？

3. 生物膜结构、组分及功能与植物的抗寒性有何联系？

4. 活性氧与植物生命活动关系如何？

5. 试述逆境蛋白的产生与抗逆性的关系。

6. 什么是渗透调节？渗透调节的功能如何？

7. 简述脱落酸与植物抗逆性的关系。

第18章 植物逆境生理各论

18.1 植物的温度胁迫

植物体总是与外界环境进行着不间断的能量交换，要求有适应的温度范围，根据植物生理和生化代谢及生长发育情况，对温度反应有最低温度、最适温度和最高温度三个基点温度指标。超过最高温度，植物就会遭受热害。低于最低温度，植物将会受到寒害(cold injury)(包括冷害和冻害)。由于各类植物起源不同，它们要求的温度三基点也不同；忍耐高低温的能力，也有很大差异。温度胁迫(temperature stress)即是指温度过低或过高对植物的影响。使植物体内生理和生化代谢及植物生长发育遭受损伤的温度指标为受害温度，若温度逆境进一步加剧或持续发生，导致植物死亡的温度指标，则是致死温度。

18.1.1 冷害生理与植物抗冷性

18.1.1.1 冷害与抗冷性

冰点以上低温对植物产生的危害称作冷害(chilling injury)。植物对冰点以上低温的适应能力称作抗冷性(chilling resistance)。很多热带和亚热带植物不能经受冰点以上低温的影响。

根据植物对冷害的反应速度，可将冷害分为直接伤害与间接伤害两类。直接伤害是指植物受低温影响后几小时，至多在一天之内即出现伤斑，说明这种影响已侵入胞内，直接破坏原生质活性。间接伤害主要是指低温引起代谢失调而造成的细胞伤害。这种伤害在植物受低温后，植株形态上表现正常，至少要在五、六天后才出现组织柔软、萎蔫，而这些变化是代谢失常后生理生化上的缓慢变化而造成的，并不是低温直接造成的。

冷害是一种全球性的自然灾害。我国冷害通常发生在早春和晚秋季节，主要危害作物的苗期和籽粒或果实成熟期，是很多地区限制作物产量提高的主要因素之一。冷害的出现，常常造成农作物的严重减产，如水稻减产10%～50%，高粱减产10%～20%，玉米减产10%～20%，大豆减产20%。因此，研究作物的冷害问题，在理论上和实践上均有重要意义。

冷害对植物的伤害既与低温的程度和持续时间直接相关，还与植物组织的生理年龄、生理状况以及对冷害的敏感性有关。温度低，持续时间长，植物受害严重，反之则轻。在同等冷害条件下幼嫩组织器官比老的组织器官受害严重。此外，冷敏感植物要比非冷敏感的植物受害严重。

18.1.1.2 冷害时植物体内的生理生化变化

冷害对植物的影响不仅表现在叶片变褐、干枯，果皮变色等外部形态，更重要的是内部生理生化发生剧烈变化。主要表现为：

(1)细胞膜系统受损

冷害使细胞膜透性增加，细胞内可溶性物质大量外渗，引发植物代谢失调。对冷害敏感的植物，胞质环流减慢或完全停止。

(2)根系吸收能力下降

低温影响根系的生命活动，根生长减慢，吸收面积减少，吸收水和矿物质能力下降；细胞原生质黏性增加，流动性减慢；呼吸减弱，能量供应不足；失水大于吸水，水分平衡遭到破坏，导致植株萎蔫、干枯。

(3)光合作用减弱

低温使叶绿素生物合成受阻，冷害叶片发生缺绿或黄化；各种光合酶活性受到抑制，有机物运输减慢；低温往往伴随阴雨出现，光照不足。这些都引起光合速率大幅下降。

(4)呼吸速率大起大落

冷害使植物的呼吸代谢失调，呼吸速率大起大落，即先升高后降低。冷害初期，呼吸作用增强与低温下淀粉水解导致呼吸底物增多有关。较长时间，温度降到相变温度之后，线粒体发生膜脂相变，氧化磷酸化解偶联，有氧呼吸受到抑制，无氧呼吸增强，植物生长发育不良，一方面是因无氧呼吸产生的 ATP 少，而使物质消耗过快；另一方面还会积累大量乙醛、乙醇等有毒物质。

(5)物质代谢失调

植物受冷害后，水解酶类活性常常高于合成酶类活性，酶促反应平衡失调，物质分解加速，表现为蛋白质含量减少，可溶性氮化物含量增加；淀粉含量降低，可溶性糖含量增加。内源乙烯和 ABA 含量明显增加。

18. 1. 1. 3 冷害的机理

造成冷害形态结构和生理生化剧烈变化的主要原因，主要的可能机理归纳如图 18-1 所示。

(1)膜脂发生相变

在低温冷害下，生物膜的脂类由液晶态变为凝胶态，固化的脂类与不被固化的其他组分发生分离，发生相变(图 18-2)。由于脂类固化，引起与膜相结合的蛋白酶解离或使酶亚基分解失去活性。膜脂相变转化的温度可因其成分不同而异，相变温度随脂肪酸链的长度而升高，而随不饱和脂肪酸所占比例增加而降低。膜脂中不饱和脂肪酸在总脂肪酸中的相对比值称为膜不饱和脂肪酸指数(unsaturated fatty acid index，UFAI)，可作为衡量植物抗冷性的重要生理指标。

(2)膜的结构改变

在缓慢降温条件下，由于膜脂的固化使得膜结构紧缩，降低了膜对水和溶质的透性；在寒流突然来临的情况下，由于膜脂的不对称性，膜体紧缩不匀而出现断裂，因而会造成膜的破损渗漏，胞内溶质外流。植物在低温下细胞内电解质外渗率可用电导率测定，这是鉴定植物耐冷性的一项重要生理指标。

(3)代谢紊乱

由于低温使生物膜结构发生显著变化，导致植物体内按室分工的代谢有序性打破，特别是光合与呼吸速率改变，植物处于饥饿状态，而且还积累有毒的代谢中间物质。在低温冷害下，

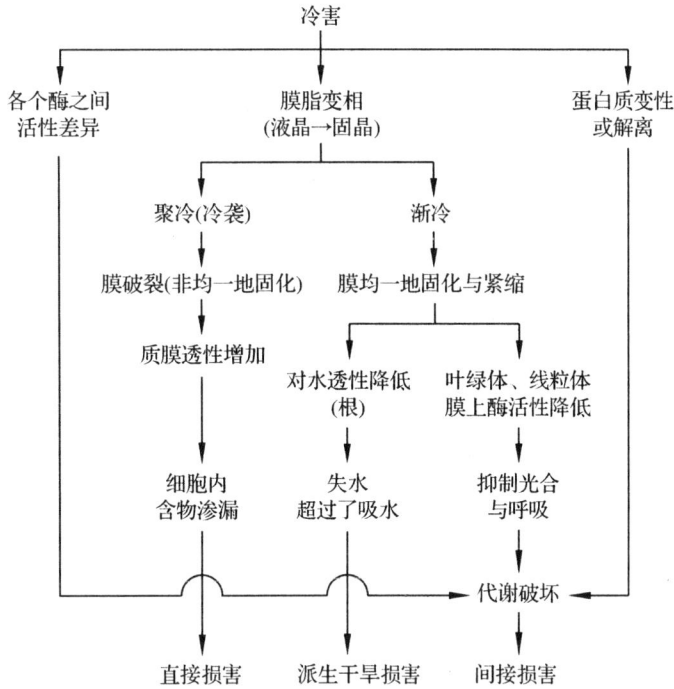

图18-1　冷害的可能机制（J Ievitt，1980）

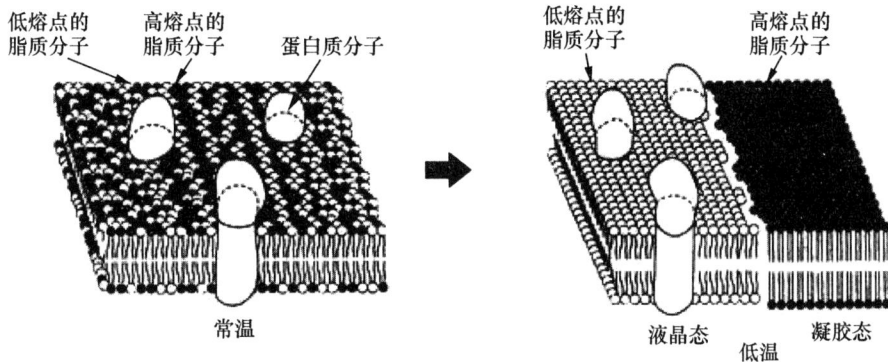

图18-2　由低温引起的生物膜相分离示意

酶活性的变化及酶系统多态性的变化也会受到影响。这些变化的综合作用，导致植物代谢会发生紊乱。

18.1.1.4　提高植物抗冷性的措施

（1）低温锻炼

植物对低温的抵抗是一个适应锻炼过程，很多植物如预先给予适当的低温锻炼，而后即可抗更低温度的影响，否则就会在突然遇到低温时遭到更严重的损害。

（2）化学诱导

植物生长调节剂及其他化学试剂可诱导植物抗冷性的提高，这些化学物质通过膜保护、渗透调节、清除自由基、酶稳定等方式起作用。细胞分裂素、脱落酸等可明显提高植物抗冷性；2,4－D，KCl 等喷于瓜类叶面也有保护其不受低温危害的效应。PP_{333}，抗坏血酸，油菜素内酯等在苗期喷施或浸种，也有提高水稻幼苗抗冷性的作用。

（3）合理施肥

调节氮、磷、钾肥的比例，增加磷、钾肥比重能明显提高植物抗冷性。

18.1.2　冻害生理与植物抗冻性

18.1.2.1　冻害与抗冻性

冰点以下低温对植物的危害称作冻害（freezing injury）。植物对冰点以下低温的适应能力称作抗冻性（freezing resistance）。霜害也属于冻害，称为霜冻。冻害发生的温度，可因植物种类、生育时期、生理状态、器官及成熟度的不同，经受低温的时间长短而有很大差异。大麦、小麦、苜蓿等越冬作物一般可忍耐 –12 ～ –7℃ 以下的严寒；有些树木，如白桦、网脉柳可以经受 –45℃ 以下的严冬而不死。种子的抗冻性很强，在短时期内可经受 –100℃ 以下冷冻而仍保持发芽能力，在 –20℃ 低温下可较长时期保存。

冻害在我国的南方与北方均有发生，尤以西北、东北的早春与晚秋以及江淮地区的冬季与早春为害最为严重。能引起冻害发生的温度范围，可因植物种类、生育时期、生理状态以及器官的不同而有很大差异。例如，小麦、大麦、苜蓿等越冬作物可忍耐 –12 ～ –7℃ 的低温。白桦树能够度过 –45℃ 左右的低温。种子的抗冻性很强。而植物的愈伤组织在液氮中（ –196℃ ）保持 4 个月仍具有生活力。通常而言，植物遭受冻害的程度，既与降温幅度有关，也与降温持续时间、解冻速度等有关。当降温幅度大、霜冻时间长、解冰速度快，植物受害严重；如果缓慢结冻与缓慢解冻时，则植物的冻害较轻。

植物受冻害的一般症状是叶片犹如烫伤，细胞失去膨压，组织疲软，叶色变褐，最终导致干枯死亡。

18.1.2.2　冻害的机理

（1）结冰伤害

结冰会对植物体造成危害，由于温度下降的程度和速度不同，植物体内结冰的方式不同，受害情况也不同。通常，植物体的结冰有以下两种类型。

①细胞间隙结冰伤害　细胞间隙结冰通常发生在温度缓慢下降的情况下。当环境温度缓慢降低时，由于细胞间隙中溶液的浓度一般小于原生质和液泡液的浓度，因此，当植物组织内温度降到冰点以下时，细胞间隙中的水分先达到冰点而结冰，即发生所谓的胞间结冰。细胞间隙结冰对植物造成的伤害主要体现在以下 3 个方面。

首先是原生质脱水。由于胞间结冰降低了细胞间隙中的水蒸气压，但胞内含水量较大，水蒸气压仍然较高。这个压力差的梯度使胞内水分向胞间移动，细胞内水分不断被夺取，因此，冰晶体的体积逐渐增大，原生质发生严重脱水，使蛋白质变性或原生质不可逆的凝胶化。

其次是机械损伤。随着低温的持续，胞间的冰晶不断增大，逐渐膨大的冰晶体给细胞造成机械压力，使细胞变形，甚至可能将细胞壁和质膜挤碎，使原生质暴露于胞外而受冻害。同时细胞亚显微结构遭受破坏，区域化被打破，酶活动无秩序，影响代谢的正常进行。

第三是融冰伤害。当环境的温度骤然回升时，冰晶迅速融化，由于细胞壁和原生质缩胀程度不一致，因此，会造成细胞壁吸水膨胀迅速恢复原状，而原生质尚来不及吸水膨胀而被撕裂损伤。胞间结冰不一定使植物死亡，大多数植物胞间结冰后如果缓慢解冻仍能恢复正常生长。

②细胞内结冰伤害　当环境温度骤然降低时，不仅细胞间隙中结冰，细胞内也会同时结冰。细胞内结冰一般先由原生质开始，然后是液泡内。细胞内冰晶体的体积小、数量多，它们的形成会对生物膜、细胞器和衬质的结构造成不可逆的机械伤害。原生质复杂有序的生命活动是在这些结构的基础上进行的，原生质结构的破坏必然会导致代谢紊乱和细胞死亡。细胞内结冰通常在自然条件下是极少发生的，一旦发生，常给植物带来致命的损伤，植物很难存活。

(2)巯基假说(sulfhydryl group hypothesis)

当组织结冰脱水时，巯基(—SH)减少形成二硫键(—S—S—)。巯基是蛋白质分子形成高级结构或起催化作用的重要活性基团，形成二硫键后将使蛋白质结构紧缩。当解冻再度吸水时，肽链松散，但—S—S—键还保存，肽链的空间位置仍不能恢复，蛋白质分子的空间构象改变，因而蛋白质结构被破坏，引起伤害和死亡(图18-3)。所以组织抗冻性的基础在于阻止蛋白质分子间二硫键的形成。

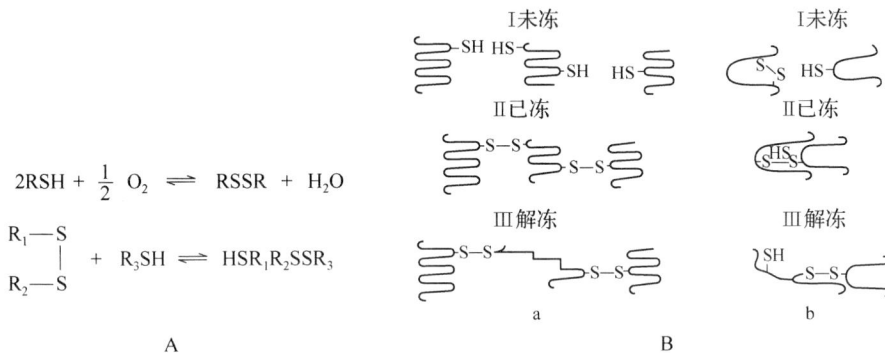

$$2RSH + \frac{1}{2} O_2 \rightleftharpoons RSSR + H_2O$$

$$\begin{matrix} R_1—S \\ | \\ R_2—S \end{matrix} + R_3SH \rightleftharpoons HSR_1R_2SSR_3$$

图18-3　冰冻时分子间—S—S—的形成而使蛋白质分子变化假说示意（J Levitt，1980）

(3)膜的伤害

一方面，生物膜对结冰最敏感，低温造成细胞间结冰时，可产生脱水、机械和渗透3种胁迫，这3种胁迫同时作用，使蛋白质变性或改变膜中蛋白和膜脂的排列，膜受到伤害，透性增大，溶质大量外流。另一方面膜脂相变使得一部分与膜结合的酶游离而失去活性，光合磷酸化和氧化磷酸化解偶联，ATP形成明显下降，引起代谢失调，严重的则使植株死亡(图18-4)。

18.1.2.3　植物抗冻方式与提高抗冻性的措施

(1)抗冻方式

植物抗冻主要有避冻(freezing avoidance)和耐冻(freezing tolerance)两种方式。其中，避冻又有如下几种方式。避免结冻温度(avoidance of freezing temperature)，例如，欧洲七叶树，当温度从20℃降至-20℃时，花芽发生代谢变化，结果是花芽内部温度高于花芽外部，但这种

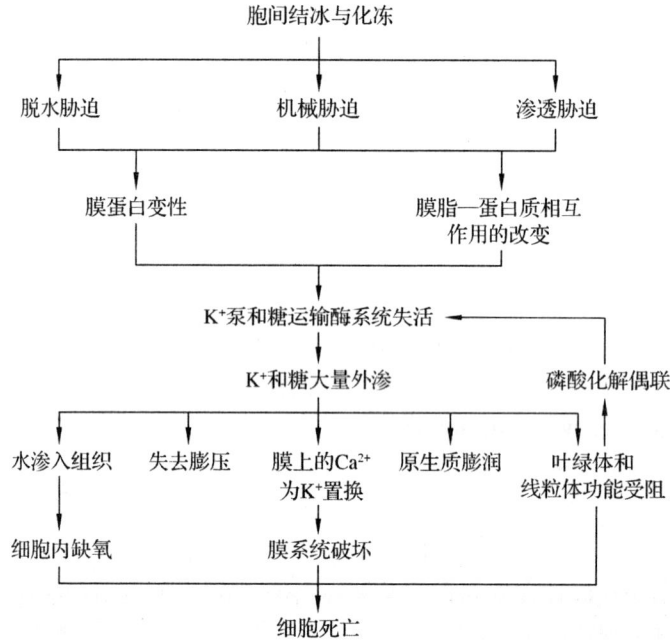

图18-4 细胞结冰伤害的模式图

温度升高的持续时间通常不超过30min。降低结冰点(lowering of freezing point),例如,某些盐生植物。减少自由水(absence of free water),例如,某些植物的种子和处于干燥状态下的花粉。过冷作用(supercooling),通常,植物组织(或细胞)的冰点往往低于纯水。当温度缓慢降低时,组织的温度可降至冰点以下而不结冰,这种现象称作植物的过冷作用。植物过冷组织在结冰之前所达到的最低温度,称作植物的过冷点(supercooling point)。例如,桃树花芽的花轴、鳞片内的水分在-6℃左右结冰,但花原基内的水分却在-20℃左右才结冰。某些学者认为,过冷作用的出现可能与活组织中水的存在状态有关。持这种观点的人认为,在活组织中,水分子受生物大分子的约束(吸附)而不能随便脱位(dislocate),即不能自由存在,因而不易结冰,只有达到某一过冷点时,生物大分子对水分子的约束力减弱,才能结冰。例如,梓树即以此种避免细胞内结冰(avoidance of ice intracellular freezing)方式避免冻害。

(2)提高抗冻性的措施

与提高植物抗冷性一样,提高植物抗冻性的措施包括抗冻锻炼、化学调控和采取有效的农业措施等方法。农业措施主要有:适时播种、培土、控肥、通气,促进幼苗健壮,防止徒长,增强秧苗素质;寒流霜冻来前实行冬灌、熏烟、盖草,以抵御强寒流袭击;实行合理施肥,可提高钾肥比例,提高越冬或早春作物的御寒能力;早春育秧,采用薄膜苗床、地膜覆盖等,对防止寒害都很有效。

18.1.3 热害生理与植物抗热性

18.1.3.1 热害与抗热性

热害(heat injury)指的是由高温引起植物伤害的现象。植物对高温胁迫(high temperature

stress)的适应和抵抗能力称为抗热性(heat resistance)。植物种类不同,其对高温的忍耐程度也不同,具有很大的差异。

依据不同植物对温度的反应,可分为3类,即喜冷植物、中生植物和喜温植物。例如,喜冷植物中的某些藻类,在0～20℃的零上低温环境中生长发育,当温度在20℃以上时即受高温伤害。中生植物中的水生和陆生高等植物,地衣和苔藓等,在10～30℃中等温度环境中能够生长发育,而温度一旦超过35℃时就会受伤。喜温植物通常可在30～100℃中生长。其中部分陆生高等植物,某些隐花植物在45℃以上的环境中生长就会受到伤害,称其为适度喜温植物;蓝绿藻等植物则生长在65～100℃的环境中时才能受害,称其为极度喜温植物。

植物受到热害的程度常常与时间因素呈正相关,即持续时间越长伤害越重。而致伤的高温和暴露的时间成反比,即时间越短植物可忍耐的温度越高。

18.1.3.2 高温对植物的危害

植物受到高温伤害后会出现各种热害症状:叶片出现明显的水渍状烫伤斑点,随后叶色变褐、变黄,坏死,叶绿素破坏严重。木本树木的树干(尤其是向阳部分)干燥、开裂。葡萄、番茄等鲜果会受到灼伤,有时甚至整个果实死亡,如果果实未死亡,那么受伤处与健康处之间形成木栓。出现雄性不育,花序或子房脱落等异常现象。高温对植物的伤害是复杂的、多方面的,归纳起来可分为两方面,即直接伤害和间接伤害。

直接伤害是指植物体受到几秒到几十秒的短期高温后,直接影响细胞质的结构,迅速出现热害症状,并从受害部位向非受害部位扩展。高温伤害的实质较为复杂,膜脂液化和蛋白质变性是主要原因。在高温作用下,构成生物膜的蛋白质与脂类之间的键断裂,使脂类脱离膜而形成一些液化的小囊泡,从而破坏了膜的结构,导致膜丧失选择透性与主动吸收的特征。膜脂液化程度取决于脂肪酸的饱和程度,饱和程度越高,液化温度越高,越不易液化,则耐热性越强。由于维持蛋白质空间构型的氢键和疏水键的键能较低,因此高温易使上述键断裂,破坏蛋白质的空间构型,即失去二级与三级结构,使蛋白质分子展开,失去其原有的生理活性。蛋白质的变性最初是可逆的,但在持续高温作用下很快转变为不可逆的凝聚状态。

通常,高温下蛋白质的活性与结构并不同时发生变化,即蛋白质发生失活的温度并不等于蛋白质变构的温度。例如,溶菌酶,当温度在75℃以内,其蛋白质结构稳定,而其活性却在50℃时开始下降,60～70℃时则完全失活。此外,植物的抗热性与细胞含水量呈负相关,即细胞的含水量越少,其抗性越强,细胞的含水量越多,其抗性越弱。原因在于:第一,水分子参与蛋白质分子的空间构型,两者通过氢键连接起来,而氢键易受热断裂,因此,蛋白质分子构型中水分子越多,受热后越容易变性。第二,蛋白质只有在含水充足时才能自由移动,空间构型也才能充分展开,但也越容易发生变性作用。这也是干燥种子的抗热性一般高于其他器官,而含水量高的幼苗不耐热的原因所在。

间接伤害是指高温导致代谢异常,使植物逐渐受害,该过程是缓慢的。高温持续时间越长或温度越高,伤害越严重。高温常引起叶片过度的蒸腾失水,此时与旱害类似,因细胞失水造成一系列代谢失调,导致植物生长不良。高温对植物间接伤害的原因主要有:代谢性饥饿、有毒物质积累、蛋白质合成受阻、生理活性物质缺乏等。

18.1.3.3 植物耐热性的机理

植物的抗热能力首先决定于生态习性，不同生长习性的植物的抗热性不同。一般说来，生长在干燥和炎热环境的植物，其抗热性高于生长在潮湿、阴凉环境的植物。例如，景天和某些肉质植物 0.5h 的热致死温度是 50℃，而酢浆草等阴生植物的则为 40℃ 左右。因此，植物的抗热性与其地理起源相关。C_4 植物起源于热带和亚热带，其抗热性一般高于 C_3 植物。C_4 植物光合最适温度则为 35 ~ 45℃。C_3 植物光合最适温度在 20 ~ 30℃，因此，C_3 植物和 C_4 植物的温度补偿点不同，C_3 植物低，C_4 植物高。当环境气温在 45℃ 时，C_3 植物已无净光合积累，会使植物因消耗贮藏物质而处于饥饿状态，而 C_4 植物尚有净光合积累，故抗热性高。植物不同的生育时期、部位，其抗热性也有差异。成熟叶片的抗热性大于嫩叶，更大于衰老叶；休眠种子抗热性最强，随着种子吸胀萌发，其抗热性逐渐下降；油料种子抗热性大于淀粉种子；随着果实的成熟度的增加其抗热性增强；细胞汁液内自由水含量越少，蛋白质越不容易变性抗热性则越强。

植物的抗热性与其体内的代谢有关。抗热性强的植物体内的蛋白质对热稳定，即在高温下仍能维持一定的正常代谢。蛋白质的热稳定性取决于内部化学键的牢固性和键能大小。据测定，分子内的二硫键键能高，热稳定性高；氢键键能低，受热易断裂。因此，凡是分子内二硫键越多的蛋白质其在高温下越不容易发生不可逆的变性与凝聚，抗热性越强。高温处理会诱导植物形成热激蛋白（heat shock protein，HSP）。热激蛋白有稳定细胞膜结构与保护线粒体的功能，其产生往往与植物抗热性呈显著的正相关。

湿度的高低也与植物的抗热性有关。一般湿度高时，细胞含水量高，抗热性会降低，反之则提高。此外，一价离子可使蛋白质的键松弛，抗热性降低，Mg^{2+}，Zn^{2+} 等二价离子能联结相邻的两个基团，增强分子结构的稳定性，使抗热性提高。研究发现，植物的抗热性还与有机酸的代谢强度有关，因为有机酸可消除因蛋白质分解而释放的 NH_3 的毒害。例如，生长在沙漠和干热山谷里的植物有机酸代谢旺盛，抗热能力相对较高。

18.2 植物的水分胁迫

18.2.1 旱害生理与植物抗旱性

18.2.1.1 旱害与抗旱性

水分胁迫（water stress）包括干旱和涝害。当植物耗水大于吸水时，就使组织内水分亏缺（water deficit）。过度水分亏缺的现象，称为干旱（drought）。旱害（drought injury）则是指土壤水分缺乏或大气相对湿度过低对植物的危害。

（1）干旱类型

①大气干旱（atmosphere drought） 是指空气过度干燥，相对湿度过低（10% ~ 20%），伴随高温、强光照和干热风，这时植物蒸腾过强，根系吸水补偿不了失水，从而受到危害。

②土壤干旱（soil drought） 是指土壤中没有或只有少量的有效水，严重降低植物吸水，使其水分亏缺引起永久萎蔫。

③生理干旱(physiological drought) 土壤中的水分并不缺乏，只是因为土温过低，土壤溶液浓度过高或积累有毒物质等原因，妨碍根系吸水，造成植物体内水分平衡失调，从而使植物受到的干旱危害。

大气干旱如持续时间较长，必然导致土壤干旱，所以这两种干旱常同时发生。在自然条件下，干旱常伴随着高温发生，因此，旱害往往是脱水伤害和高温伤害综合作用的结果。

(2)植物的抗旱类型

植物对干旱的适应和抵抗能力称作抗旱性(drought resistance)。由于地理位置、气候条件、生态因素等原因，植物形成了对水分需求的不同生态类型：需在水中完成生活史的植物称作水生植物(hydrophytes)；在陆生植物中适应于不干不湿环境的植物称作中生植物(mesophytes)；适应于干旱环境的植物称作旱生植物(xerophytes)。然而这三者的划分不是绝对的，因为即使是一些很典型的水生植物，遇到旱季仍可保持一定的生命活动。一般来说，作物多属于中生植物，其抗旱性是指在干旱条件下，不仅能够生存，而且能维持正常或接近正常的代谢水平，从而保证产量的稳定性。

旱生植物对干旱的适应和抵抗能力、方式有所不同，大体有两种类型。

①避旱型 这类植物有一系列防止水分散失的结构和代谢方式，或具有膨大的根系用来维持正常的吸水。景天科酸代谢植物如仙人掌夜间气孔开放，固定CO_2，白天则气孔关闭，这样就防止了较大的蒸腾失水。一些沙漠植物具有很强的吸水器官，它们的根冠比在30:1~50:1之间，一株小灌木的根系就可伸展到850m³的土壤。

②耐旱型 这些植物具有细胞体积小、渗透势低和束缚水含量高等特点，可忍耐干旱逆境。植物的耐旱能力主要表现在其对细胞渗透势的调节能力上。在干旱时，细胞可通过增加可溶性物质来改变其渗透势，从而避免脱水。耐旱型植物还具有较低的水合补偿点(hydration compensation point)，水合补偿点指净光合作用为零时植物的含水量。

18.2.1.2 旱害的机理

干旱对植物的影响是多方面的。旱害产生的实质是原生质脱水。干旱时原生质失水，细胞水势不断下降，研究证明很多植物当细胞水势降低到-1.5~-1.4MPa时，生理过程与植株的生长都降到很低水平，甚至完全停止。

干旱对植株影响的外观表现，最易直接观察到的是萎蔫，萎蔫分为两种：暂时萎蔫和永久萎蔫。暂时萎蔫和永久萎蔫两者根本差别在于前者只是叶肉细胞临时水分失调，而后者原生质发生了脱水。通常所说的旱害实际上是指永久萎蔫对植物所产生的不利影响。

(1)改变膜的结构及透性

当植物细胞失水时，原生质膜的透性增加，大量的无机离子和氨基酸、可溶性糖等小分子被动向组织外渗漏。

(2)破坏正常代谢过程

细胞脱水时抑制合成代谢而加强了分解代谢。干旱使水解酶活性加强，合成酶的活性降低，甚至完全停止。由此带来的代谢变化有：使光合作用显著下降，直至趋于停止；呼吸作用发生较为复杂的变化，有的表现为下降，有的表现为先上升再下降；蛋白质分解，脯氨酸积累；核酸代谢失常；激素水平发生变化，细胞分裂素、生长素含量降低，脱落酸、乙烯含量增加。脱落酸含量增加与干旱时气孔关闭、蒸腾强度下降直接相关。乙烯含量提高加快植物部分器官的脱落。干旱时植物体内水分的分配异常，蒸腾强烈的叶片，进一步向其他幼嫩的分生组织和生长旺盛的组织夺水，而在正常状态下是幼嫩的分生组织和生长旺盛的组织从其他部位获得水分，促使老叶枯萎死亡。

（3）机械性损伤

干旱对细胞的机械性损伤可能是植株快速死亡的重要原因。当细胞失水或再吸水时，原生质体与细胞壁均会收缩或膨胀，但由于它们弹性不同，两者的收缩程度和膨胀速度不同，造成挤压和撕裂。正常条件下，生活细胞的原生质体和细胞壁紧紧贴在一起，当细胞开始失水体积缩小时，两者一起收缩，到一定限度后细胞壁不能随原生质体一起收缩，致使原生质体被拉破。相反，失水后尚存活的细胞如再度吸水，尤其是骤然大量吸水时，由于细胞壁吸水膨胀速度远远超过原生质体，使黏在细胞壁上的原生质体被撕破，再次遭受机械损伤，最终可造成细胞死亡（图 18-5）。

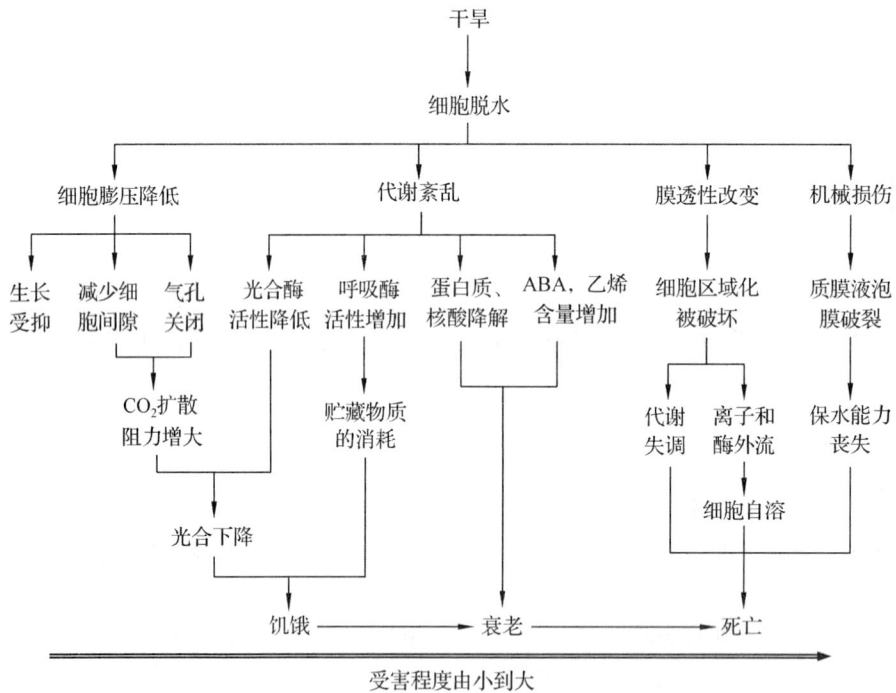

图 18-5　干旱引起植物伤害的生理机制

18.2.1.3　植物抗旱性的机理

通过生理生化的适应变化减少干旱对植物所产生的有害作用，这是植物对旱害的一种适应。由于旱害影响的多样性，所以不同植物，同一植物的不同品种适应的方式与能力也不同，因而它们之间抗旱性的大小也有很大差别。通常植物在抗旱性方面的特征主要表现在形态与生理。

（1）形态特征

根系发达、深扎，根冠比大，能有效地吸收利用土壤中的水分，特别是土壤深层水分。叶片细胞体积小或体积/表面积比值小，有利于减少细胞吸水膨胀和失水收缩时产生的细胞损伤。叶片气孔多而小，叶脉较密，输导组织发达，茸毛多，角质化程度高或脂质层厚，这样的结构有利于水分的贮存与供应，减少水分散失。此外，叶片具有特殊结构，在干旱时发生卷曲，有效减小蒸腾面积。

（2）生理特征

细胞渗透势较低，吸水和保水能力强。原生质具较高的亲水性、黏性与弹性，既能抵抗过度脱水，又能减轻脱水时的机械损伤。缺水时，正常代谢活动受到的影响小，原生质结构的稳定可使细胞代谢不致发生紊乱异常，光合作用与呼吸作用在干旱下仍维持较高水平。脯氨酸、甜菜碱和脱落酸等物质积累、自由基清除酶类活性提高也是衡量植物抗旱能力的重要特征。

18.2.1.4 提高作物抗旱性的途径

利用抗旱植物资源，选育抗旱品种是提高作物抗旱性的最根本途径。此外，也可以通过以下措施来提高植物的抗旱性。

（1）抗旱锻炼

在种子萌发期或幼苗期进行在致死量以下的干旱条件进行人工干旱处理，使植物在生理代谢上发生相应的变化，增强对干旱的适应能力。如玉米、棉花、烟草、大麦等广泛采用在苗期适当控制水分，抑制生长，以锻炼其适应干旱的能力，称作"蹲苗"。蔬菜移栽前拔起让其适当萎蔫一段时间后再栽植，称作"饿苗"。通过这些措施处理，植株根系发达，保水能力强，叶绿素含量高，以后遇干旱时，代谢比较稳定，尤其是蛋白质含量高，干物质积累多。

（2）合理施肥

合理施用磷、钾肥，适当控制氮肥，可提高植物的抗旱性。磷促进有机磷化合物的合成，提高原生质的水合度，增强抗旱能力。钾能改善作物的糖类代谢，降低细胞的渗透势，促进气孔开放，有利于光合作用。钙能稳定生物膜的结构，提高原生质的黏度和弹性，在干旱条件下维持原生质膜的透性。

（3）生长延缓剂及抗蒸腾剂的施用

生长延缓剂能提高作物抗旱性。脱落酸可使气孔关闭，减少蒸腾失水。矮壮素、B₉等能增加细胞的保水能力。抗蒸腾剂（antitranspirant）是可降低蒸腾失水的一类化学物质。包括薄膜性物质，如硅酮，喷于作物叶面，形成单分子薄膜，以隔断水分的散失，显著降低叶面蒸腾。反射剂，如高岭土，对光有反射性，从而减少用于叶面蒸腾的能量。气孔开度抑制剂，如阿特津、苯汞乙酸等，可改变气孔开度大小，或改变细胞膜的透性，达到降低蒸腾的目的。

18.2.2 涝害生理与植物抗涝性

由于水分过多（water excess）造成对植物的危害称作涝害（flood injury）。植物对积水或土壤过湿的适应力和抵抗力称作植物的抗涝性（flood resistance）。

18. 2. 2. 1　涝害的类型

涝害分为湿害和典型的涝害两种类型。湿害（waterlogging）指土壤过湿、水分处于饱和状态，土壤含水量超过了田间最大持水量时旱地作物所受的影响。涝害指地面积水，淹没了植物的一部分或全部，使其受到伤害。在低洼、沼泽地带、河边，在发生洪水或暴雨之后，常有涝害发生。涝害会使作物生长不良，甚至死亡。中国几乎每年都有局部的洪涝灾害，给农业生产带来很大损失。

18. 2. 2. 2　涝害对植物的影响

（1）对植物形态与生长的损害

水涝缺氧使地上部分与根系的生长均受到阻碍。受涝植株个体矮小，叶色变黄、根尖发黑，叶柄偏上生长。若种子淹水，则芽鞘伸长，叶片黄化、根不生长，只有在氧充足时根才能出现。细胞亚微结构在缺氧下也发生显著变化，线粒体数量减少，体积增大，嵴数减少，缺氧时间过长则导致线粒体失活。

（2）代谢紊乱

涝害使植物的光合速率显著下降或停止，其原因可能与阻碍 CO_2 的吸收、淹水叶片光照弱、物质运输受阻有关；水涝缺氧主要限制了有氧呼吸，促进了无氧呼吸，产能水平极低，同时产生大量无氧呼吸（发酵）产物，如丙酮酸、乙醇、乳酸等，使代谢紊乱。根系因有毒物质伤害和缺少能量供应，吸收能力降低或停止。

（3）营养失调

水涝缺氧使土壤中的好气性细菌（如氨化细菌、硝化细菌等）的正常生长活动受抑，影响矿质供应；相反，使土壤厌气性细菌，如丁酸细菌等活跃，会增加土壤溶液的酸度，降低其氧化还原势，使土壤内形成大量有害的还原性物质（如 H_2S，Fe^{2+} 等），一些元素如 Mn，Zn，Fe 也易被还原流失，引起植株营养缺乏。

18. 2. 2. 3　植物的抗涝性

作物抗涝性的强弱决定于对缺氧的适应能力，不同作物抗涝能力不同。陆生喜湿作物中，芋头比甘薯抗涝。旱生作物中，油菜比马铃薯、番茄抗涝，荞麦比胡萝卜、紫云英抗涝。沼泽作物中，水稻比藕更抗涝。就是水稻，籼稻比糯稻抗涝，糯稻又比粳稻抗涝。同一作物不同生育期抗涝程度不同。在水稻一生中以幼穗形成期到孕穗中期受害最严重，其次是开花期，其他生育期较抗涝。抗涝性强的植物有如下特性：

（1）发达的通气系统

很多植物可以通过胞间空隙把地上部吸收的氧输入根部或缺氧部位，其发达的通气系统可增强植物对缺氧的耐力。据推算水生植物的胞间隙约占地上部总体积的 70%，而陆生植物胞间隙体积只占 20%。水稻幼根的皮层细胞间隙要比小麦大得多，通过通气组织能把氧顺利运输到根部。

（2）抗缺氧能力

缺氧所引起的无氧呼吸使体内积累有毒物质，而耐缺氧的生化机理就是要消除有毒物质，或对有毒物质具忍耐力。某些植物(如甜茅属)在淹水时可改变呼吸途径,淹水初期是糖酵解途径,以后即以磷酸戊糖途径占优势,这样消除了有毒物质的积累。有的植物缺乏苹果酸酶,抑制由苹果酸形成丙酮酸,从而防止了乙醇的积累。有一些耐湿的植物则通过提高乙醇脱氢酶活性以减少乙醇的积累。

18.3 植物的抗盐性

18.3.1 盐分过多对植物的危害

盐害(salt injury)指的是土壤中可溶性盐过多对植物的生长发育产生的伤害。植物对盐分过多的适应能力称为抗盐性(salt resistance)。

一般在气候干燥、地势低洼、地下水位高的地区,随着地下水分蒸发把盐分带到土壤表层(耕作层),易造成土壤盐分过多。海滨地区随着土壤蒸发或者咸水灌溉、海水倒灌等因素,可使土壤表层的盐分升高到1%以上。长期不合理使用化肥和用污水灌溉也能使土壤盐分增高。一般说来,钠盐是造成盐分过高的主要盐类,当土壤中盐类以碳酸钠(Na_2CO_3)和碳酸氢钠($NaHCO_3$)为主要成分时称作碱土(alkaline soil);如果是以氯化钠(NaCl)和硫酸钠(Na_2SO_4)等为主时,则称为盐土(saline soil);但二者常常混合在一起,盐土中常有一定量的碱,故习惯上称为盐碱土(saline and alkaline soil)。通常,土壤含盐量在0.2% ~0.5%时就不利于植物的生长,而盐碱土的含盐量却高达0.6% ~10%,严重地伤害植物。

世界上盐碱土面积很大,达$4 \times 10^8 hm^2$,约占灌溉农田的1/3。我国盐碱土主要分布于西北、华北、东北和滨海地区,总面积约$2000 \times 10^4 hm^2$,约占总耕地面积的10%。这些地区多为平原,土层深厚,如能改造开发,对发展农业有着巨大的潜力。因此,研究盐害及提高作物抗盐性与治理开发是农业生产中的重大课题。

土壤中盐分过多对植物的伤害主要表现在以下几个方面。

(1) 生理干旱

土壤中可溶性盐分过多使得土壤溶液水势降低,导致植物吸水困难,严重时甚至体内水分外渗,造成生理干旱,影响植物的生长、光合等正常生理过程。据测定,当土壤含盐量达0.2% ~0.25%时,植物吸水困难;当盐分高于0.4%时,细胞会发生外渗脱水,所以,盐害常常表现出干旱的症状。盐碱地中的种子萌发延迟或不能萌发,植株矮小,叶色暗绿。

(2) 离子失调

土壤中某种离子过多往往排斥植物对其他离子的吸收。例如,小麦生长在Na^+过多的环境中,其体内缺K^+,同时也阻碍对Ca^{2+},Mg^{2+}的吸收;Cl^-与SO_4^{2-}过多会影响HPO_4^{2-}的吸收;而磷酸盐过多又会造成缺锌。所有这些均使植物体对矿质元素吸收不平衡,使得植物在发生营养失调、抑制生长的同时还会产生单盐毒害作用。例如,用1% NaCl溶液浸种时小麦发芽率仅为8%,如果预先用1% $CaCl_2$浸种后再移至1% NaCl溶液中,其发芽率能够达到90%以上。

(3) 呼吸作用不稳

盐胁迫对呼吸的影响与盐的浓度有关。低浓度的盐促进呼吸,高浓度的盐抑制呼吸。例如,紫花苜蓿,在$5 g \cdot L^{-1}$ NaCl营养液培养时其呼吸要比对照高40%,而在$12 g \cdot L^{-1}$ NaCl

中时呼吸要比对照低 10% 。

（4）光合作用减弱

盐分过多抑制蛋白质合成，叶绿体内的蛋白质与叶绿素联系减弱，叶绿体趋于分解，叶绿素和类胡萝卜素的含量降低。PEP 羧化酶和 RuBP 羧化酶活性下降。同时，盐分过多使得植物叶片的气孔开度减小，气孔阻力增大导致受胁迫植物的光合速率明显下降。

（5）蛋白质合成受阻，有毒物质积累

在盐碱地上生长的许多植物，蛋白质合成降低，分解加强。因为，①盐胁迫使得核酸分解大于合成，从而抑制蛋白质合成。②高盐下破坏氨基酸的生物合成。此外，盐胁迫条件下会产生一些有毒的代谢中间产物，积累于植物体内，例如，NH_3 和异亮氨酸、鸟氨酸和精氨酸等游离氨基酸，而鸟氨酸和精氨酸又可转化为具有一定毒性的腐胺与尸胺，腐胺和尸胺又可被氧化为 NH_3 和 H_2O_2。所有这些具有一定毒性的含氮物质都会对植物细胞造成一定的伤害。

18.3.2 植物抗盐性及其提高途径

根据植物抗盐性将植物分为盐生植物（halophyte）和非盐生植物（nonhalophyte）或淡土植物（甜土植物）（glycophyte）。根据其抗盐生理基础的不同，盐生植物可分为真盐生植物、淡盐生植物和泌盐生植物 3 类。盐角草、碱蓬等是真盐生植物，这类植物具有高度耐盐能力，能在细胞中积累大量盐分，借以保持很低的水势。艾蒿、胡颓子等是淡盐生植物，这类植物的根对盐的透性极小，能防止土壤中的盐分进入植物体。它们依靠体内大量积存的有机酸和糖类来保持低水势，借以从盐土中获取水分。海岸红柳等是泌盐生植物，这类植物的茎、叶表面密布许多泌盐腺，能将吸收的盐排出体外，避免其在体内积累而使植物中毒。栽培植物都属于淡土植物，即非盐生植物。一般非盐生植物的抗盐能力都较为有限，虽然它们对盐碱也有一定的适应能力，但是植物种类不同，其抗盐能力存在差别。

植物对盐渍环境的抵抗方式有两种，即避盐（salt avoidance）和耐盐（salt tolerance）。

18.3.2.1 避 盐

植物以某种途径或方式来避免周围环境盐胁迫的抗盐方式特称为避盐。这种方式使得植物虽然生长在盐渍环境中，体内的盐分含量却较低，能够避免盐分过多对植物的伤害。植物通过拒盐、排盐和稀盐的途径来达到避盐的目的。

（1）拒盐（salt exclusion）

拒盐指的是某些植物不让外界的盐分进入体内，从而避免盐分的胁迫。例如，不同品种大麦生长在同一浓度的盐溶液中，抗盐品种积累的 Na^+ 与 Cl^- 明显地低于不抗盐品种。究其原因在于，这类植物细胞原生质对某些盐分的透性很小，即使是生长在盐分较多的环境中，原生质也能稳定保持对离子的选择性，根本不吸收或很少吸收盐分，也有些植物拒盐只发生在局部组织，例如，根吸收的盐类只积累在根细胞的液泡内，地上部分"拒绝"吸收。

（2）排盐（salt excretion）

排盐也称泌盐（salt secretion），这类植物吸收盐分后并不存留在体内，而是主动通过茎叶表面上的盐腺（salt gland）和盐囊泡（salt bladder）排出体外。如滨藜属植物具有由一个囊泡组成的盐腺。柽柳、大米草等常在茎叶表面形成一些 $NaCl$，Na_2SO_4 的结晶。玉米、高粱等也有泌盐作用,有人认为泌盐是消耗 ATP 的主动过程。此外,有些植物将所吸收的盐分转运至老叶中积累,最后叶片脱落,从而避免盐分在体内的过度积累。

(3)稀盐(salt dilution)

稀盐指的是某些盐生植物将吸收到体内的大量盐分,以不同的方式稀释到对植物不会产生毒害的水平。植物稀盐有两种方式:一种是通过快速生长、细胞大量吸水或增加肉质化程度使组织含水量提高,稀释、冲淡细胞内盐分的浓度。例如,大麦等非盐生植物生长在轻度盐渍土壤中,拔节前细胞内盐分浓度很高,但随拔节快速生长盐分浓度降低,某些抗盐的作物或品种都具有这种特点。近年来采用植物激素促进植物生长来提高抗盐性具有显著效果。第二种是通过细胞内的区域化作用稀释盐分,一些盐生植物和非盐生植物将吸收的盐分集中于细胞内的某一区域,从而降低细胞质中离子浓度,避免毒害作用。例如,肉质植物将盐分集中于液泡,使水势下降,保证吸水。

18.3.2.2　耐　盐

植物通过生理或代谢的适应来忍受已进入细胞内的盐分,特称为耐盐。植物的耐盐主要有以下几种方式。

(1)耐渗透胁迫

通过细胞的渗透调节来适应由盐分过多而产生的水分逆境。例如,小麦等作物在盐胁迫时将吸收的盐分离子积累于液泡中,提高其溶质含量,降低水势从而达到防止细胞脱水的目的。有些植物也可以通过积累蔗糖、脯氨酸、甜菜碱等有机物质来降低细胞渗透势和水势,提高细胞的保水能力。

(2)耐营养缺乏

有些植物在盐分过多的条件下增加 K^+ 的吸收,某些蓝绿藻在吸收 Na^+ 的同时加大对 N 素的吸收。这样一来,在盐胁迫下这些植物能较好地维持营养元素的平衡,防止单盐毒害的发生。

(3)代谢稳定性

某些植物在较高的盐浓度中其代谢上仍具有一定的稳定性,这种稳定性与某些酶类的稳定性密切相关。例如,大麦幼苗在盐渍时仍保持丙酮酸激酶的活性。玉米幼苗用 NaCl 或 Na_2SO_4 处理时过氧化物酶仍保持较高活性。

(4)具解毒作用

有些植物在盐渍环境中诱导形成二胺氧化酶(diamine oxidase)以分解有毒的腐胺、尸胺等二胺化合物,消除其毒害作用。

此外,某些盐生植物在盐胁迫条件下可将原来的 C_3 途径转变为 C_4 途径。以盐生植物 *Aeluropus littoralis* 为例,其光合作用在低盐浓度下以 C_3 途径进行,在高盐浓度下叶片中 PEP 羧化酶的活性增加,向 C_4 途径转化。研究报道,非盐生植物小麦在盐胁迫条件下也有这种趋势,随着 NaCl 浓度的提高,叶片中的 RuBP 羧化酶的活性明显受到抑制,而 PEP 羧化酶的活性则逐渐增强。盐胁迫条件下 C_3 途径之所以会转变为 C_4 途径,其原因在于, Cl^- 在细胞中可以活化 PEP 羧化酶。植物所具有的这种转变能力,是其对盐胁迫环境的一种适应性表现。

18.4 植物的抗病性与抗虫性

18.4.1 病害与抗病性

18.4.1.1 植物抗病的概念

植物病害(disease injury)是指植物受到病原物的侵染，生长发育受阻的现象，是致病生物与寄主(感病植物)之间相互作用的结果。植物抵抗病原物侵染的能力称为抗病性(disease resistance)。引起植物病害的寄生物称为病原物(pathogenetic organism)，若寄生物为菌类，称为病原菌(disease producing germ)，被寄生的植物称为寄主(host)。病原物种类繁多，主要有真菌、细菌、病毒、类菌原体、线虫等。

病毒通常通过机械擦伤、昆虫介导进入细胞，经胞间连丝转入周围细胞，再经维管束运往寄主全身。细菌一般通过伤口、气孔、皮孔等进入寄主细胞间隙和导管。真菌一般通过菌丝生长直接插入寄主表皮细胞，或通过伤口、气孔等进入寄主细胞间隙和导管，并进一步侵入周围细胞。根据病原生物在寄主植物中的生活方式，通常将其分为死体营养型(necrotroph)和活体营养型(biotroph)两种类型。死体营养型的病原生物在侵入寄主后会很快的破坏寄主细胞，导致寄主细胞或组织死亡，这一类的病原物较为原始，寄主广泛。活体营养型的病原生物在侵入寄主后可与寄主共存，这一类病原物进化地位较高，寄主专一性较强。

病原物的致病方式主要有以下几种。①产生角质酶、纤维素酶、半纤维素酶、磷脂酶、蛋白酶等破坏寄主细胞结构的酶类，使得寄主组织软腐。②产生破坏寄主细胞膜和正常代谢的毒素，包括非寄主专一性毒素和寄主专一性毒素，使得寄主细胞死亡。③产生阻塞寄主导管的物质，阻断寄主植物的水分运输，引起植物枯萎。④产生破坏寄主抗菌物质(如植保素等)的酶，使它们失活。⑤利用寄主核酸和蛋白质合成系统。⑥产生植物激素，破坏寄主激素平衡，造成寄主生长异常。⑦把自己的一段 DNA 插入寄主基因组，迫使寄主产生供自己营养的物质。

18.4.1.2 植物抗病的生理基础

从植物生理学的角度来看，植物对病原微生物是有抵抗力的，这种抵抗力是植物在形态结构和生理生化等方面的综合的时间和空间上表现的结果，是建立在一系列物质代谢基础上，通过有关抗病基因表达和抗病调控物质产生来实现的。植物抗病的生理基础主要表现为以下方面。

(1)植物形态结构屏障

有些植物的组织表面具有蜡被、叶毛，能够阻止病原菌到达角质层，减少侵染。有些植物具有坚厚的角质层能够阻止病原菌侵入植物组织，例如，三叶橡胶的老叶具有坚厚的角质层能够抵抗白粉病菌的侵染。

(2)酶活性增强

作物感病后呼吸氧化酶的活性增强，以抵抗病原微生物。凡是叶片呼吸旺盛、氧化酶活性高的马铃薯品种，对晚疫病的抗性较大；凡是过氧化物酶、抗坏血酸氧化酶活性高的甘蓝品种，对真菌病害的抵抗力也较强。这些都表明，作物呼吸作用与抗病能力呈正相关。原因有 3

点：①分解毒素。作物感病后会产生毒素（如黄萎病产生多酚类物质，枯萎病产生镰刀菌酸），将细胞毒死。而旺盛的呼吸作用就能够将这些毒素氧化分解为二氧化碳和水或转化为无毒物质。②促进伤口愈合。作物感病后，有些植株表面可能出现伤口。而旺盛的呼吸作用能够促进伤口附近形成木栓层，使得伤口愈合速度加快，具有隔开健康组织和受害组织的作用，从而避免伤口的继续发展。③抑制病原菌水解酶的活性。病原菌靠自身的水解酶的作用将寄主的有机物分解，供其自身生活之需。而寄主旺盛的呼吸作用能够抑制病原菌的水解酶活性，使得病原菌无法得到充分养料，进而限制病情的发展。

（3）植物体内的抗病物质

植物可以通过各种代谢途径在体内合成多种抵抗病原物的物质，这些物质有的是植物原来就存在的，有的是病原物侵染后诱发产生的。因此，作物具有一定的抗病性。

植物固有的抗菌物质包括：植物凝集素（lectin），一类能与多糖结合或使细胞凝集的蛋白质，其中多数为糖蛋白。酚类化合物，例如，绿原酸、单宁酸、儿茶酚和原儿茶酚等，这些酚类物质对病原菌具有一定的毒性，且感病或受伤后在多酚氧化酶和过氧化物酶的催化下会氧化为毒性更强的醌类物质。

病原菌侵染诱发的抗病因素包括：寄主细胞壁的强化；产生过敏反应（hypersensitive respond，HR）；形成植物防御素；当病原微生物侵染寄主植物时，植物还能生成一些抗病蛋白质和酶，以抵抗病原体的伤害。

病原相关蛋白（pathogenesis related protein，PR）就是植物感病后，随着病程的发展，在植物体内会出现一种或多种新的蛋白质，这些蛋白质可在专一的病理条件下诱导合成的，属于逆境蛋白。例如，烟草有 33 种 PR，玉米有 8 种 PR。PR 是基因表达的结果，它在植物体内的积累与植物的局部诱导抗性（如过敏性反应）和系统抗性之间存在着密切联系。

几丁质酶（chitinase）能水解多种病原菌细胞壁的几丁质，起到防卫作用。目前在尝试利用几丁质酶基因提高几丁质酶水平来增强植株抗病性方面取得较大进展。

β-1，3-葡聚糖酶（β-1，3-glucanase）既能分解病原菌细胞壁的 1，3-葡聚糖，直接破坏病原菌细胞；同时分解产生的低聚糖，又可以诱导其他防卫反应酶系统（如 PAL 等）。寄主植物受病原菌感染时，β-1，3-葡聚糖酶常与几丁质酶一起诱导形成，协同抗病。

苯丙氨酸解氨酶（phenylalanine ammonia lyase，PAL）是苯丙烷代谢途径的关键酶，异类黄酮植保素、木质素以及多种次生酚类抗病物质都是通过苯丙烷代谢途径合成的。因此，PAL 的活性与植物的抗病反应直接相关。

18.4.2 虫害与抗虫性

18.4.2.1 植物抗虫的概念

世界上以作物为食的害虫达几万种之多，其中万余种可造成经济损失，严重危害的达千余种。中国记载的水稻、棉花害虫就有 300 余种，苹果害虫 160 种以上。因害虫种类多、繁殖快、食量大，所以无论产量或质量均遭受到巨大的损失，虫害严重时其危害甚至超过病害及草害。

植食性昆虫和寄主植物之间复杂的相互关系是在长期进化过程中形成的，这种关系可以分为两个方面，即昆虫的选择寄主和植物对昆虫的抗性。

在植物—昆虫的相互作用中，植物用不同机制来避免、阻碍或限制昆虫的侵害，或者通过快速再生来忍耐虫害。植物对虫害的抵抗与忍耐能力被称为植物的抗虫性（pest resistance）。

植物的抗虫性通常可分为生态抗性（ecological resistance）和遗传抗性（inheritance resistance）两大类。

生态抗性指的是由于环境条件（特别是非生物因素）变化的影响制约害虫的侵害而表现的抗性。不少害虫有严格的危害物候期（phenological period），作物的早播或迟播可以回避害虫的危害。遗传抗性指的是植物通过遗传方式将拒虫性、抗虫性、耐虫性传给子代的能力。拒虫性是植物依靠形态结构的特点或生理生化作用，使害虫不降落、不能产卵和取食的特性。耐虫性是由于植物具有迅速再生能力，可以经受住害虫危害。抗虫性是由于植物体内有毒的代谢产物，可以抑制害虫的生存、发育及繁衍，直至中毒死亡的特性。

18.4.2.2 植物抗虫的生理基础

（1）拒虫性的结构特性

主要是通过物理方式干扰害虫的运动机制，包括干扰昆虫对寄主的选择、取食、消化、交配及产卵。如棉花叶、蕾、铃上的花外蜜腺含有促进昆虫产卵的物质，无花外蜜腺的品种至少减少昆虫40%的产卵量，是一个重要的抗虫性状。印楝、川楝或苦楝的抽提物对稻瘿蚊有明显的拒产卵作用。又如，植物体内的番茄碱、茄碱等生物碱对幼虫取食起抗拒、阻止作用，甚至使昆虫饥饿死亡。

（2）抗虫性的代谢特性

植物分泌对昆虫有毒物质，当昆虫取食后，可由慢性中毒到逐渐死亡，这是植物抗虫性的重要表现。植物毒素包括来自腺体毛的分泌物、组织胶以及一些次生化合物。如烟草属某些种腺体毛分泌的烟碱、新烟碱、降烟碱等生物碱对蚜虫有毒。α-蒎烯、3-蒈烯、棉酚、葫芦素等至少有双重作用。其中有些具有改变昆虫行为、感觉、代谢、内分泌的效应；有些影响昆虫发育、变态、生殖及寿命。

此外，如棉花中的棉籽醇，除虫菊花中的杀虫有效成分除虫菊酯，都以不同的方法对昆虫产生毒害。从罗汉松中分离出来的一种高毒物质罗汉松内酯，已证实对昆虫的发育具有抑制效应。银杏这个古老树种之所以不易受昆虫侵害，与叶中存在的羟内酯和醛类有关。害虫进食对植物组织造成的机械创伤可能诱发植物蛋白酶抑制剂（proteinase inhibitor）的产生，从而增强植株的抗性。

如同受到病原菌侵染一样，遭受虫害的植物也可能产生特殊的信号分子，并将信号传递到整个植株，使植株获得抗性。系统素（systemin）是这种信号分子之一，它能够实现长距离的植物细胞间联络，最后诱导植株的其余部位形成蛋白酶抑制剂，阻碍昆虫的进一步咬食。

18.5 环境污染与植物抗性

18.5.1 环境污染与植物生长

植物所处的大环境包括岩石圈（lithosphere）、水圈（hydrosphere）和大气圈（atmosphere），

随着近代工业的发展，厂矿、居民区、现代交通工具等所排放的废渣、废气和废水越来越多，扩散范围越来越大，再加上现代农业因大量使用农药化肥等化学物质，引起残留的有害物质的增加。当这些有害物质的量超过了生态系统的自然净化能力，就造成了环境污染(environmental pollution)。

环境污染不仅直接危害人类的健康与安全，而且对植物生长发育带来很大的危害，如引起严重减产。污染物的大量聚集，可以造成植物死亡甚至可以破坏整个生态系统。依据污染的因素可将环境污染分为大气污染、水体污染、土壤污染和生物污染。其中以大气污染和水体污染对植物的影响最大，不仅污染的范围广、面积大且易转化为土壤污染和生物污染。

18.5.2　污染类型与表现

18.5.2.1　大气污染

大气污染(atmosphere pollution)是指有害物质进入大气，对人类和生物造成危害的现象。大气中的有害物质称为大气污染物(atmosphere pollutant)。

大气污染物主要来源于燃料燃烧时排放的废气、工业生产中排放的粉尘、废气及汽车尾气等。据统计，工业废气所含有害物质有400多种，通常造成危害的二三十种，其中以二氧化硫(SO_2)、氟化氢(HF)、臭氧、硝酸过氧化乙酰和氮氧化合物(NOx)分布最广泛。目前，对植物有毒的废气最主要的是二氧化硫、氟硅酸盐、氟化氢、氯气(Cl_2)以及各种矿物燃烧的废物等。有机物燃烧时一部分未被燃烧完的碳氢化合物如乙烯、乙炔、丙烯等对某些敏感植物也可产生毒害作用。臭氧与氮的氧化物如二氧化氮(NO_2)等也是对植物有毒的物质。其他如一氧化碳(CO)、二氧化碳(CO_2)超过一定浓度对植物也有毒害作用。

大气污染物的毒性既取决于污染物的浓度，又取决于植物的抗性。例如，对于二氧化硫而言，敏感植物在$0.05\sim0.5$ mg·L^{-1}的浓度时达到8 h就会受害。而抗性植物则须2 mg·L^{-1}达到8 h或10 mg·L^{-1}达到30 min。

植物依靠地上部分庞大的叶面积不断地与空气进行着活跃的气体交换，且植物根植于土壤之中，固定不动、不能躲避污染物的侵入。因此，很多植物对大气污染敏感，容易受到伤害。对污染物最敏感的植物可以作为指示植物，用来监测大气中污染物的浓度。

(1)侵入途径

植物与大气主要接触部分是叶片，因此，叶片最容易受到大气污染物的伤害。大气污染物进入植物的主要途径是气孔。白天植物在进行二氧化碳同化的过程中，也为大气污染物的进入创造了条件。有的气体如二氧化硫可以直接控制气孔运动，促进气孔张开，增加叶片对二氧化硫的吸收。此外，角质层对氟化氢和氯化氢有相对高的透性，是二者进入叶肉的主要途径。

(2)伤害方式

污染物进入植物细胞后如果累积浓度超过了植物敏感阈值时即产生危害。危害方式有3种，即急性伤害、慢性伤害和隐性伤害。急性伤害指的是较高浓度有害气体在短时间内(几小时、几十分钟或更短)对植物造成的伤害。叶组织受害时最初呈灰绿色，然后质膜与细胞壁解体，细胞内含物进入细胞间隙，转变为暗绿色的油浸或水渍斑，叶片变软，坏死组织最终脱水变干，继而脱落，严重时甚至全株死亡。慢性伤害指的是在低浓度的污染物环境中长时期内对植物形成的伤害。受到慢性伤害的植物叶绿素的合成逐步被破坏，叶片变小、畸形或加速衰

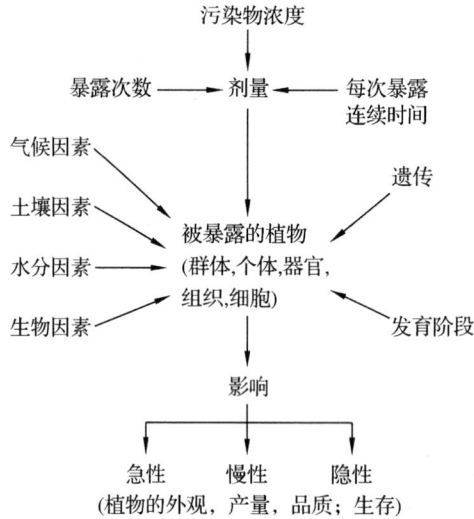

图 18-6　大气污染对植物的伤害及影响因素

老，生长受到抑制。隐性伤害指的是更低浓度的污染物在长时期内对植物生长发育的影响。受到隐性伤害的植物从外部上看不出明显的症状，生长发育基本正常，只是由于有害物质的累积致使植株发生生理障碍，代谢异常，从而使得作物品质和产量下降(图 18-6)。

18.5.2.2　水体污染和土壤污染

随着工、农业生产的发展和城镇人口的集中，含有各种污染物质的工业废水、生活污水和矿产污水大量排入水系，以至于各种水体受到不同程度的污染，超过了水的自净能力，水质显著变劣，即为水体污染(water pollution)。水体污染物(water pollutant)种类繁多，包括各种金属污染物(汞、镉、铬、镍、锌和砷)、有机污染物(酚类化合物、氰化物、三氯乙醛、苯类化合物、醛类化合物和石油油脂等)和非金属污染物(硒、硼和酸类等)。其中酚、氰、汞、铬、砷，通常合称为环境污染的五毒。它们对植物伤害的质量浓度分别为：酚为 50 mg · L^{-1}，氰为 50 mg · L^{-1}，汞为 0.4 mg · L^{-1}，铬为 5~20 mg · L^{-1}，砷为 4 mg · L^{-1}。水体污染不仅危害人类的健康，而且危害水生生物资源，影响植物的生长发育。

酚导致细胞质膜受损，影响水分和矿质代谢，使得叶色变黄，根系变褐腐烂，植株生长受抑制。氰化物可以抑制植物的呼吸作用，影响植物体内多种金属酶的活性，使得植株矮小，分蘖少，根短而稀疏，生长停滞，甚至干枯死亡。汞可以引起植株光合速率下降，叶子黄化，分蘖受阻，根系发育不良，植株矮小。铬使得水稻叶鞘出现紫褐色斑点，叶片内卷，褪绿枯黄，根系短而稀疏，分蘖受限制，植株矮小。高浓度的铬还会间接影响钙、钾、镁和磷的吸收。砷可以使植物叶片变为绿褐色，叶柄基部出现褐色斑点，根系变黑，严重时植株枯萎。

此外，酸雨(acid rain)和酸雾也会对植物造成非常严重的伤害。酸雨、酸雾的 pH 值很低，当酸性雨水或雾、露附着于叶面后，最初损坏叶表皮，进而进入栅栏组织和海绵组织，形成细小的坏死斑。由于酸雨的侵蚀，在叶表面生成一个个凹陷的小洼，使得后来的酸雨易于沉积在此，因此，随着降雨次数增加，进入叶肉内的酸雨越多，引起原生质分离，被害部分逐渐扩大。叶片受害程度与氢离子浓度和接触酸雨时间有关，另外温度、湿度、风速、叶表面是否容易润湿及叶的形态等都将影响酸雨在叶上的滞留时间。酸雾的 pH 值有时可低达 2.0，酸雾中各种离子浓度比酸雨高 10 ~ 100 倍，雾滴的粒子直径约为 20 μm，雾对叶片作用的时间长，而且对叶的上下表面都可同时产生影响，因此酸雾对植物的危害更大。

　　土壤中积累的有毒、有害物质超出了土壤的自净能力，使土壤的理化性质改变，土壤微生物活动受到抑制和破坏，进而危害动植物生长和人类健康，称为土壤污染(soil pollution)。土壤污染物(soil pollutant)主要来自水体和大气。以污水灌溉农田，有毒物质会沉积在土壤中；大气污染物受重力作用或随雨、雪落于地表渗入土壤内；施用某些残留量较高的化学农药，也会污染土壤。

　　由于土壤是植物生存的主要环境，土壤污染直接影响植物的生长发育，最终影响人类的生活和健康，因此，控制和消除土壤污染，是环保工作的重要组成部分。土壤污染指的是土壤中积累的有毒、有害物质超出了土壤的自净能力，使得土壤的理化性状改变，土壤微生物的活动受到抑制和破坏，进而危害了作物生长和人畜健康。土壤污染对植物的危害主要有以下两点。第一，改变土壤理化性质。土壤污染使得土壤的酸碱度发生变化，破坏土壤结构，从而影响土壤中微生物的活动和植物的正常生长发育。第二，重金属污染物的危害。重金属是具有潜在危害的污染物。它不能被微生物所分解，可以在植物体内富集，并可将某些重金属转化为毒性更强的金属有机物。

　　大气污染、水体污染和土壤污染是一个综合因素，它们对植物的危害是连续的过程。从图 18-7 中酸雨、O_3 等污染物对森林生态系统的影响可以看出，多种污染的共同侵袭是加快植株死亡的主要原因。

18.5.3　提高植物抗污染能力与环境保护

18.5.3.1　提高植物抗污染能力

(1) 对种子和幼苗进行抗性锻炼

用较低浓度的污染物来处理种子或幼苗后，植株对这些污染物的抗性会有一定程度的提高。

(2) 改善土壤营养条件

通过改善土壤条件，创造植株生长的适宜 pH 范围，提高植株代谢强度，可增强对污染的抵抗力。例如，在土壤 pH 值过低时，施入石灰可以中和酸性，改变植物吸收阳离子的成分，可增强植物对酸性气体的抗性。

(3) 化学调控

有人用维生素和植物生长调节物质喷施柑橘幼苗多次，或加入营养液通过根系吸收，柑橘幼苗对 O_3 的抗性提高。

(4) 培育抗污染能力强的新品种

采用组织培养、现代基因工程等新技术筛选抗污染突变体，培育抗污染新品种。

18.5.3.2　利用植物环境保护

不同植物对各种污染物的敏感性有差异，同一植物，对不同污染物的敏感性也不一样。利

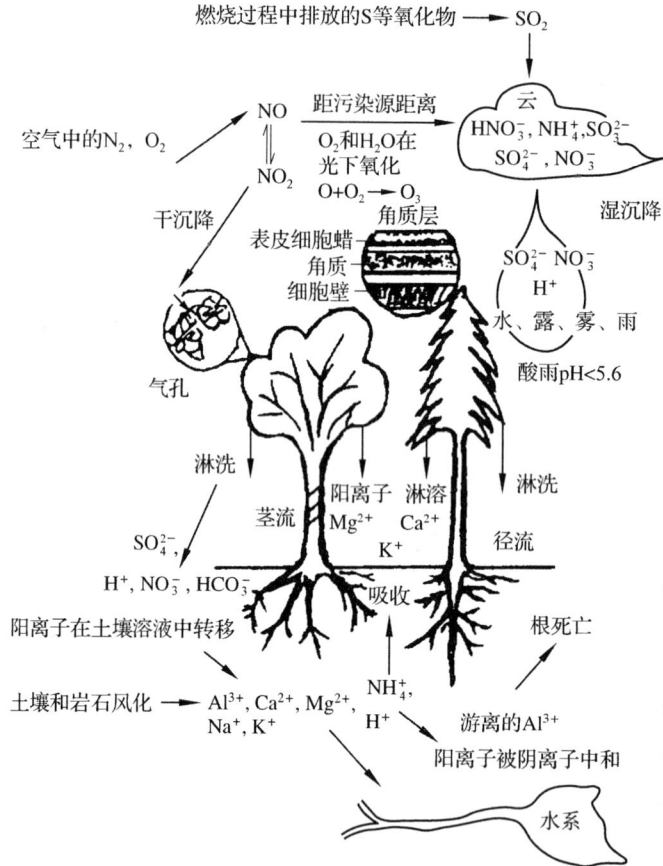

图 18-7　酸雨和 O_3 等污染物对森林生态系的影响模式图

用这些特点，可以用植物来保护环境。

（1）吸收和分解有毒物质

环境污染对植物的正常生长带来危害，但植物也能改造环境。通过植物本身对各种污染物的吸收、积累和代谢作用，能减轻污染，达到分解有毒物质的目的。

（2）净化环境

植物不断地利用工业燃烧和生物释放的 CO_2 并放出 O_2，使大气层的 CO_2 和 O_2 处于动态平衡。

（3）天然的吸尘器

叶片表面上的绒毛、皱纹及分泌的油脂等都可以阻挡、吸附和粘着粉尘。每公顷山毛榉阻滞粉尘总量为 68 t，云杉林为 32 t，松林为 36 t。有的植物像松树、柏树、桉树、樟树等可分泌挥发性物质，杀灭细菌，有效减少大气中细菌数。

（4）监测环境污染

低浓度的污染物用仪器测定时有困难，但可利用某些植物对某一污染物特别敏感的特性来监控当地的污染程度（表 18-1）。这种植物被称为指示植物，如使用菜豆来监测 O_3，并制定伤害等级（表 18-2）。

表 18-1　一些对环境污染敏感的植物

污染物质	敏感植物名称
SO₂	紫花苜蓿、向日葵、胡萝卜、莴苣、南瓜、芝麻、蓼、土荆芥、艾紫苏、灰菜、落叶松、雪松、美洲五针松、马尾松、枫柏、加柏、檫树、杜仲
HF	唐菖蒲、郁金香、萱草、美洲五针松、欧洲赤松、雪松、蓝叶云杉、樱桃、葡萄、黄杉、落叶松、杏、李、金荞麦、玉簪
Cl₂，HCl	萝卜、复叶槭、落叶松、油松、陶荞麦
NO₂	悬铃木、向日葵、番茄、秋海棠、烟草
O₃	烟草、矮牵牛、马唐、雀麦、花生、马铃薯、燕麦、洋葱、萝卜、女贞、银槭、梓树、桤木、丁香、葡萄、辛夷、牡丹
Hg	女贞、柳树

表 18-2　O₃ 对菜豆叶伤害的等级

伤害等级	严重程度	叶伤害量（%）
无	0	0
轻	1	1～25
中	2	26～60
中重	3	61～75
重	4	76～99
完全伤害	5	100

小　结

　　低温对植物的危害可分冷害和冻害。冷害会使膜相改变，导致代谢紊乱，积累有毒物质（乙醛、乙醇）。植物适应零上低温的方式是提高膜中不饱和脂肪酸含量，降低膜脂的相变温度，维持膜的流动性，使不受伤害。

　　冻害伤害细胞是受过度脱水胁迫、结冰和化冻时引起膜和细胞质破损的机械胁迫和 K^+ 与糖等大量外渗的渗透胁迫等共同作用，使膜破裂，K^+ 泵失活，叶绿体和线粒体功能受阻，细胞死亡。植物有许多种抗冻基因，寒冷来临时，表达形成各种抗冻蛋白，适应冷冻。植物以代谢减弱、增加体内糖分的方式适应低温的来临。

　　高温使生物膜功能键断裂，膜蛋白变性，膜脂液化，正常生理不能进行。植物遇到高温时，体内产生热激蛋白，抵抗热胁迫。

　　干旱时细胞过度脱水，光合作用下降，呼吸解偶联。脯氨酸在抗旱性中起重要作用。淹水胁迫造成植物缺氧。植物适应淹水胁迫主要是通过形成通气组织以获得更多的氧气。缺氧刺激乙烯形成，乙烯促进纤维素酶活性，把皮层细胞壁溶解，形成通气组织。

　　盐分过多可使植物吸水困难，生物膜破坏，生理紊乱。不同植物对盐胁迫的适应方式不同：或排除盐分，或拒吸盐分，或把 Na^+ 排出或把 Na^+ 隔离在液泡中等。植物在盐分过多时，生成脯氨酸、甜菜碱等以降低细胞水势，增加耐盐性。

　　病害微生物感染作物后，使作物水分平衡失调，氧化磷酸化解偶联，光合作用下降。作物对病原微生物是有抵抗力的，如加强氧化酶活性；促进组织坏死以防止病菌扩大；产生抑制物质等。

　　在植物—昆虫的相互作用中，植物用不同机制来避免、阻碍或限制昆虫的侵害，或者通过快速再生来忍耐虫害。植物的抗虫性通常可分为生态抗性和遗传抗性两大类。

　　环境污染包括大气污染、水体污染和土壤污染。SO_2，氟化物，光化学烟雾，酸雨，多种重金属，酚，氰等是重要的污染物。利用植物可以吸收和分解有毒物质、净化空气、保护环境，同时也可以起到监测环境污染的作用。

思考题

1. 名词解释

盐害　干旱　热害　冷害　冻害　大气干旱　土壤干旱　生理干旱　盐碱土　水合补偿点

2. 试述高温对植物的伤害及植物抗热的机理。

3. 主要大气污染物和水体污染物包括哪些种类？它们对植物有哪些危害？

4. 试述干旱的类型及对植物的伤害。如何提高植物的抗旱性？

5. 简述涝害对植物的伤害及抗涝植株的特征。

6. 植物耐盐的生理基础表现在哪些方面？如何提高植物的抗盐性？

7. 植物感病后生理生化方面有哪些变化？植物抗病的生理基础如何？

8. 什么叫大气污染？主要污染物有哪些？

9. 植物在环境保护中可起什么作用？

10. 试述低温对植物的伤害及植物抗寒的机理。

参考文献

白书农．植物发育生物学[M]．北京：北京大学出版社，2003．

陈晓亚，汤章城．植物生理与分子生物学[M]．3 版．北京：高等教育出版社，2007．

范云六，张春义．21 世纪的农作物生物技术[J]．高科技与产业化，2000(1)：31 – 33．

郭蔼光．基础生物化学[M]．北京：高等教育出版社，2001．

韩锦峰．植物生理生化[M]．北京：高等教育出版社，1991．

黄卓烈，朱利泉．生物化学[M]．北京：中国农业出版社，2010．

李合生．现代植物生理学[M]．2 版．北京：高等教育出版社，2006．

李庆章，吴永尧．生物化学[M]．北京：中国农业出版社，2004．

李宗霆，周燮．植物激素及其免疫检测技术[M]．南京：江苏科学技术出版社，1996．

路文静．植物生理学[M]．北京：中国林业出版社，2011．

孟繁静，刘道宏，苏业瑜．植物生理生化[M]．北京：中国农业出版社，1995．

潘瑞炽．植物生理学[M]．6 版．北京：高等教育出版社，2008．

庞士铨．植物逆境生理学基础[M]．哈尔滨：东北林业大学出版社，1990．

钱善勤等．植物向光素[J]．植物生理学通讯．2004，140(5)：617 – 623．

沈海龙．植物组织培养[M]．北京：中国林业出版社，2005．

沈同，王镜岩．生物化学[M]．3 版．北京：科学出版社，2002．

沈允钢，施教耐，许大全．动态光合作用[M]．北京：科学出版社，1998．

孙大业，崔素娟，孙颖．细胞信号转导[M]．4 版．北京：科学出版社，2010．

王宝山．植物生理学[M]．北京：科学出版社，2004．

王镜岩，朱圣庚，徐长法等．生物化学[M]．3 版．北京：高等教育出版社，2002．

王三根．植物生理生化[M]．北京：中国农业出版社，2008．

王三根．植物抗性生理与分子生物学[M]．北京：现代教育出版社，2009．

王希成．生物化学[M]．北京：清华大学出版社，2000．

王忠．植物生理学[M]．2 版．北京：中国农业出版社，2009．

王忠贤．简明基础生物化学[M]．北京：北京农业大学出版社，1988．

吴平．植物营养分子生理学[M]．北京：科学出版社，2001．

吴显荣．基础生物化学[M]．北京：中国农业出版社，2001．

武维华．植物生理学[M]．2 版．北京：科学出版社，2008．

萧浪涛，王三根．植物生理学[M]．北京：中国农业出版社，2005．

许智宏，李家洋．2006．中国植物激素研究：过去、现在和未来[J]．植物学通报，23(5)：433 – 442．

翟中和．细胞生物学[M]．北京：高等教育出版社，2005．

赵福庚，何龙飞，罗庆云．植物逆境生理生态[M]．北京：化学工业出版社，2004．

周嘉槐．1994．植物生理学通向新农业的途径[J]．植物生理学通讯．30(2)：144 – 147．

BUCHANAN B B 等．植物生物化学与分子生物学[M]．瞿礼嘉，等译．北京：科学出版社，2004．

ABE H，URAO T，ITO T，*et al.* 2003. *Arabidopsis* AtMYC2（bHLH）and AtMYB2（MYB）function as transcriptional activators in abscisic acid signaling[J]. Plant Cell, 15: 63 – 78.

AGARWAL S, SAIRAM P K, SRIVASTAVA G C, et al. 2005. Changes in antioxidant enzymes activity and oxidative stress by abscisic acid and salicylic acid in wheat genotypes[J]. Biol Plant, 49(4): 541 – 550.

AHN Y J, ZIMMERMAN J L. 2006. Introduction of the carrot HSP17.7 into potato (Solanum tuberosum L.) enhances cellular membrane stability and tuberization in vitro[J]. Plant Cell Environ, 29: 95 – 104.

ANDREAS P M, RAINER S, 2005. Solute transporters of the plastid envelope membrane[J]. Annual Review of Plant Biology, 56: 133 – 164.

APEL K, Hirt H. 2004. Reactive oxygen species: metabolism, oxidative stress, and signal transduction[J]. Annual Review of Plant Biology, 55: 373 – 399.

BOUDSOCQ M, LAURIERE C. 2005. Osmotic signaling in plants: Multiple pathways mediated by emerging kinase families[J]. Plant Physiol, 138: 1185 – 1194.

CHINNUSAMY V, SCHUMAKER K, ZHU J K. 2004. Molecular genetic perspectives on cross-talk and specificity in abiotic stress signaling in plants[J]. J Exp Bot, 55: 225 – 236.

DEWITTE W, MURRAY J A H. 2003. The plant cell cycle[J]. Annual Review of Plant Biology, 54: 235 – 264.

DONALD E R, KATHRYN E K. 2001. How gibberellin regulates plant growth and development: a molecular genetic analysis of gibberellin signaling[J]. Annu Rev Plant Physiol Plant Mol Biol, 52: 67 – 88.

FUJIOKA S, YOKOTA T. 2003. Biosynthesis and metabolism of brassinosteroids[J]. Annual Review of Plant Biology, 54: 137 – 164.

HOPKINS WG. 1995. Introduction to Plant Physiology[M]. New York, Chichester, Brisbane, Toronto, Singapore: John Wiley & Sons, Inc.

INZE D, DE VEYLDER L. 2006. Cell cycle regulation in plant development[J]. Annu Rev Genet, 40: 77 – 105.

KHEDR A H, ABBAS M A, WAHID A A, et al. 2003. Proline induces the expression of salt-stress-responsive proteins and may improve the adaptation of Pancratium maritimum L. to salt-stress[J]. J Exp Bot, 54: 2553 – 2562.

KING RW, EVANS LT. 2003. Gibberellins and flowering of grasses and cereals: Prizing open the lid of the "Florigen" black box[J]. Annual Review of Plant Biology, 54: 307 – 328.

KOCHIAN, L V, HOEKENGA O, PINEROS, M. 2004. How do crop plants tolerate acid soils? mechanisms of aluminum tolerance and phosphorous efficiency[J]. Annual Review of Plant Biology. 55: 459 – 493.

KOH I. 2002. Acclimative response to temperature stress in higher plants: approaches of gene engineering for temperature tolerance[J]. Annual Review of Plant Biology, 53: 225 – 245.

LARKINDALE J, HALL J D, KNIGHT M R, et al. 2005. Heat stress phenotypes of Arabidopsis mutants implicate multiple signaling pathways in the acquisition of thermotolerance[J]. Plant Physiol, 138: 882 – 897.

LEHNINGER AL, DL NELSON. 1993. Principles of biochemistry[M]. 2nd ed. New York: Worth Publishers.

MALCOLM A, O'NEILL, TADASHI I, et al. 2004. Rhamnogalacturonan II: structure and function of a borate cross-linked cell wall pectic polysaccharide[J]. Annual Review of Plant Biology, 55: 109 – 139.

MALIGA P. 2004. Plastid transformation in higher plants[J]. Annual Review of Plant Biology, 55: 289 – 313.

MARTIN G B, BOGDANOVE A L. 2003. Understanding the functions of plant disease resistance proteins[J]. Annual Review of Plant Biology, 54: 23 – 61.

MOK D W S, MOK M C. 2001. Cytokinin metabolism and action[J]. Annu Rev Plant Physiol Plant Mol Biol, 52: 89 – 118.

SAKAMOTO W. 2006. Protein degradation machineries in plastids[J]. Annu Rev Plant Biol, 57: 599 – 621.

SALISBURY F B, CW ROSS. 1992. Plant Physiology[M]. Wandsworth Publishing Company Belmont, California.

SANCHEZ-BARRENA M J, MARTINEZ-RIPOLL M, Zhu J K, et al. 2005. The structure of the Arabidopsis thaliana

SOS: molecular mechanism of sensing calcium for salt stress response[J]. J Mol Biol, 345: 1253 – 1264.

SILVA J M D, ARRABACA M C. 2004. Contributions of soluble carbohydrates to the osmotic adjustment in the C_4 grass *Setaria sphacelata*: a comparison between rapidly and slowly imposed water stress [J]. J Plant Physiol, 161: 551 – 555.

SUAREZ M F, FILONOVA L H, SMERTENKO A, et al. 2004. Metacaspase depen-dent programmed cell death is essential for plant embryogenesis[J]. Curr Biol, 14: 339 – 340.

TAI P S, FRANK G. 2004. Molecular mechanism of gibberellin signaling in plants[J]. Annual Review of Plant Biology, 55: 197 – 223 .

TAIZ L, ZEIGAR E. 2006. Plant Physiology[M]4th ed. Sunderland: Sinauer Associates Inc.

TAMAS L, BUDKOVA S, HUTTOVA J, et al. 2005. Aluminum-induced cell death of barley-root border cells is correlated with peroxidase-and oxalate oxidase-mediated hydrogen peroxide production [J]. Plant Cell Rep, 24: 189 – 194.

TANG D, CHRISTIANSEN KM, INNES RW. 2005. Regulation of plant disease resistance, stress responses, cell death, and ethylene signaling in *Arabidopsis* by the EDR1 protein kinase [J]. Plant Physiol, 138: 1018 – 1026.

TATSUO K. 2003. Perception and signal transduction of cytokinins[J]. Annual Review of Plant Biology, 54: 605 – 627.

WADA M, KAGAWA T, SATO Y. 2003. Chloroplast movement[J]. Annual Review of Plant Biology, 54: 455 – 468.

WASTENEYS G O, GALWAY M E. 2003. Remodeling the cytoskeleton for growth and form: an overview with some new views[J]. Annual Review of Plant Biology, 54: 691 – 722.

WENDEHENNE D, DURNER J, et al. 2004. Nitric oxide: a new player in plant signaling and defence responses[J]. Curr Opin Plant Biol, 7: 449 – 455.

ZHU J K. 2002. Salt and drought stress signal transduction in plants [J]. Annual Review of Plant Biology, 53: 247 – 273.

ZHU J K. 2001. Plant salt tolerance[J]. Trends Plant Sci, 6 (2): 66 – 71.

附录 I　植物生理生化常见名词汉英对照

（括号内为缩写符号）

1, 1 - 二甲基哌啶鎓氯化物（助壮素）　1, 1 - dimethyl piperi-clinium chloride（Pix）

1, 3 - 二磷酸甘油酸　1, 3 - diphosphoglyceric acid（DPGA）

1 - 氨基环丙烷 - 1 - 羧酸　1 - aminocyclopropane-1-carboxylic acid（ACC）

2, 3, 5 - 三碘苯甲酸　2, 3, 5 - triiodobenzoic acid（TIBA）

2, 4, 5 - 三氯苯氧乙酸　2, 4, 5 - trichlorophenoxyacetic acid（2, 4, 5 - T）

2, 4 - 二氯苯氧乙酸　2, 4 - dichlorophenoxyacetic acid（2, 4 - D）

2 - 氯乙基膦酸（乙烯利）　2 - chloroethyl phosphonic acid（CEPA）

3′, 5′ - 磷酸二酯键　3′, 5′ - phosphodiester bond

3 - 磷酸甘油醛　3 - phosphoglyceraldehyde（GAP）

3 - 磷酸甘油酸　3 - phosphoglyceric acid（PGA）

3 - 磷酸甘油酸激酶　3 - phosphoglycerate kinase（PGAK）

4 - 碘苯氧乙酸　4 - iodophenoxyacetic acid

4 - 氯吲哚乙酸　4 - chloroindole - 3 - acetic acid（4 - Cl - IAA）

5′ - 甲硫基腺苷　5′ - methylthioadenosine（MTA）

6 - 苄基腺嘌呤　6 - benzyl adenine（BA, 6 - BA）

6 - 呋喃氨基嘌呤　N^6 - furfurylaminopurine

6 - 磷酸葡萄糖酸内酯酶　6 - phosphogluconolactonase

6 - 磷酸葡萄糖酸脱氢酶　6 - phosphogluconate dehydrogenase

6 - 磷酸葡萄糖脱氢酶　glucose - 6 - phosphate dehydrogenase

ABA 醛　ABA - aldehyde

ABC 模型　ABC model

ABCDE 模型　ABCDE model

ACC 合成酶　ACC synthase

ACC 氧化酶　ACC oxidase

ATP 合酶　ATP synthase

ATP 磷酸水解酶（ATP 酶）　ATP phosphohydrolase（ATPase）

AUX 响应基因　auxin-responds genes

C_2 光呼吸碳氧化循环（PCO 循环）　C_2 — photorespiration carbon oxidation cycle

C_3 - C_4 中间型植物　C_3 - C_4 intermediate plant

C_3 途径　C_3 pathway

C_3 光合碳还原循环　C_3 photosynthetic carbon reduction cycle

C_4 光合碳同化循环　C_4 photosynthetic carbon assimilation cycle（PCA）

C_4 - 双羧酸途径　C_4 - dicarboxylic acid pathway

C_4 途径　C_4 pathway

cAMP 特异的环核苷酸磷酸二酯酶　cAMP specific cyclic nucleotide phosphodiesterase（cAMP - PDE）

cAMP 响应元件结合蛋白　cAMP response element binding protein（CREB）

CaM 结合蛋白　calmodulin binding proteins（CaMBPs）

Chargaff 定律　Chargaff rules

CO_2 饱和点　CO_2 saturation point

CO_2 补偿点　CO_2 compensation point

DNA 重组技术　DNA recombination technology

DNA 聚合酶　DNA polymerase

D 酶　D - enzyme

Fd - NADP 还原酶　ferredoxin - $NADP^+$ reductase（FNR）

GA_{12} 醛　GA_{12} - aldehyde

G_1 期　gap_1, pre - synthetic phase

G_2 期　gap_2, post - synthetic phase

G 蛋白（GTP 结合调节蛋白）　GTP - binding regulatory protein

H^+ 泵-ATP 酶　H^+ pumping ATPase

Krebs 循环　Krebs cycle

LRR 受体激酶　leucine - rich repeat rector-like kinase（LRR RLK）

N - 丙二酰 - ACC　N - malonyl - ACC（MACC）

P/O 比值　P/O ratio

PQ 库　PQ pool

PS II 聚光复合体　PS II light - harvesting complex（LHC II）

Q 酶　Q - enzyme

RNA 聚合酶　RNA polymerase

RuBP 加氧酶　RuBP oxygenase

R 酶　R-enzyme

S - 腺苷蛋氨酸　S-adenosyl methionine（SAM）

S 期　synthetic phase

UDPG 焦磷酸化酶　UDP glucose pyrophosphorylase

α - 淀粉酶　α - amylase

α - 角蛋白　α - keratin

α - 螺旋　α - helix

α - 萘乙酸　α - naphthalene acetic acid（NAA）

α - 酮戊二酸脱氢酶复合体　α - ketogltarate dehydrogenase complex

β - 1,3 - 葡聚糖酶　β - 1,3 - glucanase

β - 淀粉酶　β - amylase

β - 回折　β - reverse

β - 羟酯酰 - ACP 脱水酶　β - hydroxyacyl - ACP dehydrase

β - 羟酯酰 - CoA 脱氢酶　β - hydroxyacyl - CoA dehydrogenase

β - 酮酯酰 - ACP 合酶　β - ketoacyl - ACP synthase

β - 酮酯酰 - ACP 还原酶　β - ketoacyl - ACP reductase

β - 酮酯酰硫解酶　β - ketoacyl - CoA thiolase

β - 弯曲　β - bend

β - 折叠　β - pleated sheet

β - 脂蛋白　β - lipoprotein

β - 转角　β - turn

γ. δ - 二氧戊酸　γ. δ - dioxovaleric acid

δ - 氨基酮戊酸（5 - 氨基酮戊酸）　δ - aminolevulinic acid（ALA）

阿司匹林　aspirin

阿魏酸　ferulic acid

矮壮素（2 - 氯乙基三甲基氯化铵）　chlorocholine chloride（CCC）

氨基酸　amino acid（AA）

氨基酸残基　amino acid residue

氨基氧乙酸　aminooxyacetic acid（AOA）

氨基乙氧基乙烯基甘氨酸　aminoethoxyvinyl glycine（AVG）

氨肽酶　aminopeptidase

胺　amine

安全含水量　safety　water content

暗反应　dark reaction

暗呼吸　dark respiration

暗形态建成　skotomorphogenesis

靶　target

白色体　leucoplast

摆动性　wobble

板块镶嵌模型　plate mosaic model

半保留复制　semiconservative replication

半不连续复制　semidiscontinuous replication

半胱氨酸　cysteine（Cys，C）

半透膜　semipermeable membrane

半纤维素　hemicellulose

半自主性细胞器　semiautonomous organelle

伴胞　companion cell

胞间层　intercellular layer

胞间连丝　plasmodesma

胞嘧啶　cytosine（Cyt，C）

胞内信号　internal signal

胞外信号　external signal

胞饮作用　pinocytosis

胞质环流　cyclosis

饱和脂肪酸　saturated fatty acid

保护层　protection layer

保护蛋白　protective protein

保卫细胞　guard cell

贝壳杉烯　ent-kaurene

背侧运动细胞　dorsal motor cell

被动吸收　passive absorption

被动吸水　passive absorb water

被动转运　passive transport

倍半萜　sesquiterpene

苯丙氨酸　phenylalanine（Phe，F）

苯丙氨酸解氨酶　phenylalanine ammonia lyase（PAL）

苯甲酸　benzoic acid

苯乙酸　phenylactic acid（PAA）

比活力　specific activity

比集运率　specific mass transfer rate（SMTR）

比久（阿拉）（二甲胺琥珀酰胺酸）　dimethyl aminosuccinamic acid（B₉）

比热容　specific heat

吡哆胺　pyridoxamine

吡哆醇　pyridoxol

吡哆醛　pyridoxal

必需元素　essential element

避冻　freezing avoidance

避免结冻温度　avoidance of freezing temperature

避免细胞内结冰　avoidance of ice intracellular freezing

避逆性　stress escape

避盐　salt avoidance

变构酶　allosteric enzyme

变性　denaturation

变性蛋白　denatured protein

变异电波　variation potential（VP）

表观光合速率　apparent photosynthetic rate

表观库强　apparent sink strength

表观量子产额　apparent quantum yield（AQY）

表面张力　surface tension

表油菜素内酯 epibrassinolide

别藻蓝蛋白 allophycocyanin

丙氨酸 alanine(Ala，A)

丙氨酸甜菜碱 alaninebetaine

丙二醛 malondiadehyde(MDA)

丙二酸单酰 CoA - ACP 转移酶 malonyl - CoA - ACP acyl-
transferase

丙糖磷酸异构酶 triose phosphate isomerase

丙酮酸 pyruvic acid(Pyr)

丙酮酸磷酸双激酶 pyruvate phosphate dikinase(PPDK)

丙酮酸脱氢酶复合体 pyruvate dehydrogenase complex

病原相关蛋白 pathogenesis related protein(PR)

病毒 virus

病害 disease injury

病原菌 disease-producing germ

病原物 pathogenetic organism

蓖麻蛋白 ricin

卟啉环 porphyrin ring

补救 salvage

补体 complement

不饱和脂肪酸 unsaturated fatty acid

不饱和脂肪酸指数 unsaturated fatty acid index(UFAI)

不对称比率 dissymmetry ratio

不对称转录 asymmetrical transcription

不可压缩性 incompressibility

薄壁细胞 parenchyma cell

菜油甾醇 campesterol

草酰乙酸 oxaloacetic acid(OAA)

侧生分生组织 lateral meristem

层积处理 stratification

长短日植物 long short day plant(LSDP)

长距离运输系统 long distance transport system

长命 mRNA long lived mRNA

长日植物 long day plant(LDP)

长夜植物 long night plant

超二级结构 super secondary structure

超分子复合体 supermolecular complex

超极化 hyperpolarizing

超螺旋 superhelix

超氧化物歧化酶 superoxide dismutase(SOD)

沉淀作用 precipitation

衬质势 matrix potential(ψm)

成花决定态 floral determinated state

成花启动 floral evocation

成花素 florigen

成花诱导(成花转变) flower induction，flowering transition

成熟 maturation

赤霉素 gibberellin(GA)

赤霉烷 gibberellane

赤藓糖 -4 -磷酸 erythrose -4 - phosphate(E4P)

重组 recombination

从头合成 *de novo* synthesis

初生壁 primary wall

贮藏蛋白 storage protein

传粉(授粉) pollination

春化素 vernalin

春化作用 vernalization

雌雄同花植物 hermaphroditic plant

雌雄同株植物 monoecious plant

雌雄异株植物 dioecious plant

迟延时间 lag time

次生壁 secondary wall

次生产物 secondary product

次生代谢物 secondary metabolite

次生分生组织 secondary meristem

刺激性单性结实 stimulative parthenocarpy

抽薹 bolting

粗糙型内质网 rough endoplasmic reticulum(RER)

初级信使(第一信使) primary messenger，first messenger

初生代谢物 primary metabolite

初生分生组织 primary meristem

催化部位 catalytic site

大量元素 macroelement，major element

大气干旱 atmosphere drought

大气圈 atmosphere

大气污染 atmosphere pollution

大气污染物 atmosphere pollutant

代谢库 metabolic sink

代谢源 metabolic source

代谢组学 metabonomics

单纯蛋白质 simple protein

单链结合蛋白 single strand binding protein(SSB)

单糖 monosaccharides

单体酶 monomeric enzyme

单萜 monoterpene

单向转运体 uniport

单性结实 parthenocarpy

单盐毒害 toxicity of single salt

胆绿素 biliverdin

蛋氨酸(甲硫氨酸) methionine(Met，M)

蛋白激酶 protein kinase(PK)

蛋白激酶 A protein kinase A(PKA)

蛋白激酶 C protein kinase C(PKC)

蛋白磷酸酶 protein phosphatase(PP)

蛋白酶 proteinase

蛋白酶抑制剂 proteinase inhibitor(PI)

蛋白质 protein

蛋白质组学 proteormics

导管 vessel

等电点 isoelectric point(pI)

等渗溶液 isoosmotic solution

低光量反应 low fluence response(LFR)

低渗溶液 hypotonic solution

滴灌 drip irrigation

底物 substrate

底物水平磷酸化 substrate – level phosphorylation

地上部衰老 top senescence

第二信使 second messenger

电信号 electrical signal

电压门控型离子通道 voltage-gated ion channel

电泳 electrophoresis

电子传递 electron transport

电子传递链 electron transport chain(ETC)

电子传递链磷酸化 electron transport chain phosphorylation

淀粉 starch

淀粉合成酶 starch synthetase

淀粉粒 starch grain

淀粉磷酸化酶(P–酶) starch phosphorylase，amylophosphorylase

淀粉体 amyloplast

淀粉–糖转化学说 starch – sugar conversion theory

丁达尔效应 Tyndall effect

顶端分生组织 apical meristem

顶端优势 apical dominance，terminal dorminance

凋亡 apoptosis

动作电波 action potential(AP)

冻害 freezing injury

豆蔻酸 myristic acid

毒蛋白 toxin

短长日植物 short long day plant(SLDP)

短距离运输系统 short distance transport system

短日春化现象 short-day vernalization

短日植物 short day plant(SDP)

短夜植物 short night plant

锻炼 hardening

堆叠区 appressed region

对数期 logarithmic phase

对香豆醇 p-coumaryl alcohol

多胺 polyamine(PA)

多酚氧化酶 polyphenol oxidase

多聚半乳糖醛酸酶 polygalacturonase(PG)

多聚核苷酸 polynucleotide

多聚核糖体 polysome

多酶复合体 multienzyme system

多糖 polysaccharides

多萜 polyterpene

垛迭 stack

二胺氧化酶 diamine oxidase

二苯脲 diphenylurea

二级结构 secondary structure

二氯苯基二甲基脲(敌草隆) dichlorophenyl dimethylures，diuron(DCMU)

二羟丙酮磷酸 dihydroxy acetone phosphate(DHAP)

二氢红花菜豆酸 dihydrophaseic acid

二氢玉米素 dihydrozeatin

二糖 diose

二酰甘油 diacylglycerol(DG，DAG)

发酵 fermentation

发色团(生色团) chromophore

发育 development

法呢基焦磷酸 farnesylpyrophosphate(FPP)

翻译 translation

反密码子 anticodon

反式肉桂酸 trans-cinnamic acid

反(异)向转运体 antiport

反向平行 antiparallel

反向转录(逆转录) reverse transcription

反应中心色素 reaction center pigment(P)

泛醌 ubiquinone(UQ)

泛酸 pantothenic acid

范德华力 Van der Waals force

放热呼吸 thermogenic respiration

放线菌素 D actinmycin D

放氧复合体 oxygen – evolving complex(OEC)

非蛋白氨基酸 nonprotein amino acid

非凋亡的细胞程序化死亡 non-apoptotic programmed

cell death

非丁(肌醇六磷酸钙镁盐，植酸钙镁盐) phytin

非堆叠区 nonappressed region

非环式光合磷酸化 noncyclic photophosphorylation

非极性氨基酸(疏水氨基酸) nonpolar amino acid

非极性尾部 nonpolar tail

非生物逆境 abiotic stress

非特异核酸酶 non – specific nuclease

非盐生植物 nonhalophyte

斐克定律 Fick's law

沸点 boiling point

分化 differentiation

分解代谢 catabolism

分裂期 mitotic stage

分生组织 meristem

分支酶 branching enzyme

分子伴侣 molecular chaperone

分子杂交 molecular hybridization

酚类 phenol

脯氨酸 proline(Pro，P)

脯氨酸羟化酶 prolylhydroxylase

脯氨酸甜菜碱 prolinebetaine

辅基 prosthetic group

辅酶 coenzyme

辅酶 A coenzymeA(CoA，CoA – SH)

辅酶 Q coenzyme Q(CoQ)

辅助因子 cofactor

腐胺 putrescine(Put)

负化学信号 negative chemical signal

负向光性 negative phototropism

负向重力性 negative gravitropism

附着力 adhesion

复合蛋白质 conjugated protein

复性 renaturation

复制 replication

复制子 replicon

复种指数 multiple crop index

副卫细胞 accessory cell

富含羟脯氨酸糖蛋白 hydroxy proline – rich glycopratein (HRGP)

腹侧运动细胞 ventral motor cell

钙调素 calmodulin(CaM)

钙依赖型蛋白激酶 calcium dependent protein kinase(CDPK)

干旱 drought

干旱逆境蛋白 drought stress protein

干旱诱导蛋白 drought induced protein

甘氨酸 glycine(Gly，G)

甘氨酸甜菜碱 glycinebetaine

甘油(glycerol)

甘油三酯 triacylglycerol(TAG)

感受刺激 stimuli perception

感温性运动 thermonasty movement

感性运动 nastic movement

感夜性运动 nyctinasty movement

感震性运动 seismonasty movement

感知 perception

干细胞 stem cell

冈崎片段 Okazaki fragment

高尔基复合体 Golgi complex

高尔基器 Golgi apparatus

高尔基体 Golgi body

高光量反应(高辐照度反应) high irradiance response(HIR)

高渗溶液 hypertonic solution

高温胁迫 high temperature stress

根冠比 root-top ratio(R/T)

根压 root pressure

共聚焦激光扫描显微镜 confocal laser scanning microscope (CLSM)

共(同)向转运体 symport

共质体 symplast

共质体途径 symplast pathway

共质体运输 symplastic transport

功能基因组学 funcational genomics

构象 conformation

构型 configuration

谷氨酸 glutamic acid(Glu，E)

谷氨酸合成酶 glutamate synthase(GOGAT)

谷氨酸脱氢酶 glutamate dehydrogenase(GDH)

谷氨酰胺 glutamine(Gln，Q)

谷胱甘肽 glutathione(GSH)

谷胱甘肽过氧化物酶 glutathione peroxidase (GPX)

谷酰胺合成酶 glutamine synthetase(GS)

固醇类 steroid

固氮酶 nitrogenase

固氮酶复合体 nitrogenase complex

固氮作用 nitrogen fixation

寡聚酶 oligomeric enzyme

寡糖 oligosaccharides，oligose

寡糖素 ol igosacchain

管胞 tracheid

光饱和点 light saturation point

光补偿点 light compensation point

光反应 light reaction

光合单位 photosynthetic unit

光合链 photosynthetic chain

光合磷酸化 photophosphorylation

光合膜 photosynthetic membrane

光合强度 intensity ofphotosynthesis

光合色素 photosynthetic pigment

光合生产力 photosynthetic productivity

光合速率 photosynthetic rate

光合有效辐射 photosynthetic active radiation(PAR)

光合作用 photosynthesis

光合作用的辅助色素 accessory photosynthetic pigments

光呼吸 photorespiration

光滑型内质网 smooth endoplasmic reticulum(SER)

光量 fluence

光量子 quantum

光量子密度 photo flux density

光敏素 phytochrome(phy)

(光敏素的)红光吸收型 red light – absorbing form(Pr)

(光敏素的)远红光吸收型 far – red light – absorbing form(Pfr)

光能利用率 efficiency for solar energy utilization(Eu)

光生物学 photobiology

光受体 phytoreceptor

光调节因子 light regulated element(LRE)

光系统 I photosystem I (PS I)

光系统 II photosystem II (PS II)

光形态建成 photomorphogenesis

光抑制 photoinhibition

光周期 photoperiod

光周期现象 photoperiodism

光周期诱导 photoperiodic induction

光子 photon

果胶 pectin

果胶物质 pectic substances

果实 fruit

果糖 – 1,6 – 二磷酸 fructose – 1,6 – biphosphate(FBP)

果糖 – 1,6 – 二磷酸磷酸酶 fructose – 1,6 – biphosphate phosphatase

果糖 – 6 – 磷酸 fructose – 6 – phosphate(F – 6 – P)

果糖二磷酸醛缩酶 fructose biphosphate aldolase

过冷点 supercooling point

过冷作用 supercooling

过敏反应 hypersensitive respone(HR)

过氧化氢酶 catalase(CAT)

过氧化物酶 peroxidase(POD)

过氧化物体 peroxisome

国际单位 international unit

含氮化合物 nitrogen – containing compound

含氮碱基 nitrogenous base

旱害 drought injury

旱生植物 xerophytes

寒害 cold injury

合成酶(连接酶) ligase

合成代谢 anabolism

合子 zygote

核苷 nucleoside

核苷单磷酸 nucleoside monophosphate(NMP)

核苷磷酸化酶 nucleoside phosphorylase

核苷酶 nucleosidase

核苷三磷酸 nucleoside triphosphate(NTP)

核苷水解酶 nucleoside hydrolase

核苷酸 nucleotide

核苷酸酶 nucleotidase

核黄素 riboflavin

核孔 nuclear pore

核酶(核糖酶) ribozyme

核膜 nuclear membrane

核仁 nucleolus

核素 nuclein

核酸 nucleic acid

核酸酶(磷酸二酯酶) nuclease

核酸内切酶 endonuclease

核酸外切酶 exonuclease

核糖 ribose

核糖 – 5 – 磷酸 ribose – 5 – phosphate(R5P)

核糖 – 5 – 磷酸差向异构酶 ribose – 5 – phosphate epimerase

核糖 – 5 – 磷酸激酶 ribose – 5 – phosphate kinase

核糖核酸 ribonucleic acid(RNA)

核糖核酸酶 ribonuclease(RNase)

核糖体 ribosome

核糖体 RNA ribosomal RNA(rRNA)

核酮糖 – 1,5 – 二磷酸 ribulose – 1,5 – bisphosphate(RuBP)

核酮糖 – 1,5 – 二磷酸羧化酶 RuBP carboxylase

核酮糖 – 1,5 – 二磷酸羧化酶/加氧酶 ribulose – 1,5 – bisphosphate carboxylase /oxygenase (Rubisco)

核酮糖 – 5 – 磷酸　ribulose – 5 – phosphate(Ru5P)

核小体　nucleosome

核心复合体　core complex

核心酶　core enzyme

横向光性　diaphototropism

横向重力性　dia gravitropism

红花菜豆酸　phaseic acid

红光　red light(R)

红降　red drop

后熟作用　after ripening

呼吸底物　respiratory substrate

呼吸链　respiratory chain

呼吸商　respiratory quotient(RQ)

呼吸速率　respiratory rate

呼吸强度　intensity of respiration

呼吸系数　respiratory coefficient

呼吸效率　respiratory ratio

呼吸跃变(呼吸峰)　respiratory climacteric

呼吸作用　respiration

胡萝卜醇　carotenol

胡萝卜素　carotene

互易法则　reciprocity law

花的发育　floral development

花粉　pollen

花粉素(孢粉素)　pollenin

花生四烯酸　arachidonic acid

花生酸　arachidic acid

花色苷　anthocyanin

花色素　anthocyanidin

花熟状态　ripeness to flower state

花芽分化　flower bud differentiation

花原基　floral primordia

化感物质　allelochemical

化学渗透学说　chemiosmotic hypothesis

化学势　chemical potential

化学试剂诱导蛋白　chemical – induced protein

化学信号　chemical signal

还原阶段　reduction phase

环割试验　girdling experiment

环境污染　environmental pollution

环鸟苷酸　cyclic GMP(cGMP)

环式光合磷酸化　cyclic photophosphorylation

环腺苷酸　cyclic AMP(cAMP)

黄化现象　etiolation

黄化症　etiolation illness

黄素脱氢酶类　flavin dehydrogenases

黄素单核苷酸　flavin mononucleotide(FMN)

黄素腺嘌呤二核苷酸　flavin adenine dinucleotide(FAD)

黄酮　flavone

黄酮醇　flavonol

黄质醛　xanthoxin

灰分　ash

灰分元素　ash element

回避反应　avoidance response

活化能　activation energy

活力单位 active unit

活体营养型　biotroph

活性部位　active site

活性氧　active oxygen

活性中心　active center

肌醇 – 1, 4, 5 – 三磷酸　inositol – 1, 4, 5 – triphosphate(IP$_3$)

肌醇磷脂　inositol phospholipid

肌动蛋白　actin

肌动蛋白纤维　actin filament

肌红蛋白　myogloin

肌球蛋白　myosin

基粒　granum

基粒类囊体　grana thylakoid

基粒片层　grana lamella

基态　ground state

基因　gene

基因表达　gene expression

基因工程　genetic engineering

基因组　genome

基质　matrix, stroma

基质类囊体　stroma thylakoid

基质片层　stroma lamella

激动素　kinetin(KT)

激发态　excited state

激活剂　activator

激素　hormone

激素受体　hormone receptor

极低光量反应　very low fluence response(VLFR)

极性　polarity

极性氨基酸(亲水氨基酸)　polar amino acid

极性头部　polar head

极性运输　polar transport

级联　cascade

集流　mass flow

己糖激酶 hexokinase

几丁质酶 chitinase

嵴 cristae

寄主 host

甲基赤藓醇磷酸途径 methylerythritol phosphate pathway

甲瓦龙酸 mevalonic acid(MVA)

甲瓦龙酸途径 mevalonic acid pathway

甲氧基 methoxyl

假单性结实 fake parthenocarpy

简单酚类 simple phenolic compound

减少自由水 absence of free water

减色效应 hypochromic effect

简并性 degeneracy

碱基堆积力 base stacking force

碱基对 base pair(bp)

碱土 alkaline soil

渐进衰老 progressive senescence

间期 interphase

降低结冰点 lowering of freezing point

交叉适应(交叉忍耐) cross adaptation, cross tolerances

交换吸附 exchange absorption

交替途径 alternative pathway

交替氧化酶 alternative oxidase

胶体 colloid

胶原蛋白 collagen

角质酶 cutinase

角质蒸腾 cuticular transpiration

结构蛋白 structural protein

结构域 structural domain

结合蛋白 binding protein

结合部位 binding site

解链酶 helicase

解链温度 melting temperature(T_m)

颉颃互作 antagonistic interaction

介电常数 dielectric constant

芥子醇 sinapyl alcohol

近似昼夜节奏 circadian rhythm

经济产量 economic yield

经济系数 economic coefficient

精氨酸 arginine(Arg, R)

精胺 spermine(Spm)

精油 essential oil

景天庚酮糖 – 1,7 – 二磷酸 sedoheptulose – 1, 7 – bisphosphate(SBP)

景天庚酮糖 – 1,7 – 二磷酸酶 sedoheptulose – 1, 7 – bisphos-

phatase

景天庚酮糖 – 7 – 磷酸 sedoheptulose – 7 – phosphate(S7P)

景天酸代谢 crassulacean acid metabolism(CAM)

净光合速率 net photosynthetic rate(Pn)

净同化率 net assimilation rate(NAR)

酒精发酵(乙醇发酵) alchol fermentation

掬焦油酸 lignoceric acid

拒盐 salt exclusion

居间分生组织 intercalary meristem

聚光色素 light – harvesting pigment

聚集反应 accumulation response

绝对长日植物 absolute long – day plant

绝对短日植物 absolute short – day plant

绝对生长速率 absolute growth rate(AGR)

卡尔文循环 Calvin cycle

咖啡酸 caffeic acid

咖啡因 caffeine

凯氏带 casparian strip

抗病性 disease resistance

抗虫性 pest resistance

抗冻性 freezing resistance

抗旱性 drought resistance

抗坏血酸 ascorbic acid, ascorbate

抗坏血酸氧化酶 ascorbic acid oxidase

抗涝性 flood resistance

抗冷性 chilling resistance

抗逆相关基因 stress resistant related gene

抗氰呼吸 cyanide resistant respiration

抗氰氧化酶 cyanide resistant oxidase(CRO)

抗热性 heat resistance

抗体 antibodies

抗性 stress resistance, hardiness

抗盐性 salt resistance

抗蒸腾剂 antitranspirant

可待因 codeine

可可碱 theobromine

可卡因(古柯碱) cocaine

可移动的启动子 mobile promoter

壳硬蛋白 sclerotin

空种皮技术 empty seed coat technique

库 sink

库强 sink strength

跨膜途径 transmembrane pathway

跨膜信号转换 transmembrane transduction

奎宁 quinine

奎宁酸 quinic acid

昆虫拒食剂 insect repellant

矿质营养 mineral nutrition

矿质元素 mineral element

扩散 diffusion

扩张蛋白 expansin

蜡 wax

蜡酸 cerotic acid

赖氨酸 lysine(Lys, K)

涝害 flood injury

蓝光受体 blue light receptor

蓝光效应 blue light effect

蓝光/紫外光 – 受体 blue/UV – A receptor

酪氨酸 tyrosine(Tyr, Y)

酪蛋白 casein

类胡萝卜素 carotenoid

类黄酮 flavonoid

类囊体 thylakoid

类萜 terpenoid

类型 I 光敏素 type I phytochrome(P I)

类型 II 光敏素 type II phytochrome(P II)

冷害 chilling injury

冷响应蛋白(冷激蛋白) cold responsive protein, cold shock protein

离层 separation layer

离区 abscission zone

离子泵 ion pump

离子交换 ion exchange

离子颉颃 ion antagonism

离子通道 ion channel

栗甾酮 typhasterol

联合脱氨基作用 transdeamination

连续体 continuum

两极光周期植物 ambiphotoperiodic plant

两性电解质 ampholyte

两性离子(兼性离子或偶极离子) dipolar ion

亮氨酸 leucine(Leu, L)

量子产额 quantum yield

量子效率 quantum efficiency

量子需要量 quantum requirement

裂合酶 lyase

肋状区 rib zone(RZ)

临界暗期 critical dark period

临界浓度 critical concentration

临界日长 critical daylength

临界夜长 critical night length

邻近细胞 neighbouring cell

磷酸 phosphate(Pi)

磷酸吡哆胺 pyridoxamine phosphate(PMP)

磷酸吡哆醛 pyridoxal phosphate(PLP)

磷酸丙糖 triose phosphate(TP)

磷酸单酯酶 phosphomonoesterase

磷酸果糖激酶 phosphate fructose kinase(PFK)

磷酸核糖异构酶 phosphoriboisomerase

磷酸己糖支路 hexose monophosphate pathway shunt (HMP, HMS)

磷酸解 phosphorolysis

磷酸葡萄糖异构酶 glucose phosphate isomerase

磷酸酮糖酶 phosphoketolase

磷酸戊糖途径 pentose phosphate pathway(PPP)

磷酸戊酮糖表异构酶 phosphoketopentose epimerase

磷酸烯醇式丙酮酸 phosphoenol pyruvate(PEP)

磷酸烯醇式丙酮酸羧化酶 phosphoenol pyruvate carboxylase (PEPC)

磷酸脂酶 C phospholipase C(PLC)

磷酸运转器 phosphate translocator

磷脂 phosphoglycerides, phospholipid

磷脂酸 phosphatidyl acid

磷酯酰胆碱(卵磷脂) phosphatidyl choline

磷酯酰肌醇 phosphatidyl inositol(PI)

磷酯酰丝氨酸 phosphatidylserine

磷酯酰乙醇胺(脑磷脂) phosphatidyl ethanolamine

流动镶嵌模型 fluid mosaic model

硫胺素 thiamine

硫胺素焦磷酸 thiamine pyrophosphate(TPP)

硫酯酶 thioesterase

绿色荧光蛋白 green fluorescent protein(GFP)

绿原酸 chlorogenic acid

氯丁唑(PP333) paclobutrazol

氯化三苯基四氮唑 2,3,5 – triphenyltertazdiumehloride(TTC)

氯化铯密度梯度离心 CsCl density gradient centrifugation

卵清蛋白 ovalbumin

马来酰肼 maleic hydrazide(MH)

吗啡 morphine

麦醇溶蛋白 gliadin

麦芽糖酶 maltase

漫灌 wild flooding irrigation

莽草酸　shikimic acid

莽草酸途径　shikimic acid pathway

酶　enzyme

酶蛋白　apoenzyme

酶–底物复合物　enzyme–substrate complex(ES)

酶活力(酶活性)　enzyme activity

酶学手册　Enzyme Handbook

酶学委员会　Enzyme Commission

泌盐　salt secretion

嘧啶碱　pyrimidine bases(Py)

萌发　germination

锰聚集体　Mn cluster

模板链(反义链)　antisense strand

膜动转运　cytosis

膜间空间　intermembrane space

膜结构蛋白　membrane structure protein

膜片钳　patch clamp(PC)

膜脂过氧化作用　membrane lipid peroxidation

末端氧化酶　terminal oxidase

茉莉酸　jasmonic acid(JA)

茉莉酸甲酯　methyl jasmonate(JA-Me)

木瓜蛋白酶　papain

木葡聚糖内转化糖基化酶　xyloglucan endotransglycosylase(XET)

木酮糖–5–磷酸　xylulose–5–phosphate(Xu5P)

木质部　xylem

木质素　lignin

目的基因　objective gene

没食子酸　gallic acid

耐冻　freezing tolerance

耐逆性　stress tolerance

耐胁变性　strain tolerance

耐盐　salt tolerance

萘基邻氨甲酰苯甲酸　naphthyphthalamic acid(NPA)

内聚力　cohesion

内聚力学说　cohesion theory

内膜　endomembrane, inner membrane

内膜系统　endomembrane system

内吞　endocytosis

内向 K^+ 通道　inward k^+ channel

内质网　endoplasmic reticulum(ER)

尼古丁　nicotine

尼克酸(烟酸)　nicotinic acid, niacin

尼克酰胺(烟酰胺)　nicotinamide

拟核体　nucleoid

拟南芥反应调节因子　arabidopsis response regulator(ARR)

拟南芥组氨酸激酶　arabidopsis histidine kinase(AHK)

拟南芥组氨酸磷酸转运蛋白　arabidopsis histidine – phospho-transfer protein(AHP)

逆境　environmental stress, stress

逆境蛋白　stress proteins

逆境组合　stress combination

鸟苷二磷酸葡萄糖　guanosine diphosphate glucose(GDPG)

鸟嘌呤　guanine(Gua, G)

尿苷二磷酸葡萄糖　uridine diphosphate glucose(UDPG)

尿嘧啶　uracil(Ura, U)

脲酶　urease

柠檬油精　limonene

柠檬酸合成酶　citrate synthetase

柠檬酸循环　citric acid cycle

凝集素　lectin

凝胶　gel

凝胶作用　gelation

偶联因子　coupling factor(CF)

排盐　salt excretion

培养基　medium

胚　embryo

胚乳　endosperm

胚胎发生　embryogenesis

胚胎发芽　viviparous germination

胚胎发育晚期丰富蛋白　late embryogenesis abundant protein(LEA)

胚状体　embryoid

配体门控型离子通道　ligand – gated ion channel

喷灌　spray irrigation

膨压　turgor pressure

膨压素　turgorin

膨压运动(紧张性运动)　turgor movement

皮孔蒸腾　lenticular transpiration

偏摩尔体积　partial molar volume

偏上性　epinasty

偏下性　hyponasty

胼胝质　callose

嘌呤碱　purine bases(Pu)

平衡溶液　balanced solution

苹果酸　malic acid(Mal)

苹果酸代谢学说　malate metabolism theory

苹果酸合成酶　malate synthase

苹果酸脱氢酶　malic acid dehydrogenase

葡萄糖－1－磷酸　glucose－1－phosphate(G－1－P)

葡萄糖－6－磷酸　glucose－6－phosphate(G－6－P)

启动子　promoter

起始　initiation

起始密码　initiation codon

气孔　stoma

气孔复合体　stomatal complex

气孔运动　stomatal movemnt

气孔蒸腾　stomatal transpiration

气腔网络　air space network

气穴　cavitation

气化热　vaporization heat

前质体　proplastid

强迫休眠　force dormancy

亲和性　compatibility

亲水性　hydrophilic nature

氢键　hydrogen bond

氰钴胺素　cyanocobalamine

秋水仙碱　colchicine

巯基假说　sulfhydryl group hypothesis

巯基乙醇　β－mercaptoethanol(β－ME)

羟腈裂解酶　hydroxynitrile lyase

区域化　compartmentation

去镁叶绿素　pheophytin(Pheo)

全蛋白质　holoprotein

全酶　holoenzyme

醛缩酶　aldolase

群体效应　group effect

染色体　chromosome

染色质　chromatin

热害　heat injury

热休克蛋白(热激蛋白)　heat shock protein(HSP)

人工种子　artificial seed

韧皮部　phloem

韧皮部卸出　phloem unloading

韧皮部装载　phloem loading

韧皮蛋白　phloem protein

日中性植物　day neutral plant(DNP)

溶胶　sol

溶胶作用　solation

溶酶体　lysosome

溶液培养法　solution culture method

溶质势　solute potential(ψs)

熔点　melting point

肉桂酸　cinnamic acid

肉质植物　succulent plant

乳酸　lactate

乳酸发酵　lactate fermentation

乳酸脱氢酶　lactate dehydrogerase

软脂酸(棕榈酸)　palmitic acid

三重反应　triple response

三碘苯甲酸　2, 3, 5－triiodobenzoic acid(TIBA)

三级结构　tertiary structure

三联体密码(密码子)　codon

三十烷醇　triacontanol

三羧酸循环　tricarboxylic acid cycle(TCAC)

色氨酸　tryptophane (Trp, W)

沙培法　sand culture method

筛板　sieve plate

筛管　sieve tube

筛管分子　sieve element(SE)

筛管分子－伴胞复合体　sieve element－companion cell complex(SE-CC)

筛孔　sieve pore

筛域　sieve area

山萮酸　behenic acid

上限　asymptote

伤害乙烯　injury ethylene

伤呼吸　wound respiration

伤流　bleeding

伤流液　bleeding sap

蛇毒　snake venom

蛇毒磷酸二酯酶　venom phosphodiesterase

伸展蛋白　extensin

渗调蛋白(渗压素)　osmotin

渗透势　osmotic potential(ψπ)

渗透调节　osmotic adjustment, osmoregulation

渗透吸水　osmotic absorption of water

渗透胁迫　osmotic stress

渗透作用　osmosis

生理干旱　physiological drought

生理碱性盐　physiologically alkaline salt

生理酸性盐　physiologically acid salt

生理中性盐　physiologically neutral salt

生理休眠　physiological dormancy

生理需水　physiological water requirement

生理钟　physiological clock

生命周期　life cycle

生氰苷　cyanogenic glycoside

生态抗性　ecological resistance

生态需水　ecological water requirement

生物测定法　bioassay

生物产量　biomass

生物大分子 biomacromolecule

生物分子 biomolecule

生物固氮　biological nitrogen fixation

生物化学　biochemistry

生物碱　alkaloid

生物膜　biomembrane

生物膜系统(微膜系统)　biomembrance system

生物素　biotin

生物素羧基载体蛋白　biotin carboxyl carrier protein(BCCP)

生物氧化 biological oxidation

生物逆境　biotic stress

生物钟 biological clock

生长　growth

生长促进剂　growth promoter

生长大周期　grand period of growth

生长的季节周期性　seasonal periodicity of growth

生长的周期性　growth periodicity

生长激素　growth hormone

生长曲线　growth curve

生长素　auxin

生长素结合蛋白　auxin-binding protein(ABP)

生长素梯度学说　auxin gradient theory

生长协调最适温度　growth coordinate temperature

生长性运动　growth movement

生长延缓剂　growth retardant

生长抑制剂　growth inhibitor

生殖生长　reproductive growth

尸胺　cadaverine(Cad)

时间因素　time factor

湿害　waterlogging

适应性　adaptability

噬菌体　bacteriophage

松柏醇　coniferyl alcohol

松节油　turpentine

收敛剂　astringency

收缩蛋白　contractile protein

受体　receptor

输导组织　conducting tissue

束缚能　bound energy

束缚水　bound water

束缚型 GA　conjugated gibberellin

束缚型生长素　bound auxin

衰老　senescence

衰老期　senescence phase

衰老上调基因　senescence up-regulated gene(SUG)

衰老下调基因　senescence down-regulated gene(SDG)

衰老相关基因　senescence associated gene(SAG)

双光增益效应(爱默生效应)　enhancement effect, Emerson effect

双螺旋　double helix

双受精　double fertilization

双香豆素　dicumarol

双向运输　bidirectional transport

双信号系统　double signals system

双重日长　dual daylight

水的传导率　hydraulic conductivity

水分代谢　water metabolism

水分过多　water excess

水分亏缺　water deficit

水分临界期　critical period of water

水分胁迫　water stress

水分子裂解　water splitting

水合补偿点　hydration compensation point

水合作用　hydration

水解酶　hydrolase

水孔　hydathode

水孔蛋白 aquaporin(AQP)

水培法　water culture method

水流 water mass flow

水圈 hydrosphere

水生植物　hydrophytes

水势　water potential(ψw)

水势梯度　water potential gradient

水体污染 water pollution

水体污染物　water pollutant

水通道 water channel

水信号　hydraulic signal

水压　hydraustatic pressure

水杨酸　salicylic acid(SA)

穗发芽(穗萌)　preharvest sprouting

顺乌头酸酶　cis-aconitase

丝氨酸　serine(Ser, S)

丝蛋白　fibroin

丝状亚基　fibrous subunits

四级结构　quaternary structure

四氢吡喃苄基腺嘌呤（多氯苯甲酸）　tetrahydropyranyl benzyladenine（PBA）

四氢叶酸　tetrahydrofolic acid（THFA，FH_4）

死体营养型　necrotroph

苏氨酸　threonine（Thr，T）

塑性胁变　plastic strain

酸雨　acid rain

酸生长理论　acid growth theory

随后链　lagging strand

顺应　acclimation

羧化阶段　carboxylation phase

羧化效率　carboxylation efficiency（CE）

羧肽酶　carboxypeptidase

锁钥学说　lock and key theory

胎萌现象　vivipary

肽　peptide

肽键　peptide bond

肽链内切酶　endopeptidase

肽链外切酶（肽链端解酶）　exopeptidase

肽酶　peptidase

太阳追踪　solar tracking

弹性　elasticity

弹性胁变　elastic strain

碳水化合物　carbohydrate

碳同化作用　carbon assimilation

糖蛋白　glycoprotein

糖的异生作用　gluconeogenesis

糖苷酶　glycosidase

糖酵解　glycolysis，EMP pathway（EMP）

糖异生途径　gluconeogenic pathway

糖原　glycogen

特异性（专一性）　specificity

天冬氨酸　aspartic acid（Asp，D）

天冬氨酸氨基转移酶　aspartate amino transferase（AAT）

天冬酰胺　asparagine（Asn，N）

天然化合物　natural product

天然单性结实　natural parthenocarpy

天线色素　antenna pigment

甜菜碱　betaine

甜土植物（淡土植物）　glycophyte

田间持水量　field moisture capacity

萜类　terpene

铁硫蛋白类　iron-sulfur proteins

铁氧还蛋白　ferredoxin（Fd）

同多糖　homopolysaccharides

同工蛋白　protein isoform

同工酶　isozyme

同化力（还原力）　assimilatory power，reducing power

同化物的再分配和再利用　redistribution and reutilization of assimilate

同化物运输　assimilate transportation

同化作用　assimilation

同义密码子　synonym codon

同源异型基因　homeotic gene

透析　dialysis

土壤干旱　soil drought

土壤污染　soil pollution

土壤污染物　soil pollutant

土壤 - 植物 - 大气连续体　soil-plant-atmosphere continuum（SPAC）

吐水　guttation

脱氨基作用　deamination

脱春化作用（去春化作用）　devernalization

脱分化　dedifferentiation

脱辅基蛋白　apoprotein

脱落　abscission

脱落素 II　abscisin II

脱落衰老　deciduous senescence

脱落酸　abscisic acid（ABA）

脱羧基作用　decarboxylation

脱羧酶　decarboxylase

脱位　dislocalte

脱氧核糖　deoxyribose

脱氧核糖核酸　deoxyribonucleic acid（DNA）

脱氧核糖核酸酶　deoxyribonuclease（DNase）

脱氧核酶　deoxyribozyme（DNAzyme）

脱支酶　debranching enzyme

外连丝　ectodesmate

外膜　outer membrane

外排　exocytosis

外植体　explant

完熟　ripening

顽拗性种子　recalcitrant seed

晚材　late wood

晚期基因（次级反应基因）　late gene，secondary response gene

网络 network

微管 microtubule

微管蛋白 tubulin

微灌 micro-irrigation

微梁系统 microtrabecular system

微量元素 microelement, minor element, trace element

微膜系统 micro-membrane system

微球系统 microsphere system

微丝 microfilament

微体 microbody

微纤丝 microfibrils

微注射法 microinjection technique

维管束 vascular bundle

维管束鞘细胞 bundle sheath cell(BSC)

维生素 vitamin

萎蔫 wilting

温度胁迫 temperature stress

温周期性 thermoperiodicity

无规卷曲 nonregular coil

无机离子泵学说 inorganic ion pump theory

无丝分裂 amitosis

无土栽培 soilless culture

无限生长 indeterminate growth

无氧呼吸 anaerobic respiration

无籽果实 seedless fruit

戊糖 pentose

午休现象 midday depression

物候期 phenological period

物理信号 physical signal

吸光率 absorbance

吸收光谱 absorption spectrum

吸胀吸水 imbibing adsorption of water

吸胀作用 imbibition

烯醇化酶 enolase

烯酯酰 – ACP 还原酶 enoyl-ACP reductase

烯酯酰 – CoA 水合酶 enoyl-CoA hydratase

稀盐 salt dilution

习惯名称 recommended name

系统名称 systematic name

系统素 systemin

细胞板 cell plate

细胞壁 cell wall

细胞程序化死亡 programmed cell death(PCD)

细胞繁殖 cell reproduction

细胞分化 cell differentiation

细胞分裂素 cytokinin(CTK, CK)

细胞分裂素氧化酶 cytokinin oxidase

细胞骨架 cytoskeleton

细胞骨架系统（微梁系统） cytoskeleton system

细胞核 nucleus

细胞坏死 necrosis

细胞浆 cytosol

细胞膜 cell membrane

细胞器 cell organelle

细胞全能性 totipotency

细胞色素 cytochrome(Cyt), cellular pigment

细胞色素 b_6/f 复合体 cytochrome b_6/f complex(Cytb_6/f)

细胞衰老 cellular aging

细胞液 cell sap

细胞质 cytoplasm

细胞质基质 cytoplasmic matrix, cytomatrix

细胞质渗透物质 cytoplasmic osmoticum

细胞周期 cell cycle

细胞周期蛋白 cyclin

细菌叶绿素 bacteriochlorophyll

先导链 leading strand

陷阱 trap

纤维素 cellulose

纤维素合成酶 cellulose synthetase

纤维素酶 cellulase

线粒体 mitochondrion

限制性内切酶（限制酶） restriction endonuclease(restriction enzyme)

腺苷二磷酸 adenosine diphosphate(ADP)

腺苷二磷酸葡萄糖 adenosine diphosphate glucose(ADPG)

腺苷三磷酸 adenosine triphosphate(ATP)

腺苷三磷酸酶 adenosine triphosphatase(ATPase)

腺苷酸 adenosine monophosphate(AMP)

腺嘌呤 adenine(Ade, A)

相对生长速率 relative rowth rate(RGR)

相对自由空间 relative free space(RFS)

相关性 correlation

相互竞争 allelospoly

相生相克 allelopathy

香豆酸 coumaric acid

香豆素 coumarin

香叶烯 myrcene

橡胶 rubber

向触性 thigmotropism

向光素 phototropin(phot)

向光性 phototropism

向化性 chemotropism

向水性 hydrotrpism

向性运动 tropic movement

向重力性 gravitropism

硝酸还原酶 nitrate reductase(NR)

小孔扩散律 small opening diffusion law

小球菌核酸酶 micrococcal nuclease

协同互作 synergistic interaction

协同作用 synergistic action

胁变 strain

胁变可逆性 strain reversibility

胁变修复 strain repair

缬氨酸 valine(Val,V)

新陈代谢 metabolism

信号肽 signal

信号肽 signal peptide

信号序列 signal sequence

信号转导 signal transduction

信使 RNA messenger RNA(mRNA)

信息 information

信息素 aggregation pheromone

信息体 informosome

形态建成(形态发生) morphogenesis

性别分化 sex differentiation

胸腺嘧啶 thymine(Thy,T)

臭氧 ozone(O_3)

休眠 dormancy

休眠期 dormancy stage

休眠素 dormin

需暗种子 dark seed

需光种子 light seed

需水量 water requirement

旋转酶 gyrase

血红蛋白 hemoglobin

血蓝蛋白 hemocyanin

血清清蛋白 serum albumin

蚜虫吻刺法 aphid stylet method

压力流动学说 pressure flow hypothesis

压力势 pressure potential(ψp)

芽休眠 bud dormancy

亚胺环己酮 cycloheximide

亚精胺 spermidine(Spd)

亚麻酸 linolenic acid

亚微结构 submicroscopic structure

亚硝酸还原酶 nitrite reductase(NiR)

亚油酸 linoleic acid

燕麦胚芽鞘弯曲试验法 Avena curvature test

烟酰胺脱氢酶类 nicotinamine dehydrogenases

烟酰胺腺嘌呤二核苷酸 nicotinamide adenine dinucleotide(NAD)

烟酰胺腺嘌呤二核苷酸磷酸 nicotinamide adenine dinucleotide phosphate(NADP)

岩石圈 lithosphere

延长 elongation

盐害 salt injury

盐碱土 saline and alkaline soil

盐囊泡 salt bladder

盐逆境蛋白 salt-stress protein

盐生植物 halphyte

盐土 saline soil

盐腺 salt gland

厌氧蛋白 anaerobic protein

厌氧多肽 anaerobic polypeptide

喜光植物 sun plant

氧化还原酶 oxidoreductase

氧化磷酸化作用 oxidative phosphorylation

叶黄素 xanthophyll

叶绿醇(植醇) phytol

叶绿素 chlorophyll

叶绿体 chloroplast

叶绿体被膜 chloroplast envelope

叶面积比 leaf area ratio(LAR)

叶面积系数 leaf area index(LAI)

叶面营养 foliar nutrition

叶肉细胞 mesophyll cell(MC)

叶酸 folic acid

叶镶嵌 leaf mosaic

液晶态 liquid crystalline state

液泡膜 tonoplast

一级结构 primary structure

胰岛素 insulin

依赖细胞周期蛋白的蛋白激酶 cyclin-dependent protein kinase(CDK)

移码 frame shift

移位 translocation

抑霉剂 fungistat

抑制剂 inhibitor

遗传抗性 inheritance resistance

遗传信息表达系统(微球系统) genetic expression system

乙醇酸 glycolic acid

乙醇酸氧化酶 glycolate oxidase

乙醛酸循环 glyoxylate cycle

乙醛酸循环体 glyoxysome

乙烯 ethylene(ET, ETH)

乙烯利 ethrel

乙酰 CoA – ACP 酯酰基转移酶 acetyl – CoA – ACP acyltransferase

乙酰辅酶 A 羧化酶 acetyl-CoA carboxylase

乙酰水杨酸 acetylsalicylic acid

异构酶 isomerase

异花授粉 allogamy

异化作用 disassimilation

异亮氨酸 isoleucine(Ile, I)

异柠檬酸裂解酶 isocitrate lyase

异柠檬酸脱氢酶 isocitrate dehydrogenase

异类黄酮 isoflavonoid

异戊二烯 isoprene

异戊间二烯化合物 isoprenoid

异戊烯焦磷酸 isopentenyl pyrophosphate(iPP)

异戊烯基腺苷 isopentenyl adenosine(iPA)

异戊烯基腺嘌呤 isopentenyladenine(iP)

异戊烯基转移酶 isopentenyl tansferase

耐阴植物 shade plant

引发体 primosome

引物酶 primase

吲哚丙酸 indole propionic acid(IPA)

吲哚丁酸 indole butyric acid, indole – 3 – butyric cid(IBA)

吲哚乙酸 indole – 3 – acetic acid(IAA)

吲哚乙酸氧化酶 IAA oxidase

隐花色素 cryptochrome(cry)

茚三酮反应 ninhydrin reaction

应激激素(胁迫激素) stress hormone

应激乙烯(逆境乙烯) stress ethylene

营养生长 vegetative growth

营养转移 nutrient diversion

硬脂酸 atearic acid

永久萎蔫 permanent wilting

永久萎蔫系数 permanent wilting coefficient

油 oil

油菜素 brassin

油菜素内酯 brassinolide(BR)

油酸 oleic acid

游离型生长素 free auxin

有机物代谢 metabolism of organic compound

有色体 chromoplast

有丝分裂 mitosis

有丝分裂原活化蛋白激酶 mitogen activated protein kinase(MAPK)

有限生长 determinate growth

有氧呼吸 aerobic respiration

有义链 sense strand

有益元素 beneficial element

幼年期 juvenile phase

诱导契合 induced fit

鱼藤酮 rotenone

玉米赤霉烯酮 zearalenone

玉米醇溶蛋白 zein

玉米黄质 zeaxanthin

玉米素 zeatin(Z, ZT)

玉米素核苷 zeatin riboside

御逆性 stress avoidance

御胁变性 strain avoidance

愈伤组织 callus

原初电子供体 primary electron donor(D)

原初电子受体 primary electron acceptor(A)

原初反应 primary reaction

原初转录产物 primary transcript

原儿茶酸 protocatechuic acid

原果胶 protopectin

原核生物 prokaryote

原核细胞 prokaryotic cell

原生质 protoplasm

原生质体 protoplast

原套 tunica

原体 corpus

源 source

源 – 库单位 source-sink unit

源强 source strength

远红光 far red light(FR)

月桂酸 lauric acid

运动反应 motor response

运输蛋白(传递蛋白) transport protein

运转器 translocator

杂多糖 heteropolysaccharides

杂交分子 hybrid duplexes

载体 carrier, vector

甾醇　sterol

再春化现象　revernalization

再分化　redifferentiation

再生阶段　regeneration phase

再生作用　regeneration

暂时萎蔫　temporary wilting

张力控制型离子通道　stretch-activated ion channel

早材　early wood

早期基因(初级反应基因)early gene，primary response gene

早熟发芽　precocious germination

藻胆蛋白　phycobilprotein

藻胆素　phycobilin

藻红蛋白　phycoerythrin

藻蓝蛋白　phycocyanin

增色效应　hyperchromic effect

黏性　viscosity

折叠酶　foldase

蔗糖合成酶　sucrose synthetase

蔗糖磷酸合成酶　sucrose phosphate synthase(SPSase)

蔗糖酶　sucrase

真核生物　eukaryote

真核细胞　eukaryotic cell

真正光合速率　true photosynthetic rate

蒸发　vaporization

蒸腾比率　transpiration ratio

蒸腾拉力　transpirational pull

蒸腾流 - 内聚力 - 张力学说　transpiration-cohesion-tension theory

蒸腾速率　transpiration rate

蒸腾系数　transpiration coefficent

蒸腾效率　transpiration efficiency

蒸腾作用　transpiration

整体衰老　overall senescence

整形素　morphactin

振幅　amplitude

正化学信号　positive chemical signal

正向光性　positive phototropism

正向重力性　positive gravitropism

脂　fat

脂肪酶(脂酶)　lipase

脂肪酸　fatty acid(FA)

脂肪酸合成酶系　fatty aicd synthase system(FAS)

脂类　lipids

酯酰 - CoA 脱氢酶　acyl - CoA dehydrogenase

酯酰基载体蛋白　acyl carrier protein(ACP)

脂氧合酶　lipoxygenase(LOX)

脂质球(亲锇颗粒)　osmiophilic droplet

直线期　linear phase

植保素　phytoalexin

植物激素　plant hormone，phytohormone

植物逆境生理　plant stress physiology

植物生长调节剂　plant growth regulator

植物生长物质　plant growth substance

植物生理生化　plant physiology and biochemistry

植物生理学　plant physiology

植物运动　plant movement

质壁分离　plasmolysis

质壁分离复原　deplasmolysis

质粒　plasmid

质膜　plasma membrane

质体　plastid

质体醌　plastoquinone(PQ)

质体蓝素　plastocyanin(PC)

质体小球　plastoglobulus

质外体　apoplast

质外体途径　apoplast pathway

质外体运输　apoplastic transport

质子动力势　proton motive force (pmf)

中间纤维　intermediate filament

中胶层(胞间层)　middle lame11a

中日性植物　intermediate - day plant

中生植物　mesophytes

中心代谢途径(无定向代谢途径)　central metabolic(pathway，amphibolic pathway)

中心法则　central dogma

中央区　central zone(CZ)

中央液泡　central vacuole

终止　termination

终止密码　termination codon

终止因子(释放因子)　termination factor(TF)，release factor(RF)

终止子　terminator

种间化学物质　alleochemics

种子活力　seed vigor

种子生活力　seed viability

种子寿命　seed longevity

昼夜周期性　daily periodicity

周期时间　time of cycle

周缘区　peripheral zone(PZ)

主动吸收　active absorption

主动吸水 active absorb water

主动转运 active transport

转氨酶 transaminase

转化 transformation

转化酶 invertase

转录 transcription

转录后加工 post-transcription processing

转录因子 transcription factor

转染 transfection

转酮酶 transketolase

转移 RNA transfer RNA(tRNA)

转移酶 transferase

转移细胞 transfer cells(TC)

转运肽 transit peptide

紫杉醇 taxol

紫外光 – B 受体 UV-B receptor

紫外线诱导蛋白 UV-induced protein(UVP)

自花授粉 self-pollination

自交不亲和性 self incompatibility(SI)

自交不育 self-infertility

自养生物 autotroph

自由基 free radical

自由能 free energy

自由水 free water

自主调节 autonomous regulation

棕榈油酸 palmitoleic acid

总光合速率 gross photosyntheticrate

组氨酸 histidine(His, H)

组织培养 tissue culture

组织原细胞 initial cell

最适温度 optimum temperature

附录Ⅱ 植物生理生化常见名词英汉对照

(括号内为缩写符号)

1, 1 – dimethyl pipericlinium chloride（Pix） 1, 1 – 二甲基哌啶
鎓氯化物（助壮素）

1, 3 – diphosphoglyceric acid（DPGA） 1, 3 – 二磷酸甘油酸

1 – aminocyclopropane – 1 – carboxylic acid（ACC） 1 – 氨基环
丙烷 – 1 – 羧酸

2, 3, 5 – triiodobenzoic acid（TIBA） 2, 3, 5 – 三碘苯甲酸

2, 3, 5 – triphenyltertazdiumehloride（TTC） 氯化三苯基四氮唑

2, 4 – dichlorophenoxyacetic acid（2, 4 – D） 2, 4 – 二氯苯氧
乙酸

2, 4, 5 – T 2, 4, 5 – trichlorophenoxyacetic acid

2 – chloroethyl phosphonic acid（CEPA） 2 – 氯乙基膦酸（乙烯利）

3′, 5′ – phosphodiester bond 3′, 5′ – 磷酸二酯键

3 – phosphoglyceraldehyde（GAP） 3 – 磷酸甘油醛

3 – phosphoglycerate kinase（PGAK） 3 – 磷酸甘油酸激酶

3 – phosphoglyceric acid（PGA） 3 – 磷酸甘油酸

4 – chloroindole – 3 – acetic acid（4 – Cl – IAA） 4 – 氯吲哚
乙酸

4 – iodophenoxyacetic acid 4 – 碘苯氧乙酸

5′ – methylthioadenosine（MTA） 5′ – 甲硫基腺苷

6 – benzyl adenine（BA，6 – BA） 6 – 苄基腺嘌呤

6 – phosphogluconate dehydrogenase 6 – 磷酸葡萄糖酸脱氢酶

6 – phosphogluconolactonase 6 – 磷酸葡萄糖酸内酯酶

ABA – aldehyde ABA 醛

ABC model ABC 模型

ABCDE model ABCDE 模型

abiotic stress 非生物逆境

abscisic acid（ABA） 脱落酸

abscisin Ⅱ 脱落素Ⅱ

abscission 脱落

abscission zone 离区

absence of free water 减少自由水

absolute growth rate（AGR） 绝对生长速率

absolute long-day plant 绝对长日植物

absolute short-day plant 绝对短日植物

absorbance 吸光率

absorption spectrum 吸收光谱

ACC oxidase ACC 氧化酶

ACC synthase ACC 合成酶

accessory cell 副卫细胞

accessory photosynthetic pigments 光合作用的辅助色素

acclimation 顺应

accumulation response 聚集反应

acetyl – CoA carboxylase 乙酰辅酶 A 羧化酶

acetyl – CoA – ACP acyltransferase 乙酰 CoA – ACP 酯酰基转
移酶

acetylsalicylic acid 乙酰水杨酸

acid growth theory 酸生长理论

acid rain 酸雨

actin 肌动蛋白

actin filament 肌动蛋白纤维

actinmycin D 放线菌素 D

action potential（AP） 动作电波

activation energy 活化能

activator 激活剂

active absorb water 主动吸水

active absorption 主动吸收

active center 活性中心

active oxygen 活性氧

active site 活性部位

active transport 主动转运

active unit 活力单位

acyl carrier protein（ACP） 酯酰基载体蛋白

acyl – CoA dehydrogenase 酯酰 – CoA 脱氢酶

adaptability 适应性

adenine（Ade，A） 腺嘌呤

adenosine diphosphate（ADP）腺苷二磷酸

adenosine diphosphate glucose（ADPG）腺苷二磷酸葡萄糖

adenosine monophosphate（AMP）腺苷酸

adenosine triphosphatase（ATPase） 腺苷三磷酸酶

adenosine triphosphate（ATP）腺苷三磷酸

adhesion 附着力

aerobic respiration 有氧呼吸

afterripening 后熟作用

aggregation pheromone 信息素

air space network 气腔网络

alanine(Ala，A) 丙氨酸

alaninebetaine 丙氨酸甜菜碱

alchol fermentation 酒精发酵(乙醇发酵)

aldolase 醛缩酶

alkaline soil 碱土

alkaloid 生物碱

allelochemical 化感物质

allelopathy 相生相克

allelospoly 相互竞争

alleochemics 种间化学物质

allogamy 异花授粉

allophycocyanin 别藻蓝蛋白

allosteric enzyme 变构酶

alternative oxidase 交替氧化酶

alternative pathway 交替途径

ambiphotoperiodic plant 两极光周期植物

amine 胺

amino acid(AA) 氨基酸

amino acid residue 氨基酸残基

aminoethoxyvinyl glycine(AVG) 氨基乙氧基乙烯基甘氨酸

aminooxyacetic acid(AOA) 氨基氧乙酸

aminopeptidase 氨肽酶

amitosis 无丝分裂

ampholyte 两性电解质

amplitude 振幅

amyloplast 淀粉体

anabolism 合成代谢

anaerobic polypeptide 厌氧多肽

anaerobic protein 厌氧蛋白

anaerobic respiration 无氧呼吸

antagonistic interaction 颉颃互作

antennapigment 天线色素

anthocyanidin 花色素

anthocyanin 花色苷

antibodies 抗体

anticodon 反密码子

antiparallel 反向平行

antiport 反(异)向转运体

antisense strand 模板链(反义链)

antitranspirant 抗蒸腾剂

aphid stylet method 蚜虫吻刺法

apical dominance，terminal dorminance 顶端优势

apical meristem 顶端分生组织

apoenzyme 酶蛋白

apoplast 质外体

apoplast pathway 质外体途径

apoplastic transport 质外体运输

apoprotein 脱辅基蛋白

apoptosis 凋亡

apparent photosynthetic rate 表观光合速率

apparent quantum yield(AQY) 表观量子产额

apparent sink strength 表观库强

appressed region 堆叠区

aquaporin（AQP） 水孔蛋白

arabidopsis histidine kinase(AHK) 拟南芥组氨酸激酶

arabidopsis histidine - phosphotransfer protein(AHP) 拟南芥组氨酸磷酸转运蛋白

arabidopsis response regulator(ARR) 拟南芥反应调节因子

arachidic acid 花生酸

arachidonic acid 花生四烯酸

arginine(Arg，R) 精氨酸

artificial seed 人工种子

ascorbic acid，ascorbate 抗坏血酸

ascorbic acid oxidase 抗坏血酸氧化酶

ash 灰分

ash element 灰分元素

asparagine(Asn，N) 天冬酰胺

aspartate amino transferase(AAT) 天冬氨酸氨基转移酶

aspartic acid(Asp，D) 天冬氨酸

aspirin 阿司匹林

assimilate transportation 同化物运输

assimilation 同化作用

assimilatorypower，reducing power 同化力(还原力)

astringency 收敛剂

asymmetrical transcription 不对称转录

asymptote 上限

atearic acid 硬脂酸

atmosphere 大气圈

atmosphere drought 大气干旱

atmospherepollutant 大气污染物

atmospherepollution 大气污染

ATP phosphohydrolase(ATPase) ATP 磷酸水解酶(ATP 酶)

ATP synthase ATP 合酶

autonomous regulation 自主调节

autotroph 自养生物

auxin 生长素

auxin gradient theory 生长素梯度学说

auxin - binding protein(ABP) 生长素结合蛋白

auxin - respones genes AUX 响应基因

Avena curvature test 燕麦胚芽鞘弯曲试验法

avoidance of freezing temperature 避免结冻温度

avoidance of ice intracellular freezing 避免细胞内结冰

avoidance response 回避反应

bacteriochlorophyll 细菌叶绿素

bacteriophage 噬菌体

balanced solution 平衡溶液

base pair(bp)碱基对

base stacking force 碱基堆积力

behenic acid 山萮酸

beneficial element 有益元素

benzoic acid 苯甲酸

betaine 甜菜碱

bidirectional transport 双向运输

biliverdin 胆绿素

binding protein 结合蛋白

binding site 结合部位

bioassay 生物测定法

biochemistry 生物化学

biological clock 生物钟

biological nitrogen fixation 生物固氮

biological oxidation 生物氧化

biomacrolecule 生物大分子

biomass 生物产量

biomembrane 生物膜

biomembrance system 生物膜系统(微膜系统)

biomolecule 生物分子

bioticstress 生物逆境

biotin 生物素

biotin carboxyl carrier protein(BCCP)生物素羧基载体蛋白

biotroph 活体营养型

bleeding 伤流

bleeding sap 伤流液

blue light effect 蓝光效应

blue light receptor 蓝光受体

blue/UV - A receptor 蓝光/紫外光 - 受体

boiling point 沸点

bolting 抽薹

bound energy 束缚能

bound auxin 束缚型生长素

bound water 束缚水

branching enzyme 分支酶

brassin 油菜素

brassinolide(BR) 油菜素内酯

bud dormancy 芽休眠

bundle sheath cell(BSC) 维管束鞘细胞

C_2-photorespiration carbon oxidation cycle C_2光呼吸碳氧化循环(PCO 循环)

C_3 pathway C_3途径

C_3 photosynthetic carbon reduction cycle C_3光合碳还原循环

$C_3 - C_4$ intermediate plant $C_3 - C_4$中间型植物

C_4 pathway C_4途径

C_4 photosynthetic carbon assimilation cycle(PCA) C_4光合碳同化循环

C_4-dicarboxylic acid pathway C_4 - 双羧酸途径

cadaverine(Cad) 尸胺

caffeic acid 咖啡酸

caffeine 咖啡因

calcium dependent protein kinase(CDPK) 钙依赖型蛋白激酶

callose 胼胝质

callus 愈伤组织

calmodulin(CaM)钙调素

calmodulin binding proteins(CaMBPs) CaM 结合蛋白

Calvin cycle 卡尔文循环

cAMP response element binding protein(CREB) cAMP 响应元件结合蛋白

cAMP specific cyclic nucleotide phosphodiesterase(cAMP - PDE) cAMP 特异的环核苷酸磷酸二酯酶

campesterol 菜油甾醇

carbohydrate 碳水化合物

carbon assimilation 碳同化作用

carboxylation efficiency(CE) 羧化效率

carboxylation phase 羧化阶段

carboxypeptidase 羧肽酶

carotene 胡萝卜素

carotenoid 类胡萝卜素

carotenol 胡萝卜醇

carrier, vector 载体

cascade 级联

casein 酪蛋白

casparian strip 凯氏带

catabolism 分解代谢

catalase(CAT)过氧化氢酶

catalytic site 催化部位

cavitation 气穴

cell cycle 细胞周期

cell differentiation 细胞分化

cell membrane 细胞膜

cell organelle 细胞器

cell plate 细胞板

cell reproduction 细胞繁殖

cell sap 细胞液

cell wall 细胞壁

cellular aging 细胞衰老

cellulase 纤维素酶

cellulose 纤维素

cellulose synthetase 纤维素合成酶

central dogma 中心法则

central metabolic pathway(amphibolic pathway)　中心代谢途径（无定向代谢途径）

central vacuole 中央液泡

central zone(CZ)中央区

cerotic acid 蜡酸

Chargaff rules　Chargaff 定律

chemical　potential 化学势

chemical signal 化学信号

chemical – induced protein 化学试剂诱导蛋白

chemiosmotic hypothesis　化学渗透学说

chemotropism 向化性

chilling injury 冷害

chilling resistance 抗冷性

chitinase　几丁质酶

chlorocholine chloride(CCC)　矮壮素(2 - 氯乙基三甲基氯化铵)

chlorogenic acid 绿原酸

chlorophyll 叶绿素

chloroplast 叶绿体

chloroplast envelope　叶绿体被膜

chromatin 染色质

chromophore　发色团（生色团）

chromoplast 有色体

chromosome　染色体

cinnamic acid 肉桂酸

circadian rhythm 近似昼夜节奏

cis – aconitase　顺乌头酸酶

citrate synthetase　柠檬酸合成酶

citric acid cycle　柠檬酸循环

CO_2 compensation point　CO_2 补偿点

CO_2 saturation point　CO_2 饱和点

cocaine　可卡因（古柯碱）

codeine　可待因

codon 三联体密码（密码子）

coenzyme 辅酶

coenzyme Q(CoQ)　辅酶 Q

coenzyme A(CoA，CoA – SH)　辅酶 A

cofactor 辅助因子

cohesion 内聚力

cohesion theory 内聚力学说

colchicine 秋水仙碱

cold injury 寒害

cold responsive protein(cold shock protein)　冷响应蛋白(冷激蛋白)

collagen 胶原蛋白

colloid 胶体

companion cell 伴胞

compartmentation 区域化

compatibility　亲和性

complement 补体

conducting tissue 输导组织

configuration 构型

confocal laser scanning microscope(CLSM)　共聚焦激光扫描显微镜

conformation 构象

coniferyl alcohol 松柏醇

conjugated protein 复合蛋白质

conjugated gibberellin　束缚型 GA

continuum　连续体

contractile protein 收缩蛋白

core complex　核心复合体

core enzyme 核心酶

corpus 原体

correlation 相关性

coumaric acid 香豆酸

coumarin 香豆素

coupling factor(CF)　偶联因子

crassulacean acid metabolism(CAM)　景天酸代谢

cristae 嵴

critical concentration　临界浓度

critical dark period　临界暗期

critical daylength　临界日长

critical night length　临界夜长

critical periodof water　水分临界期

cross adaptation(cross tolerances)　交叉适应(交叉忍耐)

cryptochrome(cry)　隐花色素

CsCl density gradient centrifugation 氯化铯密度梯度离心

cuticular transpiration　角质蒸腾

cutinase　角质酶

cyanide resistant oxidase(CRO)　抗氰氧化酶

cyanide resistant respiration　抗氰呼吸

cyanocobalamine 氰钴胺素

cyanogenic glycoside 生氰苷

cyclic AMP(cAMP)环腺苷酸

cyclic GMP(cGMP)环鸟苷酸

cyclic photophosphorylation 环式光合磷酸化

cyclin 细胞周期蛋白

cyclin - dependent protein kinase(CDK) 依赖细胞周期蛋白的蛋白激酶

cycloheximide 亚胺环己酮

cyclosis 胞质环流

cysteine(Cys，C) 半胱氨酸

cytochrome(Cyt)，cellular pigment 细胞色素

cytochrome b_6/f complex($Cytb_6$/f) 细胞色素 b_6/f 复合体

cytokinin(CTK，CK) 细胞分裂素

cytokinin oxidase 细胞分裂素氧化酶

cytoplasm 细胞质

cytoplasmic matrix，cytomatrix 细胞质基质

cytoplasmic osmoticum 细胞质渗透物质

cytosine(Cyt，C)胞嘧啶

cytosis 膜动转运

cytoskeleton 细胞骨架

cytoskeleton system 细胞骨架系统(微梁系统)

cytosol 细胞浆

daily periodicity 昼夜周期性

dark reaction 暗反应

dark respiration 暗呼吸

dark seed 需暗种子

day neutral plant(DNP) 日中性植物

deamination 脱氨基作用

debranching enzyme 脱支酶

decarboxylase 脱羧酶

decarboxylation 脱羧基作用

deciduous senescence 脱落衰老

dedifferentiation 脱分化

D - enzyme D 酶

degeneracy 简并性

denaturation 变性

denatured protein 变性蛋白

de novo synthesis 从头合成

deoxyribonuclease(DNase) 脱氧核糖核酸酶

deoxyribonucleic acid(DNA) 脱氧核糖核酸

deoxyribose 脱氧核糖

deoxyribozyme(DNAzyme)脱氧核酶

deplasmolysis 质壁分离复原

determinate growth 有限生长

development 发育

devernalization 脱春化作用(去春化作用)

diagravitropism 横向重力性

diacylglycerol(DG，DAG) 二酰甘油

dialysis 透析

diamine oxidase 二胺氧化酶

diaphototropism 横向光性

dichlorophenyl dimethylures，diuron(DCMU) 二氯苯基二甲基脲(敌草隆)

dicumarol 双香豆素

dielectric constant 介电常数

differentiation 分化

diffusion 扩散

dihydrophaseic acid 二氢红花菜豆酸

dihydroxy acetone phosphate(DHAP) 二羟丙酮磷酸

dihydrozeatin 二氢玉米素

dimethyl aminosuccinamic acid(B_9) 比久(阿拉)(二甲胺琥珀酰胺酸)

dioecious plant 雌雄异株植物

diose 二糖

diphenylurea 二苯脲

dipolar ion 两性离子(兼性离子或偶极离子)

disassimilation 异化作用

diseaseinjury 病害

disease resistance 抗病性

disease producing germ 病原菌

dislocalte 脱位

dissymmetry ratio 不对称比率

DNApolymerase DNA 聚合酶

DNA recombination technology DNA 重组技术

dormancy 休眠

dormancy stage 休眠期

dormin 休眠素

dorsal motor cell 背侧运动细胞

double fertilization 双受精

double helix 双螺旋

double signals system 双信号系统

drip irrigation 滴灌

drought 干旱

drought inducedprotein 干旱诱导蛋白

drought injury 旱害

drought resistance 抗旱性

drought stress protein 干旱逆境蛋白

dual daylight 双重日长

early gene, primary response gene 早期基因(初级反应基因)

early wood 早材

ecological resistance 生态抗性

ecological water requirement 生态需水

economic coefficient 经济系数

economic yield 经济产量

ectodesmate 外连丝

efficiency for solar energy utilization(Eu)光能利用率

elastic strain 弹性胁变

elasticity 弹性

electrical signal 电信号

electron transport 电子传递

electron transport chain(ETC) 电子传递链

electron transport chain phosphorylation 电子传递链磷酸化

electrophoresis 电泳

elongation 延长

embryo 胚

embryogenesis 胚胎发生

embryoid 胚状体

empty seed coat technique 空种皮技术

endocytosis 内吞

endomembrane, inner membrane 内膜

endomembrane system 内膜系统

endonuclease 核酸内切酶

endopeptidase 肽链内切酶

endoplasmic reticulum(ER)内质网

endosperm 胚乳

enhancement effect, Emerson effect 双光增益效应(爱默生效应)

enolase 烯醇化酶

enoyl – ACP reductase 烯酯酰 – ACP 还原酶

enoyl – CoA hydratase 烯酯酰 – CoA 水合酶

ent – kaurene 贝壳杉烯

environmental pollution 环境污染

enzyme 酶

enzyme activity 酶活力(酶活性)

Enzyme Commission 酶学委员会

Enzyme Handbook 酶学手册

enzyme-substrate complex(ES) 酶 – 底物复合物

epibrassinolide 表油菜素内酯

epinasty 偏上性

erythrose – 4 – phosphate(E4P) 赤藓糖 – 4 – 磷酸

essential element 必需元素

essential oil 精油

ethrel 乙烯利

ethylene(ET, ETH) 乙烯

etiolation 黄化现象

etiolation illness 黄化症

eukaryote 真核生物

eukaryotic cell 真核细胞

exchange absorption 交换吸附

excited state 激发态

exocytosis 外排

exonuclease 核酸外切酶

exopeptidase 肽链外切酶(肽链端解酶)

expansin 扩张蛋白

explant 外植体

extensin 伸展蛋白

external signal 胞外信号

fake parthenocarpy 假单性结实

farnesylpyrophosphate(FPP) 法呢基焦磷酸

far red light(FR) 远红光

far-red light-absorbing form(Pfr) (光敏素的)远红光吸收型

fat 脂

fatty acid(FA)脂肪酸

fatty aicd synthase system(FAS) 脂肪酸合成酶系

fermentation 发酵

ferredoxin(Fd) 铁氧还蛋白

ferredoxin – NADP$^+$ reductase(FNR) Fd – NADP 还原酶

ferulic acid 阿魏酸

fibroin 丝蛋白

fibrous subunits 丝状亚基

Fick's law 斐克定律

field moisture capacity 田间持水量

flavin adenine dinucleotide(FAD)黄素腺嘌呤二核苷酸

flavin dehydrogenases 黄素脱氢酶类

flavin mononucleotide(FMN)黄素单核苷酸

flavone 黄酮

flavonoid 类黄酮

flavonol 黄酮醇

flood injury 涝害

flood resistance 抗涝性

floral determinated state 成花决定态

floral development 花的发育

floral evocation 成花启动

floral primordia 花原基

florigen 成花素

flower bud differentiation 花芽分化

flower induction，flowering transition 成花诱导（成花转变）

fluence 光量

fluid mosaic model 流动镶嵌模型

foldase 折叠酶

foliar nutrition 叶面营养

folic acid 叶酸

force dormancy 强迫休眠

frame shift 移码

free energy 自由能

free auxin 游离型生长素

free radical 自由基

free water 自由水

freezing avoidance 避冻

freezing injury 冻害

freezing resistance 抗冻性

freezing tolerance 耐冻

fructosebiphosphate aldolase 果糖二磷酸醛缩酶

fructose－1，6－biphosphate phosphatase 果糖－1，6－二磷酸磷酸酶

fructose－1，6－biphosphate(FBP) 果糖－1，6－二磷酸

fructose－6－phosphate(F－6－P)果糖－6－磷酸

fruit 果实

funcational genomics 功能基因组学

fungistat 抑霉剂

GA$_{12}$－aldehyde GA$_{12}$醛

gallic acid 没食子酸

gap$_1$，pre-synthetic phase G$_1$期

gap$_2$，post-synthetic phase G$_2$期

gel 凝胶

gelation 凝胶作用

gene 基因

gene expression 基因表达

genetic engineering 基因工程

genetic expression system 遗传信息表达系统（微球系统）

genome 基因组

germination 萌发

gibberellane 赤霉烷

gibberellin(GA) 赤霉素

girdling experiment 环割试验

gliadin 麦醇溶蛋白

gluconeogenic pathway 糖异生途径

gluconeogenesis 糖的异生作用

glucose phosphate isomerase 磷酸葡萄糖异构酶

glucose－1－phosphate(G－1－P)葡萄糖－1－磷酸

glucose－6－phosphate dehydrogenase 6－磷酸葡萄糖脱氢酶

glucose－6－phosphate(G－6－P) 葡萄糖－6－磷酸

glutamate dehydrogenase(GDH) 谷氨酸脱氢酶

glutamic acid(Glu，E) 谷氨酸

glutamate synthase(GOGAT) 谷氨酸合成酶

glutamine(Gln，Q) 谷氨酰胺

glutamine synthetase(GS) 谷酰胺合成酶

glutathione(GSH)谷胱甘肽

glutathione peroxidase (GPX)谷胱甘肽过氧化物酶

glycerol 甘油

glycine(Gly，G) 甘氨酸

glycinebetaine 甘氨酸甜菜碱

glycogen 糖原

glycolate oxidase 乙醇酸氧化酶

glycolic acid 乙醇酸

glycolysis，EMP pathway(EMP) 糖酵解

glycophyte 甜土植物（淡土植物）

glycoprotein 糖蛋白

glycosidase 糖苷酶

glyoxylate cycle 乙醛酸循环

glyoxysome 乙醛酸循环体

Golgi apparatus 高尔基器

Golgi body 高尔基体

Golgi complex 高尔基复合体

grana lamella 基粒片层

grana thylakoid 基粒类囊体

grand period of growth 生长大周期

granum 基粒

gravitropism 向重力性

green fluorescent protein(GFP) 绿色荧光蛋白

gross photosyntheticrate 总光合速率

ground state 基态

group effect 群体效应

growth 生长

growth coordinate temperature 生长协调最适温度

growth curve 生长曲线

growth hormone 生长激素

growth inhibitor 生长抑制剂

growth movement 生长性运动

growth periodicity 生长的周期性

growth promoters 生长促进剂

growth retardant 生长延缓剂

GTP－binding regulatory protein G 蛋白（GTP 结合调节蛋白）

guanine(Gua，G)鸟嘌呤

guanosine diphosphate glucose(GDPG)鸟苷二磷酸葡萄糖

guard cell 保卫细胞

guttation 吐水

gyrase 旋转酶

H⁺ pumping ATPase H⁺ 泵-ATP 酶

halphyte 盐生植物

hardening 锻炼

heat injury 热害

heat resistance 抗热性

heat shock protein(HSP) 热休克蛋白(热激蛋白)

helicase 解链酶

hemicellulose 半纤维素

hemocyanin 血蓝蛋白

hemoglobin 血红蛋白

hermaphroditic plant 雌雄同花植物

heteropolysaccharides 杂多糖

hexokinase 己糖激酶

hexose monophosphate pathwayshunt (HMP, HMS) 磷酸己糖支路

high irradiance response(HIR)高光量反应(高辐照度反应)

high temperature stress 高温胁迫

histidine(His，H) 组氨酸

holoenzyme 全酶

holoprotein 全蛋白质

homeotic gene 同源异型基因

homopolysaccharides 同多糖

hormone 激素

hormone receptor 激素受体

host 寄主

hybrid duplexes 杂交分子

hydathode 水孔

hydration 水合作用

hydration compensation point 水合补偿点

hydraulic conductivity 水的传导率

hydraulic signal 水信号

hydraustatic pressure 水压

hydrogen bond 氢键

hydrolase 水解酶

hydrophilic nature 亲水性

hydrophytes 水生植物

hydrosphere 水圈

hydrotrpism 向水性

hydroxy proline-rich glycopratein(HRGP) 富含羟脯氨酸糖蛋白

hydroxynitrile lyase 羟腈裂解酶

hyperchromic effect 增色效应

hyperpolarizing 超极化

hypersensitive respone(HR) 过敏反应

hypertonic solution 高渗溶液

hypochromic effect 减色效应

hyponasty 偏下性

hypotonic solution 低渗溶液

IAA oxidase 吲哚乙酸氧化酶

imbibing adsorption of water 吸胀吸水

imbibition 吸胀作用

incompressibility 不可压缩性

indeterminate growth 无限生长

indole butyric acid, indole − 3 − butyric cid(IBA) 吲哚丁酸

indole propionic acid(IPA) 吲哚丙酸

indole − 3 − acetic acid(IAA) 吲哚乙酸

induced fit 诱导契合

information 信息

informosome 信息体

inheritance resistance 遗传抗性

inhibitor 抑制剂

initial cell 组织原细胞

initiation 起始

initiation codon 起始密码

injury ethylene 伤害乙烯

inorganic ion pump theory 无机离子泵学说

inositol phospholipid 肌醇磷脂

inositol − 1, 4, 5 − triphosphate(IP₃) 肌醇 − 1, 4, 5 − 三磷酸

insect repellant 昆虫拒食剂

insulin 胰岛素

intensity ofphotosynthesis 光合强度

intensity ofrespiration 呼吸强度

intercalary meristem 居间分生组织

intercellular layer 胞间层

intermediate filament 中间纤维

intermediate − day plant 中日性植物

intermembrane space 膜间空间

internalsignal 胞内信号

international unit 国际单位

interphase 间期

invertase 转化酶

inwardk⁺ channel 内向 K⁺ 通道

ion antagonism 离子颉颃

ion channel 离子通道

ion exchange 离子交换

ion pump 离子泵

iron-sulfur proteins 铁硫蛋白类

isocitrate dehydrogenase 异柠檬酸脱氢酶

isocitrate lyase 异柠檬酸裂解酶

isoelectric point(pI) 等电点

isoflavonoid 异类黄酮

isoleucine(Ile, I) 异亮氨酸

isomerase 异构酶

isoosmotic solution 等渗溶液

isopentenyl adenosine(iPA) 异戊烯基腺苷

isopentenyl pyrophosphate(iPP) 异戊烯焦磷酸

isopentenyl tansferase 异戊烯基转移酶

isopentenyladenine(iP) 异戊烯基腺嘌呤

isoprene 异戊二烯

isoprenoid 异戊间二烯化合物

isozyme 同工酶

jasmonic acid(JA) 茉莉酸

juvenile phase 幼年期

kinetin(KT) 激动素

Krebs cycle Krebs 循环

lactate 乳酸

lactate dehydrogerase 乳酸脱氢酶

lactatefermentation 乳酸发酵

lag time 迟延时间

lagging strand 随后链

late embryogenesis abundant protein(LEA) 胚胎发育晚期丰富蛋白

late gene, secondary response gene 晚期基因(次级反应基因)

late wood 晚材

lateral meristem 侧生分生组织

lauric acid 月桂酸

leading strand 先导链

leaf area index(LAI) 叶面积系数

leaf area ratio(LAR) 叶面积比

leaf mosaic 叶镶嵌

lectin 凝集素

lenticular transpiration 皮孔蒸腾

leucine(Leu, L) 亮氨酸

leucine-richrepeat recptor-like kinase(LRR RLK) LRR 受体激酶

leucoplast 白色体

life cycle 生命周期

ligand-gated ion channel 配体门控型离子通道

ligase 合成酶(连接酶)

light compensation point 光补偿点

light reaction 光反应

light regulated element(LRE) 光调节因子

light saturation point 光饱和点

light seed 需光种子

light-harvesting pigment 聚光色素

lignin 木质素

lignoceric acid 掬焦油酸

limonene 柠檬油精

linear phase 直线期

linoleic acid 亚油酸

linolenic acid 亚麻酸

lipase 脂肪酶(脂酶)

lipids 脂类

lipoxygenase(LOX) 脂氧合酶

liquid crystalline state 液晶态

lithosphere 岩石圈

lock and key theory 锁钥学说

logarithmic phase 对数期

long day plant(LDP) 长日植物

longdistance transport system 长距离运输系统

long lived mRNA 长命 mRNA

long night plant 长夜植物

long short day plant(LSDP) 长短日植物

low fluence response(LFR) 低光量反应

lowering of freezing point 降低结冰点

lyase 裂合酶

lysine(Lys, K) 赖氨酸

lysosome 溶酶体

macroelement, major element 大量元素

malate metabolism theory 苹果酸代谢学说

malate synthase 苹果酸合成酶

maleic hydrazide(MH) 马来酰肼

malic acid dehydrogenase 苹果酸脱氢酶

malic acid(Mal) 苹果酸

malondiadehyde(MDA) 丙二醛

malonyl – CoA – ACP acyltransferase 丙二酸单酰 CoA – ACP 转移酶

maltase 麦芽糖酶

mass flow 集流

matrix potential(ψm) 衬质势

matrix, stroma　基质

maturation 成熟

medium　培养基

melting point 熔点

melting temperature(T_m)　解链温度

membrane lipid peroxidation 膜脂过氧化作用

membrane structure protein 膜结构蛋白

meristem 分生组织

mesophyll cell(MC)　叶肉细胞

mesophytes　中生植物

messenger RNA(mRNA)信使 RNA

metabolism　新陈代谢

metabolism of organic compound 有机物代谢

metabolic sink 代谢库

metabolic source 代谢源

metabonomics 代谢组学

methionine(Met, M)　蛋氨酸(甲硫氨酸)

methoxyl 甲氧基

mehyl jasmonate(JA - Me)茉莉酸甲酯

methylerythritol phosphate pathway 甲基赤藓醇磷酸途径

mevalonic acid(MVA)　甲瓦龙酸

mevalonic acid pathway 甲瓦龙酸途径

microbody 微体

micrococcal nuclease　小球菌核酸酶

microelement, minor element, trace element　微量元素

microfibrils　微纤丝

microfilament 微丝

microinjection technique　微注射法

micro-irrigation 微灌

micro - membrane system 微膜系统

microsphere system 微球系统

microtrabecular system 微梁系统

microtubule 微管

midday depression 午休现象

middle lamella　中胶层(胞间层)

mineral element　矿质元素

mineral nutrition　矿质营养

mitochondrion 线粒体

mitogen activated protein kinase(MAPK)　有丝分裂原活化蛋白激酶

mitosis 有丝分裂

mitotic stage 分裂期

Mn cluster　锰聚集体

mobile promoter　可移动的启动子

molecular chaperone 分子伴侣

molecular hybridization 分子杂交

monoecious plant　雌雄同株植物

monomeric enzyme　单体酶

monosaccharides 单糖

monoterpene 单萜

morphactin 整形素

morphine 吗啡

morphogenesis 形态建成(形态发生)

motor response　运动反应

multienzyme system　多酶复合体

multiple crop index 复种指数

myogloin 肌红蛋白

myosin 肌球蛋白

myrcene 香叶烯

myristic acid 豆蔻酸

naphthoxyacetic acid(2, 4, 5 - T)　2, 4, 5 - 三氯苯氧乙酸

naphthyphthalamic acid(NPA)　萘基邻氨甲酰苯甲酸

nastic movement 感性运动

natural parthenocarpy 天然单性结实

natural product 天然化合物

necrosis 细胞坏死

necrotroph　死体营养型

negative chemical signal　负化学信号

negative gravitropism 负向重力性

negative phototropism 负向光性

neighbouring cell 邻近细胞

net assimilation rate(NAR)　净同化率

net photosynthetic rate(Pn)净光合速率

network 网络

N^6 - furfurylaminopurine 6 - 呋喃氨基嘌呤

Nicotine　尼古丁

nicotinamide 尼克酰胺(烟酰胺)

nicotinamide adenine dinucleotide phosphate(NADP)烟酰胺腺嘌呤二核苷酸磷酸

nicotinamide adenine dinucleotide(NAD)烟酰胺腺嘌呤二核苷酸

nicotinamine dehydrogenases　烟酰胺脱氢酶类

nicotinic acid, niacin 尼克酸(烟酸)

ninhydrin reaction 茚三酮反应

nitrate reductase(NR)　硝酸还原酶

nitrite reductase(NiR)　亚硝酸还原酶

nitrogen fixation 固氮作用

nitrogenase 固氮酶

nitrogenase complex 固氮酶复合体

nitrogenous base 含氮碱基

nitrogen – containing compound 含氮化合物

N – malonyl – ACC(MACC) N – 丙二酰 – ACC

non – apoptotic programmed cell death 非凋亡的细胞程序化死亡

nonappressed region 非堆叠区

noncyclic photophosphorylation 非环式光合磷酸化

nonhalophyte 非盐生植物

nonpolar amino acid 非极性氨基酸(疏水氨基酸)

nonpolar tail 非极性尾部

nonprotein amino acid 非蛋白氨基酸

nonregular coil 无规卷曲

non – specific nuclease 非特异核酸酶

nuclear membrane 核膜

nuclear pore 核孔

nuclease 核酸酶(磷酸二酯酶)

nucleic acid 核酸

nuclein 核素

nucleoid 拟核体

nucleolus 核仁

nucleosidase 核苷磷酸化酶

nucleoside 核苷

nucleoside hydrolase 核苷酶

nucleoside monophosphate(NMP)核苷单磷酸

nucleoside phosphorylase 核苷水解酶

nucleoside triphosphate(NTP)核苷三磷酸

nucleosome 核小体

nucleotidase 核苷酸酶

nucleotide 核苷酸

nucleus 细胞核

nutrient diversion 营养转移

nyctinasty movement 感夜性运动

objective gene 目的基因

oil 油

Okazaki fragment 冈崎片段

oleic acid 油酸

oligomeric enzyme 寡聚酶

oligosacchain 寡糖素

oligosaccharides, oligose 寡糖

optimum temperature 最适温度

osmiophilic droplet 脂质球(亲锇颗粒)

osmosis 渗透作用

osmotic absorption of water 渗透吸水

osmotic adjustment, osmoregulation 渗透调节

osmotic potential($\psi\pi$) 渗透势

osmotic stress 渗透胁迫

osmotin 渗调蛋白(渗压素)

outer membrane 外膜

ovalbumin 卵清蛋白

overall senescence 整体衰老

oxaloacetic acid(OAA)草酰乙酸

oxidative phosphorylation 氧化磷酸化作用

oxidoreductase 氧化还原酶

oxygen – evolving complex(OEC) 放氧复合体

ozone(O_3) 臭氧

paclobutrazol 氯丁唑(PP_{333})

palmitic acid 软脂酸(棕榈酸)

palmitoleic acid 棕榈油酸

pantothenic acid 泛酸

papain 木瓜蛋白酶

parenchyma cell 薄壁细胞

parthenocarpy 单性结实

partial molar volume 偏摩尔体积

passive absorb water 被动吸水

passive absorption 被动吸收

passive transport 被动转运

patch clamp(PC) 膜片钳

pathogenesis related protein(PR) 病原相关蛋白

pathogenetic organism 病原物

p – coumaryl alcohol 对香豆醇

pectic substances 果胶物质

pectin 果胶

pentose 戊糖

pentose phosphate pathway(PPP) 磷酸戊糖途径

peptidase 肽酶

peptide 肽

peptide bond 肽键

perception 感知

peripheral zone(PZ)周缘区

permanent wilting 永久萎蔫

permanent wilting coefficient 永久萎蔫系数

peroxidase(POD)过氧化物酶

peroxisome 过氧化物体

pest resistance 抗虫性

phaseic acid 红花菜豆酸

phenol 酚类

phenological period 物候期

phenylactic acid(PAA) 苯乙酸

phenylalanine ammonia lyase(PAL)　苯丙氨酸解氨酶

phenylalanine(Phe，F)　苯丙氨酸

pheophytin(Pheo)　去镁叶绿素

phloem　韧皮部

phloem loading 韧皮部装载

phloem protein 韧皮蛋白

phloem unloading 韧皮部卸出

phosphate(Pi)　磷酸

phosphate fructose kinase(PFK)　磷酸果糖激酶

phosphate translocator 磷酸运转器

phosphatidyl acid 磷脂酸

phosphatidyl choline 磷脂酰胆碱(卵磷脂)

phosphatidyl ethanolamine 磷脂酰乙醇胺(脑磷脂)

phosphatidyl inositol(PI)　磷脂酰肌醇

phosphatidylserine 磷脂酰丝氨酸

phosphoenol pyruvate(PEP)　磷酸烯醇式丙酮酸

phosphoenol pyruvate carboxylase(PEPC)　磷酸烯醇式丙酮酸羧化酶

phosphoglycerides，phospholipid　磷脂

phosphoketolase 磷酸酮糖酶

phosphoketopentose epimerase　磷酸戊酮糖表异构酶

phospholipase C(PLC)　磷酸脂酶 C

phosphomonoesterase 磷酸单酯酶

phosphoriboisomerase　磷酸核糖异构酶

phosphorolysis 磷酸解

photo flux density 光量子密度

photobiology　光生物学

photoinhibition　光抑制

photomorphogenesis 光形态建成

photon 光子

photoperiod　光周期

photoperiodic induction 光周期诱导

photoperiodism　光周期现象

photophosphorylation 光合磷酸化

photorespiration 光呼吸

photosynthesis　光合作用

photosynthetic active radiation(PAR)　光合有效辐射

photosynthetic chain　光合链

photosynthetic membrane　光合膜

photosynthetic pigment 光合色素

photosynthetic productivity 光合生产力

photosynthetic rate　光合速率

photosynthetic unit　光合单位

photosystem Ⅰ(PSⅠ)　光系统Ⅰ

photosystem Ⅱ(PSⅡ)　光系统Ⅱ

phototropin(phot)　向光素

phototropism 向光性

phycobilin 藻胆素

phycobilprotein 藻胆蛋白

phycocyanin 藻蓝蛋白

phycoerythrin 藻红蛋白

physical signal 物理信号

physiological clock 生理钟

physiological dormancy 生理休眠

physiological drought 生理干旱

physiological water requirement　生理需水

physiologically acid salt 生理酸性盐

physiologically alkaline salt 生理碱性盐

physiologically neutral salt 生理中性盐

phytin 非丁(肌醇六磷酸钙镁盐，植酸钙镁盐)

phytoalexin　植保素

phytochrome(phy)　光敏素

phytol 叶绿醇(植醇)

phytoreceptor　光受体

pinocytosis　胞饮作用

plant growth regulator　植物生长调节剂

plant growth substance　植物生长物质

plant hormone，phytohormone　植物激素

plant movement 植物运动

plant physiology 植物生理学

plant physiology and biochemistry 植物生理生化

plant stress physiology 植物逆境生理

plasma membrane　质膜

plasmid 质粒

plasmodesma 胞间连丝

plasmolysis　质壁分离

plastic strain　塑性胁变

plastid 质体

plastocyanin(PC)　质体蓝素

plastoglobulus　质体小球

plastoquinone(PQ)　质体醌

plate mosaic model 板块镶嵌模型

polar amino acid 极性氨基酸(亲水氨基酸)

polar head 极性头部

polar transport　极性运输

polarity 极性

pollen 花粉

pollenin　花粉素(孢粉素)

pollination　传粉(授粉)

polyamine(PA)　多胺

polygalacturonase(PG)　多聚半乳糖醛酸酶

polynucleotide 多聚核苷酸

polyphenol oxidase　多酚氧化酶

polysaccharides 多糖

polysome 多聚核糖体

polyterpene 多萜

P/O ratio　P/O 比值

porphyrin ring　卟啉环

positive chemical signal　正化学信号

positive gravitropism 正向重力性

positive phototropism 正向光性

post-transcription processing 转录后加工

PQ pool　PQ 库

precipitation 沉淀作用

precocious germination　早熟发芽

preharvest sprouting　穗发芽(穗萌)

pressure flow hypothesis 压力流动学说

pressure potential(ψp)　压力势

primary electron acceptor(A)　原初电子受体

primary electron donor(D)　原初电子供体

primary meristem 初生分生组织

primary messenger, first messenger　初级信使(第一信使)

primary metabolite 初生代谢物

primary reaction　原初反应

primary structure 一级结构

primary transcript 原初转录产物

primary wall 初生壁

primase 引物酶

primosome 引发体

programmed cell death(PCD)细胞程序化死亡

progressive senescence 渐进衰老

prokaryote 原核生物

prokaryotic cell 原核细胞

proline(Pro, P)　脯氨酸

prolinebetaine 脯氨酸甜菜碱

prolylhydroxylase 脯氨酸羟化酶

promoter 启动子

proplastid 前质体

prosthetic group 辅基

protection layer 保护层

protective protein 保护蛋白

protein 蛋白质

protein isoform 同工蛋白

protein kinase(PK)　蛋白激酶

protein kinase A(PKA)　蛋白激酶 A

protein kinase C(PKC)　蛋白激酶 C

protein phosphatase(PP)　蛋白磷酸酶

proteinase 蛋白酶

proteinase inhibitor(PI)　蛋白酶抑制剂

proteomics 蛋白质组学

protocatechuic acid 原儿茶酸

proton motive force(pmf)　质子动力势

protopectin 原果胶

protoplasm 原生质

protoplast 原生质体

PSⅡlight‒harvesting complex(LHCⅡ)　PSⅡ聚光复合体

purine bases(Pu)嘌呤碱

putrescine(Put)　腐胺

pyridoxal 吡哆醛

pyridoxal phosphate(PLP)磷酸吡哆醛

pyridoxamine 吡哆胺

pyridoxamine phosphate(PMP)磷酸吡哆胺

pyridoxol 吡哆醇

pyrimidine bases(Py)嘧啶碱

pyruvate dehydrogenase complex　丙酮酸脱氢酶复合体

pyruvate phosphate dikinase(PPDK)　丙酮酸磷酸双激酶

pyruvic acid(Pyr)　丙酮酸

Q‒enzyme Q 酶

quantum 光量子

quantum efficiency　量子效率

quantum requirement　量子需要量

quantum yield　量子产额

quaternary structure 四级结构

quinine 奎宁

quinic acid 奎宁酸

reaction center pigment(P)　反应中心色素

recalcitrant seed 顽拗性种子

receptor　受体

reciprocity law 互易法则

recombination 重组

recommended name 习惯名称

red drop　红降

red light(R)　红光

red light-absorbing form(Pr)　(光敏素的)红光吸收型

redifferentiation 再分化

redistribution and reutilization of assimilate　同化物的再分配和再利用

reduction phase　还原阶段

regeneration 再生作用

regeneration phase 再生阶段

relative free space(RFS)相对自由空间

relative rowth rate(RGR)相对生长速率

renaturation 复性

R - enzyme R 酶

replication 复制

replicon 复制子

reproductive growth 生殖生长

respiration 呼吸作用

respiratory chain 呼吸链

respiratory climacteric 呼吸跃变(呼吸峰)

respiratory coefficient 呼吸系数

respiratory quotient(RQ) 呼吸商

respiratory rate 呼吸速率

respiratory ratio 呼吸效率

respiratory substrate 呼吸底物

restriction endonuclease(restriction enzyme)限制性内切酶(限制酶)

revernalization 再春化现象

reverse transcription 反向转录(逆转录)

rib zone(RZ)肋状区

riboflavin 核黄素

ribonuclease(RNase) 核糖核酸酶

ribonucleic acid(RNA)核糖核酸

ribose 核糖

ribose - 5 - phosphate(R5P) 核糖 - 5 - 磷酸

ribose - 5 - phosphate epimerase 核糖 - 5 - 磷酸差向异构酶

ribose - 5 - phosphate kinase 核糖 - 5 - 磷酸激酶

ribosomal RNA(rRNA)核糖体 RNA

ribosome 核糖体

ribozyme 核酶(核糖酶)

ribulose - 1,5 - bisphosphate(RuBP) 核酮糖 - 1,5 - 二磷酸

ribulose - 1,5 - bisphosphate carboxylase /oxygenase(Rubisco) 核酮糖 - 1,5 - 二磷酸羧化酶/加氧酶

ribulose - 5 - phosphate(Ru5P) 核酮糖 - 5 - 磷酸

ricin 蓖麻蛋白

ripeness to flower state 花熟状态

ripening 完熟

RNA polymerase RNA 聚合酶

root pressure 根压

root-top ratio(R/T) 根冠比

rotenone 鱼藤酮

rough endoplasmic reticulum(RER)粗糙型内质网

rubber 橡胶

RuBP carboxylase 核酮糖 - 1,5 - 二磷酸羧化酶

RuBP oxygenase RuBP 加氧酶

S - adenosyl methionine(SAM) S - 腺苷蛋氨酸

safety water content 安全含水量

salicylic acid(SA) 水杨酸

saline and alkaline soil 盐碱土

saline soil 盐土

salt avoidance 避盐

salt bladder 盐囊泡

salt dilution 稀盐

salt exclusion 拒盐

salt excretion 排盐

salt gland 盐腺

salt injury 盐害

salt resistance 抗盐性

salt secretion 泌盐

salt tolerance 耐盐

salt-stress protein 盐逆境蛋白

salvage 补救

sand culture method 沙培法

saturated fatty acid 饱和脂肪酸

sclerotin 壳硬蛋白

seasonal periodicity of growth 生长的季节周期性

secondary meristem 次生分生组织

second messenger 第二信使

secondary metabolite 次生代谢物

secondary product 次生产物

secondary structure 二级结构

secondary wall 次生壁

sedoheptulose - 1,7 - bisphosphatase 景天庚酮糖 - 1,7 - 二磷酸酶

sedoheptulose - 1,7 - bisphosphate(SBP) 景天庚酮糖 - 1,7 - 二磷酸

sedoheptulose - 7 - phosphate(S7P) 景天庚酮糖 - 7 - 磷酸

seed longevity 种子寿命

seed viability 种子生活力

seed vigor 种子活力

seedless fruit 无籽果实

seismonasty movement 感震性运动

self incompatibility(SI) 自交不亲和性

self - infertility 自交不育

self - pollination 自花授粉

semiautonomous organelle 半自主性细胞器

semiconservative replication 半保留复制

semidiscontinuous replication 半不连续复制

semipermeable membrane 半透膜

senescence 衰老

senescence associated gene(SAG)衰老相关基因

senescence down – regulated gene(SDG)衰老下调基因

senescence phase 衰老期

senescence up – regulated gene(SUG)衰老上调基因

sense strand 有义链

separation layer 离层

serine(Ser，S) 丝氨酸

serum albumin 血清清蛋白

sesquiterpene 倍半萜

sex differentiation 性别分化

shade plant 耐阴植物

shikimic acid 莽草酸

shikimic acid pathway 莽草酸途径

short day plant(SDP) 短日植物

short distance transport system 短距离运输系统

short long day plant(SLDP) 短长日植物

short night plant 短夜植物

short – day vernalization 短日春化现象

sievearea 筛域

sieve element(SE) 筛管分子

sieve element-companion cell complex(SE – CC) 筛管分子-伴胞复合体

sieveplate 筛板

sievepore 筛孔

sieve tube 筛管

signal 信号

signal peptide 信号肽

signal sequence 信号序列

signal transduction 信号转导

simple phenolic compound 简单酚类

simple protein 单纯蛋白质

sinapyl alcohol 芥子醇

single strand binding protein(SSB) 单链结合蛋白

sink 库

sink strength 库强

skotomorphogenesis 暗形态建成

small opening diffusion law 小孔扩散律

smooth endoplasmic reticulum(SER)光滑型内质网

snake venom 蛇毒

soil drought 土壤干旱

soilpollutant 土壤污染物

soilpollution 土壤污染

soilless culture 无土栽培

soil-plant – atmosphere continuum(SPAC) 土壤-植物-大气连续体

sol 溶胶

solar tracking 太阳追踪

solation 溶胶作用

solute potential(ψs) 溶质势

solution culture method 溶液培养法

source 源

source strength 源强

source-sink unit 源 – 库单位

specific activity 比活力

specific heat 比热容

specific mass transfer rate(SMTR) 比集运率

specificity 特异性(专一性)

spermidine(Spd) 亚精胺

spermine(Spm) 精胺

spray irrigation 喷灌

stack 垛叠

starch 淀粉

starch grain 淀粉粒

starch phosphorylase，amylophosphorylase 淀粉磷酸化酶(P – 酶)

starch synthetase 淀粉合成酶

starch-sugar conversion theory 淀粉-糖转化学说

stem cell 干细胞

steroid 固醇类

sterol 甾醇

stimulative parthenocarpy 刺激性单性结实

stimuliperception 感受刺激

stoma 气孔

stomatal complex 气孔复合体

stomatal movemnt 气孔运动

stomatal transpiration 气孔蒸腾

storage protein 贮藏蛋白

strain 胁变

strain avoidance 御胁变性

strain repair 胁变修复

strain reversibility 胁变可逆性

strain tolerance 耐胁变性

stratification 层积处理

stress，environmental stress 逆境

stress avoidance 御逆性

stress combination 逆境组合

stress escape 避逆性

stress ethylene 应激乙烯，逆境乙烯

stress hormone　应激激素，胁迫激素

stress proteins 逆境蛋白

stress resistance，hardiness　抗性

stress resistant related gene 抗逆相关基因

stress tolerance　耐逆性

stretch – activated ion channel　张力控制型离子通道

stroma lamella　基质片层

stroma thylakoid　基质类囊体

structural domain 结构域

structural protein 结构蛋白

submicroscopic structure 亚微结构

substrate 底物

substrate – level phosphorylation　底物水平磷酸化

succulent plant　肉质植物

sucrase 蔗糖酶

sucrose phosphatesynthase(SP Sase)　蔗糖磷酸合成酶

sucrose synthetase 蔗糖合成酶

sulfhydryl group hypothesis 巯基假说

sun plant　喜光植物

supercooling　过冷作用

supercooling point　过冷点

super secondary structure 超二级结构

superhelix 超螺旋

supermolecular complex　超分子复合体

superoxide dismutase(SOD)　超氧化物歧化酶

surface tension 表面张力

symplast 共质体

symplast pathway 共质体途径

symplastic transport 共质体运输

symport 共(同)向转运体

synergistic action 协同作用

synergistic interaction 协同互作

synonym codon 同义密码子

synthetic phase　S 期

systematic name 系统名称

systemin　系统素

target 靶

taxol　紫杉醇

temperature stress　温度胁迫

temporary wilting　暂时萎蔫

terminal oxidase　末端氧化酶

termination 终止

termination codon 终止密码

termination factor(TF)，release factor(RF)　终止因子(释放因子)

terminator 终止子

terpene 萜类

terpenoid 类萜

tertiary structure 三级结构

tetrahydropyranyl benzyladenine(PBA) 四氢吡喃苄基腺嘌呤(多氯苯甲酸)

tetrahydrofolic acid(THFA，FH_4)　四氢叶酸

theobromine 可可碱

thermogenic respiration　放热呼吸

thermonasty movement　感温性运动

thermoperiodicity　温周期性

thiamine 硫胺素

thiamine pyrophosphate(TPP)硫胺素焦磷酸

thigmotropism 向触性

thioesterase 硫酯酶

threonine(Thr，T)　苏氨酸

thylakoid　类囊体

thymine(Thy，T)胸腺嘧啶

time factor　时间因素

time of cycle 周期时间

tissue culture 组织培养

tonoplast 液泡膜

top senescence 地上部衰老

totipotency 细胞全能性

toxicity of single salt　单盐毒害

toxin 毒蛋白

tracheid 管胞

transaminase 转氨酶

trans-cinnamic acid　反式肉桂酸

transcription 转录

transcription factors　转录因子

transdeamination 联合脱氨基作用

transfection 转染

transfer cells(TC)　转移细胞

transfer RNA(tRNA)转移 RNA

transferase　转移酶

transformation 转化

transit peptide 转运肽

transketolase 转酮酶

translation 翻译

translocation 移位

translocator　运转器

transmembrane pathway 跨膜途径

transmembrane transduction 跨膜信号转换

transpiration 蒸腾作用

transpiration coefficent 蒸腾系数

transpiration-cohesion-tension theory 蒸腾流－内聚力－张力学说

transpiration efficiency 蒸腾效率

transpirational pull 蒸腾拉力

transpiration rate 蒸腾速率

transpiration ratio 蒸腾比率

transport protein 运输蛋白（传递蛋白）

trap 陷阱

triacontanol 三十烷醇

triacylglycerol(TAG)甘油三酯

tricarboxylic acid cycle(TCAC) 三羧酸循环

triose phosphate isomerase 丙糖磷酸异构酶

triose phosphate(TP) 磷酸丙糖

triple response 三重反应

tropic movement 向性运动

true photosynthetic rate 真正光合速率

tryptophane(Trp，W) 色氨酸

tubulin 微管蛋白

tunica 原套

turgor pressure 膨压

turgor movement 膨压运动（紧张性运动）

turgorin 膨压素

turpentine 松节油

Tyndall effect 丁达尔效应

type Ⅰ phytochrome(PⅠ) 类型Ⅰ光敏素

type Ⅱ phytochrome(PⅡ) 类型Ⅱ光敏素

typhasterol 栗甾酮

tyrosine(Tyr，Y) 酪氨酸

ubiquinone(UQ) 泛醌

UDP glucose pyrophosphorylase UDPG 焦磷酸化酶

uniport 单向转运体

unsaturated fatty acid 不饱和脂肪酸

unsaturated fatty acid index(UFAI) 不饱和脂肪酸指数

uracil(Ura，U)尿嘧啶

urease 脲酶

uridine diphosphate glucose(UDPG)尿苷二磷酸葡萄糖

UV－B receptor 紫外光－B 受体

UV－induced protein(UVP) 紫外线诱导蛋白

valine(Val，V) 缬氨酸

van der Waals force 范德华力

vaporization 蒸发

vaporization heat 汽化热

variation potential(VP) 变异电波

vascular bundle 维管束

vegetative growth 营养生长

venom phosphodiesterase 蛇毒磷酸二酯酶

ventral motor cell 腹侧运动细胞

vernalin 春化素

vernalization 春化作用

very low fluence response(VLFR)极低光量反应

vessel 导管

virus 病毒

viscosity 黏性

vitamin 维生素

viviparous germination 胚胎发芽

vivipary 胎萌现象

voltage－gated ion channel 电压门控型离子通道

water channel 水通道

water culture method 水培法

water deficit 水分亏缺

water excess 水分过多

water mass flow 水流

water metabolism 水分代谢

waterpollutant 水体污染物

waterpollution 水体污染

water potential(ψw) 水势

water potential gradient 水势梯度

waterrequirement 需水量

water splitting 水分子裂解

water stress 水分胁迫

waterlogging 湿害

wax 蜡

wildflooding irrigation 漫灌

wilting 萎蔫

wobble 摆动性

wound respiration 伤呼吸

xanthophyll 叶黄素

xanthoxin 黄质醛

xerophytes 旱生植物

xylem 木质部

xyloglucan endotransglycosylase(XET) 木葡聚糖内转化糖基化酶

xylulose－5－phosphate(Xu5P) 木酮糖－5－磷酸

zearalenone 玉米赤霉烯酮

zeatin riboside 玉米素核苷

zeatin（Z，ZT） 玉米素

zeaxanthin 玉米黄质

zein 玉米醇溶蛋白

zygote 合子

α-amylase α-淀粉酶

α-helix α-螺旋

α-keratin α-角蛋白

α-ketogltarate dehydrogenase complex α-酮戊二酸脱氢酶复合体

α-naphthalene acetic acid（NAA） α-萘乙酸

β-1,3-glucanase β-1,3-葡聚糖酶

β-hydroxyacyl-CoA dehydrogenase β-羟酯酰-CoA 脱氢酶

β-amylase β-淀粉酶

β-bend β-弯曲

β-hydroxyacyl-ACP dehydrase β-羟酯酰-ACP 脱水酶

β-ketoacyl-ACP reductase β-酮酯酰-ACP 还原酶

β-ketoacyl-ACP synthase β-酮酯酰-ACP 合酶

β-ketoacyl-CoA thiolase β-酮酯酰硫解酶

β-lipoprotein β-脂蛋白

β-mercaptoethanol（β-ME） 巯基乙醇

β-pleated sheet β-折叠

β-reverse β-回折

β-turn β-转角

γ.δ-dioxovaleric acid γ.δ-二氧戊酸

δ-aminolevulinic acid（ALA） δ-氨基酮戊酸（5-氨基酮戊酸）